理工系の基礎

情報工学

情報工学 編集委員会 編

赤倉 貴子／浜田 知久馬／八嶋 弘幸／太原 育夫
谷口 行信／古川 利博 編著

丸善出版

刊行にあたって

科学における発見は我々の知的好奇心の高揚に寄与し，また新たな技術開発は日々の生活の向上や目の前に山積するさまざまな課題解決への道筋を照らし出す．その活動の中心にいる科学者や技術者は，実験や分析，シミュレーションを重ね，仮説を組み立てては壊し，適切なモデルを構築しようと，日々研鑽を繰り返しながら，新たな課題に取り組んでいる．

彼らの研究や技術開発の支えとなっている武器の一つが，若いときに身に着けた基礎学力であることは間違いない．科学の世界に限らず，他の学問やスポーツの世界でも同様である．基礎なくして応用なし，である．

本シリーズでは，理工系の学生が，特に大学入学後 1，2 年の間に，身に着けておくべき基礎的な事項をまとめた．シリーズの編集方針は大きく三つあげられる．第一に掲げた方針は，「一生使える教科書」を目指したことである．この本の内容を習得していればさまざまな場面に応用が効くだけではなく，行き詰ったときの備忘録としても役立つような内容を随所にちりばめたことである．

第二の方針は，通常の教科書では複数冊の書籍に分かれてしまう分野においても，1 冊にまとめたところにある．教科書として使えるだけではなく，ハンドブックや便覧のような網羅性を併せ持つことを目指した．

また，高校の授業内容や入試科目によっては，前提とする基礎学力が習得されていない場合もある．そのため，第三の方針として，講義における学生の感想やアンケート，また既存の教科書の内容などと照らし合わせながら，高校との接続教育という視点にも十分に配慮した点にある．

本シリーズの編集・執筆は，東京理科大学の各学科において，該当の講義を受け持つ教員が行った．ただし，学内の学生のためだけの教科書ではなく，広く理工系の学生に資する教科書とは何かを常に念頭に置き，上記編集方針を達成するため，議論を重ねてきた．本シリーズが国内の理工系の教育現場にて活用され，多くの優秀な人材の育成・養成につながることを願う．

2015 年 4 月

東京理科大学　学長
藤　嶋　　　昭

序　　文

いま，大学生の年齢の人であれば，物心がついたときには，すでに家庭用コンピュータ，いわゆるパーソナルコンピュータ (PC) は，TV や冷蔵庫，洗濯機といった家電製品と同様に，日常に入り込んでいたであろう．そして，成長に伴い，携帯電話は，単なる通話やメールをする機器から，PC の機能のほとんどをもつスマートフォンであることが当たり前になっていったのではなかろうか．こうした機器を利用する利用者 (ユーザ) は，特に情報工学ということばを意識することはあまりないかもしれないが，こうした技術革新に大きく寄与しているのが情報工学といわれる学問分野である．

情報工学とは，「情報」という形のないもの (無体物という) の伝達法，収集法，利用法，蓄積法，処理法などを工学的に扱う学問である．大学に情報工学科という名称の学科が最初に登場したのは 1970 年である．京都大学，大阪大学に情報工学科が設置され，東京工業大学には情報科学科が設置された．したがって，それほど長い歴史のある学科名称ではない．しかし，いまあらためて「情報工学」という学問分野をながめると，情報工学科が日本で初めて設置されてからの 50 年ほどの間に，情報工学が扱う中身は大きく変化したことに気づく．1970 年はまだまだ大型コンピュータの時代であり，ユビキタス社会の到来は遠い先のことのように思われた時代である．センサやデバイスといった「モノ」がインターネットを通じてクラウドやサーバに接続され，さまざまな用途で利用されるような使い方，例えば，腕時計型端末に組み込まれたセンサなどがインターネットに接続され，日常の体調管理等に利用されるなど，モノがインターネットのようにつながる，IoT (internet of things) の恩恵を私たちはすでに当然のように受けている．

こうした急速な変化を背景として，これからの情報工学に期待されているのは，これまでなされてきた研究をベースにしながらも，新たな研究方法論を模索し，ネットワーク技術とソフトウェア技術を融合させ，新しい，誰も思いつかなかった独創的な情報伝達法，収集法，利用法，蓄積法，処理法などの技術を提案することである．これまでの情報工学という学問が行ってきた研究をベースにして，情報技術に関する幅広い基礎力を身につけ，その基礎力を土台に新しい時代の人間社会に必要な独創的な応用システムを生み出せる人材を育成することが新しい時代の情報工学科の目標となろう．したがって，本書で述べる情報工学の各論は，伝統的な情報工学という学問分野で述べられる，記号論，プログラム意味論，プログラミング言語といったような内容ではなく，より応用的な内容となっている．

第 I 部「ソーシャルデザイン」では，社会工学的観点から社会におけるさまざまなシステムを見直し，新たなソーシャルシステムをデザインするための各論について述べる．第 1 章において私たちの生きる現代社会における情報通信ネットワークの位置づけを理解した上で，第 2 章で教育システムの構築法や利用法，データ蓄積法や処理法を，第 3 章で映像メディア情報の処理法を学び，第 4 章では情報本来の意味と価値を法と倫理の立場から整理して学ぶという内容となっている．

第 II 部「データサイエンス」では，大量かつ多様なデータを組み合わせて分析，解析することによって，情報には新たな価値が創造されるというコンセプトの下，データ処理法を習得して，金融学や医療統計学へ応用するという各論を展開する．第 5 章では確率現象の基礎を，第 6 章ではその応用としての金融統計学を，第 7 章では医療統計学の基礎を，第 8 章では医療統計学の応用的な側面を学ぶ．

第 III 部「ソフトウェア・通信ネットワーク」では，高度情報化社会といわれる現代社会に提供される最先端システムは，ソフトウェア技術と通信ネットワークなしには成り立たず，ソフトウェアがシステムの特徴や個性を決定し，それを IoT 時代の機器として実用化するためには通信ネットワーク技術が不可欠であるという観点から各論を展開する．第 9 章ではソフトウェア技術の基礎と応用について，第 10 章ではディジタル化技術を駆使した信号処理について，第 11 章では ICT (information and communication technology：情報通信技術) を支えるディジタル通信技術について，さらに第 12 章では効率よく信頼性の高い通信を行う基礎となる情報理論について学ぶ．

第 IV 部「インテリジェントシステム」では，人や社会にやさしく安全安心なシステムを設計するためには，人間の知的特性の把握が重要であるというコンセプトの下で，第 13 章では人間の脳で行われている情報処理原理の解析の方法論を，第 14 章では人間の知能を工学的に実現する人工知能技術について学ぶ．第 15 章では，第 13，14 章の方法論を考えるための基礎的な理論としての最適化理論について理解した上で，第 16 章では，それら応用としての多目的設計探査について学ぶ．

以上のように，本書はこれまでの情報工学の教科書と比較すると基礎論的な内容は少ない．そのかわりに，最先端の応用的な各論をまとめたものとなっているので，本書を通して，最先端の情報工学技術がどのようなものであるかを理解し，自らが新しい技術を開発するためのきっかけとして欲しい．

最後に，丸善出版株式会社の方々には，企画，編集その他にわたり，たいへんお世話になった．記して心より感謝の意を表したい．

平成 30 年 3 月

編集者を代表して
赤　倉　貴　子
八　嶋　弘　幸

目　次

第Ⅰ部
ソーシャルデザイン

1.　情報通信ネットワーク　4

2.　e ラーニング/e テスティング　25

3. 映像メディア処理　45

4. 法と倫理からみた情報の価値と保護　58

第II部 データサイエンス

7. 医療を発展させる統計学 113

8. 医療研究のデザインと解析の考え方と最近の動向 122

第III部
ソフトウェア・通信ネットワーク

9. ソフトウェア工学 142

10. 信号処理とは 151

11.　ICTを支えるディジタル通信技術　166

12.　情報理論と符号化の基礎　182

第Ⅳ部 インテリジェントシステム

16. 多目的設計探査 247

第I部

ソーシャルデザイン

序　　章

情報通信インフラの充実・拡大，およびスマートフォン・タブレットメディアをはじめとするさまざまな新しいICT (information and communication technology，情報通信技術) 機器の登場は，人々の社会生活に革新的な変化をもたらし，すでにICTなくして私たちの生活は成り立たない．洗濯をする「洗濯機」であれば，汚れをキャッチし，どの方向のどの程度の水流で，どのタイミングで水を抜くか，などを，食品を保存するための「冷蔵庫」であれば，食品によって温度を変えたり，食品の表面が乾燥しないようにしたりするなど，いずれもコンピュータ制御がなされているのである．一歩外へ出れば，電車に乗るための券売機，自動改札，飲み物を飲むための自動販売機など，コンピュータで制御されていない機器は皆無に等しい．いまの私たちはそうした生活に慣れきってしまっているため，もし，これらがすべて取り上げられたら，とうてい生活が成り立たないであろう．

このように，人間が少しでも生活しやすく，そして少しでも快適に過ごすために，さまざまな技術が開発され，そしてそれが末端の機器に利用されている．こうした社会全般の基盤整備のために必要な分野が**ソーシャルデザイン**，すなわち**社会 (的基盤の) 設計**である．つまり，ソーシャルデザインとは，社会工学的観点からシステムを見直し，問題解決のためのソーシャルシステムを構築することである．

ソーシャルデザインが特に重視することは，社会に関わる課題に対して工学的に解決をはかるということであり，その大きな特徴は，「ヒト」との関わりの中でシステムを考える必要があることである．どんなにすばらしいICT機器が開発されても，主役は使い手であるヒトである．社会のさまざまな分野は情報通信ネットワーク基盤の整備が進み，新たに提案される社会システムは，新しい技術を応用したものが多くなっている．しかしながら，先にも述べたように，ソーシャルデザインは，ヒトとの関わりの中で行われる学問分野であるから，単に新しい技術を追い求めるだけではないし，必ずしも新しい技術を利用することが好ましいとも限らない．心理学，社会学などの人文社会系学問分野から，情報工学，通信工学，電子工学といった理工系学問分野など，さまざまな立場での視点で「いかに社会に役立つ技術を開発するか」が必要な研究分野である．

SNS (social networking service) を例にとれば，SNSでは，技術をもたない個人でも自分に必要な情報を得たり，自分のことを他に知らせたりすることが簡単にできるようになった．その一方で，発信される情報の一部は匿名で行われ，他人を中傷したり，故意に虚偽の情報を発信したりする者も数多くいる．ICTは，私たちの生活を豊かで便利なものにしてくれる一方で，負の側面ももつことに注意しなければならない．ソーシャルデザインを行うにあたっては，現代社会で解決すべき課題，例えば，医療・健康，教育，流通，災害対策などに対して，さまざまなICTを応用し，システムをデザインすると同時に，そのリスクについても十分に検討し，対策を考えねばならない．リスク，あるいはシステムの安全性向上については，技術的な側面ばかりでなく，法や倫理という側面からも議論される必要があろう．

第I部で述べられるさまざまな技術は，いろいろなバックグラウンドや経験をもつ教員が，さまざまな視点から論じていることに注意されたい．第I部では，ソーシャルデザインと題して，

第1章　情報通信ネットワーク
第2章　eラーニング/eテスティング
第3章　映像メディア処理
第4章　法と倫理からみた情報の価値と保護

について解説する．

第1章「情報通信ネットワーク」では，情報の伝達手段の発展の歴史から始まり，現在の情報伝達手段について，情報通信ネットワークの技術的側面を総論的に解説する．それに続いて情報の伝達と情報通信ネットワークに関して，有線および無線の伝送媒体について解説し，情報通信路と交換機・ルータといった通信装置についての概要も説明する．また，情報通信ネットワークを支える技術として，通信網，通信土木，情報通信エネルギー，アクセス，ノード，リンク，無線，移動体通信，コンピュータネットワーク，インターネット，ホームネットワーク，IPアプリケーション，画像通信の各技術について説明する．さらに情報のディジタル化，パケット伝送の概要を解説した後，ネットワーク技術の各論を解説する．そして最後にネットワークの

安全性に関する倫理教育の重要性についてもふれる.

第2章「eラーニング/eテスティング」は，ICTの教育場面への応用技術の解説である．教育工学といわれる学問分野について解説した後，開発されているさまざまなeラーニングシステムを紹介する．予備校などでは，有名講師の講義を遠隔地へ配信することはすでに一般的になっている．しかし，研究として行われ，実際に実用に供されているeラーニングシステムには，単に映像を配信するだけのようなシステムはほとんどなく，さまざまな機能が付加されている．ここでは，そうしたさまざまな機能をもつeラーニングシステムを紹介する．また，eテスティングシステムとは，コンピュータを用いて実施されるテストシステムのことであり，最近ではWeb上で実施されるテストシステムを指すことが多い．コンピュータを使うことにより，ペーパーでは得られないさまざまな情報を獲得でき，それを学習者の理解状況の把握に利用したり，教授者へのフィードバックに利用したりする技術について解説する．そして，遠隔でeテスティングを行う場合の認証技術について，入力された静的情報 (文字の形：筆跡) や動的情報 (ペンの圧力や角度など) を利用して行う筆記認証方法や顔情報を用いる顔認証方法について説明する．さらにeテスティングによく使われる方法論として，項目反応理論 (item response theory：IRT) の解説を行い，テスト自動構成についても説明する.

第3章「映像メディア処理」では，私たちの周囲に画像・映像データが大量にあり，それらは人と人とのコミュニケーションを媒介するメディアとして利用されていることを前提として，映像メディア処理の必要性について述べた上で，画像表現の一般的解説と，映像メディア処理の方法論について解説する．また，画像の共有サービスなどでは，画像をより見やすくするために，特殊加工をしていることについてふれ，そのときに利用される画像フィルタ機能についての概要を説明する．さらには画像を複数枚組み合わせてパノラマ画像を生成する方法と，インターネット上の画像を検索する仕組みについても解説する.

第4章「法と倫理からみた情報の価値と保護」では，従来型社会と現代社会を比較し，情報が漏洩するということを例として，情報の漏洩自体は，いまも昔も起こるが，現代では，その情報の量，伝達先，伝達スピードが過去とはまったく違うことを解説する．その上で，知的財産の情報としての価値，およびその保護のあり方，営業秘密の保護のあり方，情報の保護と公開のバランスなどについて，法と倫理の観点から解説する.

第I部は，単にソーシャルデザインの技術を簡単に概観しようとしたものではない．研究としてのソーシャルデザインには，どのようなものがあり，どのような研究が行われているか，そしてコンピュータサイエンスの最先端技術がどのように生かされているか，さらには，そこにはどのようなリスクがあるか，そのリスク対策はどうなっているかなどを述べた．読者諸氏におかれては，これらを基礎として，さらに何ができそうか，何をするべきかを考え，新たな課題を発見し，今後のソーシャルデザイン研究に寄与していただきたいと著者一同切に願っている.

1. 情報通信ネットワーク

1.1 情報通信ネットワークの基礎

1.1.1 情報通信ネットワークとは

情報社会の進展に伴い，人間社会には多種多様で膨大な情報が日々生成・編集加工・処理されて届けられ，私たちの生活を支えている．情報は，情報を生成した人からそれを必要としている人に誤りなく正確に伝わってはじめて有意義に利用することができる．また，できるだけ早く伝えることが大切である．こうした情報の送り手と情報の受け手を結ぶネットワークを情報ネットワーク (情報網：information network) とよぶ．

こうした情報は歴史上さまざまな種類があり，また多様な方法で伝達されてきた (表 1.1)．いちばん原始的な手段は口頭によるものとされる．口頭による手段で用いられる情報の種類は音声であるが，音声を発する人 (情報の送り手) と音声を聞き分ける人 (情報の受け手) の距離が数百 m 離れると音声は届かなくなる．情報をより遠くに運ぶために，鐘や太鼓などの打音や，狼煙や鏡による光の反射を利用した手段が用いられた．これらの方法では，あらかじめ定めた約束により伝達される情報の内容は定まっており，伝達できる情報量はきわめて少量である．多量の情報を送るには手紙などの形式をとることになるが，受け手に届くまでには多くの時間を要する．これらの課題を解決するのが情報ネットワークを支える通信ネットワーク (通信網：communication network) である．

19 世紀に電信や電話が発明され，通信ネットワークが幕を開けた．日本においては，1890 年に東京 (155 加入) と横浜 (42 加入) 間で電話交換業務が開始されたときが電気通信ネットワークの幕開けとされる．日本の通信ネットワークは電話ネットワークの進展とともに発達し，1996 年にそのピークを迎え固定電話加入者 6000 万余の巨大ネットワークとなった．その後，携帯電話やインターネットの急激な進展・普及に伴い，固定電話加入者数は減少に転じ 2000 年 3 月には携帯電話加入者数が上回っている．

表 1.1 伝統的情報の種類と伝達手段

情報の種類	伝達手段	最大距離
音声	口頭	数百 m
音	鐘，太鼓，銅鑼など	数 km
信号	狼煙，手旗，光 (鏡) など	10 km
文字	手紙 (飛脚，伝書鳩など)	数千 km

当初電話ネットワークはアナログ (analog) 方式により構築されていた．アナログ方式とは，音声や映像など，人間の感覚器官が感知できる連続したアナログ信号をそのまま電気信号に変換して伝送・処理する方式を指す．アナログ方式は，実時間 (real time) 処理や直観的な情報処理が可能，ディジタル方式のもつ量子化誤差が生じないなどの長所がある半面，以下のような短所を有する．

- 雑音などの影響を受けやすい．
- 複製・保存処理などを経るたびに劣化が生じる．
- 劣化や雑音などの補正・修正が不可能．
- 他の情報との統合・融合などの処理が困難．

これらの短所を解決するものが，アナログ信号を離散的な値の符号に変換し，“0” と “1” の 2 値の組合せで表現し伝送・処理するディジタル (digital) 方式である．日本では，ディジタル伝送方式，ディジタル交換機の導入によりディジタル化が進展し，ネットワークのディジタル化が 1998 年に完了した．ディジタル化により，いったん記録されれば，劣化の心配なく複製が無制限に行え，他の情報との統合・加工編集も比較的簡単に行え，信号の再生中継が可能となったため，距離の制約を考慮することなく，遠く離れた受け手に「大量の情報」を「正確に」かつ「迅速に」送ることが可能となった．

ネットワークのディジタル化の進展とともに，電話以外のデータ通信量が 1990 年代中頃から急激に増加した．これは，インターネットの進展・普及に負うところが大きい．情報のディジタル化，インターネットの進展に伴い，情報の収集・加工編集蓄積・伝送が容易になり，さまざまな情報交換が広範に利用できるようになった．

インターネットは，従来の電話ネットワークの上に構築したコンピュータネットワークから脱却した新たな通信方式として 1960 年代に誕生した．基本的な構想は，紛争や何らかの事故などで通信網の一部が破壊されてもできるだけ通信網全体としての機能が途絶えないようにするというものであり，通信の高速性や品質よりも可用性 (availability) に重きを置いた方式である．米国国防総省の ARPA (Advanced Research Projects Agency) により推進されて ARPANET (ARPA network) が 1969 年に構築され，その後通信プロトコル (communication protocol) の見直しなどが行われた．当初，インターネット利用のほとんどをネットワーク研究者・技術者が占めていたが，1990 年に商用のインターネットサービスが開始され，その後簡便な Web ブラウザやメールソフトが市場提供されるに至り，今日の爆発的な利用が喚起されることになった．

以上概観したように，ディジタル技術は今日の高度情報社会の基盤となっている．ディジタル技術とインターネットに支えられたコンピュータの進展・普及により，数多くの新しいサービスや機能が日々提供され，ライフスタイル変革や産業構造・社会構造の大きな変革を引き起こしている．

情報ネットワークとそれを支える通信ネットワークを総称して**情報通信ネットワーク** (情報通信網：information communication network) と呼称する (図 1.1)．情報通信ネットワークは，距離と時間の壁を乗り越え，高品質で広帯域な情報通信手段を提供し，その用途をますます拡大し，私たちの社会をより豊かで魅力のあるものへと変えつつある．

例題 1-1

情報伝達手段の変遷をその特徴とともに述べよ．

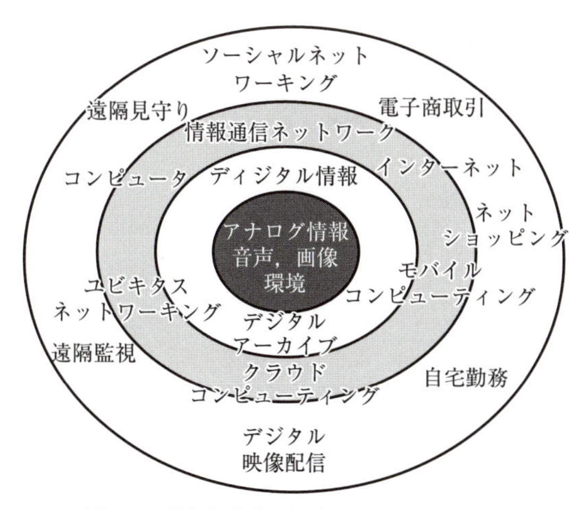

図 1.1 情報化社会と情報通信ネットワーク

例題 1-2

ディジタル方式の特徴を述べよ．

1.1.2 情報の伝達と情報通信ネットワーク

情報通信ネットワークを構成する簡単な例を図 1.2 に示す．情報は送り手側 (情報発信元，または送信側) の情報端末などから発信され，いくつかの伝送路 (リンクとよぶ) や通信装置 (交換機，ルータなどでノードとよぶ) を経由して，情報の受け手 (情報受信側) の情報端末などに届けられる．伝送路は通信装置を介して網の目状に接続されており，これらは**通信ネットワーク** (通信網) とよばれる．

伝送路 (通信路ともよばれる) は，2 種類の伝送媒体，有線伝送媒体と無線伝送媒体に大別される．

a. 有線伝送媒体

有線伝送媒体は，同一種の伝送媒体を複数束ねてケーブル化することにより，ケーブル敷設時の工事容易化や経済性を向上している．具体的な媒体としては，銅線や鋼線からなる平衡対ケーブル (より線対ケーブルともよばれる)，中心導体と外部導体からなる同軸ケーブル，石英のコアとクラッドからなる光ファイバーケーブルなどがある．平衡対ケーブルは安価で敷設工事が容易であることから初期の主要伝送媒体として用いられてきたが，その電気的物理的特性 (伝送損失がきわめて大きいこと) から長距離伝送や広帯域伝送には適さない．同軸ケーブルは平衡対ケーブルと比較して高い周波数まで低損失の伝送を行うことが可能であり，光ファイバーの出現までは高速の有線伝送媒体の主役の地位にあった．

光ファイバーケーブルは，屈折率の大きい中心部分 (コア) と屈折率の小さい周辺部 (クラッド) からなる

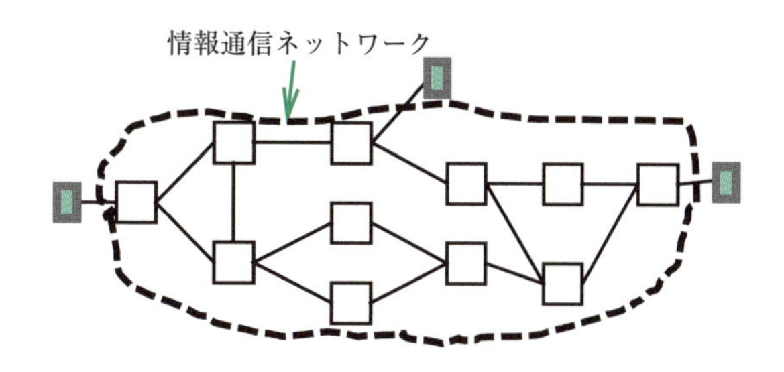

図 1.2 情報通信ネットワークの基本的構成

石英のファイバーを保護材が覆った構造となっている（図 1.3）．屈折率の違いからコアに入射された光信号は，全反射を繰り返しながらコアに閉じ込められたまま伝送される．また，不純物の少ない石英から構成された光ファイバーケーブルの伝送損失はきわめて小さく，また大容量の通信に向いており，長距離大容量通信に適している．

b．無線伝送媒体

無線伝送媒体は，波長の長い電波から波長が短い電波まで，広い帯域の波長の信号が通信媒体として活用されている．伝送媒体は自由空間であるため，移動体通信（携帯電話，航空機通信，列車無線など）として用いられることが多い．また，有線伝送媒体に比較して安価にシステムを構築できる半面，気象条件（降雨，砂塵など）から影響を受けやすいこと，構造物が密集しているところでは電波状況が悪くなること（特に電波の直進性が高くなる高周波帯の電波では顕著である），電波漏えいなどによるセキュリティ確保の課題もある．

自然災害の多い日本では，情報通信ネットワークが甚大な被害を受けることも多いが，社会インフラとしての情報通信ネットワークの迅速な再構築がきわめて大切であり，無線伝送媒体を活用した災害用ネットワークの構築がきわめて有効な手段となっている．

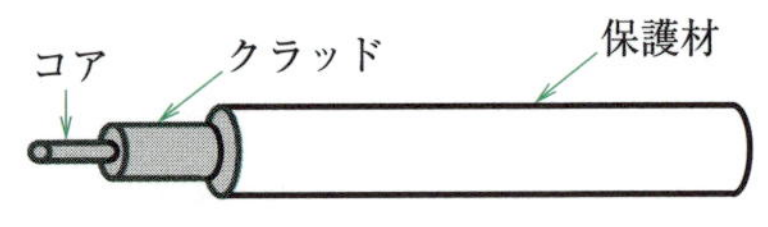

図 1.3　光ファイバーケーブル

伝送媒体として金属線である同軸ケーブルを用いた場合と光ファイバーケーブルを用いた場合，および無線を用いた場合の通信路の例を図 1.4 に示す．同軸ケーブルを用いた場合，音声は電気信号に変換された信号が通信路を伝送される．一方，光ファイバーケーブルを用いた通信路の場合は，電気信号がさらに光信号に変換されて伝送される．無線の場合は，電気信号が周波数変換されて伝送される．受信側では，逆の手順によりもとの信号を取り出す．

例題 1-3
有線伝送と無線伝送の各々の特徴を述べよ．

例題 1-4
光ファイバーケーブルの特徴を述べよ．

c．通信装置（交換機，ルータ）

情報通信ネットワークは情報端末で発生した情報を相手先の情報端末に送り届けるために網の目状に構成されたものを指す．この情報通信ネットワークには，

- 情報を正確に，速く，遠方に
- できるだけ多量の情報を経済的に

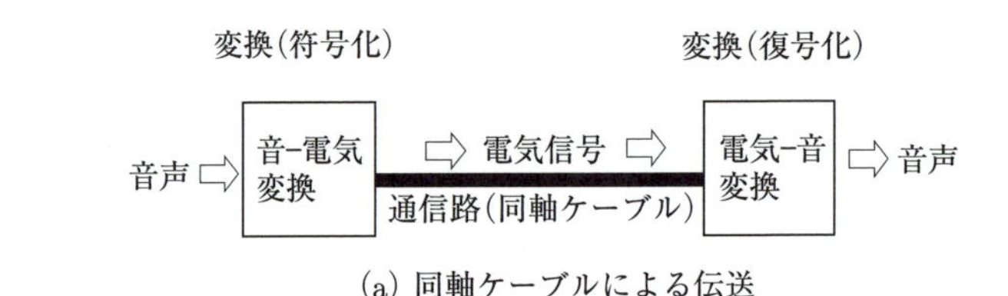

(a) 同軸ケーブルによる伝送

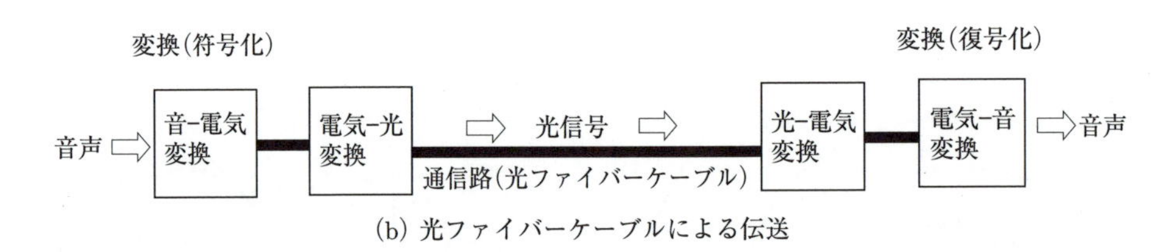

(b) 光ファイバーケーブルによる伝送

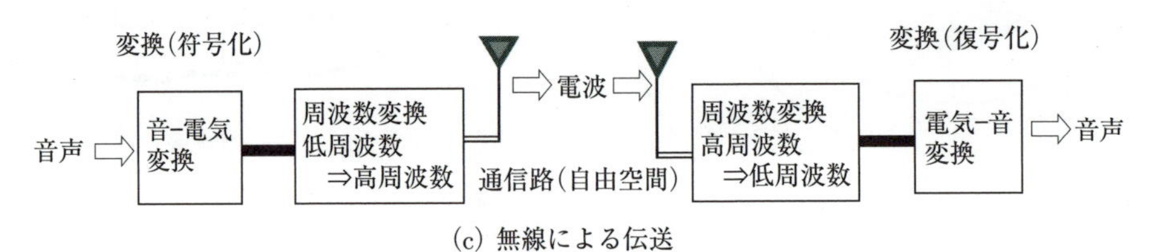

(c) 無線による伝送

図 1.4　通信路による情報伝送の例

● 情報を望ましい形に加工・編集処理して

届けることが期待される．伝送路の技術研究・開発は主に前2者に主眼を置いて行われてきた．情報通信ネットワーク全体としてこれらの目標を達成するためには，その主要な構成要素である通信機器 [交換機やルータなどのノード (node)] の役割が重要である．

情報通信ネットワークの発展や加入者の増加に伴い，どのような課題解決が必要となるか，電話網を例に考える．通信ネットワーク上の利用者が2人しかいない場合は，その2人の電話機を通信路で直接結んで通話する (図 1.5(a)) ことになる．利用者が増えるに従い，互いの電話機を直接結ぶこのような方法では，数多くの通信路の敷設が必要となる．任意の2人の利用者間での通話を実現するためには，利用者の数を n とすると，通信路の数の総計は，ノード数 n の完全グラフの枝の数になるので，${}_nC_2 = n(n-1)/2$ となる (図 1.5(b))．電話機間の距離が小さければ通信路の敷設費はそれほど高額ではないかもしれないが，距離が大きくなればその費用は膨大になり，現実的でない．

また個々の電話機が他の電話機と直接通話するには，自分とつながっているすべての相手の状態 (他の電話機が話中かそうでないか) や，通信路の状態 (使える状態か故障中か) を把握しないと円滑な通話ができない．こうした通信路状態把握機能や電話機状態把握機能を個々の電話機にもたせると電話機の価格が非常に高額になるだけでなく，状態変化を把握するための膨大な通信が電話機間で必要になる．このため，図 1.5(c) に示すように，中央に通信機器を配し，この中に通話路状態把握管理機能や電話機状態把握・管理機能を搭載すれば，各電話機では高度で煩雑な機能の搭載が不要となり，低機能で低廉な電話機が実現できる．このような通信機器を交換機 (switch) とよぶ．インターネットでは同様の機能をルータ (router) が担っている．交換機の機能・効用は，ネットワーク建設費用の低減化，電話機 (端末) 状態管理や通信路状態管理を交換機に集約することによるネットワーク構成の簡素化，維持管理の容易化と電話機価格の低廉化とまとめることができる．

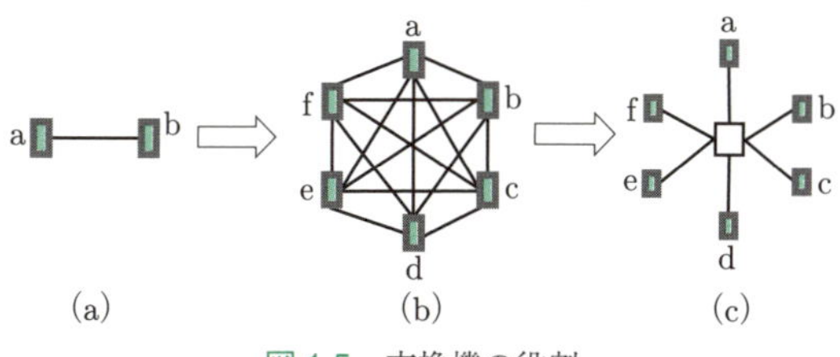

図 1.5　交換機の役割

例題 1-5

交換機やルータの役割を述べよ．また，その効用を述べよ．

1.1.3　情報通信ネットワークを支える技術

前項では，情報通信ネットワークの主要な構成要素である通信路と交換機 (またはルータ) の特徴的な事項について概観した．情報通信ネットワークはそれ以外にも多くの機能・技術により構築されている．図 1.6 に情報通信ネットワークの構成例を示す．この構成例は電話ネットワークであるが，現在の情報通信ネットワークと基本的な構成は変わらない．本項では，これらの諸事項について概説する．

a. 通信網技術

通信網 (通信ネットワーク) はさまざまな種類の網から構成されている．狭い地域に多くの利用者が居住している場所や工場などに高速の通信環境を提供する LAN (local area network)，さらに広いエリアに高速の通信環境を提供する WAN (wide area network)，企業個々の利用要望に適合した専用線網，一般の利用者が共同で利用可能な公衆網，などである．こうした網をどの地域に敷設するのか，網と網の接続はどのようにするのか，網全体をどのような規律の下に運用するのかなどの技術が網構成技術である．

通信網はいったん建設されると長期にわたり運用されるのが一般的である．このため，通信網構築に際しては当面の通信需要に応じて設置することが大切ではあるが，将来の需要を見通して設計し，必要に応じて適切かつ迅速な増設・機能拡張ができるようにしなければならない．こうした分析・予測などを支えるものが，通信量 (トラヒック：traffic) を見積もる技術や，通信量測定・制御技術などのトラヒック技術とよばれる技術である．また，安定的に通信できるための通信

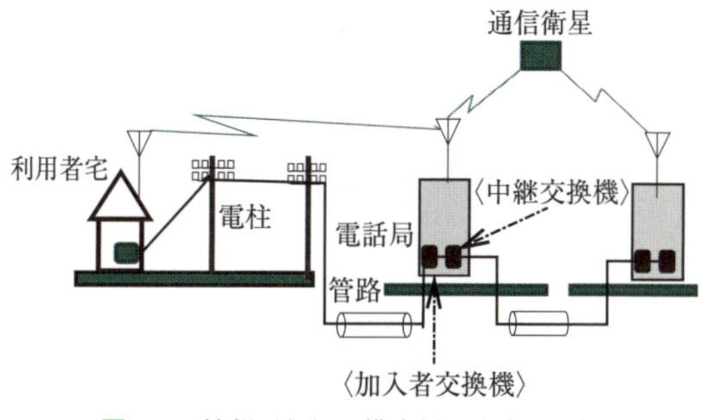

図 1.6　情報通信網の構成例 (電話の場合)

品質測定技術や品質保持技術，メディアごと (テキスト，画像，音声など) の品質基準および測定技術，等品質技術もこの通信網技術を構成する主要な技術となっている．

b. 通信土木技術

有線の通信路 (特に長距離通信路) は主に地下に設置されている．一方，加入者線電話局と利用者 (加入者) 間のネットワーク (アクセス網と呼称される) は有線と無線が併用されており，有線の場合一部都市部を除きいまだ多くが電柱を介したもの (架線とよぶ) となっている．需要を勘案して，どこに通信路を敷設すればいちばん経済的で将来の需要増にも柔軟に対応できるのか，どのように設置すれば通信路の故障の修理に対応しやすいのかなどの技術が通信土木技術である．

通信土木技術を構成する技術としては，現在と将来の需要予測をもとにどの経路にどのくらいの能力の通信路を配置すればいちばん経済的かを検証し設計する設備計画 (グラウンドデザイン：ground design)・設備設計技術，地下に通信路を敷設する管路やとう道 (マンホール構築技術なども含まれる) 採掘のための設備構成技術や新技術開発などがある．先に述べたように，アクセス網ではいまだ多くの電柱が利用されており，耐久性のある電柱を維持するためのコンクリート電柱強度診断・補強技術などもアクセス網維持のためには欠かせない技術項目となっている．

例題 1-6

通信網には，老朽化した橋や電柱が増大している．どのような対処が必要か考えよ．

c. 情報通信エネルギー技術

通信網運用維持のためには多くの電気エネルギーを必要とする．交換機 (ルータ) をはじめとして，通信路で一定距離ごとに必要となる増幅器や，無線アクセスのための AP (access point) などの電気通信機器などを正常に動作させるためである．これらのエネルギー供給はもっぱら商用電源に依存しているが，災害などでの商用電源の瞬断や数時間から数日の長時間停電に備え，一定量の電気エネルギー蓄積や自家発電によるエネルギー確保を図る必要がある．一方で，通信網で消費するエネルギーは，年率 40%から 60%で増大しているデータ通信量に併せ急激に増加している．持続可能な社会創生のためにも通信網で消費する電気エネルギー抑制が重要な課題となりつつある．

以上の問題などに対応するための技術として，直流/交流給電方式，遠隔給電/ローカル給電，エネルギー有効利用技術などが挙げられる．この他，通信機器そのものの省電化や通信機器に用いられる素子の抜本的改革 (例えば単電子動作素子など)，通信網の全光ネットワーク化 (full optical network：FON) の実現が望まれている．

例題 1-7

情報通信ネットワークでのエネルギーの省力化の背景を説明せよ．

d. アクセス技術

利用者から加入者交換機 (またはエッジルータ) までの通信網 (これをアクセス網：access network とよぶ) に関する技術をさす．また，図 1.6 に示したように，この間は，有線もしくはアクセスポイントを経由した無線により結ばれている．有線伝送網を構成するための通信路そのものの構成技術をケーブル技術と呼称する．なお，ハードウェアとしての通信路技術概要については 1.1.2 項を参照されたい．

アクセス網では，物理回線および論理回線を複数の利用者が共用している．1 本の光の物理回線を 1 人のユーザが占有すると，非常に非効率で回線利用料金もきわめて高額になる．複数 (例えば 32 人) で共用すればその分料金の低廉化につながる．利用者側からみたアクセス技術は，できるだけ低廉・高品質で安全な通信環境の提供と見なすことができる．このため，アクセス系の技術開発は，

- 大容量化：動画像のさらなる高精細化などにより今後のよりいっそうの大容量化への対応
- ユビキタス化：各種センサネットワークやネットワークロボットなど，IoT (internet of things) の進展への迅速・柔軟な適応
- マルチポイント・マルチメディア化：オンラインゲーム，ブログなどをはじめとした個人発信などのマルチメディア化への対応，クラウドコンピューティング (cloud computing)，SaaS (software as a service) など動作環境を支える広域多地点アクセス機能などの機能向上対応
- 高信頼，省エネ，低廉化：障害に強いサービス，セキュアなネットワークサービスを低廉で省エネのシステムとして提供など

を特徴としている．アクセス技術のうち，光ファイバーを用いたアクセス技術を光アクセス技術とよぶ．光アクセスシステムでは，設備センター (電話局や集約施設) 側装置を OLT (optical line terminal)，利用者側装置を ONU (optical network unit) とよぶ．ONU の設置場所により，FTTH (fiber to the home：利用者宅

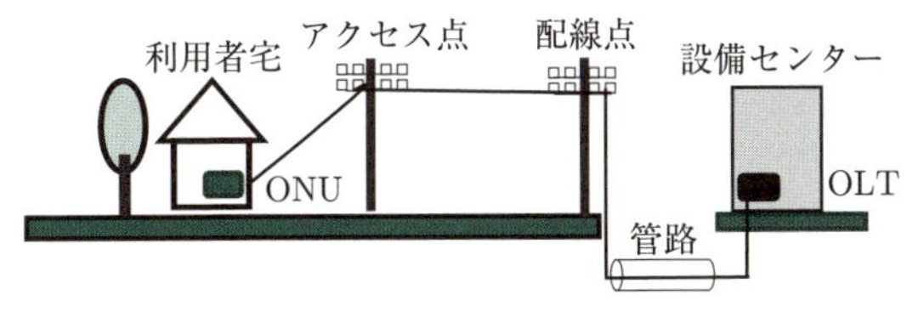

図 1.7 光アクセスシステム (FTTH) の概要

に設置. 具体的構成は図 1.7 参照), FTTB (fiber to the building : マンションなどの建物までは光化, その後利用者宅まではメタリックケーブルなどで接続), FTTC (fiber to the curb : 利用者宅までの途中までを光化し, 利用者宅まではメタリックケーブルなどで接続) がある.

例題 1-8

アクセス網の経済化のためにどのような技術が適用されているか説明せよ.

e. ノード技術

情報通信ネットワークにおいて, 利用者情報やネットワークの情報 (回線の接続関係や他のノードの情報) を管理し, 利用者から情報伝送要求があったとき, 最も適したノードに向けての情報伝送機能や, 中継機能を有するのがノード技術である.

ノードには多様で高度な機能が具備されているが, いちばんの特徴は, 24 時間無中断運転, 収容している数十万人 (国内全体では数千万人) の利用者に遅延を感じさせない実時間性 (real time feature) と万一の障害時にただちに回復してその影響を最小限にする高信頼性にある. また, 多様なサービスを適時追加提供するため, オンライン中でのシステム情報変更機能やサービス追加を可能とするための構成となっている. このため, ノードに適用される基本ソフト (operating system : OS) は通常の OS に比して, 実時間実行制御とハードウェアのドライバ制御がきわめて軽装・高速なのが特徴的である. 交換ノードの役割などについては, すでに前節で概説したとおりであり, その構成方法や接続方法については 1.3 節を参照されたい.

例題 1-9

ルータや交換機に求められる実時間性の理由を説明せよ.

f. リンク技術

中継交換機 (中継ルータ) 間の情報伝送のための通信路 (媒体) に関する技術である. 有線と無線の技術に大別される. 情報は, 伝送媒体の特性により, 伝送される距離に比例して伝送信号が劣化し, 外部からの雑音が重畳されることにより誤って伝送されることがある. 伝送においては, 所要の伝送品質 (正確性, 安定性) をいかに経済的に達成するかが重要となる. 1 本の伝送媒体に多数の情報を重畳して送る多重伝送技術やアナログ伝送からディジタル伝送への移行などは, 経済化観点での技術革新といえる.

リンク技術に要求される事項は, 超大容量・超高速化, 高品質・高信頼化技術などであり, また, 長距離伝送を行うことから, 低損失の素子の開発や伝送方式, 超多重伝送方式, 省エネの増幅方式の開発などが進められてきた. ディジタル伝送については, 1.2 節で概説する.

g. 無線技術

無線通信は, 1895 年イタリアのマルコーニ (Guglielmo Marconi) が無線電信を発明したことによりその幕を開けた. その後, 2 極管や 3 極管の真空管が発明されて, 無線電話や放送が可能となった. また, 超短波や極超短波の発信が可能な特殊真空管の発明により, 無線通信はマイクロ波通信時代に移行した. 当初は, テレビ回線の長距離伝送用の固定マイクロ波通信や衛星通信が主流だったが, その後端末の小型・経済化にあわせ, 携帯電話などでの移動通信が主流となっている. また, 当初のアナログ方式からディジタル方式に移行し大容量・高速伝送となっている.

空間 (自由空間) は, 電波を伝搬するのに適した媒体であるが, 一方, 送受信アンテナの設置場所や途中の空間の環境 (ビルの設置場所など) および, 気象条件の影響を受けるという問題もある. また, 使用される電波の周波数帯により特性が異なる (表 1.2). このため, これらを十分考慮して無線方式を設計 (どの周波数帯を利用するのか, どこにアンテナを設置するかなど) することが大切である.

h. 移動体通信技術

移動通信は, 当初海上における遭難安全通信を目的とした船舶通信分野に導入され, その後港湾通信や内航船舶電話通信分野での用途拡大がなされた. 一方, 陸上通信分野での利用要望が高まり, 1950〜60 年代の列車無線通信 (列車公衆電話, 新幹線での無線呼出しサービスなど) に適用され, その後携帯電話の利用で爆発的な利用者数増を迎えた.

わが国での携帯電話の利用開始は, 1979 年に世界に先駆けてサービスされた自動車電話である. その後, 小型・軽量化が進み, さらに 1993 年にはディジタル方式 (personal digital cellular : PDC) が商用化され, 移

表 1.2　無線周波数分類と用途

周波数帯分類	周波数範囲	特　性	主な用途
超長波 VLF (very low frequency)	3～30 kHz	長距離通信が安定的に行える	電波時計
長波 LF (low frequency)	30～300 kHz	周波数が大きいほど信頼度低下	船舶通信
中波 MF (medium frequency)	300 kHz～3 MHz	昼間は地表波のみ．遠方ではフェージングを生じる	放送，港湾通信
短波 (high frequency)	3～30 MHz	季節や時刻を考慮すれば効率よい通信が可能	国内通信 (中長距離)
超短波 VHF (very high frequency)	30～300 MHz	光と同じ伝送特性	テレビ放送，移動体通信，レーダー
極超短波 UHF SHF EHF	300 MHz～3 GHz 3～30 GHz 30～300 GHz	光と同じ伝送特性	多重通信，レーダー

UHF: ultra high frequency, SHF: super high frequency, EHF: extremely high frequency

表 1.3　移動通信の推移

世　代	年　代	特徴的方式	用　途	技　術
第 1 世代	1980s	アナログ	音声	アナログ伝送，FDMA
第 2 世代	1990s	ディジタル	音声中心，低速データ	ディジタル伝送，TDMA, CDMA
第 3～3.5 世代	2000s	IMT-2000	音声，画像，高速データ	マルチレート伝送
第 4 世代	2010s	LTE, LTE-Advanced	超高速データ	超高速ディジタル伝送，OFDM

IMT-2000: international mobile telecommunication 2000
LTE: long term evolution
FDMA: frequency division multiple access (周波数分割多重接続)
TDMA: time division multiple access (時分割多重接続)
CDMA: code division multiple access (符号分割多重接続)
OFDM: orthgonal frequency division multiplexing (直交周波数分割多重)

動電話加入者は 2000 年には固定電話加入者を上回り現在に至っている．移動通信分野では各種の技術が開発・適用されており，現在は第 4 世代にある (表 1.3)．

移動体通信の眼目は，無線という限られた資源をいかに有効活用して，大容量・高速の通信を実現するかということであるが，そのためには空間という媒体のもつ特徴をいかに克服するかが重要な課題となっている．その一つがフェージングである．送信アンテナから送信された電波は，途中の (建物や車などの) 遮蔽物や，反射板などにより，さまざまな送信路を通り受信アンテナへ到着するため，伝送路ごとに異なる到着時間，到着信号強度，位相からなる信号の合成波として受信される．しかも，送信元も発信元も移動するため，受信信号は時間とともに変化する．この現象をフェージングとよぶ．

このほか，同じ周波数帯を複数の利用者が共用することで生じる干渉信号の問題もある．干渉信号とは，同じ周波数帯・時刻に受信される (受信) 希望信号以外の信号をさす．

例題 1-10
無線伝送の課題をまとめよ．

i. コンピュータネットワーク技術

コンピュータネットワークのはじまりは，1960 年代後半の ARPANET とされる．コンピュータネットワークは当初高価な汎用大型コンピュータどうしを接続することが主流だったが，コンピュータの小型・低廉化により，多くのコンピュータを接続する要望が大き

表 1.4 OSI 階層モデル

階層	名称	機能概要
第7層 最上層	アプリケーション層	アプリケーション間のデータのやり取りを規定
第6層	プレゼンテーション層	アプリケーションで扱うデータの表現形式と符号化を規定．また，符号化された情報の取扱方法を規定
第5層	セッション層	アプリケーション間の通信の開始から終了までの手順を規定
第4層	トランスポート層	ノード上のプロセス間の仮想的な通信路の実現方法を規定
第3層	ネットワーク層	ネットワーク上の任意のノード間の通信方法を規定
第2層	データリンク層	ノードの物理的アドレス，隣接ノード間の通信方法を規定
第1層 最下層	物理層	物理的な接続方法 (電気的特性，形状，変調方式など) を規定

くなった．これらの要求に対応するため，LAN (local area network) を介して地域内のコンピュータの接続が行われるようになった．その後コンピュータベンダ (コンピュータ製造販売業者) により，さまざまな接続方式が提案され導入されたが，現在ではイーサネットでネットワークを構成し，アプリケーションはその上で動作する TCP/IP プロトコル (詳細は 1.3 節) を使用するのが一般的となっている．

ベンダの異なる商用コンピュータを接続するには，さまざまなレベルでの仕様や実装時の差異が障害となり，なかなか進まなかった．このため，国際標準化機関である ITU-T (International Telecommunication Union Telecommunication Standardization Sector) と ISO (International Organization for Standardization) が一緒になり，開放型システム間相互接続 (open systems interconnect：OSI) を提唱して標準化を行った．

これは，メールなどのアプリケーションレベルのプロトコルから，物理レベルのプロトコルを階層的に体系化し標準化したもので，OSI 階層モデルもしくは OSI 参照モデルとよばれる (表 1.4)．前述のように現在 TCP/IP が標準となっており，OSI そのものはほとんど使われていないが，OSI 階層モデルはプロトコルモデルをきわめて簡明に表現したモデルなので，よく参照されている．

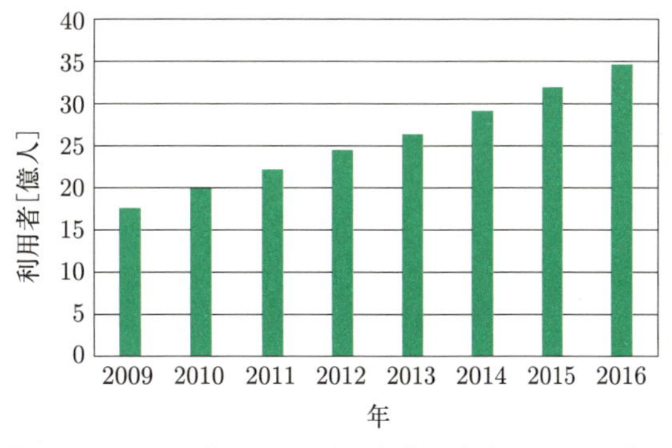

図 1.8 インターネット利用者の推移．(参考) インターネット接続機器は 2009 年で約 6 億 2000 万．(出典：ITU World Telecommunication/ICT Indicators database)

例題 1-11
OSI 階層モデルが必要とされた理由を述べよ．

j. インターネット技術

1969 年に米国で構築された ARPANET がインターネットのはじまりとされる．構築当初の主な利用者は特定のネットワーク研究者・技術者であったが，その後低廉なワークステーションやサーバの普及に伴い，1990 年代半ばを境に，一般の利用者に爆発的に普及・拡大してきた (図 1.8)．

インターネットの普及に伴いいくつかの本質的な問題が顕在化してきた．インターネットに接続される機器の増大に伴い浮上したのが，IP アドレスの枯渇である．現在まで用いられてきた IPv4 方式では，32 ビットでアドレスが表現されるため，最大で 43 億個 (2^{32}) であるが，実際にはアドレス割当規則などのため，実際に割り振ることができるアドレス数はこれよりはるかに少なく (詳細は 1.3 節)，2011 年に IP アドレスの割当てを担当していた ICANN (Internet Corporation for Assigned Names and Numbers) は IPv4 のアドレスをすべて配布し終わったことを宣言した．今後は，128 ビットのアドレスを用いた IPv6 方式の導入が急速に進展すると予想される．

インターネットは，その基本的動作原理では通信品質を保証した方式にはなっていない．これをベストエフォート (best effort) とよぶ．画像情報など適用するサービスによっては厳格な品質を必要としないものもあるが，テキスト情報など 1 ビットでも情報が失われてはならないサービスも数多い．どのように品質を保証するのかはセキュリティの確保とともにインターネットの大きな課題である．

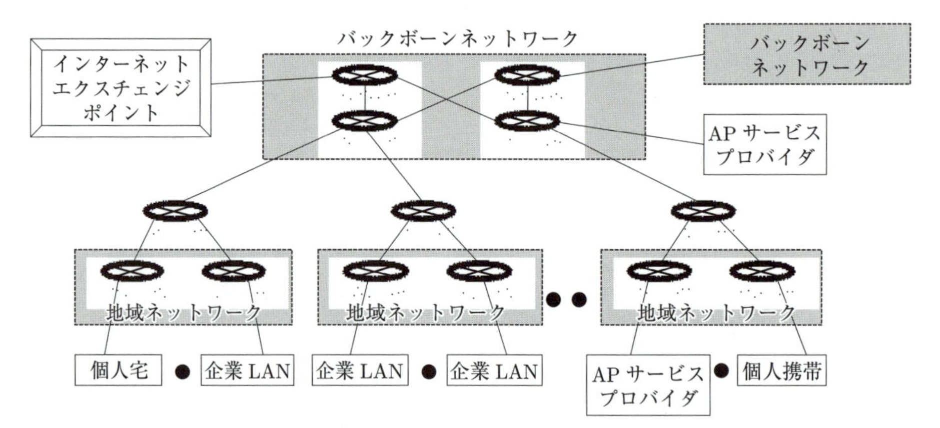

図 1.9　インターネットの構成例

インターネットの一般的な構成を図 1.9 に示す．主な構成要素 (組織) は，都市間の接続を主目的としているバックボーンネットワーク (backbone network) のプロバイダ，バックボーンネットワーク間の相互接続を担当するインターネットエクスチェンジサービス (internet exchange service) のプロバイダ，Web やメールおよび認証サービスを手掛けるアプリケーションサービスプロバイダなどである．

例題 1-12
インターネットの課題をまとめよ．

k. ホームネットワーク技術

高速広帯域 (broadband) のサービス普及に伴い，家庭内にも多くの通信機能を有する IT 機器が導入されている．従来は電話だけであったものが，PC (プリンタ含む) をはじめとして，テレビ，ゲーム機，各種センサー機器 (医療用機器，保安装置，安心見守り機器など) などである．従来これらの通信機器は用途ごとに各サービスプロバイダに個別の接続方式で接続されており，機器間のサービス連携やサービスの高度化が実現できなかった．

こうした課題に対応するため登場したのがホームネットワーク技術である．家庭内にある通信機能を有する機器を無線および家庭内 LAN により接続して連携するとともに，これらを一元的に管理して外部ネットワークにも接続して，サービスプロバイダのサービス享受やサービスプロバイダ間の連携をも可能としている．図 1.10 にホームネットワークの構成例を示す．

さまざまな機器が家庭内 LAN や無線を介してホームゲートウェイ (home gateway) に接続され，そこから外部のネットワークに接続されている．

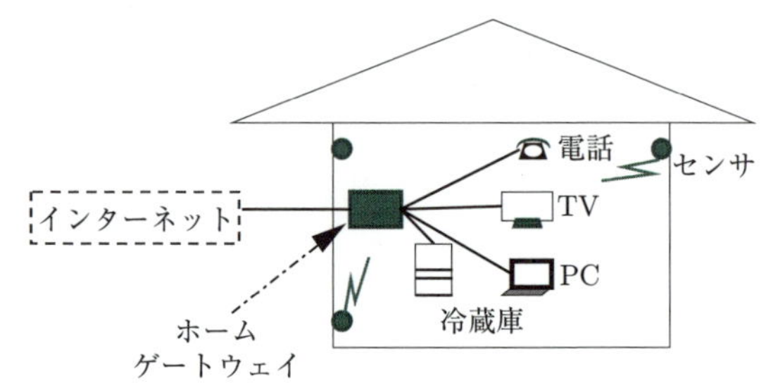

図 1.10　ホームネットワーク構成例

l. IP アプリケーション技術

インターネットの普及拡大に伴い，インターネットで提供されるサービスも多様化している．近年は，ブログや SNS などに代表される利用者間のつながりの中で情報が流通していく新しい形のメディア (social media) が拡大しており，インターネット上の情報アクセスのための新たな手段として主要な役割を果たしている．一方，インターネットの大きな特徴である，誰でも簡単にネットワークに接続ができるということから，別の社会的な課題が浮上している．インターネットが必須の社会インフラ (social infrastructure) としての役割を担うためには，よりいっそうの安全性と信頼性に関する技術を高めることが大切である．このため，迷惑メールやコンピュータウイルスの問題は，第一に解決しなければいけない課題である．

IP アプリケーション技術は，インターネット上でさまざまなサービスを容易に実現するための，アプリケーションサーバと SDP (service delivery platform) 技術，電子メールと WWW (World Wide Web) 実現技術，ファイル転送技術，さらには商取引を安全に行うためのセキュリティ技術 (DDoS (distributed denial of service attack) 対策技術やマルウェア対策技術，各種暗号技術や電子投票技術) と電子商取引技術 (電子認証技術や電子公証技術) などの広範な技術をさす．

例題 1-13
新しいソーシャルメディアの拡大による課題と対策についてまとめよ.

m. 画像通信技術

インターネットで送受信される情報の90%以上を画像情報(映像情報)が占めており，今後さらにその比率は高くなることが予想される．生の画像情報量はきわめて膨大であり，そのまま転送するにはきわめて多くの帯域と時間が必要となる．伝送帯域の効率的利用と転送時間の短縮を目的として，画像通信技術が活用されている．

画像情報は受信側には視覚情報として認識される．視覚情報には表 1.5 に示すように他の情報種別と大きく異なる特性がある．それは，他のメディアに比較して割合多くの情報が失われても特に不具合を感じないということである．画像通信技術はこの特性を活用して種々の方式が提案され活用されているが，画像情報の圧縮にいちばんの特徴がある．

画像は2次元空間情報(これをフレームとよぶ)が1次元の時間軸で変化する，合計3次元の明暗および色彩の情報信号ととらえられる．映画では25フレーム，テレビでは30フレームで1秒間の動画像情報が構成されている．これらの情報を時間1次元の信号情報に変換して取り出す必要があり，これを行うのが画像走査である．ディジタル画像の走査では，水平方向と垂直方向の信号を離散化して1フレーム分の情報が取り出される．フレーム内，フレーム間の情報圧縮を行うのが画像圧縮である．動画像の場合，動きのないものは，前後のフレームはまったく変化がないので，変化のないフレームそのものの情報を送る必要はない．動きがある場合でも，変化分だけを送ること，将来の画像を予測して送ることにより伝送情報を抑えることができる．こうしたことを行うのが相関成分除去技術である．また，視覚的に目立たないところの情報は大きく間引く(意図的に情報を破棄する)ことにより，画質劣化を抑えつつ伝送情報量を大幅に抑えることができる．

表 1.5　情報種別ごとの特徴比較

情報種別	テキスト情報	聴覚情報	視覚情報
情報のパターン	空間情報 (1次元)	時系列情報 (1次元)	空間情報 (2~3次元)
情報の冗長度	きわめて小	小	大
許容転送遅延	数秒(数分)以下	数十ms	数十ms
許容遅延変動	数秒(数分)以下	数ms	数ms
許容データ廃棄率	10^{-9}~10^{-12}	10^{-9}~10^{-12}	$< 10^{-2}$

例題 1-14
動画像の特徴と，それを活用した動画像情報圧縮の考え方を説明せよ.

1.1 節のまとめ
- 情報通信ネットワークの概要の理解
- ディジタル信号とアナログ信号の特徴の理解
- 交換機やルータの役割の理解
- 通信路の理解
- 情報通信ネットワークを構成する要素やそれを支える技術の理解

1.2　ディジタル化とパケット化

1.2.1　情報のディジタル化

現在の情報通信ネットワークでは，ディジタル化された情報を用いて信号の伝送が行われている．アナログ信号は，雑音などの影響に弱いこと，複製・保存処理などによる品質劣化とその補正・修正が不可能なこと，他の情報との統合・融合などの処理が困難なことなどの欠点がある．ディジタル信号はこれらの欠点を克服しているだけでなく，次のような特徴を有する．

- 処理がしやすく装置やシステムが安価に構築可能．
- 長距離伝送に際しても信号誤りが発生しにくい．また発生しても補正が比較的簡単にできる．
- 加工編集などがしやすい．

ディジタル化の第一の理由は，LSI (large-scale integrated circuit) やコンピュータとの整合性がよいため，ディジタル信号を取り扱う装置等がアナログの場

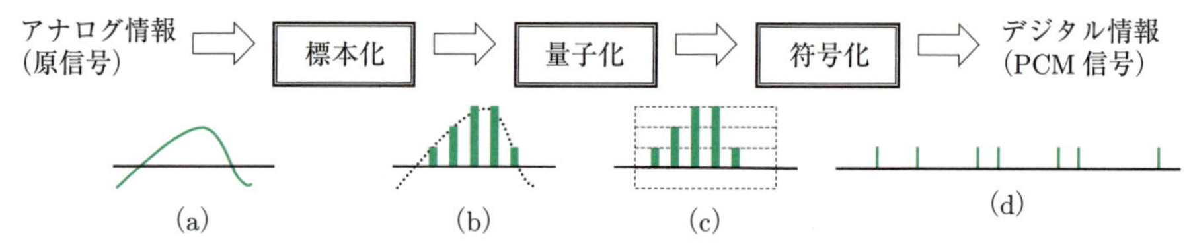

図 1.11　アナログ信号とディジタル信号 (PCM 方式)

合に比べて安価に実現でき，低廉なシステムとなることである．また，ディジタル信号伝送においては信号が徐々に減衰するが，途中で増幅や再生中継などを行うことにより信号劣化 (信号誤り) なしに長距離伝送が可能となる．

自然界の音や音声動画像などはもともとアナログ情報である．これをディジタル情報に変換 (AD 変換：analog-to-digital conversion) して取り出すためには，標本化 (サンプリング，sampling)，量子化 (quantization)，符号化 (encode) の処理が必要となる．図 1.11 に音声信号のディジタル化処理として一般的なパルス符号変調方式 (pulse code modulation：PCM) を示す．ディジタル信号をもとのアナログ信号に変換 (DA 変換：digital-to-analog conversion) しないと聞くことができないが，この処理を復号化 (decode) 処理とよぶ．この処理により，図 1.11(b) に対応する信号であるパルス振幅変調方式 (pulse amplitude modulation：PAM) に対応する信号が生成され，これを低域フィルタに通すことにより原信号 (図 1.11(a)) が取り出される．

標本化 (サンプリング) とは，多くの対象情報の中からいくつかの情報をその情報全体を表す代表として取り出すことをさす (世論調査におけるサンプル調査など) が，ディジタル化におけるサンプリングも同じ意味で用いられる．ディジタル化においては，連続した信号であるアナログ信号の一定時間 (例えば T 時間) 間隔ごとの信号を取り出す．最初のアナログ信号の連続信号を $f(t)$ とすれば，取り出された信号列は，以下の離散信号となる．

$$f(0),\ f(T),\ f(2T),\ \cdots,\ f((k-1)T),\ f(kT),\ \cdots$$

ディジタル化処理では，時間区間 $[kT, (k+1)T]$ の信号の値を $f(kT)$ 一定と見なす．このような処理を標本化処理 (サンプリング処理) という．

標本化処理では，標本化間隔 (上記の T) の設定が重要になる．サンプリング間隔があまりに大きいと，もとのアナログ信号が再現されない (図 1.12).

どのような時間間隔で標本化すればよいのかに応える原理が標本化定理 (sampling theorem) である．これは，もともとの信号に $f_{\max}$ [Hz] より大きい周波数

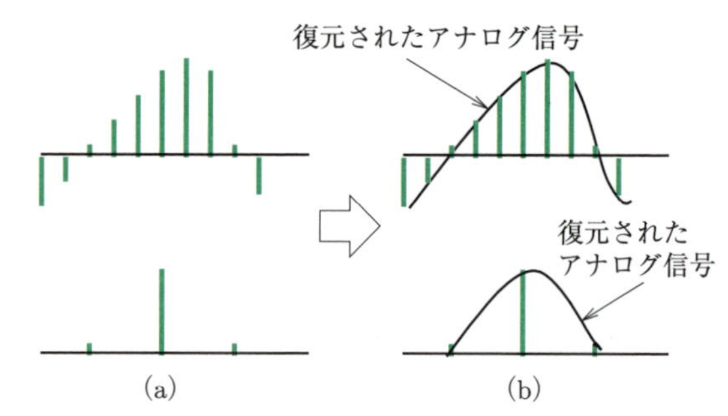

図 1.12　標本化間隔 (a) と復元アナログ信号 (b) の関係

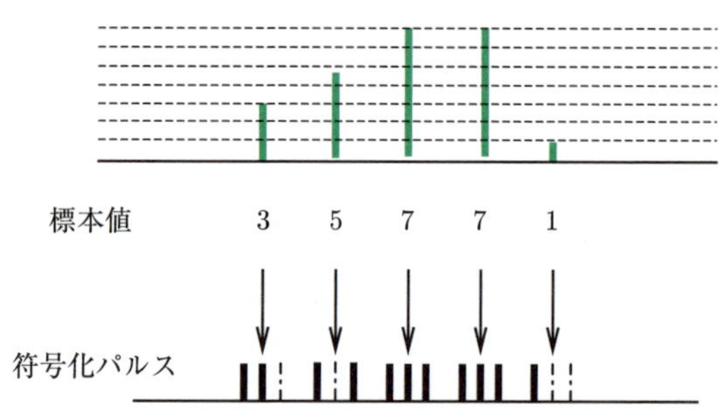

図 1.13　量子化処理と符号化処理

成分を含まなければ，$1/(2f_{\max})$ よりも短い標本化時間間隔にすると，もとのアナログ信号が損なわれずに再現できるというものである．人間の可聴域は，下は 20 Hz から上は 15 000～20 000 Hz とされている．これによれば，$1/40\,000 = 25\,\mu$s (マイクロ秒) とすればよいことになる．「ディジタル処理された信号は深みがない」，「音に厚みがない」などの感想を漏らす人がいるが，そうした人は可聴域がもっと広いのかもしれない．なお，電話の場合 $2f_{\max} = 8$ kHz となっている．

標本化処理により標本化時間間隔ごとの離散値が得られるが，まだアナログ値である．これを，振幅の最大値を上限として適当な値でスライス (これを量子化ステップとよぶ) することにより，各標本化された値をいちばん近い量子化ステップの値とする (図 1.13).ステップの数は，どの程度振幅にレベル差を設けるか (すなわちどの程度の精度にするか) による．

量子化では当然ながら誤差 (丸め誤差) が生じ，これを量子化雑音 (quantizing noise) とよぶ．誤差を抑えるためには量子化ステップ幅を小さくすればよいが，そ

れだけレベルを表す情報が必要となる(2 進法で表すため，レベル数を倍にすると標本点ごとに 1 ビットの情報が増加) ため，それだけ伝送量が増えることになる．

符号の良し悪しを評価する尺度の一つとしては，信号電力 S と量子化雑音 N_0 の比，S/N_0 が用いられる．この式からもわかるように，一般に信号振幅が小さい場合は，量子化ステップ幅を小さく，信号振幅が大きいときには，量子化ステップ幅を大きくとり，小さい振幅幅の信号と大きい振幅幅の信号の S/N_0 を近づける量子化 (非直線量子化) が用いられる．

量子化で離散値として表現された標本値をパルス列に変換するのが符号化 (coding) である．例えば電話信号の場合は 8 ビットの 2 進信号 (2^8 個の振幅値) で表現される．図 1.13 に 3 ビットの表現例を示す．

以上，送信側の符号化処理について述べてきたが，前述のように，受信側では受信した 2 進信号から量子化・符号化の逆の過程により PAM パルス列を再生することができる．PAM パルス列からもとのアナログ信号を取り出すためには，低域フィルタに通して PAM パルス列の包絡線の信号を取り出せばよい．

例題 1-15

ディジタル方式の特徴を述べよ．

例題 1-16

周波数 5 万 Hz まで忠実に再現するためには標本化間隔をいくつにすればよいか?

[解答例] 10 μs 以下．

1.2.2　パケット化された情報の転送方式

ディジタル化された情報を転送する場合は，定められた長さの情報に分割し，分割された各情報の先頭にヘッダとよばれる情報を付加(パケット化，図 1.14) して送る．ヘッダには，宛先，送信元，分割された情報の何番目であるかを示すシーケンス番号などが格納されている．

伝統的な電話では，電話ネットワーク全体が一元的に管理され通信品質と信頼性が維持されてきた．情報の伝達方式は，エンド・ツー・エンド (end-to-end)，すなわち送信側と受信側間でコネクション確立型 (connection oriented) 通信である．これは，通信 (通話) に先立ち，通信に必要となる資源 (回線など) があらかじめ確保・接続される方式である (図 1.15)．例えば，A の利用者が B の利用者と話をする要求を出した (電話番号を入力) 場合，電話ネットワークでは両者の通信に必要な A から B に至るすべての回線 (図 1.15 の太線部分) が確保され通話が終わるまで開放されない．すべての情

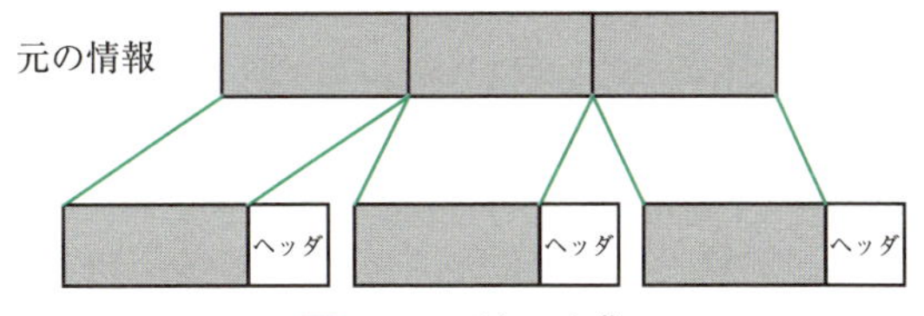

図 1.14　パケット化

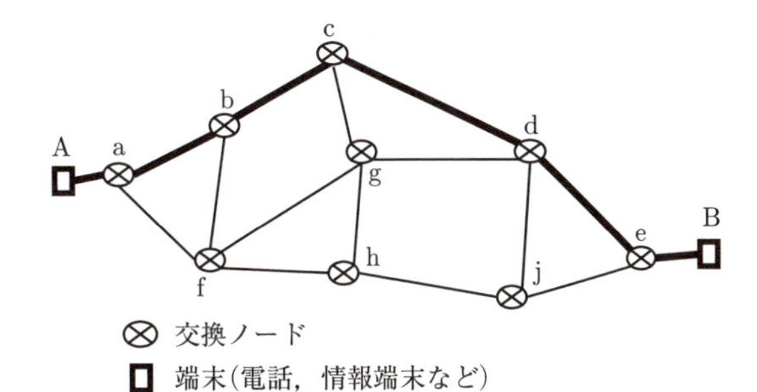

図 1.15　情報転送方式 (コネクション確立型)

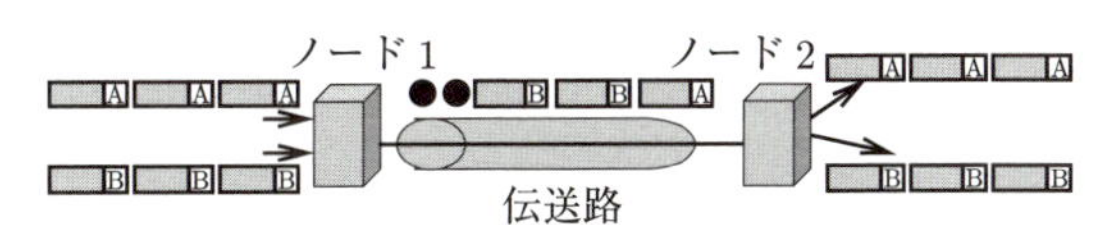

図 1.16　パケット情報の伝送

報はこの回線経路上で (順序を保って) 伝送される．他からの擾乱を排除した方式で，高信頼，低遅延で高品質の通信向きの方式である．

この方式の問題点は，エンド・ツー・エンド通信の終了まで通信回線が占有されるため，回線の利用効率がきわめて低いということである．例えば，コールセンターの問合せ窓口業務等を考えると，センターの担当者は客の要望を聞きながらセンターのデータベースにアクセスすることになるが，大部分の時間は客との応対の時間であり，データベースへのアクセスはきわめて短時間である．この間，データベースアクセスの回線は占有される．また，客と担当者の回線の利用率も決して高くない．

このような対話型の形態で通信を効率よく行う (回線利用効率を上げる) ためには，先に述べた情報のパケット化が有効である．伝送路上では，他の送り主から送信されたパケットと混在して送られることになるため，回線の利用効率が上がる．このように，他の利用者と通信回線を共有して用いる技術を多重化技術とよぶ．簡単な多重化の概念を図 1.16 に示す．

パケットの転送に際しては，あらかじめ伝送のための必要な回線を確保する必要はない．パケット送信するごとに最も適した回線を選択して隣接のノードに送り，そのノードからのパケット受信完了 (Ack) の信号受信

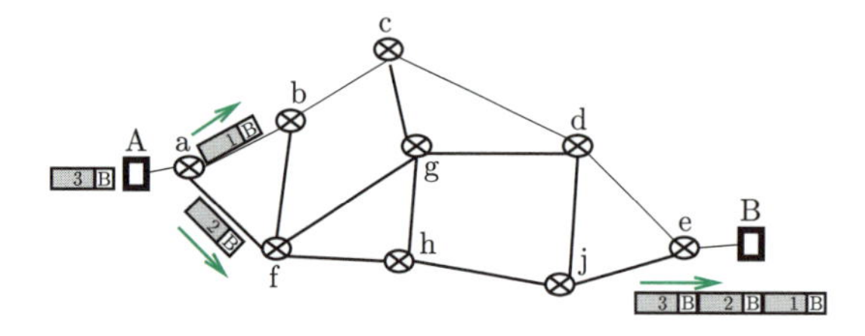

図 1.17　パケット送信 (コネクションレス形式)

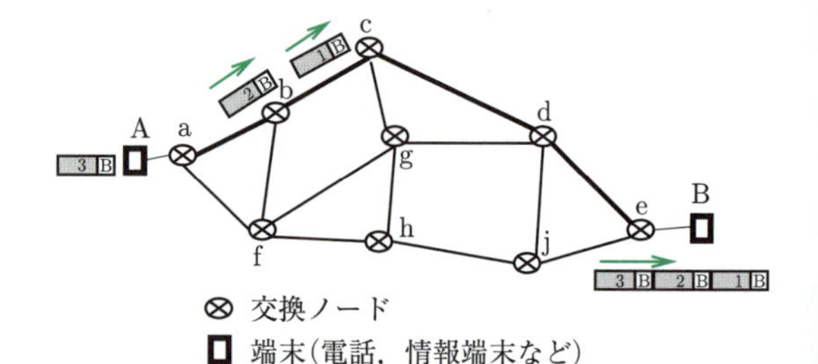

図 1.18　パケット送信 (バーチャルサーキット形式)

によりそのパケット送信は完了する．受信完了信号が一定時間内に帰ってこない場合や受信不完了 (Nack) の信号を受信したときは，同じパケットの再送信を行う．このように送信開始時にエンド・ツー・エンドの接続を確立する必要がないという意味で，コネクションレス (connectionless) 通信とよばれる．

コネクションレス通信には大別して 2 通りの方式，データグラム (datagram) 形式とバーチャルサーキット (virtual circuit) 形式がある．コネクション確立型通信の説明に用いたネットワーク図を用いて二つの形式の違いを説明する (図 1.17).

データグラム形式では，A から三つのパケットを送る場合，最初のパケット送信時に，隣接の二つのノードのどちらに送るべきかを経路制御表 (routing table) に基づき決定し (この場合 b へ) 送信する．2 番目のパケットも同様に決定されるが，ネットワークの混雑具合などにより経路制御表が変更されて別隣接ノード (図では，ノード f) が選ばれる場合がある．通信はエンド・ツー・エンドの回線の接続が確立されず，個々のノード間の通信の連続により構成される．コネクションレス通信では，目的地までは各パケットがもともとの順番とは独立に送信される．このため，宛先にパケットが到着したとき，パケットの順番が逆転する場合がある (例えば，パケット 1，パケット 3，パケット 2 の順). 宛先端末ではヘッダに書き込まれたシーケンス番号により正しい順番に入れ替え (これを順序制御とよぶ), ヘッダを取り除いて連結し，もとの情報を復元する．

バーチャルサーキット形式では，データパケットを送る前に制御用パケットを送信する．この制御用パケットにはパケットの経路を確定するための情報が設定されている．各ノードは設定された経路にパケットを転送するだけでよく，パケットごとの経路選択を行う必要がない．また，図 1.18 のようにすべてのパケットが同じ経路をたどるので，順序制御の必要がない．バーチャルサーキット形式では，利用者からみるとあたかもコネクション確立型通信と同じように見えるので，この名がある．回線の占有は行われず，パケット通信の利点は何ら損なわれていない半面，コネクション確立型が有する高信頼や低遅延の特徴はない．

例題 1-17

コネクション確立型とコネクションレスの通信の特徴をまとめよ．

例題 1-18

バーチャルサーキットの特徴を述べよ．

1.2 節のまとめ

- ディジタル化効用の理解
- 標本化，量子化および符号化の理解
- パケット伝送の基本的動作の理解
- コネクション確立型通信とコネクションレス通信の理解

1.3 ネットワークの階層構成とプロトコルの階層化

1.3.1 ネットワークの階層構成

広範な地域に多くの利用者が散在している場合，一つの交換機ですべての利用者を接続するのは，交換機の性能からも通信路の敷設費用の面からも限界がある．このため，地域ごとに利用者を集約して交換機に接続し，地域間での通信は必ず交換機を介するようにした方が，情報通信ネットワーク創設費用の低廉化と拡張性 (利用者が増加したときのネットワーク増設や機能追加) 保持および保守・維持管理の容易性の上からきわめて有利である (図 1.19)．例えば，距離の離れた二つの市にまたがって利用者を収容する (図 1.19(a)) よりは，市ごとに交換機を設置 (図 1.19(b)) した方が，通信路の敷設費ははるかに低廉化できる．また，新たな利用者が出てきた場合も，その利用者のいちばん近い電話局に接続するようにすれば簡単に対応できる．こうした考えをより広い地域に順次あてはめ，現在の電話網は図 1.20 に示すように階層構成となっている．こうした考え方は集配信センターを利用した物流システムなどにも同様の構造がみられる．

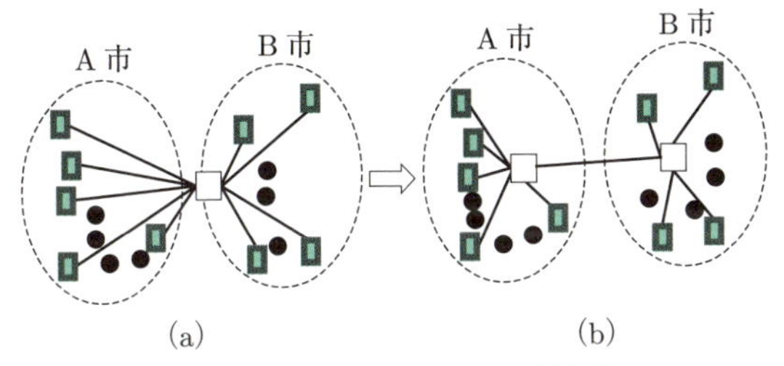

図 1.19　電話交換機設置の考え方

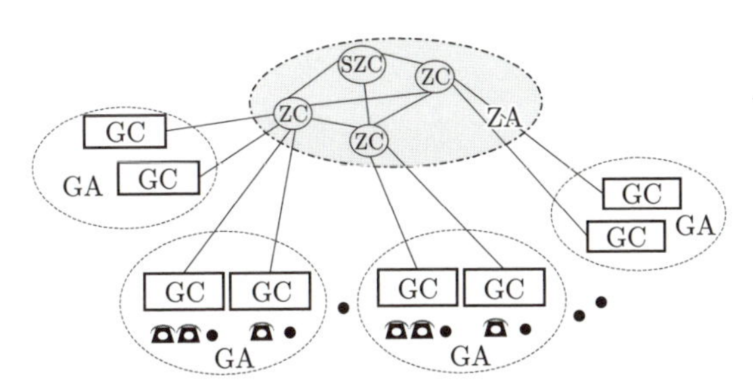

図 1.20　電話網の構成例．SZC: special zone center, ZC: zone center, GC: group center, ZA: zone area, GA: group area.

電話利用者は GC (group center) とよばれる交換機に接続される．GC は，そのエリア内 [GA (group area)] の電話機と接続する機能 (加入者線交換機とよばれる．インターネットの場合のエッジルータに対応) と，隣接の GC およびより上位の交換機 [ZC (zone center)] と接続する機能 (中継交換機とよばれる．インターネットの場合の中継ルータに対応) を有する．ZC は，複数の GA 内の GC との中継機能および ZC 間，および SZC との中継機能を有する．また，ZC は利用者を直接接続する機能はもたず，GC との間で機能分担を行っている．特定の大規模中継機能を収容する交換機局は，SZC (special zone center) とよばれ，ZC 間の回線を効率的に接続する機能を担っている．

インターネットのネットワーク階層構成の概念図を図 1.21 に示す．図 1.20 の電話網の場合と同様な機能配置が行われている．地域ネットワークに配置されたルータ (エッジルータ) は，収容している利用者の管理や各種提供サービスの管理に集中し，一方バックボーンに配置されたルータ (中継ルータ) は高速の中継に特化することにより性能向上を図っている．

電話ネットワークやインターネットの情報通信ネットワークが階層構成 (図 1.19，図 1.20) をとることの利点をまとめると以下になる．

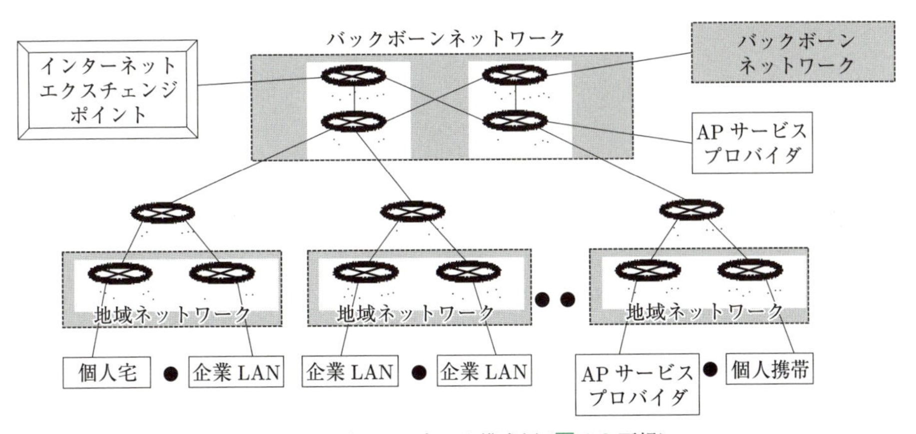

図 1.21　インターネット構成例 (図 1.9 再掲)

- 通信路敷設の軽減・経済化
- 不要な情報転送量の抑制 (地域だけで利用されるデータはできるだけ地域内に留め, 他に転送しない)
- 機能特化による中継処理等の高性能化

最初の事項についてはすでに詳しく述べたので, 他の事項について若干補足する. 現在, インターネットでの情報転送量は年率1.4〜1.6倍の割合で増加を続けている. このペースで増加を続けると15年後は100倍〜数千倍となることが予測される. これに比例して情報通信ネットワーク (ルータやその他の通信関連機器など) 上で消費される電気エネルギーの大幅な増加が危惧されている. 革新的な伝送装置の開発や, 全光ネットワークの実現でのエネルギー消費抑制が期待されるものの, これらの対処だけでは十分でない. バックボーンネットワークに流れる情報を抑制することがきわめて重要となる. このための一つの対応策が, 地産地消をもっと徹底させることや, 一度送った情報はできるだけ送らないという, いわば, 情報転送の仕方に関する取組みで, このことによりバックボーンへの情報転送を極力抑え込むという考え方である. このような種々の研究技術開発がなされており, 今後の発展に期待したい.

例題 1-19
ネットワーク機能階層化の効用をまとめよ.

1.3.2 プロトコルの階層化

すでに1.1.3項で概観したように, コンピュータ通信における開放型システム間相互接続 (OSI) は, 異なるベンダ・機種のコンピュータを相互接続するための7階層プロトコル機能仕様である. この作成においては, 次の点に注意が払われた.

- 将来の新技術や新製品への迅速な対応
- 通信機能の論理化と仮想化
- 各階層の機能仕様の独立性の維持
- オーバーヘッドの最小化

これらの達成のため, 各階層の機能は重複を排し, 極力少数のプロトコルで全体を構成している. また, 各階層間での情報授受はできるだけ少ない回数で行うことができるように機能を配置し, 他の階層に別の階層が依存した, または影響を受けた動作をしないような基本設計概念となっている.

こうしたことにより, 各階層は独立に発展を遂げることが可能となった. 新しい通信デバイスの登場の場合には, 最も最下層である物理層に機能追加をするだけで, 迅速かつ最小限の開発費用でシステムに取り込むことができる. また, 新しい機能をプロトコルに追加する必要が出た場合は, 当該プロトコルを実装している階層部のみに機能追加をすればよい. また, システムに不具合が出た場合も, 不具合箇所の同定が簡単で保守・維持作業の簡素化が図れるという利点がある.

表 1.6　プロトコルの階層化 (OSI参照モデルとインターネット)

	OSI参照モデル	インターネットプロトコルの階層
第7層	アプリケーション層	アプリケーション層
第6層	プレゼンテーション層	
第5層	セッション層	
第4層	トランスポート層	トランスポート層
第3層	ネットワーク層	ネットワーク層
第2層	データリンク層	リンク層
第1層	物理層	

OSI参照モデルは国際標準化機関が主導して作成されたものであるが, インターネットにおけるプロトコルの階層化の検討は, インターネット仕様の国際標準化団体である IETF (Internet Engineering Task Force) で OSI の検討とは独立に進められた. インターネットにおける階層間の関係や基本設計概念は, ほぼ OSI と共通している. 両者のプロトコルの対応を表 1.6 に示す.

二つのコンピュータまたは通信機器が通信するときには, 二つの同じレベルプロトコル層が互いに通信する形式をとる. アプリケーション層から順次下の層に送られていくごとに各層ではヘッダを付加される. OSI参照モデルを用いた場合のヘッダ付加の様子を図 1.22 に示す. 途中中継ノードを通る場合, 中継ノードの処理は, ネットワーク層までの処理となる.

例題 1-20
OSI参照モデルの効用を述べよ.

例題 1-21
「各階層の機能仕様の独立性の維持」は, プロトコルの拡張や維持管理の上でどのような利点となるか述べよ.

a. インターネットプロトコルの階層構造

インターネットプロトコルは, リンク層, ネットワーク層, トランスポート層およびアプリケーション層の4階層からなる. リンク層を OSI 参照モデル同様物理層とデータリンク層に分離した5階層で表す場合も多い. これは, 物理的な機能仕様は独立して表現した方が対応しやすいという考えからである.

リンク層はデータリンク層またはネットワークインターフェイス層ともよばれ, 伝送路の物理的属性, 信

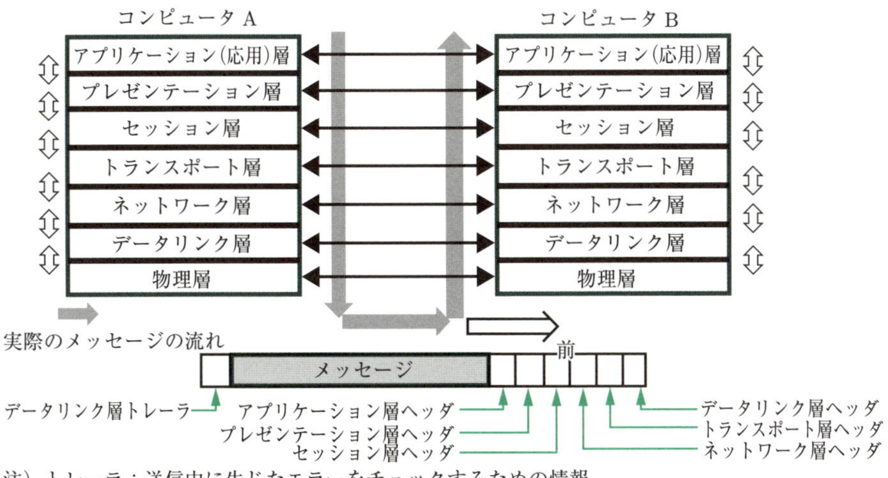

図 1.22　OSI 参照モデルの通信の概念

号形式，物理アドレス (media access control：MAC) などを規定しており，デバイスドライバやネットワークインタフェースカードなど物理的装置に機能集約されている．LAN に用いられるイーサネットはリンク層の代表例である．

ネットワーク層はインターネット層ともよばれる．インターネットの基本的単位であるパケットを目的端末に届けるために必要な事項を規定している．プロトコル階層ごとにアドレスを規定しているが，ネットワーク層のアドレスを IP (internet protocol) アドレスとよぶ．現在主流の IPv4 では 32 ビット長のアドレス空間で，すでに新しい割当ができない状態になっている．この階層のプロトコルとしては，IP, ICMP (internet control message protocol)，IGMP (internet group message protocol) がある．IP 以外のプロトコルは，ネットワークの状態確認などの機能をもち，IP パケットに乗せて送信される．

トランスポート層には TCP (transmission control protocol) と UDP (user datagram protocol) の二つのプロトコルがあり，いずれもアプリケーション層との通信形式を規定している．TCP では複数回の IP パケットの送受信からなるセッション (一つのまとまった処理としての概念) を規定しており，通信誤りの検出と再送処理などの機能も活用できる．アプリケーション側からはあたかもコネクション確立型通信が提供されているように見える．TCP ではアプリケーション間の接続を確立して通信誤りの検出と再送処理などの機能が活用できる．UDP では，通信誤り処理などはアプリケーションに委ねられており，その分高速な処理が可能である．

6 Byte	6 Byte	2 Byte	46–1500 Byte	4 Byte
宛先アドレス	送信元アドレス	タイプ	データ	CRC

図 1.23　イーサネットフレームの構造

アプリケーション間では，Web (HTTP)，電子メール (SMTP)，ファイル転送 (FTP)，ドメイン名システム (DNS) など，用途ごとに規定されたプロトコルなどを用いて通信が行われる．

b.　イーサネットと MAC アドレス

LAN 構築ではイーサネットが用いられる．イーサネットは，米国ゼロックスのパロアルト研究所で局舎内のコンピュータを接続するために考案され，初期は同軸ケーブルが利用された．現在は主に対線 (ツイストペアケーブル) や光ケーブルが LAN 構築に用いられている．

イーサネットでの情報伝送単位をフレーム (frame) とよぶ．フレームの先頭には宛先アドレスと送信元アドレスが置かれる．イーサネットのアドレスは MAC アドレスとよばれ 6 Byte 48 bit 長である (図 1.23)．次の 2 Byte のタイプフィールドは上位層プロトコル選択のため以下のように設定される．

- IPv4 の場合，0x0800
- IPv6 の場合，0x86DD
- ARP の場合，0x0806

最後のフィールドが伝送誤りを検出するためのフィールド CRC (cyclic redundancy check) である．送信時に送信データについて計算した値を CRC に設定し，受信データに対して同じ式で計算した値との突合を行い，受信データに誤りがないかを確認する．エラー検出時

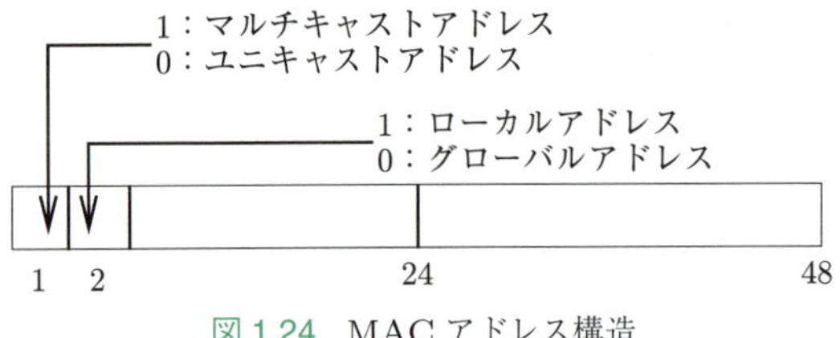

図 1.24　MAC アドレス構造

は受信データを破棄する．ARP (address resolution protocol) はインターネット接続のため，IP アドレスと MAC アドレスの変換を行うためのものである．ARP によるアドレス解決は，インターネットプロトコルでのブロードキャストをイーサネットのブロードキャストにマッピングすることで実現している．具体的には，自身の IP アドレスと相手の IP アドレスを入れた IP パケットをデータとして，宛先をブロードキャスト，フレームタイプを ARP としたフレームを送信する．受信した端末はデータ中の宛先アドレスが自分なら応答を返す．これにより双方が IP アドレスと MAC アドレスの対応を知ることができる．

MAC アドレスの構造を図 1.24 に示す．前半の 3 バイトを OUI (organizationally unique identifier) とよぶ．図中でローカルアドレスとはその LAN だけしか使えないアドレスであり，グローバルアドレスは世界中でユニークなもので，IEEE がネットワーク製造機器業者に対して OUI の重複がないよう一元的に割り当てている．

c. インターネットのアドレス構造

インターネット IPv4 のアドレスは，4 バイト 32 ビット長であり，各バイトの値を 10 進数値に変換して各バイト間を「.」で区切って表現する．例えば，0x0D0B0C0A は 13.11.12.10 と表現される．IP アドレスの構造を図 1.25 に示す．

IP アドレスは，ネットアークアドレス部とホストアドレス部からなり，世界中でユニークなものである．IP アドレスはネットワーク部の値により A〜D のクラス (実験用としてクラス E が規定され，その範囲は

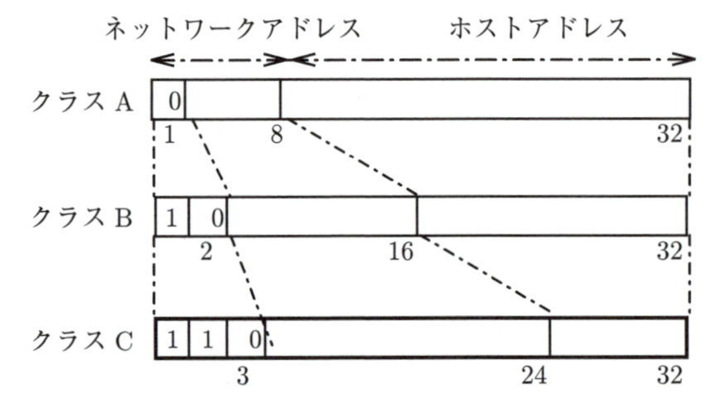

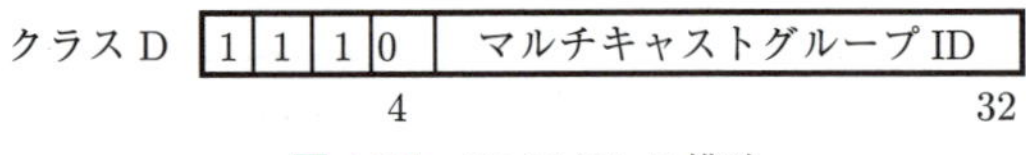

図 1.25　IP アドレス構造

255.0.0.0〜255.255.255.255) がある．ホストアドレス部が大きいほど収容されるホスト数が多くなるのでネットワークは大きなものとなる．IP アドレスが重複しないよう管理が必要であり，インターネットのドメイン名の名前管理は ICANN (Internet Corporation for Assigned Names and Numbers) が行い，IP アドレスやポート番号の管理は IANA (Internet Assigned Numbers Authority) が行っている．

以上述べた IP アドレスは，グローバルアドレスとよばれ，世界中どこでも通用するユニークなアドレスである．これに対して，社内システムや ISP (internet service provider) 内では，その内部でのみ通用するアドレスを割り当てて，内部ユーザ間や外部インターネットとの通信が行われる．このようなアドレスをプライベートアドレス (private address) とよぶ．プライベートアドレスは，固定的もしくは通信開始時 (例えば ISP との接続時) に割り当てられ，外部との通信時には，そのネットワークが保有するグローバルアドレスが一時的に払い出されて通信が行われる．

例題 1-22

IP アドレス「13.11.12.10」のクラスは何か．また，クラス C のアドレスの範囲を示せ．

[解答例]「13.11.12.10」はクラス A．クラス C のアドレス範囲は，192.0.0.0–223.255.255.255.

1.3 節のまとめ

- ネットワーク機能の階層構成の理解
- ネットワークプロトコルの階層構成の理解
- OSI 参照モデルとインターネットプロトコルの違いの理解
- アドレス付与方法の理解
- グローバルアドレスとプライベートアドレスの理解

1.4　ネットワーク設計評価・性能評価技術

情報通信ネットワークの構築や増設にあたっては，現時点での利用状況や将来の需要予測が重要である．これらの需要予測等に基づいて，最適なネットワークを設計することになる．ここで，最適なネットワークとは，機能や性能等の顧客 (利用者) 満足度 (customer satisfaction：CS) を保証しつつ最も経済的なネットワークであることをさす．顧客満足度を保証するということを電話の場合に当てはめて考えると，電話をかけたいときに必ず電話が使えること，ネットワークの混雑 (輻輳) で通話が待たせられること (遅延) がないこと，通話品質がよいことや低廉であることなどが挙げられる．一方，ネットワークサービス事業者 (キャリア) の立場からは，できるだけ経済的に情報通信ネットワークを構築し，ネットワークの拡張やサービス追加が柔軟かつ迅速にできることが望まれる．

情報ネットワークの設計では，どの場所に利用者を収容するノード (加入者線交換機，またはエッジルータ) を設置するか，どの場所に中継ノードを設置するかが求められる．設計の次段階では，各ノードの能力 [CPU 能力，同時接続数，回線数 (伝送容量)] やどのノードと接続するかなどを決める必要がある．1.1 節で述べたように，どの場所にノードを設置するか，またどのノードと接続するかを決めるのは最も基本的なものであり，この良し悪しによりネットワークの様相が大きく異なり，通信量にも大きく影響する．このような設計技術はグラウンドデザインとよばれる．

また，各ノード間の伝送容量 (回線数) を設計する際には，どのような経路にすれば最も経済的かを評価することが必要である．経路選択 (routing) には，最初に設定した経路と同じ経路を選択する固定的ルーティング (static routing)，ネットワークの混雑状況に応じて動的に変更する適応的ルーティング (adaptive routing)，混雑状況に閾値を設け，閾値を超えたか否かで固定的ルーティングと適応的ルーティングを使い分けるハイブリッドルーティング (hybrid routing) などがある．各々の方法でいかほどの伝送遅延が生じるかなどを評価するのに，ネットワークグラフ (network graph) が活用される．

ネットワークグラフ G は，頂点の集合 V と頂点を結ぶ枝 (辺) の集合 E を用いて，$G=(V,E)$ と表す．頂点を通信ノード，各枝をそのノード間の通信時間とすると，任意のノード間の遅延時間はそのノード間の経路を移動する時間に対応する．遅延時間がいちばん少ないルートはネットワークグラフの最短経路問題に対応し，その解はダイクストラ (Dijkstra) の最短経路アルゴリズムで求まる．例えば図 1.26 の例では，頂点 S から頂点 L への最短経路は S→B→C→D→L であり，その値は 14 となる．最短経路アルゴリズムとしては，他に Bellman–Ford のアルゴリズムがよく用いられる．実際の情報通信ネットワークへの適用に際しては，いくつかのアルゴリズムを組み合わせて用いるのが一般的である．

一方，各ノードや通信路の利用率は利用者の動向に大きく依存し，また利用状況もいろいろ変動する．このため，利用状況などを確率変数として表現して解析的に評価することや，数値的に解くことが情報通信ネットワーク設計や性能評価に欠かせない．こうした理論体系をトラヒック理論 (traffic theory) とよぶ．トラヒック理論は数学の分野では待ち行列理論 (queuing theory) とよばれる．待ち行列とは，あるサービスを受けようとして窓口に並んだ人が，窓口にはどのぐらいの人がいるのか，自分の番になるまでどれくらい待たなければならないか，待合室にそもそも入れるのかなどの問題を解析的に解こうとするものである．

持ち行列のモデル (図 1.27 の下図) は，一般にケンドール (D.G. Kendall) の表記，$A/B/S/K$ が用いられる．ここで，A，B，S および K は以下のとおりである．

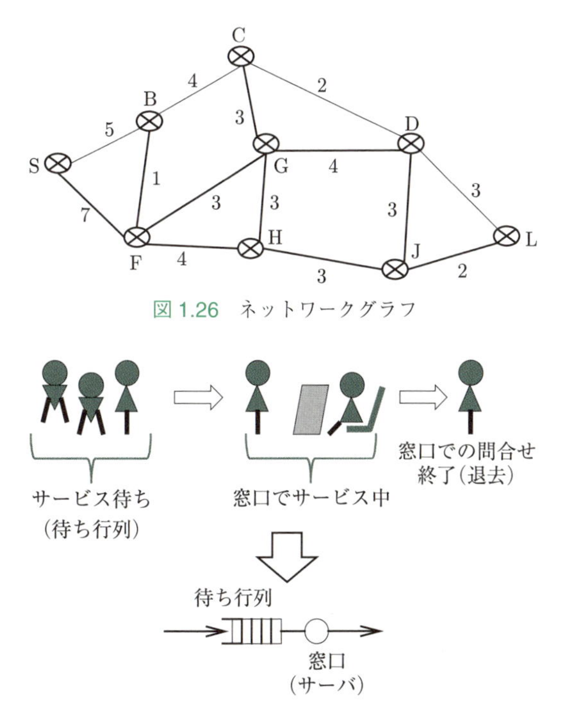

図 1.26　ネットワークグラフ

図 1.27　持ち行列の疑念図と待ち行列モデル例

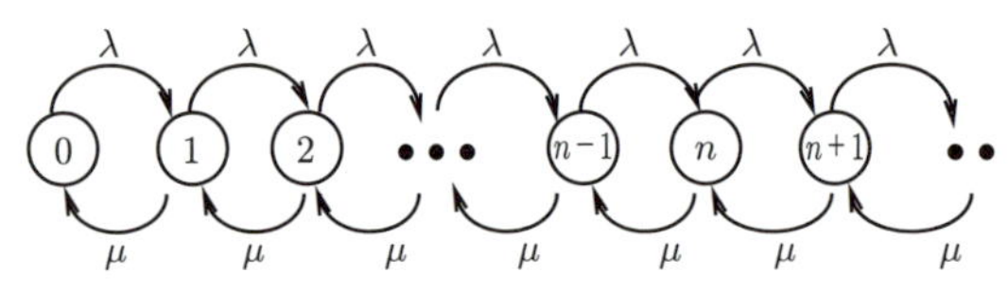

図 1.28　$M/M/1$ の状態遷移図

- A: 待ち行列への客の到着時間間隔分布 (平均 λ) (arrival process)
- B: サービス時間間隔分布 (平均 μ) (service time)
- S: 窓口の数 (number of servers)
- K: 最大客数 (システム内の客数の最大値 (capacity)

図 1.27 で，到着時間間隔がポアソン到着，サービス時間間隔分布が指数分布に従い，$K = \infty$ のとき，$M/M/1$ と表される (K が ∞ である場合，その表記は省略するのが一般的である)．なお，サービスの時間間隔が一定分布 (constant) の場合は $M/D/1$，どのような分布でもよい (general) 場合は $M/G/1$ と表記する．

$M/M/1$ は，待ち行列では最も基本的なモデルである．以下このモデルについて，いくつか基本的な事項を説明する．$M/M/1$ では，到着はポアソン分布，サービスは指数分布であり，ともに無記憶性 (次の到着やサービス終了がその前の到着時刻やサービス終了時刻に無関係に生起するということ) である．いま，システムにいる客の人数 (s) で各時点でのシステム状態を表すものとする．つまり，客が i 人である状態を，$s = i$ と表し，その確率を p_i，$\mathrm{Prob}(s = i) = p_i$ とする．このときの，定常状態における状態遷移図 (state transition diagram) を図 1.28 に示す．

図 1.28 で，定常状態においては，ある状態から他の状態に遷移する割合 (流出確率) と，その状態に遷移してくる割合 (流入確率) が等しいことに着目すると以下の式が得られる．なお，$\lambda/\mu = \rho < 1$ とする．

$$\lambda p_0 = \mu p_1 \tag{1.1}$$

$$(\lambda + \mu)p_n = \lambda p_{n-1} + \mu p_{n+1} \tag{1.2}$$

$$\sum p_n = 1 \tag{1.3}$$

これを解いて，

$$p_n = (1 - \rho)\rho^n \tag{1.4}$$

また，平均の客数は，$\overline{Q} = \sum np_n$ より

$$\overline{Q} = \rho/(1 - \rho) \tag{1.5}$$

平均系滞在時間 $\overline{W}$ と平均システム内人数 $\overline{Q}$ との間にはリトルの公式

$$\overline{Q} = \lambda\overline{W} \tag{1.6}$$

が成立するので，

$$\overline{W} = \overline{Q}/\lambda = 1/(\mu - \lambda) \tag{1.7}$$

となる．

実際のシステム構築では，収容できる客の数 (すなわちバッファ数) K を無限大にはできないので，持ち行列モデルとしては，$M/M/1/K$ や $M/M/S/K$ などが用いられる．このようなモデルで，ある客が到着したときシステム内の客数が最大客数 K であるとき (その割合は p_K)，客はシステムでのサービスが受けられない (サービス棄却)．したがって，p_K については，利用者満足度を満たす許容限度以下に抑えることが求められる．これらの値を検討することにより，ノードの CPU の性能 (μ の値や S の値に関連)，バッファの数や回線容量 (K の値や λ の値に関連) を求めることができる．このような手法は，できあがったネットワークにおいて，現在のネットワークの混み具合を評価する際や，将来の需要予測により，ネットワークがどのような混雑状態になるかを予測評価する際にも使われる．

以上のような解析的手法には限界がある．例えば一つのノードを待ち行列に忠実に表現できたとしても，そのモデルが解析できるとは限らない．また，複数のノードが連結しているような複雑な構造をもつネットワークをそのまま解析的に解くことはほぼ困難である．

このため，実際には，シミュレーションを用いて解を求めることが多い．ネットワークグラフや待ち行列モデルによって大体の目安や見通しを得てから，より詳細な分析により，評価の精度を上げることができる．

例題 1-23

図 1.26 のネットワーク図で頂点 S から頂点 L への最短経路の値が 14 であることを証明せよ．

例題 1-24

式 (1.5) を証明せよ．

[解答例]

ヒント：$\overline{Q} = \sum np_n = (1 - \rho)\sum n\rho_n$

$\sum n\rho^n - \rho\sum n\rho^n$ を計算し，$\sum n\rho^n$ を求める．

例題 1-25

$M/M/1/K$ の場合の状態遷移図を描け．また，そのときの状態式を書け．

[解答例] ヒント：状態は，状態 $s = 0$ から $s = K$ までであることに留意．

例題 1-26

$M/M/n$ の状態遷移図を描け．また，そのときの状態式を書け．

[解答例] ヒント：サービス率が $n\mu$ になることに注意．

1.4 節のまとめ

- ネットワークの性能評価の必要性の理解
- ネットワークグラフの基礎の理解
- 待ち行列モデルの基礎の理解

1.5 情報通信ネットワークのソーシャルデザイン

情報通信ネットワークは，電気や水道などと同様，私たちの生活には必要不可欠な社会インフラ (social infrastructure) となっている．従来は送信者と受信者間の情報伝達の手段として用いられていたものが，現在では新しい慣習や文化を生み出し，新しい生活スタイル・社会構造の変革や醸成を牽引している．このような流れは将来の私たちの社会生活を豊かにする上で大きな役割を果たすことが期待されている．しかし同時に，さまざまな課題も浮上してきている．

社会インフラとしての情報通信ネットワーク自体が抱える課題は，持続的社会で安全にかつ信頼して使えるネットワークの構築である．現在主流になっているインターネットはさまざまな課題があり，特にベストエフォート (品質を完全に保証しない) ネットワークとなっていることから，すべての情報を現在のインターネットで扱うことはできない．一方で，インターネットの特徴ゆえにある程度品質が保たれれば (少々のパケット損失があっても) 構わないという利用者が多いのも事実である．品質を完全に保証するネットワークと保証しないネットワーク，このような二面性を有するネットワークをどう構成するのかは大きな課題である．また，持続可能な社会構築に向け，ネットワークで消費されるエネルギー削減 (1.3.1 項参照) はきわめて大きな課題である．こうした課題解決のためには，従来ネットワークを構成する際の基本概念・方針を含めた検討が必要である．

一方，ネットワークの利用の面からも多くの課題がでてきている．昨今，SNS やブログなどによる個人の情報発信量は飛躍的に増大している．従来，新聞や放送などのマスメディアから受身で情報を入手していたのが，これらの新しい情報発信方法の登場で，能動的にかつ簡単に自分に必要な情報を収集し，また自らも発信することができる手段を獲得できるようになった．これらの新しい情報伝達手段により発信される情報の一部は匿名で発信されている．匿名での発信は，本当に主張したいことを述べるのに具合がよく，口頭ではいえないことが文章では表現できるという特徴がある．一方で，これを悪用し，他人を中傷したり，流言飛語を飛ばしたり，故意に嘘の情報を流したり，他人になりすますなどして情報発信を行うことが多くなっている．これらのことにより，非常に多数の利用者が深刻な被害を受けており，その数は年々大きく伸びている．また，匿名でなくとも，単なる個人の売名や自己満足・愉快等の目的で情報を発信されることにより社会が混乱を受けることもたびたび発生している．また，各種コンピュータウイルスや DDoS などによる攻撃，ホームページ不正アクセスなどの被害も甚大である．

このような課題に対応するには，第一にシステム側の技術的な対応や倫理・運用的側面からの対応が必要になるのは当然であるが，それだけでは不十分である．個々人の意識改革と小学校低学年からの倫理的情操教育，社会環境整備と法律などの整備が必要である．ただ，こうした教育や法整備が統制であってはならない．豊かな将来の構築には，個々の利用者の創意工夫や相互理解が何より大切である．

例題 1-27
現在の情報通信ネットワークの課題を挙げ，その解決策について述べよ．

1.5 節のまとめ

- 社会インフラとしての情報通信ネットワークの課題の理解
- ソーシャルデザインの面からの新しい情報通信ネットワークが目指すべき方向性の理解

参　考　文　献

[1] 羽鳥光俊 監修：わかりやすい通信工学 (コロナ社, 2006).
通信工学の基礎基本の理解のためハードからソフトまで網羅的に解説.

[2] 谷口 功：図解入門よくわかる最新通信の基本と仕組み (秀和システム，2011).
通信の仕組みを平易な図解で解説.

[3] 野坂邦史，村谷拓郎：新版 衛星通信入門 (オーム社，1994).
衛星通信の概念や開発の歴史をわかりやすく解説.

[4] 土井美和子，萩田紀博，小林正啓：ユビキタス技術 ネットワークロボット—技術と法的問題 (オーム社, 2007).
ネットワークロボットの研究成果概要や法的問題について平易に解説.

[5] 池田博昌：情報交換工学 (朝倉書店，2000).
交換技術について体系的に解説.

[6] 情報通信技術研究会 編：第 2 版 新情報通信概論 (電気通信協会，2011).
情報通信ネットワーク技術を体系的網羅的に解説.

[7] 加島宜雄：光通信技術入門 (コロナ社，2005).
学部学生を対象とした光通信の入門書.

[8] 白鳥則郎 監修：情報ネットワーク (共立出版，2011).
情報ネットワークを平易に解説.

2. eラーニング/eテスティング

eラーニング, eテスティングは, 教育・学習の場へのICT (information and communication technology) 導入の一例である. 教育・学習の場でもさまざまなICTが利用されているが, 本章では教育工学という学問分野を紹介した上で, 現在どのようなeラーニングシステム, eテスティングシステムが開発されているかについて説明する.

2.1 現代社会の課題と教育工学

2.1.1 教育工学

教育工学 (educational technology) 研究を一言で表現することは難しい. なぜなら, 教育工学研究は, 幅広い既知の学問分野を背景として成立する研究であり, そして研究が「教育」という実践および「教育」「学習」がもつ課題に寄与できなければ意味がないと考えられるために, 常に教育の対象となる「ヒト」の要請に応じなければならないからである.「ヒト」の要請は時代に応じて変化するものであり,「教育工学」はこれに応えられなければならない. そして, それは学校教育だけではなく, 企業内教育, 社会教育, 生涯教育など, 人生のすべての期間が対象となる. 図2.1は, 背景となる学問と教育工学研究を分類したものである.

図2.1の下部にあるのが, 背景となる学問分野であり, 上部の10分類が, 教育工学研究の分類である[*1]. さらに赤堀[2]は, 教育工学研究を「対象」「手段」「目的」「方法」に分け, 図2.1の10分類をそれぞれ

- 対象：人間の学習過程 (を対象として) 認知
- 手段：メディアなどの情報手段を (用いて) メディア, コンピュータ利用, データ解析, ネットワーク
- 目的：授業や教育改善 (への寄与を目的として) 授業研究, 教師教育, 情報教育
- 方法：教育設計や研究方法 (を提案), インストラクショナルデザイン, 一般

のように説明している. このように, 教育工学は非常に幅広い学問であるため, 一人の研究者がこれらすべてを研究しているわけではない. 授業研究, 教師教育といった分野は, 教育学系の研究者が取り組んでいることが多い. 本章では図2.1の点線で囲んだ部分の内容を中心として, 特に広く社会システムの基盤整備としての役割をもつと考えられるeラーニング, eテスティングについて述べる.

2.1.2 ICTを活用した教育・学習支援

ICTの発展は日進月歩である. こうした新しい技術の発展をふまえ, 文部科学省は平成23年4月に「教育の情報化ビジョン」を策定し, これを受けて平成23～25年度には実証研究として「学びのイノベーション事業」を実施した[3]. その一区切りを迎えた平成26年4月には「ICTを活用した教育の推進に関する懇談会」を設置し, その中間報告書が平成26年8月に出された[4]. この中間報告書の中で, 授業の中でICTを活用することの意義として,「教育の質の向上」があげられている. そして, 教育の質の向上の中身として, (1) 授業の質の向上, (2) 学びの場の多様化, (3) 過疎化や少子化に伴う教育における質の確保などがあげられている. eラーニングもeテスティングも, (1)～(3) に大いに貢献できると期待されている. 日進月歩であるICT技術をうまく生かして新しい学習や教育の形態を模索する研究は, 教育工学において果たすべき役割として最も大きいと考えられる.

例題 2-1
教育にICTを導入する目的について述べよ.

[*1] 赤堀は「編集という作業的意味から, 便宜的に」分類したとしている[2]が, 教育工学研究を概観する上で理解しやすいと考え, 本稿ではこの分類を利用した.

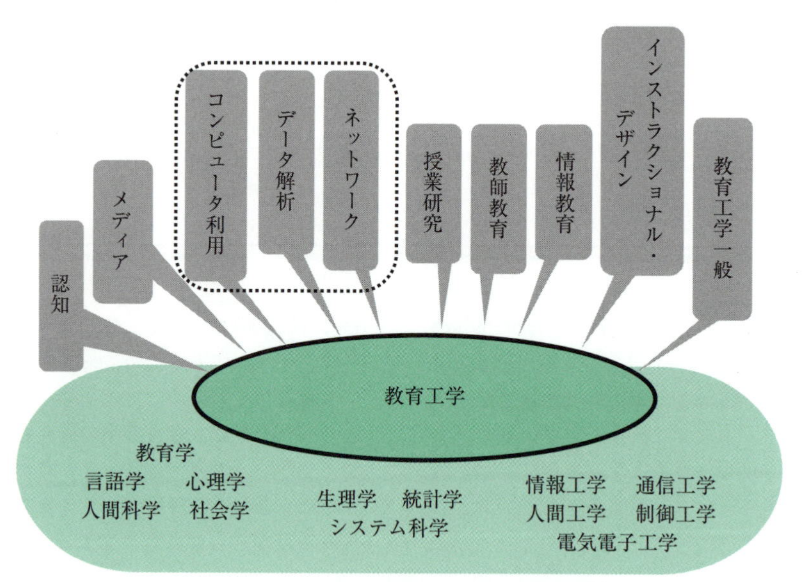

図 2.1　教育工学研究と背景となる学問分野[1]

2.1 節のまとめ

- 教育工学という学問分野が，既知のどのような学問体系を背景として成り立っているかを理解する．
- 教育工学が扱う研究分野にどのような内容があるかを理解する．
- ICT を活用した教育支援，学習支援について理解する．

2.2 eラーニング

2.2.1 eラーニングの意義

eラーニングとは，コンピュータを利用して学習する形態をいい，教育機器 (teaching machine) 研究から始まって，CAI (computer assisted instruction) 研究の流れを汲むものである．最近では，Web 上に置かれた映像コンテンツなどを用いて，場所と時間を選ばずに (空間的，時間的自由度が高い) 学習する形式をさすことが多い．

情報通信技術の発達により，学習における時間的・空間的な制約を緩和できるeラーニングの普及は，ますます進んでいる．大手予備校が，日本全国に有名講師の講義を配信したり，サイバー大学や早稲田大学のeスクールのように通学を要せずeラーニングのみで学位が取得したり，といった多くの実施例が見受けられる．

eラーニングやeテスティングは，現在，わが国が抱える課題に対しても大きな意義をもつ[5]．すなわち，急速な少子高齢化，人口減少社会への転換という大きな環境変化を迎え，これまでの価値観を大きく変えざるを得ない状況である．例えば，職業ということに関していえば，わが国における就業は，長く，終身雇用制と年功序列型賃金というシステムを軸として機能していた．それは，人口構成がピラミッド型であったからこそ可能であった．つまり，ピラミッドの上の方である高賃金ではあるけれども数的には少ない中高年労働者と，ピラミッドの下方に近い数的には多いけれども低賃金な若年労働者という人口構成によって，給与のバランスを保つことができ，高年齢世代にも若い世代にも働く場と所得を保障することができたのである．しかしながら，この形態が急速に崩れてきた．人口減少社会・少子高齢化は，18 歳人口の急激な減少でもあり，定員割れの私立大学が激増しているともいわれている．

しかし，これを暗いニュースとのみとらえるのではなく，ライフコースのスケジューリングに自己の意思や選択が反映する程度は高まっているととらえることもできる．若い世代では，自己や家庭を重視し，転職や離職も積極的に行う人が増えている．そのための資格の取得や自己啓発につとめる人が増えているのも近年の特徴であろう．人口減少という事実は事実として受け止め，その対策を考える必要はあるが，多様な人生設計ができる時代の到来と，プラス思考をもつことが重要である．離転職をしながらキャリアアップをはかっていくためには，高等教育機関は，18歳を受け入れるだけではなく，いったん社会に出た人に対して，能力開発するための支援を行う機関，社会人の再教育機関となることも必要である．地方都市に住む人々のために，遠隔で行うeラーニング/eテスティングがいまこそ活用されるときである．

2.2.2 eラーニングシステムの例

大学の情報工学科では，当然にコンピュータのハードウェア，ソフトウェアの基礎から応用までを学ぶわけであるが，それ以外にも講義のプレゼンテーションその他，ICTはさまざまな形で活用されている．本節では，学習用機器として，特に，インターネットなど，通信(communication)機能を活用することに重点を置いて話を進める．コンピュータを介したコミュニケーションをCMC (computer mediated communication) というが，ここではCMC技術について論ずる．

ごく最近まで，教育はFTF (face-to-face) の世界であると考えられてきた．現在でも教育はFTFによってのみ成り立つと主張する専門家もいる．しかし，明治時代以来，教育機関から離れた場所にいる向学心に燃える若者に講義録を送付し，指導するという通信教育は存在していた．そこでは郵送という手段で情報のやりとりをしているが，教育とは教える側と学ぶ側の相互やりとりで成り立つものであるとすると，こうした講義録送付指導は，FTFではないが，確かに教育である．教える側と学ぶ側の相互やりとりには，FTFの方が都合はよいが，相互やりとりが保証されれば，FTFでなくても教育は成り立つ．インターネットを利用したeラーニングのように，近年のICTの発達は，教師と学習者が直接顔を合わせなくても行える学習形態を出現させた．つまり，CMC技術によるコミュニケーションの成立である．

eラーニングシステムには，TV会議システムのような同期型システムと，VOD (video on demand) 型などの非同期型システムが存在するが，いつでも学習できるという特徴は非同期型の利点である．一方，通常の対面講義(教室講義)であれば，教師は学習者の表情や直接の質問などから，学習者の理解度や興味等を把握することが可能である．つまり，FTFの教育であって，直接コミュニケーションを行っている．またTV会議システムなどの同期型システムでは，教師はある程度学習者の表情などを把握できるし，学習者は

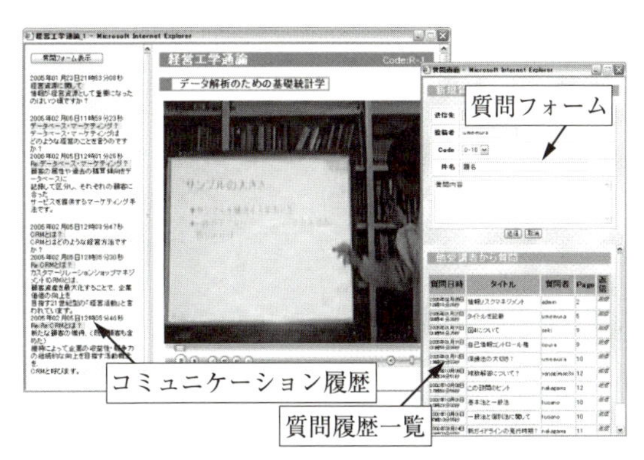

図2.2　(1)の機能をもつシステム(VOD教材)

教師に対してリアルタイムに質問できる．この点，つまり，教師が学習者から受け取る情報，教師と学習者のコミュニケーションが欠落することが非同期型システムの欠点である．非同期型システムのもつ時間的自由度という利点を保持したいという前提では，コミュニケーションの欠落を補う機能が必要であり，そこで考えられるのが教師と学習者，学習者どうしのコミュニケーションをCMCで行うシステムである．そこで，ここではこうした視点で非同期型のeラーニングシステムの例を説明する．

a. 仮想的集団学習機能

大学の教室以外の場所で学習する場合，コミュニケーションが欠落しがちになるだけでなく，強制力に欠け，どうしても孤独感が生じがちである．そこで，システムに以下のような機能を搭載する．

(1) 実際には同じ時間帯に学習していない学習者どうしが，eラーニングシステムの教材の学習進行(VOD教材の場合は再生時間，静止画教材は教材ページ)に沿って行われた質疑応答を共有できる機能

(2) グループ学習を行える機能

(3) グループ学習で相互評価を行える機能

(1)の機能をもつシステム(VOD教材の場合)を図2.2に示す．ビデオは，あらかじめ何分かごとに識別番号をふり，ある識別番号の時間帯のビデオを再生しているときのコミュニケーション履歴が画面左側に表示される．再生中いつでも質問フォームから投稿することができ，投稿した質問はリアルタイムに左側の履歴に反映される．質問履歴の一覧なども見ることができる．

(1)の機能をもつシステム(静止画教材；スライド資料などの場合)を図2.3に示す．図2.2と同様であるが静止画教材のため，そのページを学習しているときのコミュニケーション履歴が画面左側に表示される．同

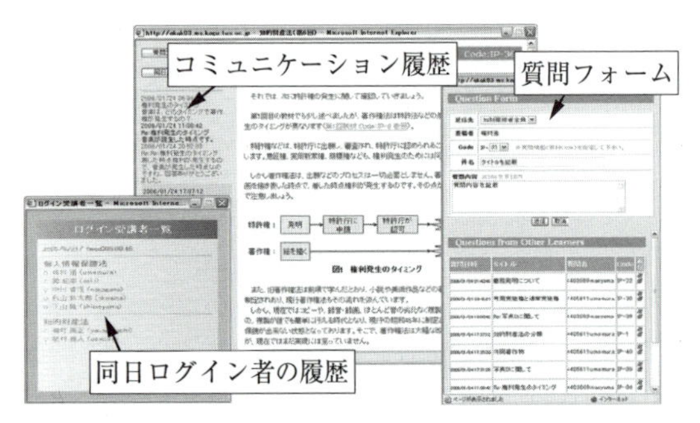

図 2.3　(1) の機能をもつシステム (静止画教材)

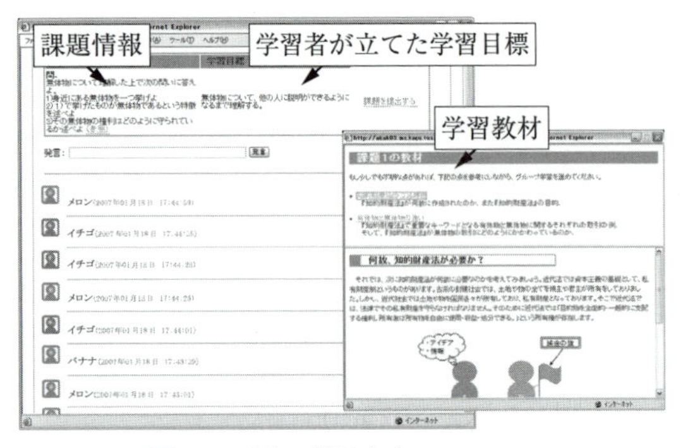

図 2.4　(2) の機能をもつシステム

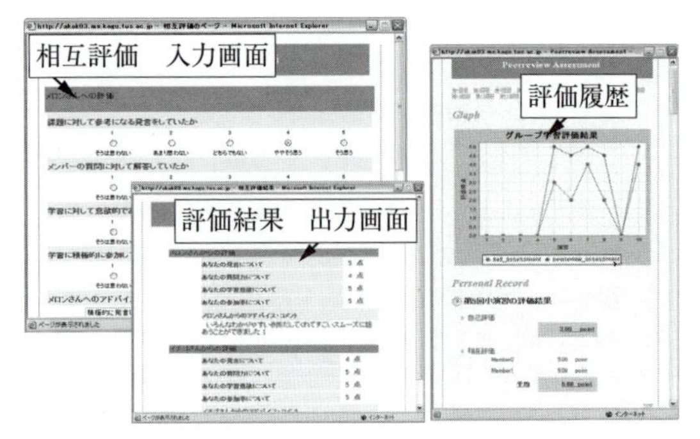

図 2.5　(3) の機能をもつシステム

日にログインした人の履歴なども見ることができる．

(2) の機能をもつシステムを図 2.4 に示す．ある学習教材に対して，グループ学習を行うもので，同期型，非同期型いずれでも運用できるが，グループ学習の場合，学習者が同時に学習する同期型の方がやりやすい．

(3) の機能をもつシステムを図 2.5 に示す．グループ学習を行う際には，その成果物のみで評価を受けることに学習者は不満をもつため，学習の過程を相互に評価し，リアルタイムに自分がどのように評価されているかを見ることができる．

b. 非同期学習時のデメリット解消

非同期で学習しているときには，次のような問題が生じる．

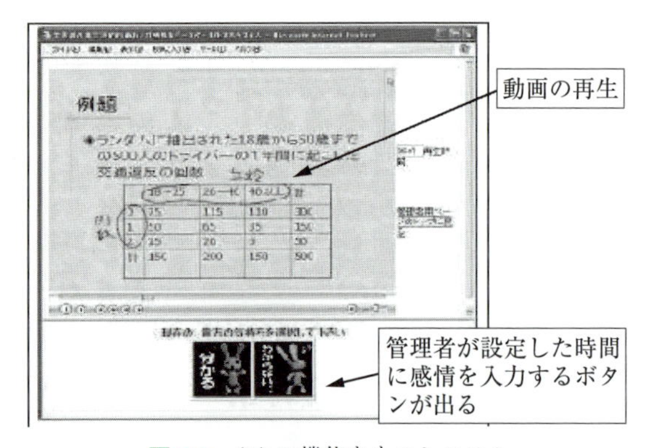

図 2.6　(4) の機能をもつシステム

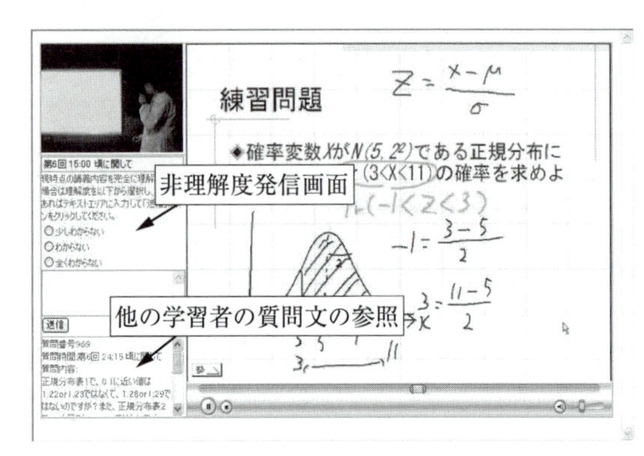

図 2.7　(5) の機能をもつシステム (理解度発信)

- 教師の話し方や板書方法などに改善点があってもすぐには伝えられない．
- 教室講義では学習者が退屈している，などがわかるが，VOD 講義ではそれがわからず，教師は学習者から受けるフィードバックがない．
- 学習者は，他の学習者がどの程度，学習が進んでいるかがわからない．

そこで，以下のような機能を搭載している．

(4) e ラーニングシステムで学習中に，「つまらない」などの感情を発信できる機能
(5) VOD 講義の授業評価入力機能
(6) VOD 再生中に，自分が学習したい場面を見つけるための動画像検索機能
(7) 孤独に陥りがちな学習者を支援するために他学習者の学習進捗状況を知ることのできる機能

(4) の機能をもつシステムを図 2.6 に示す．

管理者 (教師) があらかじめ設定しておいた時間に，ビデオ下に「わかる」「興味がもてる」などの学習者の感情を表すボタンを表示し，それをクリックしてもらうことで，その講義 (ビデオ) のその場面再生中の学習者の感情を把握する．

(5) の機能をもつシステムを図 2.7 および図 2.8 に

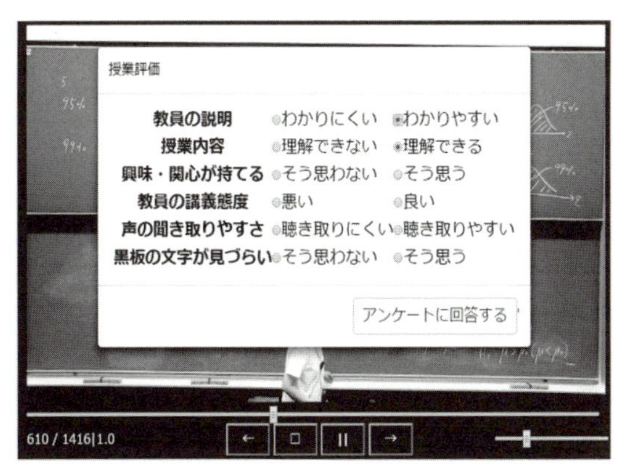

図 2.8 (5) の機能をもつシステム (授業評価)

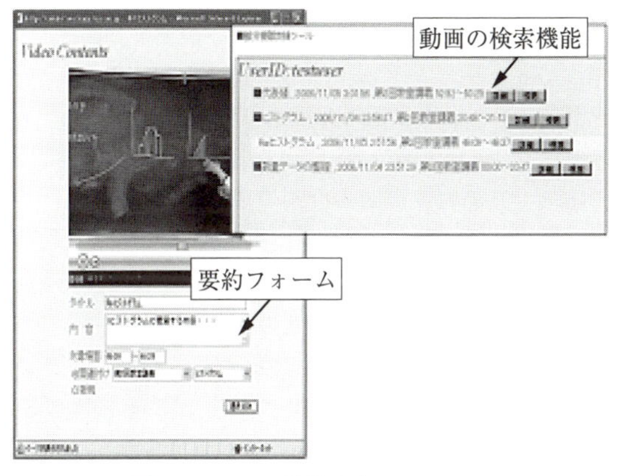

図 2.9 (6) の機能をもつシステム

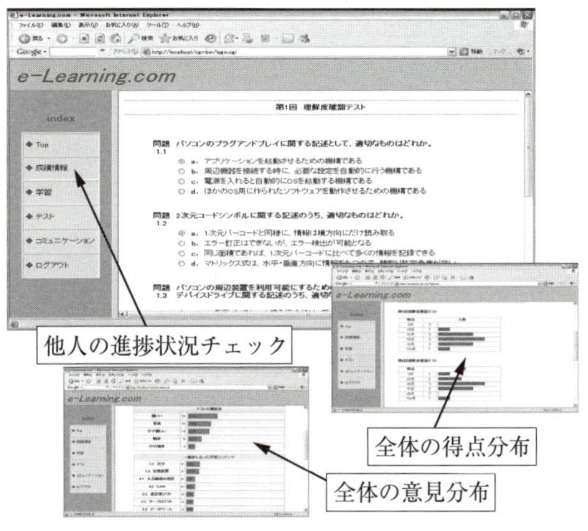

図 2.10 (7) の機能をもつシステム

示す．

図 2.7 は，VOD 講義再生中，左側に常に授業を評価できる項目を表示し (図 2.7 は「わからない」という非理解度発信画面としているが，項目は自由に変えられる)，データを収集する．教師は，(ビデオ中の) どの時間帯での評価がよく，どの時間帯での評価が低かったかがわかり，次回の講義に役立てられる．また，図 2.8 は，講義の途中，区切りのよいところで授業評価画面を出すシステムである．

(6) の機能をもつシステムを図 2.9 に示す．ビデオを 90 分というような長時間見る必要がなく，わからないところだけを見たいというような要望に対し，キーワードを入れると動画が検索できるようになっている．

(7) の機能をもつシステムを図 2.10 に示す．画面上で学習中，左側のメニューから，統計情報を選ぶと，他人の進捗状況を見ることができる．また，図 2.10 は，自己チェックテストの画面であるが，自己チェックテストの，全体の得点分布，全体の意見分布などを見ることができる．また，自分がテストを受けた場合，リアルタイムで，結果は全体の得点分布などに反映する．他にもさまざまな機能をもつシステムを開発しているが，すべてが CMC で置き換えられるということではない．当然，FTF でなくてはならない場面もあるが，CMC 技術は今後の e ラーニング活用にあたっての必須技術である．

2.2.1 項に述べたように，少子高齢化・人口減少社会への転換という時代を迎え，人々の意識が変わりつつある．労働に対する意識の変化から，離転職をする人が増加し，それに伴い，自己を磨くために研修や教育を受けようとする人が増えている．これからの高等教育機関は 18 歳人口の減少を危惧するだけでなく，積極的に社会人の能力開発支援，再教育に取り組むべきである．そのためには，今後，CMC 技術の向上を図り，FTF には存在するけれども，CMC では実現できていない機能について，さらに検討を進め，どのようにすればシステム上でその機能実現できるかが今後の e ラーニングシステム開発の課題である．

例題 2-2

同期型 e ラーニングシステムと非同期型 e ラーニングシステムの利点と欠点をそれぞれ説明せよ．

例題 2-3

e ラーニングシステムのさまざまな機能を列挙し，その特徴を述べよ．

2.2 節のまとめ

- e ラーニングシステムがどのように発展してきたかを理解する．
- これまでに開発されてきた e ラーニングシステムにどのようなものがあるかを理解する．
- 同期型システムと非同期型システムそれぞれの利点と欠点を理解する．
- 非同期型システムの欠点を補う機能をもつ e ラーニングシステムについて理解する．

2.3 e テスティング

e テスティングとは，コンピュータを用いて出題，実施されるテストの総称である．近年では特に Web 上で実施されるテストをさすことが多い．コンピュータを用いて行うテストについては，ネットワークが発達する以前から，CBT (computer based testing), Computerized Testing として長く研究，実施されてきた実績がある．ところが，こうしたテストについて，ペーパーテスト (paper and pencil test という) の紙と鉛筆をコンピュータとその入力装置 (キーボードやマウスなど) に置き換えただけという誤解も根強くある．e テスティングとは，単に紙をコンピュータに置き換えたものではなく，二つの大きな利点がある．それは，

(1) コンピュータを使ってテストを実施することにより，ペーパーテストでは収集できない情報を大量に得ることができること．

(2) 大規模な出題項目 (テストの問題) データベースを含む，出題項目を管理するためのアイテムバンクを構築できることから，受験者の能力を測定するために最適な項目を出題できる適応型テストの構成が容易であること．

である．このうち，(2) については，2.5 節に詳しく述べる．

米国では，多くのテストがペーパーテストからコンピュータ化されたテストへ移行していることが指摘[6]されてからすでに 20 年が経過したが，わが国でも，パーソナルコンピュータが普及しはじめた 1980 年代から，コンピュータ上でテストを行うことが試みられていた．この頃はスタンドアロン型コンピュータを用いて，記憶媒体としてフロッピーディスクを利用する方式であったが，1990 年代になると，通信ネットワークの急速な発展により，大規模試験のコンピュータ化が進んだ．米国においては，医師，看護師，獣医師，弁護士のような専門職の免許認定試験からはじまって，各種のテストがコンピュータ化された[7]．そして，インターネットの普及により，上述の大規模試験ではなくても，テストの出題，実施，回答の回収などをネットワーク上で行えるシステムの開発が進んだ．さらに 21 世紀を迎える頃より，いつでもどこでも学べるをコンセプトとした e ラーニングの可能性に関心が集まり，それに伴って e ラーニングの一つの機能として，e テスティングシステムおよびその方法論の開発も進んできた．e ラーニングの現状については，2.1 節に述べたとおりであり，高等教育機関の役割の多様化により，いつでもどこでも学べることのメリットは，いつでもどこでもテストを受けられることによって，ますますその可能性は広がるといえる．現状の e テスティングシステムの一般的な形態を図 2.11 に示す．

次節では，前節に述べたいつでもどこでも学べる e ラーニングの可能性をより広げると考えられる，いつでもどこでもテストが受験できる e テスティングシステムの実現を目指して，e テスティングにおける「なりすまし」防止を目的とした認証技術研究，すなわち図 2.11 中の受験者認証システムの現状と課題について述べる．いつでもどこでも受験できるテストは，自己研鑽の場合はともかく，単位認定，合不合判定などでは，100%の精度の認証が必要であるから，研究としての課題が多い．また，図 2.11 の破線枠部分の「項目作成」，「テス

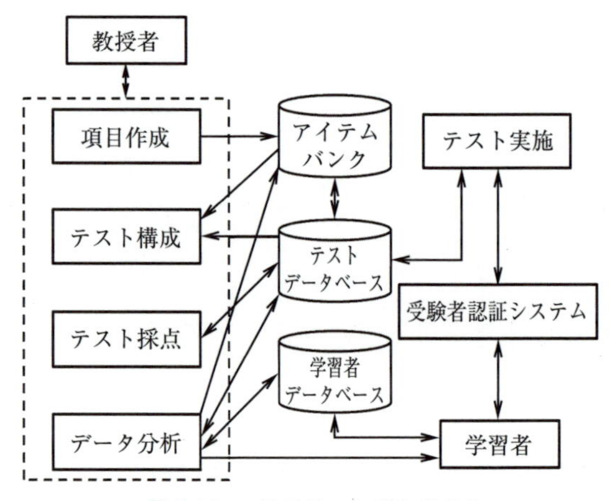

図 2.11 e テスティングシステム

ト構成」,「テスト採点」,「データ分析」については,「項目作成支援」,「テスト構成支援」,「テスト採点支援」システムなどの形で数多くの研究が行われており，また成書も多い (文献 [8] など) ので，これらについての詳細は，成書を参照されたいが，その一部については，2.5 節に述べる．

例題 2-4

e テスティングの発展過程についてまとめよ．

2.3 節のまとめ

- e テスティング研究のこれまでの流れを理解する．
- e テスティングは，ペーパーテストにはない利点があることを理解する．
- 現在主流となっている e テスティングシステムの基本的構造と機能を理解する．

2.4　e テスティングにおける受験者認証法

2.4.1　認証に対する考え方

一般的によく使われる ID とパスワード (以下, PWD と称す) による認証では，試験中に人が入れかわり,「なりすまし」を行うことが容易である (図 2.12)．あるいは，ID と PWD そのものを他人に教えてしまえば，最初からなりすましが可能である．

また，試験時間が 60 分として，その 60 分すべてを監視することを目的とするならば，ID と PWD のような方法では，試験時に何度もそれらの入力を求めることとなり，本来の受験の障害となってしまう．したがって，試験における個人認証は，

(1) 受験者の通常の受験行為以外の操作を求めない

(2) 受験時間中のすべての時間で認証が可能である

が条件となる．(1)，(2) を考えると，バイオメトリクスが有効であると考えられるが，虹彩をはじめとする「目」に関する情報は，画面を見ているとき (問題を読んでいるとき)，手書きしているとき，などで複雑に変化し，受験者に無理な姿勢を強制することになりかねない．また，指紋などは，その指紋を採取するために，試験時間のすべてで，指をどこかにのせておく，などの不自然な動作を要求することになる．そこで，受験者の手書き解答に手書き文字認証を応用することを考える．試験では常に答案に解答を記入しているという状況に照らし，タブレットで解答を記入することとし，記入された文字が本人のものかどうかを判定 (予測) することで，なりすましが行われているかどうかを判断する方法である (図 2.13)．また，筆記が行われていないときは，すなわち解答を記入せず，問題を読んでいるなど，画面に顔が向いていると考えられることから，顔認証を行う (図 2.14)．

このような認証は，あらかじめ手書き文字データを登録しておいて，その登録データと受験時に入力したデータを比較することによって行う．登録は，例えば履修登録の時期などを想定している．資格試験などの 1 回限りの試験と異なり，ここで対象とする e テスティ

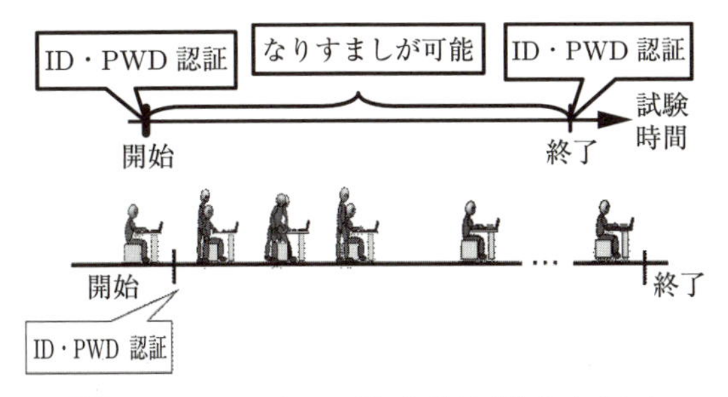

図 2.12　e テスティングにおける「なりすまし」

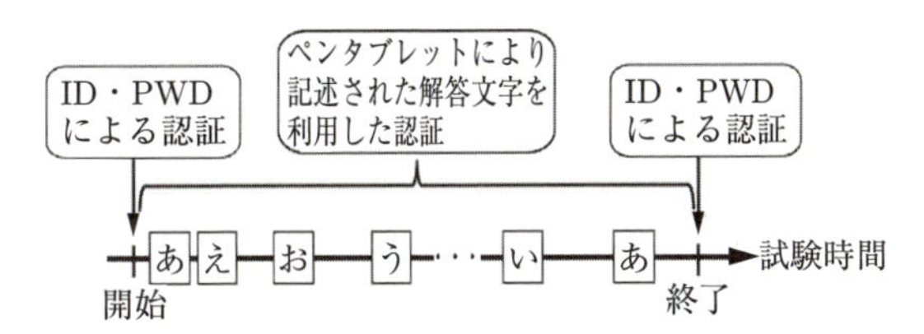

図 2.13　筆記情報による逐次認証

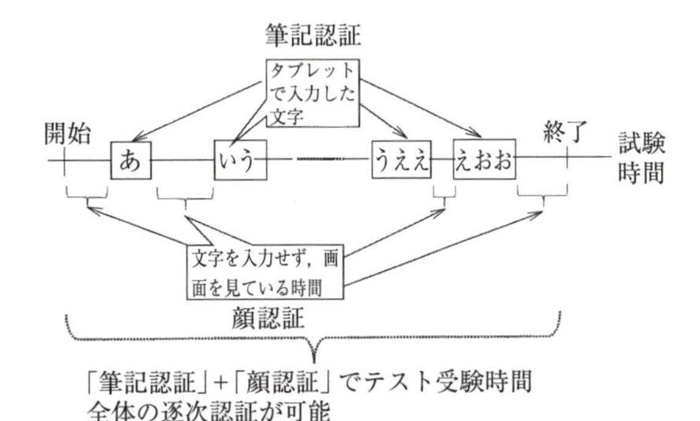

図 2.14　筆記認証と顔認証を用いた受験者認証法

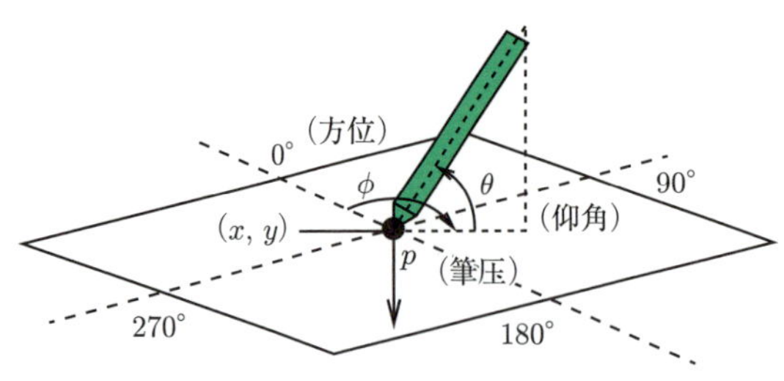

図 2.15　タブレットから得られる動的情報

表 2.1　三つの認証法

認証法	利用する情報	登録文字
試案 I	静的情報 (筆跡, 文字の形), 動的情報 (筆圧)	「あ」〜「お」
試案 II	動的情報 (筆圧, xy 座標, 方位角, 仰角, 筆記速度)	「あ」〜「お」
試案 III	動的情報 (筆圧, xy 座標, 方位角, 仰角, 筆記速度)	文字の分類パーツ

ングの文字データ登録時には，なりすましは起こりにくいのではないかと考えられる．

2.4.2 筆記情報を用いた受験者認証法—試案 I・II・III

手書き文字による認証には，静的情報を利用した認証と動的情報を利用した認証がある[9]．静的情報とは，いわゆる「筆跡」などの形態情報である．一方，動的情報とは，図 2.15 に示すように，ペンタブレットあるいはタブレット PC より取得することができる x 座標，y 座標，筆圧 p，ペンの仰角 θ や方位角 ϕ などの筆記運動の情報である．字を書いている時間すべてで取得できるデータであり，逐次データ，時系列データとして分析できる．

本書で紹介する認証法は，x，y 座標 ($0 \leq x \leq 8000$, $0 \leq y \leq 6000$)，筆圧 p ($0 \leq p \leq 1023$)，仰角 θ ($26 \leq \theta \leq 90$)，方位角 ϕ ($0 \leq \phi \leq 359$) を利用している．本書で説明する筆記情報による認証法は，表 2.1 に示す三つである．

a. 試案 I：多肢選択式試験における「静的情報」と「動的情報」の利用

(i) 静的情報 (局所円弧パターン法)

紙に書かれた文字データの筆者認識法の一つに局所円弧パターン法[10] がある．この方法は，未知の筆者 Q によって紙上に書かれた 1 文字 (漢字，ひらがな) を対象とし，あらかじめ登録されている筆者 P_i ($i = 1, 2, \cdots, a$) の同一文字 (以降，登録データ) を参照することにより対象文字の筆者を特定する．このとき，吉村らはペンや鉛筆などで書かれたものをスキャナで取り込み，2 値画像としたのちに筆者を識別した．筆者を識別するための特徴として，文字の個人性がストロークの直線と曲線の割合に現れることに着目した．まず $n \times n$ の 2 値画像を考え，すべての 2 値画像 (2^{mn} 個) の中からパターン数 p' 個の「モデルパターン $n \times n$」を定義する．吉村らは，$n = 2, 3, 5$ について定義している．図 2.16 に，2×2 領域のすべての 2 値画像の中から，9 個の 2 値画像を選択し，さらに類似のものを集約することで 5 個のパターンを定義したモデルパターン 2×2 を示す．

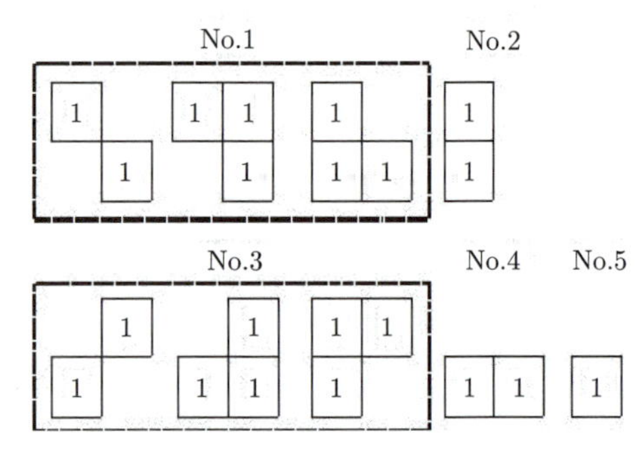

図 2.16　モデルパターン $n \times n$ ($n = 2$)

次に，2 値画像化した文字領域を $d \times d$ に分割する．図 2.17 に例として，文字領域を 3×3 に分割した場合を示す．そして，分割した領域ごとにモデルパターン $n \times n$ の存在する頻度を調べる．この調べた頻度を p ($= p' \times d \times d$) 次元特徴ベクトルとする．

未知の筆者 Q によって書かれた 1 文字より，登録者 P_i から筆者 Q が誰かを判定するために，登録データの p 次元特徴ベクトルに対して，主成分分析を行い，主成分を軸とした識別に有効な特徴空間を作成する．この特徴空間における登録データと筆者 Q による文字との特徴ベクトル間の修正マハラノビス距離[11] を次式

$$D(P_i, Q) = \sum_{k=1}^{q} \frac{(z_Q^k - z_i^k)^2}{\lambda_k} + \sum_{k=q+1}^{p} \frac{(z_Q^k - z_i^k)^2}{\lambda_q} \tag{2.1}$$

から算出する．ここで，z_Q^k，z_i^k はそれぞれ筆者 Q と登録者 P_i の第 k 主成分得点，q ($1 \leq q \leq p$) は固有値の打切り数，$\lambda_1, \lambda_2, \cdots, \lambda_p$ は固有値である．この距離を a 人のすべての登録者について調べ，最小値となる登録者 P_i を筆者 Q と判定する．この吉村らの手書き文字に対する手法が，ペンタブレットを用いて記入した，漢字より情報量が少ないひらがな 1 文字だけで

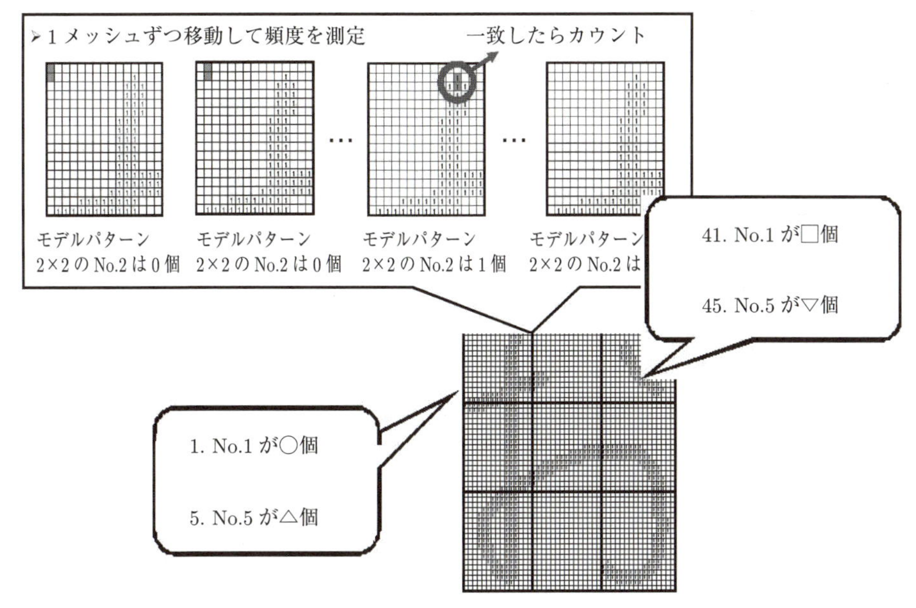

図 2.17 文字領域 $d \times d$ $(d = 3)$ に分割した場合の頻度の測定

も適用できるかどうかの実験を行った．方法として，ペンタブレット上で記入された文字を画像として保存し，それを2値パターン化して吉村らの手法を適用した．その結果，ペンタブレットを用いて記入したひらがな1文字に対しても適用できたが，eテスティングでの受験者認証には不十分な識別率であったため，これに動的情報を加味することを考えた．

(ii) 動的情報 (筆圧局所パターンマッチング)

中川ら[12] は，局所円弧パターン法のように，画素数に応じて濃度を加味したパターンを定義し，主成分分析を用いて類似画像を検索する局所パターンマッチングを提案した．局所パターンマッチングの有効性を確認するために，15種類の同一画像がない濃淡図形を各2枚用意し，画素間の濃度差が1のみのレベル1 (画素数1)，レベル2 (画素数2) のパターンを使用して質問画像に対して類似画像の検索をした結果，77%の正答率を得ることができたと報告している．

そこで，中川らにおける画像の濃淡を動的情報の1つである筆圧に置き換えることができると考えた．例えば，筆者によっては直線の筆圧が強く，はらいのような曲線の筆圧が弱いといったように，筆圧の強弱にも個人差が出る．このような考えの下，筆圧を取り入れた局所パターンマッチングを考え，これを「筆圧局所パターンマッチング」と名付けた．局所円弧パターン法では，画像処理時に記述があれば1，なければ0といった2値画像化を行っていた．そして，これをもとにモデルパターン $n \times n$ を定義していた．ここでの試案では，ペンタブレットから取得することができる筆圧 (0–1023 レベル) を利用して，記述がないときは0，筆圧が弱い記述 (1–341 レベル) は1，筆圧が普通の記述 (342–682 レベル) は2，筆圧が強い記述 (683–1023 レベル) は3と四つに分け，画素数に応じて筆圧を取り入れたパターンレベル n $(n = 1, 2)$ を定義する．図 2.18 にレベル1を，図 2.19 にレベル2を示す (図中の四角囲み数値は，筆圧の分類を表す)．識別は静的情報と同様に行う．

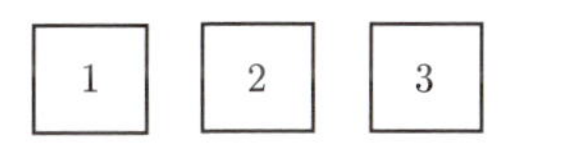

図 2.18 筆圧を取り入れたレベル1 (画素数1)

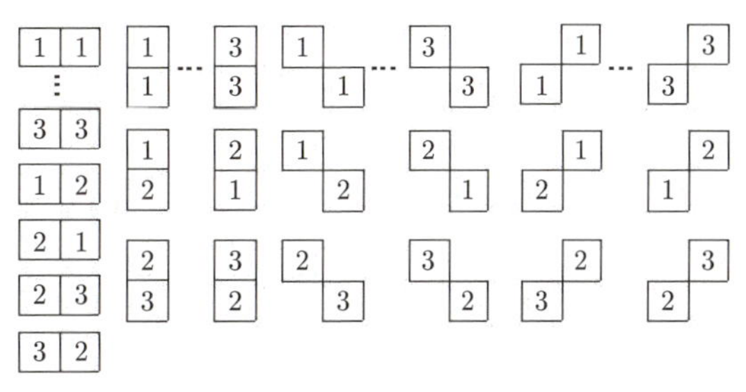

図 2.19 筆圧を取り入れたレベル2 (画素数2)

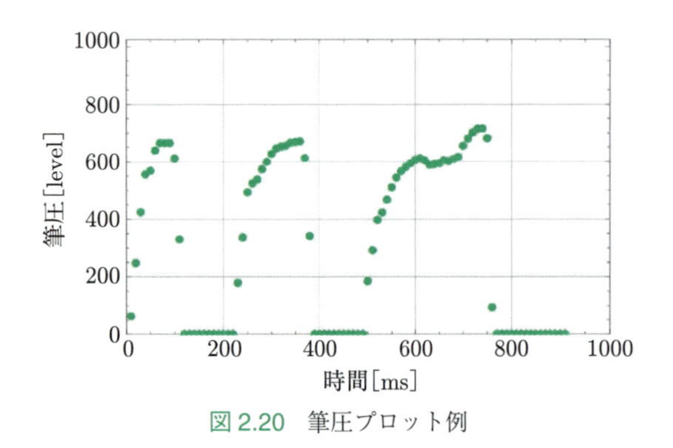

図 2.20　筆圧プロット例

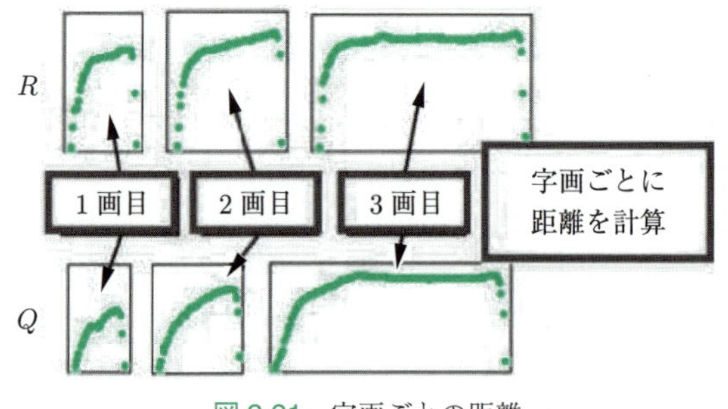

図 2.21　字画ごとの距離

(iii)　静的情報と動的情報の組合せ (筆圧局所円弧パターン法)

本試案の特徴は，静的情報と動的情報を組み合わせるところであり，ペンタブレットデータへ局所円弧パターン法を適用して得られたデータと筆圧局所パターンマッチングで得られたデータの双方の修正マハラノビス距離を加算した距離を判定に用いる．一つの字種に対して，局所円弧パターン法をペンタブレットデータへ適用したときの修正マハラノビス距離，筆圧法の修正マハラノビス距離とする．そして，この二つの加算した距離を a 人の登録者すべてについて調べ，最小値を与える登録者 P_i を Q と判定する．この手法を「筆圧局所円弧パターン法」と名付けた[13], [14]．

b. 試案 II：複数の動的情報の利用

試案 I では，ペンタブレットから得られる動的情報として筆圧のみを利用したが，ペンタブレットから得られる動的情報には，図 2.15 に示したように，ペン先の x 座標，y 座標，筆圧 p，ペンと筆記面のなす角度である仰角 θ，ペンの方向を表す方位 ϕ の 5 種類がある．これらを先行研究[15], [16] と同様に，10 ms の間隔で取得し，時系列情報として保存した．図 2.20 は「あ」と書いた際の各時刻における筆圧プロットである．

認証には xy 座標，筆圧 p，仰角 θ，方位 ϕ から次式により計算される傾き V の 3 種類の情報を利用する．

$$V = \begin{pmatrix} \cos\theta\sin\phi \\ -\cos\theta\cos\phi \\ \sin\theta \end{pmatrix} \tag{2.2}$$

署名照合の研究では本人認証に DP (dynamic programming) マッチングが用いられることが多い[15]．DP マッチングは動的計画法を利用して二つの系列パターンの類似度を表す距離を計算する方法であり，距離は署名どうしが似ているほど小さくなるので，任意の閾値を定め，距離が閾値以下なら署名者は「本人」，距離が閾値を超えれば「なりすまし」と判定する．

事前に登録した登録データとテスト解答時に入力するデータをそれぞれ R，Q とする．R，Q は

$$Q = q_1, q_2, \cdots, q_j, \cdots, q_J \tag{2.3}$$

$$R = r_1, r_2, \cdots, r_i, \cdots, r_I \tag{2.4}$$

のような時系列情報である．r_i と q_j は各動的情報をあるサンプリング間隔で取得したときの i 番目，j 番目の値である．r_i，q_j にはある時点における筆圧 (スカラー量) や xy 座標 (ベクトル) が対応し，I と J は図 2.20 におけるサンプリング点の総数に該当することになる．ここでは DP マッチングによる距離計算の手順は省略するが (計算手順は文献 [17] を参照されたい)，R と Q の距離を計算する．

ここで，一般に署名認証では複数文字や漢字が用いられるのに対し，「あ」〜「お」などのひらがなは文字としての特徴が少ないので，認証精度を高めるために筆記情報の中で本人と他者をよりよく区別する特徴を高く評価し，あまり差が出ていない特徴は低く評価して距離を計算する方法が望ましい．テストの解答の場合，解答は楷書で書かれているため各種の動的情報は筆圧の情報をもとに容易に字画ごとに分割できる．そこで個人の特徴を評価するために文字を字画ごとに分け，字画ごとに個別に計算した距離に「重み付け」を行い，加算したものを動的情報間の距離とすることにした．

図 2.21 は文字「あ」の筆圧情報を字画に分割し，字画ごとの比較対象を示したものである．DP マッチングを動的情報全体ではなく，1 画目，2 画目というように字画ごとに適用し，各々につき距離を計算する．その結果を用い

$$D_f = \sum_{s=1}^{S} w_{fs} D_{fs} \tag{2.5}$$

$$\sum_{s=1}^{S} w_{fs} = 1 \quad (w_{fs} > 0) \tag{2.6}$$

のように字画ごとに異なる重みを付け，足し合わせることで筆記情報全体の距離を計算する．ここで f は動

的情報の種類を表す．S は総字画数，w_{fs} は字画 s の重み，D_{fs} は DP マッチングにより字画 s 間で計算された距離を表す．w_{fs} の具体的定め方などの詳細は文献に譲るが，筆圧 (D_p)，xy 座標 (D_{xy})，傾き (D_v) の特徴についても同様に w_{fs} を求め，距離を計算する．次にこれら三つの距離を組み合わせた複合距離として線形和 D_{xyPV} を

$$D_{xyPV} = \alpha D_{xy} + \beta D_p + (1-\alpha-\beta)D_V \quad (2.7)$$

$$0 < \alpha < 1, \quad 0 < \beta < 1-\alpha \quad (2.8)$$

のように定義し，この距離を用いて本人判定を行う．ここで α，β は任意定数であり，決定の方法は w_{fs} を求めるときと同様である．

このように，事前登録データとテスト解答時データの距離を DP マッチングで求め，その値が事前に設定した閾値以下であれば受験者は本人，そうでなければなりすましと判定することにした．この方法をここでは「字画に重みをつけて DP マッチングを適用した手法」と称しておく．

c. 試案 III：任意の漢字に対する字画分割

試案 I，II は，あらかじめ決められた文字を登録する必要があるため，多肢選択式試験に限られる．しかし，記述式問題など，日本語を使ったテストでは，登録データが少なくても認証できる方法が理想的である．そこで，異なる漢字を使って認証を行うために，登録データと採取データの類似部分を比較することを考えた．

文字を事前に登録する過程は，試案 I・II と同じであり，登録用と認証用の漢字にサブストローク分割[18]を適用し，各サブストロークの筆圧，仰角，方位角，筆記速度について，試案 II 同様，DP マッチングによって距離を計算する．また，個人ごとに特徴のあるサブストロークに重み付けをするために，分離性尺度 S[19]

$$S = \frac{|m_w - m_b|}{\sqrt{\sigma_w^2 + \sigma_b^2}} \quad (2.9)$$

を利用する．ここで m_w は個人内 DP の平均，m_b は個人間 DP の平均，σ_w^2 は個人内 DP の分散，σ_b^2 は個人間 DP の分散である．

分離性尺度は，値が大きいほど個人内距離と個人間距離の分布が離れていることを示しているので (図 2.22)，個人の特徴を表す指標として使うことができる．中村ら[19] は，S の値が 0.707 以上であれば個人の特徴が現れているとしている．

具体的には，まず，漢字を画に分け，その画を始筆 (s)，送筆 (m)，終筆 (e) に分割し (図 2.23)，位置座標をもとに，8 方向のいずれかに分類する (図 2.24)．なお，始筆，送筆，終筆の分割には，筆圧を用いることによって，個人ごとに字画分割の割合を変化させた．図 2.25 に示すように，分割した採取データと同種類の登録データを DP マッチングにて距離を計算する．こ

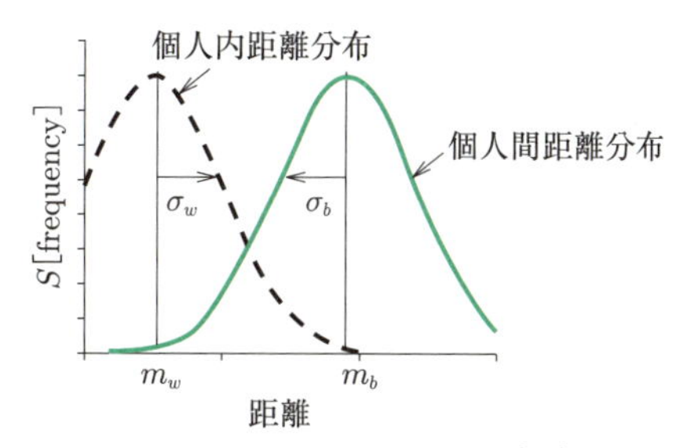

図 2.22 本人と他人の分布[19]

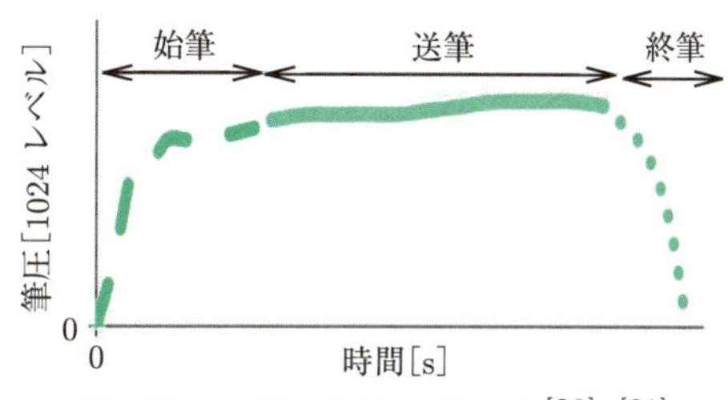

図 2.23 始筆・送筆・終筆分割[20], [21]

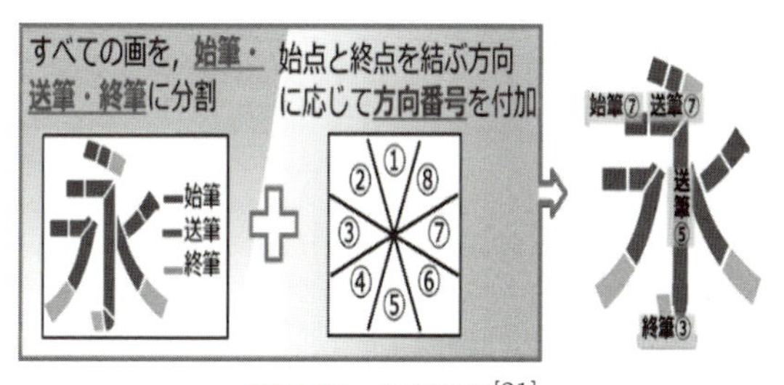

図 2.24 字画分割[21]

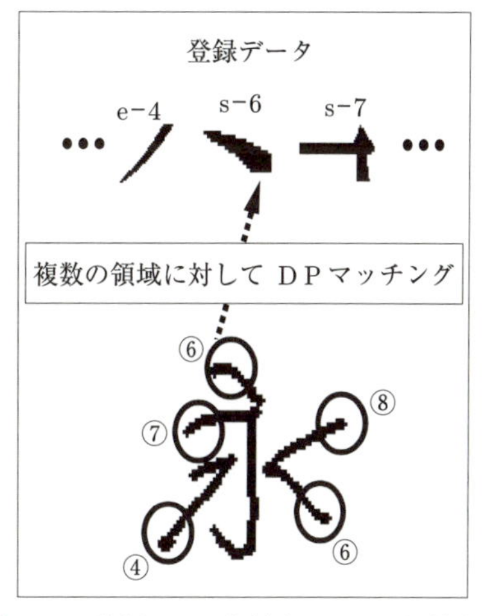

図 2.25 登録データと採取データの比較方法

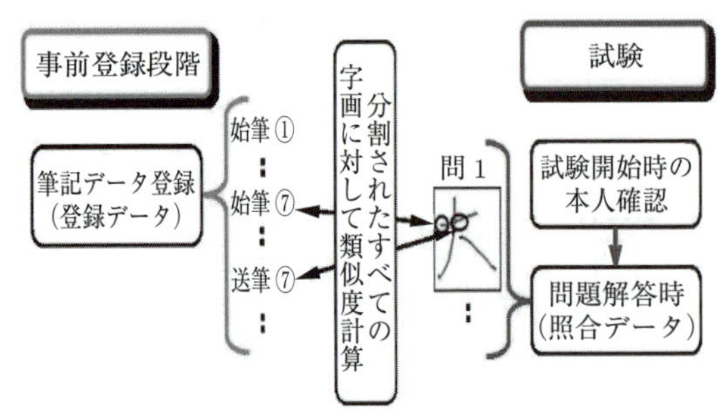

図2.26　試案IIIによる個人認証[5]

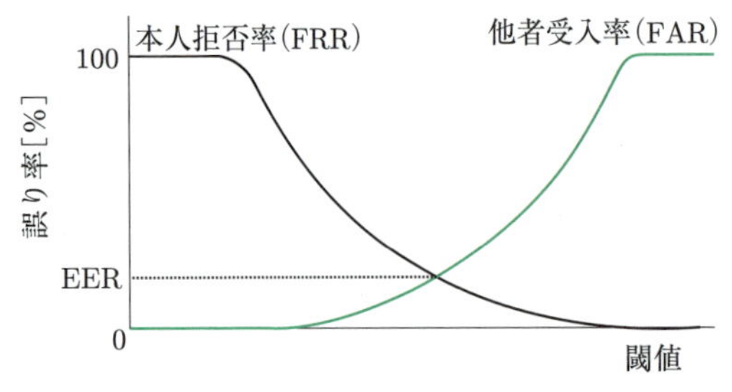

図2.27　エラー曲線

の方法によって，登録データは少なくても，各種の漢字にあてはめることができる．

試案IIIの認証法は図2.26のようになる．

登録データと採取データの動的情報の合成距離から，等誤り率(EER)を求めた．EERとは，本人拒否率(本人が他者と判定される誤りFRR)と他者受入率(他者が本人と判定される誤りFAR)が等しいときの誤り率である(図2.27)．EERが低ければ，誤りが少ないということであるから，認証精度は高いといえる．署名照合の研究ではよく精度評価の指標として用いられる[22]．

採取データとして日本漢字能力検定3級，準2級，2級の問題からランダムに抜粋した「略」,「承」,「断」など30種類の漢字を利用した．評価実験の結果，本手法でのEERは重み付けなしで17.16%，S値上位のサブストロークに重み付けした方法では15.88%であったが，試案IIにおけるEERは27.0%であったことと比較すると，重み付けしていないものも含めて大きく改善していることがわかる．ただし，「一」という漢字は極端にEERが悪かった(36.82%)．このことから，画数が少なすぎると個人の特徴を表したデータの抽出ができないと思われた．

2.4.3　顔情報を用いた受験者認証法

顔認証を応用する際の基本的前提として，2.4.1項の(1)，(2)に述べたことと同様，以下の条件をあげることができる．

(1) 認証処理はテスト受験中での時間で逐時的に行う

(2) 学習者に認証のための行動を要求しない

(1)について，高精度な顔認証処理を行う場合，高度な画像処理技術を用いることが好ましいが，本研究はリアルタイムに顔認証を行うことを想定しているため，用いることができる画像処理技術は計算量の少ないものに限られる．(2)について，例えば空港などで用いられている顔認証では，被認証者にカメラ側を向くよう要求し，照明の影響なども可能な限り統制した上で顔を撮影する．しかし，本研究で学習者に認証のための行動を行わせる場合，学習者が本来すべき学習の障害となる可能性がある．そのため，学習者が学習中に行う行動を考慮して顔認証を行う必要がある．

本項で述べる顔認証において特筆すべき点は，入力画像が複数存在し，それらの間に時系列関係があることである．eラーニング/eテスティング中は1秒間隔で受講者の正面画像が入力されることを想定している．そのため，画像の時系列情報を活用することで，低コストかつ高い精度をもつ顔認証手法を構築できる可能性がある．

a. 顔認証技術

顔認証処理は，被認証者を撮影，画像から顔領域を検出，顔領域から特徴を抽出，という流れを基礎とする．筆記認証同様，eテスティングでは逐時的に顔認証を行うため，通信容量やサーバの計算負荷などを考慮すると，計算が簡易なものが望ましい．

(i) 顔検出

画像から顔の存在する領域を検出するために，Violaらの開発した手法[23]がよく用いられている．この手法は，あらかじめ強化学習によって重み付けされた大量の弱識別器を画像の局所(矩形)領域にあてはめ，識別器と合致すれば重みに-1を乗じたものを算出し，これらの結果をすべて足し合わせた結果が0よりも大きければ顔とみなし，0以下ならば非顔とみなす．それぞれの弱識別器は，画像の輝度の差分を用いて作成されており，眉は眉の下と比較して暗い，鼻筋はその両側と比較して明るい，といった特徴を反映している(図2.28)．この手法はオープンソースソフトウェアであるOpenCVに標準で実装されている．

(ii) 顔特徴の抽出

本項では，取得した顔画像の比較にAhonenら[24]の提案した手法を用いる．この手法は，まず画像を任意の矩形領域に分割し，それぞれの領域において中心画素を閾値として近傍画素を2値化し，その領域を2

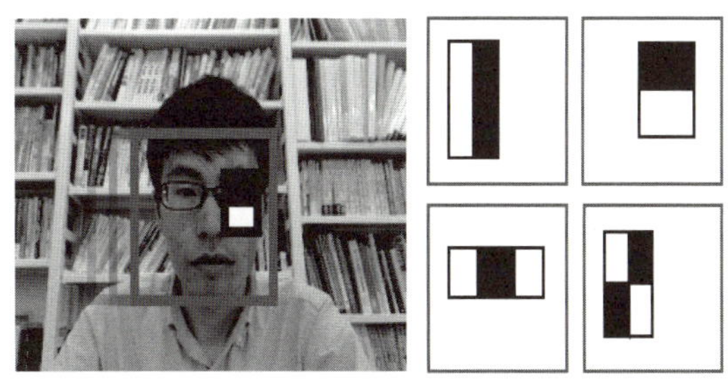

図 2.28 矩形特徴を用いた顔検出

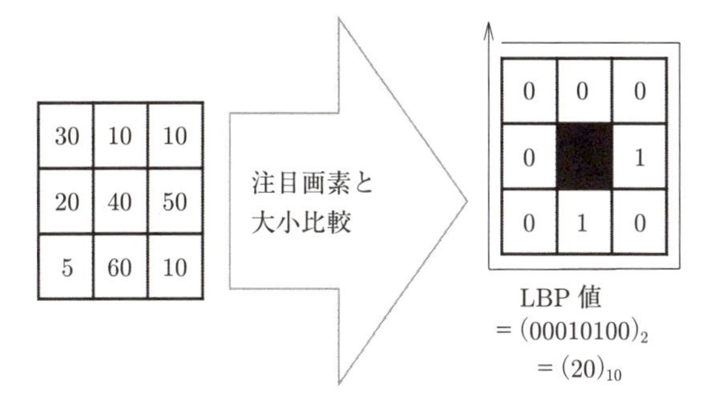

図 2.29 LBP の計算例

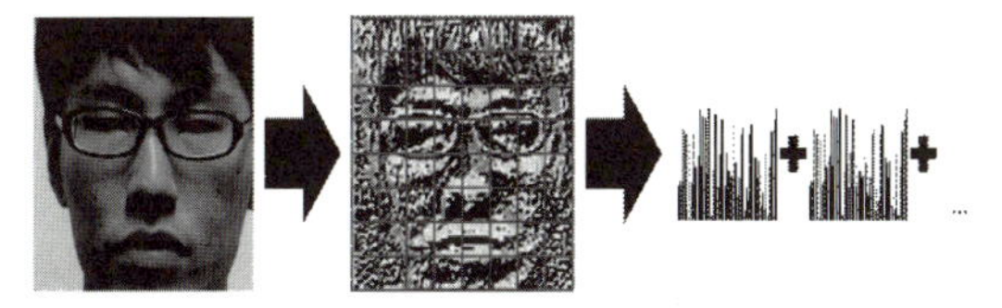

図 2.30 LBPH の作成方法

進数で表す．その後，領域ごとに得られた 2 進数を 10 進数に変換した LBP (local binary pattern)[25] 値を用いて画像の比較を行う (図 2.29)．分割された画像内のすべての領域について算出された LBP の出現頻度を用いてヒストグラム [LBPH (LBP-histogram)] を作成し (図 2.30)，登録画像と入力画像の LBPH の相関係数を類似度とする．

LBP は注目画素とその近傍画素の大小比較によって特徴量が計算されるため，計算コストが少ない．また，一様な画素値の変化があった場合において，画素値の画像内の画素値の大小関係が逆転することはない．そのため，LBP は一様な照明変化の影響を受けづらいという利点がある．

b. 現状での精度

本節で紹介している分析で精度評価指標は式 (2.9) の分離性尺度，図 2.18 の EER である．

現状では，問題が提示された直後，「解答記入前」の顔画像であれば，ある程度本人認証が可能であるが，「解答記入中」「解答記入後」は，たとえ筆記を行っていなくても，頬杖をついたり，身体の位置が変化したりして，認証精度が低い[26]．そこで登録顔情報をテスト受験中の顔情報で更新し，より「本人–本人」間の認証精度が高くなるようにしたり[27]，オクルージョンに頑健な顔検出方法を検討したりしているが，図 2.17 のような認証を行うために，姿勢などの位置情報，顔検出のためのアルゴリズムの開発などなすべき課題は多い．しかし，さまざまな課題があるからこそ取り組む魅力もあり，今後の研究が期待されるところである．

2.4.4 eテスティングの認証技術を実用化するための課題

現在では，登録された文字のみしか認証できないのではなく，少ない文字登録でもさまざまな文字の認証が行えるようになってきた．しかし，実際に e テスティングで単位認定を行うとしたら，精度をもっと上げる必要がある．また，ある受験者ではよい結果が得られても，ある受験者では十分に認証できないというようなことがないよう，ロバストな認証方法でなければならない．したがって，本節の最後で述べた筆記認証と顔認証を組み合わせる方法など，さまざまな方法，条件下で頑健なモデルを研究することが望まれる．

例題 2-5

e テスティングにおける筆記認証技術について，代表的な手法を説明せよ．

例題 2-6

e テスティングにおける顔認証技術について，代表的な手法を説明せよ．

2.4 節のまとめ

- e テスティングシステムの受験者認証法とは何かについて理解する．
- e テスティングシステムの筆記認証方法の概要を理解する．
- 筆記データには静的情報と動的情報があり，それをどのように利用するかを理解する．
- e テスティングシステムの顔認証方法の概要を理解する．

2.5 eテスティングと項目反応理論

eテスティングには，能力測定の信頼性と妥当性の高いテストを構成できること，受験者の能力を適宜推定することで，その受験者にあった難易度の問題を出題でき，結果として，出題問題数や回答所要時間を減らせることなどの利点があり，さまざまな試験での普及が進んでいる．

本節ではこれらの利点を支える項目反応理論と適応型試験の出題方法について説明する．

2.5.1 テストの目的別の種別

一般的に，能力測定のためのテストは，その目的別に表 2.2 のように分類できる[8]．

能力測定型テストは受験者の能力値を計量することが目的である．大学入試センター試験, TOEFL, TOEIC などが代表例として挙げられる．

選抜型テストは，定数内の受験者の選抜，ある能力基準以上の受験者の選抜が目的であり，入社試験，入学試験，資格試験などが代表例として挙げられる．

診断型テストは学習者の学習行き詰まりの原因を調べるためのテストで，教育現場では重要である．学期末などに行われる定期試験などで実施されることが多く，直接的には能力測定を目的としていない．

形式的テストは，教育現場で学習者，教師の日々の改善のために行われるテストで，授業で配布される演習問題プリントなどをさす．テストの結果より，教師は，個々の学習者の知識状態を確認したり，授業ペースや授業難易度の適切性を確認したりする．

本節で紹介する項目反応理論は，能力測定型テストや選抜型テストのために主に使用される，受験者の能力をより精微に計測しようとするための理論である．

2.5.2 項目反応理論

例えば，ある物体の質量を測定しようというとき，私たちは天秤を用いてその質量を測定する．このとき，私たちは次のようなことを考えなければならない．

(1) 質量の単位，その物体の質量は，どのようなものと比べて何個分と等価なのか?

(2) 測定の精度，仮に 100 g 前後だったとして，1.0×10^2 g なのか，100.00 g なのか?

誤解を恐れずにいうならば，受験者の能力測定においてこのような妥当性・信頼性を考えることを目的とした理論がテスト理論である (テストの妥当性や信頼性についての定義は，文献 [28] に詳しい)．

項目反応理論 [IRT (item response theory)] とは現在世界中で最も多用されているテスト理論である[8]．項目反応理論により，異なるテスト間でも同一の尺度で能力測定と，その測定の精度が評価可能となる．項目反応理論では，受験者の能力と項目への正答・誤答の反応をモデル化することで，学習者の能力や項目の難易度の推定，およびその推定誤差などを定量的に評価可能とする．

a. 項目反応関数

本項では最もよく用いられる**2パラメータロジスティックモデル**について紹介する．項目反応理論では受験者 j が項目 i に正答する $x_{i,j}=1$ 確率を以下のように定義する．

$$P(x_{i,j}=1|\theta_j, a_i, b_i) = P_i(x_{i,j}=1|\theta_j) = P_i(\theta_j) = \frac{1}{1+\exp[-Da(\theta-b)]} \quad (2.10)$$

ただし，θ_j は受験者 j の能力値，a_i，b_i は項目 i の特性を表すパラメータである．ここで，**項目パラメータ** a_i，b_i はそれぞれ，**識別力パラメータ**，**困難度パラメータ**とよばれる．このある項目の能力値に対する正答確

表 2.2 テストの目的別分類[8]

テストの種類	目　　的	例	範囲	テスト理論
能力測定型テスト	受験者能力を計量するため	能力測定テスト，センター試験，TOEFL，TOEIC など	広	項目反応理論
選抜型テスト	ある基準能力以上の受験者を選抜するため	入社試験，入学試験，資格試験	広	項目反応理論
診断型テスト	学習者の学習の行き詰まり原因を調べるため	学期末になどに行われる診断テスト	中	ネットワーク型IRT
形式的テスト	学習者，教師の日々の改善のため	授業で配布される演習問題プリント	狭	S-P 表

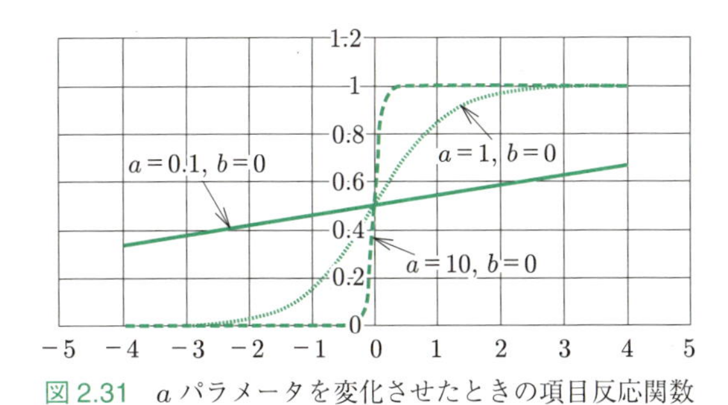

図 2.31　a パラメータを変化させたときの項目反応関数

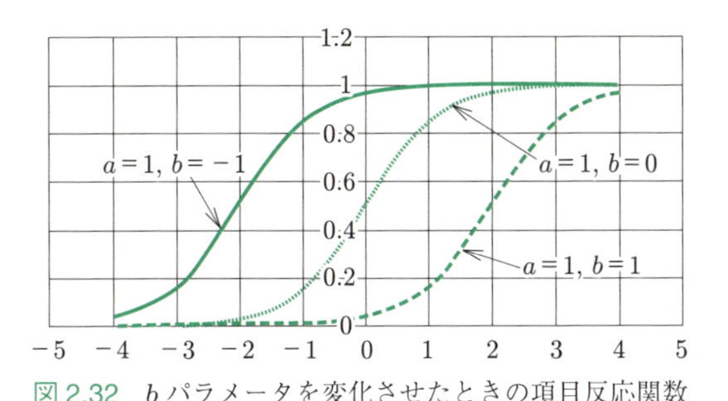

図 2.32　b パラメータを変化させたときの項目反応関数

率の関数をこの項目の**項目反応関数** (あるいは，項目特性関数) とよぶ．

図 2.31 は $a = 0.1, 1, 10$，$b = 0$ としたときの項目反応関数である．a は項目反応関数の傾きと比例するパラメータである．図よりわかるとおり，a が 0 に近い項目 ($a = 0.1$，図中実線) は，どのような能力値 θ でも正答率がさほど変わらない．つまり，例えば，「さいころの出る目を当てよ」のような，測定したい能力に関係なく，正答率が一定となるような問題の項目反応関数となる．反対に，a が大きな項目 ($a = 10$，図中破線) は，ある能力値を境にして正答と誤答がはっきり別れる項目反応関数となる．$a = 10$ の例では，$\theta = 0$ を境に正誤反応が極端に分かれている．そのため，この問題に正答する受験者は能力値 $\theta > 0$ である確率が非常に高いといえる．このように，a パラメータの高い項目は能力値を識別する力が高いといえるため，a パラメータは**識別力パラメータ**とよばれる．

また図 2.32 は $a = 1$，$b = -1, 0, 1$ としたときの項目反応関数である．b は項目反応関数の正答確率が 50%となる値である．図よりわかるとおり，$b = -1$ の項目 (図中，実線) は $\theta = 0$ においても正答確率が非常に高い．反対に $b = 1$ の項目 (図中，破線) は $\theta = 2$ という高い能力値をもった受験者でも正答確率が 50%であり，難しい問題であるといえる．

これらよりわかるとおり，b パラメータは難易度を表し，b パラメータが大きいほど難易度の高い問題となる．そのため，b パラメータは**困難度パラメータ**とよばれる．

最後に，一般的に，D は $D = 1.7$，より精微には $D = 1.701$ を用いる．この値を用いることで，$a = 1$，$b = 0$ の項目の項目反応関数が累積標準正規分布のよい近似となる．つまり，$D = 1.7$ を用いることは，$a = 1$，$b = 0$ である項目に正答する受験者の能力値 θ が標準正規分布であるような a, b, θ の尺度を用いることを意味する (ただし，IRT のソフトウェアによっては $D = 1$ として計算されているものもあるため，注意すること)．

また，このように尺度を定めると，θ は偏差値と換算可能となる．偏差値も学習者の能力が正規分布している仮定で算出されるスコアの一部である．そのため，具体的には $\theta = -2, 1, 0, 1, 2$ はそれぞれ偏差値 30, 40, 50, 60, 70 となる．

このようなモデル化を行うことで，各受験者のそれぞれの項目への反応から受験者の能力パラメータや項目パラメータを推定することが可能となる．以降では，これらのパラメータ推定について述べる．

b. ベイズの定理と最尤推定

まず，ベイズの定理と尤度について述べる．ある確率変数 A，B において，以下の式が常に成り立つ．

$$P(A|B) = \frac{P(A)}{P(B)} P(B|A) \tag{2.11}$$

ただし，$P(A|B)$ は B が条件として与えられたときの A の確率である．これを**ベイズの定理**とよぶ．

ここで，ある $B = b$ が起こったときの A の値を推定することは，$B = b$ が起こったときのある A の値 a の起こる確率 $P(a|B = b)$ が最も高い a を探索することにほかならない．つまり，A の推定値 $\hat{a} \in A$ は以下のように表すことができる．

$$\hat{a} = \arg\max_{a \in A} P(a|B = b) \tag{2.12}$$

この式をベイズの定理を利用して展開すると，以下の式を得る．

$$\hat{a} = \arg\max_{a \in A} \frac{P(a)}{P(B = b)} P(B = b|a) \tag{2.13}$$

また式 (2.13) をよく見れば，A の推定にあたり，$P(B = b)$ は a 値で変化しない．そのため，以下のような式を考えても同様の結果を得る．

$$\hat{a} = \arg\max_{a \in A} P(a) P(B = b|a) \tag{2.14}$$

このように，確率ではないが，確率に比例するようなもっともらしさを**尤度**という．**最尤推定** (maximum likelihood estimation：MLE) とはこのように算出した尤度が最も高い値を推定値として採用する推定方法

である (その他の推定方法としては，事後確率の期待値を考える **EAP 推定**などもあるがここでは説明を割愛する).

c. 能力パラメータの推定と推定精度

次に本項では，項目反応理論における項目パラメータが既知のときの受験者能力の推定について述べる (同様の考え方で項目パラメータの推定も可能であるが，詳細は文献 [29] を参照されたい).

いま，ある受験者 j が項目 i に対して，反応 $x_{i,j}$ をしたとする．ここで反応 $x_{i,j}$ は正答 $x_{i,j}=1$ か誤答 $x_{i,j}=0$ であるとする．このときの受験者 j の推定される能力値は最尤推定を行う場合以下を考えればよい．

$$\hat{\theta}_j = \underset{\theta_j}{\arg\max}\, P(\theta_j|x_{i,j}, a_i, b_i) \tag{2.15}$$

$$= \underset{\theta_j}{\arg\max}\, P(\theta_j)P(x_{i,j}|\theta_j, a_i, b_i) \tag{2.16}$$

ここで $P(\theta_j)$ は一般的に能力値がどのように分布しているかを表す事前分布であり，項目反応理論では，一般に ($D=1.7$ などを採用した場合)，能力値は標準正規分布していると仮定する．したがって，

$$P(\theta_j) = \frac{1}{\sqrt{2\pi}} \exp\left(-\frac{\theta_i^2}{2}\right)$$

として計算を行う．また，$P(x_{ij}=1|\theta_j, a_i, b_i)$ は項目反応関数そのものであり，$P(x_{i,j}=0|\theta_j, a_i, b_i)$ は誤答する確率であるため，$1-P(x_{i,j}=1|\theta_j, a_i, b_i)$ となる．

後の計算の都合も考慮すると，例えば $P(x_{i,j}|\theta_j, a_i, b_i)$ は次のように定義することができる．

$$P(x_{i,j}|\theta_j, a_i, b_i)$$

$$= P(x_{i,j}=1|\theta_j, a_i.b_i)^{x_{i,j}}$$

$$\times[1-P(x_{i,j}=1|\theta_j, a_i, b_i)]^{1-x_{i,j}} \tag{2.17}$$

また，受験者 j が複数の項目へ反応し，それぞれの項目への反応 $X_j = x_{1,j}, x_{2,j}, \cdots, x_{i,j}, \cdots, x_{n,j}$ が与えられたとき，能力の推定値は同様に以下のように考えることができる．

$$\hat{\theta}_j = \underset{\theta_j}{\arg\max}\, P(\theta_j)P(X|\theta_j) \tag{2.18}$$

ここで，$P(X_j|\theta_j)$ は θ_j がわかっているときの与えられた反応 X_j となるときの確率であり，それぞれの項目への反応が能力のみで決まる (局所独立仮定とよばれる) 場合，つまり，ある問題が別の問題のヒントや答になっていない場合，以下のように分解できる．

$$P(X|\theta_j) = \prod_{x_{i,j}\in X} P_i(x_{i,j}|\theta_j) \tag{2.19}$$

つまり，それぞれの項目への反応は，能力値のみを媒介として独立であり，それぞれの項目への反応の同時確率 (つまり積) で表せる．

ただし，これらの関数はすべて確率関数となっており，区間 $[0,1]$ をとる．そのため，計算機上で扱う場合，計算誤差が出やすい．それゆえ，一般にはこれらの関数の ln や log をとったものを考える．これは ln は単調増加関数であり，

$$\underset{\theta_j}{\arg\max}\, P(\theta_j)P(X|\theta_j)$$

$$= \underset{\theta_j}{\arg\max}\, \ln[P(\theta_j)P(X|\theta_j)] \tag{2.20}$$

としても結果が変わらないためである．このように対数をとった尤度関数を**対数尤度関数**という．また，対数尤度を考えることは，導関数の導出を容易とする利点もあり，最大値の探索に**ニュートン法**を用いる場合などにも計算が容易となる利点がある．

最終的に推定能力値を求める式は以下のように展開可能である．

$$\hat{\theta}_j = \underset{\theta_j}{\arg\max}\, \ln[P(\theta_j)P(X|\theta_j)]$$

$$= \underset{\theta_j}{\arg\max}(\ln(P(\theta_j))) + \sum_{x_{i,j}\in X}\{x_{i,j}\ln[P(\theta_j)]$$

$$+(1-x_{i,j})\ln[1-P_i(\theta_j)]\} \tag{2.21}$$

また，この対数尤度に対してフィッシャー情報量を計算することにより，能力値 θ の推定精度を考えることができる．ある推定値 $\hat{\theta}$ に関する情報量 $I(\hat{\theta})$ は一般に $1/I(\hat{\theta})$ が $\hat{\theta}$ の分散の近似推定値になる．(つまり標準誤差は $1/\sqrt{I(\hat{\theta})}$ となる．)

フィッシャー情報量は以下の式で与えられる．

$$I(\theta) = E\left[\left(\frac{\partial}{\partial\theta}LL(\theta|X)\right)^2_{\theta=\theta_j}\right] \tag{2.22}$$

ここで $LL(\theta|X)$ は X が与えられたときの対数尤度 (log likelihood) を表し，2 パラメータロジスティックモデルでは $LL(\theta|X) = \ln[P(\theta_j)(X|\theta_j)]$ である．煩雑な計算なため詳細は省くが，この式を展開すると以下の式を得る (式展開は文献 [29] が詳しい).

$$I(\theta) = D^2 \sum_{i=1}^{n} a_i^2 P_i(\theta)[1-P_i(\theta_j)] \tag{2.23}$$

また，項目 i についての情報量 $I_i(\theta)$ は以下となる．

$$I_i(\theta) = D^2 a_i^2 P_i(\theta)[1-P_i(\theta_j)] \tag{2.24}$$

つまり，それぞれの項目の情報量関数の和がテスト全体の情報量関数となる．これを**テスト情報量関数**とよぶ．

ここで注意すべき点は，標準誤差は情報量関数 $I(\theta)$ の関数となっており，したがって θ の関数である．つまり，あるテストの能力測定の精度は，受験者の能力によって異なることを意味している．これは，小学生向けのテストが高校生に対してうまく能力測定を行えないことからも直感的に理解できる．

このテスト情報量関数を考えることで，そのテストの目的に沿った情報量関数をもつテストを行うことが可能となる．例えば，能力の高い受験者に対して，その受験者の能力を最も精度よく推定可能となる項目を出題することでテストの項目数を減らしながらも能力測定の精度を上げることが可能である．これは適応型試験とよばれる．また，例えば選抜試験などでは「合格基準能力値付近の測定精度が高い」テストをつくるための項目の組合せを計算機によって探索することで，テストの目的に沿った測定精度をもつテストの自動構成が可能となる．

2.5.3　項目反応理論の応用

本項では項目反応理論の応用技術を述べる．項目反応理論の応用技術では，出題可能な項目のパラメータをあらかじめ調べておき，データベース化しておき (これをアイテムバンクとよぶ)，それらの情報を用いてさまざまな応用を行う．

次に適応型試験とテストの自動構成手法について述べる．

a.　項目反応理論を用いた適応型試験

まず適応型試験について紹介する．適応型試験とは，試験を行う際，逐次的に項目を受験者に出題し，能力値の推定を逐次的に行うことで，受験者の能力に応じた項目のみを出題し，能力の測定を行う手法である．わが国でも SPI などで使用されている．

図 2.33 は適応型試験の概要図である．また，図 2.34 は適応型試験の出題項目制御のフローチャートである．適応型試験では問題は逐次的に出題され，受験者はそれらに回答していくこととなる．これらの入力に対し，システムはその受験者の能力値を逐次推定し，その能力値付近を測定するのに最もよい (具体的にはその能力値付近で最も情報量の高い，能力推定の測定誤差が最も少ない) 項目を出題することで，それぞれの受験者の能力に最適な問題系列を出題する．直感的には，それぞれの受験者の能力値を精度よく測定するために，能力値の高い受験者には，難しい項目が出題され，能力値が低い受験者には易しい問題が出題される．

適応型試験は，項目固定型試験と比べ，項目数が少

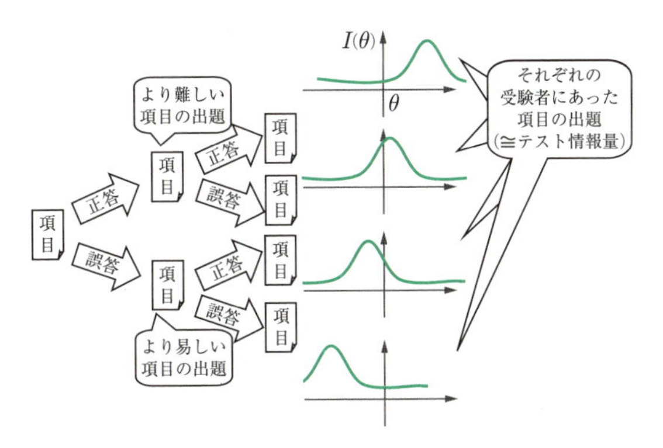

図 2.33　適応型試験の概要図

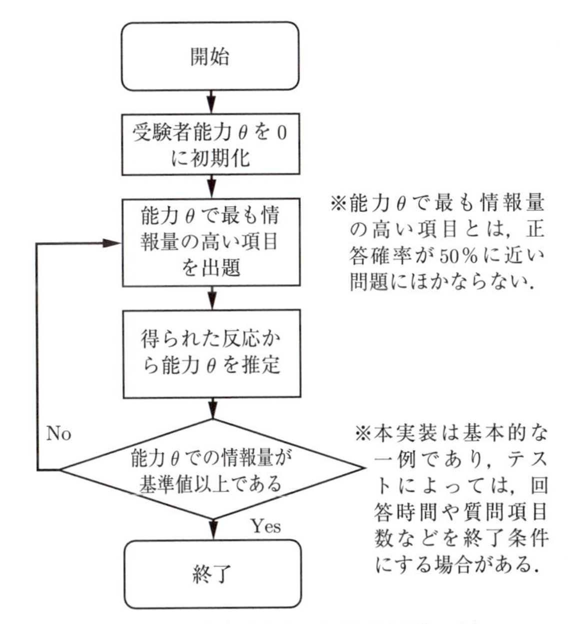

図 2.34　適応型試験の出題項目制御の例

なくても精度の高い能力測定を行うことが可能である．項目数が少なくなることは，テスト時間の短縮や，項目が暴露されるリスクなどを低減するため，採用が増えている．

一方で，同じ問題 (いわゆる良問) が出題されやすくなるため，項目の暴露を制御することも必要となっている．例えば，最初に出題される項目は，特別な制御を行わない場合，全受験者に同じ項目が出題されてしまう．これは，どの受験者も，正誤反応が得られる前には，平均的な能力をもつと推定されるためである．

このような問題を避けるため，例えば，最初の項目はある程度ランダムに出題するというような制御も行われる．またそれぞれの項目の出題回数を均一化するための研究 (項目露出制御とよばれる) も行われている．

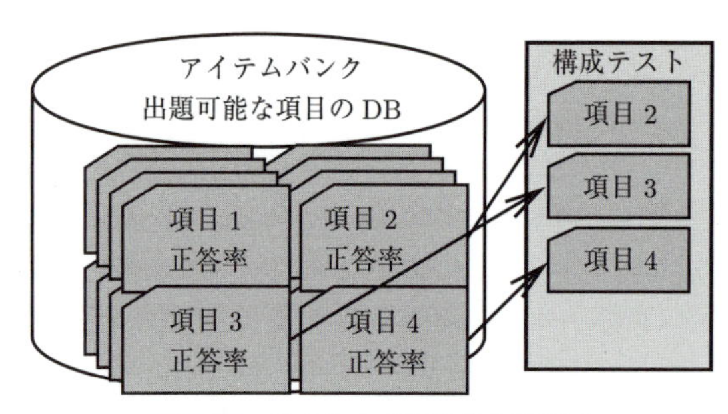

図 2.35　テストの自動構成の概要図

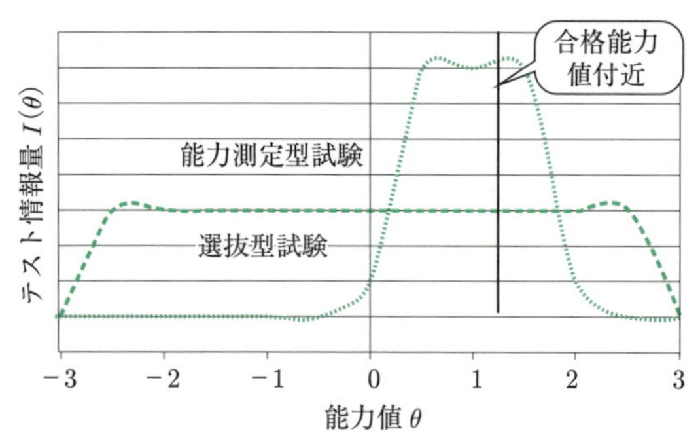

図 2.36　テストの種類とそのテスト情報量

b. テスト自動構成

テストの自動構成手法について述べる．ここでのテストの自動構成とは，項目をつくり出す「作問」とは異なり，どの項目をテストに出題するのかを選び出すことをさす．テストの自動構成では，アイテムバンクをあらかじめ作成しておくことで，それらの項目を組み合わせて構成されたテストの正答率，所要時間，能力推定の精度などを予測することが可能となる．

これを利用し，テスト管理者などによって所望された性質，例えば，「合格能力値付近の測定精度が高い」テストを構成することは，最適化問題として扱うことができるようになる (もちろん平均正答率，回答所要時間など，項目反応理論によらないパラメータのみを条件としてテストの自動構成を行うことも可能である)．

具体的には，テストの自動構成はナップザック問題として定義される．図 2.35 はテストの自動構成を模式的に示したものである．このとき，項目反応理論を用いたテストの自動構成では，テストの構成条件としてそのテストの能力測定の精度を表すテスト情報量関数を最適化，もしくは制約として与える．この制約はテストの目的によって異なる．

図 2.36 はそれぞれのテストの目的別の望ましいテスト情報量関数の概形を示している．例えば，選抜型試験の場合，合否の基準点付近の情報量を最大化しなければならない．このような試験では，ある能力を超えているか，超えていないかを精微に測定することが必要となるため，その能力値付近の情報量が高いことが求められる．しかし，その能力値より大幅に高いあるいは低い能力値に関しては精微な能力推定は不要であるため，求められるテスト情報量関数は図のようになる．

一方で，能力測定型の試験の場合，ある程度広い範囲の能力値のばらつきをもつ受験者が受験することが想定されるため，能力値の全域において情報量がある程度高くなるよう情報量関数を設計する必要がある．

変数

$$y_i = \begin{cases} 1 & (\text{項目 } i \text{ がテストに含まれる}) \\ 0 & (\text{それ以外}) \end{cases}$$

最大化

$$\sum_{i=1}^{n} I_i(\theta_{\text{pass}}) y_i$$

制約

$$\sum_{i=1}^{n} y_i = 25$$

(例えば，問題数が 25 問であるという条件)

$$\sum_{i=1}^{n} I_i(\theta) y_i \geq \text{LB}$$

$(-2 \leq \theta \leq 2)$ (情報量に関する下限制約)

図 2.37　最適化問題としての定式化例

例えば，選抜型試験において，テスト全域にある程度の情報量を保ち，合否基準の情報量を最大化する定式化は図 2.37 のようになる．ここでは θ_{pass} を合格能力値とする．また，全域の情報量の下限を LB とする．

最大化する関数は，合否基準の能力値を θ_{pass} でのそれぞれの項目情報量 $I_i(\theta_{\text{pass}})$ の総和であり，y によって示されるテストのテスト情報量 $I(\theta_{\text{pass}})$ である．また，$-2 < \theta < 2$ での θ での情報量 $I(\theta) = \sum_{i=1}^{n} I_i(\theta) y_i$ にも下限値 LB 以上であるという制約も含んでいる．このような最適化問題を解くことによって，主に能力の測定誤差について所望のテストを自動で構成可能となる．このような条件の他にも，回答所要時間に関する条件やそれぞれの出題領域別にそれぞれ何題ずつ出題するという条件，平均点がどの程度になるかなど，得点分布に関する条件なども最適化問題の制約として取り扱うことが可能である．

例題 2-7

項目反応理論について説明せよ．また，2 パラメータロジスティックモデル中の項目パラメータについて説明せよ.

例題 2-8

最尤推定について説明せよ.

2.5.4 おわりに

本節では，受験者の項目への反応をモデル化した項目反応理論を題材に，パラメータ推定の方法について紹介した．また，項目反応理論の応用技術である適応型テストとテストの自動構成について述べた.

本節では主に項目への反応を，項目や受験者の特性パラメータを用いることにより，数式でモデル化し，それらを推定，応用する方法について述べた．このような現象をモデル化し応用していくアプローチは対象を受験者の項目への反応だけに限ったことではなく，いうまでもなく，他の現象を理解する上でも用いられるアプローチである．本節ではこのようなアプローチの具体例として項目反応理論について紹介した.

最後に本節で紹介した項目反応理論はより複雑な応用モデルが存在する．例えば，項目への反応が正答・誤答ではなく，部分点を与えるモデル：一般部分採点モデルや段階反応モデル，また，正答するために必要な能力値が1次元ではなく多次元であるモデル：多次元項目反応理論などが存在する．本節の内容に興味がある読者はぜひこれらのモデルについても他の良書を参照されたい.

2.5節のまとめ

- 受験者の能力を最も効率よく，高い精度で測定するeテスティングシステムとは何かを理解する.
- 項目反応理論の概要を理解する.
- 項目反応理論を応用した適応型eテスティングシステムについて理解する.
- テスト自動構成の方法について理解する.

参考文献

[1] 清水康敬：分野別目次体系，日本教育工学会 編，教育工学事典，p. 9 (実教出版，2000).

[2] 赤堀侃司：教育工学研究について，日本教育工学会 編，教育工学事典，p. 10 (実教出版，2000).

[3] 文部科学省：学びのイノベーション事業実証研究報告書，Apr., 11 (2014).

[4] ICTを活用した教育の推進に関する懇談会：「ICTを活用した教育の推進に関する懇談会」報告書 (中間まとめ)，Aug., 29 (2014).

[5] 赤倉貴子："これからの高等教育機関に期待される役割—eテストシステムにおける受験者認証モデルの展開"，電子情報通信学会技術研究報告，**113**，No. 106，11–16 (2013).

[6] 池田 央："コンピュータテスト化の必要性とその条件"，教育工学関連学協会連合第5回全国大会講演論文集 (第1分冊)，pp. 363–366 (1997).

[7] 池田 央："アセスメント技術からみたテスト法の過去と未来"，日本教育工学雑誌，**24**，No. 1，3–13 (2000).

[8] 植野真臣，永岡慶三：eテスティング (培風館，2009).

[9] バイオメトリクスセキュリティコンソーシアム 編：バイオメトリックセキュリティ・ハンドブック (オーム社，2006).

[10] 吉村ミツ，吉村 功："局所円弧パターン法を用いた筆者識別"，電子情報通信学会論文誌，**J74-D-II**，No. 2，230–238 (1991).

[11] F. Kimura, T. Harada, S. Tsuruoka, Y. Miyake: "Modified quadratic discriminant functions and the application to chinese character recognition," *IEEE Transactions on Pattern Analysis and Machine Intelligence*, Vol. 9, No. 1, 149–153 (1987).

[12] 中川俊明，原 武史，藤田広志："局所的なパターンマッチングによる画像検索法"，電子情報通信学会論文誌，**J85-DII**，No. 1，149–152 (2002).

[13] S. Kikichi, T. Furuta, T. Akakura: "Periodical Examinees Identification in e-Test Systems Using the Localized Arc Pattern Method," Association of Pacific Rim Universities 9th Distance Learning and the Internet Conference 2008 Proceedings (DLI2008).

[14] 菊池伸一，古田壮宏，赤倉貴子："e-Testにおける受験者認証のための筆圧局所円弧パターン法の提案"，日本教育工学会論文誌，**33**，No. 4，383–392 (2010).

[15] A. K. Jain, F. D. Griess, and S. D. Connell:

"On-line signature verification," *Pattern Recognition*, No. 35, 2963–2972 (2002).

[16] A. Kholmatov, B. Yanikoglu: "Biometric Authentication Using Online Signatures," *ISCIS 2004, Lecture Notes in Computer Science*, No. 3280, pp. 373–380 (Springer-Verlag, 2004).

[17] 米谷雄介, 松本 守, 古田壮宏, 赤倉貴子："多肢選択式 e テストのための DP マッチングを利用した受験者認証法の提案", 日本教育工学会論文誌, **34**, No. Suppl., 53–56 (2010).

[18] 中井 満, 嵯峨山茂樹, 下平 博："サブストローク HMM を用いたオンライン手書き文字認識", 電子情報通信学会論文誌, **J88-DII**, No. 9, 1825–1835 (2005).

[19] 中村善一，木戸出正継："筆跡鑑定の知見に基づく特性値を用いたオンライン筆者照合", システム制御情報学会論文誌, **22**, No. 1, 37–47 (2009).

[20] Y. Yoshimura, T. Furuta, T. Tomoto, T. Akakura: "Analysis of Writing Data for Cheating Detection in e-Testing," *Proceedings of The 21st International Conference on Computers in Education*, pp. 431–436 (2013).

[21] 吉村 優, 古田壮宏, 東本崇仁, 赤倉貴子："e-Testing の個人認証のための書写技能を考慮した字画分割法における個人性評価", 電子情報通信学会論文誌, **J98-D**, No. 1, 172–173 (2015).

[22] 中西 功, 西口直登, 伊藤良生, 副井 裕："DWT によるサブバンド分解と適応信号処理を用いたオンライン署名照合", 電子情報通信学会論文誌, **J87-A**, No. 6, 805–815 (2004).

[23] P. Viola, M. Jones: "Rapid object detection using a boosted cascade of simple features," *Proceedings of Computer Vision and Pattern Recognition*, **1**, 511–518 (2001).

[24] T. Ahonen, A. Hadid, M. Pietikainen: "Face recognition with local binary patterns," *Application to Face Recognition, IEEE Trans. Pattern Analysis and Machine Intelligence*, **28**, No. 12, 2037–2041 (2006).

[25] T. Ojala, M. Pietikainen, D. Harwood: "A comparative study of texture measures with classification based on feature distribution," *Pattern Recognition*, **29**, No. 1, 51–59 (1996).

[26] 田中佑典, 吉村 優, 東本崇仁, 赤倉貴子："e-Testing におけるなりすまし防止のための顔画像を利用した個人認証", 電子情報通信学会論文誌, **J98-D**, No. 1, 174–177 (2015).

[27] 赤倉貴子, 川又泰介："e ラーニング/e テスティングにおける顔画像を利用した個人認証", 画像ラボ, **27**, No. 10, 7–14 (2016).

[28] 日本テスト学会 編：テスト・スタンダード—日本のテストの将来に向けて (金子書房, 2007).

[29] 豊田秀樹：項目反応理論入門編—テストと測定の科学 (朝倉書店, 2002).

[30] 赤倉貴子, 柏原昭博 編著：教育工学選書 II 第 1 巻 e ラーニング/e テスティング (ミネルヴァ書房, 2016).

3. 映像メディア処理

3.1 はじめに

私たちの身のまわりにはディジタル化された画像・映像データがあふれている．スマートフォン１台で，画像・映像の撮影だけでなく，顔検出による自動フォーカス，色調補正，特殊効果などの画像加工まで簡単にできてしまう．Facebook，Twitter，Instagram などのソーシャル・ネットワーキング・サービス (SNS) においても，画像はテキストとならぶ重要な構成要素であることはいうまでもない．

このように画像・映像が普及してきた背景として次のような変化が挙げられる．

カメラの普及・小型化　高級品だったカメラが，ディジタル化，小型化され安価になり，あらゆる場所にカメラが設置される時代になった．街中や家には防犯カメラ，人の手元にはスマートフォンのカメラ，車には車載カメラが当然の時代になっている．

映像視聴デバイスの多様化　画像・映像を視聴できるデバイスは，20〜30 年前はテレビや PC に限られていたが，いまではスマートフォン，タブレット，HMD (head mounted display) まで広がりをみせている．フラットパネルディスプレイもテレビ用だけでなく，ディジタルサイネージとよばれる電車や駅の中の広告・情報用のディスプレイに広がっている．

インターネット上の画像共有技術の進化　インターネットの普及に伴い，一般のユーザが画像・映像データをネットワークで他の人と共有できるようになったことも大きな変化である．YouTube は１日数十億本のビデオ閲覧，１分あたり 400 時間分の映像がアップロードされているという．

画像・映像の役割は以下の三つに分類される[1]．

人間の視覚機能を拡大する　肉眼では見にくいもの，見えないものを見えるようにする．例えば，X 線画像，CT 画像，MR 画像による体の内部の可視化，衛星画像，航空写真によるリモートセンシングなどがこれにあたる．

人間の視覚機能を代行する　人間ができることを，コンピュータに代行させて省力化する．例えば，防犯カメラの不審者検知のように，短時間であれば人ができる作業でも，長時間または繰り返し行うことが難しい作業を，コンピュータに代行させることができる．

人間の視覚機能に訴える　言葉で表現するのが難しいことを画像・映像を使ってわかりやすく楽しく伝えたり，魅力的に見せたりすることができる．例えば，SNS における写真加工・画像共有，スポーツ中継におけるリアルタイム CG 合成などがある．

人間の視覚機能に訴える役割，言い換えれば，人と人のコミュニケーションを媒介するメディアとしての画像・映像の利用が拡大している．この目的で用いられる画像・映像処理を，ここでは“映像メディア処理”とよぶ．

本章では，映像メディア処理の具体例として，画像フィルタ，パノラマ画像生成，インターネット画像検索を取り上げて，その仕組みを簡単に紹介する．

3.1 節のまとめ

- 画像・映像が普及してきた背景には，カメラの普及・小型化，映像視聴デバイスの多様化，インターネット上の画像共有技術の進化などがある．
- 画像・映像の役割は，人間の視覚機能の拡大，人間の視覚機能の代行，人間の視覚機能への訴求がある．

3.2 画像の表現と処理

3.2.1 画像表現

最近のテレビ，カメラ，ディジタルビデオレコーダはコンピュータの一種であり，画像・映像データはディジタルデータとして表現・処理される．

コンピュータのディスプレイに表示された画像を繰り返し拡大していくと，最終的に格子状にならんだ点の集まりであることがわかる．この画像の最小単位を画素またはピクセル (pixel) とよぶ．

ディジタルカメラのカタログにメガピクセルとあれば，画素数が 100 万 (1 メガ) 以上の画像を撮影可能であることを表している．4K テレビの 4K は，横方向の画素数が 4K (4000，正確には 3840) であることに由来しており，現時点で最も普及しているフルハイビジョンテレビの水平方向の画素数 2K (2000，正確には 1920 画素) に対して，縦横にそれぞれ 2 倍 (面積で 4 倍) 高解像度であることを表している．

画像の種類には，グレースケール画像やカラー画像，動画像，3 次元画像などさまざまなものがある．以下では，画像の種類とその表現方法について述べる．

グレースケール画像　白黒テレビの画像のように，各画素の明るさが黒から白まで連続的に変化する画像をグレースケール画像という．通常，グレースケール画像の画素値は 8 ビットで 0 から 255 の間の整数値をとり，その値が明暗 (濃淡) を表すことから輝度値または濃度値ともよばれる (図 3.1(a))．画素 (i, j)，$i = 0, 1, \cdots, W-1$; $j = 0, 1, \cdots, H-1$ に対して，グレースケール画像 f は輝度を保持する 2 次元配列 $f(i, j)$ として表現される．ここで，W，H は画像の水平方向，垂直方向の画素数である．

カラー画像　カラー画像 f の各画素は色成分に対応して複数の値をもつ (図 3.1(b))．RGB 表色系の場合，赤成分 (R)，緑成分 (G)，青成分 (B) の三つの値で色を表現する．表 3.1 に色名と RGB 値の対応を示す．カラー画像は，グレースケール画像における輝度のかわりに R，G，B の値を入れた 3 次元配列として表現される．$f(i, j, c)$，$c \in \{\mathrm{R}, \mathrm{G}, \mathrm{B}\}$．RGB 表色系以外にも，人が知覚する色の差異が色度座標間の距離に近くなるように設計された Lab 表色系，マンセル表色系に近い色相，彩度，明度に変換する HSV 表色系もよく用いられる．三つ以上の色成分 (マルチチャネル) をもつマルチスペクトル画像は，地球観測衛星による植生調査，災害調査などに活用されている．

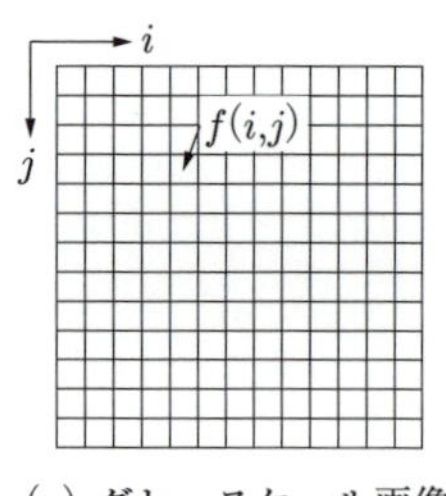

(a) グレースケール画像

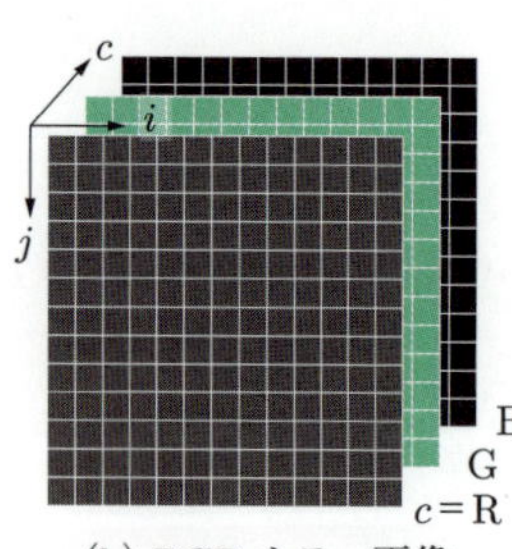

(b) RGB カラー画像

図 3.1　画像の表現

動画像　動画像 f はカラー画像に時間軸 $t = 0, 1, \cdots$ を加えた 4 次元配列として表現される．$f(t, i, j, c)$，$t = 0, 1, \cdots, T-1$．単位時間あたりに処理される静止画像の枚数をフレームレート (frame rate) とよび，1 秒あたりの静止画像 (フレーム) 数を fps (frames per second) という単位で表す．日本の地上ディジタル放送の場合は 30 fps，つまり，1 秒間に約 30 枚の静止画像を伝送・表示している．長時間の動画像を扱う場合は，一般的に，画像データが膨大になり，コンピュータの主記憶メモリに格納できないため，時間順に画像を読み込んで処理を行い，処理が終わったらメモリから削除することを繰り返す必要がある．

映像　動画像に同期した形で音声データやテキストデータ (テロップ，字幕) を付与したものを，ここでは映像とよぶ．ディジタルテレビ放送の場合，動画像と音声を同期させるために，それぞれのデータにタイムスタンプとよばれる時間情報を付加して伝送される．

付加情報　インターネットで流通している画像・映像は単独で存在することはまれである．例えば，Web ページの画像・映像には説明文やタグ，ユーザのコメントなどの付加情報が付随していることが多い．ディジタルカメラやスマートフォンで撮影されるディジタル画像には EXIF (exchangeable image file

表 3.1　RGB 表色系における R，G，B の値と色名の関係

R	G	B	色名
0	0	0	黒
255	255	255	白
255	0	0	赤
0	255	0	緑
0	0	255	青
255	255	0	黄色
0	255	255	シアン
255	0	255	マゼンタ

format) の形式で，撮影位置 (global positioning system：GPS)，時刻が付加されている．これらも付加情報の一種である．

3.2.2 映像メディア処理

映像メディア処理は，入力・出力に応じて表 3.2 のように分類できる．画像・動画を入力して，画像・動画を出力する処理を狭義の「画像処理」とよぶ．画像・動画を入力して記述を出力する処理を「画像認識，映像認識」とよぶ．逆に，記述を入力して画像・動画を生成する処理は「コンピュータ・グラフィックス」とよばれる．次節以降で取り上げる，画像フィルタ，パノラマ画像生成，インターネット画像検索はそれぞれ，画像 → 画像，動画 → 画像，画像 + 付加情報 → 記述の処理に対応する．

表 3.2 映像メディア処理の分類

入力 → 出力	具体例
画像 → 画像	色調変換，ノイズ除去，超解像処理
画像 → 動画	スライドショー作成
動画 → 画像	パノラマ画像生成
動画 → 動画	映像編集，映像要約
画像 → 記述	画像認識，顔検出，人物検出
動画 → 記述	動作認識，映像認識
画像 + 付加情報 → 記述	インターネット画像検索
記述 → 画像	コンピュータ・グラフィックス

3.2 節のまとめ

- **画像の最小単位を画素またはピクセルとよぶ．それぞれの画素は，グレースケール画像の場合，画素の明暗 (濃淡) を表す輝度値を，カラー画像の場合，赤，緑，青の色成分に対応する RGB 値をもっている．**
- **画像を入力して画像を出力する処理を狭義の「画像処理」，画像を入力して記述を出力する処理を「画像認識」，記述を入力して画像を出力する処理を「コンピュータ・グラフィックス」とよぶ．**

3.3 画像フィルタ

SNS や画像共有サービスで，画像の見た目を改善したり，特殊効果を施すために利用される画像フィルタ機能の基本的な仕組みを紹介する．

画像フィルタには，画素演算 (pixel operation) と近傍演算 (neighborhood operator) の 2 種類がある (図 3.2)．画素演算は，出力画像の画素値 $f'(i,j)$ を，対応する入力画像の画素値 $f(i,j)$ の関数によって決定する演算である．近傍演算は，出力画像の画素 (i,j) の画素値を，その近傍領域の画素値の関数によって決定する演算であり，空間フィルタリング (spatial filtering) ともよばれる．

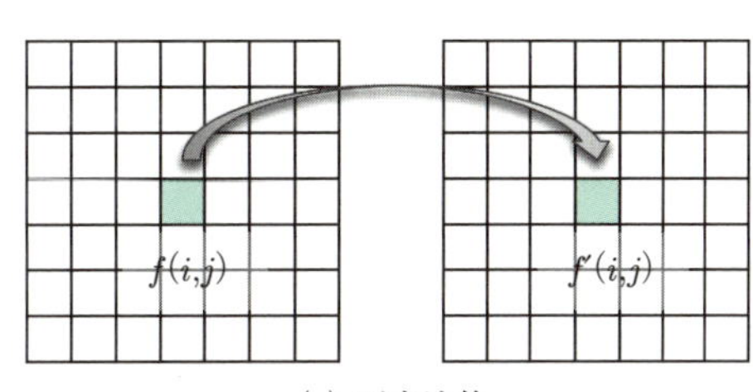

(a) 画素演算

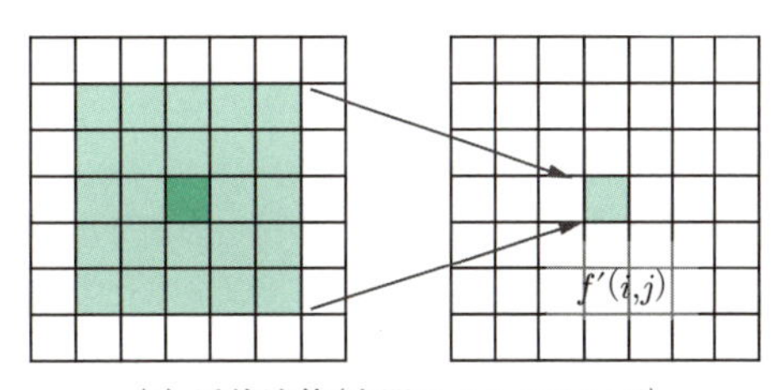

(b) 近傍演算 (空間フィルタリング)

図 3.2 画像フィルタの種類

3.3.1 濃度変換

濃淡変換は，グレースケール画像 $f(i,j)$, $0 \leq i < W$, $0 \leq j < H$ を，同じサイズのグレースケール画像 $f'(i,j)$ に変換する．入力画像の画素値 $0 \leq x < 256$ を画素値 $0 \leq y < 256$ に変換する階調変換関数 $y = g(x)$ を与えて，出力画像 $f'(i,j)$ を

$$f'(i,j) = g(f(i,j))$$

とする．階調変換関数 $g(x)$ をグラフとして表したものをトーンカーブとよぶ．

濃淡変換の具体例を以下に示す．

ネガ・ポジ反転 入力画像 (図 3.3(a)) に対して，階調変換関数 $g(x) = 255 - x$ を適用した結果が図 3.3 (b) の画像である．$g(x)$ は 255 (白) を 0 (黒) に，0 (黒) を 255 (白) に変換するので，ネガフィルムのような画像が得られる．

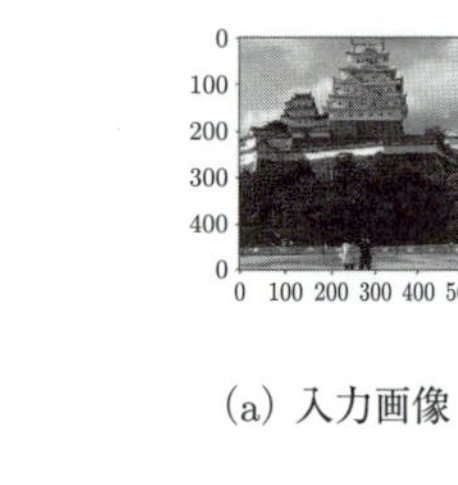

(a) 入力画像

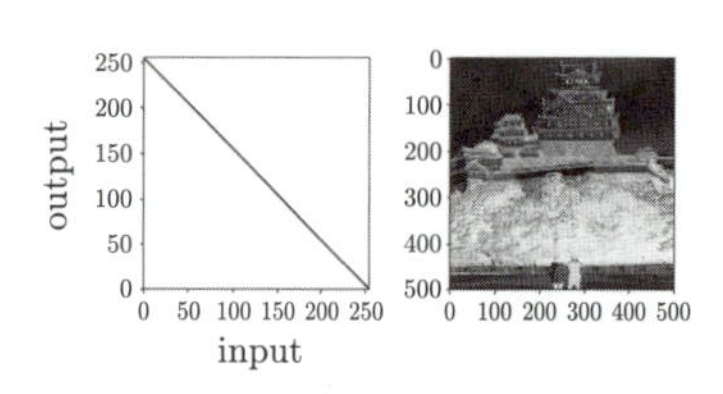

(b) ネガ・ポジ反転 $g(x) = 255 - x$

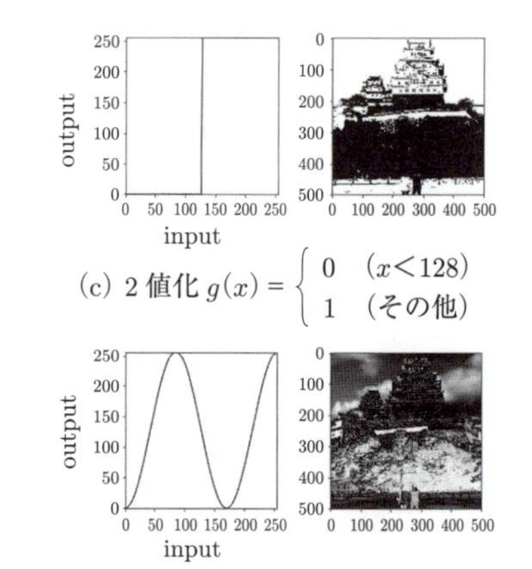

(c) 2 値化 $g(x) = \begin{cases} 0 & (x < 128) \\ 1 & (\text{その他}) \end{cases}$

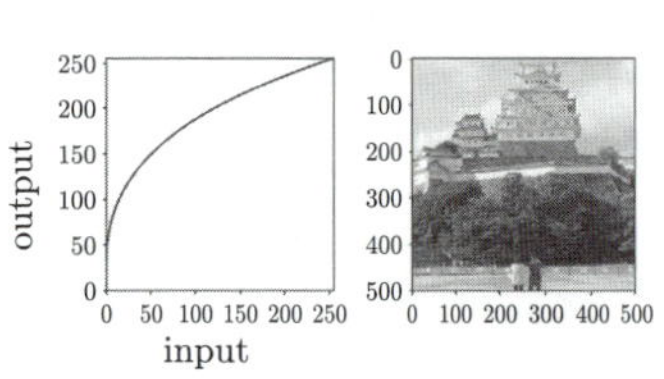

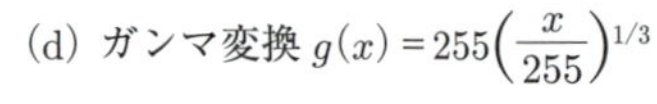

(d) ガンマ変換 $g(x) = 255\left(\frac{x}{255}\right)^{1/3}$

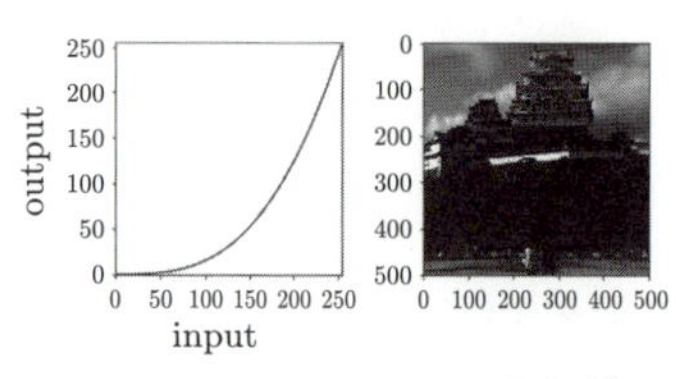

(e) ガンマ変換 $g(x) = 255\left(\frac{x}{255}\right)^{3}$

(f) ソラリゼーション $g(x) = 128 - 128\sin[(x - 128)/128 \cdot 1.5\pi]$

図 3.3　トーンカーブと濃淡変換の結果

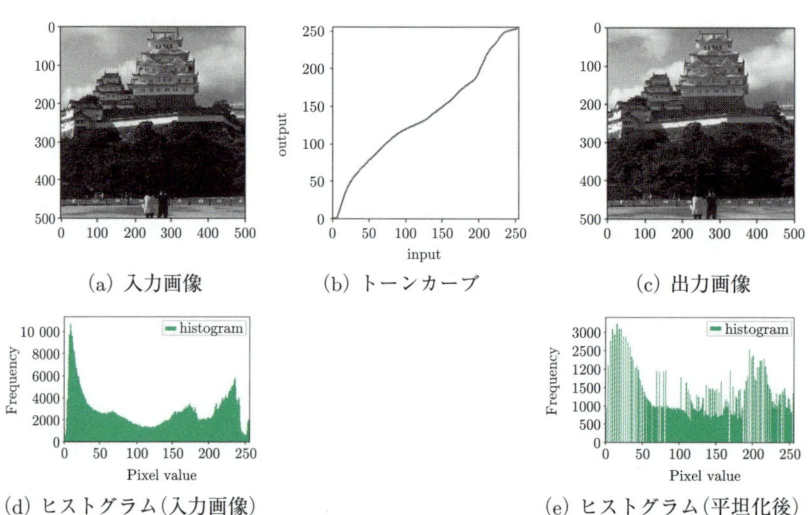

(a) 入力画像　(b) トーンカーブ　(c) 出力画像

(d) ヒストグラム (入力画像)　(e) ヒストグラム (平坦化後)

図 3.4　ヒストグラム平坦化

2 値化　階段状の階調変換関数で濃淡変換すると白黒の 2 値化画像 (図 3.3(c)) が得られる．

ガンマ変換　もとはディスプレイなどの画像出力デバイスの特性を調整するために開発された手法である (図 3.3(d), (e))．階調変換関数

$$g(x) = 255\left(\frac{x}{255}\right)^{\frac{1}{\gamma}}$$

に対応するトーンカーブは，$\gamma > 1$ のときは上に凸，$0 < \gamma < 1$ のときは下に凸となる．$\gamma > 1$ のときは，画像中の暗い領域のコントラストを強調し画面全体を明るくする効果がある．逆に $0 < \gamma < 1$ のとき，画像中の明るい領域のコントラストを強調しながら画面全体を暗くする効果がある．

ソラリゼーション　ソラリゼーション (図 3.3(f)) は写真現像の手法の一つで，現像時に露光をある程度過多にすることにより，モノクロの写真作品の白と黒が部分的に反転した画像を得るものである．単調増加または単調減少のトーンカーブではなく，増減を含むトーンカーブを用いることでポジ・ネガ画像が混ざったような不思議な画像を生成できる．

ヒストグラム平坦化　人が階調変換関数を指定するかわりに，入力画像の画素値の分布に基づいてトーンカーブを作成する方法もある．濃淡変換後のヒストグラムが平坦になるように，つまり，0 から 255 の範囲になるべく均等に分布するようにトーンカーブを作成し，そのトーンカーブで濃淡変換を行う方法がヒストグラム平坦化 (histogram equalization) である (図 3.4)．図 3.4(d) のヒストグラムをみると輝度が低いところ (輝度値が 0〜30) で頻度が高

くなっているのに対して，図 3.4(e) のヒストグラムは (一部がくしの歯状になっているものの) ならしてみると平坦になっていることがわかる．この変換で城のまわりにある樹木の領域のコントラストが強調されている様子が確認できる．

カラー画像の場合は，色チャネルごとに，前節で説明した階調変換関数を作用することで画像の色調を変化させることができる．

セピア調　写真をセピア色の古写真の色合いに変化させる画像フィルタを設計する場合，白色をセピア色に変換すればよいので，例えば，RGB の各色の画素値をそれぞれ 1.0 倍，0.7 倍，0.4 倍とする．

$$f'(i,j,\mathrm{R}) = 1.0 \cdot f(i,j,\mathrm{R})$$
$$f'(i,j,\mathrm{G}) = 0.7 \cdot f(i,j,\mathrm{G})$$
$$f'(i,j,\mathrm{B}) = 0.4 \cdot f(i,j,\mathrm{B})$$

変換結果は割愛するが，簡単にプログラムを作成できるので試してみてほしい．

3.3.2 近傍演算

注目画素 (i,j) の周辺画素 $B(i,j)$ の画素値 $f(k,l)$, $(k,l) \in B(i,j)$ を用いて，出力画素値 $f'(i,j)$ を算出する処理である (図 3.2(b))．

空間フィルタは，線形フィルタ (linear filter) と非線形フィルタ (nonlinear filter) に分類される．線形フィルタは，入力画像 $f(x,y)$，出力画像 $f'(x,y)$ とすると，

$$f'(x,y) = \sum_{n=-w}^{w} \sum_{m=-w}^{w} f(x+m, j+n)h(m,n) \tag{3.1}$$

と表される．ここで，$h(m,n)$ は線形フィルタの特性を表す 2 次元配列であり，フィルタの大きさは，配列の要素数 $(2w+1) \times (2w+1)$ である．以下では，例えば，3×3 のフィルタ $h(m,n)$ を

$h(-1,-1)$	$h(0,-1)$	$h(1,-1)$
$h(-1,0)$	$h(0,0)$	$h(1,0)$
$h(-1,1)$	$h(0,1)$	$h(1,1)$

と表記する．式 (3.1) の演算を**畳込み** (convolution) とよぶ (正確には $f(n+m, j+n)$ ではなく $f(n-m, j-m)$ と表記する)．

空間フィルタの具体例を以下に示す．

平均化フィルタ　周辺画素の画素値の平均値を出力することで，画像に重畳するノイズを除去する効果がある (図 3.5(b))．

(a) 入力画像

(b) 平均化フィルタ

(c) ガウシアンフィルタ

(d) メディアンフィルタ

図 3.5　近傍演算 (空間フィルタリング) の例

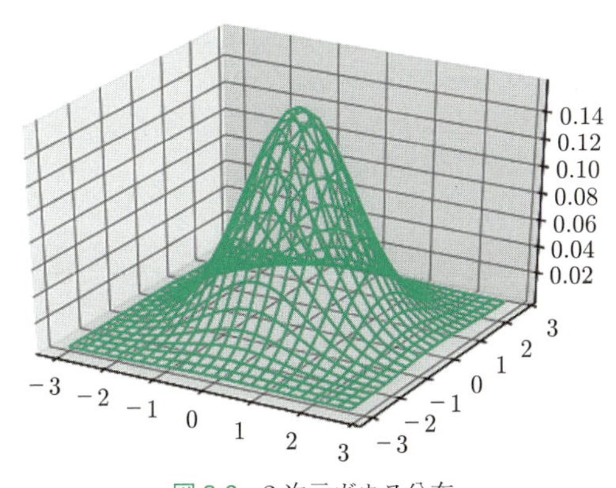

図 3.6　2 次元ガウス分布

例 3-1　3×3 の平均化フィルタ

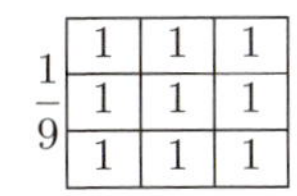
$\frac{1}{9}$

1	1	1
1	1	1
1	1	1

ガウシアンフィルタ　単純な平均値ではなく注目画素に近いほど大きな重みを付ける加重平均化フィルタの一つで，重みを 2 次元ガウス分布 (図 3.6)

$$g(x,y) = \frac{1}{2\pi\sigma^2} \exp\left(-\frac{x^2+y^2}{2\sigma^2}\right)$$

としたものをガウシアンフィルタ (Gaussian filter) とよぶ．平滑化，ノイズ除去の効果がある (図 3.5(c))．

例 3-2　3 × 3 画素のガウシアンフィルタ

$\frac{1}{16}$

1	2	1
2	4	2
1	2	1

メディアン (中央値) フィルタ　平均値のかわりに，近傍画素のメディアン (中央値) を出力とする画像フィルタである．平均化フィルタ，ガウシアンフィルタはエッジがなまって，ぼけた画像になるのに対して，エッジが保存され，ごま塩状のノイズが消えているのがわかる (図 3.5(d))．メディアンフィルタは非線形フィルタの一つである．

1 次微分フィルタ　画像中で明るさが急に変化するエッジ (edge) を取り出すときに使われるフィルタである．グレースケール画像の画素を x 方向，y 方向に順に見ていったとき，明るさ (画素値) の差分を出力する．差分の計算にはいくつかのバリエーションがあるが，最も単純なのは隣接画素の差分

$$\Delta_x f(i,j) = f(i,j) - f(i-1,j)$$
$$\Delta_y f(i,j) = f(i,j) - f(i,j-1)$$

をとる方法である．$(\Delta_x f(i,j), \Delta_y f(i,j))$を画像 f の勾配 (gradient)，勾配 $(\Delta_x f(i,j), \Delta_y f(i,j))$ の大きさ $\sqrt{(\Delta_x f(i,j))^2 + (\Delta_y f(i,j))^2}$ をエッジ強度とよぶ (図 3.7)．

(a) 入力画像

(b) エッジ強度

図 3.7　1 次微分フィルタ

例 3-3　x 方向，y 方向の 1 次微分フィルタ

0	0	0
−1	1	0
0	0	0

0	−1	0
0	1	0
0	0	0

Prewitt フィルタ　上記の 1 次微分フィルタは，ノイズに対して大きく反応してしまう欠点がある．ノイズを抑えながらエッジを抽出するために，平滑化フィルタと組み合わせた空間フィルタとして Prewitt フィルタ，Sobel フィルタが用いられる (Prewitt, Sobel は開発者の名前)．

例 3-4　x 方向と y 方向の Prewitt フィルタ

−1	0	1
−1	0	1
−1	0	1

−1	−1	−1
0	0	0
1	1	1

3.3 節のまとめ

- **画素演算 (濃度変換) は，入力画像の画素値 $f(i, j)$ を出力画像の画素値 $g(f(i, j))$ に変換する．関数 $g(x)$ を階調変換関数とよび，それをグラフとして表したものをトーンカーブとよぶ．**
  [濃淡変換の例：ネガ・ポジ反転，2 値化，ガンマ変換，ソラリゼーション，ヒストグラム平坦化]
- **近傍演算 (空間フィルタリング) は，画素 (i, j) の周辺画素の画素値 $f(k, l)$ の関数として，出力画像の画素値 $f'(i, j)$ が定義される．畳込み (convolution) 関数がよく用いられる．**
  [空間フィルタの例：ガウシアンフィルタ，メディアンフィルタ，微分フィルタ]

3.4　パノラマ画像生成

パノラマ画像 (panoramic image) は，標準のフィルムサイズや画面サイズではなく，より広い範囲を写した縦長，横長の画像である (図 3.8)．カメラを水平方向，垂直方向に動かしながら (回転しながら) 撮影した複数枚の画像を合成することで，横長，縦長のパノラマ画像を作成する．パノラマ画像生成はイメージモザイキング (image mosaicing) ともよばれる．

3.4.1　パノラマ画像生成の手順

パノラマ画像生成の流れは以下のとおりである．

(1) 画像入力
(2) 画像間の位置合わせ
(3) 画像合成

ステップ (1) では一定時間間隔またはユーザがシャッターボタンを押したタイミングで撮影を行い，画像 $f(t,i,j)$，$t = 1, 2, \cdots$ をコンピュータに順次取り込む．実際のアプリでは，適切なカメラの移動スピード

図 3.8 パノラマ画像の例 (松本城)

表 3.3 2 次元幾何変換モデルの例

幾何変換モデル	変換式	パラメータ	イメージ
平行移動	$\begin{cases} x' = x + t_x \\ y' = y + t_y \end{cases}$	t_x, t_y (2 個)	
剛体変換 (ユークリッド変換)	$\begin{cases} x' = x\cos\theta - y\sin\theta + t_x \\ y' = x\sin\theta + y\cos\theta + t_y \end{cases}$	t_x, t_y, θ (3 個)	
相似変換	$\begin{cases} x' = ax - by + t_x \\ y' = bx + ay + t_y \end{cases}$	t_x, t_y, a, b (4 個)	
平面射影変換	$\begin{cases} x' = \dfrac{h_1x + h_2y + h_3}{h_7x + h_8y + 1} \\ y' = \dfrac{h_4x + h_5y + h_6}{h_7x + h_8y + 1} \end{cases}$	h_1, h_2, $\cdots$, h_8 (8 個)	

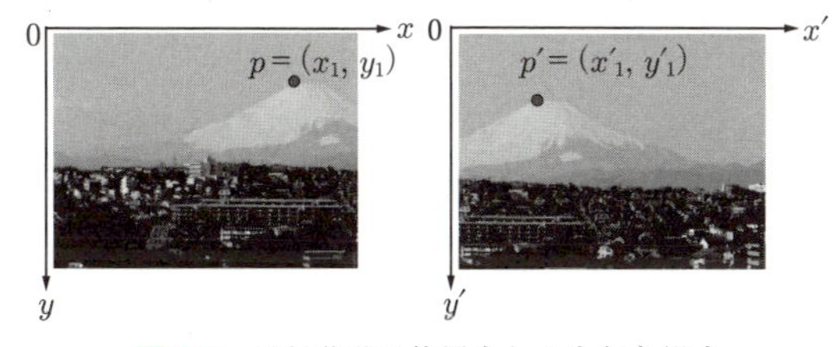

図 3.9 平行移動で位置合わせを行う場合

をユーザに知らせたり，撮影タイミングを調整する工夫もあるが，ここでは説明を省略する．次節以降でステップ (2)，(3) の処理について述べる．

3.2 節では，画像座標を (i, j) (i，j は整数) と表現したが，本節では (x, y) (x，y は実数) とも表現する．

3.4.2 画像間の位置合わせ

連続する 2 枚の画像 $f(t, i, j)$，$f(t-1, i, j)$，$t \geq 2$ がぴったり重なるように平行移動や回転といった幾何変換を施す．パノラマ画像生成で用いられる 2 次元幾何変換モデルの例を表 3.3 に示す．最も簡単な平行移動から順に説明していこう．

a. 平行移動

図 3.9 に示すシーンのように，遠方の景色を撮影している場合，カメラを水平方向 (右方向) に動かすと，画像中のオブジェクト (山や建物) が左方向に平行移動することは直観的にわかる．2 枚の画像の間で富士山頂の点 $\boldsymbol{p} = (x_1, y_1)$ と点 $\boldsymbol{p'} = (x'_1, y'_1)$ が対応することがわかれば，1 枚目の画像を $\boldsymbol{t} = \boldsymbol{p'} - \boldsymbol{p} = (x'_1 - x_1, y'_1 - y_1)$ だけ平行移動することで 2 枚目の画像とぴったり重ね合わせることができる．

b. 剛体変換

カメラを三脚に載せて撮影する場合は，平行移動のみで画像を重ね合わせることができるが，手持ちのカメラで撮影する場合は，平行移動に加えて回転も考慮する必要がある．この変換を剛体変換 (またはユークリッド変換) とよぶ．剛体変換を表す式は，

$$x' = x\cos\theta - y\sin\theta + t_x$$
$$y' = x\sin\theta + y\cos\theta + t_y$$

となる．1 枚目の画像を原点のまわりに θ だけ回転し，ベクトル (t_x, t_y) だけ平行移動することで 2 枚目の画像と重ね合わせる．

c. 相似変換

カメラのズーム機能を使用する場合は，平行移動・回転に加えて拡大・縮小を考慮する必要がある．剛体変換に拡大・縮小のパラメータを追加したものが相似変換である．相似変換を表す式は，

$$x' = ax - by + t_x$$
$$y' = bx + ay + t_y$$

となる．四つのパラメータ t_x，t_y，a，b をもつ．

d. 平面射影変換

遠景を撮影している場合は，相似変換によって位置合わせができるが，図 3.10 のように近くのものを写している場合は，相似変換では画像を重ね合わせることができない．黒板の縁に着目すると，画像 (a) では平行に写っているものが，画像 (b)，(c) では平行ではなく遠方の 1 点 (この点を消失点とよぶ) で交わるように写る．これは遠近法の原理によって，近くのものは大きく，遠くのものが小さく見えるためである．相似変換の場合，平行線は変換後も平行線のままである．

このような画像の位置合わせには，平面射影変換 (planar projective transformation) を用いる必要がある．

$$x' = \frac{h_1x + h_2y + h_3}{h_7x + h_8y + 1}$$

$$y' = \frac{h_4x + h_5y + h_6}{h_7x + h_8y + 1}$$

平面射影変換は 8 個のパラメータ $h_1, h_2, \cdots, h_8$ をもつ．平面射影変換はホモグラフィ (homography) ともよばれる．

e. 特徴点抽出と特徴点マッチング

2 枚の画像の位置合わせを行うために，幾何変換のパラメータを推定する．平行移動モデルによって位置合わせを行う場合 (図 3.9)，2 枚の画像の間で 1 組の対応点 $\{\boldsymbol{p}, \boldsymbol{p}'\}$ がみつかれば，2 枚の画像の位置ずれの量，つまり平行移動変換モデルのパラメータ $(t_x, t_y) = \boldsymbol{p} - \boldsymbol{p}'$ を求めることができた．これは，平行移動モデルのパラメータが 2 個だからである．平面射影変換モデルの場合はパラメータが 8 個あるので，4 組以上の対応点が必要になる．

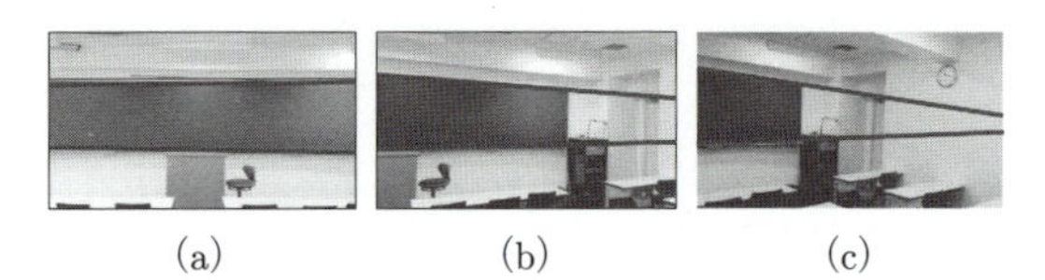

(a)　(b)　(c)

図 3.10　近景を撮影した場合のパノラマ画像生成．平行線が平行でなくなるため相似変換では位置合わせできない．

画像間の対応点を求める特徴点マッチングの処理手順は以下のとおりである．

特徴点抽出　2 枚の画像から対応点候補として特徴点 (keypoint) とよばれる点を抽出する (図 3.11 の例では円形の点が特徴点)．例えば，黒板や机の角のように局所的に明るさが大きく変化する点を特徴点として抽出する．

特徴記述　特徴点を中心とする小領域を抽出し，小領域の輝度パターンを数値化する．数値化した結果はベクトルとして表現され，特徴ベクトルとよばれる．さまざまな特徴記述が存在するが，SIFT (scale-invariant feature transform) 特徴記述子は，128 個の実数値を要素とする特徴ベクトルである．SIFT を用いることで，画像の回転やスケール変化の影響を強く受けることなくマッチングを行うことができる[2]．

特徴点マッチング　図 3.11 に 6 個の特徴点に対応する小領域を拡大表示している．対応点，例えば，机の角に注目すると，そのまわりの小領域は画像間で類似の輝度パターンをもつことがわかる．このように局所的な画像特徴を手がかりにして対応点を求める．具体的には，二つの特徴点の特徴ベクトルを $\boldsymbol{x}$，$\boldsymbol{y}$ としたとき，特徴点間の非類似度をユークリッド距離 (Euclid distance)

$$d(\boldsymbol{x}, \boldsymbol{y}) = \sqrt{\sum_i (x_i - y_i)^2}$$

図 3.11　特徴点検出と特徴記述

図 3.12　特徴点マッチングによって求めた対応点対

によって算出する．1 枚目の画像から求めた特徴点 $\boldsymbol{x}$ と，もう一方の画像のすべての特徴点 $\boldsymbol{y}$ との間の距離 $d(\boldsymbol{x},\boldsymbol{y})$ を算出し，最も距離が小さいものを d_1，2 番目に小さいものを d_2 とする．距離比 d_1/d_2 が閾値より小さくなる特徴点ペアを対応点とする．特徴点マッチングによって求めた対応点対を図 3.12 に示す．

f.　幾何変換パラメータの推定

画像間の対応点を正確に求めることは一般的に難しい．誤った点のペアを対応点とみなしたり，座標値に誤差を含むことがある．そのため，誤りを含む対応点対から，2 次元幾何変換モデルのパラメータを推定する処理にも工夫が必要である．平行移動の場合は，複数の対応点ペアを求めておいてその変位ベクトルの平均を使うのが最も簡単な方法である．対応する点のペアを求めておき，誤差が小さくなるように変換パラメータを統計的に推定する手法が用いられる．平面射影変換モデルの場合は，パラメータ数が増えるので，4 組以上の対応点が必要である．代表的な変換パラメータ推定法として，ロバスト統計の考え方を使ったロバスト最小二乗法や RANSAC (random sample consensus) がある．

3.4.3　画像合成

画像の位置合わせを行った後は，複数枚の画像を継ぎ目が目立たないように 1 枚のパノラマ画像に合成する処理を行う．

代表的な画像合成の方法として平面パノラマと円筒パノラマがある．

a.　平面パノラマ

一つの画像を参照画像として，他の画像を参照画像の座標系，つまり参照画像と同じ平面上に投影することで 1 枚のパノラマ画像を生成する方法である (図 3.13(b))．直線が直線として表現されるという意味で自然であるが，カメラの回転角度が大きくなると周辺部の画素が極端に引き延ばされてひずみが大きくなる問題がある (90 度を超えると破綻する)．

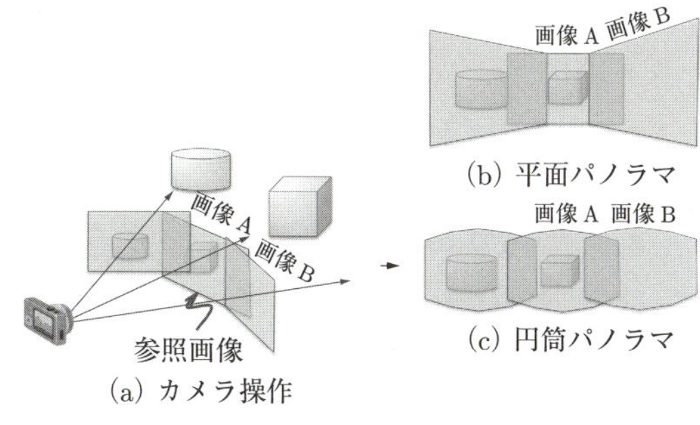

図 3.13　パノラマ画像合成方法

b.　円筒パノラマ

円筒面への投影を行う方法であり，360 度のパノラマを作成可能である (図 3.13(c))．しかし，平面パノラマとは異なり画像の上下の縁に近い領域で直線が曲線として表現されることになる．

c.　ブレンディング処理

最後に，継ぎ目が目立たないように合成する処理 (ブレンディング処理とよばれる) を実行する．2 次元幾何変換でぴったりと画像が重なれば問題ないが，動く被写体が写り込む場合や，立体的な物体がカメラの前に存在する場合 (例えば，電車の車窓から撮影すると近くのビルは素早く通り過ぎていくが，遠景の山々はゆっくり移動する) には，画像を完全に重ねることはできず，位置ずれが生じる．また，幾何学的なずれがなくても，光学的なずれ，例えば，画像の周辺部は中心部に比べて暗く写ることが原因で継ぎ目が目立つことがある．最も素朴なブレンディング処理は，画像を時間順に上書きしていく方法である．問題点は画像の縁の部分でひずみが目立つことである．別のブレンディング方法として，重なりをもつ画素の画素値の平均を出力画像の画素値とするものがある．この方法には，動いている被写体の残像 (ゴーストとよばれる) が目立つ問題がある．ゴーストが目立たないように画像中央部に高い重みを与えて画像を合成する方法もある．

このように普段，当たり前のように使っているパノラマ撮影だけでも，その裏側で線形代数や幾何学，さまざまな画像処理テクニックが多用されているのである．

3.4 節のまとめ

- パノラマ画像生成処理の流れは三つのステップからなる：(1) 画像入力，(2) 画像間の位置合わせ，(3) 画像合成．
- 画像間の位置合わせには 2 次元幾何変換モデルとよばれる数式が使われる．中学・高校で学んだ幾何変換 (平行移動，剛体変換，相似変換) だけでなく平面射影変換 (ホモグラフィ) が使われる．

3.5 インターネット画像検索

Web 検索エンジンは，私たちの普段の生活に欠かせない重要なサービスであり，テキスト検索だけでなく "画像" 検索も広く利用されている．

まず，テキスト検索エンジンの仕組み[3] について簡単に紹介する．

(1) インターネット上の Web ページから HTML (hypertext markup language) 形式で Web データを収集する．数兆ページといわれるインターネット上の Web ページをリンクをたどりながら収集するソフトウェアをクローラ (crawler) とよぶ．

(2) HTML 形式のデータに含まれるテキストを単語に分解する．単語から Web ページを逆引きできるようにインデックスとよばれる特殊なデータベースに追加していく．

(3) ユーザが検索ワードを与えて検索エンジンに問い合わせを行うと，インデックスを使って検索ワードが出現する Web ページを瞬時に見つける．

(4) 検索ワードが出現する Web ページの数は，数千，数万になることも多いので，ユーザにとっての有用度を推定して検索結果を並べ替えて (ランキング) 表示する．重要度 (relevance) はさまざまな基準によってスコア付けされる．例えば，他の重要な Web サイトからリンクされている Web ページのスコアを高く評価する．

数兆ページといわれる気が遠くなるような数の Web ページを 1 秒未満で瞬時に検索できるのは，ユーザが検索する前に，(1)～(3) の事前処理を行って，検索を高速化するためのインデックスを用意しておいてくれるからである．

ところで，Web ページに含まれる画像を検索する仕組みがインターネット画像検索である．

画像検索の用途として，最も多いといわれているのが人名検索 (有名人の画像を探す) である．また，地名やランドマークで検索して，地図だけではわからない場所や観光地の様子を調べたり，見たことがないモノの名前で検索することで，その外観を調べることもできる．

インターネット画像検索エンジンの仕組みについて簡単に説明する．インターネット画像検索には，検索ワード (テキスト) で画像を探すキーワード検索と，画像を指定して類似する画像を探す**類似画像検索**がある．類似画像検索は，言葉で表現しにくい似た商品を探したい場合や，画像から商品やランドマークの名前を調べたい場合，画像やアイコンの不正利用を発見したい場合に使われている．

3.5.1 周辺テキストを利用したキーワード検索

画像をキーワードで検索するには，あらかじめ画像の内容をテキスト (単語) として表現しておく必要がある．画像内容を自動的に記述する画像認識の技術も進化しているが，インターネット上の多種多様な画像を完璧にテキスト化できるレベルには至っていない．同じ画像を見ても，人によって解釈が異なり，付与されるキーワードが一致しない多義性も問題である．

実際のインターネット画像検索は，テキストベースの Web 検索とほぼ同じ仕組みでできている．インターネット上の画像は多くの場合，Web ページに埋め込まれている．HTML データから画像に関連するテキスト (周辺テキストとよばれる) を手がかりにキーワードを抽出すれば，Web 検索とまったく同じ仕組みで画像のキーワード検索が実現できる．

周辺テキストからキーワードを抽出する具体的な手法は，検索エンジン各社のノウハウにあたるため非公開であるが，文献 [4] を参考にいくつかのテクニックを紹介する．

一つは，`<img>` タグの `alt` 属性を使用する方法である (図 3.14)．`alt` 属性は画像が表示できないブラウザで，画像のかわりに表示するテキストを指定するために用いられていた属性である．画像内容を端的に表すテキストが指定されることが多いので，キーワード抽出に利用できる．さらに，`<img>` タグ周辺のテキスト，

図 3.14 の例では，<div> タグで囲まれた“イエネコ”もキーワードとして扱う場合がある．

もう一つの方法は，SNS や画像共有サイトにおいて，ユーザ自身が付与するタグやコメントを利用するものである．タグ・コメントは，ユーザの撮影意図，または画像の解釈・意見を含むため，検索の手がかりとして有効である．ただし，網羅的な付与が難しい，タグの品質にばらつきが発生しやすいという問題がある．

3.5.2 画像特徴を用いた類似画像検索

類似画像検索は，ユーザが検索ワードのかわりに画像を指定して，その画像に類似した画像を検索する機能である．

画像と画像の“類似性”を評価するために，画像内容を数値化した画像特徴量を定義する．画像特徴量をベクトルとして表したものを特徴ベクトルとよぶ．画像特徴量には，全体特徴量 (global feature) と局所特徴量 (local feature) がある．全体特徴量は，画像全体の明るさや色合いの分布を数値化した特徴であり，局所特徴量は画像の中で明るさが急激に変化する箇所を数値化した特徴である．パノラマ画像生成 (3.4.2 項 e.) で簡単に触れた SIFT も局所特徴量の一つである．

```
...
<td><a href="img/Cat03.jpg" class="image">
  <img alt="Cat" src="img/Cat03.jpg"
     width="275" height="275"/></a>
  <div> イエネコ</div>
</td>
...
```

図 3.14 HTML 記述の例

a. 色ヒストグラム

全体特徴量の例として，画像全体の配色を表現する画像特徴量として，色ヒストグラム (color histogram) を簡単に説明する．色ヒストグラムの計算方法は次のとおりである (図 3.15)．

(1) 画像を小ブロック (例えば，4 行 4 列の計 16 個のブロック) に分割する．

(2) すべてのブロックについて以下を繰り返す．

(2a) ブロック内のすべての画素 (i, j) について，画素値 (R, G, B) が，あらかじめ選定した代表色 (例えば，黒，白，赤，緑，青，黄など) のどれに最も近いか判定する．ここでは，代表色の数を 16 とする．

(2b) 代表色ごとの画素数をカウントすることで 16 次元の度数分布を得る．

(3) 画像を周辺部 (12 ブロック) と中央部 (4 ブロック) に分ける．周辺部と中央部の平均度数分布を連結したものを色ヒストグラムの画像特徴量 (32 次元) とする．

3.2.1 項で説明したように，カラー画像の場合，画素ごとに赤，緑，青の色成分 (R, G, B)，それぞれ 0 から 255 の値をもつので，すべての組合せは $256 \times 256 \times 256 = 16\,777\,216$ 通りある．ステップ (2a) は，人が気づかないような画素値 (色成分の値) のわずかな変化を無視して代表色に置き換える処理である．

画像間の非類似度は，2 枚の画像の色ヒストグラムをそれぞれ $\boldsymbol{H}_1$，$\boldsymbol{H}_2$ とすると，$\boldsymbol{H}_1$，$\boldsymbol{H}_2$ の間のユークリッド距離

$$d(\boldsymbol{H}_1, \boldsymbol{H}_2) = \sqrt{\sum_{i=1}^{32} [\boldsymbol{H}_1(i) - \boldsymbol{H}_2(i)]^2}$$

によって計算することができる．非類似度 $d(\boldsymbol{H}_1, \boldsymbol{H}_2)$ は，2 枚の画像が完全に一致していれば 0 をとり，類

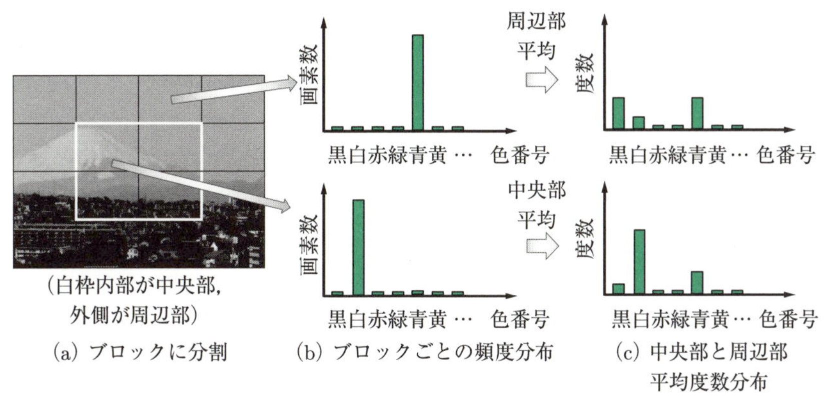

図 3.15 色ヒストグラム作成の流れ

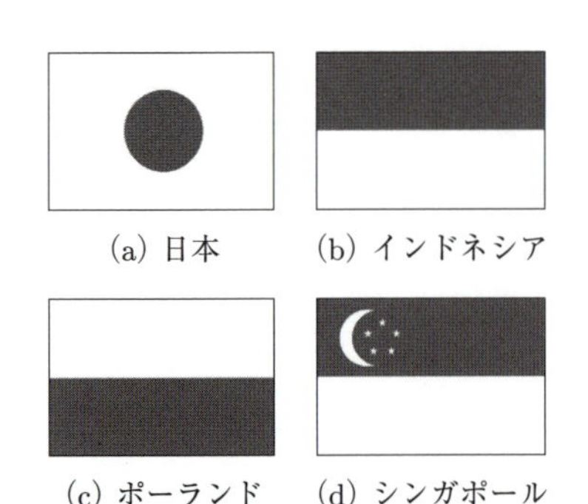

図 3.16　国旗の類似画像検索 (灰色にみえる領域は実際の国旗で赤色の領域)

似していなければ大きな値をとる量である．

例 3-5　国旗の類似画像検索

図 3.16 に示す四つの国の国旗を色ヒストグラムを用いて識別することを考えてみよう．(a) 日本，(b) インドネシア，(c) ポーランド，(d) シンガポールの国旗は，すべて赤色と白色で構成される．日本の国旗 (a) は中央部に赤色が集中しているのに対して，(b)，(c)，(d) は周辺部に赤色の占める割合が高い．したがって，日本の国旗 (a) とその他の国旗 (b)，(c)，(d) の間の非類似度は大きな値をとり，両者を区別することができる．しかし，国旗 (b)，(c)，(d) は中央部，周辺部ともに赤色が占める領域の比率が約 50%であるから，(b)，(c)，(d) 間の非類似度は 0 に近い値をとり，三つを区別できないことになる．画像 (b)，(c) を区別するには，周辺部・中央部のように二つのブロックではなく，より細かなブロックに分けて色ヒストグラムを計算すればよいだろう．画像 (b)，(d) を区別するには，色ヒストグラムでは限界がある．シンガポールの国旗 (d) に含まれる，月と星の形状を捉える画像特徴量 (例えば，局所特徴量) を導入する必要がある．

3.5.3　付加情報を利用した検索・閲覧

3.2 節でも述べたように，画像の生成，流通，蓄積，検索，利用の過程で生成される付加情報を利用することで，より効率的な検索・閲覧が可能になる[5]．いくつかの事例を紹介する．

カメラで撮影したディジタル画像には，付加情報としてGPS の位置情報 (緯度，経度) や撮影時刻がEXIF 形式で記録されている．この情報を使えば，撮影場所を手がかりに画像の検索・分類が可能となる．例えば，旅行に行ったときの写真を探したければ，緯度経度で特定の町の画像だけピックアップできる．位置情報を手がかりに，地名やランドマーク名を特定することで，検索用のキーワードを付与するといった用途もある．

SNS の付加情報を顔認識の精度を高めるために利用するアプローチもある．1 枚の写真に同時に写っている人は，SNS 上でも友達関係にある可能性が高いことを利用する．Stone[6] らは，SNS の友達関係を表現するソーシャルグラフを付加情報として利用することで，画像だけから顔認識で個人を特定するより，認識精度が向上することを示した．

3.5 節のまとめ

- 現状のインターネット画像検索は，Web ページに埋め込まれたテキストデータ (周辺テキスト) を利用したキーワード検索が主流である．
- 画像の内容を数値化した画像特徴量を用いて画像間の類似性を評価する．画像特徴量には全体特徴量と局所特徴量がある．全体特徴量を一例として，色ヒストグラムを説明した．
- インターネット画像検索を高度化するための手がかりとして，周辺テキスト以外の付加情報，SNS の友達関係などの付加情報も重要である．

3.6　お わ り に

本章では，映像メディア処理の具体例として，画像フィルタ，パノラマ画像生成，インターネット画像検索の仕組みについて簡単に紹介した．

映像メディア処理は，画像だけでなく，音声やテキストなどのメディア処理を統合した総合技術である．映像メディアが，SNS などのソーシャル・メディアを構成する一要素であることはいうまでもないが，同時に，ソーシャル・メディアによって生み出されるタグ，人間関係を表すグラフ，アクセスログなどの付加情報が，映像メディア処理の高度化にも利用されている．

参　考　文　献

[1] 田村秀行 編著：コンピュータ画像処理 (オーム社, 2002).

[2] CG-ARTS協会：ディジタル画像処理 [改訂新版] (CG-ARTS協会, 2015).

[3] Google：検索エンジンの仕組み, `https://www.google.com/intl/ja_ALL/insidesearch/howsearchworks/` (参照 2017/7/15).

[4] 佐藤真一, 片山紀生, 孟 洋："画像・映像検索の進化", 高野昭彦 監修, 検索の新地平—集める, 探す, 見つける, 眺める, pp. 75–126 (KADOKAWA, 2015).

[5] 木村昭悟："ソーシャルネットワークが変える画像の認識・理解", 情報処理, **56**, No. 7, 646–651 (2015).

[6] Z. Stone, T. Zickler, and T. Darrell: "Auto-tagging Facebook: Social Network Context Improves Photo Annotation," *CVPRW '08*, pp. 23–28 (2008).

4. 法と倫理からみた情報の価値と保護

情報ネットワーク時代といわれる現代社会において,「情報」の価値はきわめて高い.その高い価値のある情報をめぐって,近年,企業あるいは公共団体などの組織において,内部不正もしくは過失による情報セキュリティ事故が頻繁に発生している.そして,そのことが原因で事業そのものが脅かされるようなケースもある.典型的な例としては,

- 社員や職員などによって顧客の情報が不正に売られたことによる個人情報の漏洩
- 退職の際に企業秘密といえる製品情報が不正に持ち出されたことによる技術情報の漏洩

などをあげることができる.悪意はなくとも,学校の教師が自宅で業務を行うために児童・生徒・学生の情報を持ち出したり,会社の業務を自宅で行うために社内情報を無断で持ち出したりして,自宅 PC から個人情報や企業情報が漏洩したりする例もあるし,情報の入った USB メモリを紛失する例など,故意,過失を含めて情報セキュリティ事故は後を絶たない.そこで,本章では,情報ネットワーク時代における情報の価値とその保護のための法制度の現状と課題について考えてみる.

4.1 情報ネットワーク時代の「情報」

4.1.1 現代社会と従来型社会

現代が情報化社会,情報ネットワーク社会といわれるようになって久しい.しかし,浜田が「情報をわが物にしようとする衝動は,人間存在の本質に根ざすもの」[1] と述べているように,情報を獲得して,自らの生活のために利用するという人間の活動は,古来何も変化してはいない.例えば,古来,売買という行為が行われており,人々はどのような時期に,どのような場所で,どのような物がよく売れるかを,自ら集めた情報に基づいて,物を売買した.その一連の行為は現代でも変わるところはない.人の秘密を知りたいと思う人々の気持ちも古来より変わることがない.では,情報ネットワーク時代の情報の特質は何か?

情報ネットワーク時代は,多様な情報が混在する社会であり,現代に生きる私たちは,その多様な情報から自分の必要とする情報を抽出しているのである.交通手段,通信手段の発達は,情報の伝達範囲,伝達速度を飛躍的に拡大向上させた.前述の物の売買契約においても,顔の見える範囲ではなく,行ったこともない場所の,会ったこともない相手と契約が結ばれるようになった.また,技術の発達は,情報を伝達する媒体を質的に変化させて,形のない知的財産というものをあたかも所有権のように扱う必要性を生じさせた.すなわち,技術の革新による情報の伝達範囲,伝達速度,伝達媒体の違いこそが,従来と現代の違いである.従来型社会では,顔の見える範囲でつきあいをし,情報の伝達もその範囲でなされる.いわば線上の伝達である (図 4.1(a)).だから,情報を知ることから理解することへの移行が容易であった.

一方,現代社会は目まぐるしく変化し,情報は場所時間を問わずに入ってくるし,大量の情報は瞬時に世界中に発信できる.つまり,不特定多数の人々に一瞬

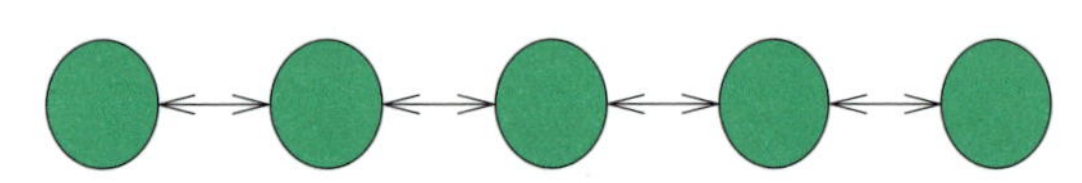

伝達方法:線状に伝達
伝達手段:交通・通信手段の発達に依拠
伝達速度:交通・通信手段の発達によって向上

(a)

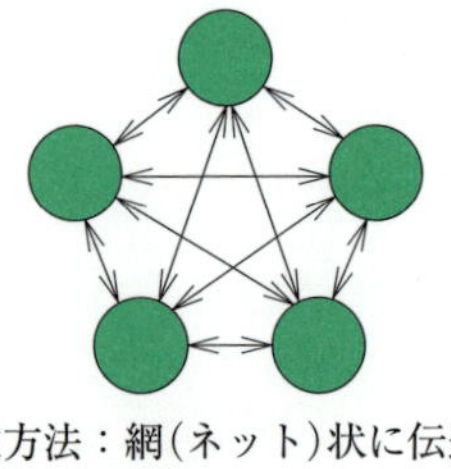

伝達方法:網(ネット)状に伝達
伝達手段:媒体次第
伝達速度:媒体次第で瞬時も可能

(b)

図 4.1 従来型社会の情報伝達 (a) と現代社会の情報伝達 (b)

にして情報が到達するのである (図 4.1(b)).

現代社会には多様な情報が混在する．現代は多様性が基本であるから，変化には開放的であるけれども，すべての情報を深く知っているわけではない．ネットワーク上での売買契約のトラブルなどは，現代社会の特質の暗の部分に依拠するものであろう．従来型社会では手にとって，気に入れば売買契約を結んだのであるが，現代社会ではよくわからないままに契約を結んでしまった，というような例は数多い．またインターネットで拡散された情報は，真実でも虚偽でもそれを完全に消し去ることが困難であることは広く知られている．したがって私たちは，こうした情報ネットワーク時代の情報の伝達特性を理解し，正しい情報を得る目を養う必要がある．

4.1.2 情報の性質と情報伝達

情報とは無体物であり，形のないものである．一方，形あるもの，すなわち有体物は「流通」と「利用」が一致しており，ある物の占有を移動して，その物を相手方に対して利用可能にすることが流通である．ところが，情報は「流通」と「利用」が乖離しており，情報の発信元にも伝達先にも「情報」があることになり，「情報」というモノは占有が移動しない (図 4.2)．技術の発達により，有体物の移動速度も変化しているが，無体物のように，瞬時に伝達し，不特定多数を相手とするわけではない．つまり，技術の発達による伝達速度，伝達範囲の変化の影響は無体物の方にこそ大きいのである．この問題は (知的) 財産としての情報に端的に現れているので，後で詳述することにしよう．

4.1.3 なぜいま情報セキュリティが重要なのか

これまでに述べてきたように，情報を利用するという人間の活動自体は変わらないが，伝達範囲や伝達速度が大きく変化したことによって，私たちの生活は劇的に変化してきた．そして，そのために情報がいったん流出すると，その回収は不可能となる．有体物であれば取り戻せばよいが，情報という無体物は回収不可能である．図 4.2 に示したように，自分の手元に情報があっても第三者もそれを手に入れれば，それを利用することができるからである．だからこそ，いま，情報を保護すること，情報セキュリティの重要性が強調されるのである．そこで，以下，現代社会において価値のある情報とは何か，そしてそれをどう保護するかについて，次の二つの視点，

(1) 情報が本来もつ無体物としての性質にプラスして，技術の発達により，情報は不特定多数を相手として瞬時に伝達できるようになった．現代の法制度は，価値ある情報をつくり出した人の権利の保護ができているであろうか？ もし，法制度が不十分であるとすると，倫理観はどのように機能するべきであろうか?

(2) 情報が漏洩するという根本的問題は，古来変わらない．しかし，伝達範囲や伝達速度が劇的に変化している現代，漏洩防止のための対応は，法制度として十分であろうか? また，人々の倫理観は古来より変化しているであろうか?

に基づき，情報の価値と保護を，法と倫理の側面から考えていくことにしたい．

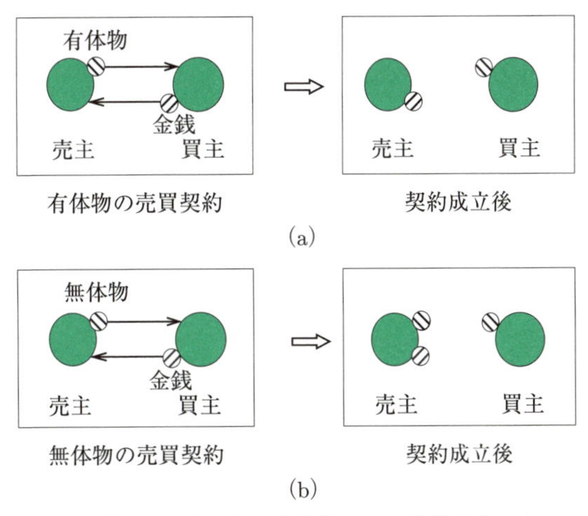

図 4.2 有体物と無体物の占有移動概念

例題 4-1

従来型社会と現代社会の情報の伝達方法，伝達手段，伝達速度の特徴についてまとめよ．

例題 4-2

有体物より無体物の方が，技術の発達による伝達速度，伝達範囲の変化の影響を大きく受ける理由を説明せよ．

例題 4-3

情報セキュリティが重要な理由を説明せよ．

4.1 節のまとめ

- 情報そのものの性質は従来も現代も変わらないことを理解する．
- 情報の伝達方法，伝達手段，伝達速度，伝達量は従来と現代では大きく異なることを理解する．
- 情報の伝達方法等が異なるため，現代では情報のセキュリティ対策が従来よりも難しいことを理解する．

4.2 法と倫理

各論に入る前に，総論として，まず法と倫理の違いについておさえておこう．法は，倫理 (道徳) とは区別されるが，法も倫理も社会規範の一種である．法の下では，それを守らない人があった場合に国家が罰を与える，何かを実現したいときに国家が実現の支援をしてくれる，といったように，国家権力で実行を担保してくれるものと考えてよい．自分と相手の間の関係をつくることは法律行為であるが，例えば甲と乙が「売買契約」という関係 (「契約」は代表的な法律行為である．法律行為には，他に「単独行為」「合同行為」があり，興味のある読者は文献 [2] などを参照されたい) をつくり，甲が1000円と交換で衣服を手に入れたいとしよう．このとき，そのような意思表示をしながら，甲が衣服は受け取り，乙に1000円を支払わなかった場合，乙は甲から1000円を取る権利があり，甲が支払いを拒否するなら，最終的には国家が乙に代わって代金を回収してくれるのである．ここで，法律行為とは，「意思表示を要素とし，それにもとづいて法律効果が与えられる」[3] 行為であり，意思表示は遺言などのように単独でもよいし，契約のように「申込者」と「承諾者」の双方のものもある．法律効果とは，権利の発生，変更，消滅をさす．つまり，法とは，一定の行為を命令したり，禁止したり，授権したりし，法に違反したときに強制的な執行 (強制執行，刑罰，損害賠償など) がなされること，裁判で適用される規範として機能するなどの特徴をもつ．一方，倫理とは，法と同様，社会規範として機能するものであるけれども，国家権力で担保されるものではない．社会慣習として成立している行為規範であり，強制的な執行がなされるものではない．しかしながら，時としては，いわゆる「社会的制裁」のことばにみられるように，法以上の効果をもたらすこともある．

4.2 節のまとめ

- 法も倫理も社会規範であることを理解する．
- 法と倫理の違いについて理解する．

4.3 知的財産としての情報の価値

4.3.1 法的保護の必要性

従来，法が想定した財産とは，動産，不動産などの有体物である．民法 85 条は「この法律において「物」とは，有体物をいう」[*1] とし，有体物でない無体物は，特許法など別の法律で保護されている．有体物をもつということは，それを排他的に独占できるということであり，所有権的意識が発生しやすい．これに対して，情報は消費に排他性がなく，情報をつくり出した人以外が利用していたとしても，情報をつくり出した人自身が気づかないことさえある．そのため所有権的意識が発生しにくい．しかしながら，先にも述べたように，顔を合わせている範囲の人が利用するわけではなく，情報が瞬時に不特定多数の人に伝達する社会では，価値ある情報をつくり出した人およびその情報自体が保護される必要性は，従来型社会よりさらに高まっているといえる．

4.3.2 現在の知的財産法体系

無体物に有体物と類似の所有権的権利を付与しようとするのが知的財産法 (かつては無体財産法とよばれ

[*1] わが国の民法は，明治 29 年 4 月 27 日法律第 89 号として成立し，近年ひらがな口語体に書き改められたが，その成立時より，85 条は「本法ニ於テ物トハ有体物ヲ謂フ」と定められている．なお，民法は近く大改正が予定されているが，現行民法は，明治 29 年法であり，すでに 120 年以上経過している．

た）といわれる一連の法である．知的財産法とは，この名称の法律があるわけではなく，特許法，実用新案法，意匠法，商標法，著作権法などの総称である．特に前4法は産業財産権法（かつては工業所有権法と総称されていた）とも総称する（図4.3）．また，4.4節で述べる不正競争防止法も産業財産権法に分類される．

これらの法の目的は，情報を財産・資産にすることであり，法の枠組みは，無体物，すなわち形のない「知的財産」をあたかも所有権のように扱うことによって成立している．そこでは，権利とは媒体（メディア）の流通をコントロールできる力であると考えられた．つまり，流通と利用の乖離を埋める権利を与えようとしたのである．

古来，発明品や著作物は存在したが，顔の見える範囲でしか流通しなかったときには，たとえ無体物の流通と利用が一致していなかったとしても，流通をコントロールする必要はさほど高くなかった．しかし，情報が不特定多数に瞬時に伝わる現在では，このコントロールが何よりも重要なポイントとなる．また，情報ネットワーク時代の今日，一つの製品には，数多くの特許が含まれており，その数は数万に及ぶものもある．そこで，真の権利者の権利を守るため，知的財産法では，民事上の救済手段と刑事上の罰則規定が定められている（図4.4）．

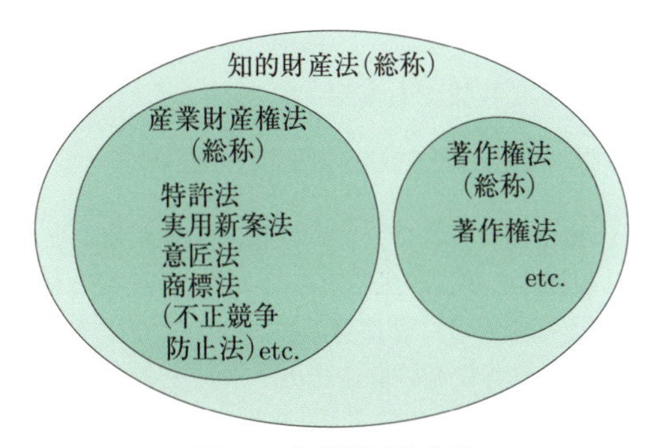

図4.3　知的財産法体系

a. 産業財産権法

(i)　差止請求

ここでは，特許法を例として解説するが，他の産業財産権法もほぼ同じである．特許権者や専用実施権者（特許権者から実施権を設定された人）は，侵害に対して差止請求権をもつ（特許法100条1項）．この差止請求とは，侵害の行為を組成した物の廃棄，侵害の行為に供した設備の除却などを請求すること（同100条2項）であって，要するに侵害とされればその模倣製品自体，製品をつくった装置・機械の類はすべて廃棄されるということである．これは非常に重い規定であり，会社という法人であれば，倒産する可能性もあろう．

(ii)　損害賠償請求

さらにその模倣製品のために本来の権利者の製品が売れなかったなどの理由で損害を蒙ったとすれば，その損害賠償を請求することもできる（特許法102条）．ただし，これは(i)と比べれば，たいしたことはない．なぜなら，他人の権利にただ乗りして莫大な利益があげられるなら，万一侵害といわれたときに「金さえ払えばいいのだろう」と考える人がいてもおかしくないからである．その意味では，差止請求権は非常に強い権利であるといえる．いつでも世界中の情報が手に入る現代社会であるからこそ，自分の権利がどこかで侵害されていないか，自らが監視することが重要である．

(iii)　罰則規定

特許発明となった発明の実施は特許権者の専有する権利であり（特許法68条），20年間の独占権が与えられる（同67条）．特許権者から許可（これを専用実施権（同77条）の設定，通常実施権（同78条）の許諾という）がない限り，第三者は実施することはできない．20年間の独占の代償としてその技術は公表されるから，特許権の権利の存続期間終了後は誰でもがその技術を利用することができる．現代は，莫大な費用をかけて製品の開発がなされるから，開発側（権利者側）としては，

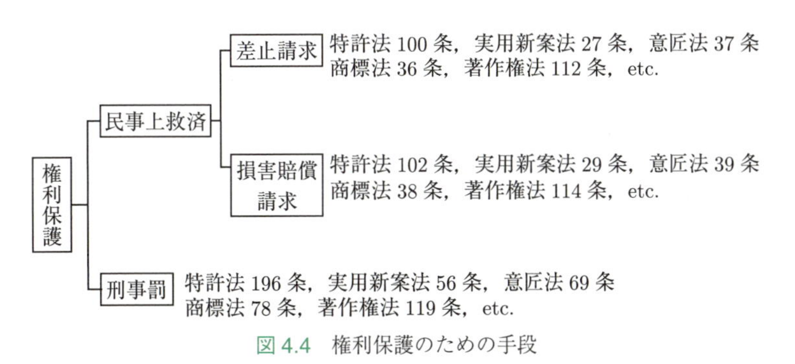

図4.4　権利保護のための手段

20年間に開発費用を回収し，利益をあげなければならない．そこに無断でこの技術を使って，模倣製品を安価で販売する者がいたらどうであろうか．消費者は少しでも安い製品を欲しいと思うかもしれないが，莫大な費用をかけて製品を開発した真の権利者にとっては許されないことである．そこで特許法は「特許権の侵害」に対しては，重い罰則を設けている．特許権や専用実施権を侵害した者に対しては，10年以下の懲役または千万円以下の罰金，またはこれの併科 (懲役と罰金の両方ということ) と定め (同196条，2017年現在)，さらに法人に対しては3億円以下の罰金 (同201条1項1号) と規定している．刑法における窃盗罪が「他人の財物を窃取した者は，窃盗の罪とし，十年以下の懲役または五十万円以下の罰金に処する」(刑法第235条，2017年現在) と定めていることに照らしてもずいぶんと重い罰則であることがわかろう．

(iv)　情報の価値の保護と侵害の回避

現実的に，ICT産業では，スマートフォン技術にみるように，1製品をつくるためには，膨大な特許技術が必要となり，しかもそれらの技術はそれぞれが単体のものではなく，複雑に一部絡み合うとか，重層的に絡み合う状況であるから，自社の情報の価値を保護し，かつ第三者の権利を侵害しないためには，特許ポートフォリオの作成は必須である．

いわゆる必須特許 (その製品のためには絶対に必要な技術) を利用できなければ (真の権利者 (特許権者) から実施権を許諾してもらう，前述した「専用実施権」が設定されることはほとんどなく，通常は「通常実施権」とよばれるライセンス契約を結ぶ)，市場に参入できないし，特許権があることを見逃して製品を開発すれば，侵害訴訟で差止になり，市場から追い出されてしまう．ICT産業では訴訟リスクが高まっており，それを回避するためには，常に特許情勢の監視が必要である．これは特許に限らず，他の産業財産権でも同じである．

b.　著作権法

著作権は産業財産権とは権利の発生方法が異なる．産業財産権は「発明」，「意匠の創作」，「商標の創作」などという事実があって，それを特許庁に出願し，審査を経て，登録されれば，権利が発生する (図4.5(a))．

ところが，著作権は，創作完成と同時に権利が発生し，そこには出願などの行為は必要とされていない (図4.5(b))．

そのため，図4.4に示したように，著作権も産業財産権と同様，民事上の救済も刑事罰もあるが，模倣し

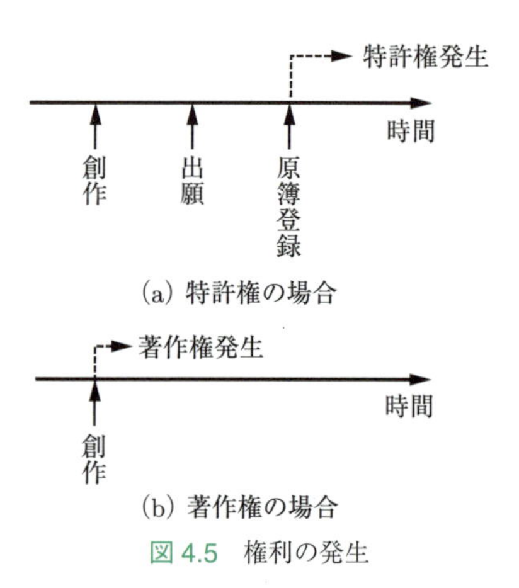

図4.5　権利の発生

たかどうかなどの判断は難しく，判例でも写真の構図が模倣されたという訴えに対し，ある写真は模倣だけれどもある写真は模倣でないなど，判断は分かれている．さらに「著作権」という権利は，権利が単純な産業財産権 (例えば特許権という権利は「業として特許発明の実施をする権利」(特許法68条) という一つの権利) とは違い，複製権，上演権，演奏権，上映権など，多くの権利 (これを支分権という) の集まりであり，さらにこれらの財産権の他に，公表権，氏名表示権，同一性保持権の人格権も合わせて，すべてをまとめて著作権と称しているのである．さらには，著作権者のもつ著作権だけでなく，実演家，レコード製作者，放送事業者，有線放送事業者がもつ「著作隣接権」(これも支分権の集まりである) もあり，著作権の価値とその保護は非常に複雑である．

4.3.3　権利者の権利保護の変遷

著作物を例とすれば，印刷技術が発達したことにより，法規制の必要性が生じたのである．印刷機そして複写機によって大量に著作物の複製ができるようになった (前述した著作者の財産権の一つである複製権の侵害にあたる) という状況下で，著作物の著作者の権利を保護するための法が著作権法であった．印刷機と複写機であれば，「媒体の流通をコントロールする権利を与える法」という図式で十分であった．そこには，情報は媒体と一体化して流通するという技術的な制約があったからである．私たちが著作物 (例えば小説) を買うとき，欲しいのはそこに文字で記述されている情報であり，それが印刷されている紙という物質が欲しいわけではない．しかし，紙という物理的な媒体なしにそれを読むことはできず，情報 (文字) だけを買うことはできないために，紙に印刷された小説を買うのである．

しかしながら，情報がディジタル化されることによっ

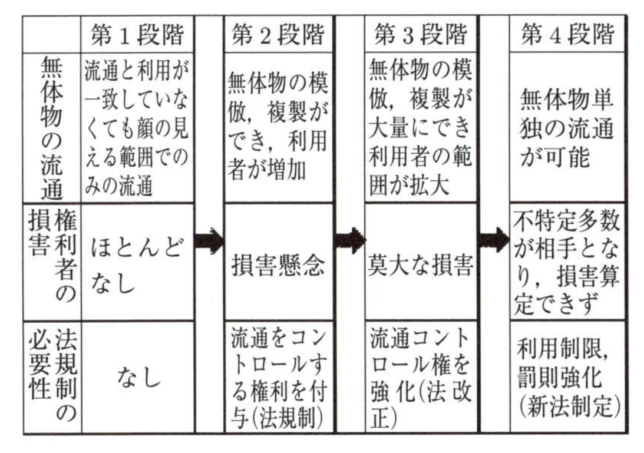

	第1段階	第2段階	第3段階	第4段階
無体物の流通	流通と利用が一致していなくても顔の見える範囲でのみの流通	無体物の模倣，複製ができ，利用者が増加	無体物の模倣，複製が大量にでき利用者の範囲が拡大	無体物単独の流通が可能
権利者の損害	ほとんどなし	損害懸念	莫大な損害	不特定多数が相手となり，損害算定できず
法規制の必要性	なし	流通をコントロールする権利を付与(法規制)	流通コントロール権を強化(法改正)	利用制限，罰則強化(新法制定)

図 4.6 知的財産法の必要性とその推移

て，媒体から独立して，情報単独の流通が可能となってきた．その場合，流通と利用の乖離を埋めることを目的として構成されている現在の著作権法では，著作者の権利を保護することができなくなってきている．著作権法に限らず，従来の情報流通形態を基礎として考えてきた知的財産法では，財産権が十分に保護できなくなってきたといえる (図 4.6).

情報のディジタル化によって劣化を伴わない違法な複製が可能となったが，法制度上は対応が遅れている．これは，先にも述べたように，もともと近代民事法では，所有権が有体物を前提として成立し，かつその場合に有効に機能するよう設計されていることによるひずみがあることも影響している．そのため，技術的には，放送のコピーに関連してコピー制御信号の送信と受信などさまざまな対応が考えられてきたが，こうした技術的対応に対しては，情報を享受する可能性を必要以上に規制する危険があることなども指摘されており [*2]，技術的な利用制限のあり方と法制度は並行して議論する必要があろう．

例題 4-4

産業財産権の権利保護について，民事上の救済手段について説明せよ．また，その中でも特に重要な救済手段とその理由について説明せよ．

例題 4-5

著作権を例として，技術の発達と保護方法の変化の関係を説明せよ．

*2 スタンフォード大学の Lawrence Lessig がこの立場をとる．

4.3 節のまとめ

- 有体物と無体物の違いを理解する．
- 無体物 (情報) である知的財産とは何かについて理解する．
- わが国の知的財産法体系の概略を理解する．
- 知的財産権が侵害された場合の救済方法について理解する．

4.4 知的財産としての営業秘密

4.4.1 不正競争防止法と営業秘密

企業が秘密としている技術，ノウハウ，経営情報，顧客情報などは，「企業秘密」などと称される．「営業秘密」は，このような「企業秘密」とされる情報と重複することが多いが，不正競争防止法上の要件 (秘密管理性，有用性，非公知性) をすべて満たしたもののみが「営業秘密」に該当する (図 4.7).

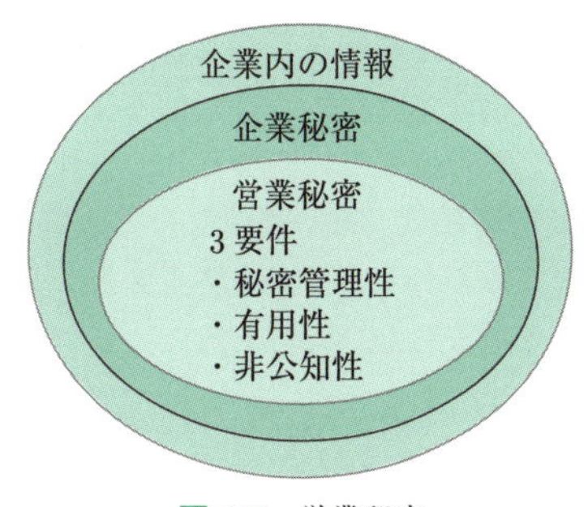

図 4.7 営業秘密

営業秘密とは，「秘密として管理されている生産方法，販売方法，その他の事業活動に有用な技術上又は営業上の情報であって，公然と知られていないもの」(不正競争防止法 2 条 6 項) をさす．かつて営業秘密の保護に関する規定はなかったが，1990 年の不正競争防止法の改正により，まず民事上の保護に関する規定が置かれた．さらに 1993 年の法の全面改正，2003 年の刑事的保護の導入，2005 年には在職中にその申し込みや請託を受けた場合には，退職者による営業秘密の不正使用や開示に対して刑事罰が科せられる規定も置かれるなど，罰則が強化された．その後も何回か改正を重ね，2015 年の法改正で，営業秘密の保護強化は民事上，刑事上ともにさらに進んだ．これは，近年，営業秘密の重み，重要性が高まっているからである．4.3節に産業財産権について，権利化と独占権について述べたが，権利化がビジネスにとって有利とは限らない．ビジネスの現場では，特許権などのように積極的に権利化できるものだけでなく，顧客データや製造方法(ノウハウ)，ある物質の成分組成など権利化ができない，あるいは権利化することが事業活動上，却って得策でない情報は多い．

近年では，そのような営業秘密が，(国外も含めて)社外流出して，多大な損害を蒙る場合もある．

4.4.2 営業秘密として保護されるための要件

不正競争防止法上，営業秘密というときには，前述したように「秘密管理性」，「有用性」，「非公知性」の3要件がすべて満たされていなければならない．これらの要件をもう少し具体的にみると，

(1) 秘密管理性：秘密管理性とは，秘密として管理されていることであって，具体的には，情報にアクセスできる者を制限すること(アクセス制限)，情報にアクセスした者がそれを秘密であると認識できること(客観的認識可能性)が必要である．

(2) 有用性：有用性とは，有用な営業上または技術上の情報であって，営業活動に利用されるものをいう．具体的には，設計図，製法，製造ノウハウ，顧客名簿，仕入先リスト，販売マニュアルなどである．

(3) 非公知性：非公知性とは，公然と知られていないことであって，保有者の管理下以外では一般に入手できないものである．

となっており，企業秘密とされている情報であってもこの3要件が満たされていなければ不正競争防止法は営業秘密として保護しない．つまり，会社にとって財産である機密情報は，万一漏洩したときのためにも，営業秘密と認められるよう，企業一丸となって保護していかなければならないのである．

4.4.3 営業秘密の保護の対象

a. 民事規制の対象となるもの

不正競争防止法は不正行為をその行為態様に着目して，2条1項4〜9号において，営業秘密にかかわる行為を列挙して，各行為についての要件を定めた．これらの行為は，

(1) 最初に営業秘密を保有者から不正に取得した(不正取得行為が介在していたことを知っていた，または重大な過失があった場合も含む)場合にその営業秘密を使用したり開示したりした場合(2条1項4〜6号)

(2) 最初に営業秘密を保有者から正当に取得した(不正開示行為であること，不正開示行為が介在したことを知っていた，または重大な過失があった場合も含む)場合に，図利加害目的で営業秘密を使用，開示した場合(2条1項7〜9号)

に分類することができる．図利加害目的とは「不正の利益を得る，相手に損害を与える目的」の意味である．これらの行為に対して，損害賠償や差止請求ができることが規定されている(どのような場合に，どのような請求ができるかは細かく規定されているが，ここでは紙数の都合上省略する．興味のある読者は「不正競争防止法」関連の成書を参照されたい)．

b. 刑事規制の対象となるもの

不正競争防止法は，21条1項1号から9号までにおいて，営業秘密侵害罪に該当する行為類型を規定している．簡単にまとめると，

- 1，2号：不正な手段(詐欺，不正アクセスなど)によって営業秘密を取得
- 3〜6号：正当に営業秘密を示された者が背信的行為で媒体などを横領，複製を作成，使用，開示
- 7，8号：転得者(ここでは，開示によって営業秘密を得た者)による使用，開示
- 9号：営業秘密侵害品の譲渡など

であり，これらに該当すれば，刑事罰の対象となる．

4.4.4 営業秘密と技術者の倫理

4.4.2項，4.4.3項に述べたとおり，営業秘密と認められれば，民事上も刑事上も規制を受けるが，4.4.2項に述べた3要件がそろわなければ営業秘密とはいえない．図4.7の営業秘密でない企業秘密であれば，技術者は，会社のノウハウや顧客データをもってライバル会社に転職したとしても，何らの責任を問われることがない．つまり，これらのことは，情報セキュリティの一環であるから，その目的と対策を明確にしておく必要がある．情報セキュリティの目的は，

(1) 機密性 (confidentiality)

(2) 完全性 (integrity)

(3) 可用性 (availability)

の三つに分類することができ，英語の頭文字をとって，セキュリティのCIAとよばれる．そしてこれを達成するための情報セキュリティ対策として，

(1) 物理的対策(建物への入退出管理，建物や設備自体の堅牢性)

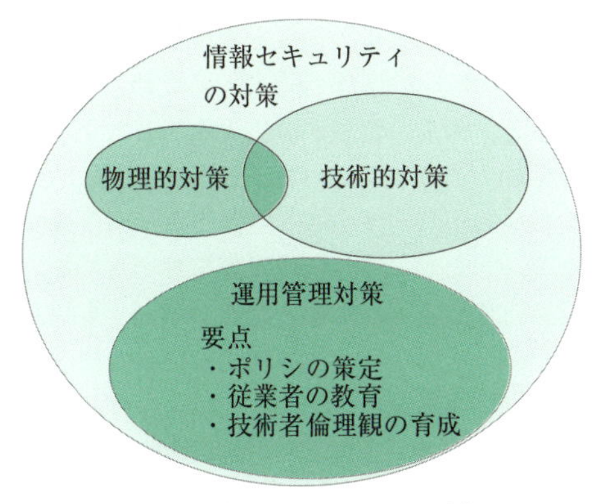

図 4.8　情報セキュリティ対策

(2) 技術的対策 (不正アクセスを受けない，情報が流出しない対策)
(3) 運用管理対策 (セキュリティポリシの策定，従業者に対する教育，倫理観の育成)

が必要となる (図 4.8).

会社側は，まず機密情報が営業秘密となるよう，不正競争防止法にいう営業秘密の 3 要件に該当させなければならない．ただそれでも悪意をもつ人間が不正な目的で企業秘密を取得しようとするであろう．それらの対策としては，他の章で述べられる情報の暗号化などの技術的対策を万全にすることはもちろんであるが，最終的に最も重要であるのは運用管理対策である．

いかに技術が発達しようとも，それを破ろうとする悪意の人間は必ず存在する．とすれば，セキュリティの問題は，人の教育の問題であり，かつ技術者の倫理観がかかわる問題である．

4.4.5　日本における技術者の倫理観

日本における技術者倫理は欧米のそれとは異なるといわれてきた[4]．日本では，まず「どこにお勤めですか」と聞くことは多くても「どのようなお仕事をされていますか」と最初に聞くことは少ない．また，答える方も「○○株式会社に勤務しています」と回答し，「私は電気技術者です」と回答することは少ないであろう．日本で仕事内容を回答するとしたら，医師，弁護士など，ごく一部の専門職業に就いている人だけである．これは，従来日本では会社 (組織) への帰属意識が何よりも高く，ある**職能集団** (**プロフェッション**) に帰属している意識が低いからであるとされてきた[4]．そのため，良い製品，消費者に背理しない製品をつくり続けるためには，技術者倫理よりも企業倫理を高めることが重要であるともいわれてきたが，21 世紀に入った頃より，必ずしもそうでなくなってきた．

職能集団への帰属意識よりも会社 (組織) への帰属意識が高いのは変わらないが，終身雇用制度が崩れ，会社 (組織) を変わろうと考える人が多くなってきた．そのため，会社に一生奉公するというような倫理観は薄れ，自分の適性は別の会社 (組織) の方が合っていると考え，転職することに躊躇を感じない人が増えてきた．それでも職能集団への帰属という教育は受けてきていないから，職能集団への帰属という意識は育っていない．本来，人々の雇用形態の変化に合わせて，職業倫理教育も変化させねばならないが，現状はそうなっていない．どのような教育を行い，どのように時代の変化に順応させるかは喫緊の工学教育の課題である．

情報の保護を含む倫理観の問題は，古来よりの課題でもある．次節でその経緯をみてみることにしよう．

例題 4-6
営業秘密と認められるための要件について，簡単に説明せよ．

例題 4-7
情報セキュリティの CIA について説明せよ．

例題 4-8
情報セキュリティの CIA を達成するために最も重要なことは何かについて述べた上で，その理由を説明せよ．

例題 4-9
欧米と日本の技術者の倫理観は異なるといわれる．その理由について説明せよ．

4.4 節のまとめ

- 法律で保護される営業秘密として，不正競争防止法に定める営業秘密について理解する．
- 法律で保護されない営業秘密と技術者の倫理の問題を理解する．
- 日本の技術者倫理教育のあり方について理解する．

4.5 情報保護と情報公開

4.5.1 情報漏洩と情報保護

情報保護に関する法律としては2003年制定の「個人情報の保護に関する法律」(平成15年法律第57号) (以後，個人情報保護法と略す)，「行政機関の保有する個人情報の保護に関する法律」(平成15年法律第58号) などがあるが，情報漏洩 (漏泄) という行為自体は，何千年も前から存在する．例えばギリシャの医祖ヒポクラテス (紀元前450年頃の生まれ) は，その誓詞の中で「医に関すると否とにかかわらず他人の生活について秘密を守る」[*3]，すなわち，患者の秘密を守るということをあげている．これを逆にいえば，秘密を守らない医師があったということであり，情報漏洩問題は現代的話題ではない．そこで，ここでは医療をキーワードとして，情報漏洩と情報保護について考えてみたい．

医師の情報漏洩を日本法に照らすとすでに1880年刑法 [旧刑法 (明治13年太政官布告第36号)] 360条に

> 「醫師藥商穏婆又ハ代言人辨護人代書人若クハ神官僧侶其身分職業ニ於テ委託ヲ受ケタル事ニ因リ知得タル陰私ヲ漏告シタル者ハ誹毀ヲ以テ論シ十一日以上三月以下ノ重禁錮ニ處シ三圓以上三十圓以下ノ罰金ヲ附加ス(以下略)」

と定められており，さらに現行刑法である1907年刑法 [現行刑法 (明治40年法律第45号)] 134条1項には，

> 「醫師，藥劑師，薬種商，産婆，辨護士，辨護人，公証人又ハ此等ノ職ニ在リシ者故ナク其業務上取扱ヒタルコトニ付キ知得タル人ノ祕密ヲ漏泄シタルトキハ六月以下ノ懲役又ハ百圓以下ノ罰金ニ處ス」[*4]

と定められている．さらに戦後は，医療法を初めとする各種医事法において，医療従事者の秘密保持義務が定められたが，秘密漏洩という行為がなければ，こうしたことを法で定める必要はないわけであり，情報漏洩の問題は古くからの問題であることが理解できよう．

しかしながら，情報の蓄積手段が変容し，上述の医療情報を例にとれば，紙に書かれた情報 (紙のカルテ) から，電子化された大量の情報を蓄積する大規模データベース (電子カルテ) が普及しているため，一度情報が流出すると，大量の情報が流出することとなった．また，漏洩先は，4.1節に述べた「情報の伝達先」と同様，特定少数から不特定多数となり，また，漏洩速度は瞬時となる．したがって，情報保護を考えるにあたっては，行為自体は古くからある問題であり，規制もなされてきたが，その手段方法の変化に応じた制度が考えられなければならない．

一方，これまでに述べてきた情報保護は，protectの概念であり，人格権的保護，いわゆるprivacy保護が中心である．しかしながら，4.3節に述べたように，情報は財産としての価値をもつのであるから，財産権的保護についても考えられなければならない．つまり，情報は漏洩しなくとも，消失すれば損失なのであるから，法がsecurityの概念を取り込むことが必要である．

4.5.2 情報公開

情報公開の概念は比較的新しい概念である．立法や司法については，公開の根拠が憲法に認められるにもかかわらず[*5]，長く行政機関の行為の公開については，その根拠が明確でないままに扱われていた．しかし1999年「行政機関の保有する情報の公開に関する法律」(平成11年法律第42号) (以後，情報公開法と略す) が制定され，根拠が明確になった．情報公開法による情報の開示請求権のほかに，個人情報保護法にも開示請求権があるので，その違いをここで確かめておきたい (図4.9)．

情報公開についても，これまでに述べてきた内容と同様の変容がある．すなわち，これまで行政機関の情報公開といえば，紙に書かれたもの (文書) を公開することであったが，行政機関の所有情報が変容し，文書は電子化され，大量蓄積されるようになってきたため，その情報へのアクセス方法も変容しつつある．つまり，保有する情報を公開するという行為そのものに変化はなくても，情報の伝達方法，伝達速度，伝達範囲などの変化に伴う，情報公開の方法を考える必要がある．

4.5.3 情報保護と情報公開の調整

情報保護との関係でいえば，情報の利用価値と関係者の利益保護を比較衡量して考える必要がある．前述したように，医師は患者に関する情報を漏洩 (公開) し

[*3] 医師として神に誓ったことばの1つで，他にも性別や自由人と奴隷などで差別しない，などのことばがあり，医師の倫理を説いた最初の成文として有名．

[*4] 現行刑法は，平成7年改正で口語文に改められたので，現規定では，134条1項「医師，薬剤師，医薬品販売業者，助産師，弁護士，弁護人，公証人又はこれらの職にあった者が，正当な理由がないのに，その業務上取り扱ったことについて知り得た人の秘密を漏らしたときは，六月以下の懲役又は十万円以下の罰金に処する」となっている．

[*5] 日本国憲法は，立法について，国会の会議の公開 (57条1項)，議事録の公開 (同2項) を定め，また司法について，裁判の公開 (82条) を定め，国会 (立法) や裁判所 (司法) の行為を国民に公開することを命じている．

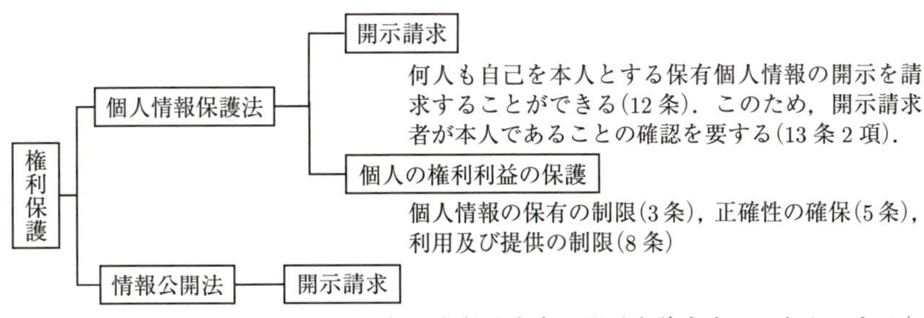

図 4.9 情報保護法と情報公開法

てはならないが，一方で「感染症の予防及び感染症の患者に対する医療に関する法律」(略して「感染症法」)(平成10年法律第114号) 12条は，医師は，感染症の患者を診断したときは，その者の氏名，年齢，性別その他を保健所長を経由して都道府県知事に届け出なければならないことを定めている．また，同法27条によって必要があれば消毒が行われるから，患者および家族が罹患事実を秘密にしたいと考えても，事実は周囲に知れることとなろう．これは，罹患していない周囲の人間の利益を保護するためになされることであり，情報公開にはあてはまらないが，結果として罹患情報は開示されることとなるから，情報保護と情報公開の関係を考察する例とすることができよう．これは新しい問題ではなく，上述の感染症法の附則第3条で廃止された「伝染病予防法」(明治30年法律第36号) においても，医師の届け出義務が定められていた．しかし一方で，4.5.1項に述べたように医師の守秘義務も定められていたから，古くから同様な比較衡量の問題はあったのである．しかし，現代の特徴は，これまでに述べてきたように，保護や公開の概念の問題ではなく，手段，方法などの違いによる結果への影響であるから，情報蓄積のあり方の変容を考慮し，個人情報に関わる情報が漏泄することのないよう注意がはらわれなければならないことはいうまでもなかろう．医療，福祉，教育などの情報についての特別な規制も必要となってこよう．電子カルテや服薬データベースなどの個人情報の取扱いの一方，インフォームドコンセントにみられる情報の本人開示，また，教育情報では個人成績の管理，内申書開示などが差しあたりの課題となる．

情報公開に関連して，医療を例として，広告の問題についてふれておきたい．医師や病院の広告は，古くから厳しく規制されており，現在なお厳しい規制がある[*6]．従来，法において広告の内容を制限してきたのは，情報が氾濫して患者が混乱しないようにする目的が強いと考えられるが，医療過誤の問題にみられるように，必要な情報の隠蔽が行われているならば，自ら獲得した情報によってよりよい生活を営むという，人間の情報利用が根本的に損なわれることになってしまう．売買契約のように医療も一種の契約と考えれば，売買契約における売主と買主のごとく，医師は医療行為の提供者であり，患者は対価を支払ってその行為を受け取る人である．だから，患者は正しい情報の開示を受け，自分が受ける医療を選択したいという考えが出てきても不思議ではない．また，近年になって，インターネット上での広告が氾濫してきた．このことについて，1997年当時の厚生省が「インターネットのホームページは，広告に該当しない」[*7]との見解を示し，2007年の医療広告ガイドライン[*8]は，

(1) 患者の受診などを誘引する意図があること
(2) 医業もしくは歯科医業を提供する者の氏名もしく

[*6] 旧医師法 (明治39年法律第47号; 現行医師法は昭和23年法律第201号) 7条は医師の広告を規制し，また，明治42年内務省令第19号「病院醫院其ノ他診察所治療所ノ廣告ニ關スル件」は医療機関の広告を規制していた．現在は，「医療法」(昭和23年法律第205号) 第5章 (69–71条) が医師，歯科医師，助産師およびそれらの医療機関の広告を制限しているが，平成12年に医療法は改正され，広告が多少緩和された．

[*7] 平成9年，当時の厚生省が医療監視等講習会の質疑応答の中で，医療法上規制の対象となる「広告」とは，「不特定多数に知らせる方法により，一定の事項を告知すること」とした上で，「インターネットのホームページについては，利用者が自発的な意思により検索して見るものであり，医療法の広告には該当しない」との見解を示した．

[*8] 厚生労働省は，平成19年3月30日付医政発第0330014号として医療広告ガイドライン「医業若しくは歯科医業又は病院若しくは診療所に関して広告し得る事項等及び広告適正化のための指導等に関する指針」を示し，また「医療法」第6条の5第1項各号，「医業，歯科医業若しくは助産師の業務又は病院，診療所若しくは助産所に関して広告することができる事項」(平成19年厚生労働省告示第108号) を示した．

は名称または病院もしくは診療所などの名称が特定可能であること

(3) 一般人が認知できる状態であること

の (1)～(3) のいずれの要件も満たす場合に，広告に該当するものと判断する，という基準を示し，インターネットの Web サイトなどは検索した上で閲覧するものであるため認知性がない (バナー広告などを除く) としたので，引き続きインターネット上のホームページの表示は原則として広告とはみなさないことになっている．そのためインターネット上では，特に美容医療サービスの分野で手術前，手術後といったような広告がなされている．医療広告ガイドライン[*8]は，「日本一」「No.1」「最高」などの表現は客観的な事実であっても使用できない，としているにもかかわらず，インターネット上では「広告ではない」ので使用できることになる．こうした情報は，どの病院でどのような医療を受けるかという患者の選択に役立つかのようにはみえるが，法で規制されていない広告をどの程度信用するのかは，患者の自己責任にまかされているわけであるし，また，手術前・手術後の写真などは，患者個人の情報保護の観点からも問題があるといえよう．2000 年に医療法が改正されて[*6]，医療機関の広告は多少緩和されたが，医療広告ガイドライン[*8]では，さまざまな情報を広告として規制している．情報の開示を受けるということの意味をあらためて考えてみる必要がある．

例題 4-10

医療従事者の守秘義務が古くから法律で規定されていた理由について，自分の考えをまとめよ．

例題 4-11

情報の保護と公開のバランスについて説明せよ．

4.5 節のまとめ

- 個人情報保護法による「開示請求」「個人の権利利益の保護」を理解する．
- 情報公開法における「開示請求」について理解する．
- 情報保護と公開のバランスの問題について理解する．

4.6 近代法の成立過程と情報ネットワーク時代の法政策

4.6.1 日本における近代法体系の基本枠組み

今日，日本の近代法制史研究においては，近代 (明治維新から第二次大戦敗戦まで) 法体系成立の基本枠組を何に見いだすかについて二つの見解がある．一つは，1889 (明治 22) 年の大日本帝国憲法と翌 1890 (明治 23) 年の教育勅語の制定によって，近代天皇制国家とその基本原理である「国体」が確立したことをあげる．いま一つは，領事裁判制 (治外法権) という欧米列国との不平等条約改正 (明治 32 年；1899 年施行) によって，国家的独立が達成し，民法の施行 (明治 31 年；1898 年) と商法の施行 (明治 32 年；1899 年) によって国家法体系が成立したことをあげる．枠組みをどちらに見いだすにせよ，明治政府は，欧米各国との不平等条約改正を悲願として，国家確立の証としての法典の整備を急いだため，明治 30 年前後には，多くの法典が制定された．本章で述べてきた知的財産や情報保護・公開に関連しての医療に関する法もまた例外ではない[*9]．平成の世となるまでの法制定段階を表 4.1 のように考えてみた．

表 4.1　法制定段階と時代背景

段　階	時　期	時　代　背　景
1	明治初期～明治 20 年頃	明治新政府における慈恵政策
2	明治中期～大正初期	国会開設，憲法制定，不平等条約改正に向けた内外法体系の整備
3	大正中期～大正末期	社会立法の時代，大正デモクラシー
4	大正末期～昭和戦前期	世界的恐慌，戦時体制
5	昭和戦後～昭和 35 年頃	敗戦から高度成長期へ (アメリカ法の影響大)
6	昭和35年頃～昭和末頃	高度成長期と安定した経済発展期

知的財産法を例とすると，明治 30 年前後の国家確立期 (第 2 段階) に，国際関係[*10]を背景として，特許法 (明治 32 年法律第 36 号)，意匠法 (明治 32 年法律第 37 号)，商標法 (明治 32 年法律第 38 号) が成立し，明

[*9] 脚注 6 に述べた旧医師法 (明治 39 年法律第 47 号)，明治 42 年内務省令第 19 号「病院醫院其ノ他診察所治療所ノ廣告ニ關スル件」などは，いずれもこの時期制定の法令である．

治 38 年には実用新案法 (明治 38 年法律第 21 号) が成立した[11]．また，同様に国際関係[12]から，旧著作権法 (明治 32 年法律第 39 号) が成立している．第 3 段階は，日清日露の戦争を経て，第一次大戦終了後の大正期である．いわゆる大正デモクラシー期であり，法制定においても社会立法の時代[13]とよばれているが，大戦時，ドイツからの輸入に依存していた医薬品などの輸入が途絶えて混乱が生じたことなどをきっかけとして，科学技術振興にも力を注ぐようになり，工業所有権制度に関する要望が活発になされるようになった．こうした時代背景を受けて，1921 年，旧特許法 (大正 10 年法律第 96 号)・旧実用新案法 (大正 10 年法律第 97 号)・旧意匠法 (大正 10 年法律第 98 号)・旧商標法 (大正 10 年法律第 99 号) が制定された．旧法と称されるこれら大正 10 年法によって，わが国の知的財産法中の産業財産権法 4 法はいちおう整備されたのである．そして，第二次大戦敗戦を経て，海外からの技術に支えられながら，昭和 30 年代に入ると，自国の技術水準が向上し，産業財産権法の抜本的見直しが必要となった．つまり，高度成長期にさしかかる 1959 年 (表 1.1 の第 5 段階) に新法 [現行の特許法 (昭和 34 年法律第 121 号)・実用新案法 (昭和 34 年法律第 123 号)・意匠法 (昭和 34 年法律第 125 号)・商標法 (昭和 34 年法律第 127 号)] が制定されたのもまた時代の要請に応じたものであった．現行著作権法 (昭和 45 年法律第 48 号) の制定は第 6 段階にあたる 1970 年であるが，録音技術や複製技術の進展など，旧著作権法が想定していなかった状況への対応であった．その後も，知的財産法各法は，時代の要請を受けて改正が繰り返されている．しかし，4.3.3 項に述べたように，21 世紀の今日，法制度にはさまざまな課題がある．

4.6.2 今後の課題

4.6.1 項に述べたように，法は時代に応じて制定されてきたが，現代の急速な技術的進展に対して，新法の制定や現行法の改正が追いついていない．国会での立法審議にみられるように，新法の制定，法改正には多大な時間を要し，審議の過程でも技術の進歩は続くから，権利保護が十分にできていないのが現状である．法が追いつかないならば，個々人がもつ倫理観に期待する向きもあるが，4.4.5 項に述べたように，現代の倫理観や倫理教育の現状に照らせば，簡単に考えられる課題ではない．ただ，法制定や法改正，倫理教育をそれぞれ単独で議論するのではなく，権利保護のための技術的対応を含めて複合的統合的に検討する必要があろう．また，4.1 節に述べたように，人間が生活を営んでいく上で情報を利用するのは不変のことであるが，不変の部分と技術的進歩によって変化のある部分は，意識的に分離して検討していくことも重要である．情報漏洩問題にみられるごとく，ネットワーク上にデータがあるから情報が漏洩する，といった問題の所在を混同した議論は避けねばならない．情報はネットワーク上になくとも漏洩するが，一度漏洩した場合の影響が，従来の顔の見える範囲とネットワーク上では異なることが問題なのである．私たちは，こうした問題意識を常にもつことが何よりも重要である．

---

[10] 産業財産権法については，明治 32 年までは特許条例，意匠条例，商標条例によって規整されていたが，不平等条約改正のために諸外国と締結されていた通商航海条約の中で国際公約となっていたパリ条約 (工業所有権の保護に関する 1883 年 3 月 20 日のパリ条約) への加盟のために，3 条例は大改正する必要があった．そのため，明治 32 年に 3 条例は改正され，特許法，意匠法，商標法が成立した．内外人平等原則などを取り入れた画期的な大改正であった．なお，実用新案法 (明治 38 年法律第 21 号) の成立は明治 38 年であった．

[11] その後，産業財産権法は明治 42 年に全面改正され (特許法 (明治 42 年法律第 23 号)，意匠法 (同第 24 号)，商標法 (同第 25 号)，実用新案法 (同第 26 号))，さらに大正 10 年再び全面改正された．

[12] 日本は明治 32 年 7 月 13 日にベルヌ条約 (明治 19 年 9 月 9 日にスイスをはじめ，10 カ国が調印した文学的および美術的著作物の保護に関するベルヌ条約) に加入した．これは，不平等条約改正に先立ち，この条約に加盟することが条件となっていたためである．著作権法については，1869 年の出版条例 (明治 2 年行政官達) に始まり，1872 年出版条例 (明治 5 年文部省布達)，1875 年出版条例 (明治 8 年太政官布告第 135 号) と改正され，1887 年，出版条例から版権の保護に関する規定が独立し，出版条例 (明治 20 年勅令第 76 号)，版権条例 (明治 20 年勅令第 77 号) が制定された．このとき，脚本楽譜条例 (明治 20 年勅令第 78 号) および写真版権条例 (明治 20 年勅令第 79 号) も制定され，図書以外の著作物に対する著作者の権利が保護されるようになった．1893 年，版権条例が改正され，版権法 (明治 26 年法律第 16 号) が制定されたが，保護の範囲が先進国より狭く，また外国の著作者の権利を認めていないなどの問題があり，ベルヌ条約の内容に適合しないため，ベルヌ条約加盟のために，1899 年，版権法は著作権法 (明治 32 年法律第 39 号) として成立した．

[13]『内務省史』(大霞会編，地方財務協会，第 3 巻，pp. 229–340，1971) は，内務省の社会行政の時代区分として，明治から大正にかけての恤救救済期を第 1 期，大正中期の次の時期への橋渡し期を第 2 期，外局としての社会局が設置された大正 11 年頃からを社会行政がいちおうの充実を迎える第 3 期と位置づけている．また，高橋貞三は，明治初年から戦前期を 5 期に分け，その第 4 期を大正 8 年より昭和初頭として労働法発展時代ならびに社会保険法萌芽時代と位置づけている (『社會立法の研究』，pp. 83–84 (有斐閣，1940).

例題 4-12

今後の情報法政策がどうあるべきか，現状に照らして，自分の考えをまとめよ．

4.6 節のまとめ

- 日本における近代法体系の成立過程について理解する．
- 日本における近代法体系の枠組みの概略を理解する．
- 法体系の枠組みと情報保護の関係について理解する．

参考文献

[1] 浜田純一：情報法，pp. 5–6 (有斐閣，1993).
[2] 内田 貴：民法 I 第 4 版—総則・物権総論 (東京大学出版会，2008).
[3] 前掲 [2]，p. 342.
[4] 日本機械学会 編：機械工学便覧 デザイン編 β 9—法工学，pp. 198–208 (日本機械学会，2003).

第Ⅱ部

データサイエンス

序　章

データサイエンス (data science) とは，社会の中の確率事象を扱うための科学で，データに基づいて確率事象の評価を行う．

データサイエンスという用語は古くから使われていたが，特に1960年にピーター・ナウア (Peter Naur) が，データロジー (datalogy) という用語と互換な形で，計算機科学を代替する言葉として使用したことで注目を集めた．1974年の著書 *Concise Survey of Computer Methods* において，ナウアはデータ処理手法とその応用を述べる中でデータサイエンスという表現を使用した．データサイエンスは，データの具体的な内容ではなく，異なる内容や形式をもったデータに共通する性質，またそれらを扱うための手法の開発に着目する点に特色がある．使用される手法は多岐にわたり，分野として数学，統計学，計算機科学，情報工学，パターン認識，機械学習，データマイニング，データベース，可視化などと関係する．

データサイエンスの研究者や実践者はデータサイエンティストとよばれ，現在ではビジネスにおいて最も需要の多い職種の一つになっている．しかし，データサイエンティストは実際に何をする職種なのだろうか? また，どうすればその職種につけるのだろうか? データサイエンティストになるために知っておくべきことを，以下に記す．

データサイエンティストとは，何をする職業なのか?

Facebookのアカウントにはユーザーの経歴・嗜好・写真などの貴重な個人情報がつまっていることや，Googleが個人についての情報の把握を意図していることは知られているが，昨今では小規模な企業であっても事業戦略に転用するために，さまざまなデータを収集している．しかし，多くの場合，企業が収集している生データは非常に乱雑なもので，直接データ解析に用いることはできない．不完全で整合性がなくちぐはぐに分類されていたり，明らかに矛盾するものが紛れ込んでいることも多い．また情報が欠損していることもしばしばある．それでも，そこには多くの貴重な情報が隠されている．

データサイエンティストの仕事は，統計学，コンピュータサイエンス，データ分析を駆使して，膨大なデータ(ビッグデータ)を構造化しながら整理して，企業がデータを活用したアクションを起こすために必要な情報となるように，解析結果を導き出すことである．

必要な情報の発見には直感やひらめきが必要であるため，現状ではAIを用いてもうまく処理することができない．それが，データサイエンティストが職務として成立している理由の一つになっている．また，データサイエンティストには，発見した情報の意味を適切な表現で他人に伝えるコミュニケーション能力が必要である．企業で意思決定する立場にある人は，データサイエンティストほどデータ分析の用語に精通していないからである．

まとめると，データサイエンティストは，大量のデータを分析し，それらのデータを実行可能な事業戦略に変換するのが仕事である．これは簡単な仕事ではなく，かつ企業にとって非常に重要で，これからもそうあり続けるであろう．このようなことから，データサイエンティストという職種の未来は明るく，安泰であると期待されている．データサイエンティストは世界的に有名な経済誌 *Harvard Business Review* で「今世紀最もsexyな職業」と評され，高年収が期待できる職業とされている．

データサイエンティストになるために必要なスキルは何か?

データサイエンスは変化が急速で，分野としての明確な定義もないため，データサイエンティストがもっているスキルは多岐にわたる．彼らのほとんどが統計学，データ分析，数学などの基礎教育を受けている．

そしてほぼ全員が，データ管理，統計学，機械学習などに使用される言語(特にHadoop, Python, R, SQLなど) によるプログラミング能力を有している．データ解析において特に人気がある言語がPythonである．また，Minitab，MATLAB，SASなどのデータ分析プログラムを知っていれば，なお有用である．

機械学習 (人工知能による学習) や統計学，データ分析に関する知識のない人たちに，わかりやすくデータ分析の結果を説明するコミュニケーション能力も非常に重要である．画期的な発見があっても，うまく人に説明できなければ，必要なアクションに結びつかない．意思伝達を適切にこなす能力は，あらゆる技術者に必

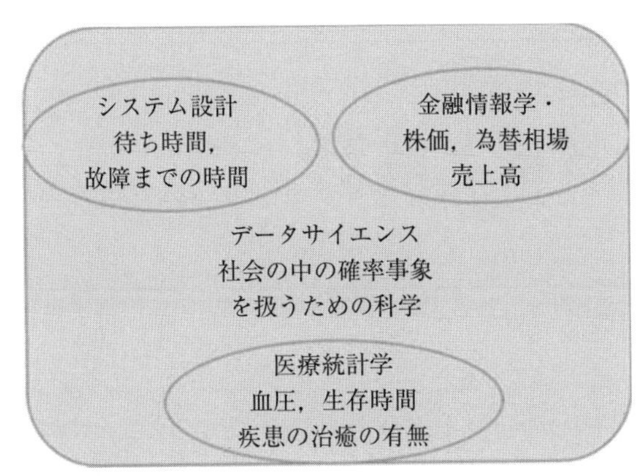

図１　東京理科大学の工学部情報工学科データサイエンス部門

要とされる能力である．

データサイエンティストを志望するなら，現在取り組んでいる分野の内外を問わず，複数の分野における経験が価値をもつ．仕事を進めていく上では，創造力を働かせながら，さまざまな角度から問題に取り組む問題解決能力を身に付ける必要がある．新しい問題には，革新的かつ固有の解決法が求められることが多いからである．

多くのデータサイエンティストは，情報科学者か統計学者からキャリアをスタートし，仕事をしながら必要なスキルを身につけていく．これまでのキャリアパス上で創造力を駆使した問題解決能力を求められた経験をもち，まったく異なる職歴からこの職業に就く人もいる．

データサイエンスの応用分野としては，生物学，医学，工学，経済学，社会学，人文科学などの幅広い分野が挙げられるが，東京理科大学の工学部情報工学科，データサイエンス部門では，システム設計，金融情報学，医療統計学の３分野についての教育と研究を行っている（図１）．

システム設計の例として，銀行のATMシステムを考えることができる．各支店に顧客が訪れたときの到着時間や，待ち時間は確率事象と考えることができる．支店の端末の台数や処理能力を高めれば，待ち時間を減らすことができ，顧客にとっては望ましいが，そのためにはコストがかかり，効率的なシステム設計を考える必要がある．あるいは部品，装置，システムなどの寿命も確率事象と考えることができ，その分布を記述し，確率の手法を用いることで，いつ起こるかわからない故障を定量的に扱うことが可能になる．これにより，目標値の設定と対策の比較が可能になり，故障しにくいシステムを経済的に実現するための手段を明らかにするのが信頼性工学であり，これについては，第５章で記述されている．

金融情報学では，確率的に変動する不確実な現象として，例えば時系列的に変化する為替レート，株価，不動産価格などを分析する．株式投資をするにあたって，リスクを減らす必要がある．そのため株価収益率の分布をモデル化し，パラメータを膨大なデータから推定し，モデルの適合度を評価するためには，高度な数学的な技術が必要であり，解析的に解を得ることは困難である．第６章ではコンピュータで乱数を発生させ，分布を求める方法として，モンテカルロ法について解説し，株価収益率の解析についての応用例が記述されている．

医療統計学では，動物・人間などの生体の反応を研究対象とする．同一の薬剤を投与しても疾患が治癒するまでの日数は個体によって異なり，これを医療統計学では，確率事象として考える．個体によって，性別，年齢などの人口統計学的要因，遺伝子，環境要因，合併症，疾患の重症度などが異なるからである．医療統計学では，これらの健康要因や，薬剤の投与などの治療法と疾病との関連をモデル化する．そのモデルを構築するためのデータを得るために，動物実験，臨床試験，疫学研究が行われる．第７章では医療統計学の役割とその研究分野，第８章では医療研究のデザインと解析の考え方と最近の動向が記述されている．

5. 確率現象の解析と設計

5.1 情報工学とシステム設計

自動改札機や現金自動預払機 (ATM) あるいは通信ネットワークなど，情報技術を用いたシステムが多く存在しており，現代の生活になくてはならないものとなっている．これらのシステムを実現するためには多くの技術を必要とするが，一つの特徴は，次々にやってくる仕事をどんどん処理していくことである．そしてその仕事は，規則的にやってくるのではなく，あるときは大量に，あるときは少しだけ，不規則すなわち確率的にやってくるのが特徴である．本章では，確率的に発生する仕事を処理するシステムの設計に関する基礎的な事項を解説する．

5.1.1 情報技術を用いたシステムの例

情報システムの例として，ATM システムを考えてみよう．ATM システムは，銀行本店にあるコンピュータと支店にある数多くの端末を結んだシステムである．現金の引き出しはおおむね図 5.1 のような経過をたどる．まず客が到着して，カードを端末に挿入する．そして暗証番号を入力すると本人確認 (「認証」という) が行われ，問題なければ引き出し額を入力する．引き出し額は中央のコンピュータへと送信され，中央のコンピュータは客の口座の残高を減ずるとともに，端末に現金の支払いを指示する．端末はそれに従って，所定の現金を支払う．最後に，通帳に残高が印字される．

このシステムが，客の要求を遅滞なく処理していくために考えるべきポイントがいくつかある．まず端末の台数である．ある支店で 60 分あたり 60 人の客が到着するとしよう．引き出しには，1 人あたり 3 分を見込むとする．すると，最低限 3 台 (60 人 × 3 分 /60 分 = 3 台) の端末がなければ処理しきれないことになる．次に，中央のコンピュータの処理速度も問題になる．客が引き出し金額などを入力したときに，操作の快適性を考えると，あまりに長い時間待たせるわけにはいかない．快適な操作のためには，コンピュータの処理能力を適切に設定する必要が出てくる．この能力の決定には，操作中の客の全支店にわたる合計人数を考える必要がある．このように，情報システムの円滑な動作のためには，設備の数と性能を適切に決める必要がある．また，決めなければならないのは，台数や処理能力といった量的なものだけではない．初期のキャッシュカードでは，暗証番号はカードに記憶されていた．この方法だと本人かどうかは，中央のコンピュータに問い合わせなくても端末だけで判定可能であるが，カードから暗証番号を読み取られるおそれがある．そこで，カードには暗証番号を書き込まず中央のコンピュータが管理し，端末から暗証番号を送信して認証する方式にすると安全性は高まるが，処理にかかる時間は前者よりも長くなる．

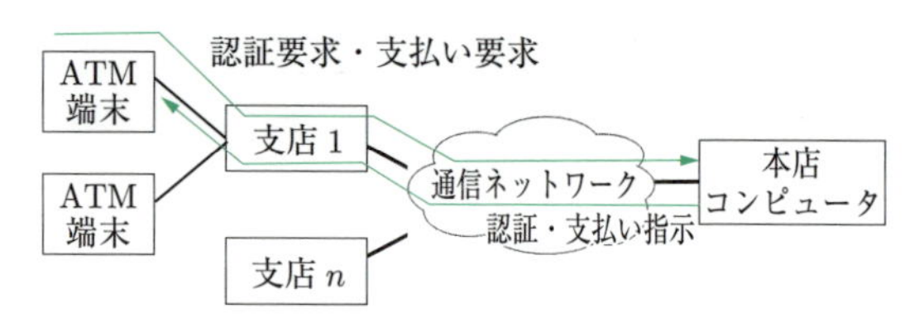

図 5.1 ATM システムによる現金引き出し

この例が示すように，情報技術は「時間がかかる」技術であり，記憶領域など「設備の量」を要する技術である．また，計算機自体の能力が同じでも，処理の方式によって性能が変わってくる技術である．これらの設計のためには各種の解析が必要であり，理論解析やシミュレーションで設計が行われる．

5.1.2 設計における問題意識 (損失と遅延)

次々に到着する仕事を処理していくシステムは，ATM 以外にも多くある．ここでは，通信ネットワークの原型を紹介するとともに，設計における問題意識を説明する．

a. 通信ネットワークの設計における呼損の問題

音声を電気信号に変換して伝送する仕組みは，1876 年にグラハム・ベルにより発明された．この技術はあくまで，1 対 1 で通話するためのものであるが，多くの人で利用したいとの要求が生じる．そこで，通信ネットワークが誕生した．多くの人が利用するシステムをつくるには，音声を伝送する仕組み以外にも工夫が必要である．通信したい人の数を n 人とし，これらの人たちがいつでも通信できるようにつないでおくとすると，$n(n-1)/2$ 本の線が必要となる (図 5.2(a)) が，この数は人数が増えると急速に増加する．そこで，必要なときだけつなぐための仕組みが生まれた．これを「交換機」という (図 5.2(b))．例えば A さんから B さんへ通信したいという要求が生じたら，その都度コードで接続する．これが発展して，現在の電話ネットワークになっている．ところで，図 5.2(b) の交換機において接続コードは何本必要だろうか．n 人が同時に通信する組合せ数から $n/2$ で十分といえそうだが，これでは多くの場合過大な設備数になる．通信は常時行われるとは限らないからである．使用頻度を予測して，それに必要な本数を用意するのが現実的である．そのとき，問題になるのが，通信の要求は確率的に発生することである．ときによるとコードが足りないといった現象も起こる．これを呼損あるいは損失という．ここでの問題は，ときには呼損が起こることもあるが，それはどの程度なら許容できるか，またそのためにはコードは何本必要かということである．

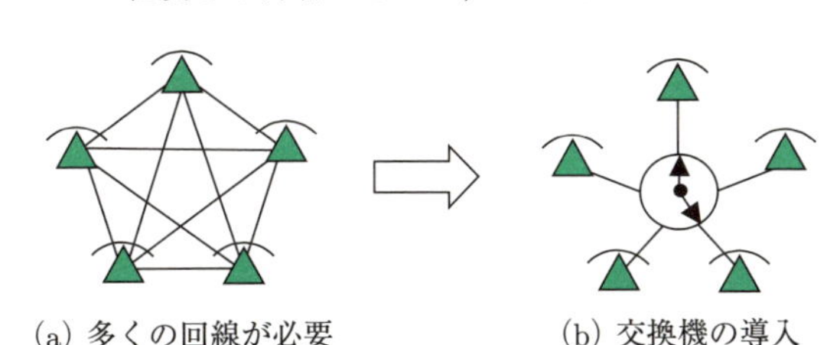

図 5.2 通信ネットワークの始まり

b. 窓口における待ちの問題

スーパーのレジを思い出してみよう．いくつかあるレジのうち何カ所かが閉鎖されると行列は，レジが全部開いているときに比べるとかなり長くなる．このようなとき「もっと開けてくれたら…」と思ったことはあるだろう．この場合には，行列の長さが問題である．では，行列はなぜできるのだろうか? 具体的なケースで考えてみよう．レジは 1 カ所だけで，買い物客が平均 1 分間隔で次々にやってくるとする．そして，レジでは平均 50 秒で精算ができるとする．客は，先客がいたら到着した順に並んで待つとする．到着間隔と精算時間が一定なら，次の客が到着した時には先客は必ず精算が終わっている．しかし，到着間隔が 40 秒，80 秒，60 秒とばらつき，それに対して精算時間がそれぞれ 50 秒だとすると，2 番目の客は 10 秒待たなければならない．このように，行列のできる原因の一つは，客の到着や精算の時間がばらついていることである．この場合の問題は，待つための時間 (「待ち時間」あるいは「遅延」という) はどの程度なら許容でき，そのためにはレジは何カ所必要かということである．

a と b では現象は細部では異なっている．しかし，共通するのは確率的な挙動をするシステムの設計であり，設計の目的は損失や遅延を適切な値にするということである．

5.1 節のまとめ

- 情報システムの設計の特徴：確率的に発生する処理要求を，所定の性能の下で処理していくシステムを実現すること．
- 交換機：通信ネットワークにおいて，通信の要求に応じて一時的な通信路を形成するために用いられるスイッチ．
- 呼損：サービスを受けようとしたときに，設備の不足等のため，サービスを受けらない確率．損失ともいう．

5.2 確率に関する基本的な概念

5.2.1 時間的に生起する現象

図 5.3(a) は，ある学校の東側の道路を走行した自動車の通過時刻を図示したものである．横軸は時刻で，縦に伸びる矢印は対応する時刻に自動車が 1 台通過したことを表している．このように，次々に発生または到着する現象を時間軸上で表すことができる．また，図 5.3(b) は通過した台数を 1 分間ごとにグラフ化したものである．

1 分時間あたり約 5 台が通過している．しかし，1 分間あたりの通過台数はいつも一定ではない．そこで，1 分間あたりの通過台数ごとに，その台数が通過した時

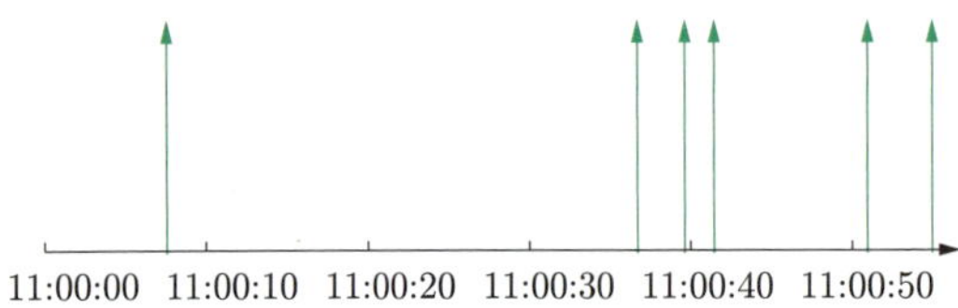

(a) 1台ずつの通過表示

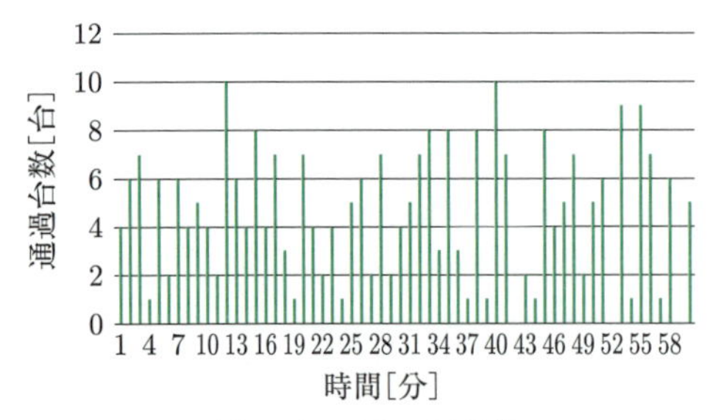

(b) 1分間ごとの通過数

図 5.3　自動車の通過台数

表 5.1　度数分布表

通過台数	区間数	通過台数	区間数
0	2	6	7
1	9	7	8
2	7	8	5
3	3	9	2
4	9	10	2
5	6	合計	60

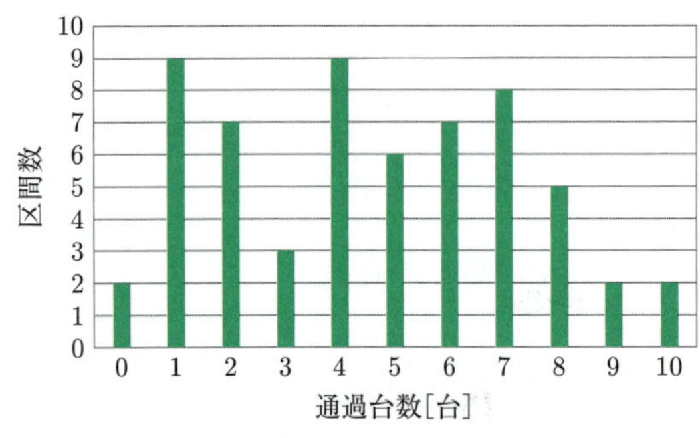

図 5.4　通過台数ごとの時間帯数の分布

間帯が何分あったかで一覧表と図を描いてみる (表 5.1 および図 5.4).

ここで表とグラフの意味は，11時から12時までの1時間を1分ごとに60の時間帯に分割し，1分間あたりちょうどある台数の車が通過した時間帯の数を縦軸の値としている．多く通過することもあれば，少数しか通過しないこともある．次に，続く2台の自動車の通過間隔に着目しよう．これを小さい方から並べると表 5.2 のようになる．これについても，図 5.5 のようにグラフにしてみる．図 5.4 とは別の形のグラフが

表 5.2　度数分布表 (到着間隔)

区間 [秒]	度数	区間 [秒]	度数
0–5 未満	141	35–40 未満	5
5–10 未満	51	40–45 未満	4
10–15 未満	21	45–50 未満	3
15–20 未満	9	50–55 未満	1
20–25 未満	7	55–60 未満	3
25–30 未満	4	60 以上	18
30–35 未満	6	合計	273

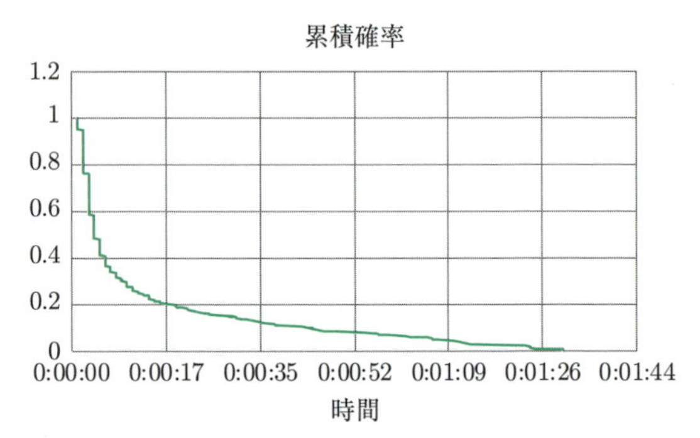

図 5.5　累積分布グラフ (到着間隔)

描ける．

一定時間に到着する台数や，2台の車が到着する間隔などはばらついている．ここで，自動車が次の1分間に到着する台数を予想してみよう．この予想は，ちょうど何台のようには表現できない．わからないからである．しかし，わからないといっても，図 5.4 をみると，9台よりも多いことはめったに起こらないだろうといったことはいえる．次に，自動車の到着とそれまでに到着した累積台数を考える．自動車が1台到着すれば，累積台数は1台増加する関係にある．そして到着は，時間的な広がりをもたない一瞬の出来事である．一方，累積台数は，いったん数値が変化したら次の変化まである程度の時間継続するものである．前者を**事象** (event) といい，後者を**状態** (state) という．自動車に故障が発生することも，上記の事象である*1．一瞬の出来事であり，その結果今まで使っていた自動車が使えなくなるといったように，状態の変化が起こる．

5.2.2　確率変数と確率分布

a.　確率変数

確率的に起こる現象として，さいころの目の出現を考えよう．さいころを振る前には，どの目が出るか確かなことはいえない．しかし，どの目も同じ程度の確

*1 上記の「事象」の意味は JIS Z 8115[1] (信頼性用語) に依拠したものであるが，確率論の用語としては，「着目する現象」といった意味でも用いられる．

からしさで出現するとはいえる．また，別の例として人間の身長を考えてみよう．人間の身長はさまざまな要因によって決まる．生まれたばかりの赤ちゃんの成人後の身長がどの程度になるかは，両親の身長などからある程度予測できるかもしれない．しかし，現実にどのような値になるかは時間が経ってみないとわからない．さらに，道路を歩いていて，初めて会った人の身長がどのくらいかという話になると，赤ちゃんの身長の予測よりももっと不確かである．このように，出現する前にはどのような値になるかがわかっていない量を**確率変数**という．

確率変数の値がどのようになるかの確からしさは，上記の三つの場合それぞれに違っている．さいころのケースではどの目も同じ確からしさで出現する．身長の場合，後者のケースでは日本人全体の身長を参考にせざるを得ないが，それでも 2 m 以上になることは，あまり可能性がないといえるであろう．一方，前者の場合にはこれよりも値を絞った議論ができるかもしれない．このように，確率変数は，どのような値になるかの確からしさ，すなわち確率が法則として決まっているものということができる．

確率変数が離散量，例えばさいころの目のように，出現しうる値が飛び飛びのものであるならば，ある値 k となる確率を考えることができる．これを，$\Pr\{X=k\}$ のように表す (Pr は probability を意味する記号)．X は考えている確率変数を意味する．$X=k$ とは，X の値は事前にはわからないが，それがちょうど k の値をとるということを意味する．そして，$\Pr\{X=k\}$ はそのような事象[*2]が起こる確率を意味する．

確率変数の変化する範囲 (変域) は有限とは限らない．1 分間に通過する自動車の数は，可能性としてはいくらでも大きな数がありうるので，$k=0$ から ∞ が変域であり，これらすべての k に対して $\Pr\{X=k\}$ が意味をもつ．一方，車の到着間隔 (表 5.2) を T とする場合，値は連続量なので「ちょうど何分」といった言い方には意味がない．この場合には区間を指定して，例えば $\Pr\{a \le T \le b\}$ のように記述される．

b. 確率分布

確率変数の変域のすべての値について，その値が実現する確率を列挙したものを**確率分布**という．ここで確率分布の表現の仕方を考えてみよう．確率変数 X が離散量の場合は，X がある特定の値になる確率を，X

*2 ここでいう「事象」とは，イベントのことではなく，着目する現象という意味である．

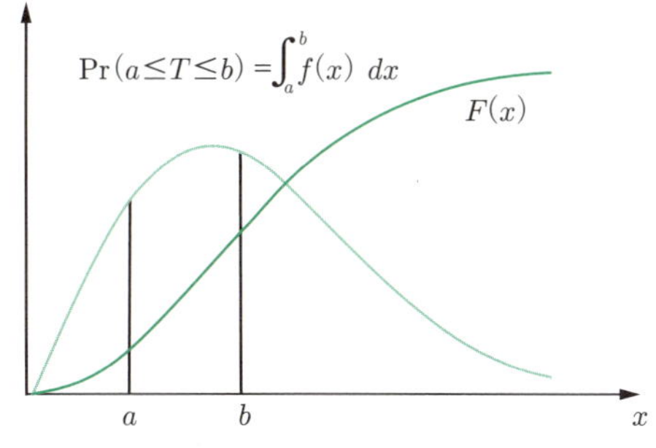

図 5.6 確率密度関数と分布関数

のとりうる範囲すべてについて記述したものとして，$\{p_k\}$ のように数列で表現できる．しかし，連続量の場合には，確率は $\Pr\{a \le T \le b\}$ のように区間を対象として表現せざるをえない．そこで，分布を表現するのに例えば，$\Pr\{T \le x\}$ のように x の関数として表現することになる．$\Pr\{T \le x\}$ とは，着目する確率変数 T が x 以下である確率である．自動車の到着間隔 (表 5.2) を例にすれば，全体で 273 台の自動車が通過しているが，前の車との間隔が 5 秒以下のものは 161 件であり，全体の 59% である．これを一般的に表現したものである．この関数を**分布関数**といい，$F(x)$ と表す．また $H(x)=1-F(x)$ を**補分布関数**という．さらに，離散量の場合の $\{p_k\}$ のように，ちょうどある値となる確率に相当するものとして**確率密度関数**という概念がある．これは，$\Pr\{a \le T \le b\}$ において，a と b の間を小さくしていって，$b=a+dx$ としたときに，

$$\Pr\{x \le X \le x+dx\} = f(x)\,dx \qquad (5.1)$$

となる関数 $f(x)$ のことである．$f(x)$ は $F(x)$ を x で微分したものである．また x の変域全体で積分すると 1 である．これは確率の総和が 1 であることに対応する．両者の関係を図 5.6 に示す．ここで，$F(x)$ と $f(x)$ は単位が異なることに注意しよう．$F(x)$ は確率を表しているので長さや重量のような単位はない．このような量を無次元の量という．一方，$f(x)$ は着目する量で積分すると無次元になるので，単位は着目変数の逆数である．

c. 母集団とサンプル

確率変数は，事前には何が出るかわからないが，その出現確率の規則が与えられている量である．したがって，出る確率で重みづけされた数の集合と同等である．例えば，さいころの目は，$1, 2, \cdots, 6$ の 6 個の数字を書いた札が 1 枚ずつ入っている袋と同じことである．そして，さいころを振って具体的な値が出現することは，この袋から札を1枚取り出すことに相当する．これになぞらえて，「母集団」と「サンプル」という言葉が用いられる．母集団とは実現する以前の確率変数であり，サンプルとはその実現値である．

5.2.3　分布を特徴付ける量

ばらついている数量に関する概念として，「平均」などの言葉は日常でもよく用いられる．男性の平均身長は女性のそれよりも高いなどである．この場合「平均身長」という言葉は，一人一人の身長を問題にしているのではなく，集団としての特徴に関する概念である．確率分布については，前述した $\{p_k\}$ や $f(x)$ がすべての情報をもっている．よって，これらをみれば，分布がどのような性質をもっているかを完全に把握することができる．しかし，そこまでしなくても少数の特徴量で分布の性質をわかりやすく表現することが行われる．そのために，分布の諸特性量が定義されている．よく使われるものは，「期待値」，「分散」，「変動係数」などである．これらは以下のように定義される．

期待値：母集団からサンプルを一つ取り出して，また返す．これを n 回繰り返すと，得られた数量は $\{x_1, x_2, \cdots, x_n\}$ となる．そこで，$z_n = (x_1 + x_2 + \cdots + x_n)/n$ を考える．n を大きくしていけば，z_n は図5.7のように変動していくであろう．ここで，n を無限大にするとき z_n がある値に収束するならば，その収束先を X の期待値といい，$E\{X\}$ と書く．

$E\{X\}$ は X が離散量の場合，$p_k = \Pr\{X = k\}$ を用いて

$$E(X) = \sum_k kp_k \qquad (5.2)$$

と算出される．

X が連続量の場合には以下となる．

$$E(X) = \int_{-\infty}^{\infty} xf(x)\,dx \qquad (5.3)$$

ところで，期待値が存在しない分布も存在する．変域が $\{1, 2, 3, \cdots\}$ のように自然数全体である分布を考え，$p_k = a/k^2$ $(a = 6/\pi^2)$ とすると，p_k を $k = 1$ から ∞ まで総和したものは1であるので確率分布といえるが，$\sum_k kp_k$ は ∞ に発散する．このような分布は多くある．

分散：分散は，X と $E\{X\}$ の差の2乗の期待値として定義され，$V[X]$ と表される．すなわち，

$$V[X] = E\{(X - E\{X\})^2\} \qquad (5.4)$$

である．分散は σ^2 という記号で表されることも多い．連続量の場合には以下で求められる．

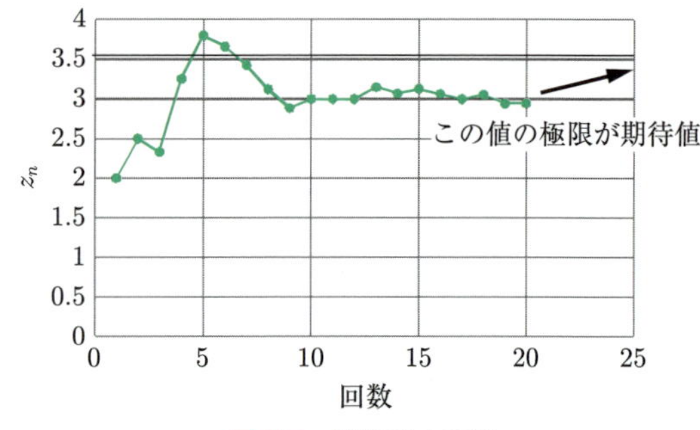

図5.7　期待値の定義

$$\sigma^2 = \int_{-\infty}^{\infty} (x - \mu)^2 f(x)\,dx \qquad (5.5)$$

ここで μ は期待値である．

分散の平方根 σ を標準偏差という．なお，平均と分散の間には以下の関係がある．

$$\sigma^2 + \mu^2 = \int_{-\infty}^{\infty} x^2 f(x)\,dx \qquad (5.6)$$

式(5.6)の右辺は x^2 の期待値である．これを分布の2次モーメントという．同じようにして3次，4次等のモーメントが定義される．標準偏差は分布の広がり具合を表しているが，期待値の大きい分布程標準偏差も大きくなる．そこで，分布の広がり具合を比較するための尺度として，以下で定義される変動係数 c がよく用いられる．

$$c = \sigma/\mu \qquad (5.7)$$

期待値，分散，変動係数などはいずれも確率変数に対して定まる量である．確率変数 X に対して，定数 a, b を用いて $aX + b$ で表される量もまた確率変数なので，その期待値や分散を考えることができる．$aX + b$ の期待値などは以下となる．

$$E\{aX + b\} = aE\{X\} + b \qquad (5.8)$$

$$V[aX + b] = a^2 V[X] \qquad (5.9)$$

式(5.9)は，確率変数 X の分布がそのままの形で，小さい方または大きい方に b だけ移動しても，分散は変化しないことを示している．なお，分散の単位は着目している変数の2乗であり，標準偏差の単位は着目変数の単位と同じである．

5.2.4　生起率

ここでは，もっぱら時間的に変動する現象への応用を想定し，着目する確率変数 T は時間，例えば自動車の到着間隔や仕事が終了するまでの時間などとする．このとき補分布関数 $H(x)$ は，時刻 x まで着目する事象が生起しない確率である．ここで，時刻 x まで事象が生起し

ていないときに，引き続く a 時間の間に事象が生起する確率を考えてみる．時刻 t まで着目事象が生起しない割合は全体の $H(x)$ である．一方，$\Pr\{t \leq T < t + dt\}$ は全体のうち，時刻 t から時刻 $t + a$ の間に着目事象が生起する確率である．よって，時刻 t まで着目事象が生起していない条件下で，次の a 時間の間に着目事象の生起する確率 $P(t, a)$ は以下となる．

$$P(t, a) = \frac{H(t) - H(t + a)}{H(t)} \qquad (5.10)$$

$a = dt$ として，t を起点とした微小区間を考えると，

$$P(t, dt) = \frac{-H'(t)}{H(t)}\, dt \qquad (5.11)$$

となる．そこで $P(t, dt) = \lambda(t)\, dt$ となる関数 $\lambda(t)$ を考えることができる．$\lambda(t)$ は確率密度関数と同じ次元をもつ．これを生起率とよぶ．$f(t) = -dH(t)/dt$ であるので，式 (5.11) から $\lambda(t)$ は補分布関数 $H(t)$ を用いて

$$\lambda(t) = \frac{f(t)}{H(t)} \qquad (5.12)$$

と表される．逆に $\lambda(t)$ から $H(t)$ は $H(0) = 1$ に注意すると，以下のように求められる．

$$H(t) = \exp\left[-\int_0^t \lambda(u)\, du\right] \qquad (5.13)$$

5.2.5 主要な確率分布

確率的な現象を考察するときに，確率変数の分布を数学的に扱いやすい形で表現することが行われる．このような分布には，固有の名称がつけられている．よく用いられる分布としては，離散量に対しては2項分布，ポアソン分布など，連続量に対しては指数分布，ワイブル分布，ガンマ分布，正規分布などがある．これらは，いずれも簡単な数式で表現され，数学的に扱いやすい性質をもつものである．ここで，このように数学的に扱いやすい分布を用いることの意義であるが，自然現象が厳密にそれに従っているというよりも，(1) 現実のデータ等をまずまず精度よく記述できることが経験的にわかっている，(2) 数学的に扱いやすいので各種の理論検討の助けになる，(3) 定性的にその分布に従うとの説明が可能であるなどの理由から用いる分布が決まってくるものである．どんな理論分布も，細かくみれば自然界の現象と異なっているのは当然である．

a. 離散量の分布

(i) 2項分布

例えば100枚中，当たりくじが3枚のくじ引きがあり，引くたびにくじをもう一度箱に戻すといった場合を考える．このとき，くじ引き1回ごとに当籤する確率は3/100であって，毎回同じである．そこで，10回くじを引くということを何回か繰り返せば，10回中何回くじに当たるかはそのつど異なってくる．このときの，当たりくじの出現する回数の分布を2項分布という．一般的には，試行1回ごとに生起する確率が p の事象が，n 回の独立な試行の中で生起する回数 X の分布として定義される．$B(n, p)$ という記号で表現される．着目事象がちょうど k 回生起する確率は以下である．

$$\Pr\{X = k\} = {}_nC_k p^k (1-p)^{n-k} \qquad (5.14)$$

X の期待値 μ は以下のようにして求められる．

$$\mu = \sum_{k=0}^{n} k\, {}_nC_k p^k (1-p)^{n-k}$$
$$= np \sum_{l=0}^{n-1} {}_{n-1}C_l p^l (1-p)^{(n-1)-l} = np \qquad (5.15)$$

分散については，途中経過は略すが，$np(1-p)$ となる．

(ii) ポアソン分布

単位時間に平均 λ 件発生する事象を考える．ある事象と他の事象の発生には何の関係もないとする．これを独立性という．この事象が時間 t の間に発生する件数の期待値は λt と考えられる．また，Δt の時間を考えると，その間には平均 $\lambda\Delta t$ 件が発生すると考えられる．ここで，時間の刻み Δt をどんどん小さくしていくと，同一の時間区間に複数件の事象が含まれる確率はどんどん小さくなると考えられる (図 5.8)．

一方，単位時間内には $(1/\Delta t)$ 個の時間区間が存在する．そこで，単位時間内に着目事象が生起する回数は $B(1/\Delta t, p)$ に従い，その平均は λ であると考える．2項分布の平均と着目事象の生起確率との関係から，$p = \lambda\Delta t$ であり，$n = 1/\Delta t$ である．これらを式 (5.14) に代入して整理すると，以下を得る．

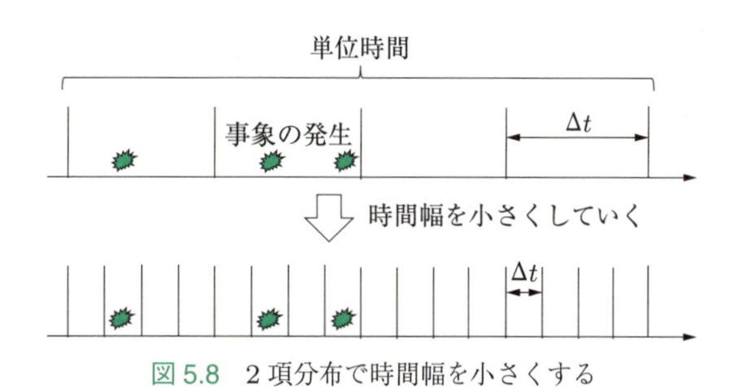

図 5.8 2項分布で時間幅を小さくする

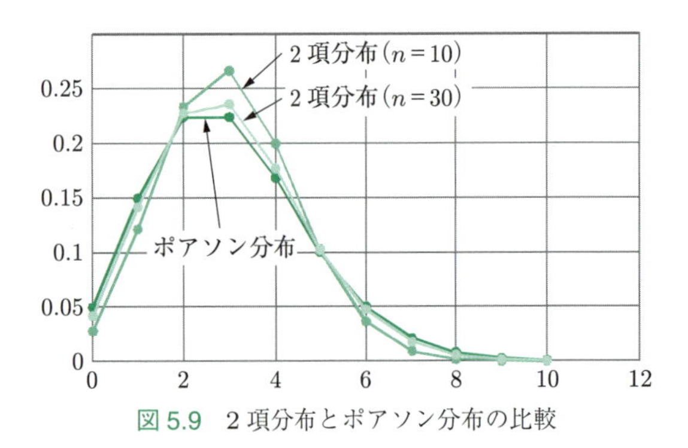

図 5.9　2 項分布とポアソン分布の比較

$$\Pr\{X=k\} = \lim_{n\to\infty} \frac{n!}{k!(n-k)!}\left(\frac{\lambda}{n}\right)^k \left(1-\frac{\lambda}{n}\right)^{n-k}$$
$$= \frac{\lambda^k}{k!}e^{-\lambda} \qquad (5.16)$$

この分布を**ポアソン分布**という．図 5.9 に 2 項分布とポアソン分布の比較を示す．平均を同じにして，n を大きくしていくと，2 項分布はポアソン分布に近づいていく．ポアソン分布は客の到着など相互に関係のない事象の発生数を記述するのに用いられる．

(iii)　分布の再生性

着目事象が確率 p で生起する試行を n 回行ったあと，引き続き m 回行うことを考える．前半の n 回における着目事象の生起数は $B(n,p)$ に従い，後半 m 回は $B(m,p)$ に従う．そして，これらを通算した $(n+m)$ 回の試行における着目事象の発生件数の分布は，以下のようにして求められる．

第 1 回目の着目事象の回数を X，2 回目を Y とし，$n+m$ 回の試行の合計件数を Z とすると，$Z=k$ となる確率は以下となる．

$$\Pr\{Z=k\} = \sum_{i=0}^{k} \Pr\{X=i\}\Pr\{Y=k-i\} \qquad (5.17)$$

一般に，独立な確率変数 X と Y の和 Z を考えるとき，$Z=k$ となる確率は，X と Y の出現回数を同時に考えた確率 $\Pr\{X=i \text{ かつ } Y=j\}$ を考えて，$i+j=k$ となるすべての組合せについてその確率を合計すればよい．式 (5.17) をさらに変形すると以下を得る．Z の分布もやはり 2 項分布となる．

$$\Pr\{Z=k\} = \sum_{i=0}^{k} {}_nC_i \times {}_mC_{k-i}\, p^k(1-p)^{n+m-k}$$
$$= {}_{n+m}C_k\, p^k(1-p)^{n+m-k} \qquad (5.18)$$

このように，ある分布に従う確率変数の和の分布がもとの分布と同じ形になるような性質を，**分布の再生性**という．式 (5.18) は 2 項分布が再生性をもつことを示している．ポアソン分布も再生性をもつ．パラメータ λ_1 および λ_2 のポアソン分布に従う独立な二つの確率変数の和は，パラメータ $\lambda_1+\lambda_2$ のポアソン分布に従う．

b. 連続量の分布

(i)　指数分布

単位時間に平均 λ 件発生する事象がある時間 t に一度も生起しない確率は，パラメータ λt のポアソン分布において $k=0$ となる確率である．その値は $e^{-\lambda t}$ となり，t を変数とすると指数関数になる．**指数分布**とは，着目する事象が生起するまでの時間 T の補分布関数が指数関数になる分布のことである．すなわち，

$$\Pr\{T \geq t\} = H(t) = e^{-\lambda t} \quad (t \geq 0) \qquad (5.19)$$

となる分布である．確率密度関数 $f(t)$ は以下となる．

$$f(t) = \lambda e^{-\lambda t} \quad (t \geq 0) \qquad (5.20)$$

分布を特徴付ける諸量としては，平均は $1/\lambda$，分散は $1/\lambda^2$ である．よって，標準偏差は平均と同じく $1/\lambda$ となり，変動係数は 1 である．また，指数分布の大きな特徴に無記憶性がある．生起率 $\lambda(t)$ は

$$\lambda(t) = \frac{f(t)}{H(t)} = \lambda \qquad (5.21)$$

で時間的に一定である．このことは，着目事象生起後の経過時間にかかわらず，次の事象の生起しやすさに変化がないことを意味している．逆に，生起率が時間的に一定な分布は指数分布であることが示される．

(ii)　ワイブル分布およびガンマ分布

ワイブル分布とガンマ分布はいずれも指数分布の拡張である．指数分布では生起率が時間的に一定であるが，生起率が時間的に変動するものとしたのが**ワイブル分布**である．このことにより，指数分布を含みつつ，より広い形の分布を表現することができる．ただし，生起率が時間的に変動するといっても，時間 t のべきの形に限定したものである．補分布関数，確率密度関数，生起率関数はそれぞれ以下である．

$$H(t) = \exp\left[-\left(\frac{t}{\beta}\right)^{\alpha}\right]$$
$$f(t) = \left(\frac{\alpha t^{\alpha-1}}{\beta^{\alpha}}\right)\exp\left[-\left(\frac{t}{\beta}\right)^{\alpha}\right] \qquad (5.22)$$
$$\lambda(t) = \frac{\alpha t^{\alpha-1}}{\beta^{\alpha}}$$

これに対して**ガンマ分布**は，拡張の方向がワイブル分布とは異なり，指数分布に従う確率変数の複数個の

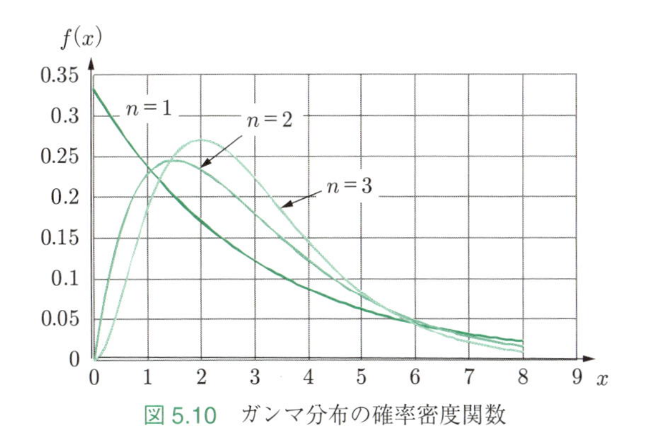

図 5.10 ガンマ分布の確率密度関数

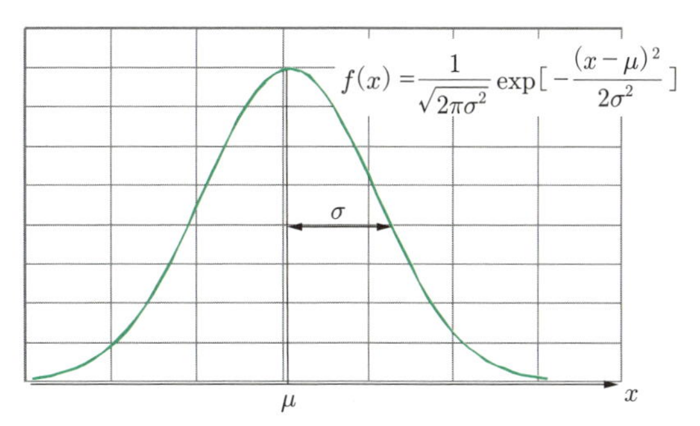

図 5.11 正規分布 (確率密度関数)

和の分布を考えたものである．独立な確率変数の和の分布は，離散量の分布の場合と同様に考えることができる．X の確率密度関数を $f(X)$，Y の確率密度関数を $g(y)$ とするとき，$Z = X + Y$ の確率密度関数 $h(z)$ は，

$$h(z) = \int_{-\infty}^{\infty} f(x)\, g(z-x)\, dx \quad (5.23)$$

となる．これを分布の畳込みといい，確率計算でよく用いられる手法である．ガンマ分布は，指数分布の確率密度関数 $f(x) = \lambda e^{-\lambda x}$ を n 回畳込み積分した関数 $f_n(x)$ として以下のように求められる．

$$f_n(x) = \frac{\lambda^n x^{n-1}}{(n-1)!} e^{-\lambda x} \quad (5.24)$$

これを n 次のアーラン分布という．そして，n を自然数から実数にまで拡張したものがガンマ分布である (図 5.10)．

(iii) 正規分布

独立に同一の分布に従う n 個の確率変数 $\{X_1, X_2, \cdots, X_n\}$ の平均 Z_n，すなわち $Z_n = (X_1 + X_2 + \cdots + X_n)/n$ を考える．Z_n も確率変数であり，その分布は X_i の分布によって決まる．しかし，n を無限大にするとき，Z_n はもともとの分布にかかわらず，同一の分布に従うことが示される．これを中心極限定理といい，収束する先の同一の分布が正規分布である．中心極限定理を根拠として，正規分布は多くの微小な要因が影響して決まってくる特性をよく説明するとされている．例えば動物の体長や植物の葉の寸法などである．正規分布の確率密度関数は以下で与えられる．

$$f(x) = \frac{1}{\sqrt{2\pi\sigma^2}} \exp\left[-\frac{(x-\mu)^2}{2\sigma^2}\right] \quad (5.25)$$

ここで，μ は平均，σ は標準偏差である．

正規分布の確率密度関数を図 5.11 に示す．その形状は，平均 μ を中心として左右対称であり，平均から変曲点までの距離が標準偏差 σ に等しい．

正規分布は再生性をもつ．平均 μ_1，分散 σ_1^2 の正規分布 [以降 $N(\mu_1, \sigma_1^2)$ のように記す] と $N(\mu_2, \sigma_2^2)$ に従う独立な確率変数の和は，$N(\mu_1 + \mu_2, \sigma_1^2 + \sigma_2^2)$ に従う．正規分布において，着目変数がある値 x よりも小さい確率は以下となる．

$$\Pr\{X \leq x\} = \int_{-\infty}^{x} \frac{1}{\sqrt{2\pi\sigma^2}} \exp\left[-\frac{(u-\mu)^2}{2\sigma^2}\right] du \quad (5.26a)$$

$$= \int_{-\infty}^{(x-\mu)/\sigma} \frac{1}{\sqrt{2\pi}} \exp\left(-\frac{u^2}{2}\right) du \quad (5.26b)$$

ここで, 式 (5.26a) から式 (5.26b) へは，$u = (x-\mu)/\sigma$ との置換によっている．式 (5.26b) の被積分関数は，平均 0，標準偏差 1 の正規分布の確率密度関数である．このような正規分布を「標準正規分布」という．式 (5.26) は，任意の平均と標準偏差をもつ正規分布に従う確率変数がある値以下である確率は，標準正規分布から算出されることを意味している．正規分布は，品質管理などでよく用いられる．

5.2 節のまとめ

- **確率変数：出現する前には具体的な値は定まっていないが，どのような値が出やすいかの確率的な法則が与えられている数の集合．**
- **確率過程：時刻に対して確率変数が対応していて時間的に進展する系列の集合．**

- 分布関数：着目する確率変数がある値よりも小さい確率をその確率変数の関数と考えたもの.
- 確率密度関数：着目する確率変数がある微小区間にある確率をその微小区間の長さで除したもの.
- 生起率：ある事象がある時刻まで起きていないとの条件下で，引き続く微小時間に起きる確率密度.
- ポアソン分布：相互に独立に生起する事象が，一定時間に生起する回数の分布.
- 再生性：ある分布に従う独立な確率変数の和の分布が，もとの分布と同じ形の分布に従う性質.

5.3 確率過程の解析とシミュレーションの方法

5.3.1 確率過程

確率的に変動する現象を解析するために，その抽象化が行われる．これが「確率過程」である．客の到着や事故の発生などの事象が，時間的にどのような特徴をもっているかといった，時間的な経過に着目した解析のための概念である．

a. 確率過程の定義

確率変数とはとりうる数値の集合であるが，数値のかわりに時間的な変動の集まりを考えたものが確率過程である．以下のように定義される．

確率過程の定義：時刻の系列 $t_1, t_2, \cdots, t_n$ を考える．各 t_i ごとに確率変数 X_{ti} が対応しているとき，これらの系列 $\{X_{t1}, X_{t2}, \cdots, X_{tn}\}$ の集合を確率過程という．

ここで，$t_1, t_2, \cdots, t_n$ は時刻でなくても，時間の経過の指標となりうるものならば何でもよい．また，連続的に値が変化するものでもよい．確率過程の例として，以下のようなものが挙げられる．

(1) コインを何回も連続して振るとき，出た裏表の系列の集合

　　第 1 の試行列：表，裏，裏，表，$\cdots$
　　第 2 の試行列：裏，裏，表，裏，$\cdots$
　　　　$\vdots$

時間が連続な場合には，以下のようなものを考えることができる．

(2) パンダの赤ちゃんが起きているか眠っているかの，2 つの状態の繰り返しの系列の集合．ここで，パンダが目覚めてから次に眠るまでの時間と，眠っている時間とは，それぞれ何らかの確率分布に従っているものとする．時刻 t における値 X_t を，起きていれば 0，眠っていれば 1 とする．これは，時刻 t において 0 または 1 の値をとる確率過程である．

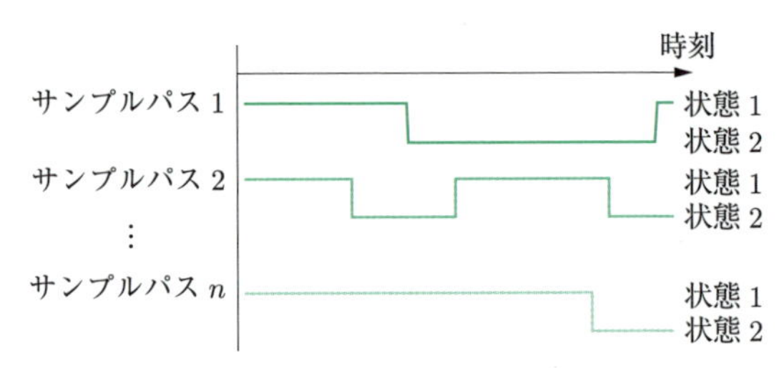

図 5.12　2 状確率過程のサンプルパス

確率過程は実現可能な系列の集合なので，その実現値はサンプルパスとよばれる．(2) のサンプルパスの集合を図示すると図 5.12 のようになる．

b. 確率過程の解析

確率過程の解析の着眼点は，第一はある時点においてどのような値をとるかの確率である．例えば，(1) において 3 回目に表が出る確率はどうかといったものである．(1) においては，何回目であろうが表が出る確率は 2 分の 1 である．一方，(2) においては，ある時刻にパンダの状態をみたときに，目覚めているかどうかの確率ということになる．第二は以前の状態との関連性である．(1) においては，ある回に表が出るかどうかと，その直前に何が出たかには何の関係もない．しかし (2) の場合には関連がある．ほんの少し前に眠りについたような場合，目覚めている確率は小さいであろう．一般に，確率過程の特性は，この二つの面に着目することによって行われる．

ここでは，第一の視点に立った解析の基本的な考え方を，(2) のように時刻は連続であり，時刻に付随する確率変数が離散量であるような確率過程を想定して説明する．このような確率過程においては，時刻 t において値 i をとる確率 $p_i(t)$ に着目する．解析とは，要するに $p_i(t)$ を求めることということができる．

5.3.2 生起過程のモデル化

自動車の到着など，時間的かつ確率的に発生する現象を考察するために，事象の生起について各種のモデル化が行われる．最も基本的なものはポアソン過程とよ

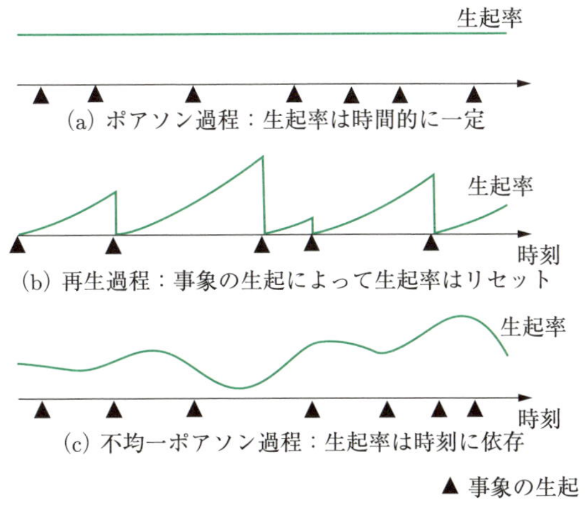

図 5.13 各種の生起過程

ばれるものである．先に説明したポアソン分布は，相互に独立に生起する事象が一定時間に起こる回数の分布であるが，事象の発生が一定時間にとどまらず，どんどん進展していく状況を考える．この模様は，図 5.13(a) のように示される．単位時間あたりの平均発生件数は λ であり，時間 t の間に発生する件数の分布はパラメータ λt のポアソン分布に従う．また，ある事象が起こってから次の事象が起こるまでの時間の分布は平均 $1/\lambda$ の指数分布に従い，事象の生起率は λ である．ポアソン過程は，このように，相互に独立に起こる事象をモデル化したものである．

ポアソン過程を基礎として，各種の拡張が行われる．ここでは，「再生過程」と「不均一ポアソン過程」について簡単に説明する．再生過程とは，事象が生起した後次の事象が生起するまでの時間が何らかの確率分布に従い，それが繰り返されるものである．例えば，電球が故障したら次の電球に取り換えるなどである．最初の電球が故障するまでの時間は何らかの確率分布に従っており，したがって生起率も時間的に変動するが，それが電球の故障によってリセットされる．このような意味で再生過程という．これに対して，不均一ポアソン過程は，生起率そのものが，事象の発生とは無関係に時刻の関数として与えられるものである．例えば，デパートへの客の到着頻度は時刻につれて変化するが，一人一人の客の挙動は相互に無関係である．これらは，事象の生起を記述するモデルとして，ポアソン過程以外でよく使われるものである (図 5.13(b), (c))．

ここで前述の学校の東側道路における自動車の通過過程をみてみよう．まず，到着間隔分布の形状 (図 5.5) からみて，指数分布とは言い難い．よって，ポアソン過程ではない．また，この観測点の 100 m ほど前には

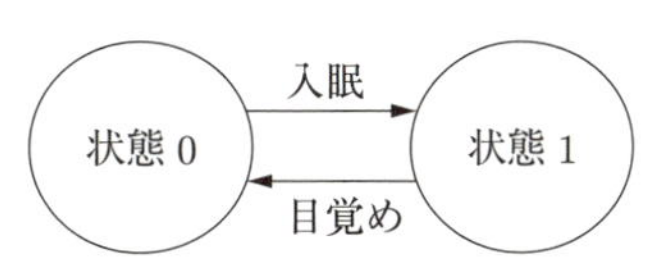

図 5.14 状態遷移 (入眠と覚醒)

信号があって，自動車の動きはそれに左右されるので，挙動は相互に独立ではない．よってマルコフ再生過程ともいえない，などが指摘できる．

5.3.3 マルコフ解析

5.3.1 項で示した (2) の確率過程において $p_i(t)$ を求める手法を考えてみよう．状態は 0 と 1 を繰り返すので，その動きは図 5.14 のように表すことができる．

ここで，目覚めている時間の長さの補分布関数を $H_{\mathrm{U}}(t)$，確率密度関数を $f_{\mathrm{U}}(t)$，生起率関数を $\lambda_{\mathrm{U}}(t)$ とし，眠っている時間のそれを $H_{\mathrm{S}}(t)$, $f_{\mathrm{S}}(t)$ および $\lambda_{\mathrm{S}}(t)$ とする．そして dt を微小な時間間隔として，$p_i(t+dt)$ を $p_i(t)$ で表現することを考える．$i=0$ については以下となる．

$$\begin{aligned}&\Pr\{\text{時刻 } t+dt \text{ で起きている (状態 0)}\}\\ &=\Pr\{\text{時刻 } t \text{ から } t+dt \text{ の間に寝付かない} \mid \text{時刻 } t\\ &\quad\text{に起きている}\}\times\Pr\{\text{時刻 } t \text{ に起きている}\}\\ &\quad+\Pr\{\text{時刻 } t \text{ から } t+dt \text{ の間に目覚める} \mid \text{時刻 } t\\ &\quad\text{に眠っている}\}\times\Pr\{\text{時刻 } t \text{ に眠っている}\}\end{aligned} \tag{5.27}$$

ここで，$\Pr\{$時刻 t から $t+dt$ の間に目覚める $\mid$ 時刻 t に眠っている$\}$ が $\lambda_{\mathrm{S}}(t)\,dt$ であることなどに注意し，状態 1 についても整理すると以下となる．

$$\begin{aligned}p_0(t+dt)&=(1-\lambda_{\mathrm{U}}(u))\,dt\,p_0(t)+\lambda_{\mathrm{S}}(u)\,dt\,p_1(t)\\ p_1(t+dt)&=\lambda_{\mathrm{U}}(u)\,dt\,p_0(t)+(1-\lambda_{\mathrm{S}}(u))\,dt\,p_1(t)\end{aligned} \tag{5.28}$$

式 (5.28) は，時刻 t における状態確率と生起率を用いて時刻 $t+dt$ における状態確率を表したものであるが，時刻を表す変数 t, u は別のものを表している．t はパンダの観察を始めてからの経過時間であるが，u はある状態が始まってからの経過時間である．よって，式 (5.28) は簡単には解析できないが，生起率が時間的に一定と仮定すると以下の微分方程式となる．

$$\begin{aligned}\frac{dp_0(t)}{dt}&=-\lambda_{\mathrm{U}}\,p_0(t)+\lambda_{\mathrm{S}}\,p_1(t)\\ \frac{dp_1(t)}{dx}&=\lambda_{\mathrm{U}}\,p_0(t)-\lambda_{\mathrm{S}}\,p_1(t)\end{aligned} \tag{5.29}$$

生起率が一定であるとは，確率過程を構成している時間の分布が指数分布であるということである．また，

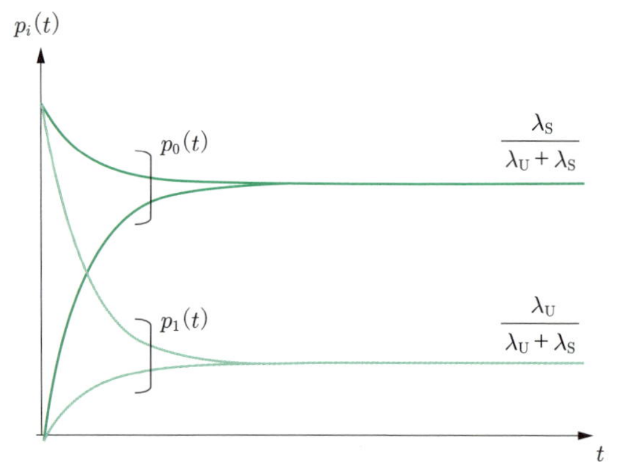

図 5.15　解析結果 (一例)

状態の今後の変化の仕方は，今までの経過に依存しないということでもある．このような確率過程をマルコフ過程といい，その解析手法をマルコフ解析とよぶ．

式 (5.29) は定数係数の線形微分方程式なので解き方は各種ある．図 5.15 に解の一例を示す．状態確率の時間的変化を求めたものなので過渡解とよばれる．

グラフを見ると，t を無限大にしたとき $p_i(t)$ は i によって決まる値に収束していることがわかる．

この収束先の値を「定常確率」という．定常確率は式 (5.30) で $dp_i(t)/dt=0$ とすれば得られる．すなわち，

$$-\lambda_U\,p_0+\lambda_S\,p_1=0$$
$$\lambda_U\,p_0-\lambda_S\,p_1=0 \qquad (5.30)$$

ただし，式 (5.30) は未知数が 2 個であるが，二つの条件式は実質的に同一なので，このままでは解は不定である．上記の条件に，全確率の総和が 1 であるとの条件 $p_0+p_1=1$ (これを「正規化条件」という) を付加することによって $p_0=\lambda_S/(\lambda_S+\lambda_U)$，$p_1=\lambda_U/(\lambda_S+\lambda_U)$ が得られる．ここで，定常確率の意味であるが，$p_0=(1/\lambda_U)/(1/\lambda_U+1/\lambda_S)$ となり，目覚めている時間の平均が $1/\lambda_U$，寝ている時間の平均が $1/\lambda_S$ あるので，全体の時間における起きている時間の割合となる．直観的にも妥当な意味合いである．マルコフ解析は，確率的な現象を解析するための有力な手法である．時間が離散的な場合にはマルコフ連鎖とよばれる．この場合にも，定常確率が上記と同様にして算出される．

5.3.4　待ち行列

待ち行列理論は，窓口の混雑や通信ネットワークにおける輻輳現象などを確率モデルによって解析する手法である．20 世紀初頭にデンマークの電話技師アグナー・アーラン (Agner K. Erlang) によって創設された．マルコフ解析の手法の応用である．まず，基本的なモデルとして窓口が一つの場合 ($M/M/1(\infty)$) を考える．

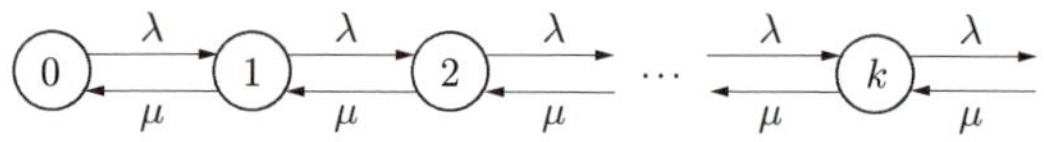

図 5.16　$M/M/1(\infty)$ 状態遷移図

a. 基本モデル ($M/M/1(\infty)$)

窓口が一つあり，客は平均間隔 $1/\lambda$ でランダムに 1 人ずつ到着する．到着隔隔は指数分布に従う．窓口数は 1 でサービス時間は平均 $1/\mu$ の指数分布に従う．サービスは先着順に行われ，他の客がサービス中に到着した客は自分の順番になるまでいつまでも待つ．

サービス中も含めて，その時点で存在する客の数 k $(0\leq k<\infty)$ に着目し，状態をこの k で表す．すると，状態遷移図は図 5.16 となる．

状態確率 $p_k(t)$ に関する方程式は以下となる．

$$\frac{dp_0(t)}{dt}=-\lambda\,p_0(t)+\mu\,p_1(t)$$
$$\frac{dp_k(t)}{dt}=\lambda\,p_{k-1}(t)-(\lambda+\mu)p_k(t)+\mu\,p_{k+1}(t)$$
$$(1\leq k<\infty) \qquad (5.31)$$

式 (5.31) で $dp_k(t)/dt=0$ とし，正規化条件 $p_0+p_1+\cdots=1$ を用いると，定常確率 p_k が以下のように得られる．

$$p_0=1-\frac{\lambda}{\mu}$$
$$p_k=\left(\frac{\lambda}{\mu}\right)^k p_0 \qquad (k\geq 1) \qquad (5.32)$$

定常状態確率から平均系内数 L が以下のようにして求められる．

$$L=\sum_{k=0}^{\infty}kp_k=\frac{\rho}{(1-\rho)^2} \qquad (5.33)$$

ここで平均系内数とは，任意時点における系内数の期待値である．また，平均待ち数 L_q は以下となる．

$$L_q=\sum_{k=1}^{\infty}(k-1)p_k=\frac{\rho^2}{(1-\rho)^2} \qquad (5.34)$$

平均待ち時間は，平均待ち数と平均サービス時間の積で得られる．図 5.17 には平均系内数のグラフを示す．

ここで横軸は $\rho=\lambda/\mu$，すなわち平均サービス時間と平均到着間隔の比である．平均系内数は ρ の増加とともに大きくなっていき，ρ を 1 に近づけた極限では無限大となる．ρ が 1 を超えることは，サービスが終了しないうちに次の客が到着することを意味する．そのような状況では，待ち行列の長さは無限大に発散す

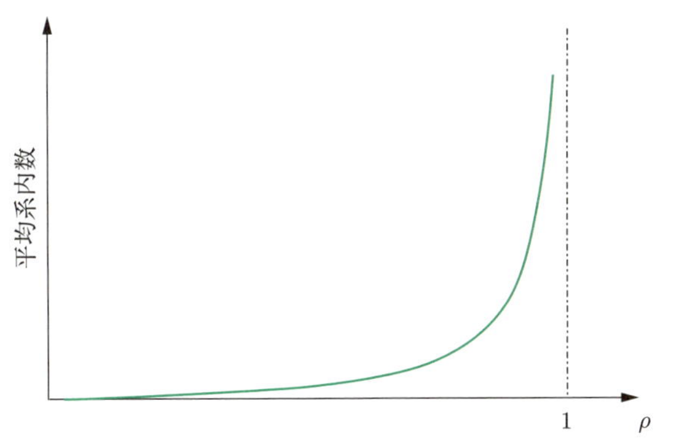

図 5.17 $M/M/1(\infty)$ 平均系内数

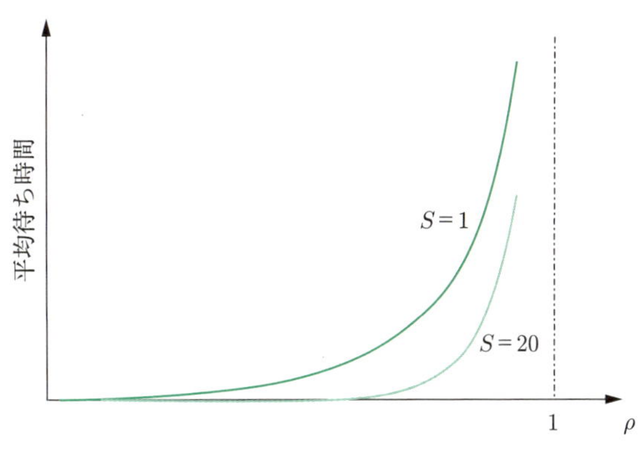

図 5.18 $M/M/S(\infty)$ 平均待ち時間

る．ρ はサービス能力に対してどれだけの客が到着しているかを表しており，トラヒック強度とよばれる．

待ち行列の解析において，過渡確率はどのような場合でも意味をもつが，定常確率は必ず存在するとは限らない．そのような場合には，式 (5.32) のような解析はそもそも意味をもたない．定常確率が存在する条件を平衡条件という．本モデルの場合には，平均サービス時間が平均到着間隔より短いことが平衡条件である．

b. 待ち行列のモデル分類

待ち行列の分野ではさまざまなモデルが解析されている．これらのモデルは，到着間隔の分布，サービス時間の分布，窓口数および待つことのできる人数を基本的な要素として分類され，$M/M/1(\infty)$ のような記法で表現される．最初の M は到着間隔が指数分布に従うことを意味する．指数分布の他には，k 次アーラン分布を E_k，一定間隔の場合を D，特に分布形を仮定せずに一般的に解析する場合を一般分布 G などの記号で表現する．次の M はサービス時間分布を表しており，到着間隔分布と同様の記号が用いられる．また「1」は窓口数を，(　) 内の数は待つことのできる客の数である．このような記号をケンドール (Kendall) の記号とよぶ．

また，これら以外の分類にも，客が 1 人ずつ到着するか集団で到着するか，到着した客は先着順でサービスを受けるかあとで到着した者からサービスを受けるかなどの分類がある．また，待つことのできる人数が 0 の場合を「即時系」，無限大の場合を「待時系」とよぶことがある．即時系は電話回線の接続処理で行われる方式である．

c. 待ち行列の基本的性質

ここでは，多くの待ち行列に共通する性質および代表的な解析法について簡単に紹介する．

(i) 大群化効果

$M/M/1(\infty)$ モデルで窓口数を複数 (S) にしたものを $M/M/S(\infty)$ という．いずれかの窓口に空きが生じたら，先頭で待っている客はその窓口でサービスを受けるものである．$M/M/1(\infty)$ と $M/M/S(\infty)$ の平均待ち数を図 5.18 に示す．

横軸はトラヒック強度であり，S を変化させた場合それに応じて平均サービス時間を調節し，$S\mu$ が一定になるようにしている．S が大きいほど平均待ち時間は短い．これは，窓口のトータルの処理能力が同じでも，窓口数が多ければ，処理時間のばらつきを吸収できるため，待ち時間は短くて済むからである．このような現象は，待時系だけでなく即時系も含めて，待ち行列全般に共通するもので大群化効果とよばれる．

(ii) サービス規律の影響

待時系の待ち行列において，到着した客にどのような順序でサービスするかを「サービス規律」という．先に到着した客からサービスを受ける方式を先着順サービス (first in first out：FIFO)，最後に到着した客が最初にサービスを受ける方式を後着順サービス (last in first out：LIFO) という．サービス規律は待ち時間の公平性に影響する．$M/M/1(\infty)$ を例にとれば，LIFO は FIFO よりも待ち時間の分散が大きい．すなわち，不公平なサービス規律といえる．ただし，ここで分散の意味を吟味する必要がある．FIFO も LIFO も，状態を系内に存在する客の数で表す限り，同一の状態遷移図となる．よって，分散といっても，任意時点の客の数の分散には，違いはない．異なるのは，到着した個々の客からみた待ち時間の分散である．このように，待ち行列の解析においては，誰からみた尺度なのかを明確にしなければ意味がない．

この他に，客を複数のクラスに分類し，クラスごとに優先的にサービスを受けさせる方式があり，優先権のある待ち行列などとよばれる．これらさまざまなサービス規律に従う待ち行列モデルが解析されている．

(iii) 分布形の影響

到着間隔またはサービス時間が指数分布でないときは，モデルはマルコフ過程にならないので，解析は複雑になる．このようなモデルに対してもさまざまな解析手法が考案されているが，分布形が結果にどのような影響を及ぼすかを明らかにすることが，まずは重要である．以下はよく知られている結果である．$M/M/S(0)$ でサービス時間を一般分布とした $M/G/S(0)$ においては，呼損率は分布形に依存しない．一方，客の到着間隔分布を一般分布としたモデル $G/M/S(0)$ においては，呼損率は到着間隔分布に依存する．また，$M/M/1(\infty)$ においてサービス時間を一般分布とした $M/G/1(\infty)$ モデルにおいては，平均待ち時間はサービス時間の分散に依存し，3 次以上のモーメントには依存しない（ヒンチン・ポラチェックの公式[2]）などである．解析やシミュレーションにおいては，このような基本的な性質の理解の上で実施することが重要である．

5.3.5 信頼性工学

信頼性工学は，故障しにくい装置やシステムなどを効率的に実現することを目的とする技術である．第二次大戦前後には主に米国においてレーダー，電子計算機あるいは旅客機などの故障や事故の多発が大きな問題となっていた．そして，このような問題に対応する技術はどうあるべきかが議論され，確率・統計の手法を応用した技術体系の構築が提案された．確率の手法を用いることで，いつ起こるかわからない故障を定量的に扱うことが可能になる．定量的に扱うことにより，目標値の設定と対策の比較が可能になり，故障しにくいシステムを経済的に実現するための手段を明らかにすることができる．

a. 信頼性工学の主要な概念

(i) 故障と故障状態

部品，装置，システムなど信頼性の考察の対象を**アイテム** (item) とよぶ．あらゆるアイテムは，何らかの機能を発揮することを求められている．電球であれば，所定の電圧をかけると所定の明るさで点灯するなどである．この求められる機能が発揮されなくなることを**故障**という．また，求められる機能が発揮できない状態を**故障状態**という．信頼性工学では，求められる機能を介して，**信頼性** (reliability) という概念を「アイテムが与えられた条件で要求された機能を果たすことのできる性質」と定義している[1]．そして，どの程度確実に機能を発揮できるかを定量化する尺度として**信頼度** (reliability) や**稼働率** (availability) などがある．信頼度とはある時間故障が一度も発生しない確率であり，いったん故障したらもう使用されないようなアイテムに対して使われる尺度である．稼働率とは故障していない状態の時間の占める割合であり，故障しても修理して繰り返し使用される場合に使われる．

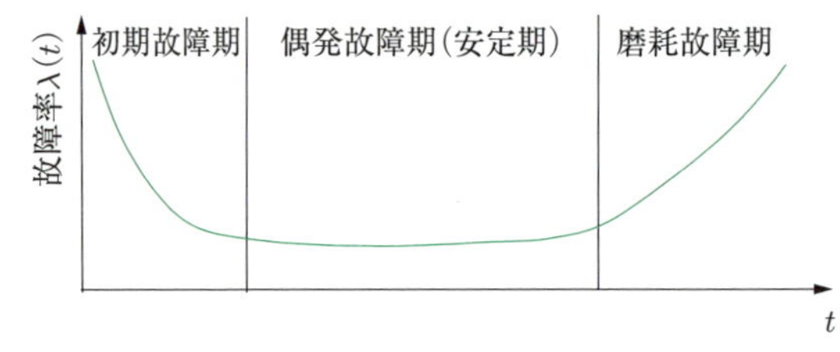

図 5.19　バスタブ曲線

(ii) 寿命および関連する概念

同一の型式の製品であっても，故障するまでの時間がまちまちであることは経験上頷けることである．そこで，信頼性工学では，故障するまでの時間を**寿命**といい確率変数として扱う．よって寿命 T の確率密度関数 $f(t)$ および補分布関数 $H(t)$ を考えることができる．$H(t)$ は特に**信頼度関数**とよばれ，$R(t)$ と表される．寿命の分布として，指数分布，ワイブル分布，ガンマ分布，正規分布，対数正規分布などがよく使われる．寿命の期待値を**平均寿命** (mean time between failure：MTBF) とよぶ．

故障の生起率を**故障率**とよぶ．「ある時点まで動作してきたアイテムが引き続く単位時間内に故障を起こす割合」[1]) である．多くの部品や装置では，故障率の時間的変化は図 5.19 のような経過となることが知られている．使用開始初期には生産過程での不具合が故障として発現することが多いが，それは時間とともに減少していく．その後故障率が時間的に一定な安定期に入るが，どのような製品も最終的には故障を免れることはできず，故障率が時間とともに増加する段階となる．その形状から**バスタブ曲線**ともよばれる．

b. 信頼性工学の主要な技術

信頼性工学の主な目的は，開発する装置やシステムの将来の信頼度を予測することである．そのために信頼度の推定と信頼度の算出の二つが主要な技術となる．

(i) 信頼度の推定

信頼性の検討を行うには，寿命分布の形や分布のパラメータの値を想定することが必要である．通常，これらは信頼性試験などのデータから推定される．これらのデータは，母集団からのサンプルと考えることができる．一般に，母集団の性質に関する量を**母数**といい，サンプルから算出される量を**統計量**という．推定とは，サンプルから統計量を求め，それに基づいて母数に関する何らかの判断を行うことである．

信頼性に関する推定には，寿命等の分布形の推定と，母数の値の推定とがある．分布形の推定については寿命データを，想定する分布形に対応した**確率紙**とよばれるグラフ用紙にプロットしてその当てはまり具合をみる方法がある．また，母数の推定については，最尤法，モーメント法など各種の方法がある．これらの詳細については，本書の他の節を参照してほしい．

信頼性工学でよく使われる言葉に「時間と数の壁」というものがある．一般に統計的推定においては，データ数が少ないほどその推定精度は悪いが，信頼性の場合，推定に十分な数のデータを得ることがそもそも困難な場合が多い．よって，設計などの各種判断はパラメータの推定精度が悪いことを前提として行わざるをえない．そのためには，後述するシステム信頼度の算出結果なども，単純に最終的な値にのみ着目するのではなく，各種条件を変化させた結果を比較検討する，あるいは対象とする技術分野に固有な知見を援用するなど，総合的な判断が重要になる．

(ii) 信頼度の評価技術

多くの要素からなり，全体としてまとまった機能を発揮しているものをシステムという．要素の信頼性とシステムの信頼性を関連付け，定量的な評価を行うのがシステム信頼性理論である．このとき用いられるのが信頼性ブロックの表現方法である．要素が機能を発揮している状態を**アップ状態**，そうでない状態を**ダウン状態**という．図 5.20 のように要素を長方形のシンボルで表現し，システムをその組合せで表現する．システムがアップとは，左から右へ少なくとも 1 本の経路が存在することである．

図 5.20(a) は直列系といい，すべての要素がアップのときに限りシステムがアップであるシステムである．図 5.20(b) は並列系といい，少なくとも一つの要素がアップならばシステムとしてアップとなるシステムである．これらの構成以外にも，同種の要素 n 個で構成し，そのうち k 個以上がアップならばシステムとしてアップであるような構成もある．システム信頼性の解析は，どのような冗長構成がコスト的および信頼性上も妥当なものかを判断するために行われる．

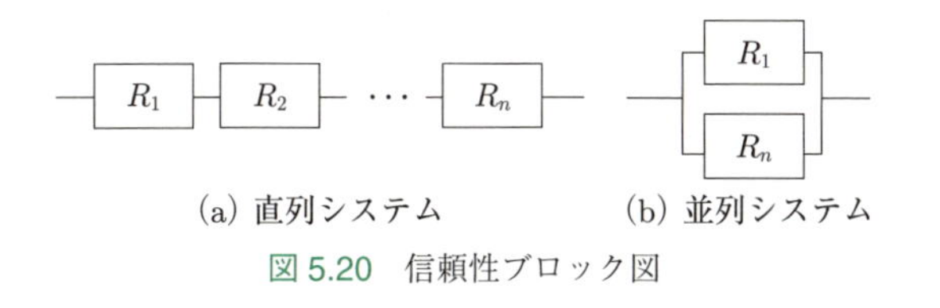

図 5.20 信頼性ブロック図

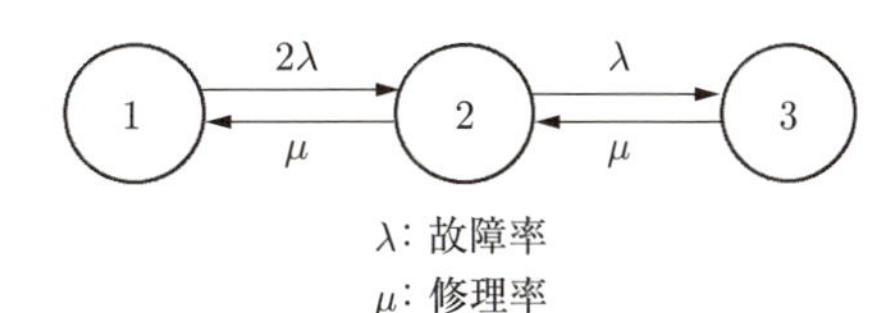

図 5.21 2 重化システムの状態遷移図．λ：故障率，μ：修理率．

要素の信頼度を $p_1, p_2, \cdots, p_n$ とすると，直列システムの信頼度 R_s はこれらの積となる．

$$R_s = \prod_{i=1}^{n} p_i \tag{5.35}$$

また並列系の信頼度 R_p は以下となる．

$$R_p = 1 - \prod_{i=1}^{n} (1 - p_i) \tag{5.36}$$

上記の解析は，時間を止めてその瞬間の信頼度を算出したに過ぎないが，時間の経過とともにシステム信頼度がどのように変化していくかも重要である．このような解析に関して，「非修理系」と「修理系」という概念がある．非修理系の解析においては，式 (5.35) などにおいて，p_i，のかわりに $R_i(t)$ を用いればよい．一方，修理系の解析には，マルコフ解析が用いられる．単一ユニットからなるシステムの挙動は，図 5.12 に示した，パンダの入眠と覚醒のモデルと同様になる．また，同一のユニット 2 個からなる並列システムは「2 重化システム」とよばれるが，図 5.21 のような状態遷移図で表現される．

ここで，λ はユニットの故障率，$1/\mu$ は平均修理時間である．

5.3.6 シミュレーション

設計のために確率現象を解析しようとしても，多くの場合問題は非常に複雑である．よって，単純なモデルを想定しての理論解析だけでは，十分な結果を得ることが難しい．このような場合にはシミュレーションが行われる．

a. シミュレーションとは

シミュレーションとは，解析対象の挙動を別の物理現象で代用させて，本来の対象の特性を明らかにしようとする分析方法である．一例として，物体の放物運動を説明するのに，ホースで放水することを考える．ボールのような固体と水とでは細かくみれば運動の従う法則は異なるが，ホースから出た水を，放物運動をする物体とおおむね同様とみなせば，ホースでの放水の模様の観察は放物運動を理解するのに役に立つ．この場合，運動の軌跡を目で把握できるという利点がある．

ここで，「他の物理現象」としては，近年は計算機の発達により，シミュレーションとは計算機を利用した問題解析であるともいえる状況である．

ここで，計算機の仕組み，すなわち，計算機を使って解くとはどういうことかについて復習しておこう．計算機の機能とは，煎じ詰めれば，記憶領域に記憶された内容を，更新し保持することといえる．

これを踏まえ，一例として微分方程式 $dy/dt = ay$ を計算機によって数値的に解くことを考えてみよう．前記の方程式は，よく知られているように $y = ce^{at}$ が解である．これを数値的に解析するには，まず初期値 $t = 0$ のとき $y = 1$ などから出発する．そして，時間を小さく刻んで，$\Delta t = 0.01$ などとする．時刻 0 のときは $y = 1$ なので，微分係数は a $(= ay)$ である．よって，時刻 $t = \Delta t$ における y は

$$y(0 + \Delta t) = y(0) + a\Delta t + \theta \qquad (5.37)$$

であるが，最後の項 (θ) は微小な誤差で無視しうるとすれば，$y(0 + 0.01) = y(0) + 0.01a$ となるので，この $y(0.01)$ を，先ほどの y を記憶していた記憶領域に書き込む．そして $t = 2\Delta t$ における y の値を同様に求めて，先ほどの記憶領域に書き込むといったことを繰り返していく．$y(t)$ は必要に応じて，出力してもよいし，計算機内に保持していてもよい．

このように，時間を小さく刻み，その間の現象の進展を時間の経過に合わせて逐次更新する方法が多く使われている．**離散シミュレーション**といわれる．

$M/M/1(\infty)$ 待ち行列モデルにおいて，客の数が時間を追ってどのように変化していくかのシミュレーションは以下のようになる．最初にモデルを記述するパラメータ (到着率 λ，サービス率 μ) を入力する．次に時間の刻み Δt を定める．時刻 0 に客の数は 0 とし，この値を計算機の所定の領域に記憶する．ここで，次の Δt 時間における事象の生起を計算機で模擬する．Δt 時間に生起しうる事象は，新規の客の到着が $\lambda\Delta t$ の確率で，サービス終了が確率 $\mu\Delta t$ で生起する．そこで，計算機内で 0 から 1 まで均等に分布する確率変数 (「一様乱数」という) を発生させて，その値が $\lambda\Delta t$ より小さければ新規客が到着，$\mu\Delta t$ よりも小さければサービス終了とする．それに合わせて，客の数を保持している記憶領域の数値を $+1$ または -1 する．併せて時刻を Δt だけ更新する．このプロセスを繰り返せば，系内数が時々刻々変化していく様子を模擬することができる (図 5.22)．

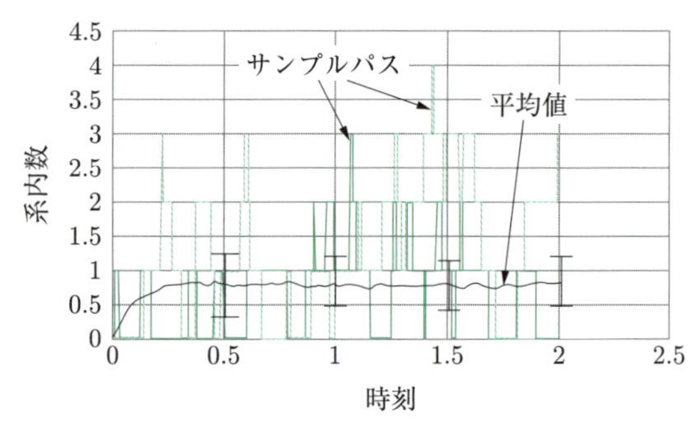

図 5.22　$M/M/S(\infty)$ シミュレーション

以上は，時間を離散化して現象を追跡するものであったが，最初に説明した方法で，状態確率が従う微分方程式を数値的に解けば，手計算では困難な過渡確率を数値的に求めることもできる．さらに，複雑なシステムにおいては，要素のアップダウンを所定の確率で生成し，その結果からシステムのアップダウンを判定することを回数多く繰り返して，平均をとることで，システム信頼性を求めたりすることもできる．

ここで，確率的な現象を計算機内で再現する際に重要な働きをするものとして，一様乱数がある．その発生について，さまざまな方法が研究されている．また，信頼性のようにまれにしか発生しない現象 (故障) と比較的短時間で進行する現象 (修理) が混在したようなシステムは，離散化した時間の経過を追跡するだけでは非常に無駄な操作を費やすことになるので，時間の経過ではなく，鍵となる事象 (この場合は故障) の発生時刻をあらかじめ計算機内で生成し，その時点まで現象の模擬をスキップする方法 (**イベントドリブン**という) もある．また，災害時の人間の避難行動のように，計算機内で一定の判断力をもった主体の行動を模擬する方法 (**エージェント型シミュレーション**という) もある．

確率現象のシミュレーションにおける結果は，シミュレーションを行うたびに異なる．これはちょうど，母集団からサンプルを取り出すのと同等である．そこで，シミュレーションの精度を把握するために，結果の標準偏差などが求められる．結果が数値で得られる場合には，n 回のシミュレーションで得られた結果を $\{x_1, x_2, \cdots, x_n\}$ とすると，標準偏差は $\sigma = \sqrt{\sum(x_i - \overline{x})^2/(n-1)}$ である．また，結果がアップかダウンのように 2 値で得られるものについては，2 項

分布に従う確率変数のサンプリングと考えて標準偏差を求めればよい．図 5.22 は $M/M/S(\infty)$ シミュレーションにおいて，サンプルパス 2 本と，1000 回行った場合の平均を示している．この平均に対して，標準偏差を求めてグラフ上へ併記している．このようにして，シミュレーションの精度が把握される．

5.3 節のまとめ

- マルコフ過程：状態間の遷移率が時間的に一定な確率過程．
- 定常確率の求め方：マルコフ過程の状態確率に関する微分方程式で，確率の時間的変化率を 0 とするとともに，確率の総和が 1 との条件から求める．
- 信頼性の定義：アイテムが求められる機能を所定の条件下で発揮できる程度．
- 離散シミュレーション：時間の進行を小さな時間間隔に刻み，その時点間の推移を計算機上で模擬することで行うシミュレーション．

5.4 設計の実際と今後の課題

5.4.1 設計の実際と最近の状況

確率現象の解析は最終的には，情報システムの設計や災害時の対応の決定など，広い意味の意思決定に反映される．現実の意思決定においては，単にモデルの解析にとどまらないさまざまな考慮が必要となってくる．

第一は設計などを行う際の一連の手順の体系化である．例として，電話ネットワークにおける回線数の更新業務[3] を取り上げる．電話ネットワークは膨大な回線から構成されており，回線数は通信の需要を反映して決められる．通常は年 1 回程度，回線数の更新を行う．このとき用いる基本モデルは $M/M/S(0)$ 待ち行列であり，通信の生起率 λ と平均通話時間 $1/\mu$ を与えれば，呼損率が求められる．これを現実の業務に適用する際の手順はおおむね，次年度の需要予測，所定の算出式での回線数算出，設計後の確認といった流れであり，その前提として呼損率目標値の設定がある．現実に大きな問題となるのは，目標値の設定と需要の予測である．呼損はなければそれに越したことはないので，ユーザに意見を聞いても適切な目標値の決定は難しい．そこで，過去の運用実績の維持などさまざまな要因の考慮が必要になる．また，需要の予測については，その定義と測定法の明確化が重要である．対象が確率的に変動するものだからである．具体的には，電話の需要が最も多い時間帯である午前 10 時台の通信量を 1 年間 365 日分並べ，多い方から 15 番目の値としている．さらに，なるべく少ない労力で測定するべく，トラヒック測定方法と誤差の理論が整備されている．

第二は，総合的な判断である．これは，新しく開発するシステムの検討の際特に重要になる．冒頭に述べた，ATM システムにおいて暗証番号をカードに記録するかどうか，あるいはコンピュータにおける処理の順序を FIFO にするか LIFO にするかなどである．このような場合にも，想定する処理方式などについて，解析やシミュレーションによって特性が検討され，望ましいものが決定される．このとき目的は方式の比較であり，前提条件の精密さを過度に追求する必要はない．そのかわり，前提条件は不確かななりに，多くの条件での解析を比較し，どの要因の影響が大きいか等を明らかにする作業（「感度解析」などという）が重要になる．このような検討は，現在ますます重要になってきている．各種コンピュータシステム，ネットワークシステム，IP 電話などの品質制御方式の開発時に必須の検討事項となっている．さらに，確率現象の解析あるいはシミュレーションは，現在その範囲を拡大しており，需要や発電量が確率的に変動する再生エネルギーシステムの信頼性あるいは，災害避難などの人間行動を考慮した社会システムの設計なども重要な課題になっている．このように対象となるシステムが複雑化する中で，簡単な理論モデルの解析では追いつかなくなっている．よって，シミュレーションが多く行われる．ではシミュレーションが万能かというとそうともいえない．

5.4.2 確率的現象を設計するということ

理論解析にしてもシミュレーションにしても，確率現象をモデル化して解析し，その結果に基づいて何らかの意思決定を行うという方法論である．この方法論自体に対して，以下のように懐疑的見方をすることもできる．まず確率現象とは，図 5.22 のシミュレーション結果が示すように，本質的に変動の大きいものである．このように変動の大きいものを解析して得られる結果とはいったい何かを常に意識する必要がある．また，モデル化においては捨象される部分もある，その捨象された部分がシステムの性能に大きな影響を及ぼすかもしれない．さらに，特に人間行動のシミュレーションなどでは，動作を決定する基本メカニズムが明らかでない．このような状況での解析やシミュレーションの信憑性をどのようにみるかといった問題もある．そして，解析やシミュレーションの最終結果が何らかの意思決定にあるところ，多くのパラメータのどれが結果に影響を及ぼしているかを判別することが必要になるが，この分析には多くの解析例の蓄積が必要となる．

では，この方法論は無力になりつつあるかというとそうでもない．以下のような意義がある．第一にモデルは定量化の道具である．定量化することによって，目標値の設定が可能になり，各種意思決定の効果の比較が可能となる．その結果経済的な，あるいは全体としてバランスのとれた設計が可能となる．第二に，モデルは認識の道具である．設計で現実に左右できる要因が，システムの目的としている性能にどのように影響するかを認識するうえで役に立つものである．これにより，各種対策の効果を把握することが可能になる．結果をビジュアルにまとめることができれば，さらに意義は大きい．このような特長を生かしつつ，現実の問題に対処するには，些末な要因にかかわらない本質を突いたモデル化，複数の解析結果を比較した総合判断，他のシミュレーションモデルとの結果の突合せ，膨大な解析結果の中から大きな影響を与える要因を抽出する技術の開発がますます重要となる．

5.4.3　設計の主体は誰か

最後に，システム設計の今後の課題として，設計主体の多様化を指摘しておきたい．現在の工学システムは，ただ一人の意思決定主体によって全体の構築が完結することはまれである．遠隔会議などを例にとれば，遠隔会議を実現するアプリケーションシステム，情報を伝送する通信ネットワーク，エネルギーを供給する電力ネットワークなど多くの構築主体が関与している．遠隔会議システムの総合的な使い勝手は，これらシステムの総合力である．このような場合，各構築主体は何を目標にしてシステムを設計すればいいのだろうか?このような関係は今後ますます複雑化する．さらに，遠隔手術システムなど，通信ネットワークの故障がアプリケーション側の利用者に大きな危険を及ぼすようなことも考えられる．

このような場合，アプリケーション側では，利用しているシステムの故障までも考慮したシステム設計をするのが一つの解であるが，それとともに，複数のシステムの性能や信頼性のあり方に関する社会的合意を醸成していくことが今後の大きな課題であろう．

5.4 節のまとめ

- システム設計の実際：手順の体系化と標準化および，総合的な判断が重要．
- 確率現象を設計することへの懐疑：元来変動の大きな現象に対して，精緻な解析やシミュレーションをすることにどれ程の意義があるか懐疑的な見方もできる．
- モデル化の意義：変動の大きな現象に対しても，モデル化することで対象システムの特性を浮き彫りにし，全体としてバランスのとれたシステムの実現に役立つという意義がある．

5.5　お わ り に

本章では，待ち行列と信頼性への応用を中心に，確率的に動作するシステムの解析手法の基礎的な事項を解説した．本章の内容は確率論の基礎な概念から説明している．これを足掛かりにさらに学習を進めていってほしい．

参 考 文 献

[1] 信頼性規格整合化推進委員会：JIS Z 8115 ディペンダビリティ (信頼性) 用語，日本工業標準調査会審議，2000 年 10 月改正 (日本規格協会，2000).
工業上の主要な概念の使用方法を標準化するために，技術用語についての JIS が発行されている．本書は信頼性用語についてまとめている．
[2] 藤木正也，雁部頴一：通信トラヒック理論 (丸善，1980).

通信ネットワークへの応用を想定して，待ち行列理論の成果が集大成された書籍．もっと勉強したい人向け．
[3] 浅谷耕一 編著：通信ネットワークの品質設計 (電子情報通信学会，1993)．
現在通信ネットワークといえばインターネットに代表されるパケット通信が主流であるが，通信ネットワークの根源的理解には回線交換ネットワークの理解が不可欠である．本書は回線交換ネットワークの性能と品質の基礎についてまとめている．

6. モンテカルロ法とデータサイエンス

6.1 はじめに

平面上に一定の間隔で引かれた平行線上に針を落として，落とした針と平行線の交わる回数を測定することで円周率 π を求める問題をビュフォンの針の問題という[*1]．針を落とす行為と落とした針が平行線と交わるかどうかはランダムに決定する．針が平行線と交差する確率が円周率 π を用いて表されるため，円周率 π は平行線と交差する確率から求めることができる．このように，ランダムな試行を繰り返すことで確率や積分の値を求める手法をモンテカルロ法という．実際に針を落とし平行線と交差するかどうかの判定を繰り返し実験することは困難だが，コンピュータによる反復計算でその実験を再構成できる．ビュフォンの針の実験のような不確実性を伴う現象や，例えば金融データ解析における株価や為替レート，不動産価格などの確率的な変動を伴う価格に対して，その現象を説明できる確率モデルを用意することができれば，知りたい現象の確率や将来価格の予測などのさまざまな指標をモンテカルロ法による数値実験から計算できる．

現在，モンテカルロ法はさまざまな分野で応用されているが，モンテカルロ法は元来，核物質内における中性子のふるまいを計算するために考案された．マンハッタン計画で原子爆弾開発に従事した後，ロスアラモスで水爆の開発に関わっていたウラム (S.M. Ulam) は，1946 年ウイルス性脳炎で病床中に，キャンフィールド・ソリティアを最後まで終わらせる割合がどれくらいになるか考えた[1]．カードの初期配置の組合せが膨大になるので，すべての可能な組合せからソリティアを解ける割合を計算することは困難だが，何度かゲームを繰り返して，解くことができた割合を計算することで近似的な解が得られることに気付いた．このアイデアを拡張すれば，核物質内の中性子の拡散現象の解明やさまざまな数理物理学の問題にも応用できることに気付き，そのことをジョン・フォン・ノイマンに相談した．フォン・ノイマンは，ペンシルベニア大学で開発中の電子計算機・ENIAC に関わっていた．フォン・ノイマンらは，計算機で乱数をつくり出す方法や決定論的問題を確率モデルに変形する方法を考案し，モンテカルロ法の基礎付けを行った．現在メトロポリス法とよばれるアルゴリズムは，1953 年に発表された方法で，20 世紀の科学と工学の発展に偉大な貢献をした 10 のアルゴリズムの一つとして *Computing in Science and Engineering* 誌[2] に紹介されている[*2]．

モンテカルロ法は「統計物理学」や「統計力学」では，液体や気体中の粒子のふるまいや，細かい固体粒子である粉体の混合物の解析などに適用されている．「数学」では定積分・重積分の計算，極値の決定，連立方程式の解法，常微分・偏微分方程式の解法，複雑な形状の図形の面積の値を求める問題などに適用できる．統計科学においては，ベイズ統計学やブートストラップ法として知られる，標本データの複製を利用する統計解析手法として広く用いられている．機械学習における最適化計算のアルゴリズムにおいてもモンテカルロ法が利用されていて，確率的勾配法や，「遺伝的アルゴリズム」などさまざまな最適解の解法アルゴリズムが提案されている．経営工学や OR などの分野では，マーケティング，プロジェクトマネジメントをはじめ待ち行列や在庫量問題などに応用され，金融工学では金融派生商品価格の評価や市場・信用リスク評価に不可欠な手法である．ほかにも交通工学，半導体工学，通信工学，信頼性工学などの領域で幅広く用いられている．

モンテカルロ法は「確率論的問題」と「決定論的問題」に大きく分けることができる．確率論的問題とは，確率過程とよばれる確率的に起きる現象を，乱数を繰り返し発生させることで，確率現象の全体を生起し，その確率過程の標本経路を統計処理することにより，興味のある特性値を推定する方法である．本章では，株

[*1] フランスの博物学者・哲学者ジョルジュ・ルイ・ルクレール (Georges Louis Leclerc, Comte de Buffon (1707–1788)) が 1777 年に発表した問題．

[*2] 他の 9 個は，線形計画の単体法 (シンプレックス法)，クリロフ部分空間法，行列分解に関するさまざまな取組み，QR 法，クイックソート，高速フーリエ変換，整数関係検出のためのアルゴリズム，高速多重極アルゴリズム (FMA)，フォートラン・コンパイラである．

価の確率過程を乱数を用いて発生し，金融派生商品であるオプション価格を求める方法に適用した．確率過程を擬似的に発生することで，現象の推移・経過を追跡したり，システムの挙動を感覚的に理解したりすることができる．

決定論的問題とは，積分や微分方程式の解など理論上は解析的に解くことができるが，式が複雑になり解を得ることが困難な場合や，多変数関数の積分や微分方程式において，高次元になり計算量が多くなる場合に，それらの問題を確率モデルに置き換える方法である．ランダムサンプリングによる積分手法を**モンテカルロ積分**といい，本章では，金融リスクの推定問題に適用した．モンテカルロ積分では，与えられる問題の確率モデル化に工夫が必要だが，特に高次元・多変量の積分問題では有力な計算手段である．

モンテカルロ法の手順を単純に示すと，「確率システムの作成」,「乱数の生成」,「解の推定」の3段階の手続きを踏む．実際に起こる現象を確率モデルで記述する際，その確率的な変動特性を正確に記述しようと試みると一般に簡単な数理システムで表現することができない．一方，複雑な確率モデルを用いた分析は，その解析が複雑になる．分析に使用する確率モデルをどのように設計するのかが重要な問題である．一度，確率システムを同定すれば，後は乱数を生成してそのシステムの挙動をあまねく調べる．得られる特性値は，乱数を用いたシミュレーションによる数値なので毎回異なる値が得られる．最終的な解は，得られた特性値に統計処理を施して求める．このとき，得られた解の特性を評価するために「誤差の推定」を行う．特性値のばらつきを制御し，解の精度を高める必要があるため，その特性値の誤差あるいは精度がいかばかりなのか評価する必要があるからだ．誤差や精度の評価によっては，シミュレーションの効率化を図ることによって，精度のよい解を得ることができるかもしれない．モンテカルロ法の効率化の工夫には「分散減少法」や「準乱数」によるサンプリング等の手法がある．確率システムが複雑になると，シミュレーションによって一つのモンテカルロ解を計算するのに膨大な時間が必要になることも考えられる．このとき計算機環境の有効活用のための並列化計算の取組みが必要になる．

6.2　ビュフォンの針

本節では，モンテカルロ法の手順をビュフォンの針の数値実験を通して具体的に示す．確率的な試行によって生じるすべての実験結果の集合を標本空間といい Ω で表す．標本空間 Ω の部分集合を事象 A とよぶ．最初に**幾何的確率**と**統計的確率**を定義しておこう．

定義 6-1 (幾何的確率)　Ω が区間や領域をなす場合，その区間や領域での試行は一様に起きると仮定するとき，事象 A の確率を $P(A)=|A|/|\Omega|$ で定める．ここで $|A|$ は領域 A の大きさを表す．このように定める確率を**幾何的確率**という．

定義 6-2 (統計的確率)　確率的な試行を N 回行うとし，N 回の試行のうち事象 A の起こる回数を $f_{A,N}$ とする．このとき N を大きくすると A の相対頻度 $f_{A,N}/N$ が一定の値に収束するとき，事象 A の確率を $P(A)=\lim_{N\to\infty}(f_{A,N}/N)$ と定める．これを**統計的確率**という．

ビュフォンの針の問題とは，平面上に多数の平行線を等間隔 a で引き，その上に長さ l $(l<a)$ の針をランダムに落としたとき，針と平行線が交わる確率から円周率 π を求める問題である．針を線分とみなし，その中点Pから，その最短距離にある平行線へ下ろした垂線の足をQとし，線分PQの長さを x とする．針と直線のなす角度を θ とおくと，針の位置は，(θ,x) で定まる．線分PQの長さ x は最小が0，最大で $a/2$ である．線分の長さ x は区間 $[0,a/2]$ からランダムに一点を選択すればよい．このような確率変数を区間 $[0,a/2]$ 上の**一様分布**に従う確率変数とよび，$X\sim U[0,a/2]$ と表記しよう．同様に，針と平行線のなす角 θ は区間 $[0,\pi]$ 上の一様分布に従う確率変数をサンプリングすればよい．ここで，x と θ の標本空間を Ω とすれば，$\Omega=\{(x,\theta)|x\in[0,a/2]$ かつ $\theta\in[0,\pi]\}$ となる．(x,θ) の取りうる値の集合を $[0,a/2]$ と $[0,\pi]$ の直積といい，$\Omega=[0,a/2]\times[0,\pi]$ と表す．針をランダムに投げることを計算機上で行うことは，領域 Ω から1点 $(x,\theta)\in\Omega$ をランダムに選ぶことに相当する．また，針が直線と交わるということは，x と θ が以下を満たすことと同値である．

$$0\le x\le\frac{l}{2}\sin\theta\quad(0\le\theta\le\pi)$$

事象 A を次のように定める．

$$A=\left\{(x,\theta)\in\Omega|0\le x\le\frac{l}{2}\sin\theta,\ 0\le\theta\le\pi\right\}$$

このとき求める確率 p は次のようになる．

$$p=\frac{|A|}{|\Omega|},\quad \text{ただし}\quad |\Omega|=\frac{\pi a}{2}$$

また

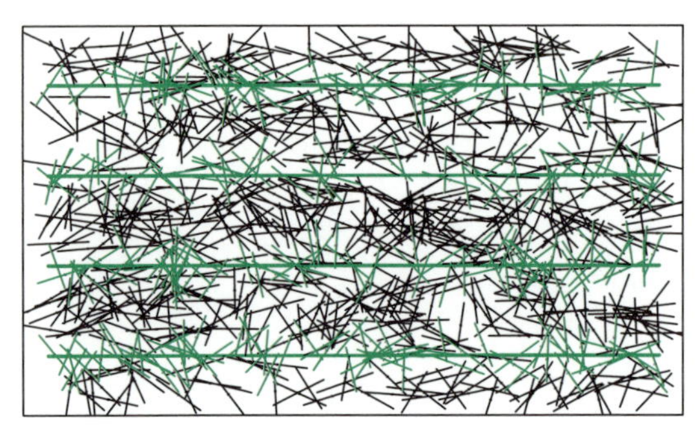

図 6.1　ビュフォンの針のシミュレーション例

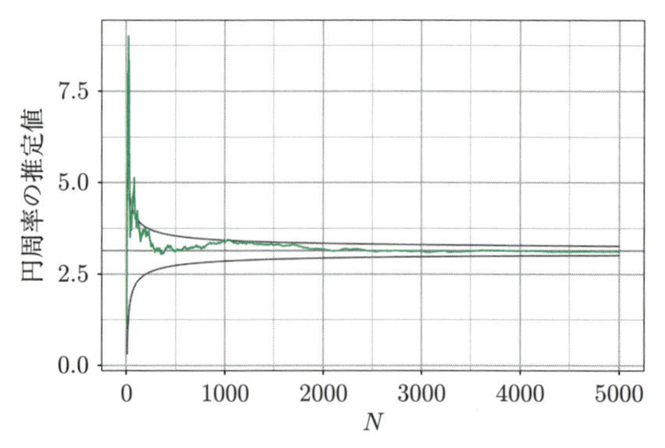

図 6.2　π への収束の様子．推定値の上下の曲線は π の 95% 信頼区間の上限と下限を示している．

$$|A| = \int_0^{\pi} \frac{l}{2} \sin\theta \, d\theta = l$$

である．したがって，

$$p = \frac{l}{(\pi a)/2} = \frac{2l}{\pi a}$$

となり，π について解けば，$\pi = 2l/pa$ を得る．実際に N 回針を投げたとき，r 回針が平行線を交わったとする．この標本比率を $\hat{p} = r/N$ と表すと，円周率 π の推定値は $\hat{\pi} = 2l/(a\hat{p})$ である．これでシミュレーションによる解を求めることができた．

図 6.1 は，平行線の間隔を 2，針の長さを 1 としたときに，1000 回針を落としたときのシミュレーション結果である．緑の針は平行線と交わっていることを表し，その本数は $r = 301$ であり，円周率の推定値は $\hat{\pi} = 3.322$ であった．

図 6.2 は，$N = 5000$ までの各試行回数における円周率の推定値の推移をグラフに表したものである．試行回数が増えるにつれて得られる円周率 π の推定値は真の値に近づいていく様子が確認できる．これは，針と平行線が交差する統計的確率が幾何的確率に収束していることを示している．試行回数が増えると興味の対象の真値に近づくことを大数の法則という．

ビュフォンの針の実験に現れる $\hat{p} = r/N$ を真の確率 p に対する標本比率という．後述する中心極限定理により，標本数 N を大きくすれば，標本比率の確率分布は平均 p，標準偏差 $\sqrt{p(1-p)/N}$ をもつ正規分布に分布収束する．標本比率の標本分布の標準偏差のことを標準誤差といい，推定精度のばらつきを示す指標である．この場合，標準誤差は $\sqrt{p(1-p)/N}$ である．真の確率 p が小さくなるほどばらつきは小さくなってしまうので，ビュフォンの針の実験では，p を小さくとれば分散が 0 になってしまい，信頼区間を構成することができない．一般的に確率に対する誤差の指標には，次のような相対誤差を用いればよい．

$$R_p = \frac{1}{p} \frac{\sqrt{\mathrm{Var}(\hat{p})}}{\sqrt{N}} = \frac{\sqrt{p(1-p)}}{\sqrt{Np}} = \sqrt{\frac{1-p}{Np}}$$

これより実験の相対誤差を小さくするためには，p を大きくなるようにすればよい．平行線と針が交わる確率は $p = 2l/\pi a$ で与えられ，針の長さは平行線の間隔よりも短い必要があるので $(l < a)$，相対誤差が小さくなるように p をなるべく大きくするためには，針の長さ l はなるべく平行線の間隔と同じようにすればよいことがわかる．

6.2 節のまとめ

- 乱数を利用して，確率や積分の値を求めることをモンテカルロ法という．
- 確率モデルの設計が適切に行われ，かつ用いる乱数の個数を多くすれば，大数の法則から求めたい真値へ収束する．
- モンテカルロ計算の精度は，中心極限定理を用いることで信頼区間を構成することができ，誤差の評価が可能となる．

6.3 確率モデルの作成

データサイエンスとは，分析対象となる膨大な情報からデータ解析を通して，新たな価値を創造したり，得られた知見をビジネスやIT戦略に利用する一連の取組みのことをいう．このような取組みによって，新しいビジネスの可能性や市場の開拓，経営の効率性を高めたり，企業競争力の向上につながることが期待できる．金融データに関しても，膨大な取引データが蓄積されているため，データマイニング手法などを応用したデータ分析が研究されている．

本節では，数理・計量ファイナンスの分野におけるモンテカルロ法の利用を説明するために必要な「確率モデル」を定義するための基礎と，解析の対象となるモンテカルロ積分について説明する．具体的な事例として，確率的に変動する不確実な現象として株価を例に説明する．

6.3.1 株価収益率の分析

時刻 t の金融資産価格を P_t とすると，時刻 $t-1$ から時刻 t にかけての資産価格変化率 R_t は

$$R_t = \frac{P_t - P_{t-1}}{P_{t-1}} = \frac{P_t}{P_{t-1}} - 1$$

となる．この R_t を単純収益率とよぶことにする．小さな x の値に対して，$\exp(x) \approx 1 + x$ の近似が成り立つことに注意すれば，次の表現が得られる．

$$\exp(R_t) \approx 1 + R_t = \frac{P_t}{P_{t-1}}$$

資産価格比の対数をとった，対数収益率 r_t を次のように定義しよう．

$$r_t = \log\left(\frac{P_t}{P_{t-1}}\right) = \log P_t - \log P_{t-1}$$

対数収益率は，対数資産価格の差分であり資産価格変化率を表す．対数収益率を使うことにより，多期間収益率を簡単に表すことができる．すなわち k 期間の対数収益率 $r_t^{(k)}$ は，1期間対数収益率の和で表現できる．

$$\begin{aligned} r_t^{(k)} &= \log\left(\frac{P_{t+k}}{P_t}\right) \\ &= \log\left(\frac{P_{t+k}}{P_{t+k-1}} \frac{P_{t+k-1}}{P_{t+k-2}} \cdots \frac{P_{t+1}}{P_t}\right) \\ &= r_{t+k} + \cdots + r_{t+1} \end{aligned}$$

これより，対数収益率の時系列が観測できれば，現時点 t の金融資産 P_t を用いて，将来時点 $t+k$ の金融資産価格は

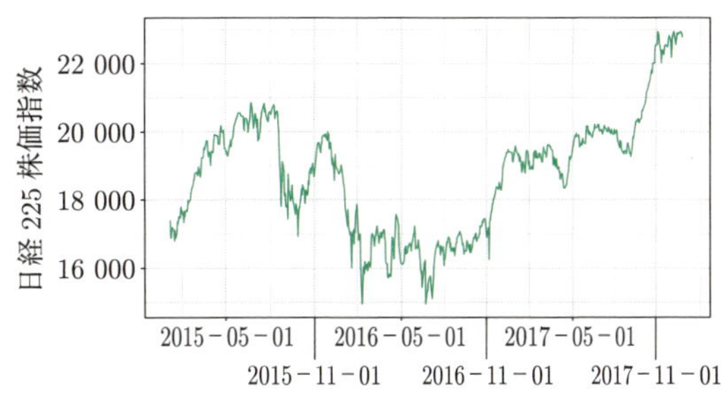

図 6.3　日経 225 株価指数の時系列プロット

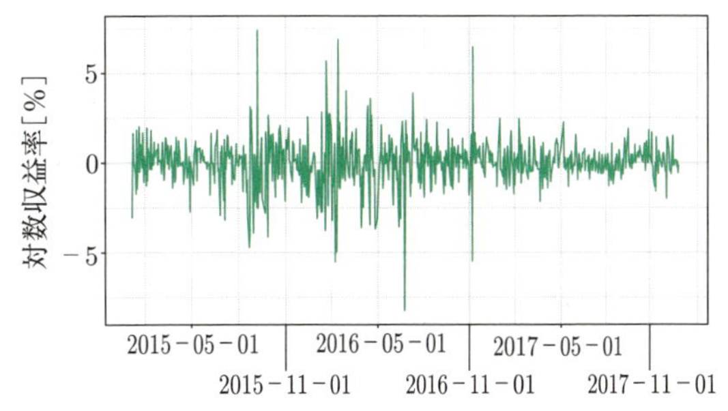

図 6.4　日経 225 株価指数の対数収益率の時系列プロット

$$P_{t+k} = P_t \exp\left(\sum_{j=1}^{k} r_{t+j}\right)$$

と表すことができる．1期間対数収益率の和で異なる時点の資産価格を表現できることから，金融資産価格の分析には対数収益率を用いることが通常である．この性質は，次節以降で扱う，金融資産価格の価格変動のリスク評価や金融派生商品（デリバティブ）の価格付けに利用される．

図 6.3 は，2015年1月4日から2017年12月29日までの日経 225 株価指数の時系列のプロットである．日経 225 株価指数の対数収益率のプロットを図 6.4 に示した．株価変動に伴う金融リスク評価や，デリバティブの評価のモンテカルロ法は，対数収益率の変動を忠実に記述する確率モデルを定義する必要がある．そのために $\{r_t\}$ が従う確率分布を考察してみよう．

6.3.2 確率変数・確率密度関数・期待値

株価収益率 r_t は実数上に値をとる確率変数 X の実現値が観測されたものと考える．そこで，連続型の確率変数 X の確率的特性を定義しよう．

定義 6-3（確率分布関数） 確率変数 X の分布関数を $F(x)$ と表し，$x \in \mathbb{R}$ に対して $F(x) = P(X \leq x)$ と定義する．

確率分布関数は，非減少関数で次の性質をもつ．

(1) $F(-\infty) = \lim_{x \to -\infty} F(x) = 0$.

(2) $F(\infty) = \lim_{x \to \infty} F(x) = 1$.

(3) $x_1 < x_2$ となるような任意の $x_1, x_2 \in \mathbb{R}$ に対して，$F(x_1) \leq F(x_2)$ である．

定義 6-4 (連続型確率変数) 確率変数 X が分布関数 $F(x)$ をもち，X の取りうる値が領域 $\mathbb{R}$ に対して連続であるとき，X を連続型の確率変数という．

分布関数 $F(x)$ が微分可能ならば，その導関数 $F'(x) = f(x)$ を用いて分布関数は次のように定義できる．

$$F(x) = \int_{-\infty}^{x} f(s)\, ds$$

$f(x)$ のことを確率変数 X の確率密度関数といい，$F(x)$ が確率分布関数の性質を満たすために次の性質をもつ．

(1) $x \in \mathbb{R}$ に対して $f(x) \geq 0$ である．

(2) $\displaystyle\int_{-\infty}^{\infty} f(x)\, dx = 1$ を満たす．

確率変数 X の特性値である平均，分散，標準偏差について定義しよう．これらの数値指標は確率変数 X の分布特性を知るのに欠かせない．

定義 6-5 (連続型確率変数 X の期待値) 連続型確率変数 X の期待値 $E(X)$ を次のように定義する．

$$E(X) = \int_{-\infty}^{\infty} x f(x)\, dx$$

定義 6-6 (連続型確率変数 X の変換 $h(X)$ の期待値) 連続型確率変数 X の変換 $h(X)$ の期待値 $E[h(X)]$ を次のように定義する．

$$E[h(X)] = \int_{-\infty}^{\infty} h(x)\, f(x)\, dx$$

確率変数 X の平均を $\mu = E(X)$ とし，分散を $\mathrm{Var}(X) = \sigma_X^2 = E[(X-\mu)^2]$ と定義する．分散に対する変換 $h(x)$ は $h(x) = (x-\mu)^2$ である．分散の平方根の正値を標準偏差という．金融データ解析では，収益率 r_t の標準偏差は一般に**ボラティリティ**とよばれ，将来の収益率変動の不確実性を表すリスク尺度として重要な指標である．

$h(x) = (x-\mu)^3/\sigma^3$ とすると，確率変数 X の非対称性の指標である**歪度** (skewness) β_1 が得られ，$h(x) = (x-\mu)^4/\sigma^4$ とすると，分布の尖り具合，あるいは裾の厚さとして知られる**尖度** (kurtosis) β_2 の指標を得ることができる[*3]．平均，分散 (標準偏差)，歪度，尖度は確率変数 X の分布特性を示す重要な指標である．確率モデルとしてよく利用される正規分布は次の密度関数で表される．

$$f(x;\mu,\sigma) = \frac{1}{\sqrt{2\pi}\sigma} \exp\left[-\frac{1}{2\sigma^2}(x-\mu)^2\right]$$

確率変数 X が平均 μ，分散 σ^2 の正規分布に従うとき，$X \sim N(\mu, \sigma^2)$ と表す．特に，$\mu = 0$, $\sigma^2 = 1$ に基準化した正規分布を標準正規分布という．正規分布の平均，分散，歪度，尖度はそれぞれ，$E(X) = \mu$, $\mathrm{Var}(X) = E[(X-\mu)^2] = \sigma^2$, $E\left[(X-\mu)^3/\sigma^3\right] = \beta_1 = 0$, $E\left[(X-\mu)^4/\sigma^4\right] = \beta_2 = 3$ である．正規分布の特徴は分布の中心を表すパラメータ μ と平均からのばらつきを示すパラメータ σ によって特徴づけられる．正規分布のパラメータを $\boldsymbol{\theta} = (\mu, \sigma^2)^\top$ と表記する．一般にパラメータベクトル $\boldsymbol{\theta}$ は未知であるため，標本データから推定する必要がある．

次に正規分布では考慮されない非対称性や裾の厚さを取り扱えるような一般的なクラスの確率分布を紹介しよう．パラメータ $\boldsymbol{\theta} = (\mu, \sigma, \lambda, \delta)^\top$ をもつ sinh–arcsinh 分布の尺度変換 (transformation of scale) の確率密度関数は次のように定義される[*4]．

$$f_{SA}(x;\mu,\sigma,\lambda,\delta) = \frac{\delta C(r((x-\mu)/\sigma;\lambda);\delta)}{\sqrt{2\pi[1 + r((x-\mu)/\sigma;\lambda)^2]}} \times \exp\left[-S(r((x-\mu)/\sigma;\lambda);\delta)^2/2\right]$$

ここで，$S(x;\delta) = \sinh[\delta \sinh^{-1}(x)]$, $C(x;\delta) = (1 + S(x;\delta)^2)^{1/2}$ である．また $a_\lambda = 1 - e^{-\lambda^2}$ として，$r(x)$ を次のように定義する．

$$r(x) = \frac{\lambda x + a_\lambda - a_\lambda\sqrt{(\lambda x + a_\lambda)^2 + 1 - a_\lambda^2}}{\lambda(1 - a_\lambda^2)}$$

確率変数 X がパラメータ $\boldsymbol{\theta} = (\mu, \sigma, \lambda, \delta)^\top$ をもつ sinh–arcsinh 分布の尺度変換に従うとき，$X \sim TS_{SA}(\boldsymbol{\theta})$ と表そう．

[*3] ここでは平均からの偏差の中心モーメントを説明している，一般のモーメントは確率変数 X の $E(X^l)$ を l 次モーメントという．

[*4] sinh–arcsinh 分布については文献 [3] を，尺度変換の確率分布については文献 [4] を参照すること．

6.3.3 資産収益率分布のアノマリー

2015 年 1 月 4 日から 2017 年 12 月 29 日までの日経 225 株価指数の対数収益率のヒストグラムを図 6.5 で表した．図 6.5 の二つの曲線は，資産収益率の確率分布が正規分布に従うと仮定し，その平均と分散を観測された収益率データの標本平均と標本分散を用いて推定した正規分布の密度関数と，標本データから推定したパラメータ値で評価した sinh–arcsinh 分布の尺度変換の密度関数である．正規分布，sinh–arcsinh 分布の尺度変換における μ，σ はそれぞれ，確率分布の中心とばらつきを表すパラメータで，sinh–arcsinh 分布の尺度変換の λ，ν はそれぞれ，分布の歪度と尖度を調整するパラメータである．この分布のモーメントの計算は，特殊関数で表現される複雑な数式で表されるため，その特徴量の計算には数値計算に頼らざるをえない．一般に，パラメータは未知であるから，標本データを用いて推定する．最尤法により推定したパラメータは次のとおり：

$$\hat{\boldsymbol{\theta}}_N^{(ML)} = (0.0365, 1.3233^2)^\top$$
$$\hat{\boldsymbol{\theta}}_{TS_{SA}}^{(ML)} = (0.1105, 0.4056, -0.2846, 0.5437)^\top$$

表 6.1 には標本データの 4 次までのモーメントの推定値と最尤法により推定したパラメータを用いた正規分布と sinh–arcsinh 分布の尺度変換の 4 次までのモーメントの推定値をまとめた．この分析から明らかなように，株価の資産収益率の確率分布には次のアノマリーが知られている．

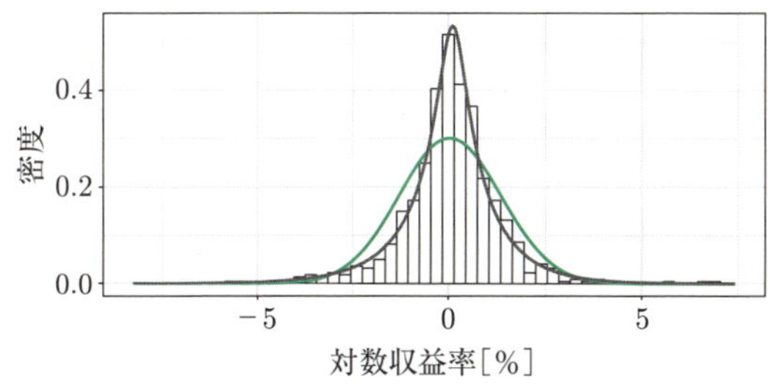

図 6.5　対数収益率のヒストグラムと正規分布，sinh–arcsinh 分布の尺度変換の当てはめ

表 6.1　標本モーメントと推定した確率分布のモーメントの比較

	$\hat{\mu}$	$\hat{\sigma}$	$\hat{\beta}_1$	$\hat{\beta}_2$
標本	0.036	1.323	−0.207	9.494
N	0.036	1.323	0	3
TS_{SA}	0.034	1.298	−0.329	7.118

(1) 資産収益率分布は対称ではなく，わずかに左にゆがむ．
(2) 正規分布の裾の確率に比べて，両側の裾確率が厚い．また，正規分布に比べて平均まわりのピークが高い．

6.3.4 モンテカルロ積分

モンテカルロ積分とは，確率変数 X の変換の期待値

$$E[h(X)] = \int_{-\infty}^{\infty} h(x)\, f(x)\, dx$$

の計算が困難，あるいは解析的に解くことができない場合に，密度関数 $f(x)$ から独立な N 個の乱数 $(x_1, \cdots, x_N)$ を生成して，

$$I = E[h(X)] = \int_{-\infty}^{\infty} h(x)\, f(x)\, dx \approx \frac{1}{N}\sum_{i=1}^{N} h(X_i) =: \hat{I}_N$$

により積分を近似する手法である．ここでは 1 次元の積分を考えたが，多変数の積分にも拡張できる．モンテカルロ法の精度評価のために大数の強法則と中心極限定理を紹介しよう[*5]．

定理 6-1（大数の強法則）　独立同分布に従う確率変数列 $\{h(X_i)\}_{i=1,\cdots,N}$ が $E(|h(X_1)|) < \infty$ を満たすとき，$N \to \infty$ とすれば $\hat{I}_N = \sum_{i=1}^{N} h(X_i)$ は $I_N = E[h(X_1)]$ に概収束する．ここで $\hat{I}_N$ が I に概収束するとは，$P\left(\lim_{N\to\infty} I_N = I\right) = 1$ が成り立つことをいい，

$$\hat{I}_N \xrightarrow[\text{a.s.}]{} I$$

と表す．

定理 6-2（中心極限定理）　独立同分布に従う確率変数列 $\{h(X_i)\}_{i=1,\cdots,N}$ が $E(h(X_1)^2) < \infty$ を満たすとき，$N \to \infty$ とすれば，モンテカルロ積分の誤差 $(\hat{I}_N - I)$ は正規分布に分布収束する．すなわち

$$\sqrt{N}\left(\hat{I}_N - I\right) \xrightarrow[d]{} N(0, \sigma_I^2)$$

が成り立つ．ここで $\sigma_I^2 = E\left[(\hat{I}_N - I)^2\right]$ はモンテカルロ積分の分散で，確率変数列 $\{X_N\}$ が確率変数 X に分布収束するとは

*5 証明は，数理統計学の教科書 [5] などを参考にすること．

$$\lim_{N\to\infty} P(X_N \leq x) = P(X \leq x)$$

が成立することをいい，$X_n \underset{d}{\longrightarrow} X$ と表す．

中心極限定理を用いれば，積分 I の $100(1-\alpha)$%の信頼区間を次のように構成することができる．

$$\left[\hat{I}_N - \frac{\hat{\sigma}_I}{\sqrt{N}} z_{1-\alpha/2},\ \hat{I}_N + \frac{\hat{\sigma}_I}{\sqrt{N}} z_{1-\alpha/2}\right]$$

ここで，$z_{1-\alpha/2}$ は標準正規分布の $100(1-\alpha/2)$%点で，$\hat{I}_N$ の分散 σ_I^2 は未知であるから，モンテカルロ積分から次のように計算する．

$$\hat{\sigma}_1^2 = \frac{1}{N}\sum_{i=1}^{N}(h(X_i) - \hat{I}_N)^2$$

これより，モンテカルロ法の収束の速さは適当な定数 C を用いて $O(C \cdot N^{-1/2})$ であることがわかる．得られている解の精度より 1 桁精度のよい解を得るには 100 倍の計算量が必要となることから，モンテカルロ法の収束は速いとはいえない．

この節では，金融資産収益率の確率モデル (数理モデル) を説明した．正規分布，sinh–arcsinh 分布の尺度変換を紹介して，実際のデータと確率モデルによる適合の差異を示した．確率モデルの特性値や興味のある指標は，期待値計算により求めることが可能だが，変換 $h(x)$ や密度関数 $f(x)$ が複雑になると，x が 1 次元の場合でも積分計算がたいへん困難になることは容易に想像できる．このような場合にモンテカルロ積分は非常に有益である．次節では，モンテカルロ法のステップ 2，乱数の生成を説明する．

6.3 節のまとめ

- **確率的実験，統計的実験において，取りうる値がランダムな性質をもつものを確率変数という．確率変数の特徴づけは，確率分布関数や，離散型の確率分布においては確率関数，連続型の場合は確率密度関数によって，取りうる値の確率的な性質が明らかになる．**
- **確率変数の特徴量には，平均，分散等のモーメントが代表的な指標である．モーメント計算は積分による求積が必要となるが，モンテカルロ積分による計算も有効である．また，確率分布はパラメータによって特徴づけられる．一般にパラメータの値は未知なのでデータから推定しなければならない．**
- **金融資産の収益率の確率分布は，正規分布には従わず，左にゆがんだ裾の厚い分布になることが知られている．**

6.4 乱数生成

与えられた確率分布から乱数を生成させることをサンプリング (sampling) とよび，得られた乱数をサンプルとよぶことにする．確率分布から乱数を発生させる一般的な方法には，逆関数法や棄却法などがある．本章の冒頭で紹介したメトロポリス法は，サンプリングの手法である．また棄却法はフォン・ノイマンの功績である．

6.4.1 逆関数法

連続型の確率変数 X が分布関数 F をもち，分布関数 F の逆関数を F^{-1} で表す．この確率変数 X は区間 $(0,1)$ 上の一様乱数 $U \sim U(0,1)$ を生成し，$X \sim F^{-1}(U)$ から生成することができる．例えば，パラメータ λ をもつ指数分布に従う確率変数は $X = \ln(U)/\lambda$ から生成することができるし[*6]，パラメータ λ，a をもつワイブル分布は，$X = [-\ln(U)]^{1/a}/\lambda$ から生成することができる[*7]．一般に，分布関数 F の逆関数を陽に表現することができるような分布は限られているので，sinh–arcsinh 分布の尺度変換のような複雑な確率分布に対して適用することは困難である．

6.4.2 棄却法

連続型の確率変数 X が確率密度関数 f をもつとき，$f(x)$ を完全に上から被せるような関数 $g(x)$ を用意する，すなわちすべての x に対して $g(x)$ は $g(x) \geq f(x)$ を満たす．この関数 $g(x)$ は全区間の面積が 1 より大きくなるので，確率密度関数ではない．

[*6] 尺度母数 $\lambda > 0$ をもつ指数分布の確率分布関数は $F(x) = 1 - e^{-\lambda x}$，$x \geq 0$ である．

[*7] 尺度母数 $\lambda > 0$ と形状母数 $a > 0$ をもつワイブル分布の確率分布関数は $F(x) = 1 - e^{-(\lambda x)^a}$ である．

$$c = \int_{-\infty}^{\infty} g(x)\,dx \geq \int_{-\infty}^{\infty} f(x)dx = 1$$

一方，$c < \infty$ とすると，$h(x) = g(x)/c$ は密度関数である．これより棄却法のアルゴリズムは以下の手順で与えられる．

(1) $h(x)$ に従う確率変数 Y を生成する．

(2) 区間 $(0, 1)$ 上の一様乱数を U を生成する．

(3) $U \leq f(Y)/g(Y)$ なら，$X = Y$ とし，それ以外なら手順 (1) に戻る．

このようにして得られる確率変数 X は確率密度関数 f をもつ．この方法の問題点は，確率変数 Y を容易に生成することが可能な関数 $g(x)$ の選択にある．棄却率を小さくするためには，定数 c が 1 に近い値になればよい．このことはなるべく f と似ているように g を選択することを示唆している．

6.4.3 重点サンプリング

確率密度関数 f をもつ確率変数 X の変換 $h(X)$ の期待値を求めることを考える．

$$E_f[h(X)] = \int_{-\infty}^{\infty} h(x)\,f(x)\,dx$$

ここで別の確率密度関数 $g(x)$ を用意すれば，上式は $f(x)$ とは別の測度 $g(x)$ を用いて次のように表すことができる．

$$\begin{aligned} E_f[h(X)] &= \int_{-\infty}^{\infty} h(x)\,f(x)\,dx \\ &= \int_{-\infty}^{\infty} h(x)\frac{f(x)}{g(x)}\,g(x)\,dx \\ &= E_g\left[h(X)\frac{f(X)}{g(X)}\right] \end{aligned}$$

この関係式より，確率密度関数 $g(x)$ に従う確率変数をサンプリングし，$h(X)f(X)/g(X)$ の期待値を求めれば，求めたい $h(X)$ の期待値が得られる．

重点サンプリングの分散は，$h(x) > 0$ と仮定すれば，

$$\mathrm{Var}_g\left[h(X)\frac{f(X)}{g(X)}\right] = \int_{-\infty}^{\infty} \frac{h(x)^2 f(x)^2}{g(x)}\,dx - E_f[h(X)]^2$$

となるため，重点分布に $g(x) = h(x)\,f(x)/E_f[h(X)]$ を用いれば，分散を 0 にすることができる．分散を 0 にするような重点分布 $g(x)$ の選択は，未知の値 $E_f[h(X)]$ を含むため現実的には困難だが，$g(x)$ の選択として，$|h(x)f(x)|$ をよく近似するような分布を選択することは可能である．ただし，

$$|h(x)\,f(x)| \Big/ \int_{-\infty}^{\infty} h(x)\,f(x)\,dx$$

からのサンプリングが容易にできることも求められる．

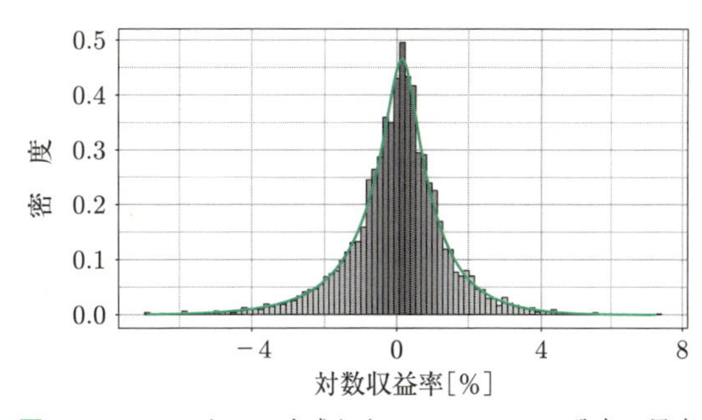

図 6.6　SIR によって生成した sinh–arcsinh 分布の尺度変換の $N = 10\,000$ 個のサンプルのヒストグラムと密度関数の重ね合わせ．重点分布 $g(x)$ には正規分布を用いた．

6.4.4 重点サンプリングからのサンプリング法 (SIR)

重点サンプリングを利用したサンプリング手法に SIR (sampling importance resampling) がある．SIR のアルゴリズムは次のとおり．

(1) $g(x)$ から無作為抽出で標本 $x_1, \cdots, x_N$ を得る．

(2) 重点荷重 $w_i = f(x_i)/g(x_i)$ を計算する．

(3) 荷重を和が 1 になるように正規化する．

$$q_i = w_i \Big/ \sum_j w_j$$

(4) 標本 y_i は $\{x_1, \cdots, x_N\}$ から確率 q_i で再抽出する．

このようにして得られた標本 $(y_1, \cdots, y_N)$ は密度関数 $f(x)$ をもつ．

図 6.6 は最尤法により推定したパラメータ推定値をもつ sinh–arcsinh 分布の尺度変換から生成した $N = 10\,000$ のサンプルと対応する密度関数のプロットである．

本節では，モンテカルロ法の基礎となる乱数生成について説明した．次節では，モンテカルロ法の金融リスク管理の手法への応用として市場リスクの評価と，金融派生商品の価格付けの問題を説明する．ここで扱う事象は，確率的にまれな事象として知られるため，通常のモンテカルロ法では精度のよい解が得られないことを説明する．そのために必要なサンプリングの工夫について紹介する．

6.4 節のまとめ

- 所望の確率分布から乱数を生成することをサンプリングという．
- 想定する確率分布によって，サンプリング手法は異なる．逆関数法，棄却法，重点サンプリングによる乱数生成法を紹介した．

6.5 市場リスクの推定

金融市場で取引される資産価格の下落に伴うリスクを市場リスクという．国際的なトレーディングを行う銀行や金融機関に対して，金融システムの安定化と銀行の健全性の強化を目的としたバーゼル II, 2.5, III 規制といった国際的な銀行規制の取決めがある．2007 年に起きた，サブプライムローンの不良債権化に関連する損失によって銀行やその他金融機関の資産の毀損による損失が連鎖的・累積的に発生した金融危機は，バーゼル II 規制の限界と脆弱性を明らかにした．この教訓から，金融市場の規制と適切なリスク管理の必要性が求められるようになる．そこでは，市場リスクを計測する尺度として，バリュー・アット・リスク (VaR)，ストレス VaR，期待ショートフォール (ES) を用いたリスク管理が推奨されている．バーゼル III 規制では，内部モデル評価による市場リスク指標が VaR から ES を用いることで合意された．99%水準の VaR を用いるかわりにバーゼル III では，97.5%水準の ES を推奨している．これらの指標はテールリスクとして知られ，確率的にまれな事象を用いたリスク尺度である．ここでいうまれな事象とは確率的には小さな事象だが，引き起こされる影響は膨大な事柄をさす．本節では，VaR，ストレス VaR, ES の定義と，モンテカルロ法によるその計算方法を紹介する．まれな事象のリスク評価が興味の対象であることから，通常のモンテカルロ法では無駄が生じる．そのための計算の工夫について紹介する．

6.5.1 バリュー・アット・リスク (VaR) と期待ショートフォール (ES)

定義 6-7 (バリュー・アット・リスク (VaR))　信頼水準 $100(1-\alpha)$%のバリュー・アット・リスク (VaR) は資産収益率 $\{X_t\}$ が VaR 水準を超える確率が α となる最大の x の値として定義される．

$$\mathrm{VaR}_{1-\alpha} = -\inf\{x | F_X(x) \geq \alpha\}$$

すなわち，確率変数 X の累積分布が α となる x の値である．この値を確率変数 X の α 分位点という．

$$\alpha = \int_{-\infty}^{-\mathrm{VaR}} f(x)\, dx$$

確率分布関数 $F_X(x)$ の逆関数である分位点関数 $q_x(X) = F_X^{-1}(x)$ を用いて VaR を表せば，$\mathrm{VaR}_{1-\alpha} = -q_\alpha(X)$ である．

定義 6-8 (期待ショートフォール (ES))　$100(1-\alpha)$%水準の期待ショートフォール (ES) は資産収益率 $\{X_t\}$ が $100(1-\alpha)$%水準の VaR を超えるときに生じる期待損失である

$$\begin{aligned} ES_{1-\alpha} &= -E[X | X < -\mathrm{VaR}_{1-\alpha}] \\ &= -\frac{1}{p}\int_0^1 F_X^{-1}(u)\, du \end{aligned}$$

金融危機が起きたと想定した場合，上述のリスク指標では想定できないリスクを被る可能性がある．ストレス VaR とは，金融危機のときの状況を仮定した場合に想定されるリスク指標で，観測期間を市場が不安定な時期に設定して計算した VaR である．

VaR や ES の信頼水準は 99%，97.5%，95%といった値が用いられる．これらは日次データで収益率を観測する場合，通常 1 年間に 250 営業日分の取引データを観測するが，1 年間に 2 回あるいは 12，3 回程度しか観測できないまれな事象に対するリスク評価値である．図 6.7 には，99%水準における VaR と ES の値を図示した．

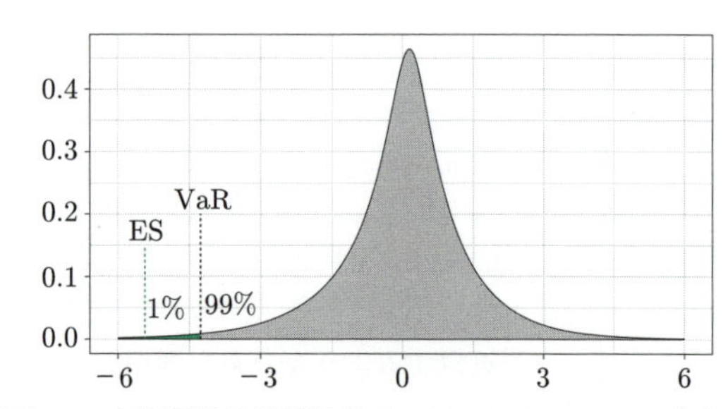

図 6.7　日経平均対数収益率データに sinh–arcsinh 分布の尺度変換を当てはめたときの，99%水準の VaR と ES の市場リスク．

6.5.2 単純モンテカルロ法による VaR, ES の計算

まずは通常のモンテカルロ法によるアルゴリズムを紹介する．

(1) 確率密度関数 $f(x)$ に従う N 個の独立な標本 $X_1, \cdots, X_N$ を生成する．

(2) N 個の標本の順序統計量を $X_{1:N}^{(1)} \leq X_{1:N}^{(2)} \leq \cdots \leq X_{1:N}^{(N)}$ とする．

(3) VaR と ES はステップ 2 で求めた順序統計量より次のようにして計算する．

$$\widehat{\mathrm{VaR}}_\alpha = -\hat{F}_X^{-1}(\alpha) = -X_{1:N}^{([N\alpha+1])}$$

$$\begin{aligned}\widehat{\mathrm{ES}}_\alpha &= -\frac{1}{\alpha}\int_0^\alpha \hat{F}_X^{-1}(u)\,du \\ &= -\frac{1}{\alpha}\Bigg[\sum_{i=1}^{[N\alpha]} \frac{X_{1:N}^{(i)}}{N} \\ &\quad + \left(\alpha - \frac{[N\alpha]}{N}\right) X_{1:N}^{([N\alpha]+1)}\Bigg]\end{aligned}$$

ここで，$[x]$ は x の整数部分を表し，$\hat{F}_X(x)$ は，標本 $X_1, \cdots, X_N$ から推定した経験分布関数で次のように定義する．

$$\hat{F}_X(x) = \frac{1}{N}\sum_{i=1}^{N} I\{X_i < x\}$$

上式の $I\{x \in A\}$ は $x \in A$ のときに 1 を取りそれ以外の場合は 0 となる指示関数である．

6.5.3 重点サンプリングを用いた VaR, ES の計算

次に重点分布を用いた VaR，ES のモンテカルロ法による計算について説明する．興味のある分布の分位点のまわりでサンプリングが行えるような重点分布を次のようにして得る．興味の対象の確率分布の指数変換を考える．

$$g_\theta(x) = \frac{e^{\theta x} f(x)}{M(\theta)}, \quad M(\theta) = \int e^{\theta x} f(x)\,dx$$

重点分布の平均が所望の VaR 水準に等しくなるように θ を選択する，すなわち $E_{g_\theta}[X] = q_\alpha$ となるように θ を選択する．重点サンプリングに基づく VaR，ES のアルゴリズムは次のとおり．

(1) 指数変換した重点分布の平均が VaR になるように θ を選択する．VaR は未知なので，例えば，ヒストリカル法などにより求める．

(2) N 個の標本 $X_1, \cdots, X_N$ の重点分布からサンプリングし，重点荷重

$$w_i = f(x)/g_\theta(x) = e^{-\theta X_i} M(\theta)$$

を求める．

(3) 順序統計量を $X_{1:N}^{(1)} \leq X_{1:N}^{(2)} \leq \cdots \leq X_{1:N}^{(N)}$ とし，順序統計量に対応する荷重を $w_{1,N}, \cdots, w_{N,N}$ とする．

(4) VaR と ES はステップ 3 で求めた順序統計量より次のようにして計算する．

$$\widehat{\mathrm{VaR}}_{1-\alpha} = -X_{1:N}^{(k)}, \ k = \min\left\{j : \sum_{i=1}^{j} w_{i,N} \leq \alpha\right\}$$

$$\widehat{\mathrm{ES}}_{1-\alpha} = -\frac{1}{N}\sum_{i=1}^{N} I\{X_i < -\widehat{\mathrm{VaR}}_{1-\alpha}\} w_i$$

表 6.2　VaR，ES のモンテカルロ計算の比較 ($N = 1\,000$ の場合)

	VaR_{99}	$\mathrm{VaR}_{97.5}$	ES_{99}	$\mathrm{ES}_{97.5}$
$N(0.0365, 1.323^2)$				
真値	3.042	2.557	3.490	3.057
IS	3.044	2.557	3.488	3.057
SMC	3.019	2.552	3.476	3.057
$TS_{SA}(0.111, 0.406, -0.285, 0.544)$				
真値	4.271	3.200	5.435	4.367
IS	4.268	3.198	5.429	4.365
SMC	4.207	3.214	5.383	4.363

表 6.2 は，$\alpha = 0.01, 0.025$ としたときの VaR と ES の推定値である．確率分布 $f(x)$ には正規分布と sinh–arcsinh 分布の尺度変換を用いた．サンプリングの大きさを $N = 1000$ としたときの，各リスク水準に対するモンテカルロ法による推定値と，真値を比較している．この表より，(1) 重点サンプリングを用いた方が，単純モンテカルロ法と比べて真値との隔たりが小さいこと，(2) 正規分布の推定値に比べて sinh–arcsinh 分布の尺度変換を用いたリスク指標の値の方が大きくなること，が確認できる．用いる収益率の確率モデルが異なることで得られる市場リスク指標の値が大きく異なるので，内部評価モデルによる確率モデルの選択は重要である．

図 6.8 は単純モンテカルロ法と重点サンプリング法による sinh–arcsinh 分布の尺度変換の期待ショートフォールの計算を $N = 100$ から $N = 10\,000$ まで逐次的に標本数を増やしながら計算したときの得られた推定値のプロットである．この計算を 100 回繰り返し，各標本数における推定値の平均と標準偏差を計算した．図中における太い線は 100 回のシミュレーションの平均の推移であり，薄く塗られた領域は推定値の 95%信頼区間である．この図より，重点サンプリングを用いたモンテカルロ計算の方が単純モンテカルロ法に比べ

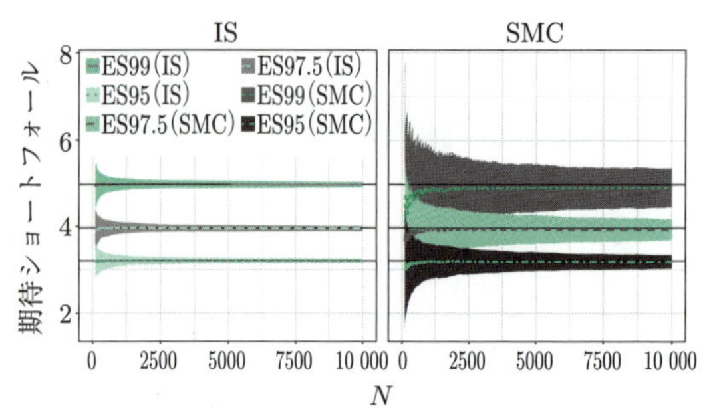

図 6.8　sinh–arcsinh 分布の尺度変換による期待ショートフォールのモンテカルロ計算，$N = 10\,000$ と繰り返し数を 100 回とし逐次的に計算した．

てよい精度で真の値に収束している様子が確認できる．

最後に，二つの分布を仮定して推定したリスク指標が実際の下方リスクをどの程度とらえることができたのか，VaR, ES に対して次のような指標から評価する．

$$\hat{p}_\alpha = \frac{1}{n}\sum_{t=1}^{n} I\{[r_t < -\widehat{\mathrm{VaR}}_{1-\alpha}]\}$$

$$\mathrm{RE}_\alpha = \frac{1}{n\hat{p}_\alpha}\sum_{t=1}^{n}\left(\frac{r_t | r_t < -\widehat{\mathrm{VaR}}_{1-\alpha}}{\widehat{\mathrm{ES}}_{1-\alpha}} - 1\right)$$

指標 $\hat{p}_\alpha$ は，実際の収益率が，$100(1-\alpha)$%VaR 水準を超えた損失を観測した営業日の割合で，この指標はリスク水準 α に近いほどよい．指標 RE_α は，ES の平均相対誤差の指標であり，0 に近いほど，VaR 水準を超えた損失を予測できていることを示している．

表 6.3 は，$\alpha = 0.01, 0.025, 0.05$ に対する正規分布と，sinh–arcsinh 分布の尺度変換を用いたときのリスク指標の評価をまとめたものである．リスク指標の推定には，重点サンプリングによるモンテカルロ計算を用いた．この表より，正規分布は，VaR ではリスク水準を過小評価するため，VaR 水準を超えた損失が要求水準 α よりも多く観測されること，また ES も過小評価し，実際の損失の平均は ES よりも 20%程度大きくなることがわかる．一方，sinh–arcsinh 分布の尺度変換を用いた場合では，VaR では，要求リスク水準を下回る結果となったことから，リスクを過大に評価している可能性がある一方，ES でみると適切な損失の推定ができていることがわかる．

表 6.3　リスク指標 VaR, ES の評価

α	0.01	0.025	0.05
N			
$\hat{p}_\alpha$	0.0259	0.0340	0.0490
RE_α	0.1760	0.2420	0.2458
TS_{SA}			
$\hat{p}_\alpha$	0.0068	0.0190	0.0395
RE_α	0.0669	0.0203	0.0157

この節では，モンテカルロ法の「決定論的問題」の適用例として「モンテカルロ積分」を用いた市場リスクの推定の例を紹介した．非常にまれな事象の推定に対する効率的なサンプリングの手法として重点サンプリングの適用例も合わせて紹介した．次節では，モンテカルロ法の「確率論的問題」の適用例として金融オプション価格評価の例を確率過程のシミュレーションと合わせて紹介する．

6.5 節のまとめ

- 金融市場で取引される金融資産価格の下落に伴う損失を市場リスクという．市場リスク指標には，バリュー・アット・リスク (VaR)，ストレス VaR，期待ショートフォール (ES) などがある．
- 市場リスク指標は，分布の裾確率の推定に依存するため，重点サンプリングによるモンテカルロ法が有効である．

6.6　オプション価格評価

金融派生商品 (デリバティブ) とは，株価や債券，為替等の原資産の値動きに応じて変動する価値をもつ金融商品である．デリバティブの例として，先渡し，先物取引を紹介しよう．先渡し取引とは，相対で行われる予約取引のことで，現物資産を将来の定められた期日に定められた価格で受け渡す取引をいい，取引の採算を確保したいときに用いられる金融派生商品である．それに対して，先物取引とは，取引所で行われる予約取引のことで，特定の資産を将来の定められた期日に定められた価格で買う，または売る予約取引である．オプション取引とは，株式などの金融商品を将来のある時間で特定の価格で買う権利や売る権利に関する契約のことである．このように，デリバティブ取引は，将来の不安定な価格変動リスクを管理する手段で，デリバティブを適切に運用することで将来の価格変動リスクを軽減することができる．

オプションの買う権利をコールオプションといい，売る権利をプットオプションという．契約が実行される将来時点をオプション満期といい，オプション満期における取引価格を権利行使価格という．ペイオフとはオプション満期において支払われる金額のことをいう．ヨーロピアンオプションとは，オプションの権利行使がオプション満期において実行されるオプション契約のことを指し，アメリカン・オプションはオプションの権利行使は満期までの期間ならいつでも実行可能なオプション契約である．

金融工学において，このオプション契約の価値を求めることをオプション価格付け問題という．市場リスクに曝されている金融資産ポートフォリオのリスクヘッジの手段としてオプション取引を利用することから，オプションの価格付けは重要な問題である．不確実な株価変動の将来時点の価格を扱うために，株価変動の確率モデルが価格決定の大きな要因となる．オプション価格付け問題の困難な点は，株価変動のモデル化や複雑なペイオフ関数をもつオプションによって，オプションの現在価値の計算が複雑になることである．

時刻 T の金融資産価格 $S(T)$ は既知の確率分布に従う確率変数とする．オプション満期 T，権利行使価格 K のヨーロピアンコールオプションのペイオフ関数を考えると，ペイオフは金融資産価格の変換

$$\varphi(S(T)) = \max(S(T) - K, 0)$$

で表された．したがって，現時点のオプション価値は株価の将来価格の期待値を無リスク金利 r を用いて現在価値で割り引いた $e^{-rT}E_q[\varphi(S(T))]$ で表すことができる．将来時点 T の株価 $S(T)$ はリスク中立測度 q の確率分布に従う．リスク中立確率 q は株価の従う確率過程の将来価格の予測が現時点 $t=0$ において不可能であるという次の仮定から導く．

$$e^{-rT}E_q[S(T)] = S(0)$$

オプション価格の評価は複雑な積分計算が必要になるが，モンテカルロ法によりリスク中立測度 q の下でオプション満期 T における大きさ N の資産価格をサンプリングし，そのサンプルの標本平均を求めれば，大数の強法則よりオプション価格に収束する，すなわち，$N \to \infty$ とすれば次が成立する．

$$\frac{e^{-rT}}{N}\sum_{i=1}^{N}\varphi(S_i(T)) \xrightarrow[\text{a.s.}]{} e^{-rT}E_q[\max(S(T) - K, 0)]$$

6.6.1 ブラック・ショールズ・モデル

ブラック・ショールズ・モデルとは，オプション価格の導出において株価過程に幾何ブラウン運動を仮定したモデルであり，解析的なオプション価格解を求めることができる．まずは，連続時間の確率過程である幾何ブラウン運動を定義しよう．確率過程 $\{W_t\}$ が，次の性質を満たすとき，$\{W_t\}$ は標準ブラウン運動に従うという．

定義 6-9 (標準ブラウン運動) (a) $W_0 = 0$,
(b) $t > s$ に対して，$W_t - W_s \sim N(0, t-s)$,
(c) $t_0 < t_1 < \cdots < t_n$ に対して，ブラウン運動の増分 $W_{t_1} - W_{t_0}, W_{t_2} - W_{t_1}, \cdots, W_{t_n} - W_{t_{n-1}}$ は互いに独立でそれぞれ，$N(0, t_1 - t_0)$, $N(0, t_2 - t_1)$, $\cdots, N(0, t_n - t_{n-1})$ に従う．

標準ブラウン運動は初期値0をもち，異なる時点のブラウン運動の増分は時間差を分散にもつ正規分布に従い，重複することのない任意の分割に対して，ブラウン運動の増分は独立に正規分布に従うことを仮定している．標準ブラウン運動にトレンド μ とばらつき σ をもたせた確率過程 $X_t = \mu t + \sigma W_t$ をドリフト付きブラウン運動という．幾何ブラウン運動とは，ブラウン運動の指数変換で次のように定義される．

$$S_t = S_0 \exp\{\mu t + \sigma W_t\}$$

両辺に対数をとり，式変形をしてみれば，ブラウン運動の性質より，幾何ブラウン運動に従う株価 S_t の対数収益率が正規分布に従う確率モデルであることがわかる．ブラック・ショールズ・モデルにおいて満期 T における株価 $S(T)$ の対数収益率の確率分布は，リスク中立測度 q の下で，$\ln(S_T/S_0) \sim N((r - \frac{1}{2}\sigma^2)T, \sigma^2 T)$ に従う．このとき，ヨーロピアンコールオプションの価格は

$$\begin{aligned} C_0 &= E_q\left[e^{-rT}\max(S_T - K, 0)\right] \\ &= S_0\Phi(d_1) - e^{-rT}K\Phi(d_2) \end{aligned}$$

と求めることができる．ここで $\Phi(x)$ は標準正規分布の分布関数で，d_1，d_2 は次式によって与えられる．

$$d_1 = \frac{\ln\dfrac{S_0}{K} + \left(r + \dfrac{\sigma^2}{2}\right)T}{\sigma\sqrt{T}}, \quad d_2 = d_1 - \sigma\sqrt{T}$$

ブラック・ショールズ・モデルの問題点として，株価過程が幾何ブラウン運動に従わないこと，すなわち対数収益率の確率分布が正規分布に従わないことが指摘される．そこで，ブラック・ショールズ・モデルと対数収益率の確率モデルとして sinh–arcsinh 分布の尺度変換を用いた場合のオプション評価について，単純モンテカルロ法と分散減少法を用いた推定方法について調べよう．

6.6.2 単純モンテカルロ法によるオプション評価

図 6.3 で示した日経 225 株価指数は 1 日の終値を記録したデータであるから，1 日の取引の終値の対数収益率を用いたオプション価格評価には離散時間モデルを考える必要がある．現時点を $t=0$ とし，株価過程 $\{S_j\}$ は期間 $[0,T]$ を $\Delta = T/n$ 間隔で離散観測されたものと考えると，時点 $j=1,\cdots,n$ に対して，対数収益率は次のモデルで与えられた．

$$\log(S_{j\Delta}) - \log(S_{(j-1)\Delta}) = m\Delta + \Delta^{1/2} r_j$$

ここで平均収益率 m はリスク中立測度になるように決定される定数，$\{r_j\}$ は平均 0，分散 σ^2，歪度 β_1，尖度 β_2 をもつ確率変数である．$\{r_j\}$ が正規分布ならば，ブラック・ショールズ・モデルに相当するが，ここでは非対称性や裾の厚さを併せもつ非正規過程であると仮定する．このモデルによる満期 T の株価は次の表現をもつ．

$$S_T = S_{n\Delta} = S_0 \exp\left(mT + \frac{\sqrt{T}}{\sqrt{n}} \sum_{j=1}^{n} r_j \right)$$

上式に現れる，独立な確率変数列の和

$$Y_n = \frac{1}{\sqrt{n}} \sum_{j=1}^{n} r_j$$

は $n \to \infty$ とすれば，中心極限定理により正規分布に分布収束する．一方，n が十分大きくない場合，正規分布への近似の精度は悪い．収益率分布に一般の確率モデルを仮定したオプション価格評価はモンテカルロ法が有効である．

いま，権利行使価格を $K = 20\,000$ とし，1 カ月先に満期を迎えるオプションを考えよう．オプション満期 $T = 1/12$ を 1 カ月の市場営業日数 $n = 20$ で分割し，満期における株価をモンテカルロ法で再現し，そのオプション価値を求める．原資産価格は，15 000 から 100 間隔で，25 000 まで変化させて調べてみよう．想定する収益率分布は，リスク中立確率の下での正規分布と，尺度変換を伴う sinh–arcsinh 分布である．年率ボラティリティ σ は表 6.1 の標準偏差を 1 年間の営業日数にあたる $\sqrt{250}$ 倍した値を用いた．また無リスク金利は $r=0$ とした．

図 6.9 には，単純モンテカルロ法によるヨーロピアンコールオプションの推定値とその標準偏差を示した．現在の株価が高い水準では，1 カ月先に満期に迎えるコールオプションの価値は高くなり，逆に，現在の価格が低い水準では，満期において権利行使価格を上回る

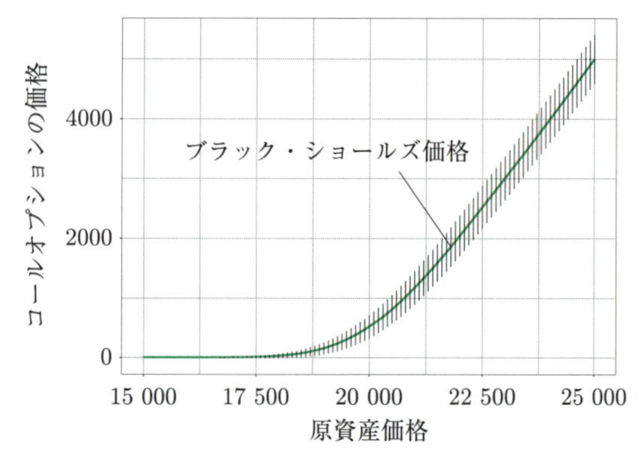

図 6.9　単純モンテカルロ法によるヨーロピアンコールオプションの評価．緑で示した曲線はブラック・ショールズ価格である．シミュレーションの回数は $N = 100$ とした．

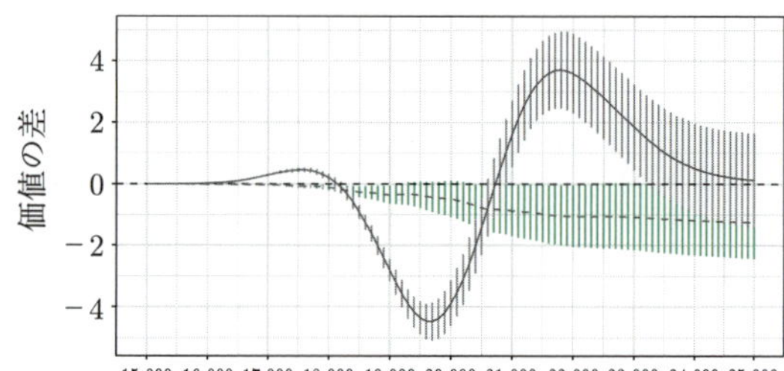

図 6.10　単純モンテカルロ法によるヨーロピアンコールオプションの評価．縦軸はブラック・ショールズ価格とシミュレーションから求めた価格の差．収益率分布には sinh-arcsinh 分布の尺度変換 (黒) と正規分布を用いた (緑)．シミュレーション回数は $N = 100\,000$ 回とし，100 万回の繰り返しにより，価格差の平均と標準偏差を求め，価格差の 99%信頼区間をプロットしている．

確率が小さくなるためオプション価値も低い．シミュレーションの誤差は，原資産価格が大きくなるほど大きくなる傾向があることが確認できる．シミュレーションの回数は $N = 100$ とした．一方，モンテカルロ誤差は，原資産価格が小さいと小さくなる傾向が確認できるが，これは前節で説明したまれな事象のシミュレーションの問題に直面しているためである．

図 6.10 には，ヨーロピアンコールオプションの価値とブラック・ショールズ価格との差をプロットした．この図より，資産価格変動に尺度変換を伴う sinh–arcsinh 分布を用いたオプション価格は，現在価格とオプション満期における権利行使価格が近くなるところで小さくなることが確認できる．

6.6.3 分散減少法を用いたオプション評価

前項の単純モンテカルロ法では，モンテカルロ・シミュレーションの誤差が大きくなることで推定精度が不安定になることを確認した．ここでは，分散減少法の一つである制御変数法によるオプション価格評価について説明したい．制御変数法は，求めたい期待値 $I = E[h(X)]$ を陽に表現可能な部分と，シミュレーションによる評価が必要な部分に分けることによって，モンテカルロ積分 $\hat{I}$ の分散を小さくする手法である．X とは異なる変数 Y からサンプリングし，(X_i, Y_i) の組から $\hat{I}$ のモンテカルロ積分を行う．このとき，Y の期待値は既知であると仮定する．制御変数を用いたサンプルを

$$h(X_i(b)) = h(X_i) - b(Y_i - E(Y))$$

と表すと，$h(X_i(b))$ の分散は次のように計算できるので，

$$\mathrm{Var}[h(X(b))] = \mathrm{Var}[h(X)] - 2b\mathrm{Cov}(h(X), Y) + b^2\mathrm{Var}(Y)$$

分散 $\mathrm{Var}[h(X(b))]$ を最小にする b は

$$b^* = \mathrm{Cov}(h(X), Y)/\mathrm{Var}(Y)$$

と求めることができる．実際には b^* を用いることはできないが，最小二乗法によってその値を推定することができる．

オプション価格評価において，制御変数の選択はさまざまな候補があるが，ここでは満期における株価 S_T を制御変数としたシミュレーションを行う．図 6.11 には，制御変数法によるヨーロピアンコールオプションの推定値とその標準偏差を示した．シミュレーションの回数は $N = 100$ とした．図 6.9 と比較しても，原資産価格が高い水準におけるモンテカルロ誤差をほぼ取り除くことができていること，原資産価格と権利行使価格が同程度の水準になるアット・ザ・マネーオプションにおいても，分散減少法によるシミュレーション誤差の低減が確認できる．

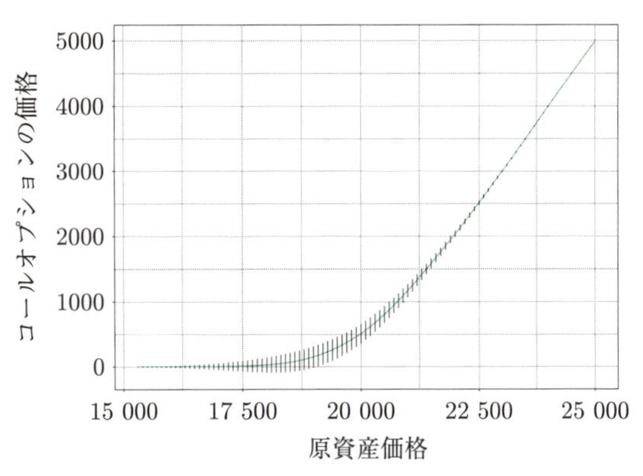

図 6.11 制御変数法によるヨーロピアンコールオプションの評価．収益率モデルには，sinh-arcsinh 分布の尺度変換を用いた．

オプション解析では，想定する価格モデルを実際に観測する価格変動を上手く記述できるようなさまざまな確率モデルに対して研究されている．また，価格過程の経路に依存してオプション価値が決定されるようなオプション，例えばアメリカン・オプション，アジアン・オプションなどの評価や，モンテカルロ法を用いた推定精度を改善する多くの取組みが研究されている．

6.6 節のまとめ

- 金融派生商品とは，原資産から派生した金融商品であり，その中でもオプションは，将来時点で決められた価格で金融資産を売買できる権利に関する金融商品である．
- 不確実な将来時点の金融資産価格を対象にした金融商品であるため，資産価格変動の確率モデルを適切に設定することがオプション価格を定めるときに重要になる．
- モンテカルロ法によるオプション価格評価は有効であり，そのばらつきを減少させる分散減少法などさまざまな取組みがある．

6.7 機械学習と確率的最適化

最近の大きな話題である人工知能を実現するためのアプローチの一つとして，機械学習が盛んに研究されている．機械学習は，教師あり学習と教師なし学習に大きく分けられる．教師あり学習では，与えられた入力に対して適切な出力を予測することを目標とするが，事前に入力と真の出力の組がいくつか訓練データとして与えられていることが特徴であり，その情報に基づいて，未知の入力に対して出力を予測するための学習を行う．一方，教師なし学習においては訓練データが与えられておらず，入力のみからデータの構造などの

情報を抽出することになる．

例として，教師あり学習を利用して画像を判別することを考えよう．この場合は，画像データが入力であり，その画像の対象が何であるかが出力である．まず，事前に画像データとその画像が表す真の対象の組がいくつか訓練データとして与えられており，それを教師として学習を行う．そして，未知の画像データを入力としてその画像の対象が何であるかを，例えば「この入力は猫の画像である」というように予測する．このような**判別問題**において，入力に対して判別の予測を出力として返す関数を**判別器**とよぶ．判別問題における出力はカテゴリを表す質的変数であるが，一方で，実数値をとる量的変数であるような出力を予測する問題は**回帰問題**とよばれ，予測のための式を**回帰式**という．訓練データについて，判別器や回帰式による予測と真の出力の誤差を**訓練誤差**とよぶ．教師あり学習では訓練誤差が最小になるように判別器や回帰式を決定するという最適化問題が現れる．この際，訓練データのサンプル数 N が大きい方が精度の高い学習をできると期待されるが，訓練誤差の計算量も N に応じて大きくなってしまうため，N が非常に大きい場合には大規模な最適化問題が現れ，計算時間を削減するための工夫が必要となる．

前述のビュフォンの針のモンテカルロ・シミュレーションにおいては，領域 $\Omega = [0, a/2] \times [0, \pi]$ から 1 点 (x, θ) をランダムに選ぶという操作を繰り返し行うことを説明した．このようなランダムな選択，すなわち乱択の考え方は大規模な最適化においても有用である．本節では，基本的な連続最適化手法である最急降下法を紹介した後，大規模最適化の代表的なアルゴリズムである確率的勾配降下法について説明する．

本節で扱う最適化問題を次のように定式化しておこう．

$$\text{minimize} \quad f(\boldsymbol{x}), \quad \text{subject to} \quad \boldsymbol{x} \in \mathbb{R}^n \tag{6.1}$$

ここで，$\mathbb{R}^n$ は n 次元のユークリッド空間を表し，f は $\mathbb{R}^n$ 上で定義された関数である．すなわち，(6.1) は，「実数を成分とする n 次元ベクトル $\boldsymbol{x}$ の中で，$f(\boldsymbol{x})$ を最小にするものを求めよ」という問題である．例えば判別問題においては $\boldsymbol{x}$ が判別器のパラメータを表し，$f(\boldsymbol{x})$ は $\boldsymbol{x}$ により定まる判別器を用いた際の訓練誤差である．問題 (6.1) は関数 f の最小化問題であるが，ある関数 g の最大化問題を扱いたいときは f を g の -1 倍として定義すれば f の最小化問題に帰着されるので，最小化問題のみについて議論しても一般性を失わない．最適化問題において最小化 (または最大化) しようとする関数のことを**目的関数**という．特に，(6.1) のように $\mathbb{R}^n$ (またはその部分集合) を連続的に動く $\boldsymbol{x}$ に対して常に $f(\boldsymbol{x})$ が定義されているような問題を**連続最適化問題**という[*8]．また，連続最適化問題のうち，$\boldsymbol{x}$ が (6.1) のように $\mathbb{R}^n$ 全体を動くことができる最適化問題を**制約なし最適化問題**といい，$\boldsymbol{x}$ が動ける領域が $\mathbb{R}^n$ の真部分集合であるような問題を**制約つき最適化問題**という．一方，本節では扱わないが，離散的な変数をもつ**離散最適化問題**も重要な研究対象である．

制約なし連続最適化問題 (6.1) において，$f(\boldsymbol{x})$ が最小になる $\boldsymbol{x} = \boldsymbol{x}_*$，すなわち任意の $\boldsymbol{x} \in \mathbb{R}^n$ に対して $f(\boldsymbol{x}_*) \leq f(\boldsymbol{x})$ となる $\boldsymbol{x}_*$ をこの問題の**大域的最適解**という．一方，$f(\boldsymbol{x})$ の極小点 $\boldsymbol{x} = \boldsymbol{x}_*$，すなわち $\boldsymbol{x}_*$ の十分小さな近傍 $U \subset \mathbb{R}^n$ に属する任意の $\boldsymbol{x}$ に対して $f(\boldsymbol{x}_*) \leq f(\boldsymbol{x})$ となる $\boldsymbol{x}_*$ を**局所的最適解**という[*9]．目的関数が凸関数である場合の問題 (6.1) においては局所的最適解が大域的最適解となるが，一般の最適化問題の大域的最適解を求めるのは難しいことが多く，基本的には局所的最適解を求めることを目標としてアルゴリズムが構成される．局所的最適解を求めるアルゴリズムに工夫を加えることで大域的最適解を求めるためのアルゴリズムも研究されており，これは**大域的最適化**とよばれる分野における研究対象である．以降では局所的最適解を求めるアルゴリズムに注目して議論する．

なお，f は n 次元ベクトル $\boldsymbol{x}$ を変数とする関数であるが，n 変数 $(x^{(1)}, x^{(2)}, \cdots, x^{(n)})$ の関数と見なすこともできる．以降では，f は十分滑らかな関数，すなわち十分な回数連続的微分可能な関数とする．

6.7.1　1 変数の場合の最急降下法

$n = 1$，すなわち 1 変数の場合の問題 (6.1) を考え，f の変数を x と書くことにする．解の候補として適当な実数 x_0 が与えられているとき，これを数値的に更新して改善するにはどうすればよいか考察してみよう．f を最小化する問題を考えているので，

$$f(x_1) < f(x_0) \tag{6.2}$$

となる x_1 を見つけることができれば，x_0 よりよい解の候補が得られたことになる．

[*8] 連続最適化問題という用語は，目的関数が連続関数であるような問題を意味するわけではないことに注意する．ただし，本節では目的関数は滑らかであると仮定するので，もちろん連続関数でもある．

[*9] 定義より，大域的最適解は局所的最適解でもあることに注意する．

$f'(x_0) > 0$ のとき，f は $x = x_0$ のまわりで単調増加であるから，x_0 よりわずかに小さい x_1 を選べば式 (6.2) が成り立つ．同様に，$f'(x_0) < 0$ のときは x_0 よりわずかに大きい x_1 であって式 (6.2) が成り立つものが存在する．$f'(x_0) = 0$ のときは，その情報からだけでは x_0 からどちらに動けばよいかという情報は得られず，そこで計算を終了することにする．以上から，$f'(x_0)$ が 0 でないときは，その符号と反対の方向に x_0 からわずかに進めば解が改善されることがわかった．さらに，$|f'(x_0)|$ が大きいときほど $y = f(x)$ のグラフの $x = x_0$ における接線の傾きは急であるから，$|f'(x_0)|$ が小さいときと比べて，x_0 からより大きくずらした点を x_1 とするのが妥当であると考えられる．この議論に基づいて，正の実数 t を用いて x_1 を計算する式

$$x_1 = x_0 + t \times (-f'(x_0)) = x_0 - tf'(x_0)$$

が得られる．x_0 からどれくらい離れた点を x_1 とするかを決める t をステップ幅という．

x_1 は x_0 よりよい解の候補であるが，最適解 x_* である保証はないので，この操作を繰り返して x_* に収束するような数列 $\{x_k\}$ を生成することになる．ステップ幅も反復ごとに異なるものを用いることにし，第 k 回目 (k は非負の整数) の反復におけるステップ幅を t_k (> 0) とすると，

$$x_{k+1} = x_k - t_k f'(x_k) \tag{6.3}$$

という更新式が得られる．与えられた初期点 x_0 を用いて式 (6.3) によって $\{x_k\}$ を生成し，$f'(x_k) = 0$[*10] となる x_k が得られた時点で x_k を解であると判定して計算を終了するアルゴリズムを最急降下法という．

このアルゴリズムでは $f'(x_*) = 0$ となる x_* を求めることになるが，このことについて考察しておこう．このとき $x = x_*$ は f の極小点または極大点または鞍点である．ここで，$x = x_*$ が f の鞍点であるとは，$f'(x_*) = 0$ が成り立つが，$x = x_*$ が極小点でも極大点でもないことをいう．言い換えれば，$x = x_*$ のいくら小さな近傍を選んでもその中に $f(x_*)$ より大きい関数値を達成する点と小さい関数値を達成する点の両方が存在するということであり，例えば 3 次関数 $f_1(x) = x^3$ について，$x = 0$ は鞍点である．さて，$f'(x_*) = 0$ のとき，$x = x_*$ が極小点であれば，局所的最適解を求めるという目標は達成される．条件 $f'(x_*) = 0$ の下で，$x = x_*$ が極小点であるための十分条件は $f''(x_*) > 0$ となることであり，必要条件は $f''(x_*) \geq 0$ となることである．したがって，2 階導関数 f'' の符号によって，局所的最適解が得られているかを判定することができる．すなわち，$f''(x_*) > 0$ ならば $x = x_*$ は極小点であり，$f''(x_*) < 0$ ならば $x = x_*$ は極小点ではない．$f''(x_*) = 0$ のときは，この情報からだけでは $x = x_*$ が極小であるかどうかを判定できない．例えば，$f_1(x) = x^3$, $f_2(x) = x^4$ について，$f_1'(0) = f_2'(0) = f_1''(0) = f_2''(0) = 0$ である．このとき $x = 0$ は f_2 の極小点である．一方，$x = 0$ は f_1 の極小点ではなく，先にみたように f_1 の鞍点である．

[*10] 数値的には丸め誤差などの影響により $f'(x_k)$ が厳密に 0 となる x_k が得られないことが多い．そこで，実際の数値計算では十分小さい正の数 ε をあらかじめ決めておき，$|f'(x_k)| < \varepsilon$ となる x_k が得られた時点で計算を終了する．

6.7.2 多変数の場合の最急降下法

ここまでは $n = 1$ の場合の問題 (6.1) について議論してきたが，以降では n が一般の正の整数である場合，すなわち多変数の場合を考察する．

$n = 1$ の場合は f の導関数の符号によって，現在の解の候補 x_k の値を更新して大きくすべきか小さくすべきか，あるいはそのまま解と見なして終了すべきかを判断できることを説明した．多変数の場合は，例えば，第 1 変数を小さくし，第 2 変数を大きくし，$\cdots$，といったように，目的関数値をより小さくするには変数をどのように更新すべきかということを，n 個の変数それぞれについて考察する必要がある．そこで，$n = 1$ の場合の導関数のかわりに，f の勾配

$$\nabla f(\boldsymbol{x}) = \left(\frac{\partial f}{\partial x^{(1)}}(\boldsymbol{x}), \frac{\partial f}{\partial x^{(2)}}(\boldsymbol{x}), \cdots, \frac{\partial f}{\partial x^{(n)}}(\boldsymbol{x}) \right)$$

を導入する．ここで，$\partial f / \partial x^{(i)}$ は，f の第 i 変数 $x^{(i)}$ についての偏導関数を表す．

$n = 1$ の場合に，x_k を $f'(x_k)$ の符号と逆の方向にわずかに動かした値を x_{k+1} とすれば $f(x_{k+1}) < f(x_k)$ となることを説明したが，一般の n の場合も同様の考察をすることができる．そこで，t を十分小さい正の数とし，与えられた $\boldsymbol{x}_k \in \mathbb{R}^n$ を勾配 $\nabla f(\boldsymbol{x}_k)$ の逆方向にわずかに動かした点 $\boldsymbol{x}_k - t\nabla f(\boldsymbol{x}_k)$ を考え，そこでの目的関数値をもとの $\boldsymbol{x}_k$ での関数値と比較しよう．$\boldsymbol{d}_k = (d_k^{(1)}, d_k^{(2)}, \cdots, d_k^{(n)}) \in \mathbb{R}^n$ を $\boldsymbol{d}_k = -\nabla f(\boldsymbol{x}_k)$ と定義し，2 点での関数値の大小関係だけに注目すれば，

$$\begin{aligned}
&\lim_{t \to +0} \frac{f(\boldsymbol{x}_k - t\nabla f(\boldsymbol{x}_k)) - f(\boldsymbol{x}_k)}{t} \\
&= \frac{d}{dt} f(\boldsymbol{x}_k + t\boldsymbol{d}_k) \bigg|_{t=0} \\
&= \frac{d}{dt} f\left(x_k^{(1)} + td_k^{(1)}, \cdots, x_k^{(n)} + td_k^{(n)} \right) \bigg|_{t=0} \\
&= \sum_{i=1}^{n} \frac{\partial f}{\partial x^{(i)}}(\boldsymbol{x}_k) \times d_k^{(i)}
\end{aligned}$$

$$= \langle \nabla f(\boldsymbol{x}_k), \boldsymbol{d}_k \rangle = -\|\nabla f(\boldsymbol{x}_k)\|^2$$

となる．ここで，$\langle \cdot, \cdot \rangle$ および $\|\cdot\|$ は，それぞれ $\mathbb{R}^n$ の標準内積およびユークリッドノルムである．すなわち，$\boldsymbol{a} = (a^{(i)})$, $\boldsymbol{b} = (b^{(i)}) \in \mathbb{R}^n$ に対して $\langle \boldsymbol{a}, \boldsymbol{b} \rangle = \sum_{i=1}^{n} a^{(i)} b^{(i)}$ かつ $\|\boldsymbol{a}\| = \sqrt{\langle \boldsymbol{a}, \boldsymbol{a} \rangle} = \sqrt{\sum_{i=1}^{n} (a^{(i)})^2}$ である．さて，上式の最右辺の量 $-\|\nabla f(\boldsymbol{x}_k)\|^2$ は，$\nabla f(\boldsymbol{x}_k) \neq \boldsymbol{0}$ のときは負であるから，$\boldsymbol{x}_k$ を $\boldsymbol{d}_k = -\nabla f(\boldsymbol{x}_k)$ の方向にわずかに動かせば，確かに目的関数値が減少することがわかる．

$\nabla f(\boldsymbol{x}_k) = \boldsymbol{0}$ の場合を考察するために，$\nabla f(\boldsymbol{x}_*) = \boldsymbol{0}$ となる $\boldsymbol{x}_*$ を考えよう．このとき，任意の方向ベクトル $\boldsymbol{p} \in \mathbb{R}^n$ に対して，上記の計算と同様にして

$$\lim_{t \to 0} \frac{f(\boldsymbol{x}_* + t\boldsymbol{p}) - f(\boldsymbol{x}_*)}{t} = \langle \nabla f(\boldsymbol{x}_*), \boldsymbol{p} \rangle = 0$$

が得られるから，点 $\boldsymbol{x}_*$ において目的関数 f のグラフは平らであることがわかる．$n = 1$ の場合と同様に，このような $\boldsymbol{x}_*$ は f の極小点，極大点，または鞍点のいずれかである．このように勾配が零ベクトルとなるような $\mathbb{R}^n$ 内の点を f の**停留点**という．多変数の場合も1変数の場合と同様に，停留点 $\boldsymbol{x}_*$ が求まった時点でアルゴリズムを終了することにする．また，以上の議論により，式 (6.3) を多変数に拡張した更新式として

$$\boldsymbol{x}_{k+1} = \boldsymbol{x}_k - t_k \nabla f(\boldsymbol{x}_k) \qquad (6.4)$$

が得られる．ステップ幅 $t_k > 0$ は反復ごとに変えることにし，k に依存するものとした．方向 $-\nabla f(\boldsymbol{x}_k)$ にどれだけ進めば目的関数値が十分減少するかを考慮してステップ幅を決定する．この手続きを**直線探索**という．更新式 (6.4) によって点列 $\{\boldsymbol{x}_k\}$ を生成するアルゴリズムが多変数の場合の一般の最急降下法である．

アルゴリズム 6.1　問題 (6.1) に対する最急降下法

1: 十分小さい正の数 ε を定め，初期点 $\boldsymbol{x}_0 \in \mathbb{R}^n$ を選ぶ．
　$k := 0$ とする．
2: **while** $\|\nabla f(\boldsymbol{x}_k)\| \geq \varepsilon$ **do**
3: 　$\boldsymbol{d}_k := -\nabla f(\boldsymbol{x}_k)$ とし，$t_k > 0$ を計算する．
4: 　$\boldsymbol{x}_{k+1} := \boldsymbol{x}_k + t_k \boldsymbol{d}_k$.
5: 　$k := k + 1$.
6: **end while**

最急降下法は，関数値を減少させるためには $\mathbb{R}^n$ 内の与えられた点からどの方向に進めばよいかという自然な考えに基づく基本的なアルゴリズムである．しかし，実用的には収束が遅いという欠点があり，より速い収束性をもつ**ニュートン法**や**共役勾配法**などさまざまなアルゴリズムが考案されている．これらの反復アルゴリズムはいずれもその更新式が

$$\boldsymbol{x}_{k+1} = \boldsymbol{x}_k + t_k \boldsymbol{d}_k \qquad (6.5)$$

と書き表され，$\boldsymbol{d}_k \in \mathbb{R}^n$ を**探索方向**という．最急降下法では $\boldsymbol{x}_k$ における探索方向として $-\nabla f(\boldsymbol{x}_k)$ を用いるが，探索方向の選び方を改良することで，よりよいアルゴリズムが得られるというわけである．直線探索の方法もアルゴリズムの性能に大きく影響を与え，ステップ幅が満たすべき条件が多く提案されている．最急降下法は実用上用いられることはあまりないが，本節の主題である確率的勾配降下法を含む他の多くのアルゴリズムの基礎となる重要な考え方を含んでいるため，以上でやや詳しく説明した．他の最適化アルゴリズムや直線探索などの詳細は第15章や文献 [6], [8]–[10] を参照されたい．

6.7.3　確率的最適化が適用可能な問題例

最急降下法やニュートン法，共役勾配法などは乱択を用いない最適化アルゴリズムの例である．機械学習などにおいて現れる大規模な最適化問題に対して有効な，乱択に基づくアルゴリズムである確率的最適化を次項で説明するが，本項ではそのような最適化問題の例として，回帰問題と密接に関係する最小二乗問題について述べる．

確率的最適化は，目的関数が

$$f(\boldsymbol{x}) = \frac{1}{N} \sum_{i=1}^{N} f_i(\boldsymbol{x}) \qquad (6.6)$$

の形に書けるような問題に対する手法である．このような問題の例として，非線形回帰分析や線形重回帰分析と等価な最小二乗法を挙げることができる．これらについて説明しよう．

最小二乗問題は与えられたデータ点のプロットをよく近似するグラフを求める問題である．相異なる N 個のデータ $(X_1, Y_1), (X_2, Y_2), \cdots, (X_N, Y_N) \in \mathbb{R}^2$ が与えられているとする．これらを X–Y 平面にプロットしたとき，それをうまく近似するグラフ $Y = p(X)$ を求めたい．特に，$p(X)$ が n 次多項式

$$p(X) = \sum_{j=0}^{n} \beta_j X^j$$

である場合を考えると，未知数は多項式の $n+1$ 個の係数 $\beta_0, \beta_1, \cdots, \beta_n$ である．N が $n+1$ より小さい場合にはグラフ $Y = p(X)$ が N 個のデータ点すべてを通るように p を決定できることもあるが，新たなデータ $(X_{\mathrm{new}}, Y_{\mathrm{new}})$ が追加された際に，X_{new} から得られる予測 $\tilde{Y}_{\mathrm{new}} = p(X_{\mathrm{new}})$ が必ずしも真の Y_{new} に近い値であるとは限らない．このように，訓練データに適

合しすぎて，未知のデータに対して適切な予測を返せないような学習を過学習という．過学習を防ぐためには，N が十分大きいことが望ましい．$Y = p(X)$ のグラフが $(X_1, Y_1), (X_2, Y_2), \cdots, (X_N, Y_N)$ のすべてを通るようにしようとすると，条件は

$$Y_i = p(X_i) \qquad (i = 1, 2, \cdots, N)$$

の N 個あるから，N が未知数の個数 $n+1$ より大きいと，一般にこのような p を求めることはできない．このように $N > n+1$ の場合に使われるのが最小二乗法であり，

$$\begin{aligned} r(\boldsymbol{\beta}) &= \sum_{i=1}^{N} (Y_i - p(X_i))^2 \\ &= \sum_{i=1}^{N} \left(Y_i - \sum_{j=0}^{n} \beta_j X_i^j \right)^2 \end{aligned} \tag{6.7}$$

を最小化せよというのが最小二乗問題である．ここで，$\boldsymbol{\beta} = (\beta_0, \beta_1, \cdots, \beta_n)$ である．非線形関数 $p(X)$ によって Y を説明しようとしているので，このような統計手法を非線形回帰分析という．

一方，p 個の説明変数 $X^{(1)}, X^{(2)}, \cdots, X^{(p)}$ を用いて目的変数 Y を

$$Y = \beta_0 + \sum_{j=1}^{p} \beta_j X^{(j)} \tag{6.8}$$

と説明する問題を考える.N個のデータ $(X_1^{(1)}, X_1^{(2)}, \cdots, X_1^{(p)}, Y_1), (X_2^{(1)}, X_2^{(2)}, \cdots, X_2^{(p)}, Y_2), \cdots, (X_N^{(1)}, X_N^{(2)}, \cdots, X_N^{(p)}, Y_N)$ が与えられているとき，最小二乗法では

$$q(\boldsymbol{\beta}) = \sum_{i=1}^{N} \left(Y_i - \beta_0 - \sum_{j=1}^{p} \beta_j X_i^{(j)} \right)^2 \tag{6.9}$$

を最小化する $\boldsymbol{\beta} := (\beta_0, \beta_1, \cdots, \beta_p)$ を求めることになる．説明変数が複数個あり，線形関数 (6.8) で Y を説明しようとしているので，このような統計手法を線形重回帰分析という．

式 (6.7)，(6.9) で定義される r や q は，変数 $\boldsymbol{\beta}$ を $\boldsymbol{x}$ とおき直すことで，いずれも式 (6.6) の形で書けることがわかる．

6.7.4 確率的勾配降下法

本項では多くの確率的最適化アルゴリズムの基本である確率的勾配降下法について説明する．目的関数が式 (6.6) の形であるような制約なし最適化問題 (6.1) を考え，さらに式 (6.6) における N が非常に大きい場合を想定する．また，各 f_i $(i = 1, 2, \cdots, N)$ は滑らかであるとする．

偏微分作用素が線形であることより関数の勾配を計算する作用素 ∇ も線形であるから，式 (6.6) の f の勾配は

$$\nabla f(\boldsymbol{x}) = \frac{1}{N} \sum_{i=1}^{N} \nabla f_i(\boldsymbol{x})$$

となる．先述の最急降下法では，各反復において更新式 (6.4) の計算の際に勾配 $\nabla f(\boldsymbol{x}_k)$ を，したがって N 個の $\nabla f_i(\boldsymbol{x}_k)$ を計算する必要があるので，N が大きいと計算量が増大してしまうという問題点がある．これを解決するために，乱択の考えを取り入れよう．最も簡単な方法は，1 反復で N 個の ∇f_i $(i = 1, 2, \cdots, N)$ を計算するかわりに，ランダムに選んだ $i \in \{1, 2, \cdots, N\}$ に対して 1 個の f_i のみの勾配を計算するというものである．すなわち，第 k 反復において，$\{1, 2, \cdots, N\}$ からランダムに整数 i_k を選び，

$$\boldsymbol{x}_{k+1} = \boldsymbol{x}_k - t_k \nabla f_{i_k}(\boldsymbol{x}_k) \tag{6.10}$$

によって点列 $\{\boldsymbol{x}_k\}$ を生成する．これが確率的勾配降下法であり，∇f_{i_k} を確率的勾配という．基本的な確率的勾配降下法では，N 個のデータの順番をランダムにシャッフルした上で，∇f_i を一つずつ用いて更新を行う．このアルゴリズムを次に示す．

アルゴリズム 6.2 目的関数 (6.6) をもつ問題 (6.1) に対する確率的勾配降下法

1: 初期点 $\boldsymbol{x}_0 \in \mathbb{R}^n$ を選び，$\boldsymbol{x} := \boldsymbol{x}_0$ とする．
2: **for** $l = 1, 2, \cdots$ **do**
3: 　1 から N までの整数をランダムに置換し，順に $i_1, i_2, \cdots, i_N$ とする．
4: 　**for** $j = 1, 2, \cdots, N$ **do**
5: 　　$\boldsymbol{d} := -\nabla f_{i_j}(\boldsymbol{x})$ とし，ステップ幅 (学習率) $t > 0$ を計算する．
6: 　　$\boldsymbol{x} := \boldsymbol{x} + t\boldsymbol{d}$.
7: 　**end for**
8: **end for**

なお，アルゴリズムの記述においては，煩雑さを避けるため $\boldsymbol{x}$, $\boldsymbol{d}$, および t の添字を省略した．確率的勾配降下法では，点列の収束が確認されれば計算を終了するほか，あらかじめ定めておいた最大反復回数に達した時点で終了することも多い．$t_k > 0$ はステップ幅であるが，特に機械学習の文脈では学習率ともよばれる．先述の回帰分析の例のように，機械学習の分野では $\boldsymbol{x}_k$ を更新することは判別器や回帰式のパラメータの更新，すなわち学習を意味しており，t_k が小さいほど更新の際のパラメータの変化は小さくなる．これが，ステップ幅が学習率とよばれる所以である．

式 (6.10) ではランダムに選択された f_{i_k} のみに注目

し，f_{i_k} に対する最急降下法の更新を行っていると見なすことができるが，ここで t_k を決定する際に直線探索を行うと f_{i_k} のみの減少量に注目することになり，目的関数 f が十分減少するとは限らない．そこで，このような乱択を用いる最適化手法においては，学習率をあらかじめ定めた規則により計算することも多い．例えばロビンス・モンロー法とよばれる方法では，$t_0 > 0$ をあらかじめ与えた上で，k $(k = 1, 2, \cdots)$ 回目の反復では

$$t_k = \frac{t_0}{k}$$

によって定まる学習率を用いる．すなわち，反復回数に反比例して減少するように学習率を更新していく．学習率としてどのような値を用いるかによって収束の速さが大きく変わることもあり，学習率の決定方法自体も重要な研究対象となっている．

さて，確率的勾配降下法では第 k 反復において一つの f_{i_k} のみに注目して更新を行う．ここで，i_k は $1, 2, \cdots, N$ を等確率でとる，すなわち $P(i_k = i) = 1/N$ $(i = 1, 2, \cdots, N)$ であるとすると，

$$E[\nabla f_{i_k}(\boldsymbol{x}_k)] = \frac{1}{N}\sum_{i=1}^{N} \nabla f_i(\boldsymbol{x}_k) = \nabla f(\boldsymbol{x}_k)$$

となるから，確率的勾配の期待値は目的関数 f の勾配と一致する．この意味で，確率的勾配はもとの目的関数の勾配の確率的な近似値であると考えられるため，最急降下法から大きく外れた悪いふるまいをすることがなく，かつ，計算量は大幅に減少するので，大規模な問題に有効である．

1 反復における勾配の計算のみに注目すると，最急降下法で必要な $\sum_{i=1}^{N} \nabla f_i(\boldsymbol{x}_k)/N$ のかわりに確率的勾配降下法では $\nabla f_{i_k}(\boldsymbol{x}_k)$ のみを計算するので，その計算量はおよそ $1/N$ 倍となる．

勾配 $\nabla f(\boldsymbol{x}_k)$ の確率的近似として，ランダムな番号 $i_k \in \{1, 2, \cdots, N\}$ に対する $\nabla f_{i_k}(\boldsymbol{x}_k)$ は最も簡単な量であるが，

$$E[\boldsymbol{g}_k] = \nabla f(\boldsymbol{x}_k) \tag{6.11}$$

となるような確率変数 $\boldsymbol{g}_k \in \mathbb{R}^n$ の選び方は $\boldsymbol{g}_k = \nabla f_{i_k}(\boldsymbol{x}_k)$ に限らず無数に存在する．$\boldsymbol{g}_k$ の計算方法を改良することで，よりよい確率的最適化手法が得られる．例えば，式 (6.11) を満たし，かつ分散が $\nabla f_{i_k}(\boldsymbol{x}_k)$ の分散より小さくなるように $\boldsymbol{g}_k$ を選ぶことができる．このような $\boldsymbol{g}_k$ を用いたアルゴリズムを**確率的分散縮小勾配法**という．

最急降下法を改良したアルゴリズムが多く提案されているのと同様に，確率的勾配降下法を改良した確率的最適化アルゴリズムも，確率的分散縮小勾配法をはじめとして盛んに研究されている．確率的最適化の詳細は，例えば文献 [7] を参照されたい．

6.7.5 数値計算例

本項では，最小二乗問題の例を通して，最急降下法および確率的勾配降下法を適用するための手順を説明するとともに，実際の数値計算例を紹介する．

まず，式 (6.7) の $r(\boldsymbol{\beta})$ および式 (6.9) の $q(\boldsymbol{\beta})$ は，変数 $\boldsymbol{\beta}$ を $\boldsymbol{x}$ とおき直し，X_i^j や $X_i^{(j)}$ を並べてできる行列を A, Y_i を並べてできる列ベクトルを $\boldsymbol{b}$ とすることで，いずれも

$$f(\boldsymbol{x}) = \|A\boldsymbol{x} - \boldsymbol{b}\|^2 \tag{6.12}$$

と書くことができる．行列 A の転置を $A^\top$ とすると，f の勾配 ∇f は

$$\nabla f(\boldsymbol{x}) = 2A^\top(A\boldsymbol{x} - \boldsymbol{b}) \tag{6.13}$$

となり，$A^\top A$ が正則であるとき

$$\boldsymbol{x}_* = \left(A^\top A\right)^{-1} A^\top \boldsymbol{b} \tag{6.14}$$

は $\nabla f(\boldsymbol{x}_*) = \boldsymbol{0}$ を満たし，f の最小点であることを示すことができる．したがって，式 (6.14) を用いて $\boldsymbol{x}_*$ を行列計算により求めることができれば最小二乗問題の解が得られるが，データ数が大きくこの行列計算が難しい場合や，近似解が得られれば十分である場合には，反復法である最適化アルゴリズムが役立つ．以降では，式 (6.12) に対する最急降下法と確率的勾配降下法について述べる．

最急降下法 (アルゴリズム 6.1) については，勾配 ∇f の公式 (6.13) を用いれば簡単に実装することができる．ステップ幅の計算方法は多数提案されているが，後述する数値実験ではアルミホ条件[8] を満たすものを用いた．一方，A の行ベクトルを $\boldsymbol{a}_1^\top, \boldsymbol{a}_2^\top, \cdots, \boldsymbol{a}_N^\top$ とし，$\boldsymbol{b} = \left(b_1, b_2, \cdots, b_N\right)^\top$ とすると，f の最小化は

$$\frac{1}{N} f(\boldsymbol{x}) = \frac{1}{N}\sum_{i=1}^{N} f_i(\boldsymbol{x}) = \frac{1}{N}\sum_{i=1}^{N} \left|\boldsymbol{a}_i^\top \boldsymbol{x} - b_i\right|^2$$

の最小化と等価である．ここで，$f_i(\boldsymbol{x}) = |\boldsymbol{a}_i^\top \boldsymbol{x} - b_i|^2$ とおいた．このとき，

$$\nabla f_i(\boldsymbol{x}) = 2\left(\boldsymbol{a}_i^\top \boldsymbol{x} - b_i\right)\boldsymbol{a}_i \tag{6.15}$$

となることに注意すると，確率的勾配降下法 (アルゴリズム 6.2) を実装することができる．詳細は割愛するが，以下の数値実験では AdaGrad とよばれる手法に基づいてステップ幅を計算した[7]．

さて，各手法の性能を評価するために，最適解がわかっている問題を次のように作成して数値実験を行った結果を紹介する．まず，$100\,000 \times 100$ 行列 A および 100 次元ベクトル $\boldsymbol{x}_*$ を乱数を用いて作成し，$\boldsymbol{b} := A\boldsymbol{x}_*$ とした．したがって，$f(\boldsymbol{x})$ は $\boldsymbol{x} = \boldsymbol{x}_*$ のとき最小値 0 をとる．次に，初期点を $\boldsymbol{x}_0 = \boldsymbol{0}$ とし，最急降下法および確率的勾配降下法によって点列 $\{\boldsymbol{x}_0, \boldsymbol{x}_1, \cdots, \boldsymbol{x}_{50}\}$ を生成した．ただし，確率的勾配降下法についてはアルゴリズム 6.2 の外部反復が k 回終わった時点，つまり「$N := 100\,000$ 個の確率的勾配を逐次的に用いて N 回の $\boldsymbol{x}$ の更新を行うこと」を k 反復した時点での $\boldsymbol{x}$ を $\boldsymbol{x}_k$ とした．すなわち，ここでの確率的勾配降下法の 1 反復は N 回の内部反復を含んでいるため，点列の更新が N 回行われることになり，最急降下法の 1 反復より計算時間は長くかかる．しかしながら，確率的勾配降下法の内部反復 1 回においては一つの f_i の勾配のみを計算するのに対し，最急降下法の 1 反復では N 個の f_i すべての勾配を計算する必要がある．したがって，任意の k に対して $\boldsymbol{x}_k$ が得られるまでの f_i $(i = 1, 2, \cdots, N)$ の勾配の評価回数は二つの手法で等しくなる．

図 6.12 は両者により得られた目的関数値の列 $\{f(\boldsymbol{x}_k)\}$ をそれぞれプロットしたものである．f_i $(i = 1, 2, \cdots, N)$ の勾配の評価を同じ回数だけ行った場合，確率的勾配降下法の方が最急降下法より小さい目的関数値を達成していることが観察できる．この例からわかるように，一般に，勾配の計算コストが他の部分の計算より相対的に大きく，さらに N が大きいために ∇f の計算時間が非常に大きくなってしまうような場合の問題 (6.6) に対しては，確率的最適化手法が有効である．

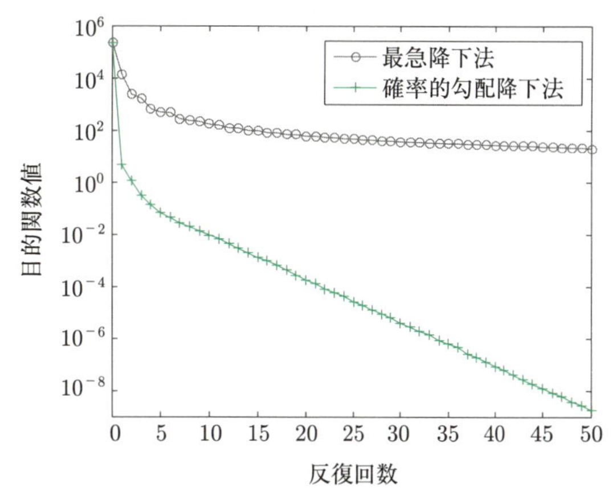

図 6.12　最急降下法と確率的勾配降下法を最小二乗問題に適用した際の目的関数値の収束履歴

6.7 節のまとめ

- 人工知能を実現するためのアプローチの一つである機械学習では，大規模な最適化問題を解く必要があることが多い．
- こうした大規模問題を解くために，制約なし連続最適化問題の基本的な解法である最急降下法に乱択の考え方を取り入れた，確率的勾配降下法が用いられている．
- ステップ幅 (学習率) の計算方法や，目的関数の勾配の確率的近似としてどのような量を用いるかによって，アルゴリズムの性質を改善することが可能であり，そのような研究が盛んに進められている．

6.8　お わ り に

本章では，モンテカルロ法とデータサイエンスと題して，金融データ解析や機械学習の考え方を広く紹介した．モンテカルロ法によるデータ解析は，データの見方や解析結果の解釈に対して多くの知見をもたらす．データ解析における分析者の視点や，課題の見つけ方，課題解決の取組み方を紹介した．本章をより深く学ぶことで，データサイエンスの面白さ，奥深さに興味をもっていただければ幸いである．

参　考　文　献

[1] R. Eckhardt: “Stan Ulam, John von Neumann, and the Monte Carlo method,” *Los Alamos Science* Special Issue (1987).

[2] J. Dongarra and F. Sullivan: “Guest editors' introduction: The top 10 algorithms,” *Computing in Science and Engineering*, **2**, 22–23 (2000).

[3] H. Fujisawa, and T. Abe: “A family of skew distributions with mode–invariance through transformation of scale,” *Statistical Methodol-*

ogy, **25**, 89–98 (2015).

[4] M. C. Jones, and A. Pewsey: "Sinh–arcsinh distributions," *Biometrika*, **96**, 761–780 (2009).

[5] 稲垣宣生：数理統計学 改訂版 (裳華房，2003).

[6] J. Nocedal and S. J. Wright: Numerical Optimization, 2nd edition (Springer, 2006).

[7] 鈴木大慈：確率的最適化 (講談社，2015).

[8] 福島雅夫：新版　数理計画入門 (朝倉書店，2011).

[9] 矢部 博：工学基礎—最適化とその応用 (数理工学社，2006).

[10] 山下信雄：非線形計画法 (朝倉書店，2015).

7. 医療を発展させる統計学

7.1 はじめに

われわれのまわりにはたくさんの情報(データ)がある．ネットワークに接続できる端末が多様化したことで，膨大なデータ(いわゆるビッグデータ)が保存・利用できるようになっている．そして，世の中は，ビッグデータであふれ返っている．データの種類も数値，画像，動画，音声などさまざまである．ビッグデータという言葉はすでに身近なものである．

ビッグデータはさまざまな形で利用されている．最近では，ビッグデータを基盤とする人工知能に対する関心が急速に高まっている．人工知能が多くの問題を解決し，新しい知見を生み出すことへの期待が膨らんでいる．このような背景から，世の中のデータに対する意識は確実に変化している．データをうまく活用し，より豊かで効率性の高い社会を実現しようとする流れが広まりつつある．

このような動きの中で，われわれはどのような素養を習得すればよいだろうか? 情報工学分野の研究者や技術者を目指すのであれば，情報処理，セキュリティ，ネットワーク，ソフトウェア，データサイエンスといった専門知識が求められるだろう．ただし，そのような専門知識を習得する前に，自然科学分野の研究者や技術者の基本的な素養として，データに適切に向き合う姿勢が必要である．それでは，そのような姿勢とは何だろうか?

本章では，どのようにデータと向き合えばよいかについて入門的な話題を提供する．その上で，著者の専門分野である医療統計学の概要と研究の例を紹介する．

7.2 同じデータなのに結論が違う!?

7.2.1 データの解釈

現実の多くの問題では，データから導かれた結論が，最終的な判断や決定を左右することが多い．科学的かつ合理的な判断をするために，データに基づく議論が中心的な役割を果たしている．ところが，データのとり方，解析，解釈，報告の仕方を間違えると，間違った結論を導くおそれがある．そこで，データの扱い方が重要であることを知ってもらうために，仮想的な例ではあるが，表 7.1 の数値例をとりあげる[7]．

このデータは二つの予備校 (A と B) から，ある大学を受験した学生の数 (受験者数) と合格者数をまとめたものである．表中の合格率は合格者数/受験者数 (%) である．A 予備校と B 予備校の合格率はそれぞれ 30.7%と 34.3%であるから，B 予備校の方が合格率が高い．B 予備校にとって好都合な結果である．したがって，B 予備校は，この結果を予備校のホームページやパンフレットに掲載することを考えるかもしれない．その情報の受け手は B 予備校に対して好印象を抱くかもしれない．これは正しい判断・姿勢だろうか? さらに，B 予備校の広報担当者が次のように主張したとする．

> **B 予備校の広報担当者の主張**
> B 予備校の方が A 予備校よりも合格率が高いので，B 予備校の方が A 予備校よりも「指導力が高い」といえます．

この主張は正しいだろうか? すなわち，表 7.1 の結果からこのような解釈ができるだろうか? ここで考えてほしいことは「合格率が高い」ことを「指導力が高い」と解釈できるかどうかである．一般的に考えれば，指導力が高ければ合格率は高くなると考えられるが，合格率が高ければ指導力が高いと解釈できるだろうか?

そもそもこのデータは予備校の指導力を (直接的に) 測定したものではない．このデータから予備校の指導力を考察できても断定はできない．例えば，A 予備校の学生全員が A 高校の学生で，B 予備校の学生全員が

表 7.1　受験者数と合格者数の仮想データ

	受験者数 [人]	合格者数 [人]	合格率 [%]
A 予備校	260	80	30.7
B 予備校	70	24	34.3

B高校の学生で，もともと(予備校に通う前から) A高校とB高校の学生に学力の差があるとする．そうすると，二つの予備校がまったく同じ講義をしても(すなわち指導力が同じだとしても)，もともとの学力の差から合格率に差が生じる．極端なことをいうと，二つの予備校がまったく講義をしなくても，もともとの学力の差から合格率に差が生じる．このような可能性を十分に否定できなければ，このデータから予備校の指導力について強い結論を導くことはできない．

データ解析の結果を適切に解釈するにはどうすればよいだろうか．そのためには，データがどのような対象者から得られたのか，どのように測定・記録されたのか，測定・記録の質は十分か，といったことを検討しなければならない．その際，解析者はさまざまな背景情報を利用することが望ましい．ただし，解析者の先入観や身勝手な偏見が入り込んではならない．いずれにせよ，データに基づく主張は一見客観的に聞こえるが，恣意的な要素が入り込む余地がある．このようなことを知らなかったり，ぼんやりしたりしているとデータ(または解析者の主張)に騙されてしまうことがある．さらに，無意識に他人に間違った情報を伝えてしまうことがある．データ解析の解釈はそう単純ではないことを知ってほしい．

7.2.2　データのまとめ方による結果の相違

表7.1のデータについて，A予備校の受験者数260人とB予備校の受験者数70人は理学部と法学部のどちらかを受験していたとする．そこで，学部別に結果を整理したところ表7.2が得られたとする．

理学部におけるA予備校とB予備校の合格率はそれぞれ25.0%と20.0%であり，A予備校の方が合格率が高い．法学部におけるA予備校とB予備校の合格率はそれぞれ50.0%と40.0%であり，A予備校の方が合格率が高い．先ほどの表7.1の結果と大きな違いが

表7.2　受験者数と合格者数の仮想データ (学部別)

理学部

	受験者数[人]	合格者数[人]	合格率[%]
A予備校	200	50	25.0
B予備校	20	4	20.0

法学部

	受験者数[人]	合格者数[人]	合格率[%]
A予備校	60	30	50.0
B予備校	50	20	40.0

あることに気が付いただろうか? 表7.1のデータのまとめ方では，B予備校の方が合格率が高い．ところが，表7.2のデータのまとめ方では，A予備校の方がどちらの学部とも合格率が高い．したがって，A予備校は，表7.2の結果を予備校のホームページやパンフレットに掲載することを考えるかもしれない．その情報の受け手はA予備校に対して好印象を抱くかもしれない．このように，まったく同じデータでもまとめ方によって，逆の結論が導かれることがある．このような現象が生じることがあることを知ってほしい．前述したように，このようなことを知らないと情報の提供者に騙されてしまうことがある．どちらの結果を採用するかについて，情報の提供者が意図的に結果を選択していたらどうだろうか? データの捏造(存在しないデータを作成すること)や改ざん(データを改変すること)は情報提供者が完全に悪いといえるが，都合のよい結果を疑うことなく鵜呑みにしてしまったら，騙される方が悪いといわれかねない．情報提供者にとって都合が良過ぎる結果は疑いをもつことも必要である．

7.2.3　結果に相違が生じる条件

前項の要点は，同じデータから逆の結論が導かれることがあることと，情報提供者にとって都合が良過ぎる結果は疑いをもつことも必要ということである．次に考えてほしいことは，先ほどのような逆の結論(逆転現象とよぶ)がなぜ得られるのかということである．どのような方法を用いれば，逆転現象が解明できるだろうか? 次の三つの方法について考えてみよう[7]．

a. グラフを用いる方法：変数間の関係を図に表現する．
b. 数式を用いる方法：数値を変数で表し，数学的関係を式で表現する．
c. 数値を用いる方法：いくつかの数値例を用意する．

これらの方法のもとで，どのような条件のときに，逆転現象が生じるかを調べればよい．順番に調べてみよう．

a. グラフを用いる方法

グラフを用いる方法として，表7.1と表7.2のデータについて，横軸に予備校，縦軸に合格率をとったグラフ(バブルチャート)を図7.1に示す．

図中の円の面積はそのカテゴリーに属する人数に比例している．図中のドット(●)は全体の合格率を表す．表7.2からも同じことが読み取れるが，図7.1から次の二つの特徴が読み取れる．

- **特徴1**　法学部の方が理学部よりも合格率が高い(学部が合格率(合否)に影響する)

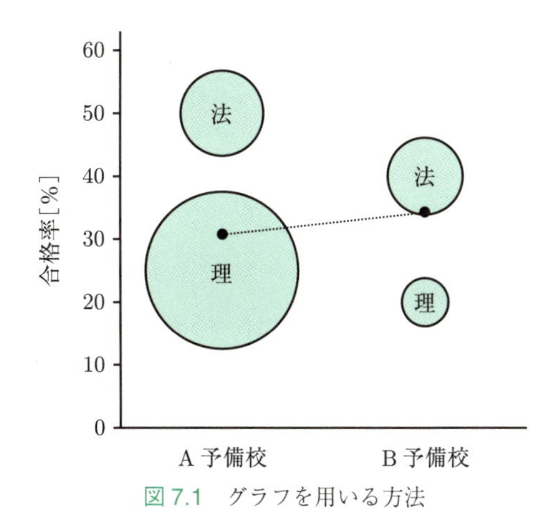

図 7.1　グラフを用いる方法

- **特徴 2**　A 予備校では理学部の受験者数が相対的に多く，B 予備校では法学部の受験者数が相対的に多い (予備校と学部に関連がある)

これより，逆転現象が生じるのは，二つの特徴が生じているから，すなわち，予備校間で合否に影響する要因に不均衡 (アンバランス) が生じているからである．もう少し具体的にいうと，全体の比較では，A 予備校の合格率は合格率が低い理学部の結果に近くなり，B 予備校の合格率は合格率が高い法学部の結果に近くなるからである．

もし特徴 1 が成立していなかったら，すなわち理学部と法学部の合格率が同じであったらどうだろうか? 同様に，特徴 2 が成立していなかったら，すなわち予備校と学部に関連がなかったらどうだろうか? 少なくともどちらか一方でも成立していなかったら，逆転現象は生じないことがわかるだろう．逆にいうと，逆転現象が生じるためには，特徴 1 と特徴 2 がともに成立する必要がある．数学的にいうと，特徴 1 と特徴 2 は逆転現象が生じるための必要条件となる．ただし，必要十分条件ではないことに注意してほしい．

> **必要条件，十分条件，必要十分条件**
> p ならば q ($p \to q$) が成り立つとき，「p は q であるための十分条件」，「q は p であるための必要条件」という．$p \to q$ と $q \to p$ が両方とも成り立つとき，「p は q であるための必要十分条件」，「q は p であるための必要十分条件」という．
> 例：「葛飾区在住」は「東京都在住」であるための十分条件であり，「東京都在住」は「葛飾区在住」であるための必要条件である．(葛飾区在住 (p) →東京都在住 (q) は成立する．東京都在住 (q) →葛飾区在住 (p) は成立しない．)

表 7.3　受験者数と合格者数の仮想データの記号化 (学部別)

理学部

	受験者数 [人]	合格者数 [人]	合格率 [%]
A 予備校	m_A	x_A	p_A
B 予備校	m_B	x_B	p_B

法学部

	受験者数 [人]	合格者数 [人]	合格率 [%]
A 予備校	n_A	y_A	q_A
B 予備校	n_B	y_B	q_B

逆転現象が生じないようにデータをとるにはどうすればよいだろうか? 先ほど述べたように，特徴 1 と特徴 2 の少なくともどちらか一方でも成立していなかったら，逆転現象は生じない．ただし，特徴 1 を不成立にすることはできない．一方で，予備校ごとに理学部と法学部の受験者数の比が同じ (程度) になるようにデータをとれば，特徴 2 を不成立にすることができる．このように，データをうまくとれば，学部が原因による逆転現象は生じないので，データ解析や結果の解釈が容易となる．ただし，実際のデータ解析では，学部以外の原因によって逆転現象が生じることがあることに注意してほしい．さらに，二つの予備校の合格率の差を偏りなく評価するには，逆転現象だけでなく，表 7.1 と表 7.2 の解析結果の定量的な違いに注目する必要がある．

b. 数式を用いる方法

数式を用いる方法として，表 7.2 のデータを表 7.3 のように記号で表現する．

これより，各予備校の全体の合格率 (A 予備校: r_A，B 予備校: r_B) は次のように表現できる．

$$
\begin{aligned}
r_A &= \frac{x_A + y_A}{m_A + n_A} \\
&= \frac{m_A}{m_A + n_A} \cdot \frac{x_A}{m_A} + \frac{n_A}{m_A + n_A} \cdot \frac{y_A}{n_A} \\
&= w_A p_A + (1 - w_A) q_A \quad \left(w_A = \frac{m_A}{m_A + n_A} \right) \\
r_B &= \frac{x_B + y_B}{m_B + n_B} \\
&= \frac{m_B}{m_B + n_B} \cdot \frac{x_B}{m_B} + \frac{n_B}{m_B + n_B} \cdot \frac{y_B}{n_B} \\
&= w_B p_B + (1 - w_B) q_B \quad \left(w_B = \frac{m_B}{m_B + n_B} \right)
\end{aligned}
$$

予備校の全体の合格率は理学部の合格率と法学部の合格率の重み付き平均で表現できることがわかる．したがって，w_A と w_B が 1 に近いとき (ほぼすべての学

表 7.4　受験者数と合格者数の仮想データ

理学部

	受験者数 [人]	合格者数 [人]	合格率 [%]
A 予備校	100	25	25.0
B 予備校	100	20	20.0

法学部

	受験者数 [人]	合格者数 [人]	合格率 [%]
A 予備校	100	50	50.0
B 予備校	100	40	40.0

全体

	受験者数 [人]	合格者数 [人]	合格率 [%]
A 予備校	200	75	37.5
B 予備校	200	60	30.0

生が理学部を受験する場合) 全体の合格率 r_{A} と r_{B} はそれぞれ p_{A} と p_{B} に近くなる．同様に，w_{A} と w_{B} が 0 に近いとき (ほぼすべての学生が法学部を受験する場合) 全体の合格率 r_{A} と r_{B} はそれぞれ q_{A} と q_{B} に近くなる．

さらに，$p_{\mathrm{A}} > p_{\mathrm{B}}$，$q_{\mathrm{A}} > q_{\mathrm{B}}$ であっても，$p_{\mathrm{A}} < q_{\mathrm{B}}$ であれば，w_{A} が 1 に近く w_{B} が 0 に近いほど，全体の合格率では B 予備校の方が大きくなることがわかる．ここで，特徴 1 (学部が合格率に影響する) が成立すると $p_{\mathrm{A}} < q_{\mathrm{B}}$ が成立しやすくなり，特徴 2 (予備校と学部には関連がある) が成立すると w_{A} と w_{B} に差が生じやすくなる．これらの二つの特徴の強さによって逆転現象の程度が決まってくる．グラフを用いる方法も数式を用いる方法も注目すべき点は同じである．

c. 数値を用いる方法

前述したように，予備校ごとに理学部と法学部の受験者数の比が同じ (程度) になるようにデータをとれば，学部が原因による逆転現象は生じない．これを数値で確認してみよう．状況を単純にして，各予備校の各学部の受験者数をすべて 100 人として，合格率を表 7.2 の値のままとすると，表 7.4 が得られる．

これより，学部別の結果と全体の結果はともに A 予備校の合格率の方が高く，逆転現象は生じないことがわかる．前述したように，仮想的ではあるが，理学部と法学部の合格率が同じであれば，逆転現象は生じない．これを確かめることは読者に任せたい．

7.2.4　最終的な結論は?

最終的には表 7.1 と表 7.2 のどちらの結果を採用すればよいだろうか．A 予備校と B 予備校のどちらの合格率が高いとするのが適当であろうか．これを決めるには，データ解析の目的を考える必要がある．目的が定まっていなければ，何が適当であるか，判断できないからである．データ解析の目的が，二つの予備校の合格率を公平に比較すること，すなわち，予備校が合否に与える影響を調べることであれば，合格率 (合否) に影響する要因の影響を考慮・調整すべきである．このとき，変数間の関係を整理すると図 7.2 が得られる．

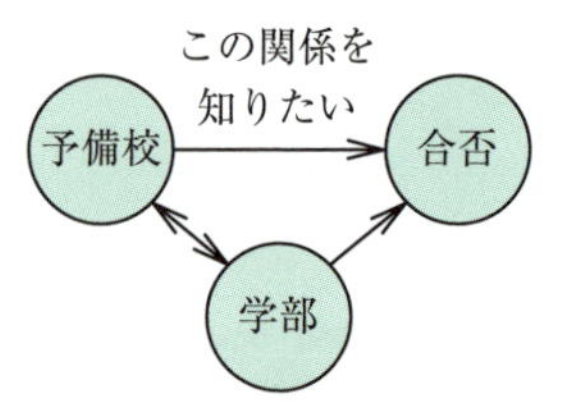

図 7.2　変数間の関係

今回の仮想例ではあまり現実的ではないが，合否に影響する要因が学部のみであれば，学部で調整した結果，すなわち表 7.2 の結果が優先されるであろう．表 7.1 の結果では，合格率の違いが (学部以外の) 予備校の特徴 (学生の能力や指導力) によるものなのか，受験する学部の違いによるものなのかの区別ができない．データ解析の目的が予備校の「指導力の違い」を知ることであれば，7.2.1 項で述べたように，このデータから予備校の指導力について強い結論を導くことは困難である．

7.2.5　医学データも同じこと

本稿では，状況や問題が実感できるように大学の受験者数と合格者数に関する仮想データを採用したが，問題の本質は医学データでも同じである．例えば，表 7.1 と表 7.2 の数値は変えずに「予備校」を「薬剤 (A 薬・B 薬)」，「学部」を「患者の重症度 (重症・軽症)」，「合否」を「効果」にすると表 7.5 が得られる．

表 7.5　医学データの仮想例

症状が重い患者

	患者数 [人]	効果あり [人]	割合 [%]
A 薬	200	50	25.0
B 薬	20	4	20.0

症状が軽い患者

	患者数 [人]	効果あり [人]	割合 [%]
A 薬	60	30	50.0
B 薬	50	20	40.0

全体

	患者数 [人]	効果あり [人]	割合 [%]
A 薬	260	80	30.7
B 薬	70	24	34.3

先ほどの数値例では，データ解析の目的として，二つの予備校の合格率を公平に比較することをとりあげた．ここでも同様に，データ解析の目的として，二つの薬剤を公平に比較することにする．患者や医師の立場に立って考えると，どちらの薬剤を選択すべきだろうか?二つの薬剤の安全性や経済性が同じであれば，より効果が期待できる薬剤を選択したいと考えるのが自然であろう．7.2.1 項で述べたように，データ解析の結果を適切に解釈するには，さまざまな背景情報を利用することが望ましい．したがって，この場合は，対象とする疾患，疾患の診断法や標準的な治療法などに関する医学的な知識が必要である．このような理由で，単なる統計学の専門家ではなく，各分野に精通した統計家が存在するのである．統計学の適用場面は，医学，薬学，毒性学，疫学，環境学，生物学，遺伝学，農学，教育学，心理学，経済学など多岐にわたっている．

7.2 節のまとめ

- データ解析の結果を適切に解釈するには，データがどのような対象者から得られたのか，どのように測定・記録されたのか，測定・記録の質は十分か，といったことを検討する．
- データ解析の解釈にあたり，さまざまな背景情報を利用する．ただし，解析者の先入観や身勝手な偏見を持ち込んではならない．
- 同じデータから逆の結論が導かれることがある．このことを知らなかったり，ぼんやりしたりしているとデータ (または解析者の主張) に騙されてしまうことがある．さらに，無意識に他人に間違った情報を伝えてしまうことがある．
- 情報提供者にとって都合が良過ぎる結果は疑いをもつことも必要である．

7.3 医療統計学はどんな学問だろうか

7.3.1 医療統計学という学問名

著者の専門分野は「医療統計学」である．この分野は，生物統計学，医学統計学，バイオ統計学，臨床統計学，医薬統計学など，biostatistics や medical statistics に対応する学問名として，さまざまな用語が使用されている．例えば，大学の医療統計学に関連する分野，教室，研究室の名称として，次のようなものが使用されている (2017 年 5 月時点).

- 北海道大学大学院 医学研究院 社会医学分野 医学統計学教室
- 東北大学大学院 医学系研究科 公衆衛生学専攻 情報健康医学講座 医学統計学分野
- 東京大学大学院 医学系研究科 公共健康医学専攻 生物統計学分野
- 中央大学 理工学部 人間総合理工学科 生物統計学研究室
- 北里大学薬学部 臨床医学 (臨床統計学)
- 横浜市立大学 医学研究科医科学専攻 臨床統計学
- 名古屋大学医学系研究科 生物統計学分野
- 京都大学大学院 医学研究科 社会健康医学系専攻 医療統計学
- 久留米大学大学院医学研究科 バイオ統計学

7.3.2 医療統計学の説明

医療統計学の説明について，いろいろなものがあるが，著者は次の二つの説明を好んでいる．

(1) **佐藤俊哉・松山 裕 (2000)**[4] 医学・健康科学における統計的問題を解決するための方法論を発展させ，その方法論を用いて実際に臨床研究者や疫学の専門家と一緒に問題解決を行う固有の学問分野．

(2) **吉村 功 (1994)**[8] 生命・健康現象に関連するデータの集め方とまとめ方，データの理解の仕方，そのための理論と技法，そういったものを研究し整理している分野．

単純な説明としては「統計学を医学・健康科学領域に応用する統計学の一分野」とすることが多い．(1) の説明では，医療統計学を「固有の学問分野」，単純な説明では，それを「統計学の応用分野のひとつ」としていることが大きな違いである．

この説明からわかるように，医療統計学の目的は，医療統計学の方法論を発展させることと，医療統計学の方法を実際の医学・健康分野の研究に適用してそれらの分野を発展させることの二つであるといえる．このような背景を踏まえて，著者の研究室では，研究の概要として，大学のパンフレットや研究室のホームページに，次の紹介文を掲載している．

> 医学研究や毒性試験 (安全性試験) を中心に，研究 (試験) の計画 (データのとり方，調査の仕方) とデータ解析の方法論について研究を行っています．とくに，医学研究では医薬品を，毒性試験では化粧品を対象にして，それらの有効性や安全性を評価するための研究 (試験) 計画やデータ解析について検討・考察します．さらに，実際の医学研究や毒性試験に参加して，得られた成果を社会に還元します．

実際の医学研究や毒性試験では，データ解析だけを行っていると思われがちであるが，それは大きな誤解である．医療統計学の対象はデータ解析だけではない．先ほど述べたように，医療統計学は，医学研究の計画，データの管理，データの解析，結果の解釈・報告のすべてにかかわっている．医療の発展には，なくてはならない学問である．

7.3.3　医療統計学の方法論を発展させる理由

医療統計学の方法論は十分に整備されているだろうか? 少し補足したい．そもそも医療統計学の方法論の基礎となる統計学は，あらゆる方法論を用意しているというほど完全ではない．さらに，医療統計学が対象とする医学・健康分野の研究は日々発展している．そのため，既存の医療統計学の方法だけでは問題が解決しないことがあり，方法論の発展が必要となるのである．逆に，新しい方法論を考えて，それを医学・健康分野の研究に適用することで，既存の方法では得られない知見が得られることがある．

このような分野を含めて医療統計学の方法論の発展や普及を目指している学会が日本計量生物学会であり，次のような目的を掲げている．

> 日本計量生物学会は，生物学・医学・農林水産学・生態学・環境科学などの諸分野の研究を，計量的・数学的・統計的手法を用いて推進するとともに，そのような研究手法の普及，関連研究者相互の交流を推進し，かつ，外国の研究団体との連絡を密にすることを目的としています．
> (http://www.biometrics.gr.jp/about/establishment.html)

佐藤・松山 (2000)[4] による医療統計学の説明で述べたように，医療統計学の方法論には，医学研究の計画，データの管理，データの解析，結果の解釈・報告が含まれることを改めて強調したい．

7.3 節のまとめ

- 医学データの解析だけが医療統計学ではない．医療統計学は，医学研究の計画，データの管理，データの解析，結果の解釈・報告に対する統計的方法論を与えている．
- 医療統計学は，医療の発展には，なくてはならない学問である．

7.4　医療統計学の研究の例

著者の研究室は 2015 年 4 月に発足した新しい研究室である．発足当時は，東京理科大学工学部第一部経営工学科の研究室として，神楽坂キャンパスに研究室があった．2016 年 4 月に経営工学科が工学部情報工学科に改組され，研究室が葛飾キャンパスに移転した．発足から 2 年間が経ち，これまで修士課程の学生 2 名 (2016 年度) が修了，学部学生が 23 名 (11 名：2015 年度，12 名：2016 年度) が卒業した．これらの学生とともに，実際の医学研究や毒性試験に参加して，新たな科学的知見を見いだしたり，新しい統計学的方法論を開発したり，新しく提案された方法の性能を明らかにしてきた．研究の多くが，外部の大学 (京都大学，大阪大学，鳥取大学，順天堂大学，昭和大学など)，研究所 (国立医薬品食品衛生研究所，農業生物資源研究所)，企業との共同研究である．

医療統計学に関する研究の例として，これまでの修士論文と卒業論文の概要を「医学研究」，「毒性試験」，「統計学一般」に分けて紹介する．ただし，医療統計学に関する研究は多岐にわたるので，ここで紹介する研究はその一部に過ぎないことに注意してほしい．

7.4.1 医学研究

2015 年度

- ケース・クロスオーバーデザインを用いた日照時間と鉄道自殺の関連の評価

  ケース・クロスオーバーデザインを用いて，個人に起因する交絡の影響を調整した上で，自殺発生日の数日間前の日照時間と鉄道自殺の関連を検討した．先行研究 (Kadotani et al., 2013)[1] と同様の結果が示され，先行研究の解析結果の妥当性が明らかになった．
- 小児食物アレルギー負荷試験における抗体価の換算式の構築 (千葉大学との共同研究)

  千葉大学医学部小児科で得られたデータ (433 名) を使用して，アレルギーの程度を診断する特異的 IgE 抗体価検査である ImmunoCAP 法と新しく開発されたアラスタット 3G 法の抗体価の違いを明らかにして，その差を補正する換算式を構築した．
- 傾向スコアを用いた解析による胸腺上皮性腫瘍に対する術後放射線照射の意義の検討 (京都大学との共同研究)

  胸腺上皮性腫瘍データベース (解析対象者 1 265 名) を使用して，傾向スコアを用いた解析により，正岡 II 期・III 期の胸腺腫・胸腺がん患者に対する術後放射線治療の有効性を明らかにした．先行研究 (Omasa et al., 2015)[2] と同様の結果が示され，先行研究の解析結果の妥当性が明らかになった．
- 医薬品副作用データベースの特徴の要約と副作用報告数に影響する要因の検討

  医薬品副作用データベース (Japanese Adverse Drug Event Report database) の特徴と使用上の注意点を整理した．さらに，医薬品の安全対策措置として，緊急安全性情報 (イエローレター)・安全性速報 (ブルーレター) と全例調査をとりあげ，それらが副作用報告数に与える影響を評価した (関山，寒水，2016)[5]．
- 大動脈弁膜疾患における大動脈弁弁口面積に影響する要因の探索的研究 (鳥取大学との共同研究)

  「日本人における動脈硬化性大動脈弁膜疾患の発症・進展予防の研究」(Yamamoto et al., 2015)[3] で得られたデータ (解析対象者 359 名) を使用して，動脈硬化性大動脈弁膜疾患に関連する要因間の関係や大動脈弁弁口面積に影響する要因を検討した．

2016 年度

- アルツハイマー型認知症を対象とした臨床試験における主要評価変数の選択状況

  臨床試験の情報を登録するデータベース (Clinical Trial.gov) を利用して，アルツハイマー型認知症を対象とした薬剤のランダム化比較試験 (79 試験) の試験デザインの特徴や主要評価変数の選択状況を明らかにした．
- 大動脈弁膜疾患患者の弁口面積に対するワルファリンの影響 (鳥取大学との共同研究)

  全国の 14 の医療機関で得られたデータ (430 名) を使用して，石灰化大動脈弁膜疾患患者における大動脈弁弁口面積に対するワルファリン (経口抗凝固薬) の影響を評価した．
- 薬局薬剤師による高血圧患者への生活習慣の改善支援の効果 (京都大学との共同研究)

  京都大学大学院医学研究科で行われた「保険薬局薬剤師による高血圧患者への生活習慣改善支援に関する研究」で得られたデータ (125 名) を使用して，薬局薬剤師による生活習慣の改善支援が高血圧患者の血圧の低下に有効である可能性を示した．
- 胸腺上皮性腫瘍の完全切除患者における競合リスクを考慮した再発のリスクの推定と結果の提示に関する研究 (京都大学との共同研究)

  京都大学医学部附属病院呼吸器外科で，胸腺上皮性腫瘍の完全切除を受けた患者のデータ (180 名) を用いて，患者の背景情報から，術後 5 年，10 年，15 年時点の「再発による死亡」と「第 2 がんによる死亡」の発生確率を患者ごとに予測した．
- 全身麻酔下における頭頸部手術後の悪心と嘔吐に対する胃管挿入の有効性 (昭和大学との共同研究)

  昭和大学横浜市北部病院で全身麻酔下における頭頸部手術を受けた患者のデータ (37 名) について，介入群 (水の吸引を目的とした胃管の挿入あり) と非介入群 (胃管の挿入なし) の全身麻酔終了後の悪心・嘔吐，不安，痛みの程度を比較した．
- 乳がんの抗がん剤治療に対する冷却グローブ・ソックスの装着期間の検討 (京都大学との共同研究)

  京都大学医学部附属病院における女性の乳がん患者のデータ (36 名) を使用して，パクリタキセル (乳がんの化学療法) に起因する (手足のしびれなどの) 末梢神経障害の予防法としての冷却グローブ・ソックスの装着期間の方針を検討した．
- 乳がん領域の多群比較臨床試験における多重性調整法の実態調査 (国立がん研究センターとの共同研究)

Journal of Clinical Oncology, The New England Journal of Medicine, The Lancet, The Lancet Oncology の 2010 年以降の公表論文から，適格基準を満たす「乳がん領域における 3 群以上の比較臨床試験の論文」を抽出して，論文の本文，試験実施計画書，臨床試験登録システムを情報源にして，実際に使用されている試験デザインや多重性調整法の実態を明らかにした．

- 医薬品副作用データベースの医薬品名の誤入力と表記ゆれに関する研究

医薬品副作用データベース (Japanese Adverse Drug Event Report database) における医薬品名に対して簡単な文字変換とレーベンシュタイン距離を適用して，誤入力や表記ゆれを抽出して，JADER を利用する際の注意点を整理した．

7.4.2 毒性試験

2015 年度

- Vitrigel-EIT 法による眼刺激性の判定法の提案 (国立研究開発法人 農業生物資源研究所との共同研究)

眼刺激性試験に対する動物実験代替法である Vitrigel-EIT (Eye Irritancy Test) 法における眼刺激性の新しい判定法を提案した．バリデーション研究で得られたデータ (36 物質・3 施設) に対して，最適なカットオフ値を決めて，感度，特異度，正確度を評価した．さらに，バリデーション研究の主導施設で得られたデータ (118 物質) について，感度，特異度，正確度を評価して，新しい判定法の有用性を明らかにした．

2016 年度

- 皮膚感作性試験代替法 ADRA 法のバリデーション研究 (化学メーカー 5 社との共同研究)

皮膚感作性試験に対する動物実験代替法である ADRA (Amino acid Derivative Reactivity Assay) 法のバリデーション研究のデータから，ADRA 法の施設内再現性，施設間再現性，予測性を評価して，その有用性を明らかにした．

- 動物実験代替法のバリデーション研究における施設間再現性の統計学的定式化

動物実験代替法のバリデーション研究における施設間再現性の指標を統計学的に定式化し，被験物質が陽性と判定される確率の各種条件のもとで，研究の参加施設数が 3 施設と 4 施設の場合の施設間再現性の指標精度の違いを明らかにした．

7.4.3 統計学一般

2015 年度

- ある特定の集団における治療効果の推定方法に関する研究

生存時間解析における Cox の比例ハザードモデルを前提にして，シミュレーション実験により，部分集団解析と交互作用解析の推定精度に関する指標 (対数ハザード比の推定可能割合，バイアス，平均二乗誤差の平方根，被覆確率，標準誤差) を比較して，両者の使い分けの方針を明らかにした．

- Mixed Model for Repeated Measures 解析を前提とするサンプルサイズ設計の相対効率に関する研究

臨床試験におけるサンプルサイズ設計について，各種条件 (応答変数の測定時点数，時点間の相関構造，各時点の欠測割合) のもとで，2 標本 t 検定を前提にする方法と Mixed Model for Repeated Measures 解析を前提とする方法のもとでのサンプルサイズの違いを評価した．

- 中国におけるハイブリッド車の普及の阻害要因の検討

中国におけるハイブリッド車の普及の阻害要因を，文献調査を通じて，政治，経済，社会，技術の観点から検討した．さらに，中国人を対象にアンケート調査を行い (回答数 104 名)，ハイブリッド車の認知度やハイブリッド車に対する見解を調べた．

- 生存時間解析を主解析とする標本サイズ設計における試験期間の感度解析法

生存時間解析を主解析とする臨床試験における標本サイズ設計について，標本サイズ (試験の参加者数) と試験期間の組み合わせを視覚的に捉えるための方法 (両者の数理的な関係の導出と図示) と，試験期間の不確実性を評価するための方法 (試験期間の確率密度関数の導出と図示) を開発した．

- 薬学部における統計学の講義の実態調査

日本の薬学部 (6 年制) における統計学の入門講義を対象にして，大学の Web 上に公開されているシラバスや教員情報などから，その実態 (講義の形態，指定教科書，担当教員の専門分野，講義内容など) を調査した．さらに，医学部医学科の結果との比較を通じて，その特徴を明らかにした (松村ら，2016)[6]．

2016 年度

- 臨床試験における累積データの不均一性を考慮し

て試験治療の有効性を評価するベイズ流解析法(修士論文)

すでに実施された臨床試験のデータ (累積データ) と新規試験データに不均一性が生じると，両データを併合して試験治療の有効性を Bayes 流に解析する方法の第一種の過誤確率が有意水準以下にならないことがある．そこで，(1) 両データの不均一性に応じて累積データを併合する割合を決める方法と，(2) 両データの不均一性に応じて試験群と対照群の有効率の差の事後分布を調整する方法を提案し，その性能を評価した．

- 標的部分集団解析を設定する臨床試験における多重比較法に関する研究 (修士論文)

  臨床試験の全体集団と標的部分集団における試験治療の有効性を同時に評価するための多重比較法である Constant function 法と 4A function 法の第 1 種の過誤確率と検出力を計算し，前者の検出力が後者の検出力を上回る状況を明らかにした．

- 日本の歯学部における統計学の入門講義の実態調査

  日本の歯学部 (27 大学 29 学部) における統計学の入門講義を対象にして，大学の Web 上に公開されているシラバスや教員情報などから，その実態 (講義の形態，指定教科書，担当教員の専門分野，講義内容など) を調査した．さらに，医学部医学科と薬学部の結果との比較を通じて，その特徴を明らかにした．

- 医学部医学科における統計学の講義の再調査

  日本の医学部医学科と薬学部における統計学の入門講義の実態調査の結果を比較する上で，両調査における講義の選定条件の違いが比較の妥当性を損ねている可能性を示した．そこで，薬学部に対する調査方法のもとで，医学部医学科における調査を再度行った．

7.5 おわりに

本稿では，自然科学分野の研究者や技術者の基本的な素養として，どのようにデータと向き合えばよいかについて入門的な話題を述べた．さらに，著者の専門分野である医療統計学の概要と研究の例を紹介した．

本稿の内容が少しでも役に立つと感じ，医療統計学に興味をもっていただけたら幸いである．

謝辞

本章の 7.2 節は著者の恩師である吉村 功氏 (東京理科大学名誉教授) の論文 (2002) が基礎となっている．7.4 節は，寒水研究室の学生諸氏の卒業論文と修士論文の概要をまとめたものである．本章をまとめるにあたり，大東智洋氏 (修士課程学生)，宮内佑氏 (修士課程学生)，熊澤雅代氏 (研究室秘書) には，原稿をていねいに読んでいただき，多くの誤りや改善点を指摘していただいた．以上の方々にこの場を借りて感謝の意を表したい．

参 考 文 献

[1] H. Kadotani, Y. Nagai, and T. Sozu: "Railway suicide attempts are associated with amount of sunlight in recent days," *Journal of Affective Disorders*, **152**, 162–168 (2014).

[2] M. Hamaji, F. Kojima, M. Omasa, T. Sozu, T. Sato, F. Chen, M. Sonobe, H. Date: "A meta-analysis of debulking surgery versus surgical biopsy for unresectable thymoma," *European Journal of Cardio-Thoracic Surgery*, **47**, 602–607 (2015).

[3] K. Yamamoto, H. Yamamoto, M. Takeuchi, A. Kisanuki, T. Akasaka, N. Ohte, Y. Hirano, K. Yoshida, S. Nakatani, Y. Takeda, T. Sozu, T. Masuyama: "Risk factors for progression of degenerative aortic valve disease in the Japanese: The Japanese aortic stenosis study (JASS) prospective analysis," *Circulation Journal*, **79**, 2050–2057 (2015).

[4] 佐藤俊哉，松山 裕："医学研究になぜ生物統計が必要か"，分子がん治療，**1**，69–74 (2000).

[5] 関山英孝，寒水孝司："医薬品副作用データベースの要約と副作用報告数に影響する要因の検討"，計量生物学，**37**，89–100 (2016).

[6] 松村美奈，中山拓人，寒水孝司："日本の薬学部における統計学の入門講義の実態調査"，薬学雑誌，**136**，1563–1571 (2016).

[7] 吉村 功："どうしたらデータの取り扱い方の重要性を若者に伝達できるだろうか"，統計数理，**50**，91–97 (2002).

[8] 吉村 功："医学統計の発展と課題"，竹内 啓，竹村彰通 編，数理統計学の理論と応用 (東京大学出版会，1994).

[9] 吉村 功，大森 崇，寒水孝司：医学・薬学・健康の統計学—理論の実用に向けて (サイエンティスト社，2009).

8. 医療研究のデザインと解析の考え方と最近の動向

8.1 はじめに—医療とデータサイエンス

医療とデータサイエンス (統計学) というとあまり明確な関係がないように考える人が多いかもしれないが，現在では，治療法を選択する上では EBM と IC が基本となっている．EBM (evidence based medicine) を直訳すると，「証拠に基づいた医療」となるだろうか．IC (informed consent) は「説明と同意」と訳される．一昔前は，患者が病院にいくと，医師が「この薬を使用してみましょう」とすぐに治療法を決めてくれたものである．患者が医師を信頼し治療法の選択を委ね，医師はこれまでの自身の経験から患者にとって最もよいと考えられる治療法を選択していた時代である．死語になりつつあるが，「3 時間待ちの 3 分診療」という言葉が存在した．これに対し，EBM では治療法を選択する根拠となるのは，科学的なデザインに基づいて行われた臨床試験の結果である．医師は患者に複数の治療法の選択肢を示し，それぞれの利点と欠点を最新の臨床試験の結果に基づいて十分な時間をかけて説明し，患者はその内容を理解して同意した上で，治療を受けるのが現在の医療である．実際の医療で，手術を受ける場合には，IC を行うために 1 時間以上の時間をかけることもある．

医師が病気の診断法や治療法を選択する際には，明確な科学的根拠が必要とされる時代になった．これはもちろん患者にとっては望ましいことではあるが，EBM を実現させるためには大きな障害がある．それは医療・健康に関する “情報” の氾濫である．医薬ジャーナル，インターネット，新聞，テレビなどのマスメディアから，発信される医薬に関する情報量は莫大なものである．したがって，ピンからキリまであるさまざまな情報源の中から，どの情報が科学的に最も信頼性が高いかを判断することが，医療従事者，そして健康に長生きをすることを望む非医療従事者にも要求されている．その判断をする上で，データサイエンスは決定的に重要な役割を果たす．言い換えれば，統計学的な知識がないとデータにだまされることになる．医療における統計学の重要性について，次のような言葉を残した医療従事者がいる．

> To understand God’s thought, we must study statistics, for these are the measure of his purpose. (神の教えを理解するために統計学を勉強しなければならない．統計学は神の意図を測るための手段である．)

誰の言葉かおわかりだろうか．よくご存知のフローレンス・ナイチンゲール (Florence Nightingale, 1820–1910) である．小中学生の頃，ナイチンゲールの伝記を読んで，その献身的な看護に感動した人もいるのではないだろうか．彼女は 19 世紀に活躍し，当時としてはたいへん長生きで，90 歳で亡くなっている．ただし，英国の裕福な家に生まれたものの体が丈夫ではなかった彼女は，臨床の看護婦として従事した期間は数年と非常に短かった．臨床の看護婦としてあまり活躍しなかった彼女が，世界一有名な看護婦になったのはなぜだろうか? 実は，ナイチンゲールは “献身的な白衣の天使” というステレオタイプのイメージとはまったくの別人で，実際の彼女は “統計データを駆使して，男と対等に渡り合うキャリアウーマン” であった[1]．

「クリミアの天使」は，その伝記の中で「情熱的な統計家」と記述されている．彼女の活躍した 19 世紀当時は衛生学が確立されておらず，ナイチンゲールが働いていた戦場の病院における兵士の死亡率は非常に高かった．兵士が負傷すると汚れた布で傷口を拭くことなどが行われ，負傷より，傷口からの感染症を原因とする死亡が多かったためである．ナイチンゲールの最大の業績は，熱湯消毒などを導入することによって戦場における兵士の死亡率を激減させたことである．実際，彼女の働いていた病院の死亡率は 42%から 2%に低下した．ただし，彼女がこのことを成し遂げるのは簡単ではなかった．軍隊はいまでも，男性優位な縦割り社会である．彼女が自分の主張を封建的な軍隊で通すためには，統計データによる理論武装が必要であり，彼女は統計学を学習した．ナイチンゲールの鋭い知性は，統計的方法の効用を理解し，統計データをもとに人々を説得しなければ人は動かないことを感じていた．

また後年は各種の衛生統計，看護統計の完備に尽力し，現在の厚生労働大臣的な役割を果たした．その彼女は統計学についても専門的知識を有しており，国際統計学会の会員でもあった．ナイチンゲールの残した言葉は，現代においてはさらに重要である．われわれは高度情報化社会の中で生活し，かつ神様はたいへん意地悪で，統計学を知らない人には，さまざまな落とし穴を用意しているからである．

本章では，身近な話題として最初に「納豆の効果」を評価する事例に基づき，EBMの中で医療統計学的な視点が果たす役割について解説し，その後で，医薬研究のデザインと解析の考え方の一般論，日本で行われた最大規模の臨床試験MEGA studyについて紹介する．さらに最近の生物統計家・試験統計家の育成の動向について紹介する．

8.2　ある事例における研究の“証拠”としての評価

次の記事は，日経BizTechニュースに掲載されたものである．

> **「納豆は二日酔いを防ぐ！」，N協同組合連合会が実験データを発表**
>
> アルコールを飲んだ後に納豆を食べると，二日酔いの予防になる．こんな結果を，N協同組合連合会が発表した．
>
> 30～40代の男性5人に日本酒4合を飲んでもらい，血液中のアルコール濃度を測定．この後，納豆100g食べた場合と，食べなかった場合の2パターンについて，1時間後に再度，血中アルコール濃度を測った．
>
> その結果，納豆を食べた場合はアルコール濃度が2%下がり，食べなかった場合は11%増加していた．これは，同連合会が行った実験によるもので，納豆菌やタンパク質，イソフラボノサポニンなどの納豆に含まれる成分が，血中アルコール濃度を低下させたと考えられるとし，アルコールを飲む際には納豆を食べることを勧めている（表8.1）．
>
> 同様に，別の20代後半～50代の男性20人を対象にした実験では，毎日100gの納豆を20日間食べ続けた後と食べる前とを比べると，血中のγ-GTP（γ-glutamyltransferase：肝機能の指標）が1.7%減少する結果となった．
>
> また，20～50代の男女60人を対象とした実験では，毎日100gの納豆を20日間食べ続けた後と，食べる前とを比べると，中性脂肪が13.1%減少，コルチゾール（糖や脂質の代謝を促進する物質）が26.9%増加するなど，美容や生活習慣病の予防にも役立つとしている．

表8.1　納豆の実験．被験者5人（30～40代男性）

日本酒4合を飲んだ後納豆100gを食べた場合	1時間後のアルコール濃度2%減
日本酒4合を飲んだ後納豆を食べない場合	1時間後のアルコール濃度11%増

この記事によると，納豆は二日酔いを防止する効果のみならず，肝臓にもよく，また生活習慣病を予防して，美容にもよい夢の健康食品のように記述されているが，本当にそうだろうか?

最初に二日酔いの予防効果を調べる実験について考察してみる．

この実験では5人の被験者について，納豆を食べさせた場合とそうでない場合で，血中アルコール濃度を測定し，その結果，平均値に－13%の差があったので，納豆に二日酔いの予防効果があると結論付けている．しかしこの研究の“証拠”としての価値は高いといえるだろうか? いくつかの問題点がある．

(1) 偶然の可能性

5人という少数例で評価を行っているのが大きな問題である．お酒の強さは個人間差が大きく，また同一個体でも，日によって酔い方が異なる．これは，代謝能力の個体間差と，同一個体内でもその日の食事や体調で同じ量のお酒を飲んでもアルコール濃度の上昇の仕方が大きく異なるからである．少数例で血中アルコール濃度のばらつきが大きければ，13%程度の差であれば，本当は差がなくてもたまたまの偶然で差が生じた可能性が高い．すなわち統計学の専門用語でいうところの本当は差がないときに誤って差があると判断するαエラーを犯している可能性がある．得られた差が偶然の範囲内か，偶然を越えた意味あるものかを判定するためには，通常は統計学的有意差検定を行うが，その結果についての記述がなく，偶然の可能性を否定できない．統計的検定を有意水準5%で行えば，本当は差がないときに誤って差があると結論付ける可能性を5%以内に抑えることができる．

(2) 結果の一般化可能性

どの程度お酒に強い人を対象としたかで，研究結果がどこまで一般化できるかが異なってくる．この研究では，被験者に短時間に日本酒4合を飲んでもらっている．したがって対象者は，かなりお酒が強い人たちである．お酒が強い人ばかり集めて，納豆に血中アルコール濃度を抑制する効果が証明できたとしても，お酒が弱い人について同様の二日酔い防止効果があるかは疑わしい．この研究は30〜40代の男性5人についての結果であり，20代の若者，65歳以上の高齢者，女性に対する効果についての情報はない．

(3) 比較可能性の保証1 (ランダム化)

この実験では日本酒4合を飲ませた後，一人の被験者について納豆を食べた場合(A)とそうでない場合(B)の，2通りで血中アルコール濃度を測定しているが，AとBの実験の順番をどのように決めたのだろうか? 例えば，最初に全員Aの場合を行い，翌日にBの実験を行ったとすると，前日に行ったAのときのアルコールが残存して，2回目のBの実験を行うときには，血中アルコール濃度が上昇しやすいかもしれない．公平な比較を行うためには，通常どちらを先に行うかを，確率的に決定するランダム化を行う必要がある．例えばコイントスを行って，表が出ればAを先に，裏が出ればBを先に行うようにすれば，五分五分の確率で，A→BとB→Aの処置に割り付けられ，比較の可能性が保証されることになる．このようなランダム化を行ったかどうかの記載がこの記事にはない．

(4) 比較可能性の保証2 (残存効果と曜日の効果)

さらにこのような実験では，前の処置の残存効果 (carryover effect) を除くためにAとBの間隔を十分あける必要がある．この間隔を前の処置を洗い流す時間ということでウオッシュアウト (washout) 期間とよぶ．AとBの実験を2日連続して行うと，前日のアルコールは翌日に持ち越される可能性が高いし，また納豆も1日くらいであれば，イソフラボノサポニンなどの有効成分の効果が体内に残存してしまうかもしれない．また公平な比較を行うためには，実験の曜日も重要である．曜日によって酔いやすさが異なるからである．具体的に考えてみると，月曜日と金曜日はどちらが酔いやすいだろうか? 月曜日は，土日休んだので，体力も睡眠も十分で，また週末までしばらく働かなければいけない緊張感から，酔いにくい傾向にある．これに対し金曜日になると疲れがたまっていて，また土日は会社が休みという開放感から酔いやすい傾向にあり，翌日二日酔いに最もなりやすい曜日といえる．二日酔いに対する予防効果を調べるためには，残存効果を除き，曜日の影響を除くために，実験AとBの間隔は1週間程度あけて同じ金曜日に行うことが望ましいと考えられる．また血中アルコール濃度には前日の食事，睡眠時間などの健康状態が大きな影響を及ぼすと考えられるので，これについても規定するのが望ましい．

(5) 効率性

十数%程度のアルコール濃度の違いに医学的な十分な効果があるか?

この実験では納豆を食べた場合とそうでない場合で血中アルコール濃度に平均で13%の差があったわけだが，この差に医学的に大きな価値があるといえるだろうか? この例では，4合ということで720 mLほどの日本酒を飲ませているが，この量の13%というのは，94 mLとコップ半分ほどの量である．納豆100 gは，2パック分であり，お酒を飲んだ後に食べる量としてはかなり多い．その結果がコップ半分相当の量のアルコールを抑えるということであれば，あまり効率的な二日酔い対策とはいえず，むしろコップ半分お酒を飲むのを我慢する方が楽である．

(6) 比較対照群の必要性

納豆を食べれば血中アルコール濃度の上昇が抑えられると結論付けているが，アルコール濃度を抑えるために納豆でなくてはならない必然性があるだろうか? お酒を飲んだ後に，納豆2パック100 gはかなりの量であり，お腹が多少膨れるはずである．納豆でなくても，胃の中に何か入っていれば，血中濃度が抑えられるだけかもしれない．納豆の中に入っている菌なり，菌がつくる成分が血中アルコール濃度の上昇を抑えるのを証明したいのであれば，Bの納豆を食べない場合にも何らかの食品を摂取させる必要がある．例えば，枝豆や豆腐であれば，豆であるので納豆と栄養価が類似しており，比較対照として適している食品と考えられるが，このような比較対照群を設けておらず，何が血中アルコール濃度の上昇を抑えているかが不明確である．

(7) 評価項目の適切性

最後に，この研究では血中アルコール濃度の上昇が抑えられることで，二日酔いの予防効果があるとしているが，血中アルコール濃度によって二日酔いの予防効果を評価できるだろうか? エタノールは体内で代謝されてアセトアルデヒドに変化し，アセトアルデヒドはさらに代謝されて酢酸になる．二日酔いの原因物質はエタノールではなく，代謝物質であるアセトアルデヒドであると考えられている．エタノールを飲んだ直後は，アセトアルデヒドに代謝されておらず，二日酔いの症状はなく気分はよいが，翌日になって代謝されると，文字通りの二日酔いの頭痛・吐き気などの症状が出ることになる．酢酸に代謝されてしまえば無害であるのは，酢を飲んでも二日酔いの症状がでないことからもわかる．われわれ日本人の半分はアセトアルデヒドを酢酸に代謝するアルデヒド脱水素酵素の機能が弱く，このため欧米人と比べて血中にアセトアルデヒドが長時間留まるため，お酒に酔いやすい．したがって二日酔いに対する影響をみるのであれば，飲酒直後のエタノール濃度そのものを測るより，翌日，飲酒後10時間程度経過した時点での血中アセトアルデヒド濃度を測定する方が適切であると考えられる．また，吐き気，嘔吐，頭痛の程度などといった二日酔いの症状についても参考のために調べる必要があるだろう．ただし，事前に納豆に二日酔いを防止する効果があることを被験者に説明すると，実際には納豆に効果がなくても，効果に対する期待感からこれらの主観的症状は抑えられてしまう可能性がある．これをプラセボ (偽薬：placebo) 効果とよぶ．placebo は英語の please に対応するギリシャ語であり，“喜ばせる” という意味である．新薬の臨床試験では，プラセボ効果を防ぐために，薬が投与されない患者にも，見た目が同じカプセルに砂糖などを入れて有効成分を含まない偽薬を与え，患者にも医師にも実薬と偽薬のいずれを投与したかを隠す二重盲検が行われる．しかし納豆は特徴的な味と匂いがあり，料理法を工夫しても納豆を摂取するのを隠すのは困難である．プラセボ効果によって，たとえ納豆に二日酔いを予防する効果がなくても，これらの主観的な症状は抑えられる可能性がある．以上，(1)～(7) で考察してきたように，詳細な実験条件が示されないかぎり，このような簡単な実験結果の記述から，納豆にさまざまな効果があるとは判断できない (表 8.2)．

表 8.2　納豆の二日酔い防止実験の問題点

(1) 偶然の可能性	統計学的有意差はあったのか (偶然を越えた効果か)?
(2) 結果の一般化可能性	$N=5$ で結論付けられるのか? 個体間差はどれくらいか? 対象とした被験者のお酒の強さはどの程度か?
(3) 比較可能性の保証 1	ランダム化は行われたか?
(4) 比較可能性の保証 2	残存効果と曜日の効果．ウオッシュアウト期間はどれくらいか? 実験の曜日は?
(5) 効率性	医学的な十分大きな効果があるか?
(6) 比較対照群の必要性	アルコール濃度を抑制するのが，納豆が原因であると検証できているか?
(7) 評価項目の適切性	血中アセトアルデヒド濃度を測定した方がよいのでは?

それではどのような研究を行えば，納豆の二日酔い防止効果が証明できただろうか? ここでは著者の私見を述べたいと思う．

研究対象者としては，二日酔いの予防効果を調べる研究であるため，ある程度お酒が強く，二日酔いの潜在的予備軍である必要がある．二日酔いで仕事を休んだことがある人などが望ましいと考えられる．未成年，高齢者，肝臓に障害がある人，納豆が食べられない人は除くことになる．可能であればスクリーニング試験を行い，あらかじめ飲酒後のアルコール濃度を評価することが望まれる．

試験デザインは，大きく分けて，個人間で処置の比較を行う並行群デザインと個人内で比較を行うクロスオーバーデザインの 2 種類がある．並行群デザインは，1 個体について一つの処置しか行わず，A，B の 2 種類をランダムに対象者に割り付ける．クロスオーバーデザインでは，1 個体について A，B 双方の処置を実施するが，処理順序による有利・不利が起きないように A→B と B→A の 2 群を設けて，対象者をランダムに割り付ける．対象者内で A と B を比較することが可能になり，このため個体間変動を誤差から除くことができる．血中アルコール濃度のように大きな個体間変動が存在する場合には，精度をかなり改善でき，このため被験者数を大幅に削減できる．ただしクロスオーバーデザインが利用できる前提条件として，時期が変化しても個体の状況が変化しないことが必要である．薬剤の臨床試験の場合，比較的症状の安定している慢性の疾患で，経時的な変化がなく，薬剤の効果が速やかに発現し，かつ治療中止後は患者が基準の状態にすぐに戻り，薬剤の治療効果が可逆的である必要がある．

お酒の強さは個体間差が強く，二日酔いは一過性で，ウオッシュアウト期間を 1 週間とれば，持ち越し効果も存在しないし，納豆の効果もおそらくは一過性であると考えられるので，クロスオーバーデザインが適した状況である．ウオッシュアウト期間を 1 週間とって，曜日を金曜日にそろえて実験を行うのが望ましいと考えられる．

次に比較対照群であるが，納豆の中に入っている菌なり，菌がつくる成分が血中アルコール濃度の上昇を抑えるのを証明したいのであれば，納豆を食べない場合にも何らかの食品を摂取させる必要がある．納豆は大豆でできていて，お酒を飲んだ後に食べてあまり違和感のない食物 (おつまみ) としては枝豆や豆腐であれ

表 8.3　納豆の二日酔い防止効果を調べる研究 1

対象者	二日酔いで仕事を休んだことがある人．(前日は禁酒して，定められた食事と十分な睡眠をとるように規定する．) 二日酔いは一過性．納豆の効果も一過性．お酒の強さは個体間差が大きいので，クロスオーバーの方が，被験者数が少なくてすむ．
研究デザイン	非盲検ランダム化クロスオーバー試験．時期 1 (金)→ ウオッシュアウト期間 (1 週間)→ 時期 2 (金)．A 群は納豆 100 g 摂取 1 週間後に枝豆 100 g を，B 群は枝豆 100 g 摂取 1 週間後に納豆 100 g を摂取．試験前日は納豆・飲酒禁止，金曜日に実験
主要評価項目	アルコール摂取後，12 時間後の血中アセトアルデヒド濃度

表 8.4　納豆の二日酔い防止効果を調べる研究 2

対象者	二日酔いで仕事を休んだことがある人．(前日は禁酒して，定められた食事と十分な睡眠をとるように規定する．)
研究デザイン	プラセボ対照二重盲検ランダム化クロスオーバー試験．納豆カプセルから有効成分を抜き取り，乳糖に置き換えプラセボを作成．時期 1 (金)→ ウオッシュアウト期間 (1 週間)→ 時期 2 (金)．A 群は納豆カプセル投与し，1 週間後プラセボを，B 群はプラセボ投与し，1 週間後に納豆カプセルを投与．試験前日は納豆・飲酒禁止，金曜日に実験
主要評価項目	アルコール摂取後，12 時間後の血中アセトアルデヒド濃度および，二日酔いの症状を測定．

ば，比較対照として適していると考えられる．主要評価項目としては，前述のようにアルコール摂取直後の血中エタノール濃度ではなく，12 時間後の血中アセトアルデヒド濃度を測定した方がよい．副次的な評価項目としては二日酔いの症状を設定してもよいが，納豆は特有の匂いと味があり，食べたことが認識できないような調理法は考えにくいため，盲検を行うのが困難で，吐き気，嘔吐，頭痛の程度などという主観性の強い二日酔いの症状を評価する際には，前述のようにプラセボ効果が問題になる．また納豆好きでない人にとっては，お酒を飲んだ後 2 パック 100 g も食べるのはかなりの苦痛であり，またこれにより研究対象者が納豆好きに限定されてしまうことになるかもしれない．実は，健康補助食品として，納豆菌培養エキスを含むカプセル剤が市販されている．1 カプセルの中には，納豆 1 パック以上の有効成分が含まれている．カプセル剤であれば，味も匂いもわからず，またこっそり，中身を乳糖に入れ替えることによってプラセボをつくることが可能で，盲検が簡単にできる．しかも有効成分のみを含んだカプセル剤であれば，摂取が簡単で，納豆が嫌いな被験者にも食生活や生活習慣を変えずに長期に投与することも可能である．必要な被験者数については，あらかじめ検出したい効果を設定し，統計学的な被験者数設計を行う必要がある．著者が考えた研究デザインの概略を表 8.3 に示す．

次に納豆の血中の γ-GTP に及ぼす効果であるが，γ-GTP は，肝臓の細胞が破壊されるときに生じる酵素で，お酒の飲み過ぎ等による肝障害が起きると上昇する．この研究では先ほどの二日酔いの実験と比べると，被験者の数も 20 人と増大している．γ-GTP の正常値は 0〜50 IU/L で，肝障害が起きると値が桁違いに上昇し，重篤な場合には 1000 を超える場合もある．γ-GTP は肝障害が起きると劇的に変化する指標であり，このときに平均的に 1.7%程度の減少効果があったとしても，医学的に意味ある効果とは言いがたい．20 日間，毎日納豆を 100 g (2 パック) 食べ続けた結果が γ-GTP の 1.7%の減少では，効率的な効果とはいえない．また，おそらく 1.7%程度の変化で 20 程度の被験者数では統計的な有意差もなく，偶然の範囲内の変動である可能性が高い．

最後の美容に対する効果を調べた実験では，中性脂肪が 13.1%減少，コルチゾールが 26.9%増加している．中性脂肪を低下させるような作用をもつ薬剤も存在するが，薬剤と比べても，十分大きな効果といえる．コルチゾールについては，26.9%も増加させるような作用をもつ薬剤は存在しない．これだけの変化が起きれば，医学的にも十分大きな効果であるといえる．また被験者も 60 人と多いため，おそらく統計的にも偶然を越えた有意な効果があると思われる．ただし大きな問題点がある．毎日 100 g の納豆を 20 日間食べ続けるためには，どのような生活をしなければならないか，想像してみよう．学生やサラリーマンであれば，昼食に納豆を食べるのは困難であり，また納豆 2 パックを，1 回の食事で摂取するのはかなり難しい．したがって朝食と夕食の両方で必然的に納豆を食べることになる．納豆は癖の強い食品であり，脂の多い洋風・中華料理との相性は悪い．食事はどうしても和食中心になる．土日を含めて朝食をとらなければならず，しかも和食であるため準備に時間がかかり，早起きしなければならない．その和食中心の生活を規則正しく 20 日間も続けていれば，納豆自身に美容や生活習慣病の予防に役立つ効果がなくても，生活習慣の改善により中性脂肪が低下し，コルチゾールが増加したとしても，何の不思議もない．すなわち，これらの効果は，研究に参加し，規則正しい生活をしたことによって，もたらされた可能性がある．本当に納豆に効果があることを証明したいのであれば，納豆摂取以外は，カロリー，栄養分がよく類似した食事メニューを作成し，それらの食事を同じスケジュールで摂取したグループを比較対照として，中性脂肪やコルチゾールを比較する必要がある．

8.2 節のまとめ

- 新聞やインターネットに掲載されている医学・健康関連の記事の内容を鵜呑みにしてはならない．記事の内容ごとに証拠の強さが異なることを意識する必要がある．
- 医学・健康関連の研究の結果を適切に解釈するには，偶然の可能性，結果の一般化可能性，比較可能性の保証，効率性 (効果の大きさは医学的に意味があるのか)，比較対照群の必要性，評価項目の適切性などを検討する必要がある．

8.3 臨床試験の計画と解析

8.3.1 臨床試験の質を高めるための三つの目標

研究の“証拠”としての価値を評価する際に，統計学的視点は非常に重要な役割を果たす．納豆の例では，被験者の選び方，被験者数，ランダム化，盲検，有意差検定の有無などが“証拠”の強さを評価する際の重要なポイントになった．本節では臨床試験の計画と解析の考え方の一般論について解説し，また MEGA study においての計画と解析について例解する．

MEGA study は，コレステロール低下作用のあるプラバスタチン (商品名：メバロチン) の長期投与によって，日本人における動脈硬化性疾患の既往のない軽度から中等度の高脂血症患者を対象に，心血管系疾患発症抑制効果の検証 (一次予防) を目的に行われたもので，メガの名の由来どおり，わが国で行われた最大規模の臨床試験である．結果，食事療法群と比較して，薬剤併用群では有意に心血管系疾患発生率が低下し，欧州で最も権威のある医薬ジャーナル LANCET に結果は公表された[2]．

図 8.1 は典型的な臨床試験の模式図を示している．臨床試験を始める際には，まず研究計画書 (protocol) を作成する．このときに，研究対象とする疾患を規定するが，対象疾患をもった患者集団全体 (想定する母集団 (population)) がすべて直接の研究対象となるわけではない．臨床試験では患者の選択基準と除外基準を設定して，研究対象集団を定義する．通常は腎臓や肝臓に重篤な疾患をもつ患者や，妊婦，極端な高齢者は安全性あるいは評価が困難であるという理由で除かれる．このため，対象疾患をもつ患者全体の母集団と，研究対象集団は完全には一致しない．また併用禁止薬が設定され，投与方法や投与期間が厳密に規定されるので，実地医療とは多少異なることになる．研究計画書を作成後，各医療機関の IRB (institutional review board，施設内倫理委員会) で審査を行い，契約をかわし，登録期間中に来院した患者を試験に組み入れることになる．これが実際の研究対象集団，統計学でいうところの標本 (sample) になる．

この対象者を通常，いくつかの治療法の異なる群にランダムに割り付けて，薬剤を投与し，効果や安全性についての評価がなされる．一見して，随分単純なことを行っているようにみえるが，研究計画時に十分な考慮を行わないと，さまざまな落とし穴に陥る可能性がある．ここでは表 8.5 に示した臨床試験の質を高め

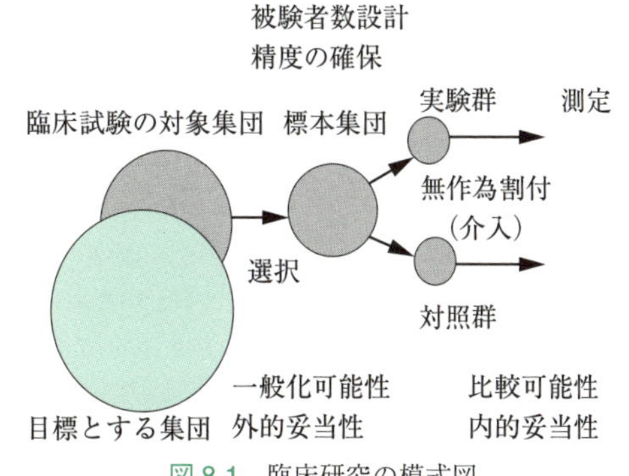

図 8.1 臨床研究の模式図

表 8.5　臨床試験の質を高めるための三つの目標

(1)	clarity(精度) を高くする．被験者数 N を増やす，測定誤差を減らす．
(2)	comparability (比較可能性) を上げる．バイアスを減らす (ランダム化割付，二重盲検)
(3)	generalaizability (一般化可能性) の検討．選択基準，除外基準の設定．交互作用解析，サブグループ解析．メタアナリシスにおける研究間の異質性の検討

るための三つの目標について解説する．

8.3.2　clarity (精度) の確保

最初の目標は統計学的な精度を高めて，なるべく白黒はっきりする明白な結論が出るようにすることである．clarity (精度) を高めるための工夫とよばれる．エンドポイント (臨床試験の評価指標) が血清コレステロール濃度などの臨床検査値である場合，測定の品質管理を行い，測定誤差を減少させることによって，研究の精度を高めることができる．例えば，臨床検査を施設ごとに行うと，測定方法などの違いによる施設間変動によって，ばらつきが大きくなり，精度が低下してしまう恐れがある．このため，血清脂質などを主な評価指標とした臨床試験では，試験の精度を上げるために，血液のサンプルを中央に集めて，一括して測定する場合もある．また統計学的な精度を高めるための常套手段は，被験者数 N を増やすことである．N が増えれば統計的な精度が高まり，より明白な結果が得られることになる．統計学的には N に比例して精度は増す (N に反比例して分散は低下) が，N を増やすと，費用も増し，また実験研究であるという倫理的な観点からも，臨床試験の被験者数は可能なかぎり少ない方が望ましいので，必要な精度を保証する最低限の被験者数で研究を行う必要がある．このために統計学的な被験者数設計が行われる．被験者数設計にあたっては，前相の試験結果，海外で行われた研究の結果などを参考にしていくつかの必要条件を定めて，例数を求めることになる．

表 8.6 に MEGA study の被験者数設計の想定条件を示す．

検証的な臨床試験では，あらかじめ，検出したい効果の大きさ，有意水準 (α エラーの大きさ) を定め，解析の精度を高めるために，見逃しの β エラーの確率が十分小さくなるように被験者数を決定する．MEGA study では，致死性/非致死性冠動脈疾患の発生率を 5.6/1000 人年と見積もり，薬剤効果の大きさとして，食事療法群に対する併用群の致死性/非致死性冠動脈疾患の発生率の比 (ハザード比) を 0.67 倍と予想した．5 年以

表 8.6　MEGA study の被験者数設計

致死性/非致死性冠動脈疾患の発生率	5.6/1000 人年
食事療法群	10%低下， 併用群 40%低下
ハザード比 (発生率の比)	$0.6/0.9 = 0.67$
有意水準	10% (両側ログランク検定)
検出力	80% (β エラー 0.20)
脱落率	20%
目標総被験者数	8000 例

上に渡る長期試験であることから，脱落率を 20%と高めに想定した．イベント発現時間を比較する両側ログランク検定を有意水準 10%で行い，β エラーを 20%にするために必要な被験者数は 1 群あたり約 4000 人，2 群全体では 8000 人となった．8000 人はかなり多いような印象を受けるが，疾患の発生率が 5.6/1000 人年と低く，試験期間中に実際に疾患を起こす患者の割合がかなり低くなるため，精度を確保するために大規模な臨床試験が必要になった．

MEGA study では，ランダム化割付の対象となった患者数が計 8214 例となり，解析対象例は食事療法群が 3966 例，併用群は 3866 例となった．比例ハザードモデルによる解析の結果，事前の予想どおり，食事療法群に対する併用群の致死性/非致死性冠動脈疾患の発生率の比が 0.67 倍となり，両側ログランク検定も $p = 0.01$ で有意な結果が得られた．偶然を越えて，薬剤投与によって致死性/非致死性冠動脈疾患の発生率が低下することが確認された．

8.3.3　comparability (比較可能性) の保証

臨床試験では多くの場合，群間比較を行う．2 番目の目標は，この群間比較の妥当性を保証することである．このための工夫を，comparability (比較可能性) を上げるという．また，研究の internal validity (内的妥当性) を保証するともいわれる．研究の中での比較の妥当性を保証するため内的妥当性ともよばれる．A 薬群と B 薬群があるとして，二つの群間で治療成績に違いがあれば，当該薬に起因したものであると断定したいわけである．このためには投与薬剤以外の要因が 2 群間で類似している必要がある．2 群間で性別・年齢・重症度などの背景因子の分布がすべてそろっていれば，A 薬群と B 薬群の間で違いがあれば，それは薬剤の影響と断定することができる．これに対して，比較する群間で例えば年齢の分布が異なっていれば，成績に違いがあったとしても，治療の効果なのか年齢の

違いなのか区別できない．この比較可能性を保証するための常套手段がランダム化割付である．ランダム化割付では，コインを投げて表が出ればA薬，裏が出ればB薬というように確率的に割付群を決定する．ランダム化割付を行うことにより，年齢・疾患の重症度などといった背景因子の分布が，比較する2群間で平均的にそろうことが期待できる．

また治療効果を評価する際に公平な比較を行うために，効果を評価する医師と評価される患者の両方に割付群をマスクする二重盲検が行われる．二重盲検を行わないと，薬剤を投与された患者は，治療に対する期待感から薬効を高めに評価したり，不安感から副作用を過大に報告したりする傾向が生じる．このため，通常は実薬から薬効の有効成分のみを除いた偽薬(プラセボ)を作成し，実薬と偽薬のどちらが投与されているか，評価する医師と評価される患者の双方に判別できないように工夫する．ランダム化割付が患者の選択バイアスを防止するために行われるのに対し，二重盲検は評価バイアスを避けるために行われる．

MEGA study では研究の comparability を保証するために，PROBE study (Prospective Randomized Open Blinded Endpoint study：前向きランダム化オープンエンドポイント盲検化試験) とよばれる研究デザインを採用した．このデザインではランダム化割付を行うが，二重盲検は行っておらず，医師と患者が食事療法群と併用群のいずれに割付られたかを認識していた．ただし，イベント発症の評価委員会において，試験のエンドポイント(致死性/非致死性冠動脈疾患の発生)に達したかどうかを判断するときには，患者の割付られた群を隠して評価を行い，評価の際の盲検性は確保した．MEGA study で二重盲検を行わなかった理由は，薬剤の市販後の保険診療下で行われた市販後臨床試験であるため，前述の偽薬を用いることが困難であったこと，評価の際のバイアスは，評価委員会に対して盲検化することで回避できると考えたためである．また投与薬剤であるプラバスタチンはコレステロールを20%程度下げる効果があり，仮に二重盲検を行ったとしても，血清脂質を測定すれば，かなりの確率で実際に受けた治療は判明してしまう．高脂血症患者に対して，長期に血清脂質の検査を禁止することは倫理的に不可能であり，事実上，二重盲検は偽薬を用いても不可能であった．

MEGA study では，ランダム化割付の方法として，施設・性別・年齢で層別したサイズ4の置換ブロックを用いた層別割付法を用いた．これは一つのブロックに，A，Bを2個ずつ含む6通りの配列(AABB，ABAB，ABBA，BAAB，BABA，BBAA)をコンピュータでランダムに発生させ，あらかじめ施設に薬剤を搬入し，施設ごとに，患者の性別・年齢によって層を決定し，患者の登録された順に配列にしたがい，Aであれば食事療法群，Bであれば併用療法群に割り付けるものである．MEGA study は大規模な被験者数を集めるため，多くの医療機関を対象とした多施設試験であり，施設間では対象患者の重症度の分布や標準治療に違いが存在する．このため施設内での局所的なバランスが保証されるサイズ4のブロック割付を採用した．各ブロックで4例登録されれば，各群2例ずつ割り付けられ，バランスがとれる．ただし，ブロック割付を行うと，割付が予見できる場合が出てくる．1，2例目の割付がAであれば，3例目はB以外にはありえないためである．MEGA study では二重盲検を行わなかったため，予見可能性を避けるため，登録センターを設け，割付情報の管理を行い，センターからの指示によって，割付を決定した．

このようにランダム化割付の方法を実際に適用する場合には，さまざまな工夫が必要であり，本来の目的を果たすために適切な手順が用いられているかを確認する必要がある．ある因子について積極的にバランスをとりたい場合は，層別割付や最小化法などの特別な方法が必要であり，目的にあった割付方法が用いられているかに，注意を払う必要がある．実際にランダム化割付がうまく機能し，群間で比較可能性があることを保証するために，通常は，性別・年齢等の人口統計学的因子，疾患のステージなどの重要な予後因子の群ごとの分布を示し，群間で偏りがないか検討した結果が示される．MEGA study の論文でも，投与前の血清脂質等19項目の背景因子について，群ごとに要約統計量の分布を記述し，比較可能性があることを示していた．

8.3.4 generalizability (一般化可能性) の検討

3番目の目標は，結果の一般化についてである．臨床試験の対象集団について，A薬群の方がB薬群より成績がよかった場合，単に直接の研究対象者についてA薬の方がよいというだけでなく，結果をより一般化して，対象疾患をもつ患者全体の母集団に対して，A薬が優れていると推測するのが研究の目的である．統計学では得られたデータを母集団からの標本とみなして，標本から母集団に対する推測を行う．この推測の妥当性を generalizability (一般化可能性) あるいは external validity (外的妥当性) とよぶ．内的妥当性が研究の中での比較の妥当性を問題にするのに対し，外的妥当性では研究結果を外に出すときの妥当性を問題にする．この一般化可能性を保証するために最も有効な手段は，ランダム抽出 (random sampling) である．すなわち母集団から対象者をすべて等しい確率でランダムに抽出することである．実際にランダム抽出は世論調査などで用いられ，ランダム抽出された標本は母集団を代表することができる．ランダム抽出を行うためには，母集団全体のデータベースを作成し，すべての患者に識別番号を付ける必要があるが，臨床試験では患者の母集団を把握することは困難なので，ランダム抽出が行われることはない．ランダム化という用語は，ランダム抽出とランダム化割付の二つの意味で用いられることがあるが，前者は一般化可能性を保証するための方法，後者は比較可能性を保証するための手段であり，役割はまったく異なるので注意する必要がある．臨床試験の対象施設には，一般診療所は除かれ，大学病院等が選択されることが多いので，疾患の重症度などの分布が母集団全体とは異なっており，標本は対象とする母集団からランダムに抽出されたとみなすことは，一般にはできない．それでは臨床試験で得られた結果を一般化するためには，どのような検討が必要だろうか? 一般化可能性を検討する上では，研究デザインにおいて選択基準と除外基準をどのように設定したかが重要である．市販前の臨床試験の対象は狭い集団に限定されるので，特に薬剤の安全性については市販後モニタリングにより実地医療の中で監視を続ける必要がある．MEGA study では，主な選択基準は年齢 40～70 歳，体重 40 kg 以上の男性および閉経後女性，総コレステロール値 220～270 mg/dL であり，主な除外基準は家族性高コレステロール血症，冠動脈疾患または脳卒中の既往であった．したがって，70 歳を超えるような高齢者には MEGA study の結果は一般化できない．

これに対し解析段階で一般化可能性を検討する手段が，サブグループ解析と交互作用 (interaction) 解析である．

サブグループ解析とは，背景因子で層をつくり，層ごとに薬剤効果を推定することである．

表 8.7 に疾患の改善をエンドポイントとした場合に，重症度で層別したサブグループ解析の仮想例を示した．全体では改善率は A 薬群 50%に対して B 薬群では 60%であり B 薬には 10%の上乗せ効果があるが，この 10%という数字を一般化することは可能だろうか? 重症度によって新薬の効果は大きく異なる．軽症では上乗せ効果が 0%であるが，重症では 20%とかなり大きな効果がある．このように層ごとで薬剤効果の大きさが異なる場合，重症度と薬剤に交互作用 (interaction) があるという．交互作用とは，ある因子が他の因子の影響を受けて効果の大きさが異なることである．したがって全体効果の大きさは，重症度の分布に依存して大きく異なる．軽症に偏った集団では，全体の改善率の差は 10%を下回るし，重症に偏った集団では 10%を上回ることになる．これに対して表 8.8 のような場合はどうだろうか? どの重症度でも一様に 10%の改善率の上乗せがあり，重症度と薬剤に交互作用は認められない．この状況では，重症度の分布がどのように変わっても薬剤効果は 10%の上乗せと一般化できることになる．対象とする母集団と臨床試験の対象集団では重症度の分布が異なるかもしれない．しかしながらサブグループ解析を行って，どの層でも同様な効果があれば，薬剤効果の大きさは母集団に一般化できることになる．背景因子でさまざまな層を構成して，サブグループ間で効果が一様で交互作用がないことを示すことが一般化可能性を示唆することになる．

表 8.7　サブグループ解析の結果 (一般化可能性がない場合)

重症度(割合)	改善率(A 薬群)	改善率(B 薬群)	改善率の差
軽症 (33.3%)	70%	70%	0%
中症 (33.3%)	50%	60%	10%
重症 (33.3%)	30%	50%	20%
全体	50%	60%	10%

表 8.8　サブグループ解析 (一般化可能性がある場合)

重症度(割合)	改善率(A 薬群)	改善率(B 薬群)	改善率の差
軽症 (33.3%)	70%	80%	10%
中症 (33.3%)	50%	60%	10%
重症 (33.3%)	30%	40%	10%
全体	50%	60%	10%

MEGA study の論文では，投与前血清脂質等の計 11 の背景因子でサブグループ解析を行い，サブグループごとに群間の致死性/非致死性冠動脈疾患の発生率の比を示し，また発生率の比にサブグループ間で違いがあるか，サブグループ × 薬剤群の交互作用の検定結果を記述し，一般化可能性を検討した結果を示していた．多くの背景因子で，サブグループ間で薬剤効果に

顕著な差はなく一般化可能性が示唆されたが，投与前LDLコレステロール(悪玉コレステロール)については，低いサブグループでは疾患の発生率の比が0.90倍と効果が弱いのに対し，高いサブグループでは0.54倍と顕著な効果が得られた．サブグループ間交互作用の検定の結果も $p = 0.11$ と，5%水準に近い結果が得られ，投与前LDLコレステロールが低い患者については，薬物療法を行う必要性はあまりないかもしれない．

8.3.5 MEGA studyにおける三つの目標の評価

表8.9に三つの目標についてMEGA study評価した結果をまとめた．MEGA studyではclarityを確保するために，多施設で大規模臨床試験を行い，心血管系疾患発症の判定については，評価のばらつきを小さくするため，専門医から構成される評価委員会で行った．

表8.9 MEGA studyの評価

(1)	clarity (精度を高くする)．大規模臨床試験 中央判定
(2)	comparability (比較可能性を上げる)．層別ランダム化，評価の盲検化
(3)	generalaizability (一般化可能性の検討)．サブグループ解析，交互作用解析

comparabilityを保証するために，層別置換ブロック割付を用い，また評価委員会では盲検下で疾患の発症の有無を判定した．generalizabilityを検討するためにサブグループ解析，交互作用解析を行った．その研究結果は，十分，科学的証拠能力が高いと評価され，欧州で最も権威のある医薬ジャーナルLANCETに公表された．

8.3節のまとめ

- 臨床試験の質を高めるための三つの目標は，clarity (精度) の確保，comparability (比較可能性) の保証，generalizability (一般化可能性) の検討である．
- 臨床試験の被験者数を増やすと明確な結論が出やすくなるが，費用や倫理的な観点から，必要な精度を保証する最低限の被験者数で研究を行う必要がある．
- 臨床試験で複数の治療法 (群) を比較する場合，治療法以外の要因が群間で類似していること (比較可能性を保証すること) が必要である．
  ランダム化は，比較可能性を保証するための有用な方法である．
- 治療効果の評価のバイアスを減らすために，効果を評価する医師と評価される患者の両方にどちらの治療を割り付けられたかをマスクする二重盲検が行われる．
- 臨床試験では，被験者の選択基準と除外基準が設定される．これより，得られる結果は，実地医療よりも狭い集団に限定される．臨床試験で得られた結果を一般化するには，被験者の選択基準と除外基準をどのように設定したかが重要となる．

8.4 試験統計家の育成

わが国の臨床試験の根幹を揺るがす不正行為が2013年に明らかとなった[3]．ある製薬会社が五つの大学の内科系教授に依頼し，当該の製薬会社の降圧薬を試験薬として実施された市販後臨床試験において，試験薬に有利となるようなデータの捏造がなされたことが指摘されたのである．試験薬はピーク時1000億円以上とわが国の医薬品の中でトップクラスの売上げがあった．うち三つの論文は撤回され関係者は処分された．いずれの研究においても当該製薬会社の社員が身分を伏せて統計解析を担当し，捏造にも加担し，結局逮捕される結果となった(東京地裁では捏造は確認されたものの，無罪となったが現在控訴中である)．ある研究者は「自分たちにはデータ解析の知識も能力もない」として利益相反が明らかな会社社員に統計解析を丸投げしたことを認めた．この「事件」はわが国の研究者(アカデミア)主導で実施される臨床試験の基盤の脆弱さ，特にアカデミアで臨床試験に携わる生物統計家(試験統計家)不足を露呈した．この事件もきっかけとなり，日本医療研究開発機構は日本製薬工業協会からの資金援助も得て，アカデミア主導の臨床試験に関わる生物統計家育成事業を2016年度から開始した．製薬会社で臨床試験に関わる生物統計家については，本節で紹

介する (財) 日本科学技術連盟 臨床試験セミナー 統計手法コース，統計解析専門コースなど，教育体制はそれなりに存在したものの，アカデミアにおける人材育成とポストは不十分であった．厚生労働省は2015年に「国際水準の臨床試験や医師主導治験の中心的な役割を担う」医療法上の存在として，臨床試験中核病院の要件を発表したが，ここでは2人の生物統計家を常勤として配することが求められている．上記の育成事業はこの流れに沿うものである．臨床試験に携わる生物統計家 (試験統計家) に求められる要件・資質とは何か，本節では著者が理事を務めている日本計量生物学会が取り組んでいる試験統計家の認定制度についても紹介する．

8.4.1 試験統計家とは

日米欧医薬品規制調和国際会議 (International Conference on Harmonization of Technical Requirements for Registration of Pharmaceuticals for Human Use：ICH) は，日米欧三極の規制当局・産業界による新薬申請に関わる手続きの標準化会議である．この成果である ICH-E9 Statistical principals for clinical trials は，1998年に発行され，(検証的な) 臨床試験の統計的原則のバイブルとして関係者間で尊重されているガイドラインである．この中で trial statistician (試験統計家) について次のように記述されている．

> 「臨床試験のための統計的原則」における試験統計家に関する記述[4]
>
> This guidance should be of interest to individuals from a broad range of scientific disciplines. However, it is assumed that the actual responsibility for all statistical work associated with clinical trials will lie with an appropriately qualified and experienced statistician, as indicated in ICH E6. The role and responsibility of the trial statistician, in collaboration with other clinical trial professionals, is to ensure that statistical principles are applied appropriately in clinical trials supporting drug development. Thus, the trial statistician should have a combination of education/training and experience sufficient to implement the principles articulated in this guidance.

この国際的なガイドラインの特徴は，臨床試験で必要な個別の統計手法については，必要最小限の記述に留め，原理・原則の記述に主眼を置いていることである．これは臨床試験に関連したすべての統計業務に対する実際の責任は，適切な資格と経験のある統計家が果たすことを前提としているためである．試験統計家の役割と責任は，医薬品開発段階で行われる臨床試験で，この統計的原則が適切に適用されていることを，他の臨床試験専門家と共同して保証することであると明記している．したがって，試験統計家はガイドラインに明確に述べられた原則を，実行するために十分な理論または実地の教育および経験を併せもつ必要がある．

このガイドラインによって，薬事法 (現在では薬機法) の適用となる臨床試験には適切な試験統計家が計画段階から関与することが必須であることが明示された．しかしながら，薬事法の適用とならない臨床試験，疫学研究では試験統計家が関与していない研究が，現状では数多く行われている．適切な試験統計家が参画していない臨床試験には科学的に問題があるものが多い．前述の降圧薬臨床試験不正行為はその一例に過ぎない．「適切な資格と経験を併せもつ試験統計家」は，単に臨床試験の統計業務に長けているのみではなく，臨床試験そのものに関する専門家として，研究者倫理にしたがって，科学的な臨床試験を遂行するための使命感をもたねばならない．

統計家の使命は，統計を用いた業務や研究を通じて，人々の健康や安全，福利の維持・増進，環境の保全，社会・経済の発展に貢献することである．統計家の業務は，個人や集団の情報を収集し，統計的手法を用いて結果を導き，解釈するという特性があり，以下の点に十分に配慮する必要である．

(1) 人間の生命や尊厳，個人情報の尊重：統計家は，データの収集と解析の職務を通じて，個人情報にアクセスする機会が生じる．このとき人々の生命や尊厳，人格，福利ならびに環境に常に配慮して行動し，研究対象者やデータ提供者の人格を尊重しつつ，プライバシーを適切に保護し，個人データへのアクセスと管理を厳密に行い，職業上の守秘義務を強く自覚する必要がある．また，得られた成果が特定の集団などへ不利益をもたらす可能性がある場合は，公表について慎重に対応する必要がある．

(2) 責任と能力の維持・向上：統計家は，統計数理，医薬統計方法論・臨床医学等の応用分野それぞれの専門知識や，プログラミングなどの統計解析に関する技能を身に付け，研究計画書の作成，統計解析，データマネジメントと品質管理，報告書の作成など，一連の統計関連業務を通じて，社会のさまざまな要請や期待に応える必要がある．このため業務の遂行に必要な専門知識と技能を獲得し，それらの維持・向上に常に努める必要がある．臨床試験の分野では，方法論の進歩は目覚ましいものがあり，科学的に高い水準で臨床試験を行うためには，学会などの活動を通じ，最新の知識を吸収，さらには公表することで，統計家としての能力を常に向上させる必要がある．

(3) 科学者としての良心にしたがって誠実に行動：統計家は科学的な妥当性に基づいて結論を導く．したがって，他者からの圧力や不当な影響を受けないよう，雇用者やクライアントと適切な関係を構築するよう努めなければならない．また，不合理な業務，捏造や改ざんなどの不正行為は行わず，不正行為に荷担したり，見逃したりしてはいけないことなど，科学者としての研究倫理を強く自覚して行動する必要がある．使用したデータや解析結果はできるかぎり明らかにし，解析に用いた手法についてはそれを採択した理由なども含めて明示する．また，同僚や他者の成果に対しては，知的財産権を尊重し，適切な評価や健全な批判を行い，臨床試験の他の業務従事者とも積極的に意見交換を行い，誤りなどを指摘された場合には，誠実に対応する必要がある．

8.4.2 試験統計家の行動基準

日本計量生物学会では，「統計家の行動基準」を作成し，2013 年に学会ホームページ上で公開している(表 8.10)．行動基準を作成した目的は，統計手法やデータを扱う領域で，現在または将来活動する実務担当者，研究者，学生などがそれぞれ，自らの実務・研究の拠りどころとなる基準を考え，身に付けるために，その基軸となる統計家の使命ならびに守るべき価値を提示し，また，統計家の行動基準を社会に対して明示することで，人々が統計家の責任と活動を理解し，統計業務や成果が信頼に足るものであると認知すること，統計家が適正に活動できるよう支援すること，ならびに，活動の環境を整備することであった．

表 8.10 統計家の行動基準[5]

(1) プロフェッショナリズムを有する．
(2) 業務を適正に行う．
(3) 他者への責任と役割を明確にする．
(4) 業務や成果を公開・説明する．
(5) リスクを評価し，予防する．
(6) 情報を適切に扱う．
(7) 法やガイドラインを遵守する．
(8) 人権を尊重する．
(9) 不正行為を予防する．
(10) 利益相反による弊害を防ぐ．

「統計家の行動基準」の中で，特に強調されているのはプロフェッショナリズムの必要性である．統計家は，医療・研究施設で研究や教育に従事する者から，企業や官庁・自治体などで統計実務を担当する者まで多岐にわたる．中でも，営利組織に所属する統計家には，組織の利益を優先する方向に有形・無形の圧力がかかる可能性が高く，これがバイアスの混入や，ひいてはデータ不正をまねく大きな背景となっている．さらに，年齢や職位などを尊重する慣習のある組織では，自らの意見を提案するのが困難であったり，提案が採択されないこともあり，統計家として正当な職務を遂行しようとした際に不利な立場に立たされたり，職や地位を失ったりする危険性もある．一方，統計家が自己や組織の利益を優先した行動をしたことが明らかになれば，前述の不正行為のように，臨床試験に対する信頼が失墜し，ひいては社会全体の利益を損なう結果となる．統計家の責任や業務の特性を考えれば，統計家は，専門職として独立性を保ち，自律的に活動することが求められる．それには，専門職集団を形成して業務の質を担保し，自らの立場を保持するなどの自律的な機能を有することと，それを実現するための拠りどころが必要となる．統計家には，情報へのアクセスの制限から，他人に相談できず，自身で時々の状況に応じた適切な判断と行動が求められることがある．このためには自らがどうふるまうべきかを判断する拠りどころとなる基準，すなわち，統計家の使命や，使命を達成するために守るべき価値をもっていなくてはならない．これが，統計家のプロフェッショナリズムである．

8.4.3 臨床試験における試験統計家の具体的役割

具体的に統計家が，臨床試験の中で果たす役割について記す．

臨床試験は臨床家や他の医療スタッフ，試験コーディネータ，データマネージャー，プログラマー，統計家，品質管理を行うモニターや事務局のチームで実施される．臨床試験の計画は，主に臨床家と統計家の共同作業となるが，臨床家にとっては選択条件・除外条件，投与方法の決定が，重要な責任部分となる．これに対して，被験者数設計，ランダム化の方法，中間解析，統計解析などが統計家の主要な責任となるが，臨床家との共同作業が必要なのがその中間にある．研究仮説をどう明確化・定量化するか，どういうデザインを用い

表 8.11　統計家の臨床試験への寄与

(1) 試験の目的の明確化・定量化
(2) 研究仮説 (優越性，非劣性，同等性) の設定
(3) 試験デザインの決定
(4) 選択条件と除外条件の設定
(5) 症例登録方法の決定
(6) エンドポイント (主要評価項目) の設定
(7) ランダム化の方法の決定
(8) 盲検化の方法の決定
(9) 被験者数設計
(10) 試験治療，併用薬 (治療)，必要な観察項目・観察時期の設定
(11) 比較対照群の設定
(12) プロトコル中止条件と患者の追跡状態の設定
(13) 中間解析の計画と実施，独立モニタリング委員会への参加
(14) 解析対象集団の設定
(15) 統計解析法の決定と実施
(16) 有害事象の統計的評価
(17) 検査値情報の管理
(18) QOL の評価 (デザインと解析，データマネジメントと品質管理)
(19) 施設の定義と施設間変動の評価
(20) 調査票の記入と流れ

れば有効でかつ倫理的に試験が実施できるか，エンドポイントをどう設定するか，研究の目的を達成するためにはどのようにデータを扱うか，などである．これらは臨床と，統計的の観点の双方での歩み寄りが必要で，統計家のみでも，臨床家のみでもできない仕事である．

例えば試験の目的とデザインを決める上で統計家はどんな助言が臨床家に対してできるだろうか．既存の臨床試験の結果を吟味し，明らかになっている点は何で，不明確な点は何か，過去の研究の解釈・評価は統計的に妥当か，仮説が明確に定量的に示されているか，医学的に検出したい差,「臨床的に同等」という言葉を使った場合，その設定根拠は妥当であるか，どういうデザインが最も効率的・倫理的か，ランダム化・盲検をどういう方法で行うべきか，といった点で統計家の臨床家に対する貢献が期待される．臨床試験はチームで行われるため，データマネージャー，コーディネータなどの臨床試験の支援スタッフとのコミュニケーション能力も要求されることになる．

統計家が臨床試験で寄与すべき 20 の項目を表 8.11 に具体的に挙げる．

(15) の統計解析法については，統計家が果たす責任が非常に重いので，注意点を示す．統計解析とは，統計的または論理的な手法を体系的に用いて，データを記述，図示，説明，簡略化，要約，評価することである．解析に用いる方法は，データ収集に用いた手法と実際のデータの形態によって決まる．いずれの解析法を使うにせよ，統計解析は，目的に対して適切なデザインで行われた研究データを下に，正確な結論を導き出すことが目的である (表 8.12).

表 8.12　統計解析法の留意点

(1) 使用する統計方法の内容について精通すること
(2) 標準的でない方法を利用するときは，理由と文献を示すこと
(3) 臨床家や関係者に統計解析の結果を伝えるコミュニケーション能力
(4) 事前に計画された解析と事後解析の区別

近年の統計ソフトウェアの進歩・普及によって，統計家が直接，統計計算の業務に携わる機会は減少傾向にある．統計家以外でも複雑で高度な統計手法が簡単に実行できるようになったのはありがたいことではあるが, 解析する上で必要な技法については，統計家は責任者として精通している必要がある．統計ソフトウェア自体にも誤りがある可能性があり，またソフトウェアの仕様やプログラムの指定を勘違いすることにより，無意識のうちに誤った結論を導く可能性もある．ダブルプログラミングなどの適切な品質管理の手法を導入するとともに，統計解析計画書に記載する統計手法については，その内容と統計ソフトウェアによる実行法と解釈について，正確に理解し，統計解析計画書で必要な指定をする必要がある．

どの研究分野にも，その分野で認められた標準的な統計解析法がある．もし，従来通りの手法を用いずに解析を進めるのであれば，その点について明記し，参考文献を示した上で，従来の方法との違いを示すとともに，いかなる理由で新たな手法を用いるかを明示することが必要とされる．

統計解析の結果については，専門家以外には難解な統計専門用語を使わず，内容を説明できなければならない．用いた方法の限界と，生じうるバイアスを十分に説明した上で，臨床家とともに結果を解釈する必要がある．さらに，重要なことは，事前に計画された解析と，データを収集した後，追加された事後解析の区別である．検証的臨床試験では，統計解析の方法はデータ収集の前に統計解析計画書で明記されていなければならない．データ収集後に追加された解析では，都合のよい結論を導く後知恵解析になりかねず，そのような方法で得られた結果にはバイアスが伴う危険性が高いので，計画された解析と明確に区別し，探索的な結

果として提示し解釈する必要がある．

以下のような，データ収集後の解析方法の変更を行うことでバイアスが混入する可能性がある．

- 主要評価項目の変更 (例：全生存時間 → 無増悪生存時間)
- 主要評価項目の定義の変更 (例：イベントの定義を変更)
- 症例の採否の変更 (例：選択基準・除外基準の変更)
- 主要解析対象集団の変更 (例：最大の解析対象集団 (FAS)→ プロトコル遵守集団 (PPS))
- 解析時点の変更，追跡調査結果の反映
- 欠測値の扱いの変更 (例：最終観測値の使用 (LOCF)→ 線形補完)
- 主要な解析方法の変更 (例：ログランク検定 → 一般化ウィルコクソン検定)
- 調整に用いる共変量，調整モデルの変更
- 統計ソフトウェアのオプションの変更 (例：同順位データの扱い Breslow 法 →Efron 法)
- サブグループ解析の追加

特に全集団で有意差がないにもかかわらず，事後的に複数のサブグループを設定して検定を行うと，多重性の問題により誤って統計的有意差を宣言してしまう α エラーが大きく上昇するので，サブグループの有意性の主張は慎重に行う必要がある．

8.4.4 (財) 日本科学技術連盟 医薬データの統計解析専門コースの教育内容

滋賀大学に 2017 年 4 月にデータサイエンス学部が開設されたが，これまでわが国では，統計学科が存在せず，大学における統計専門家の教育は限定的であった．その不十分さが社会的に認識されて，1999 年 4 月には北里大学大学院薬学研究科に臨床統計学履修コース，2002 年 4 月に東京理科大学に医薬統計コースが設置された．その後も久留米大学バイオ統計センター，国立保健医療科学院等にも医薬統計の教育コースが開設されたが，現在ではなくなっているものもあり，大学において長期にわたって安定的に多くの人材の教育を行う制度は，いまだ確立されてはいない (前述の生物統計家育成事業は 2 大学に寄付講座と教育コースを 2017 年に設立した)．

大学以外における医薬統計実務家の実務経験習得の場としては，(財) 日本科学技術連盟主催の「医薬データの統計解析専門コース」(通称 BioS) が 1989 年に設立され，製薬企業において統計解析業務に携わる担当者を中心として，すでに 1400 名以上の修了者を輩出している[6]．このコースは月 2 回，1 年間で計 24 日

表 8.13 BioS の主な教育内容

[統計的推測理論]

基礎統計：数式の運用．確率・統計に関する基礎概念の復習を兼ねた設問と回答．

統計的推測：統計的推測の基礎．母集団と標本，標本分布，推定，検定の基礎理念．最小二乗法，尤度と最尤法．

[医学データ解析]

2 群の比較：χ^2 乗検定と Fisher 直接確率検定．t 検定，外れ値の影響と順位を用いる (Wilcoxon) 検定．並べ替え検定．検定の前提とロバストネス．

分散分析：実験計画法の基礎．実験法と分散分析．一元配置．検定の前提と分散安定化．対比の概念．
用量反応の解析．多重比較．主効果と交互作用．多因子要因実験と一部実験．分割型実験．共分散分析．カテゴリカルデータ解析：二項分布の母数の推測．独立性の検定．割合の差，割合の比，オッズ比．Fisher の直接法．交絡の調整，共通指標の推定，Mantel–Haenszel 検定．一般化線形モデルの概要．

生存時間解析：打ち切りとハザードの概念．Kaplan–Meier 法．ノンパラメトリック検定法．
Cox 回帰．応用場面と拡張．

回帰と相関：相関係数の解釈．最小二乗法．直線回帰とその拡張．残差と回帰診断．説明変数に誤差がある場合の問題．回帰分析の拡張．

経時データの解析：経時データのまとめ方．主要な統計量の選択．分散分析の応用．混合モデル入門．共変量による調整と統計モデル：調整解析の意義．デザインベースドとモデルベースドの解析．交絡と交互作用．共分散分析．ロジスティックモデル．共変量の変数選択．プロトコルの記載．SAS を用いた医学データ解析演習．

[臨床試験方法論]

臨床試験と生物統計学，臨床試験デザイン，医薬品開発における倫理的問題，安全性評価，ガイドラインについて，サンプルサイズ設計，割り付け，中間評価と解析・メタアナリシス，評価尺度の信頼性と妥当性，QOL 評価，ベイズ統計学入門，薬物動態解析の基礎，第 1 相試験の計画とクロスオーバー試験，抗悪性腫瘍の臨床開発と臨床薬理学デザイン．

[事例研究]　[Q & A]

[総合実習] 食品や健康器具などを用いた模擬臨床試験 (東大倫理委員会承認，安全性モニタリング委員会 (医師，弁護士，生物統計家) 設置，医師対応あり) を実施することにより，コンセプト・プランニング，プロトコル作成，調査票 (CRF) 作成，同意文書作成，データ収集，データ管理，統計解析，総括報告書作成，発表・質疑応答の一連の流れを体験する．

[卒業試験] 最終月に開催．試験結果などに基づき，運営委員会で合否を判定し，日科技連の修了証とは別に BioS 認定の合格証を発行．

の長期に渡るコースである．修了者は，製薬企業のみならず，臨床試験受託機関 (CRO)，医療機関，大学，審査当局などで，医薬品開発の第一線で幅広く活躍している．2017 年度で 28 期目を迎え，毎年 50 人前後の受講者に対して，医薬統計の実務教育を行っている．BioS には臨床試験の統計業務従事者以外にも，データマネジメント，モニタリング，メディカルライティング業務の従事者や，非臨床部門，市販後の統計解析業務従事者，臨床医も参加することがあり，受講者の大学での専門分野，統計の数理能力等は多岐に渡る．主な教育内容について表 8.13 に示した．臨床試験で医療統計学を実践するために必要な数理的な基礎から応用までが網羅的に学習できるようになっている．

その中で「総合実習」として模擬臨床試験が実施されている．この実習では，市販の大衆薬や健康器具，機能性食品等を用い，試験の立案からデータ収集，解析，報告までの一連の流れを 1 年間で体験できるようにカリキュラムが組まれている．数理統計学の知識だけに偏重せず，実務経験を通した医療統計学を体得できるユニークなシステムである．また最終月には医療統計学の習得レベルを評価するため，筆記試験を行い，厳密な合否判定を行っている．

8.4.5 試験統計家の認定制度

日本計量生物学会は「統計家の行動基準」を策定し，この行動基準に基づいて，社会問題を伴った臨床試験の不正に関して，2013 年 9 月 10 日に「臨床試験に関する日本計量生物学会声明」を発信した[7]．声明では以下の 2 点が必要であることが提言されている．

(1) 臨床試験には適切な資格と経験を併せもつ生物統計専門家の計画段階からの実質的な関与が必須であること

(2) そのためには主要な臨床試験機関における生物統計学専門家ポストの設置，および医学部・歯学部・附属病院を有する大学には教育・研究のために生物統計教員の配置を行うこと

提言 (2) については，前述の中核病院の要件によって実現化されつつある．提言 (1) に関しては，未承認医薬品・適用外使用，医薬品の広告に使用される臨床試験については治験と同等の法制化が検討されているものの，それ以外の一般の臨床試験については生物統計家の参加に関する規制が存在しない．

日本計量生物学会は，この提言を実効が伴うものとするため，一般の臨床試験に参加する試験統計家の認定制度を開始している．日本計量生物学会では，1998 年に ICH-E9 統計ガイドラインが承認された際に，「試験統計家のための資格/要件ワーキンググループ」を設置し検討を行った経緯がある[8]．当時は学位を有する生物統計家が製薬会社，アカデミアともに少なかったこと，臨床試験に関わる生物統計学の教育コースが大学に存在しなかったことなどから，ワーキンググループでの議論は資格化の方向ではなく修士レベルの教育に進み，修士課程カリキュラム案の提案を行った．したがって，今回の認定要件としては，修士相当以上の専門教育を受けていること，ICH-E9 統計ガイドラインおよび「統計家の行動基準」の内容を十分に理解していること，さらに一定以上の実務経験があることと規定している．現段階では，統計学の修士相当以上の教育を受け，生物統計の関連業務に就く若手人材を，臨床試験の実務に携わることができる「実務試験統計家」として認定し，さらに十分な経験に加え，研究実績のある統計家を臨床試験の計画書と報告書の科学的・倫理的側面を監修することのできる上級の「責任試験統計家」として認定する計画である．認定制度は主にアカデミア人材の質の確保を念頭においているものの，企業の統計業務従事者についても，キャリアアップのパスの一つとして対象とすることを想定している．

8.4 節のまとめ

- ICH-E9 Statistical Principles for Clinical Trials は，1998 年に発行され，検証的な臨床試験における統計的原則を示した国際的なガイドライン (通称 ICH-E9 統計ガイドライン) である．
- 試験統計家は，ICH-E9 ガイドラインの原則を実行するために，十分な理論または実地の教育および経験を併せもつ必要がある．
- 統計家の使命は，統計を用いた業務や研究を通じて，人々の健康や安全，福利の維持・増進，環境の保全，社会・経済の発展に貢献することである (日本計量生物学会：統計家の行動基準)．
- 日本計量生物学会は試験統計家の認定制度を 2017 年から開始し，医学研究の実務に携わる統計家の質の確保を目指している．

- 日本の大学には統計学科がないため，大学における統計専門家の教育は限定的であった．しかし，近年，データサイエンス学部の新設や生物統計家育成事業の開始などにより，統計専門家の教育の場が増えている．

8.5 おわりに

医療の適正使用には，その治療の選択を科学的な根拠にもとづく必要がある．clarity (精度), comparability (比較可能性), generalizability (一般化可能性) の三つの目標を達成した研究デザインによる科学的な証拠の創造と，得られた結果の解析・評価の両面で，統計学はEBM実現のために決定的に重要な役割を果たす．

本章では，身近な話題として最初に「納豆の効果」を評価する事例に基づき，EBMの中で医療統計学が果たす役割について解説し，その後で，医薬研究のデザインと解析の考え方の一般論，血清脂質を低下させる作用をもつプラバスタチンの心血管系疾患発症抑制効果を検証するために，日本で行われた最大規模の臨床試験MEGA studyについて紹介した．さらに最近の生物統計家・試験統計家の育成の動向について紹介した．

情報工学を専攻した若者の中で，データサイエンスに興味をもち，医療分野の中で，統計学を活用して，人類の健康に貢献しようと，将来，生物統計家・試験統計家を目指す人材が多く輩出されることを期待してやまない．

謝辞

なお，本章をまとめるにあたり，浜田研究室4年生，金沢航佑氏，河津優太氏，佐々木豊空氏，佐立 峻氏，本江 渡氏，今泉 敦氏には，原稿をていねいに読んでいただき，多くの誤りや改善点を指摘していただいた．以上の方々にこの場を借りて感謝の意を表したい．

参考文献

[1] E.T. クック 著，中村妙子，友枝久美子 訳：ナイティンゲール―その生涯と思想〈2〉(時空出版，1994).

[2] H. Nakamura, K. Arakawa, H. Itakura, A. Kitabatake, Y. Goto, T. Toyota, N. Nakaya, S. Nishimoto, M. Muranaka, A. Yamamoto, K. Mizuno and Y. Ohashi: "Primary prevention of cardiovascular disease with pravastatin in Japan (MEGA Study): a prospective randomised controlled trial," *Lancet*, **368**, 1155–1163 (2006).

[3] 黒木登志夫：研究不正―科学者の捏造，改竄，盗用 (中央公論新社，2016).

[4] 厚生省医薬安全局：臨床試験のための統計的原則，医薬審第1047号 (1998).

[5] 日本計量生物学会：統計家の行動基準．`http://www.biometrics.gr.jp/news/all/standard_20150310.pdf`

[6] 酒井弘憲，佐々木秀雄，大橋靖雄："(財) 日本科学技術連盟 医薬データの統計解析専門コース総合実習プログラムを通した Clinical Statisticians/Clinical Scientists の養成", 臨床研究・生物統計研究会誌, **27**, 6–14 (2007).

[7] 日本計量生物学会：臨床試験に関する日本計量生物学会声明．`http://www.biometrics.gr.jp/news/all/seimei_20131126.pdf`

[8] 大橋靖雄，佐久間 昭，吉村 功，佐藤俊哉，魚井 徹，佐々木秀雄，酒井弘憲："試験統計家のための資格/要件ワーキンググループ報告", 応用統計学会・日本計量生物学会 2001年度合同年次大会講演予稿集，pp. 83–88 (2001).

第 III 部

ソフトウェア・通信ネットワーク

序　　章

情報化社会といわれる今日では，日々の生活において，ソフトウェアと情報通信技術 (information and communication technology : ICT) を活用したシステムを用いている場面が多々存在する．食事をするためおいしいレストランを探す，休日の旅行のため観光地を検索し，チケットを購入する，出張先に出かけるため最短経路を探す，家族や友人と待ち合わせをする，などの際にスマートフォンなどの情報端末を使うことが多いのではないだろうか? 何気ないこれらの作業には，ソフトウェアとICTを駆使した技術が生かされている．スマートフォンはコンピュータに画面，マイク，スピーカおよび通信機能などを有するハードウェアである．これに各種のソフトウェアがインストールされることにより，電話のみならず，メール，LINE，Web閲覧から検索，地図表示，写真，動画の撮影・記録から送受信まで，さらには買い物までできるような各種の機能が付加されるなど多くの機能を有している．これはまさに，ソフトウェアと通信技術が融合したシステムであり，今日の情報化社会を支えるデバイスになっている．

第III部では，ICTを構成する二つの大きな基盤技術であるソフトウェア・通信ネットワークについて解説する．

近年のICTの発達に伴い，ICT機器はますます高性能化，高機能化している．そして，それらの機器の個性，機能を決定するのはソフトウェアであり，ソフトウェアを効率的に開発，運用，保守するための方法論，ツールを提供する学問分野が「ソフトウェア工学」である．

スマートフォンのようなICT機器においては，ソフトウェアを駆使しながら，さまざまな信号処理を行っている．信号処理とは，機器に入力された音声や撮影した画像をディジタル化し，メモリに記録できる形式に変換したり，これらを送信するために質を落とすことなくビット数を削減したり，受信したディジタルデータから音声や画像を復元するための処理である．

ディジタル通信技術は，遠隔にいる相手に対し音声や文字，写真などを発信したり，閲覧したいWebページをダウンロードする技術であり，無線通信や光ファイバ通信により，スマートフォンを用いて海外のWebページでさえも閲覧を可能にしている．しかしながら，遠隔地から長距離の通信路を介して情報を送受信する際に，雑音によりデータが誤ることがある．情報理論と符号化は，効率よくデータを伝送し，このような通信路で発生する誤りを訂正する技術であり，信頼性の高い通信を可能にするために大きな役割を果たしている．

第III部はICTの基盤を形成する技術として，

- ソフトウェア工学
- 信号処理とは
- ICTを支えるディジタル通信技術
- 情報理論と符号化の基礎

の構成で，各内容の基礎事項を説明する．

第9章「ソフトウェア工学」では，まず，ソフトウェアの定義にはじまり，コンピュータソフトウェアの種類について，いくつかの基準で分類する方法が解説される．その上で，おおまかなソフトウェア開発の流れが説明され，実際に大規模ソフトウェアを開発する場合の課題についてもふれられる．業務としてのソフトウェア開発は，趣味のプログラミングなどとは異なり，多くの人々が開発に携わることを意識し，ソフトウェア開発の課題に対処するための方法論やツールの紹介がなされる．ソフトウェア工学という学問分野のもつ重要性と課題をまとめているのが本章である．

第10章「信号処理とは」においては，各種信号の定義にはじまり，ディジタル化のためサンプリングされた離散時間システムの基礎的事項として，ディジタルフィルタについて述べる．ディジタルフィルタは，ディジタル信号処理においてきわめて重要な働きをするものであり，不要な周波数帯の信号を除去して所望信号のみを抽出する機能をもち，さらに応用例としてエコーキャンセラと等価器について述べている．さらに画像処理への信号処理の応用として，画像のデータ圧縮，および階調変換や修復について，また，ディジタル信号処理で得られた知見を用いて，正則化に基づくディジタル画像処理として，画像のボケ，解像度不足，暗所撮影でのノイズ，不要オブジェクトの映り込みなどの問題への対処法を述べる．

第11章「ICTを支えるディジタル通信技術」においては，情報化社会におけるICTの役割を述べたあと，情報通信システムの基本的な構成にふれ，システムとして無線通信，光通信，および誤り訂正符号について述べる．無線通信はスマートフォンなどの携帯端末で用いられている方式で，送信したいディジタル情報を所定の高い周波数に変換して送信する変調と受信側で受信した変調波からもとの情報に戻す復調の基礎について述べ，回線設計の基準となる誤り率とその導出方法について解説する．さらに，大容量で長距離通信が可能であるため国内の基幹通信網や太平洋横断海底ケーブルなどに用いられている光通信について述べる．大容量で長距離通信を可能とする光通信の特徴や，さらなる大容量化へ向けた今後の方向性が示されている．最後に，信頼性を高める誤り訂正符号について紹介している．チェックデジットの付加による情報の信頼性確保について，身近な具体例を紹介し，その後，低密度パリティ検査符号を用いた消失訂正および性能評価について述べる．また，近年明らかになった性能限界に迫る空間結合符号について紹介する．

第 12 章「情報理論と符号化の基礎」では，通信における問題を数理的にとらえ，効率と信頼性を高める手法を極める情報理論と符号化について述べる．まず，情報の量であるエントロピーをはじめとしていくつかの基本的な評価量を定義する．次に，情報源からの出力を効率よい系列に変換する情報源符号化において，対象である情報源をモデル化し，符号化した際の 1 記号あたりの平均符号長の限界を示す．さらに，具体的な符号化としてハフマン符号を紹介する．一方，通信路における誤りを訂正し，信頼性を高める通信を可能にする通信路符号化においては，対象である通信路をモデル化し，通信路容量を定義した上で，与えられた通信路に対して誤りなく通信が行える伝送速度の限界を示す．さらに，具体的な誤り訂正符号として 2 元線形符号を紹介する．

以上のように，第 III 部においては，現在の情報化社会を支える ICT の基盤技術ともいえるソフトウェアと通信技術の基礎について述べる．これらの技術は，情報化のさらなる高機能化・高信頼性化に向けた進展が見込まれており，今後さらにその重要性が高まるであろう．

9. ソフトウェア工学

9.1 はじめに

コンピュータ・ソフトウェア(以下，ソフトウェア)は社会を支える重要なパーツとなっている．金融，鉄道，通信システムなど，私たちの身近にある社会基盤は，いまではソフトウェアがなくては成立しないといっても過言ではない．銀行のATMで現金を引き出すシーンを考えてみよう．ATMにカードを挿入し，タッチパネルで暗証番号と金額を入力し，現金取出し口に出てきた現金を受け取る．この一連のシーンに登場するATMの端末，カード，タッチパネルはハードウェアである．目の前にあるのはハードウェアだが，その裏でハードウェアの制御，暗証番号による個人認証，預金残高の照会，更新などの肝心の処理を行っているのは，コンピュータ・プログラム，つまりソフトウェアである．ソフトウェアがなければATMもただの箱でしかない．

さらに，最近の電子機器・機械はソフトウェアが製品の個性，機能を決定するようになってきている．例えば，一世代前の携帯電話には，ボタンが多数あり，ハードウェアの形状・デザインに製品の個性が現れていた．それに対して，最近のスマートフォンは画面が大きな面積を占めボタンは2，3個しかない．どのスマートフォンも似た形状をしており区別がつかないほどである．製品の個性・機能は，オペレーティングシステム(OS)やアプリなどのソフトウェア次第といってよいだろう．さらに，ソフトウェアをアップデートすることで，販売後に製品の性能・機能を引き上げることもできる．

本章の目的は，大学1年生を主な想定読者として，ソフトウェア開発の典型的な流れ，ソフトウェア工学の代表的な手法や方法論を概観することで，より専門的で最新の技術・手法を自ら学ぶためのきっかけを提供することにある．

9.2 ソフトウェア工学とは

ソフトウェア工学(software engineering)は，品質のよいソフトウェアを効率的に開発・運用・保守するための方法論，ツールを提供する学問分野である．例えば，魅力的で使い勝手のよいソフトウェアを開発するにはどうすればよいか，欠陥が少なく，障害が起こりにくいという意味で品質のよいソフトウェアを効率的に開発するにはどうすればよいか，いったん障害が起こっても短時間で正常に復帰するにはどのような運用プロセスを構成すればよいか．ソフトウェア工学は，ソフトウェアの開発だけでなく，運用・保守まで含めた方法論を扱う学問分野である．

9.2.1 コンピュータ・ソフトウェアとは

ここでコンピュータ・ソフトウェアの定義を明らかにしておこう．「ソフトウェア」＝「コンピュータ・プログラム」をイメージすることが多いが，ここではより広い概念と捉え，プログラムを開発し利用・運用・管理するためのさまざまなもの(文書を含む)，開発や利用のしかた(プロセス)も含めてソフトウェアとよぶ．プログラム，設計仕様書，コンテンツ(マニュアル，画像，データ，画面を構成するアイコン)もソフトウェアである．

9.2.2 ソフトウェアシステムの種類

私たちの身のまわりには「ソフトウェア」で動作するシステムが無数に存在している．

すぐに思いつくところから挙げると，パソコンやスマートフォンのアプリはソフトウェアの一種である．ゲーム，映像配信，ネット通販，電卓，電子辞書，自動翻訳などさまざまなジャンルのソフトウェアがある．普段は意識しないが，身のまわりにある電子機器，例えば，テレビ，冷蔵庫，ディジタルカメラの中にも，ソフトウェアが組み込まれている．最近の家電製品はソフトウェアが組み込まれていないものを探すのが難しいくらいである．

ソフトウェアシステムは，情報システムと組込みシステムに分類される．

情報システム　企業における製造・物流・営業・人事など諸活動をソフトウェアを用いて処理するシステムである．例えば，銀行のオンラインシステム，座席予約システムなどが挙げられる．人が対話的にコンピュータを操作することで処理が行われる対話型 (インタラクティブ) なシステムが一般的である．

組込みシステム　家電機器，テレビ，自動車，自動販売機などのハードウェアにソフトウェアが埋め込まれて動くシステムである．情報システムとは異なり，人がインタラクティブに使うことが前提ではなく，私たちが意識しないで使っている場合も多い．センサから時々刻々と出力されるデータを観測して機器を制御するリアルタイム処理，例えば，室温の変化を検知してエアコンの出力をリアルタイムに自動制御するのは組込みソフトウェアの役割である．

別の観点でソフトウェアを応用ソフトウェアとシステムソフトウェアに分類することもある．

応用ソフトウェア　私たちが日常的に使っているソフトウェアのことで，既製品の，(1) 共通応用ソフトウェアと，特定の組織のために特注された，(2) 個別応用ソフトウェアに大別される．共通応用ソフトウェアには，ワープロや表計算のソフトウェアが，個別応用ソフトウェアには，特定の会社向けに作成された給与計算ソフトや販売管理ソフトがある．大学で使用している履修登録システムなども個別応用ソフトといえる．

システムソフトウェア　応用ソフトウェアを実行するために利用されるソフトウェアをシステムソフトウェアとよび，(1) 基本ソフトウェア，(2) ミドルウェアに大別される．(1) の基本ソフトウェアには，Windows，iOS，Linux などのオペレーティングシステム (OS) や，プログラミング言語処理プログラム (例えば，C コンパイラ) がある．(2) のミドルウェアは，基本ソフトウェアをもとに構築されたデータベース管理ソフトやソフトウェア開発支援ツールなどである．

このように，ソフトウェアにもさまざまな種類があり，パソコンやスマートフォンの上で動作するものから，ネットワークの先にあるサーバ上で動作するものもある．組込みソフトウェアからシステムソフトウェアまで幅広い．そのため，ソフトウェア開発は「○○ソフトウェア」などの名前がついたソフトウェア開発会社だけで行われているわけではなく，銀行，商社，自動車，家電メーカなどさまざまな業種の会社内でも内製開発が行われている．

9.2 節のまとめ

- ソフトウェア工学は，品質の高いソフトウェアを効率的に開発・運用・保守するための方法論・ツールを提供する学問分野である．開発だけでなく運用・保守まで扱う．
- 私たちの身のまわりにはソフトウェアで動作しているシステムがたくさんある．人が操作することで処理が行われる情報システムと，家電製品や自動車に組み込みこまれたソフトウェアで動作する組込みシステムがある．

9.3　ソフトウェア開発の流れ

本節では，ソフトウェア開発の典型的な進め方について概説する．

9.3.1　ソフトウェア開発とプログラミング

ソフトウェア開発と聞くと，一日中，オフィスのパソコンの前に座ってカタカタとキーボードを打ちながらプログラミングしている様子を思い浮かべる人がいるかもしれない．実際にはプログラミングはソフトウェア開発の仕事のほんの一部でしかない．

大規模なソフトウェア開発には，さまざまな役割をもつ，多くの人が関わっている．銀行の基幹システムや OS のような大規模なソフトウェアの開発には，数百人，数千人の人が関わることもある．図 9.1 にソフトウェア開発チームのイメージを示している．ソフトウェアの利用者，ソフトウェア開発を委託するユーザ企業のシステム開発部門の社員 (顧客)，ソフトウェア会社の営業担当者，ソフトウェア開発のプロジェクトを取り仕切るプロジェクト管理者，ソフトウェアの設計を行う設計担当者，プログラム作成を担当するプログラマ，ソフトウェアが正しく動作するか検証するテスト担当者，できあがったソフトウェアを運用する運用担当者，保守を担当する保守担当者などである．このチームで協力して，プログラムだけでなく，文書，運用手順などを構築していくことになる．ソフトウェア開発とその成果物に関わりのあるすべての人をステークホルダ (stakeholder) とよぶ．

例題 9-1　プログラムの規模と開発費

10万行のプログラムを開発する場合，プログラム1行あたりの開発費は (a) 100円，(b) 500円，(c) 1600円，(d) 4000円のどれか?

(答)　(c) 1600円

IPAの調査結果[3]によれば，10万行のプログラムを開発するときの工数は約20000人時である (図9.2)．例えば，1人時8000円とすると，20000人時×8000円/100000行＝1600円/行となる (実際には，ソフトウェアの種類や求められる品質によっても開発費は変動する)．プログラム1行で1600円は高いと感じる人が多いかもしれない．開発費が高くみえるのは，プログラムを開発するプログラマの人件費だけでなく，営業担当者，設計担当者，テスト担当者などソフトウェア開発に関わる多くの開発メンバの人件費が含まれているからである．このことからも，プログラミングはソフトウェア開発のほんの一部であり，それ以外の作業が占める割合が実は大きいことがわかる．

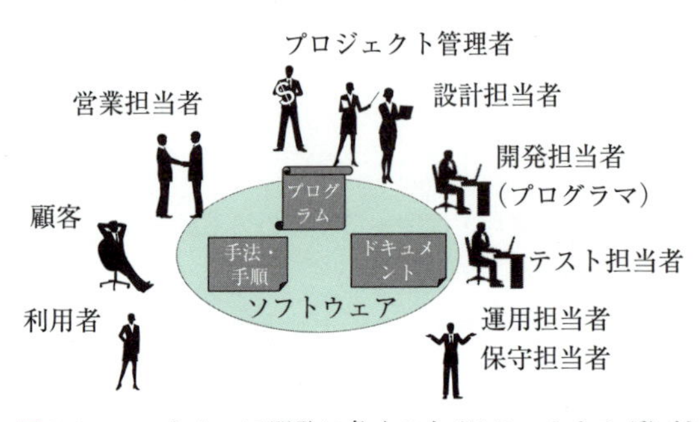

図9.1　ソフトウェア開発に多くの人 (ステークホルダ) が関わる．

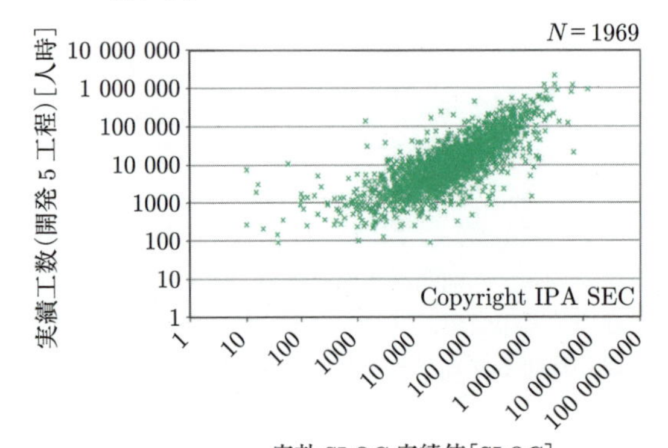

図9.2　開発規模と工数の関係[3]．SLOCはsource lines of codeの略で，ソースコードの行数を意味する．

9.3.2　ソフトウェア開発工程

ソフトウェア開発工程 (平たくいうと，ソフトウェア開発の仕事の進め方) のうち代表的なものとして，ウォータフォールモデルとアジャイルプロセスモデルの二つを簡単に紹介する．

a. ウォータフォールモデル

ウォータフォールモデルはソフトウェア開発モデルの基本である．上流から下流に向かって水が滝を流れ落ちるように，要求分析・定義，設計，プログラミング，テスト，保守の工程順に開発を進めていく方法である．図9.3に示すように，各工程の成果物として，要求仕様書，設計仕様書といった文書やプログラムを作成する．ウォータフォールモデルの特徴は，各工程の成果物を関係者でしっかりチェック (レビューという) し，欠陥や問題点がないことを確認してから，次の工程に進むことである．チェックと聞くと短時間で終わるイメージがあるかもしれない．実際は，(プログラムの規模によるが) 数週間から数カ月かけて行う重要な作業である．仕様書やプログラムにミスや欠陥があると，小さな欠陥でも後で大きな障害の原因になることがあるので，小さな欠陥も見落とさないように穴があくほど入念にチェックする．欠陥があれば修正し，修正後の成果物をもう一度チェックするという作業を繰り返す．図9.3では，典型的な工程名として要求分析・定義，設計，プログラミング，テスト，保守を表示しているが，工程の名称や分割方法はプロジェクトによって異なることに注意する．例えば，設計工程を基本設計 (外部設計) と詳細設計 (内部設計) に分けることも多い．ソフトウェア開発の流れを，建築の場合のアナロジーを使いながら説明する．

要求分析・定義工程　顧客が求めていること (why) を把握し，何をつくるか (what) を明らかにする．住宅メーカの営業担当者が施主と打合せをして，間取り，壁の色，車庫の有無などを決めていくように，どんなソフトウェアをつくりたいかをヒアリン

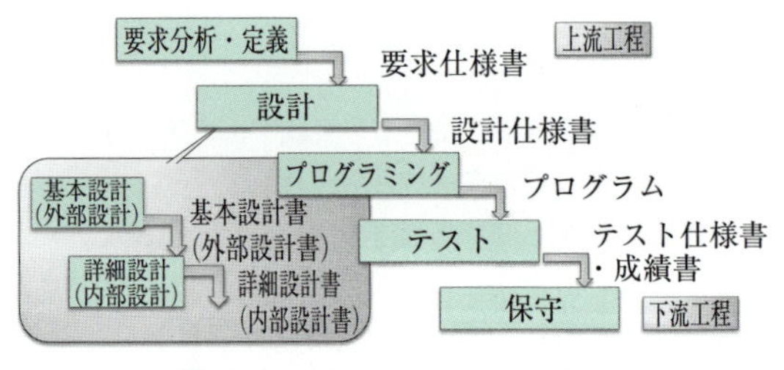

図9.3　ウォータフォールモデル

グしながら決めていく．決めたことはソフトウェア要求仕様書(requirement specification)にまとめていく．口約束では合意できたとはいえないので，しっかりと文書化して意識合わせをしておくことが大切である．

設計工程　要求仕様書に基づいてどうつくるか(how)を明らかにする．具体的には，システムの入出力(画面やファイルなど)や機能の仕様を詳細化し，プログラムが書けるレベルまで設計仕様(モジュール構成や関数の入出力など)を明らかにする．住宅の場合は，顧客の要望にあわせて，設計図を作成し，部材の仕様を決めていく作業に相当する．設計工程のアウトプットは，ソフトウェア設計仕様書(software design specification)である．

プログラミング工程　設計仕様書をインプットとしてプログラムを記述していく．コーディング(coding)ともよばれる．住宅建築でいえば，大工が建築資材を組み立てて家を建てる作業に相当する．プログラムが設計仕様書で決められたとおりに動作するかを検査し，エラーがあったら修正する単体テスト(unit test)もプログラミング工程に含めることがある．プログラミング工程のアウトプットはプログラムである．

テスト工程　プログラムが要求仕様書と設計仕様書に記述された仕様どおりに動作するか確認し，プログラムに欠陥(バグ，エラーともよばれる)があれば修正する．完成した住宅を検査して瑕疵があったら修理する作業が相当する．テスト工程では，プログラムのチェックリストにあたるテスト仕様書を作成し，テスト結果を記録したテスト成績書をアウトプットする．

保守工程　運用中のシステムの不具合に対応し，機能や性能の改善・拡張を施す．住宅でも経年劣化に伴い，建物を補修したり，拡張したりすることが保守にあたる．

ウォータフォールモデルのメリットとして，

- 工程の完了基準が明確になるので，開発の進捗管理がやりやすい
- 多人数の共同作業となる大規模システム開発でも実績がある

ことがある．一方で，次のような問題も指摘される．

- 要求事項や設計を机上で詳細化・明確化するのは限界がある
- 要求事項は時々刻々と変化する
- 大量の文書を作成する必要がある

b.　アジャイルプロセスモデル

アジャイルプロセスモデル(agile process model)は，ソフトウェアが完成してからではなく，部分的でも早期にソフトウェアをリリースし，ユーザとの協力関係を築き，ソフトウェアを成長させていく方法である．机上では要求事項の詳細化・明確化に限界があるというウォータフォールモデルの欠点を補い，顧客の要望に柔軟に迅速に対応するモデルといえる．アジャイル(agile)とは，俊敏な，素早いといった意味である．

アジャイルプロセスモデルに基づく開発手法として，エクストリームプログラミング(extreme programming：XP)とよばれる開発手法が有名である．開発チームが実践すべき事柄(プラクティス)が定義されている．代表的なものとして以下がある．短期開発の反復，テスト計画先行(test first)，ペアプログラミング(pair programming)，連続同時レビューテスト，随時リファクタリング．

ペアプログラミングは，2人が共同でプログラミングを行う手法であり，1人がコードを作成するドライバ，もう一方がエラーを指摘したり助言をする役割を担いナビゲータとよばれる．2人で一つのプログラムを作成すると効率が1/2になりそうであるが，エラーの早期除去，ソースコードの品質向上，初心者のスキル向上にも役立つ．

9.3節のまとめ

- ソフトウェア開発には多くの人々が関わっている．プログラマだけでなく，営業担当者，プロジェクト管理者，設計担当者，テスト担当者など．ソフトウェア開発とその成果物に関わりがあるすべての人(利用者や顧客を含む)をステークホルダとよぶ．
- ソフトウェア開発工程の代表的なものに，ウォータフォールモデルとアジャイルプロセスモデルがある．ウォータフォールモデルは，水が上流から下流に向かって滝から流れ落ちるように，要求分析・定義，設計，プログラミング，テスト，保守の工程を順に進めていく方法である．

9.4 大規模ソフトウェア開発の課題

趣味や学習のための個人プログラミングと，業務で行う大規模なソフトウェア開発にどのような違いがあるだろうか．生産物，人，時間，役割の四つの側面から検討し，大規模なソフトウェア開発の課題について述べる．

9.4.1 生産物の規模増大

業務で作成するプログラムは一般的に多機能で，プログラムが長くなり，プログラムで使う変数や関数の数が増加する．それに対し，趣味のプログラムは単機能なものが多く，ソフトウェアの規模もどうしても制限される．大学のプログラミング演習で作成するプログラムはたかだか100行程度であろう．一方，業務で作成するプログラムの規模は桁違いに大きい．例えば，銀行のオンラインシステムは1980年代後半でも1000万行，Windows 95で1500万行といわれている[4]．

プログラムが長くなると，開発工数が増えるだけでなく，プログラムの構造が複雑になり全体の見通しが悪くなる．構造が複雑になると，プログラムに誤り(エラー，欠陥，バグともよばれる)をつくり込んでしまうことが多くなる．プログラムの各機能が互いに影響を及ぼし合って，プログラムにバグがあっても，そのバグを見つけにくくなったり，プログラムを変更したときの影響範囲を見極めることが難しくなる．プログラムの規模が大きくなれば，対応する要求仕様書や設計書のページ数も増える．このように生産物の規模増大がソフトウェア開発を困難にする要因の一つである．

9.4.2 人員増加

銀行のオンラインシステムやOSのような大規模なソフトウェアの開発には，開発者だけでも数百人，数千人の人が関わっている．開発者だけでなく，ソフトウェアの開発や成果物に関わる人，つまりステークホルダも増加する．銀行システムの場合，利用者は銀行員だけでなく，銀行口座をもっている若者からお年寄りまでさまざまな人が使うことを考慮して，使い勝手のよいシステムを開発する必要がある．それに対して，自分でつくって自分で利用するプログラムは，他の人が使うことを考慮する必要はない．

大規模ソフトウェア開発が混乱する原因は，ステークホルダの間の調整や合意形成が困難になることにある[2]．開発の担当者が増えてくると，担当者間のコミュニケーション不足や認識誤りによって開発が混乱することもある．あるモジュールのバグ修正が，まったく関係ないようにみえる他人のモジュールの不具合を誘発することもある．

9.4.3 開発期間の長期化

個人プロジェクトで作成するプログラムの開発期間は比較的短いが，大規模システムの開発は1年以上かかるプロジェクトも珍しくない．

開発期間が長くなると，その間に新しい要望が出てきて，機能追加が必要になったり，開発担当者が途中で交代したり，OSのバージョンアップがあったり，新しい法律や制度に対応する必要が生じることで，開発の途中で設計やプログラムの手直しが必要になる場合がある．このことが，大規模ソフトウェア開発が混乱する原因の一つである．

9.4.4 社会的役割の拡大

趣味で作成したプログラムに不具合が発生しても，困るのは開発者本人だけで他人に迷惑をかけることはない．対して，銀行オンラインシステムの場合は小さな不具合が発生しても，社会的に大きな影響を及ぼして多くの人に迷惑をかけてしまう．不具合修正のためにシステムを止めたくても，止めると経済的な損害が大きいので，システムを動かし続ける必要がある．

システムの信頼性を向上させるために，開発したソフトウェアに含まれる欠陥をできるだけゼロに近づける必要がある．しかし，欠陥をゼロにすることは不可能で，ゼロに近づけようとするとテストに膨大な時間がかかる．仮にソフトウェアに欠陥がなくても，ハードウェアの故障は避けられない．ハードディスクが壊れたり，ネットワークが何らかの原因で切断されることもある．滅多に起きることがない例外的なトラブルまで網羅的に想定して，あらゆるトラブルに対処できる信頼性の高いシステムを設計・開発することが求められることも多い．このこともソフトウェア開発を難しくする原因の一つである．

9.4節のまとめ

- 大規模ソフトウェア開発の問題点として，(1) 生産物の規模が増大しプログラムも複雑になること，(2)

ソフトウェア開発に関わる人の数が増加し，コミュニケーション不足や認識誤りによって開発が混乱すること，(3) 開発期間が長期化すること，(4) 社会的役割が拡大するに従い，簡単に止められないシステムが増えていることがある．

9.5 ソフトウェア工学の手法

前節で挙げた大規模なソフトウェア開発の問題点に対処し，品質の高いソフトウェアを効率的に開発・運用・保守するためのさまざまな手法がソフトウェア開発の現場で生み出されている．本節では，ソフトウェア工学の分野で，どのような方法論やツールが開発され，実際に使われているか知ってもらうために，いくつかの方法論・概念・ツールを紹介する．方法論・ツールといっても，高校数学の公式のように，問題に適用すると正解をぱっと導き出せるような，わかりやすい手法があるわけではないことに注意する．

9.5.1 大規模で複雑なソフトウェアを構築するために

大規模で複雑なソフトウェアの全体を理解し，一気にプログラムをつくり上げるのは至難の業である．

a. 段階的詳細化

この問題に対処するための一つの方策として，システムの機能を段階的に詳細化していく**構造化分析・設計** (structured analysis, design)，**構造化プログラミング** (structured programming) とよばれる伝統的なアプローチがある．(1) 開発しようとするプログラムを機能的にまとまったソフトウェアの部品 (モジュールとよばれる) に分割する，(2) 一つひとつのモジュールにわかりやすい名前をつけて抽象化する，(3) モジュールごとに入力データ，処理内容，出力データを具体的に記載した設計仕様書を作成する，(4) 設計仕様書に基づいてプログラム言語で記述していく．例えば，画像編集プログラムを設計する場合であれば，4 個のモジュール—画像入力，画像処理，画像表示，画像保存モジュール—に問題を分割する．画像入力モジュールをさらに詳細化すると，画像ファイル選択，画像ファイル読込み，読込みエラー処理のモジュールに分割できるといった具合である．最終的には，処理モジュールであれば (C 言語でいうところの) 関数まで分割していく．大規模で複雑なプログラムであっても，うまく階層化して手頃なサイズのモジュールに分割することで，単純で理解しやすくなり全体の見通しがよくなる．

最終的に，個々のモジュールのプログラムができあがったら，一つひとつの部品を順番につなげて，設計仕様書に記載したとおりに動作するか確認していく．これは，部品ができてもそれで完成ではなく，部品と部品の接合部に隙間がないか，強度に問題ないか検査している作業と同じである．この段階のことを段階的詳細化と対比して段階的統合化とよぶ．

プログラムをモジュールに分割する一つの指針として，オブジェクト指向分析・設計 (object-oriented analysis, design) がある．オブジェクト指向分析では「オブジェクト」をモジュール (部品) と考えてソフトウェアを構築する．ここで「オブジェクト」とは，人間が認知できる具体的な「モノ」あるいは，抽象的な「概念」(をコンピュータ内に表現したもの) である．

画像編集ソフトを設計するケースを考えてみよう．実世界では，“キャンバス” の上に “ペン” や “ブラシ”，“鉛筆”，“消しゴム” を使って “絵” を描いたり，“写真” を加工したりする．実世界の「モノ」に対応するように，「キャンバスオブジェクト」，「ペンオブジェクト」，「ブラシオブジェクト」，「画像オブジェクト」をモジュールとしてソフトウェアを構築しようとするのが，オブジェクト指向設計の考え方である．こうすることで，モジュールで扱うデータを人が理解しやすくなるというメリットがある．例えば，「ペンオブジェクト」はペンの太さや色といった属性 (プロパティ) をもち，線を描くという機能 (メソッド) をもつことを理解しやすくなる．

オブジェクト指向の基本概念として，(1) メッセージパッシング，(2) カプセル化，(3) クラスとインスタンス，(4) 継承 (インヘリタンス) がある．詳細は割愛するが，(2) のカプセル化は，オブジェクトを構成するデータと，データに対する操作をまとめてモジュール化することで，データや操作の隠ぺい/公開を制御できる仕組みである．データを隠ぺいすると，他のオブジェクトからのデータ参照・変更が制限される．したがって，モジュール間の独立性が高まり，モジュールを変更した場合の，他のモジュールへの影響を小さくできる．この考え方に基づいて，プログラミング言語 Java では，データ修飾子 public (公開)，protected (非公開)，private (クラスからのみアクセス可能) を用意している．

9.5.2 チーム開発における混乱を防ぐために

ソフトウェアの規模が大きくなると，開発者の人数も増えるため，開発者間の意思疎通が十分にはかれず，互いに誤解が生じることで，予期しない問題が発生することがある．以下では，問題が発生した際の混乱を抑え，開発者間の意思疎通を円滑にするための二つのツールを紹介する．

a. バージョン管理システム

コンピュータ上で複数の人で作成・編集されるファイルの変更履歴を管理するためのツールである．例えば，Git，subversion，CVS などのオープンソースソフトウェアがある．複数人で一つのソフトウェアを開発していると，誰かがプログラムに小さな変更を加えただけで，新たなバグや問題が発生して，昨日まで動いていたプログラムが突然動かなくなることがよくある．このようなときに，バージョン管理システムを開発チームで利用していれば，誰がいつどのような変更を加えたか確認でき，問題の発生原因を速やかに突き止めたり，問題が発生する前の状態を復元することができる．これも個人ではなく，チームでソフトウェア開発を行うことで必要になるツールといえる．

b. バグトラッキングシステム

ソフトウェア開発の過程で発見されるさまざまな問題 (障害) をシステムに登録し，障害の対応状況を追跡するシステムである．障害が報告されてから解決されるまでの手順を以下に示す．

- 障害の報告：テスト担当者が障害を発見すると，テスト担当者はバグトラッキングシステムで，新規にチケットを作成し，障害内容を登録する．この時点ではプログラムのバグ (欠陥) とは限らないため障害とよぶ．
- 担当者の決定：管理者が障害内容を確認し，チケットを適切な修正担当者に割り当てる．
- 障害の分析：修正担当者は障害内容を分析し，バグであれば修正する．バグではなく，テスト担当者の勘違いやテスト仕様書の間違いである場合は，そのことをチケットに記述して，担当者をテスト担当者に変更する．
- 対応結果の確認：テスト担当者は再度テストを行い，適切に対処されていることを確認したら，チケットの状態を「修正済み」とする．
- 承認：管理者は検証結果に問題なければ承認し，チケットの状態を「終了」にする．

障害情報をシステム上で共有・データベース化することで，バグの修正漏れを防ぐだけでなく，類似バグの検索やバグの原因分析が可能になる効果がある．

9.5.3 期限までに完成させるために

ソフトウェア開発プロジェクトは，納期やサービス開始日など，決まった期限までに開発を完了させなくてはいけない．ソフトウェアの規模が大きくなると，開発期間が長くなることは避けられないが，決められた期間と予算で開発を完了させることが難しくなる．

a. プロジェクト管理

プロジェクトを，決められた目標，方針，期間，規程にしたがって，成功裏に完了させることを目指して行われる活動をプロジェクト管理 (project management) とよぶ．プロジェクト管理の活動は多岐にわたる．プロジェクト管理を遂行する上で必要な知識を体系化した PMBOK[5] が有名である．PMBOK ではプロジェクト管理を 10 個の知識領域に整理している．

(1) プロジェクト統合マネジメント
(2) プロジェクト・スコープ・マネジメント
(3) プロジェクト・タイム・マネジメント
(4) プロジェクト・コスト・マネジメント
(5) プロジェクト品質マネジメント
(6) プロジェクト人的資源マネジメント
(7) プロジェクト・コミュニケーション・マネジメント
(8) プロジェクト・リスクマネジメント
(9) プロジェクト調達マネジメント
(10) プロジェクト・ステークホルダ・マネジメント

プロジェクトの計画と実行において総合的な責任をもつ職務または人をプロジェクトマネージャ (project manager) とよぶ．プロジェクトマネージャは，プロジェクトを成功裏に期間内に完了させるために，さまざまなところに目を配る必要がある．開発の計画段階においては，例えば，開発の目的，目標，開発対象業務および運用方針などを明確にしておく (プロジェクト・スコープ・マネージメント)，開発に要する工数と開発コストを見積もる (プロジェクト・コスト・マネージメント)，見積もりにより得られた開発工数に基づいてスケジュールを策定する (プロジェクト・タイム・マネージメント) といった役割がある．

b. ガント・チャート

プロジェクトの開発スケジュールを記述するツール，また進捗管理のツールとしてガント・チャート (Gantt

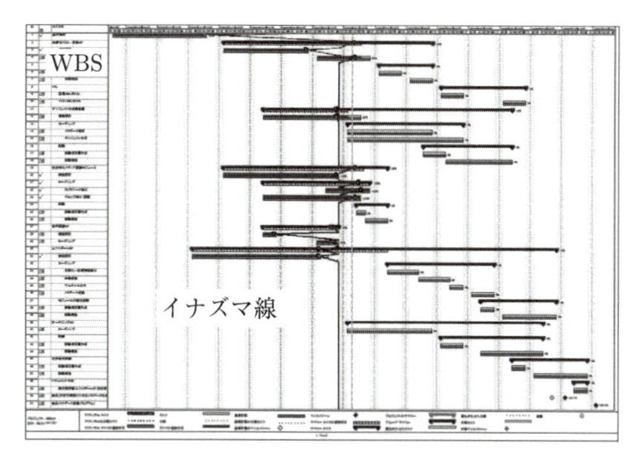

図 9.4 ガント・チャート

chart) が利用されている (図 9.4). 縦方向に作業項目 (タスク) のリストを, 横方向にそれぞれのタスクの開始日, 終了日をバーとして表している. プロジェクトを階層的にタスクに分解した構造を作業分解構造 (work breakdown structure：WBS) とよぶ. ガント・チャートは, タスクの開始・終了日時, 並行するタスクが一目でわかるという特徴があるため, プロジェクトの計画段階で使われる. 現時点で, 完了したタスク, 実行中のタスク, 予定に対する進捗状況が一目でわかるので, 進捗管理にも用いられる. 図 9.4 の縦方向に伸びる折れ線をイナズマ線とよぶ. イナズマ線が現時点を示す中心線の左側に伸びているとタスクに遅れが発生していることがわかる. 遅れているタスクがあれば, プロジェクトマネージャはメンバと協力して, 遅れの原因を分析し, 遅れが全体スケジュールに影響を与えないよう早期に対策を講じることが重要になる.

9.5.4 信頼性の高いソフトウェアを構築するために

ソフトウェアの社会的な役割が大きくなるに従って, ソフトウェアの不具合が社会に与える影響も大きくなっている. そのため, ソフトウェアの品質管理は重要な課題である.

a. テストとレビュー

ソフトウェアの品質向上に向けた活動には, 大きくテストとレビューの二つがある. テストと聞くと, 学力・能力などの度合いを試すために学校で行う学力テストを思い浮かべるかもしれない. 学力テストとは異なり, ソフトウェアテストはプログラムの出来の良し悪し, さらにプログラマの能力を測るためのものではないことに注意する. 人がつくるソフトウェアには, いくら注意深く作業しても, 一定の割合で欠陥が含まれることを当然と考えて, そのバグを効率的, かつ漏れなく摘出するためにテストを行う.

テストは動的検査ともよばれ, プログラムを実行してみて, 期待した結果が得られることをチェックする. したがって, プログラムが完成してからしか実施できない. 単体テスト, システムテスト, 受入検査などの工程で実施される. テストは次のような手順で行われる：

テスト項目の抽出 要求仕様書や設計仕様書に記述されている内容に基づいてテスト項目を抽出する.

テストケースの作成 テスト項目ごとにテストケースを作成する. テストケースとは, どういった条件・状況で, どのようなデータを入力したときに, どのような結果が期待されるかを記述したものである.

プログラムの実行, 結果の比較 テストケースに指定された条件・入力データを与えてプログラムを実行し, 期待された結果が得られることを確認する. 期待された結果と異なる場合は, 欠陥が含まれる可能性があるので障害を報告する.

欠陥の除去 (プログラムの修正) 障害原因を分析し, プログラムに欠陥があれば修正する. この作業をデバッグ (debug) とよぶ.

テストにおいて, バグがみつからないことは必ずしも喜ばしいことではない. バグがみつからない場合はテストケースのつくり方が悪い可能性を疑う必要がある.

効率的かつ網羅的に欠陥を除去するために, さまざまなテスト技法が開発されている. テストケースの網羅性を表す基準として, 命令網羅 (C0 カバレッジ), 分岐網羅 (C1 カバレッジ) などがある. 命令網羅はプログラム中のすべての命令を少なくとも 1 回は実行するようにテストケースを決定する. 分岐網羅はプログラム中のすべての分岐を少なくとも 1 回は通過するようにテストケースを決定する. 分岐網羅であっても, 検出できない欠陥はあるが, 網羅性の基準を意識することで欠陥の検出漏れを減らすことができる.

レビューは静的検査の一種であり, プログラムや文書の記述内容を人の目でチェックすることで欠陥を除去する方法である. 上流工程で作成する文書に混入する欠陥を早期に除去しておくことは, 品質が高いソフトウェアを作成する上で欠かせない. 要求仕様書や設計仕様書を作成したら, 文書レビューを行って, 誤りや欠陥を除去するとともに, 他人が読んで誤解なく理解できる文書になっているかという観点でもレビューすることが大切である. レビューには, インスペクションとウォークスルーとよばれる二つの代表的な方法がある. インスペクション・レビューは欠陥の発見を主目的として, モデレータとよぶ責任者が主催する会議形式のフォーマルなレビューである. 一方, ウォークスルー・レビューでは，文書の作成者が内容を説明し，レビュー参加者が不明点や問題点を指摘していく比較的，カジュアルなレビュー方法である．

9.5節のまとめ

- システムの機能を段階的に詳細化することで，複雑で大きな問題を単純で小さな問題に分割して解く構造化分析・設計，構造化プログラミングの考え方は古くからある．別の指針としてオブジェクト指向・設計がある．
- チーム開発を円滑に進めるためのツールとして，バージョン管理システム，バグトラッキングシステムなどが使われる．
- 決まった期限と予算でソフトウェアを完成させるためのプロジェクト管理の活動は多岐にわたる．
- ソフトウェアの品質向上に向けた代表的な活動としてテストとレビューがある．

9.6 おわりに

社会インフラや身近な情報機器のふるまいを決定するソフトウェアは，社会を支える重要なパーツとなっている．業務としてのソフトウェア開発は，趣味のプログラミングとは大きく異なる．プログラムの規模が大きくなるだけでなく，開発者以外の人が使うこと，多くの人々が開発に関わることを意識する必要がある．本章では，大規模ソフトウェア開発の課題と，ソフトウェア工学によって生み出された方法論・技法・ツールのいくつかを紹介した．より詳しく学びたい場合は文献 [1], [2] などを参照してほしい．

参考文献

[1] 中所武司：ソフトウェア工学 第3版 (朝倉書店，2014).
[2] 高橋直久，丸山勝久：情報工学レクチャーシリーズ ソフトウェア工学 (森北出版，2010).
[3] 情報処理推進機構技術本部 ソフトウェア高信頼化センター：ソフトウェア開発データ白書2016–2017, p. 155 (情報処理推進機構，2016).
[4] Steve McConnell 著，田口 恵，溝口真理子 訳，久手堅 憲之 監修：ソフトウェア見積り—人月の暗黙知を解き明かす (日経 BP 社，2006).
[5] Project Management Institute：プロジェクトマネジメント知識体系ガイド (PMBOK ガイド) 第5版 (Project Management Institute, 2014).

10. 信号処理とは

10.1 信号とは

情報化社会といわれる現代社会において，スマートフォンをはじめとするスマートデバイスは1人1台の割合といっても過言でないほど普及している．これらの機器が扱うデータは主に音声や画像信号であることが多い．ではそもそも信号とは一体どのようなものであろうか? 大まかにいえば，信号は1個の変数 (例えば時間 t，音声がこれに相当する)，あるいは複数の変数 (例えば多次元空間の位置，画像がこれに相当する) の関数であり，ある現象の性質やふるまいに関する情報を含む物理量ということができよう．音声，画像以外にも地震波や日々変化する気温などもその範疇に含まれると考えられる．はじめに信号にはどのような種類があるかを分類してみよう．

10.1.1 周期信号

周期信号はすべての時間 t に対して

$$f(t) = f(t + nT_0) \quad (n = 0, \pm 1, \pm 2, \cdots)$$

となる性質を有するものをいう (図 10.1)．

ここで，T_0 は基本周期である．周期信号のなかでも読者に最もなじみが深く，音声や画像信号を扱う上で重要なものに余弦波，正弦波があげられる．周期 T_0 を有する周期信号は時間軸方向に $\pm T_0, \pm 2T_0, \cdots$ とずらしてもやはり同じ信号となる．余弦波，正弦波以外にも工学上重要な周期信号として，方形波 (矩形波)，三角波，のこぎり波などが知られている (図 10.2)．

周期信号は T_0 ごとに同じ波形が繰り返されることから，この信号の性質を明らかにする上では $0 \leq t \leq T_0$，あるいは $-T_0/2 \leq t \leq T_0/2$ なる1周期のみについて考察すればよい．これらの信号を解析する手法としてフーリエ級数展開が知られている．

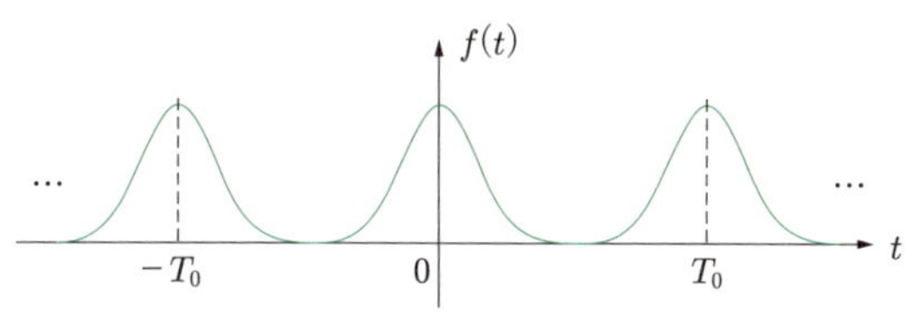

図 10.1 周期信号

10.1.2 不規則信号

前述した信号は時間 t の確定的な関数で記述することができる．つまり，ある任意の時間における信号値が容易に確定できるという特徴がある．これを確定信号とよぶ．これに対して図 10.3 に示すように，ある時刻の信号値が観測できても，それがその後どのよう

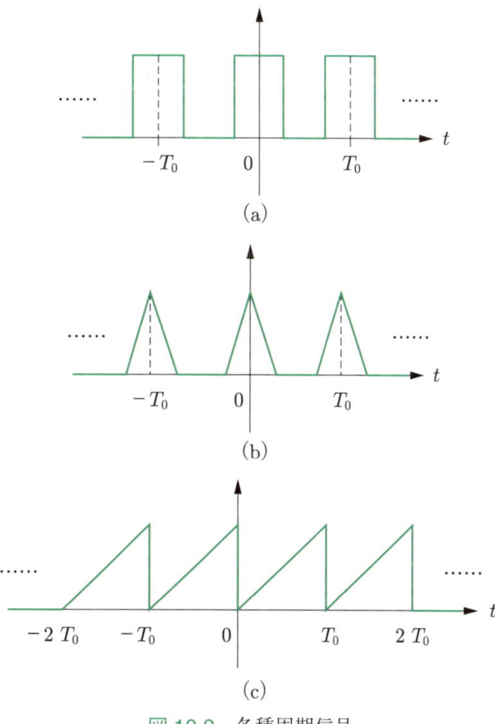

図 10.2 各種周期信号

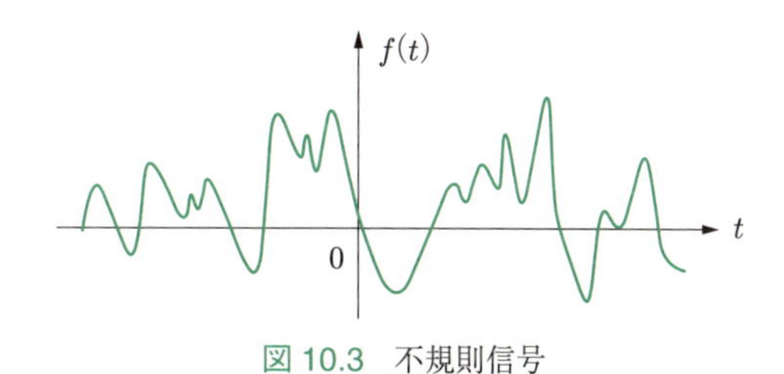

図 10.3 不規則信号

に変化していくのか確定できない信号を不規則信号という．

音声信号，画像信号などわれわれが日常接する信号は不規則信号に分類される．これらの信号は任意の時刻における信号値を確定できないが，ある程度予測することは可能である．したがって不規則信号では時刻ごとに信号値に関する議論は無意味であり，平均，分散などの統計的性質によってその現象を理解することが必要である．

10.1 節のまとめ

- 信号は周期信号と不規則信号とに分類される．
- 音声や画像などわれわれが日常接する信号はたいてい不規則信号である．

10.2 信号処理とは

われわれ人間は，視覚や聴覚を通して外部より多種多様の情報を得ているが，これらの情報は音，光，あるいは画像信号を媒体として伝達される．これらの信号から目的とする所望の情報を取り出すための操作が信号処理である．例えば，通信システムや記録システムなどでは，信号の伝送や記憶に際して所望成分以外の雑音混入やシステム自体の特性の不完全さによって，信号に何らかのひずみが生じる．情報を正しく伝達したり，記録・再生するためには信号ひずみを補正するなどの処理が必要となる．さらには，情報の正確な伝送，記録・再生のみならず，効率も考慮されなければならない．これらを行うためには信号のもつデータ量の圧縮も必要であり，これも信号処理技術の一つといえる．

このように，情報化社会に生きるわれわれにとって，情報を正確にかつ効率よく伝送，記録・再生し，有用な情報を抽出することは知的活動のために大切なことであり，それらを具体化する信号処理技術がきわめて重要な位置を占めることが理解されるであろう．

10.3 信号の分類

われわれの世界では，信号の自然な形態はアナログであるが，近年信号の伝送や記録ではディジタル通信，ディジタル記録が主流となってきている．そこで，ここではアナログ信号，ディジタル信号の特徴について簡単に説明しておこう．

10.3.1 アナログ信号とディジタル信号

音声や画像信号などわれわれが感覚器官によって認知できる物理的な信号はアナログ信号である．前述したように，音声は時間 t を変数とする連続的な時間関数であり，画像は二次元あるいは三次元空間の有限な領域における複数変数の関数で表される．これらを総称してアナログ信号という．これに対して高速で多量のデータを伝送，記録するためにディジタル通信，ディジタル記録方式が利用される．したがってもともとアナログ信号である情報をディジタル信号に変換する必要性が生じる．アナログ信号が信号値を任意にとりながら連続的に変化するのに対し，ディジタル信号は例えば二つの信号値 “1”，“0” のみをとる物理量であり，これは 2 値信号ともよばれる．図 10.4 にこれらの信号例を示す．

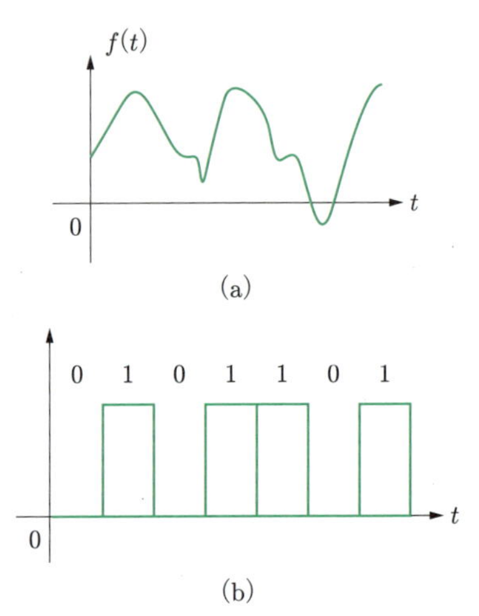

図 10.4　アナログ信号 (a) とディジタル信号 (b)

図 10.4 からわかるように，ディジタル信号では “1” には 1 個のパルスを割り当て，“0” には割り当てない，あるいは負のパルスを割り当てることもある．

10.3.2 ディジタル方式の利点

アナログ信号は信号波形そのものが情報を担っており，もし信号に雑音が重畳されると信号波形がひずみ，それが音声や画像品質の劣化を招く．一方，ディジタ

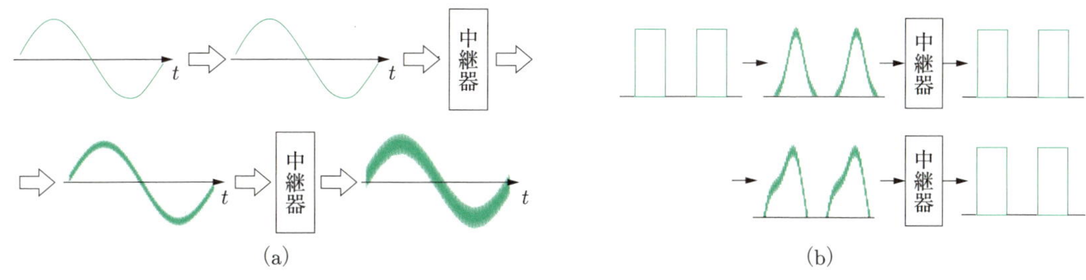

図 10.5 アナログ伝送 (a) とディジタル伝送 (b)

表 10.1 アナログ伝送とディジタル伝送の特徴

	アナログ伝送	ディジタル伝送
伝送方式	連続した信号波形をそのまま忠実に伝送する	信号値を適当な数値データ (“1”, “0” の 2 値信号) に変換して伝送する
雑音，ひずみの影響	大きい (累積する)	小さい (累積しにくい)
情報量	制限がある (高周波信号は伝わりにくい)	多くの情報量が伝送できる
多重通信	不可能	変調方式により可能

ル信号は前述したようにパルスの有無で “1” か “0” を判定するので，多少パルス波形がひずんでも判定結果に影響を与えにくく，情報の劣化度合いが少ない．

図 10.5 に通信システムを例にとってその概念を示す．図 10.5 からわかるように，アナログ伝送では雑音などの影響により信号ひずみが生じ，ひずんだ信号は中継器に内蔵されているアンプによりそのまま増幅されるため，ひずみの影響が累積する．一方，ディジタル伝送はパルスの有無による伝送であるから，中継器においてパルスの有無に関する判定を誤らなければ，パルス波形に多少のひずみがあっても雑音の影響が累積することがない．これら両方の伝送方式の特徴を簡単に比較した結果を表 10.1 にまとめておこう．

10.3.3 アナログ信号からディジタル信号へ

前節までの説明よりディジタル方式の利点が理解できたであろう．ここでは，アナログ信号をディジタル信号に変換する方法について述べる．これを行うためには

(1) アナログ信号を一定の間隔 T_s で信号の大きさ (信号標本値) を取り出す．これをアナログ信号の標本化 (サンプリング) という．

(2) 標本値を適当な方法で数値化し，一定の桁数に収まるように近似する．これを量子化という．

(3) 量子化された数値データを適当な方法で 2 進化する．すなわち，“1”，“0” の系列に変換する．これを符号化とよぶ．

の三つのステップが必要である．

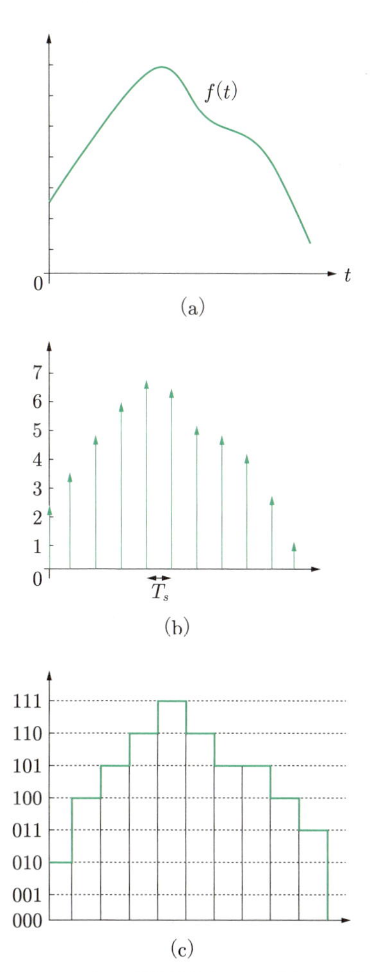

図 10.6 アナログ信号からディジタル信号へ

図 10.6 にその処理の様子を示す．さて，操作 (1) の標本化 (サンプリング) であるが (図 10.6(b) 参照)，これで重要なことはどの程度の間隔 T_s で標本化するかである．直感的には T_s が小さいほど信号が正確に再生できるのではないかと想像される．しかし，むやみに T_s を小さくしてもそれだけ処理すべきデータが増

えるだけになりかねず，適正な T_s の選択が望まれる．これについては「処理の対象となるアナログ信号の最高周波数を f_s とすると，T_s は $1/2f_s$ 以下に選べばよい」ことが知られている．この事実を標本化 (サンプリング) 定理という．例えば，人の音声の最高周波数は約 4 kHz とされているので，この場合 T_s は 125 ms 以下に設定すればよい．

次に操作 (2) の量子化 (図 10.6(c) 参照) について説明する．量子化とは標本化された信号値，すなわち標本値をある一定の桁数で近似することである．例えば，図 10.6(c) に示している最初の標本値が 2.3 としよう．これを 1 桁の整数に近似すると，2 とおくことができる．これが量子化の操作である．この例では信号値を 0〜7 までの 8 レベルの整数に置き換えているが，音声通話では 0〜255 までの 256 レベルに量子化される．

最後に量子化の操作を受けて (3) の符号化が行われる．図 10.6 では量子化レベルが 8 であるから，$\log_2 8 = 3$ ビットの "1"，"0" の系列に符号化される．なお，符号化にはさまざまな方式が提案されており，用途に応じて適正な符号化が採用される．

10.3 節のまとめ

- 信号処理の分野で扱う信号にはアナログ信号とディジタル信号とがある．
- われわれが認識できる物理現象はアナログ信号として観測される場合がほとんどである．
- アナログ信号に「標本化」，「量子化」，「符号化」の 3 種類の処理を施すことによりディジタル信号へ変換する．

10.4 ディジタルフィルタ

本節では，サンプリングされた信号を入出力信号とする離散時間システムについて説明する．その中でも信号処理で重要な働きをするディジタルフィルタの役割について述べる．さらに，加算器，乗算器，遅延器素子を基本構成としたときのディジタルフィルタの構成法を説明する．

10.4.1 フィルタとは

10.2 節で述べたように，信号処理の目的は入手したデータから所望の情報を抽出することにある．つまり，何種類かの混在した信号から欲しい信号を取り出し，不要な成分を除去するといってもよい．そのような処理を行うシステムをフィルタとよび，特にディジタル信号を対象としたものをディジタルフィルタという．フィルタには処理する信号のどの周波数領域を通過させ，どの領域を除去するのかによって種々のタイプがある．よく用いられる分類として

- 低域通過フィルタ (low pass filter)
- 高域通過フィルタ (high pass filter)
- 帯域通過フィルタ (band pass filter)
- 帯域阻止フィルタ (band stop filter)

があげられる．

図 10.7 に上記 4 タイプのフィルタの周波数特性を概念的に示す．ただし，図中の ω は周波数を表し，G は利得 (gain)，すなわち信号のある周波数成分をどの程度通過させるかを表す量である．図 10.7(a) の低域通過フィルタは周波数 ω が $|\omega| \leq \omega_c$ の範囲の信号を通過させ，$|\omega| > \omega_c$ の範囲を除去するものであり，各種フィルタ設計の基礎となる．このタイプのフィルタは有為な信号と雑音が混在したものから雑音を除去する目的でよく使用される．図 10.7(b) の高域通過フィルタは低域通過フィルタの逆の特性を有するもので，$|\omega| \geq \omega_c$ の信号成分を通過させ，$|\omega| < \omega_c$ の成分を除去する．これには例えば，オーディオなどで高音を強調するシステムで用いられる．また，図 10.7(c) のタイプは $|\omega_L| \leq \omega \leq |\omega_H|$ という，ある範囲の周波数成分を通過させるフィルタであり，例えば TV チューナやラジオチューナなどがこれに相当する．

10.4.2 フィルタの基本構造

ここでは，ディジタルフィルタの構成について説明する．ディジタルフィルタでは，その入出力関係が差分方程式で記述される点に特徴があり，基本的な構成要素として乗算器，加算器，遅延器がある．なお，ディジタルフィルタは $t = nT_s$ (T_s は前述したサンプリング間隔である) のみで動作するので，離散時間システムとよばれることもある．以後の議論では $T_s = 1$ として話を進める．

さて，はじめに上述した基本構成要素を考えよう．

(i) 加算器：複数の信号 $x_1(n), x_2(n), \cdots, x_N(n)$ に対して $y(n) = \sum_{i=1}^{N} x_i(n)$ を出力する演算器を加算

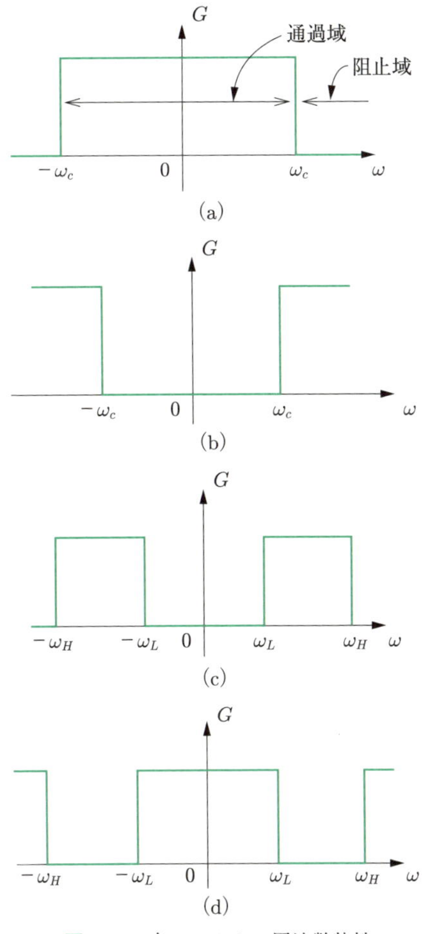

図 10.7 各フィルタの周波数特性

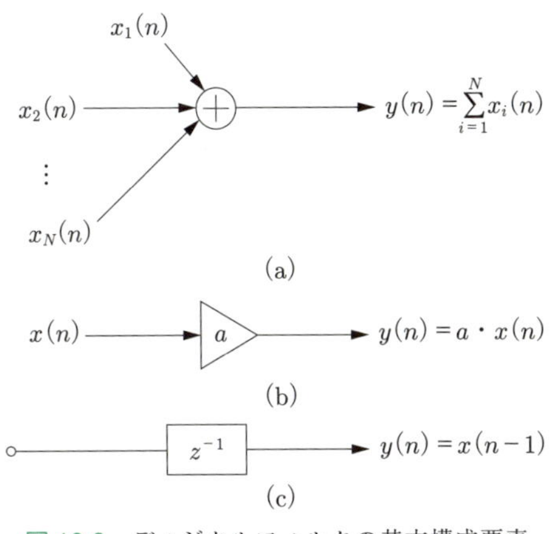

図 10.8 ディジタルフィルタの基本構成要素

器といい，これを図 10.8(a) で表す．

(ii) 乗算器：信号 $x(n)$ にある定数 a を乗じた信号 $y(n) = ax(n)$ を出力する演算器を乗算器という (図 10.8(b)).

(iii) 遅延器：これは信号 $x(n)$ をサンプリング間隔 T_s $(=1)$ だけ遅延した信号 $y(n) = x(n-1)$ を出力させる演算器である (図 10.8(c)).

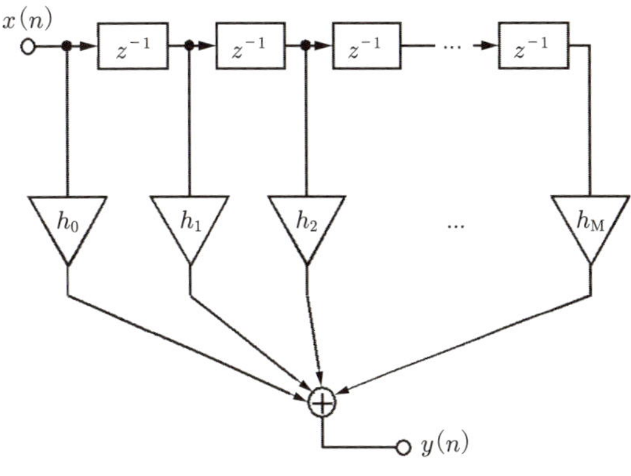

図 10.9 FIR 型フィルタ

ここで z^{-1} は単位時間遅延を表す記号である．フィルタの入力，出力をそれぞれ $x(n)$, $y(n)$ とすれば，一般的に以下の入出力関係

$$y(n) = \sum_{k=0}^{M} h(k)x(n-k) \qquad (10.1)$$

が成り立つ．ここで $h(k)$ はフィルタ係数であり，インパルス応答 (標本値) ともよばれ，信号処理の最も重要な概念の一つである．式 (10.1) の M が有限であるフィルタを FIR (finitite impulse response) 型フィルタ，M が無限である場合を IIR (infinite impulse response) フィルタとよぶ．

はじめに式 (10.1) の M が有限である場合の FIR 型フィルタの構成を図 10.9 に示す．式 (10.1) の入出力関係が図 10.9 で表現されていることが容易にわかるであろう．FIR 型フィルタではその出力は現在と複数の過去の入力信号サンプルによって決定される．

一方，要求される仕様 (周波数特性) によっては M をかなり大きく選ばなければならない場合もある．そのような場合，FIR 型フィルタで構成しようとすると基本構成要素の数が増大し，フィルタ設計コストが高くなるが，M が大きい場合でもコストを抑えた構成法が望まれる．これに対しては IIR 型フィルタが便利である．このタイプのフィルタの入出力関係は次式

$$y(n) = -\sum_{k=1}^{N} a_k y(n-k) + \sum_{k=0}^{M} h_k x(n-k) \qquad (10.2)$$

で与えられる．式 (10.2) からわかるように，時刻 n における出力 $y(n)$ を得るには入力のみならず，過去の出力をも必要としている．その意味で，IIR 型フィルタは再帰型フィルタともよばれる．

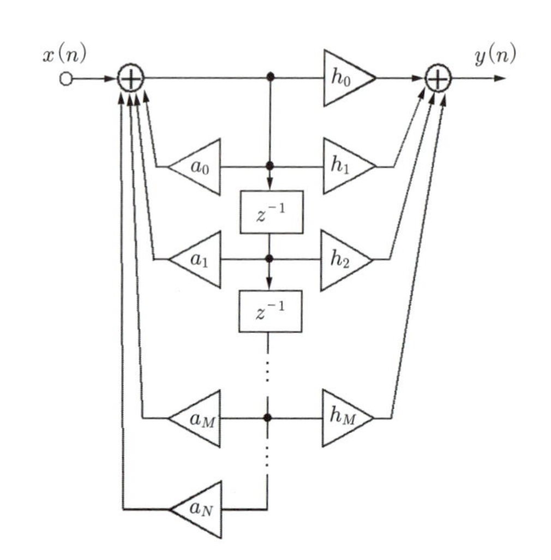

図 10.10　IIR 型フィルタ

式 (10.2) の入出力関係を実現する構成を図 10.10 に示す．式 (10.1)，(10.2) あるいは図 10.9，図 10.10 を比較すればわかるように，FIR 型フィルタは IIR 型フィルタの特別な場合と見なすことができる．IIR 型フィルタは低コストで設計できるメリットがある反面，出力が帰還している構成なので，入力信号がない場合でも出力が現れてくることがある．設計の際に十分注意を払わねばならないことを理解しよう．

最後にディジタルフィルタの特徴を簡単に整理しておく．まず利点であるが，

(1) 使用目的に応じてフィルタ特性を比較的容易に変更できる．つまり図 10.9，図 10.10 中の乗算器の係数を適当な方法で可変させることによって，所望の特性に近いものを実現できる．これについては次節で応用例をいくつか紹介する．
(2) 特性の再現性がよく，しかもそのばらつきが少ない．
(3) 温度変動，経年変化による特性変化が少ない．
(4) LSI 化によるシステムのダウンサイジングが図れる．
(5) フィルタ内部の演算がディジタルであるため，雑音など干渉成分に対する耐性がある．

などがあげられる．一方，問題点として

(1) 実時間処理を前提にすると，一サンプル間隔 (T_s) 内に一標本点に対する処理を行わなければならないため，処理可能なアナログ信号の帯域が制限を受ける．したがって高い周波数成分を有する信号の処理が困難である．
(2) 量子化により量子化誤差が発生する．また，フィルタの内部演算を行う際に演算語長が制限されるため，演算誤差が生じる．これは LSI などディジタル素子では演算のためのビット長が制限されるからである．

しかしながら，両者の問題点も半導体素子技術の発展により，徐々に解消される方向にある．

10.4 節のまとめ

- 信号から所望の成分を取り出す方法の一つにフィルタがある．
- ディジタルフィルタは「加算器」，「乗算器」，「遅延器」の 3 種からなる基本構成要素からなる．
- インパルス応答の長さによって 2 種類の構成法が知られており，それぞれ利点と欠点があるため用途によって使い分ける必要がある．

10.5 応　用　例

ここではディジタルフィルタがわれわれの身近でどのように用いられてるか，いくつかの例を挙げて説明しよう．

前節で述べたように，ディジタルフィルタの特徴として特性の変更が可能であることに着目した処理に適応信号処理がある．この処理がディジタル信号処理の適用範囲を拡大しているといっても過言ではないだろう．その概念を簡単に説明しておこう．

処理の対象となる信号を音声とすれば，これは先に述べたように不規則信号の範疇であり，その性質は統計量で規定される．もし，信号の統計的性質が変化するような場合には，処理するシステム (フィルタ) の特性を完全に設計段階で決めることができない．したがって，信号処理を行う段階でシステム (フィルタ) をある基準のもとで最適となるようにフィルタ係数を逐次修正する機能を備えることが必要となる．このように，特性を変化させる機能を有するフィルタを適応フィルタ，係数を変化させる手順を適応アルゴリズムとよぶ．

図 10.11 に入力信号 $x(n)$ に対する最適な処理を施すシステムのブロック図を示す．基本的な考え方はフィ

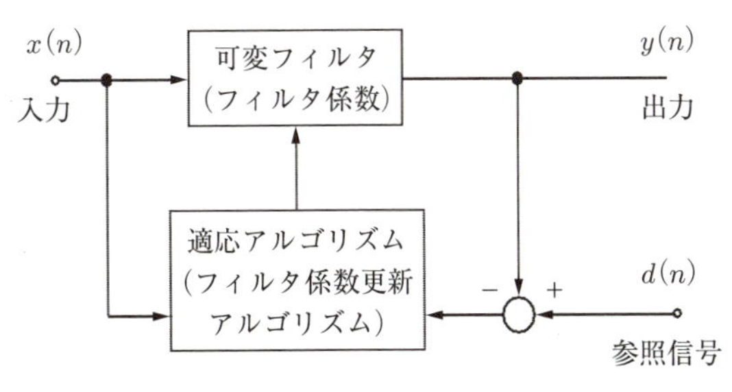

図 10.11　適応信号処理システム

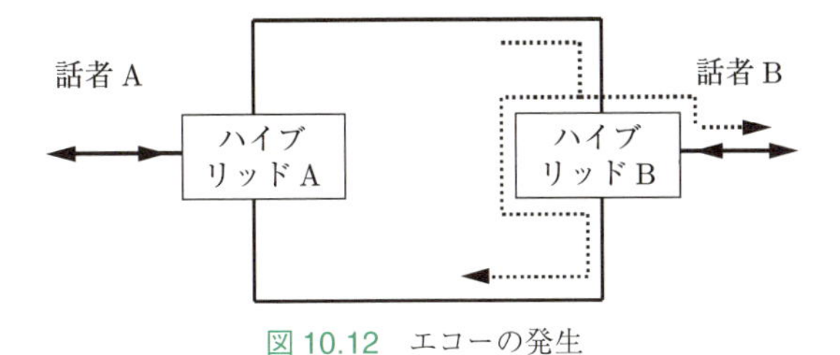

図 10.12　エコーの発生

ルタの出力を $y(n)$ としたとき，希望する応答 (所望出力) $d(n)$ との差である誤差信号 $e(n)$ を利用してフィルタ係数を自動的に更新することである．具体的には誤差信号 $e(n)$ の自乗平均値が最小となるようにフィルタ係数を修正していくことになる．

10.5.1 エコーキャンセラ

衛星通信，国際電話などのような長距離電話回線を利用して通話を行うとき，あるいは携帯電話などで通話しているときに，自分の声が少しの時間遅れを伴って再び自分のところへ戻ってきて通話しづらくなるという経験をもつ読者は少なからずいるだろう．自分の声が受話器から聞こえてくる音声はエコーとよばれる．このエコーは会話品質を劣化させることになり，これの除去が望まれる．これを実現するシステムがエコーキャンセラである．長距離回線システムを例にとって説明しよう．

図 10.12 は長距離電話回線システムを簡単にモデル化したものである．一般的に長距離通信システムでは，双方向性の 2 線式回線と一方向性の 4 線式回線からなっており，それらはハイブリッドとよばれる変換器で接続されている．この変換器の特性が不十分であると，話者 A の音声が話者 B 側のハイブリッドを介して話者 A 側に戻ってくる．そこで，話者 A に関するエコーを除去することを考えてみよう．基本的な考えは話者 A のエコーを何らかの方法で推定し (疑似エコー)，それを発生したエコーから減算することである．これをシステムとして実現したものがエコーキャンセラである．図 10.13 にエコーキャンセラ (EC) の概念図を示す．

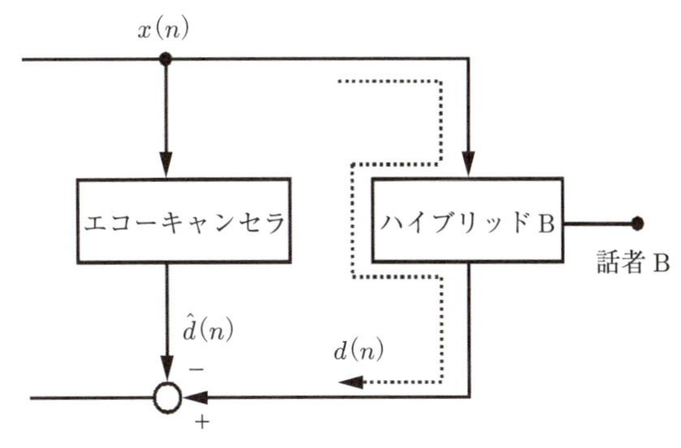

図 10.13　エコーキャンセラ

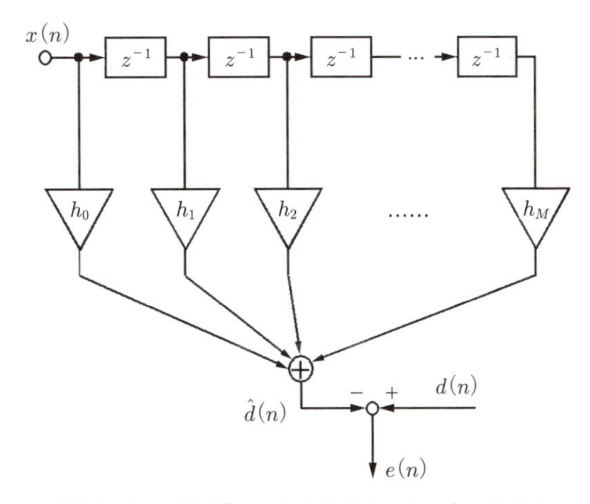

図 10.14　FIR 型フィルタによるエコーキャンセラ

話者 A のエコーを $d(n)$ とし，エコーキャンセラの出力を $\hat{d}(n)$ とすれば，$d(n) = \hat{d}(n)$ となるようにエコーキャンセラを設計できれば原理的にエコーを消去することができる．通常，エコーキャンセラは FIR 型システムで構成されることが多く，$\hat{d}(n)$ ができるだけ $d(n)$ に近似できるようにその係数を定めなければならない．この様子を $(M+1)$ 個の係数をもつ FIR 型システムによってモデル化すると図 10.14 のようになる．

さて，それではどのようにして図 10.14 の FIR 型システムの係数を決めてやればいいだろうか? これを行うためには $d(n)$ と $\hat{d}(n)$ との近さを測る尺度が必要である．よく用いられているのが両者の差分 $e(n) = d(n) - \hat{d}(n)$ (残留エコーとよばれる) の自乗平均であり，それを最小にするように係数 h_k を決定する．$h(k)$ は $x(n)$ と $d(n)$ とによって定まる正方行列 $\boldsymbol{R}$，ベクトル $\boldsymbol{b}$ を用いて

$$\boldsymbol{R}\boldsymbol{h} = \boldsymbol{b} \qquad (10.3)$$

なる連立方程式を $\boldsymbol{h}$ について解くことによって得られることが知られている．ただし，$\boldsymbol{h} = (h_0, h_1, \cdots, h_M)^{\mathrm{T}}$

であり，$\boldsymbol{R}$，$\boldsymbol{b}$ はそれぞれ $x(n)$ の自己相関行列，$x(n)$ と $d(n)$ の相互相関ベクトルである．数学的には $\boldsymbol{A}$ の逆行列 $\boldsymbol{A}^{-1}$ を式 (10.3) の両辺に乗ずれば，残留エコーの電力を最小にする係数が得られる．しかし，平均操作 (相関演算) と逆行列演算は多くの計算量を要し，リアルタイムで通話を行うような状況で必須事項である実時間処理には適さない．さらにこの問題では $\boldsymbol{A}$ のサイズ，すなわち M の値が数百ないし数千に及ぶことがあり，エコーキャンセラの設計コストが高くつくという問題も無視できない．したがって，式 (10.3) の解を反復的に求める近似解法が用いられる．これは時刻 k における近似解を $\boldsymbol{h}(k)$ と表記すれば，次式

$$\boldsymbol{h}(k+1) = \boldsymbol{h}(k) + \Delta\boldsymbol{h}(k) \qquad (10.4)$$

に従って逐次的に修正される．ここで $\Delta\boldsymbol{h}(k)$ はその時刻における係数修正ベクトル量であり，その選択にはさまざまな方式が提案されている．$\Delta\boldsymbol{h}(k)$ をうまく決めてやれば，$\lim_{k\to\infty} \boldsymbol{h}(k)$ は式 (10.3) の解に収束することが知られている．このようにして，エコーキャンセラのフィルタ係数を修正していくのである．

10.5.2 等化器

このような適応システムが用いられている例をもう一つ示そう．図 10.15 はディジタル通信系の基本的なモデルを表している．

図 10.15 において，入力 (送信) データ $a(n)$ を T 間隔で送信フィルタを通して伝送路に送出することを考えよう．ここで，有線伝送の場合，伝送路は同軸ケーブル，あるいは光ファイバが，無線伝送の場合には大気が伝送路に対応する．

さて，受信側では受信フィルタで送られてきた信号を受け取り，$t = nT$ の時刻でその判定を行って送信信号の再生を行う．

いま，送受信フィルタを含めた伝送系トータルのインパルス応答を $h(n)$ とし，$T = 1$ を仮定すれば，$x(n)$ は

$$x(n) = \sum_{k=-\infty}^{\infty} a(k)h(n-k)$$

$$= a(n)h(0) + \sum_{\substack{k=-\infty \\ (k\neq n)}}^{\infty} a(k)h(n-k) \qquad (10.5)$$

となる．式 (10.5) の右辺第 1 項が所望の信号値である．一方，右辺第 2 項は干渉成分 (符号間干渉とよばれる) であり，これをできるだけ小さくすることが望ましい．送信フィルタ $G_T(z)$，受信フィルタ $G_R(z)$ をこの干渉成分が小さくなるように設計することは比較的容易であるが，伝送路 $T(z)$ の特性は種々の要因で変動する．そのため，$x(n)$ の正確な判定が困難となり，信頼性の高いデータ伝送の実現が期待できない．

これを防ぐために受信フィルタの後に等化器というフィルタを接続する．等化器は伝送路特性変化を打ち消す役割を果たすと考えられる．

図 10.16 に示すように，伝送路特性の変化に応じて等化器の係数を調整し，干渉成分を生じにくくする等化器を適応等化器，あるいは自動等化器とよぶ．このように，等化器の係数を伝送路の逆特性を近似できるように，式 (10.4) のような更新式を用いて係数を徐々に修正していけば，信頼性の高い送信データの再生が可能となる．

このように，適応フィルタは信号そのものを推定するわけではなく，対象とする信号に関係する経路，上記の例ではエコーパス，伝送路などの伝達関数あるいはインパルス応答を推定する機能を果たしている．このような適応フィルタディジタルデバイスの技術的発展に伴い，今後のさらなる適用範囲の広がりが期待される．このような分野に少しでも興味をもっていただければ幸いである．

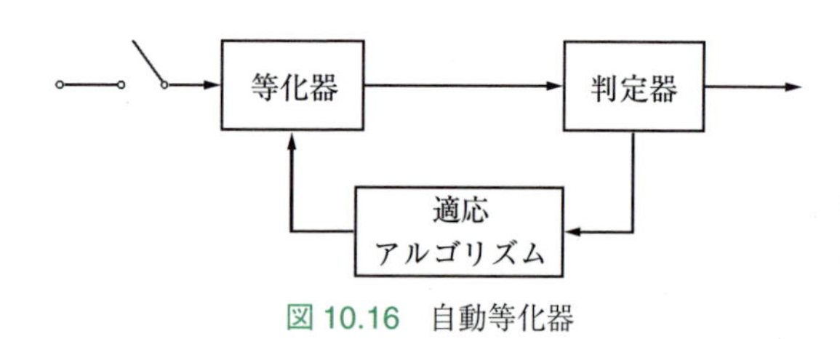

図 10.16　自動等化器

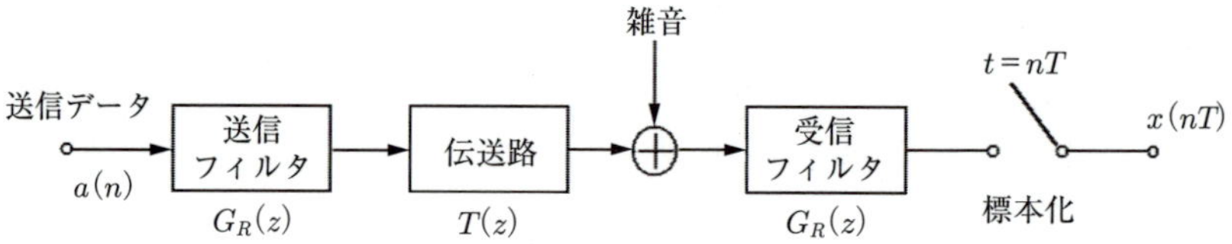

図 10.15　ディジタル伝送系

10.5節のまとめ

- ディジタルフィルタは信号の統計的性質が時間的に変化する場合などにも乗算器のパラメータを変化させることによって対応できる(適応フィルタ).
- エコーキャンセラや通信伝送路の等価器などは,通信インフラを支える基礎技術となっている.

10.6 画像処理

われわれ人間が受容する情報の7,8割が視覚を通して得られるといわれている.広い意味でこの視覚から入る情報を画像とよぼう.ここでは画像の種類について説明し,画像処理でよく用いられるいくつかの手法を概観しよう.

10.6.1 ディジタル画像とは

画像は写真やビデオなどに代表されるように,音声同様アナログ信号として扱われてきた.一方,コンピュータや半導体技術の発展に伴って画像のディジタル処理が可能となってきている.その結果,アナログ画像をディジタル画像に変換し,汎用,あるいは専用プロセッサを用いて処理することが不可欠の技術となっている.それでは,どのようにしてアナログからディジタルへ変換すればよいだろうか? これには10.3.3項で説明した音声信号における変換が基礎となる.

いま,静止アナログ画像を考えると,これは領域(x,y)の関数$f(x,y)$で表現できる.$f(x,y)$は画像の明るさ,輝度を表していると考えてよい.これをx軸方向,y軸方向にそれぞれΔxおよびΔyの間隔で2次元サンプリングを行った標本画像を$f_s(x,y)$と表記しよう.$f_s(x,y)$からもとの画像$f(x,y)$を復元するためにはΔx,Δyの選択が重要である.

いま,図10.17に示すように$f(x,y)$がμ軸方向ではΩ_μ,ν軸方向ではΩ_ν以上の周波数成分を含まないとすれば,10.3.3項での議論をベースにして,

$$\Delta x \leq \frac{1}{2\Omega_\mu}, \quad \Delta y \leq \frac{1}{2\Omega_\nu}$$

となるように,Δx,Δyを設定すればよいことが知られている.次に両軸でサンプリングされた各画素の輝度をある一定の桁数の値に近似する操作を行う.すなわち量子化である.量子化後の画像を広い意味でディジタル画像とよぶ.なお,画像では量子化レベルを256,すなわち8ビット量子化が用いられるが,高精度なディジタル画像,例えば医療画像では10ビット以上の量子化が要求される.

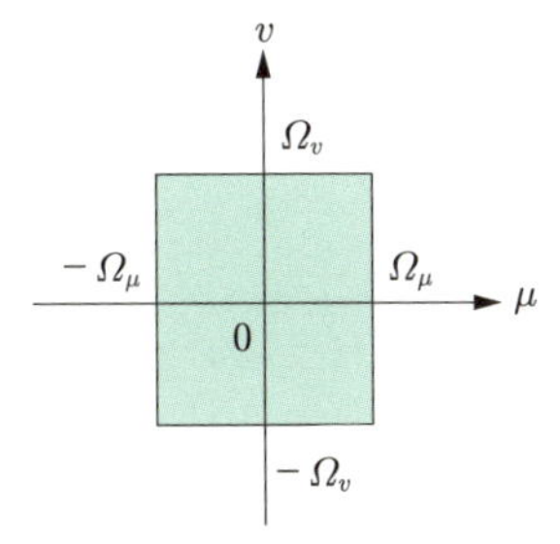

図10.17 帯域制限された$f(x,y)$

10.6.2 画像圧縮

よく知られているように,画像信号は大量の情報量を有しているので,これをそのまま伝送したり,記録したりすると処理のコストが増大する.したがって,できるだけコンパクトにデータを表現することが要求される.これを達成するために必要な技術が圧縮である.音声にも当てはまることであるが,画像信号は時間的,あるいは空間的に隣接している画素どうしで強い相関をもち,冗長な表現となっていることが多い.この事実をもとにさまざまな圧縮方式が提案されている.圧縮法は情報源符号化,あるいは高能率符号化とよばれることもある.

さて,ディジタル画像に対する圧縮法は可逆符号化と非可逆符号化法とに大別できる.前者は符号化する前の信号を完全に復号でき,コンピュータデータファイルの圧縮にはこの方式が必要である.一方,後者は復号化に際して再生ひずみを生じるが,前者と比べて高い圧縮率を達成することができる.したがって,人の感覚ではあまり認知しえない程度のひずみが許される応用で有効である.中でも画像においてはDCT (discrete cosine transform) 符号化方式が有用である.DCTは一種の直交変換であり,時間,あるいは空間領域で表現されたデータを例えば周波数の領域で考察するために用いられる.DCT符号化は量子化によるデータ削減を少ないひずみで実現する方式である.これについて簡単に説明しておこう.

DCTは画像を図10.18のように空間方向にいくつかのブロックに分割することに基礎を置いている.次

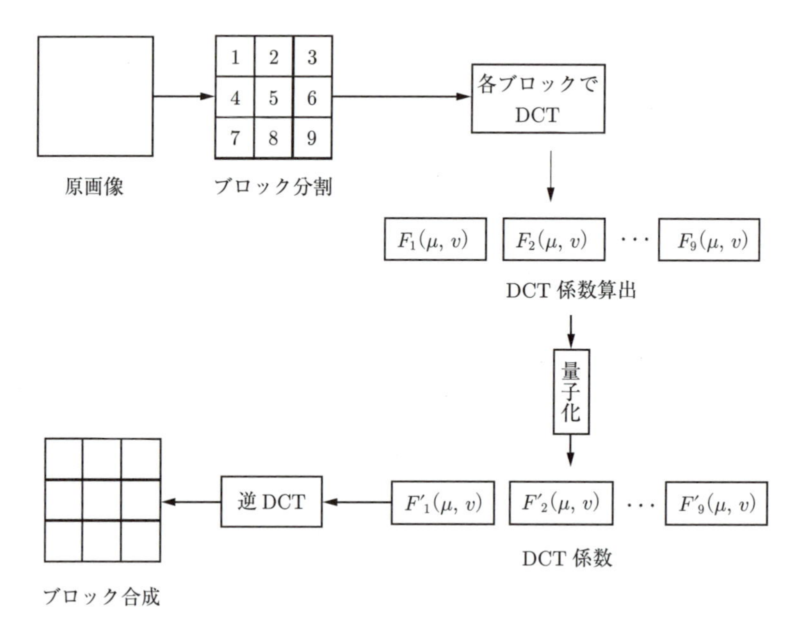

図 10.18　DCT 方式

いで各ブロックのデータに対して DCT を施し，得られた変換係数 $F(\mu,\nu)$ をそれぞれ異なった量子化ビット数で量子化する．復号化は逆量子化と逆 DCT を行うことによって実現される．この図で逆量子化された際に得られる DCT 係数は，オリジナル画像に対応する DCT 係数と厳密に一致しないことに注意されたい(このため非可逆符号化となる)．DCT は

(1) 視覚特性にあって量子化が可能である．

(2) 画像の統計的性質に合致した量子化が可能である．

(3) DCT 計算を行うに際して高速な計算法が知られている．

などの特徴があるため，広く用いられている．

10.6.3 画像階調変換

われわれがよく目にする白黒画像としてはモノクロ写真であろう．これを各画素 8 ビットで量子化してもオリジナルの画像と比較しても違和感は感じないだろう．ところで，新聞などに掲載されている写真がどのような画像かよく観察したことがあるだろうか? これは階調をもつ画像を白と黒の 2 値信号によって疑似階調を実現し，あたかも階調をもつ画像に見えるのである．このような操作は階調をもつ画像をプリンタに出力させるときにも必要となる．これを階調変換という．階調変換がどのように行われるか簡単に説明しよう．

階調を低減するには目的の階調(先の例では 2 値)に相当する量子化を行うことが必要である．量子化を行う際の境界値を閾値という．これに相当する手法の一つとしてディザ法がある．これは画素数が $M \times M$ のオリジナルの画像において，領域 (i,j) に対応する画素 $f(n_1,n_2)$ に (i,j) 要素が $D(i,j)$ である $(N \times N)$ のディザマトリックスとよばれる量を加え，その後量子化するものである．ただし，$D(i,j)$ は無相関な雑音と解釈してよい．

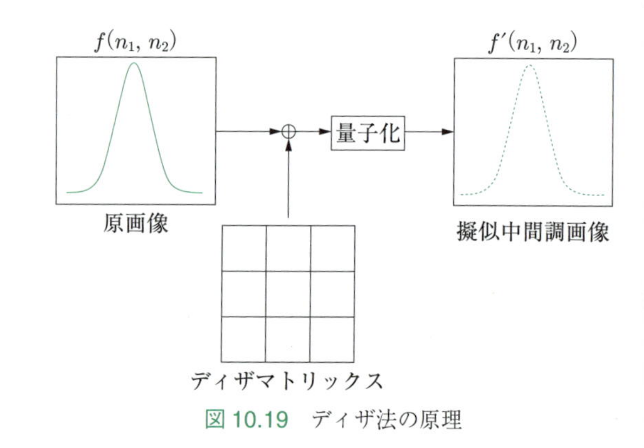

図 10.19　ディザ法の原理

この様子を図 10.19 に示す．いま，$M \times M$ の画像 $f(i,j)$ $(i,\ j = 1,\ 2, \cdots, M)$ として，これを以下のようにして，2 値化する．

$$f(n_1,n_2) = \begin{cases} 1 & [f(n_1,n_2) \geq D(i,j) \text{ の場合}] \\ 0 & [f(n_1,n_2) < D(i,j) \text{ の場合}] \end{cases} \tag{10.6}$$

ただし，$i = n_1 \bmod N$，$j = n_2 \bmod N$ である．ま

た，N はディザマトリックスのサイズ，$x \bmod N$ は x を N で除算した余りを意味する．式 (10.6) は 2 値化による疑似階調化の操作であるが，多値化への変換も可能である．このようにディザマトリックスを用いて階調のある画像を 2 値画像へ変換することができることが理解されたであろう．

10.6.4　画像修復

画像伝送を考えたとき，音声通信と同様，伝送路特性や重畳雑音の影響によって受信側では画質の悪い画像が受信されることになる．あるいはカメラによって得られる画像でも，カメラレンズの口径によって画像信号がもつ周波数帯域が制限を受けたり，カメラをもつ手が震えたりすると，ボケ画像が得られてしまう．これらのように，劣化を受けた画像信号に何らかの処理を施してもとの画像に近いものを得る操作が画像修復である．図 10.20 に画像劣化と復元のモデルを示す．例えば画像通信システムを想定して以下の議論を行おう．

図 10.20 において，原画像をベクトル $\boldsymbol{f}$ とすると，この画像は伝送路特性を表すパラメータ行列 $\boldsymbol{H}$ を通して雑音 $\boldsymbol{n}$ が重畳した観測信号 $\boldsymbol{g}$ として観測される．$\boldsymbol{g}$ は次式

$$\boldsymbol{g} = \boldsymbol{H}\boldsymbol{f} + \boldsymbol{n} \tag{10.7}$$

で与えられる．問題は $\boldsymbol{g}$ を用いていかに原画像である $\boldsymbol{f}$ に近い画像を復元するかである．これに対して多くの手法が提案されている．ここでは，それらの基本となる手法について簡単に説明する．その基本的な考えは $\boldsymbol{g}$ を入力とする復元フィルタ $\boldsymbol{B}$ の出力ができるだけ $\boldsymbol{f}$ に近くなるように $\boldsymbol{B}$ を設計することにある．いま，復元フィルタの出力 $\boldsymbol{f}_p$ とすると $\boldsymbol{f}_p$ は

$$\boldsymbol{f}_p = \boldsymbol{B}\boldsymbol{g} \tag{10.8}$$

である．$\boldsymbol{B}$ を設計するための評価量を

$$E[(\boldsymbol{f} - \boldsymbol{f}_p)(\boldsymbol{f} - \boldsymbol{f}_p)^{\mathrm{T}}] \tag{10.9}$$

として，これを最小にする $\boldsymbol{B}$ が求めるべきものである．ただし，$E[\cdot]$ は平均値を表す．式 (10.9) が最小となる画像を得る復元フィルタをウィナー・フィルタとよび，画像に限らずあらゆる信号を再生・復元するための基礎となるフィルタである．式 (10.9) を最小とする $\boldsymbol{B}$ を $\boldsymbol{B}_{\mathrm{opt}}$ とすれば，これは

$$\boldsymbol{B}_{\mathrm{opt}} = \boldsymbol{R}_{\boldsymbol{ff}}\boldsymbol{H}^{\mathrm{T}}(\boldsymbol{H}\boldsymbol{R}_{\boldsymbol{ff}}\boldsymbol{H}^{\mathrm{T}} + \boldsymbol{R}_{\boldsymbol{nn}})^{-1} \tag{10.10}$$

で与えられることが知られている．ただし

$$\boldsymbol{R}_{\boldsymbol{ff}} = E[\boldsymbol{f}\boldsymbol{f}^{\mathbf{T}}],\quad \boldsymbol{R}_{\boldsymbol{nn}} = E[\boldsymbol{n}\boldsymbol{n}^{\mathbf{T}}] \tag{10.11}$$

である．式 (10.10) で得られた $\boldsymbol{B}_{\mathrm{opt}}$ を用いることによって，画像の復元が可能であることが理解できたであろう．実際には復元画像の品質を向上させるために，ウィナー・フィルタを改良した手法が提案されていることを付記しておく．

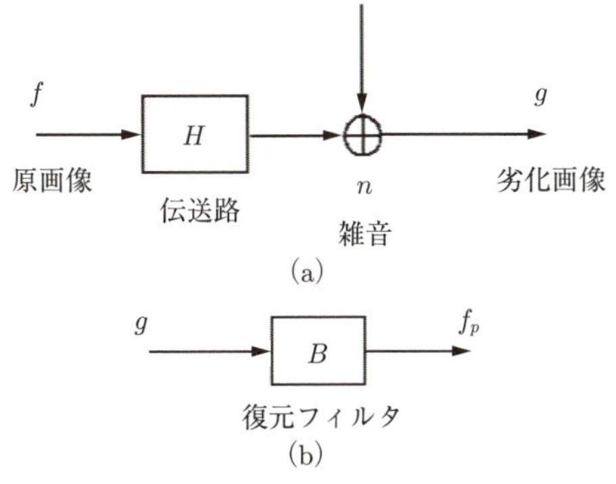

図 10.20　画像の劣化と復元モデル

10.6 節のまとめ

- 信号処理は時刻 t など 1 次元の変化を伴う量だけではなく，画像など多次元の信号にも利用される．
- JPEG などにも利用されている DCT 符号化などは周波数変換と人間の視覚特性をうまく利用した方法である．

10.7　正則化に基づくディジタル画像処理

ディジタル信号処理の理論は画像処理の分野へも応用され，さまざまな問題を解決するためのアルゴリズムが開発されてきた．画像処理におけるさまざまな問題とは，例えば以下のようなものがあげられる．

- 画像のボケ
- 解像度の不足
- 暗い場所での撮影時に生ずる雑音
- 不要なオブジェクトの映り込み

これらの問題をディジタル信号処理の知見を用いて解

決するためには，問題が生じた原因および画像のもつ性質を考慮した問題の定式化が必要である．画像のボケはレンズのピントが合っていないためにカメラのセンサー面で像が結ばれていなかったり，あるいはシャッターの開口時間 (通常は数十ないし数百分の一秒程度のオーダー) 中にカメラが動いてしまい，ある 1 点に複数の位置の画素値情報が重畳されることによって生じるものである．このとき，カメラがある 1 点の画素値だけしか観測できないものであるなら，ボケを取り除くという作業はおそらく不可能である．しかし，ボケが及ぼす影響は線形な方程式で十分近似でき，かつ通常のカメラは画像，すなわち数多く (例えば 1000 メガピクセルなら 10 億点) の画素を観測できている．このような場合は原因をモデル化することで，つまり観測したボケ画像と理想的な (ボケていない) 画像の関係を表す方程式を立式して解くことにより，ボケる前の画像の推定値を得ることができる場合がある．

以下では画像のボケと不要なオブジェクトの映り込みの二つに焦点を当てて解説する．そのための準備として，いま処理の対象とする解像度 $M \times N$ の画像を $X \in \boldsymbol{R}^{M \times N}$ なる行列として表現しよう．行列の各要素は画像の画素値 (白黒画像なら輝度値，カラー画像なら赤青緑のそれぞれの強さ) になっている．また，行列 X を列方向にスライスしてつなぎ合わせたベクトル $\boldsymbol{X} = \boldsymbol{x} \in \boldsymbol{R}^{MN}$ を用いると定式化の際に便利である．

次に問題が生じた原因をモデル化する方法で解決可能な最も簡単な例として，ボケ画像を修復する方法について取り上げる．観測したボケ画像を表すベクトル $\boldsymbol{y}$ と，画像を表すベクトルに左から掛けることによってボケを生じさせる演算行列 D を用いて，観測画像が得られる過程をモデル化すると，

$$\boldsymbol{y} = D\boldsymbol{x} + \boldsymbol{n} \tag{10.12}$$

のように表される．ただし，$\boldsymbol{n}$ はカメラのセンサーによって検出された微弱な信号を増幅した際に生じる熱雑音や，ディジタル信号を得る過程で生じた量子化誤差などが足し合わされたものである．画像ベクトル $\boldsymbol{x}$ に D を掛けてボケを生じさせ，雑音 $\boldsymbol{n}$ を加えたものが観測したボケ画像である．このことから，変数ベクトル $\boldsymbol{x}$ が所望のボケのない画像を表していることがわかるであろう．$\boldsymbol{x}$，$\boldsymbol{y}$ ともに $\boldsymbol{R}^{MN}$ であるから，演算行列 D は正方である．もし D が逆可能かつ $\boldsymbol{n}$ が既知であれば，$\boldsymbol{x}$ を一意に求めることは非常にたやすい．しかしながら実際には D はランク落ちしていることが多く，雑音 $\boldsymbol{n}$ を知ることは (当然) できない．そのため何らかの規範を設けてより「それらしい」結果を得ようとするわけである．ボケ画像を修復するために多くの方法が提案されているが，それらの違いはどのような規範でそれらしさを定義するかにほかならない．

以下では画像修復のより新しい問題であるインペインティングについて解説する．インペインティングにも多くの手法が提案されているが，ボケ画像修復の場合と同じく，手法ごとの違いは「もっともらしさの定義」をどのように置くかの違いであることに注意が必要である．

10.7.1 イメージインペインティングとは

写真の折り目やキズ，観光地で撮影した写真に写ってしまった電線や電柱といった不要オブジェクトの除去を行うための手法として，インペインティングが注目されている．これは画像上に指定された「欠損領域」内の画素値を，それ以外の領域の画素値を用いて推定し，復元する技術である．なぜオブジェクトの除去を行うために推定や復元といった技術が必要であるかというと，所望の結果は電柱などを写真中から消すことだけではなく，その背後にあったであろう背景を，もともと電柱が写っていた場所に描いたものであるためである．一般的な画像編集ソフトに組み込まれている「消しゴム」機能を使って電柱を消しても，その部分が白くなるだけであり，そこに「何かがあった」ことは明らかである．インペインティングによって実現されるオブジェクト除去は，「最初からそこに何もなかった」かのような結果を得ることができることが特徴である．

図 10.21 は写真に文章が重ねて印字された雑誌記事からもとの写真を得ることを想定した実験結果であり，一部にボケがみられるものの，十分実用的な修復結果といえよう．

インペインティングはすでに出版などの分野では欠かせない技術となっており，ファッション雑誌や旅行雑誌における写真素材の修正にしばしば用いられている．

10.7.2 インペインティングのモデル化

イメージインペインティングを実現するにあたって，観測された欠損をもつ画像ともともとの画像との関係をモデル化してみよう．ここでは以下のような仮定をおく．

- 欠損していない画素は劣化しない
- 欠損している画素がどこであるかはわかっている

この仮定に基づけば，以下のようなモデル化が可能である．

$$M\boldsymbol{y} = M\boldsymbol{x} \tag{10.13}$$

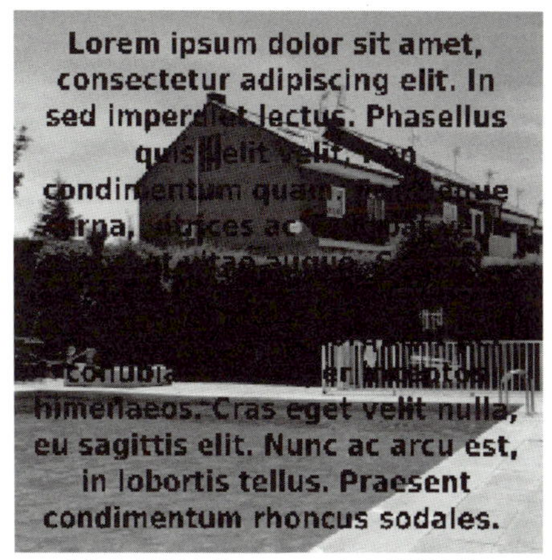

(a) 欠損部を黒でマスクした観測画像

(b) 修復結果

図 10.21 文字状欠損の修復例

ここで M はベクトルの要素を取り除く働きをもつ行列である．例えば以下の式，

$$\begin{bmatrix}1\\3\end{bmatrix} = \begin{bmatrix}1 & 0 & 0\\0 & 0 & 1\end{bmatrix}\begin{bmatrix}1\\2\\3\end{bmatrix} \tag{10.14}$$

の右辺の行列は 3 次元ベクトルを 2 次元ベクトルへ写す写像であるが，2 番目の要素を取り除く役割を果たしていることに気づく．このような行列は単位行列の行を取り除くことによって得られ，上の例では 2 行目を取り除いている．欠損している要素の位置はわかっているという仮定から，単位行列から適切な行を取り除いた行列を M として用いればよいであろう．また，欠損していない画素は劣化しないから，ボケの場合と異なり雑音は加えられていない．よって式 (10.13) の両辺はそれぞれ，観測画像および元画像の非欠損部分だけを取り出したベクトルを表している．

式 (10.13) は重要なモデルであるが，M は明らかに正方行列ではなく，その逆 M^{-1} は計算できない．よって画像がもっている性質を利用した正則化とよばれるテクニックを利用し，式 (10.13) を満たした上で解を一意に定める事が必要である．以下では代表的な二つの方法について解説する．

10.7.3 インペインティングの主要アルゴリズム

a. 正則化に基づく方法

インペインティングの手法の一つは近傍画素の滑らかさや周期性を仮定し，正則化やモデル化によって修復を試みるものである[1]．TV (total variation) 正則化や AR (autoregressive) モデルに基づく方法などが知られているが，どちらの方法でも共通していえることとは，ある画素の画素値はその周辺の画素から決定されているという点である．例えば TV 正則化に基づく方法は，画像をスカラー場とみなしたときの勾配を考え，そのノルムからなるスカラー場の積分を最小化する．簡単にいえば，画素値の変化の大きさの総和を最小にするということである．ディジタル信号処理においては離散化によって以下の量を最小化する．

$$\mathrm{TV}(X) = \sum_{i=1}^{M-1}\sum_{j=1}^{N-1}\left|\sqrt{(X_{i,j}-X_{i,j+1})^2+(X_{i,j}-X_{i+1,j})^2}\right| \tag{10.15}$$

式 (10.15) の最小化は目的関数の見た目ほど簡単ではないが，比較的エッジを残した修復が可能であるため広く用いられる．

TV 正則化に基づく方法は暗に「画像のほとんどは直流成分からなっており，エッジとよばれる画素値が急激に変動する部分は疎にしか存在しない」という仮定を置いている．このことはスパース最適化とよばれる領域を勉強した上で，式 (10.15) が絶対値の総和，すなわちある意味での L_1 ノルムとなっていることに気づけば理解できよう．

それに対して AR モデルに基づく方法は，「ある画素の画素値はその周辺の画素の線形結合で表せる」という仮定を置いている．すなわち，

$$X_{i,j} = \sum_{k=-r}^{r}\sum_{l=-r}^{r} a_{k,l}X_{i-k,j-l} + d_{i,j} \tag{10.16}$$

を満たす．ここで $d_{i,j}$ は線形結合で表しきれなかった残差を表し，$a_{k,l}$ はモデル係数，r はモデル次数とよばれる．残差 $d_{i,j}$ の二乗和を最小化するようにモデル係数と欠損部分の画素値を求めることが多いが，二乗和

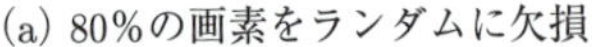

(a) 80%の画素をランダムに欠損

(b) 修復結果

図 10.22　ランダムピクセル欠損の修復例

(a) 観測画像

(b) オブジェクト消去結果

図 10.23　オブジェクト消去の例

ではなく絶対値の総和を求める場合もある．この場合はエッジなどの AR モデルから逸脱する領域が画像に含まれていたとしても，モデル係数の推定精度低下が起こりづらいとの報告がある[2]．いずれの場合も，AR モデルに基づく方法は TV 正則化に基づく方法と比較して，周期的な変動を伴うテクスチャを表現できることが特徴となっている．しかしながら X と a の積が目的関数に入るため，$d_{i,j}$ の二乗和を最小化することは非線形な問題となり，線形な問題と比較して解くのが困難である．このような場合には X と a について交互に解くことで高速に近似解が得られることが知られている．

先に示した図 10.21 はこの方法で修復されており，欠損が文字あるいは細い線状の場合などでは実用に十分な修復結果が得られることがわかる．また，画像全体に細かな欠損が散らばっている場合にも使用できることが特徴で，図 10.22 のように全画素の 80%が欠損している場合にも何が写っているかが確認できる程度には修復を行うことができる．

b. パッチ貼り付けに基づく方法

もう一つは非欠損領域から合成したテクスチャを貼り合わせる方法[3] で，Photoshop に実装されているのもこちらの方法である．大きなまとまった欠損を修復する場合でも違和感のない結果が得られることが多く，図 10.23 のようにオブジェクトを消去するような応用ではもっぱらこちらのアプローチによる手法が用いられる．以前は欠損部分の周辺と類似性の高いテクスチャを探索するために計算コストが問題となっていたが，PatchMatch とよばれる探索領域を上手に限定する方法により，今日では修復結果と計算コストを両立できる手法とみなされている．

このとき，非欠損領域だけではなく，あらかじめ用意した画像データベースを用いることで，より違和感のない修復結果を得るような実装も報告されている．文献 [4] では 230 万枚 (396G バイト) もの膨大な画像からコピー元にふさわしいパッチを探索しており，画像全体の 1/3 に当たる領域が欠損している場合でもよい修復結果が得られている．

10.7.4 インペインティングの今後

インペインティングのアルゴリズムが発達したことで，今後はさまざまな応用が提案されていくと思われる．例えば地下街における定点パノラマ画像から人を検出し，インペインティングを用いたオブジェクト消去によって最初から人がいなかったかのような画像を得る方法[3] はすでに知られている．このように，従来は「ぼかし」などに頼っていたプライバシー保護をインペインティングによって代替し，より利用しやすく価値ある画像を自動で提供するアルゴリズムは今後ますます発展するだろう．

このとき欠損領域をどのようにして自動で得るかが問題となるが，前述した人物消去のように欠損領域を推定した後にインペインティングを行う「直列」型と，blind inpainting[5] とよばれる欠損領域と画素値とを同時に推定する「並列」型の二つのアプローチが考えられる．近年目覚ましい発展を遂げつつある機械学習の分野では，オブジェクトの領域と種類を同時に特定するような方法が開発されている．このような方法をオブジェクト消去のための領域推定に用いれば，ほぼ全自動 (何を消すかは人が指示する必要があるが) のオブジェクト消去アルゴリズムが開発できる可能性がある．また状況は限られるものの，スパース最適化や部分空間分割といった信号処理の新しい技術によって，blind inpainting の修復精度は飛躍的に向上しつつある．いずれの方法もそれぞれに適した状況や応用があり，使い分けるべきものである．これらのアルゴリズムは RGB-D カメラとよばれる奥行き (depth) 情報をも取得可能なカメラへの応用が期待されており，欠損しやすい depth 情報を高精度に復元することにより，ジェスチャ認識などのアルゴリズムの認識精度向上も期待されている．

10.7 節のまとめ

- **要求されている信号の量よりも少ない観測量しか得られない場合，信号のもつであろう性質を利用した「正則化」が行われることがある．**
- **隣り合う画素値の差分は小さいといった仮定を定量化することで，ほとんどの画素がわからないような状況であってももとに近い画像を復元することができる．**

参 考 文 献

[1] M. Bertalmio, G. Sapiro, V. Caselles and C. Ballester: "Image Inpainting," *Proc. of SIGGRAPH*, 417–424 (2000).

[2] 高橋智博，中西正樹，雨車和憲，古川利博："L1 ノルム最小解の外れ値頑健性を利用した繰り返し重み付け画像修復法"，電子情報通信学会論文誌，**J100-D**, No. 10, 897–901 (2017).

[3] Y. Wexler, E. Shechtman, and M. Irani: "Space-Time Completion of Video," *IEEE Transations on Pattern Analysis and Machine Intelligence*, **29**, No. 3, 463–476 (2007).

[4] J. Hays, A. A. Efros: "Scene Completion Using Millions of Photographs," *Proc. of SIGGRAPH*, **26**, No. 3 (2007).

[5] 新井イスマイルほか："Gooraffiti Umechika：人が消える地下街パノラマビューア"，情報処理学会論文誌，**53**，No. 5，1546–1557 (2012).

11. ICTを支えるディジタル通信技術

11.1 ICTと情報化社会

現代社会では，日常生活の中で何度も情報通信技術 (information and communication technology : ICT) を利用している．スマートフォンでメールやLINEのやり取りをし，電車の自動改札を通り，銀行でATMを通して現金をおろし，インターネットで買い物をして，カードで支払いをする．その他にも生活のあらゆる場面でICTを活用している．このように，ICTやコンピュータ技術が広く市民生活や企業活動に浸透した社会を情報化社会といい，今後，情報化はさらに進行することが予想されている．

ICTは情報化社会を支える核となる技術で，21世紀に入って社会生活を大きく変革させてきた．また，これまでは個々のパソコンでデータやソフトウェアを自らが保管・管理していたが，現在，個々に保管・管理をせずにICTを介して仮想の巨大データセンターが提供するサービスを利用できるクラウドコンピューティングといわれる環境が整ってきつつある．さらにICTの進歩により情報通信速度が向上すると，それに応じて情報コンテンツの質が向上し，さらに高速な通信技術が求められるなど，ICTを広く活用する社会が実現しつつあり，ますますその重要性が高まってきている．

本章では，ICTを支える情報通信システムの概要を述べたあと，基盤技術として，利便性の高い無線通信，大容量通信を支える光通信，さらに信頼性の高い通信を支える誤り訂正技術に焦点を当てて，それらの基礎を解説する．

11.2 情報通信システム

現代のICTを支える情報通信システムにおいては図11.1のような構成で情報の伝達が行われている．音声，画像等の情報源は情報源符号化によりディジタルデータに変換され，通信路における雑音等により生じる誤りを受信側で訂正できるよう，送信側で誤り訂正符号による通信路符号化を行う．そして，誤り訂正符号が付加されたディジタルデータは**変調**(modulation)により所定の高い周波数帯の信号に変換されて送信される．通信路において信号は雑音やひずみの影響を受け，受信側で受信した信号を**復調** (demodulation) しベースバンド信号に戻される．その後，誤り訂正処理により通信路の雑音による誤りを訂正 (通信路復号) し，ディジタルデータとし，音声や画像の情報に戻される (情報源復号)．これらの処理の中で，情報源符号化および情報源復号は主に信号処理の分野であるので，ここではこれら以外の情報通信の主要な技術について述べる．

スマートフォンのような携帯端末は空間という通信路を介して，電波による無線通信によりデータの送受信をしている．われわれの生活空間には多数の携帯端末やWi–Fi，テレビ，ラジオなどさまざまな電波が混在しているが，これらはすべて変調という操作を行い，送信データを指定された高い周波数帯の電波に変換して送信している．それぞれの高い周波数の送信信号は，混信しないよう互いに異なる周波数に設定されており，周波数軸上で干渉せず，周波数分割多重通信 (frequency division multiplex : FDM) により多くの信号を同時に送信することが可能である．受信側では周波数フィルタにより所望の信号のみを抽出して復調し，ディジタルデータを得ている．

現在の情報通信では，空間のみならずさまざまな通信路を活用している．スマートフォンのような携帯端末から近くの基地局までは空間を通信路としているが，その後，基地局からはメタリックケーブルの通信路あるいは大容量通信が可能な光ファイバのような有線の通信路が用いられる．また，海外との通信では，光海

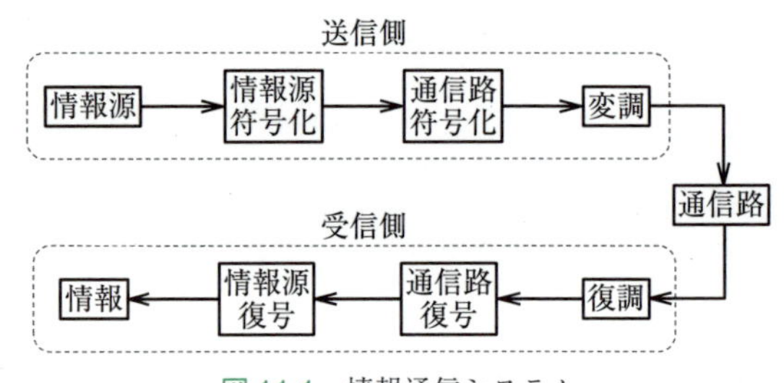

図11.1　情報通信システム

底ケーブルや場合によっては人工衛星を介した衛星通信が用いられることがある．

11.3 無線通信

ICT を支える基盤技術の一つとして，無線通信がある．以下に無線通信の基礎として，変調と復調，スペクトル，また応用分野として，衛星通信について述べる．

11.3.1 変調と復調

ここでは主に無線通信で用いられる基本的なディジタル変調方式について解説する．

変調とは送信したい情報を高い周波数帯の信号に変換して空間などの通信路へ送信することである．変調にはアナログ変調とディジタル変調があるが，現在では AM，FM などのラジオ放送を除きディジタル変調が主流となっている．また，有線通信においても周波数分割して多重化するため，ベースバンド帯域ではなく搬送波の帯域に変調されて伝送されることが多い．

基本的な変調方式として，送信データに応じて位相を変化させる PSK (phase shift keying：位相シフトキーイング)，振幅を変化させる ASK (amplitude shift keying：振幅シフトキーイング)，周波数を変化させる FSK (frequency shift keying：周波数シフトキーイング) があるが，ここでは，まず最も基本的なディジタル変調方式である PSK について述べ，さらに多値変調である QAM (quadrature amplitude modulation：直交振幅変調) について述べる．

a. PSK

無線通信ではベースバンド信号を変調し，搬送波の帯域に移して変調波として伝送している．図 11.2 に (a) ベースバンド信号，(b) 搬送波，(c) PSK の波形の例を示す．ベースバンド信号とは変調前のディジタル波形である．ベースバンド信号は持続時間を T，ビットレートを r_b とすると 2 値変調では $T=1/r_b$ である．また，搬送波は $\cos 2\pi f_c t$ であり，f_c は搬送波の周波数である．ここで，T と f_c は通常 $T \gg 1/f_c$ であり，また，搬送波の角周波数 ω_c は $\omega_c=2\pi f_c$ である．

PSK は位相変調であり，ディジタル信号に応じて搬送波の位相を離散的に変化させる方式である．2 値の信号 x_t を送る 2 相 PSK は BPSK (binary PSK) とよばれ，振幅を A とすると

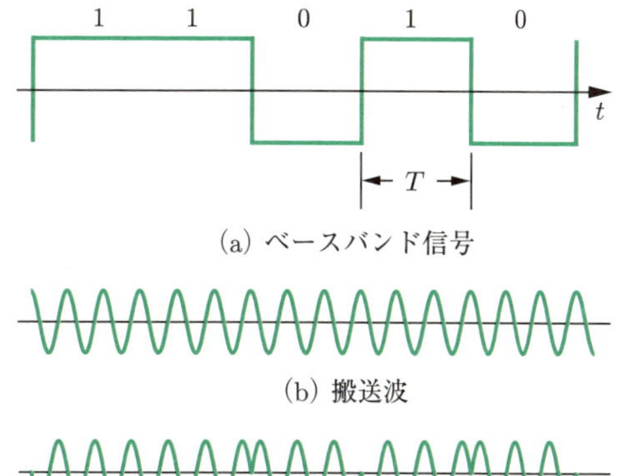

図 11.2 変調波の波形

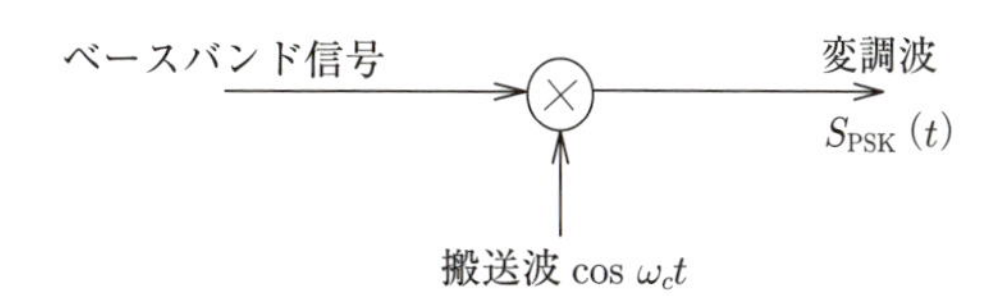

図 11.3 情報通信システム

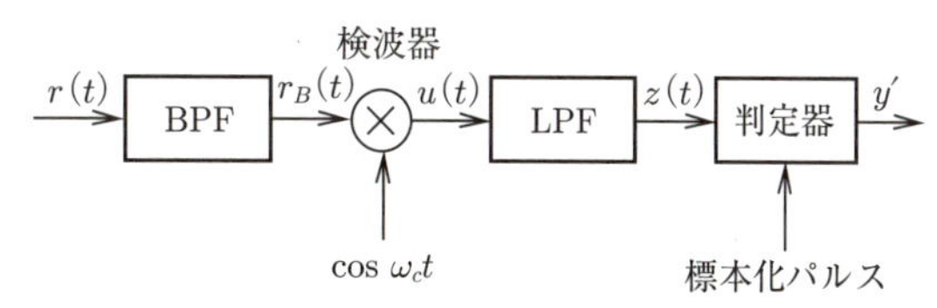

図 11.4 PSK の同期検波

$$S_{\mathrm{PSK}}(t) = A\cos(\omega_c t+\phi)$$
$$\phi = \begin{cases} 0 & (x_t=1 \text{ のとき}) \\ \pi & (x_t=0 \text{ のとき}) \end{cases} \tag{11.1}$$

と表される．このように，“1，0” の 2 値データに対して，それぞれ 0，π の位相が割り当てられるため，PSK 信号の波形は図 11.2(c) に示すような波形となる．式 (11.1) を変形すると，$A=1$ のとき

$$S_{\mathrm{PSK}}(t) = a(t)\cos\omega_c t$$
$$a(t) = \begin{cases} 1 & (x_t=1 \text{ のとき}) \\ -1 & (x_t=0 \text{ のとき}) \end{cases} \tag{11.2}$$

となり，搬送波に振幅 $a(t)=\pm 1$ を乗じたものとなる．よって，図 11.3 のようにベースバンド信号 $a(t)$ と搬送波の掛算で変調波を得ることができ，空間などの通信路に送られる．

受信側では復調により，受信した変調波からベースバンド信号に戻される．PSK の復調には受信信号の位相を検出する同期検波がよく用いられる．図 11.4 に同期検波のブロック図を示す．受信信号 $r(t)$ は信号成分

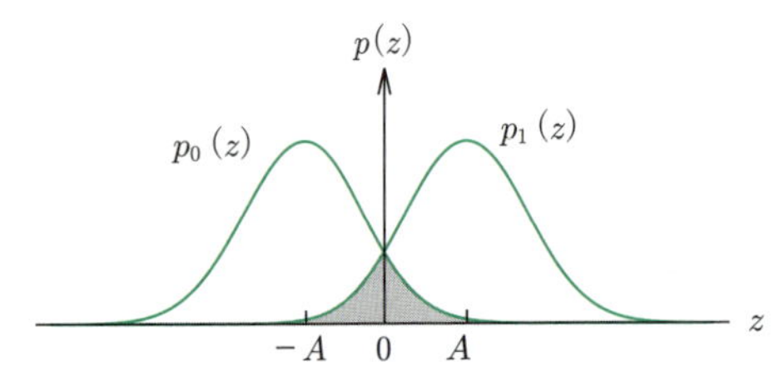

図 11.5　PSK の同期検波における確率密度関数 $p(z)$

$S_{\mathrm{PSK}}(t)$ に雑音が加わったものとする．これを f_c 近傍の周波数成分のみを通すバンドパスフィルタ (BPF) をかけて帯域外の雑音を除去すると，雑音成分は狭帯域雑音 $n(t)$ となる．このとき，雑音成分を sin 成分と cos 成分に分けると

$$n(t) = n_x(t)\cos\omega_c t + n_y(t)\sin\omega_c t \qquad (11.3)$$

となり，BPF の出力は

$$\begin{aligned} r_B(t) &= S_{\mathrm{PSK}}(t) + n(t) \\ &= [a(t) + n_x(t)]\cos\omega_c t + n_y(t)\sin\omega_c t \end{aligned} \qquad (11.4)$$

となる．その後，位相が同期した搬送波 $\cos\omega_c t$ を掛けると，

$$\begin{aligned} u(t) &= [S_{\mathrm{PSK}}(t) + n(t)]\cos\omega_c t \\ &= \frac{a(t) + n_x(t)}{2}(1 + \cos 2\omega_c t) \\ &\quad + \frac{n_y(t)}{2}(\sin 2\omega_c t + 0) \end{aligned} \qquad (11.5)$$

となる．ローパスフィルタ (LPF) では角周波数が $2\omega_c t$ の成分は高い周波数成分であるためカットされ，LPF の出力は

$$z(t) = \{a(t) + n_x(t)\} \qquad (11.6)$$

となり，ベースバンド信号 $a(t)$ に雑音が加わった信号を検出することができる (係数 1/2 は省略)．その後，判定器により $z(t)$ が正ならば 1，負ならば 0 と判定する．このように，受信信号に BPF を掛けた後，搬送波再生により得た受信信号と位相同期した搬送波 $\cos\omega_c t$ を掛け，LPF を通すことによりベースバンド信号に戻すことができる．送信したベースバンド信号は $a(t) = \pm 1$ であるため，判定閾値を 0 とし，雑音 $n_x(t)$ が小さければ 0，1 に正しく判定できる．

ここで，雑音がガウス雑音の場合の誤り率を求めよう．LPF の出力 $z(t)$ のサンプル値 z の確率密度関数 (p.d.f.) は $n_x(t)$ の分布がガウス分布に従うとすると，図 11.5 のようになる．ここで，$p_0(z)$，$p_1(z)$ はそれぞれ 0 および 1 を送信したときの z の p.d.f. である．判定閾値は 0 であるため，0 から 1 へまた 1 から 0 へ

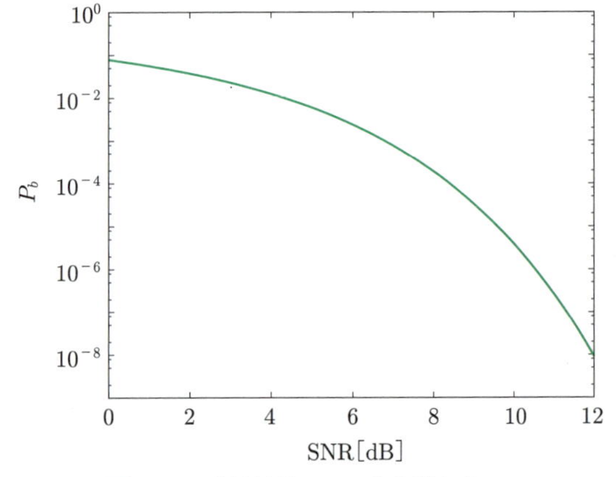

図 11.6　受信信号の SN 比と誤り率 P_b

の誤りは濃色部分で表される．よって，0 と 1 が等確率で送信されるとき，誤り率は

$$\begin{aligned} P_b &= \frac{1}{2}\int_0^{\infty} p_0(z)\,dz + \frac{1}{2}\int_{-\infty}^{0} p_1(z)\,dz \\ &= \int_0^{\infty} p_0(z)\,dz \\ &= \int_0^{\infty} \frac{1}{\sqrt{2\pi N}}\exp\left[-\frac{(z+A)^2}{2N}\right] dz \\ &= \frac{1}{2}\mathrm{erfc}(\sqrt{\gamma}) \end{aligned} \qquad (11.7)$$

となる．ここで，

$$\gamma = \frac{A^2}{2N} \qquad (11.8)$$

であり，振幅 A の受信信号の平均電力 $A^2/2$ と雑音の平均電力 N の比で，SN 比とよばれる．また，$\mathrm{erfc}(\alpha)$ は相補誤差関数とよばれ，

$$\mathrm{erfc}(\alpha) = \frac{2}{\sqrt{\pi}}\int_{\alpha}^{\infty} \exp(-x^2)\,dx \qquad (11.9)$$

である．

図 11.6 に誤り率 P_b と SN 比の関係を示す．誤り率を 10^{-6} とするには，受信信号の SN 比 γ が 10.5 dB 必要であることがわかる．

b. 多値変調

前節では 2 値変調である BPSK について述べた．これらの方式は 1 シンボルあたり 1 ビットの伝送が可能であった．ディジタル無線通信では通信回線における伝送容量の増加と周波数利用効率の向上を目指して，より効率が高い多値変調方式が用いられるようになっている．ここでは，多値のベースバンド信号を用いることにより，1 シンボルあたり複数のビットを送信で

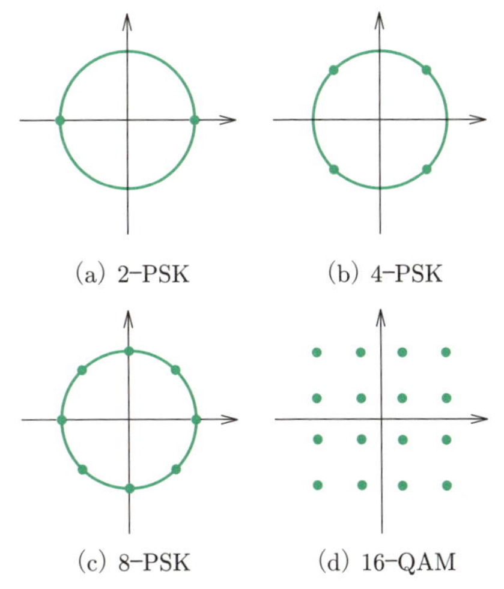

図 11.7　多値変調方式における位相平面上の信号点

きる多値変調について述べる．M 値 (M-ary) の変調方式として，M-ASK，M-PSK，M-FSK，M-QAM などがある．通常，M は $M = 4, 8, 16, \cdots$ のような 2 の冪の値をとり，1 シンボルあたり $L = \log_2 M$ ビットの伝送が可能となるため，2 値伝送と比べ帯域あたりの情報伝送速度を L 倍にすることができる．図 11.7 にいくつかの多値変調方式の位相平面上の信号点を示す．

M-PSK は，M 値の信号に応じて，位相平面上で等間隔に配置された M 個の信号点に対応する位相に変調する方式である．M-PSK の送信信号は振幅を 1 とすると一般に

$$S_{\mathrm{MPSK}}(t) = \cos\left(\omega_c t + k_t \frac{2\pi}{M}\right) \quad (11.10)$$

$$(k_t = 1,\ 2, \cdots, M)$$

と表せる．M-PSK においても，情報速度は $L = \log_2 M$ 倍になり，伝送帯域幅は 2 値の BPSK と変わらないため，M-PSK の 1 ビットあたりの帯域幅は BPSK の $1/L$ 倍でよい．しかしながら，M が大きくなるにつれて信号点間の距離が急激に小さくなり，ノイズマージンが下がり誤り率は劣化する．

M-PSK のうち，$\pm\pi/4$，$\pm 3\pi/4$ の四つの位相を割り当てる 4 相 PSK は直交 PSK (quadrature PSK : QPSK) とよばれ，送信信号は

$$S_{\mathrm{QPSK}}(t) = \cos(\omega_c t + \theta) \quad (11.11)$$

$$\left(\theta = \pm\frac{\pi}{4}, \pm\frac{3}{4}\pi\right)$$

と表される．この式を変形すると，同じ周波数の直交した二つの搬送波を用いて

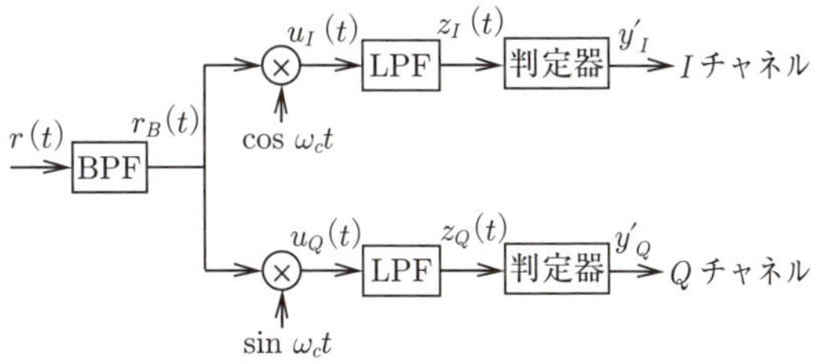

図 11.8　QPSK の同期検波

$$\begin{aligned} S_{\mathrm{QPSK}}(t) &= \frac{y_I}{\sqrt{2}} \cos\omega_c t + \frac{y_Q}{\sqrt{2}} \sin\omega_c t \quad (y_I, y_Q = \pm 1) \\ &= S_I(t) + S_Q(t) \end{aligned} \quad (11.12)$$

と表すこともできる．この式からわかるように QPSK は二つの独立な同相 (in-phase) チャネルと直交 (quadrature) チャネルにおける $\pm 1/\sqrt{2}$ の値をもつ矩形ベースバンドパルス列 y_I，y_Q の直交変調となる．図 11.8 に QPSK の同期検波のブロック図を示す．受信信号 $r(t)$ は，BPF で帯域外の雑音を除去された後，二つに分岐され，同相チャネルの検出には受信信号の基準位相に同期した $\cos\omega_c t$ を掛け，また直交チャネルの検出にはこれと直交した $\sin\omega_c t$ を掛ける．これらの出力は雑音などを無視するとそれぞれ，

$$\begin{aligned} U_I(t) &= S_{\mathrm{QPSK}}(t) \cdot \cos\omega_c t \\ &= \left(\frac{y_I}{\sqrt{2}} \cos\omega_c t + \frac{y_Q}{\sqrt{2}} \sin\omega_c t\right) \cos\omega_c t \\ &= \frac{y_I}{2\sqrt{2}} [1 + \cos(2\omega_c t)] + \frac{y_Q}{2\sqrt{2}} [\sin(2\omega_c t) + 0] \end{aligned} \quad (11.13)$$

$$\begin{aligned} U_Q(t) &= S_{\mathrm{QPSK}}(t) \cdot \sin\omega_c t \\ &= \left(\frac{y_I}{\sqrt{2}} \cos\omega_c t + \frac{y_Q}{\sqrt{2}} \sin\omega_c t\right) \sin\omega_c t \\ &= \frac{y_I}{2\sqrt{2}} [\sin(2\omega_c t) - 0] + \frac{y_Q}{2\sqrt{2}} [1 - \cos(2\omega_c t)] \end{aligned} \quad (11.14)$$

となる．LPF の出力は高周波成分をカットされ，係数を 1 とすると，

$$z_I(t) = y_I \quad (11.15)$$

$$z_Q(t) = y_Q \quad (11.16)$$

となり，y_I と y_Q が独立に検出でき，受信機の二つの枝からそれぞれ直交する成分が検出できることがわかる．

11.3.2 QAM

QAM は ASK を直交化した直交変調方式で，伝送効率が高い多値変調である．互いに直交する二つの搬送波 (同相チャネルと直交チャネル) にそれぞれ振幅変調

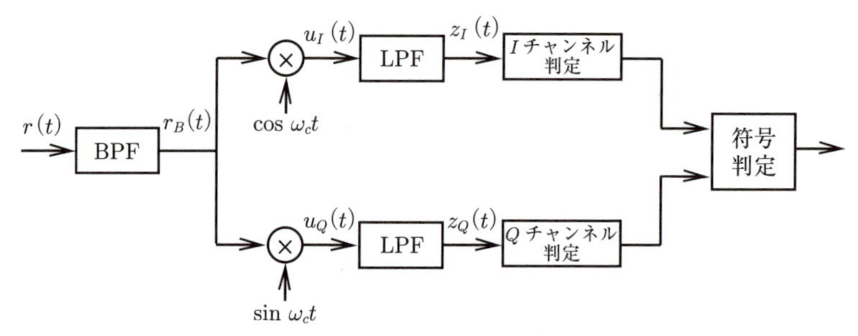

図 11.9　QAMの同期検波

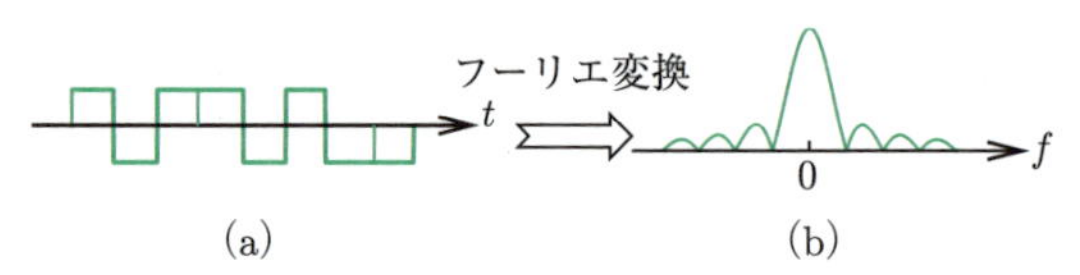

図 11.10　時間領域の波形 (a) とそのスペクトル (b)

を掛けることにより，振幅と位相を同時に変化させる変調方式となる．$(M \times M)$ 値QAMの被変調信号は

$$S_{QAM} = x_I \cos\omega_c t + x_Q \sin\omega_c t \quad (11.17)$$

と表される．x_I，x_Q は ±1，±3，$\pm(2M-1)$ の値をとる M 値信号である．図 11.7(d) に16-QAMの信号点配置を示す．このように信号点は格子状に配置され，信号間距離が小さくなるため雑音やひずみなどの影響は受けやすくなるが，16値の場合には1シンボルあたり4ビットの情報を送信できる．また，波形のひずみ補償技術や干渉低減技術を用いることにより，さらに効率を高めた64-QAMや256-QAMも実用化されている．現在のディジタルマイクロ波回線においては，QAMが世界的に主流になっている．

QAMは直交した振幅変調であるため，復調にはQPSKと同様に同期検波が用いられる．図 11.9 にQAMの復調器のブロック図を示す．受信信号はBPFで帯域外の雑音を除去された後，同相成分と直交成分を検出するため二分岐される．それぞれに受信信号と位相同期した $\cos\omega_c t$ と $\sin\omega_c t$ を掛け，LPFを通すことにより，同相成分 $z_I(t)$ と直交成分 $z_Q(t)$ を検出することができ，これらの組合せにより受信シンボルを決定する．

11.3.3　スペクトル

伝送する信号の時間波形をフーリエ変換すると，図 11.10 に示すように信号の周波数成分に変換される．これを信号のスペクトルという．

変調波は搬送波の帯域に移された信号で一定の周波数帯域を有する信号であり，一般には混信を避けるため，それぞれの変調波には占有する帯域が必要である．ここでは，BPSKのスペクトルについて述べる．

BPSK信号は式 (11.2) で表されるが，ここではまず，ベースバンドの単発波形 $a'(t)$

$$a'(t) = \begin{cases} \pm1 & \left(-\dfrac{T}{2} \le t \le \dfrac{T}{2}\right) \\ 0 & (\text{その他}) \end{cases} \quad (11.18)$$

のスペクトルを求め，次にBPSKのスペクトルを求めよう．$a'(t)$ をフーリエ変換すると，

$$\begin{aligned} A(f) &= \int_{-\infty}^{\infty} a'(t) e^{-j2\pi f t} dt \\ &= \int_{-T/2}^{T/2} e^{-j2\pi f t} dt \\ &= \frac{1}{-j2\pi f} \left[e^{-j2\pi f t} \right]_{-T/2}^{T/2} \\ &= \frac{1}{j2\pi f} \left(e^{j\pi f T} - e^{-j\pi f T} \right) \\ &= T \frac{e^{j\pi f T} - e^{-j\pi f T}}{j2\pi f T} \end{aligned} \quad (11.19)$$

ここで，

$$\sin\theta = \frac{e^{j\theta} - e^{-j\theta}}{2j} \quad (11.20)$$

より，

$$A(f) = T \frac{\sin \pi f T}{\pi f T} \quad (11.21)$$

となる．$a'(t)$ と $A(f)$ を図 11.11 に示す．横軸は周波数 $f = 1/T$ で正規化した周波数である．最大のピークを有する $f = -1/T \sim 1/T$ 間の部分をメインローブ，その他の山型の部分をサイドローブという．メインローブが信号電力の大半を占めているため，通常，$f = -1/T \sim 1/T$ を占有帯域幅という．すなわち，ビットレート $1/T$ の2倍が占有帯域幅となる．

次に，$a'(t)$ を変調したBPSK信号 $s(t)$ のスペクトル $S(f)$ を求めよう．$S(f)$ は

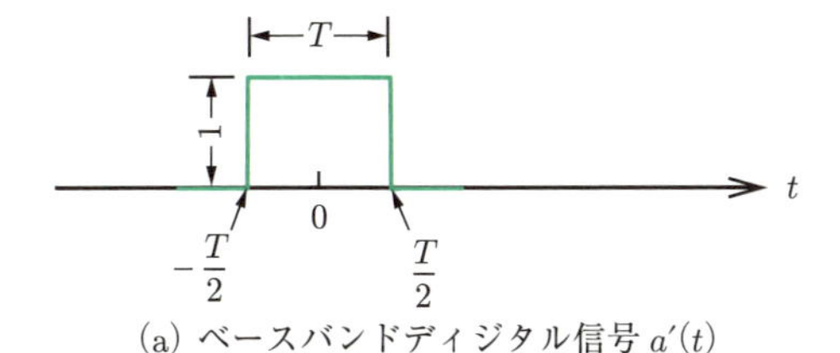

(a) ベースバンドディジタル信号 $a'(t)$

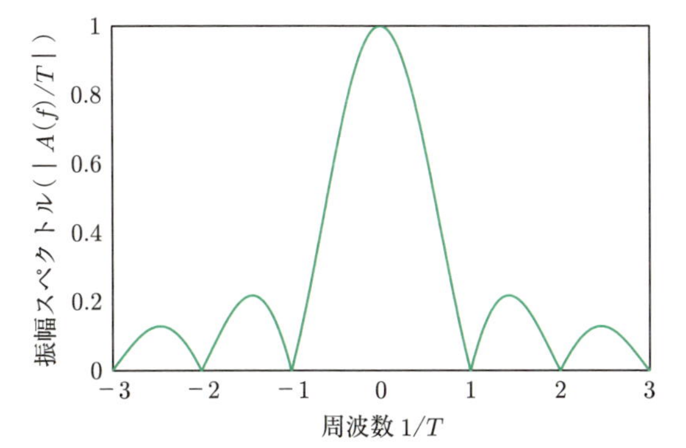

(b) $a'(t)$のスペクトル(絶対値). $|A(f)/T| = \sin\pi fT/\pi fT$（横軸は $1/T$ で正規化）

図 11.11 BPSK のベースバンド信号の波形とその振幅スペクトル

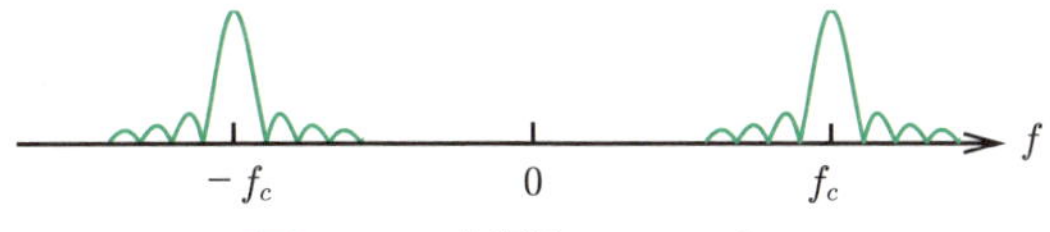

図 11.12 変調波のスペクトル

$$S(f) = \int_{-\infty}^{\infty} s(t)e^{-j2\pi ft}dt$$
$$= \int_{-\infty}^{\infty} \left[a'(t)\cos 2\pi f_c t\right] e^{-j2\pi ft}dt \quad (11.22)$$

となり，

$$\cos 2\pi f_c t = \frac{1}{2}\left(e^{j2\pi f_c t} + e^{-j2\pi f_c t}\right) \quad (11.23)$$

より，

$$S(f) = \frac{1}{2}\int_{-\infty}^{\infty} a'(t)e^{-j2\pi(f-f_c)t}dt + \frac{1}{2}\int_{-\infty}^{\infty} a'(t)e^{-j2\pi(f+f_c)t}dt$$
$$= \frac{1}{2}A(f-f_c) + \frac{1}{2}A(f+f_c) \quad (11.24)$$

となる．すなわち，変調すると搬送波の周波数 f_c だけスペクトルが移動することになる．これを図 11.12 に示す．

以上のことより，搬送波の周波数を f_1，f_2，f_3 のように変えることにより，図 11.13 に示すように周波数分割多重通信 (frequency division multiplex：FDM)

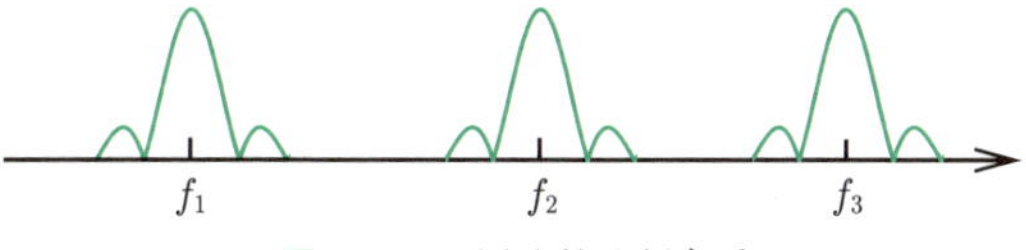

図 11.13 周波数分割多重

が可能となる．現在，TV，ラジオ，携帯端末，無線 LAN をはじめとして多数の電波が空間を飛んでいるが，FDM により混信することなくさまざまな通信が可能となっている．

本節で述べた変復調，周波数分割多重などの技術は，携帯端末と近くの基地局間の通信，また Wi–Fi などの無線 LAN (local area network) をはじめ多くの無線通信に用いられている．さらに，衛星放送やカーナビ・位置情報システムを提供する GPS (global positioning system) システムなど，次に述べる衛星通信においても用いられている．

11.3.4 衛星通信

衛星通信 (satellite communication) は宇宙空間に人工衛星を打ち上げ，無線通信により通信を行うものである．1957 年に旧ソ連により世界最初の人工衛星スプートニク 1 号の打上げが成功し，通信衛星の分野では 1958 年にスコア衛星，1960 年電波を反射する受動中継衛星エコー 1 号が打ち上げられた．その後，数千にも及ぶ衛星が打ち上げられ，いまでは TV 放送やインターネット，ナビゲーションシステムなどにも利用されている．

衛星通信には大きく分けて静止衛星と周回衛星がある．静止衛星は地球の赤道面上で高度約 35 786 km に打ち上げ，軌道周期をほぼ 24 時間とした衛星で，地球の自転と同期することから地上からは静止して見える．静止衛星は一機のカバレッジが広く経済的で高品質な通信が可能であるというメリットがあり，衛星放送や気象衛星としても用いられている．しかしながら，高度が高いため伝搬遅延の影響があり，また軌道が一つの円周しかないため常に飽和状態に近いという問題がある．一方，周回衛星は，静止軌道以外の軌道を周回するもので地上から見て常に移動している．高度が数 100 km から 10 000 km 程度で軌道周期が 1 時間から 10 時間程度のものが多い．高度が低いため静止衛星ほどの伝搬遅延はなく，出力も小さくて済み，小型化が可能である一方，衛星が短時間で上空を移動するため，常に通信を可能にするためには多数の衛星を同時に運用する必要がある．周回衛星は GPS，移動体通信などに用いられている．

11.3 節のまとめ

- 本節では，ICT を支える基盤技術の一つである無線通信の基礎事項について述べた．送信側で高い周波数に変換して情報を送信する変調，および受信側で周波数を落とし情報データを抽出する復調について述べ，変調波のスペクトルを導出した．また，無線通信の応用として，衛星通信について述べた．

11.4 光通信システム

無線通信と並ぶ ICT を支えるもう一つの基盤技術として，大容量通信が可能な光通信がある．光通信は電気通信と比べはるかに高速な通信が可能なことから，いまではスマートフォンから基地局の部分や無線 LAN で接続されたアクセス系といわれる無線通信部分以外はほとんどが光通信により通信されているといっても過言ではない．光通信は急速な発展を遂げ，現在の大容量通信を支える基盤技術となり，今後に向けてさらなる飛躍が期待されている．ここでは，光通信の歴史，原理と特長，およびさらなる大容量化への取組みについて述べる．

11.4.1 光通信の歴史

光を利用した通信は，のろしや灯火の点滅あるいは手旗信号のように，かなり早くから考えられていたが，これらの方法は，途中の伝送路が空間であるため，拡散や散乱のため光が拡がることから長距離の伝送は困難であった．これに対し，1970 年に通信路となる低損失光ファイバおよび発光源となる半導体レーザの常温発光の成果が発表され，光通信に関する関心が世界的に広がった．光ファイバは，光を閉じ込めて伝送する伝送媒質として 1950 年代に胃カメラなどの医療用に開発されたが，3 m 進むごとに光のパワーがほぼ 1/2 になるなど伝送損失が大きく，通信媒体として使用できるものではなかった．

しかし，カオ (英国) によって，ガラスの中の不純物を十分取り除くことができれば，1 km あたりの伝送損失が 20 dB (150 m 伝搬したところで光のパワーが 1/2 になる) 程度の低損失化も可能であると述べた論文が発表され，これを契機として各国で低損失光ファイバの実現に向けた研究が開始された．そして，1970 年には米国のコーニンググラス社において，20 dB/km と当時としては驚異的に低損失な光ファイバの試作に成功した．その後，光ファイバはさらなる低損失化の追求に向けて急速な発展を遂げた．光ファイバの最低損失は，1972 年に 7 dB/km，1976 年には 0.47 dB/km，さらに，1986 年には 0.15 dB/km にまで到達し，石英系光ファイバの理論限界近くまで低損失な光ファイバを製造できるようになった．0.15 dB/km の光ファイバは光の強さが 1/2 になるまでに 20 km も伝搬することが可能であり，普通の窓ガラスでは数 cm 程度あるのに比べると，光ファイバがきわめて透明度が高いことがわかる．

一方，光ファイバ通信の光源としては，レーザ (light amplification by stimulated emission of radiation：LASER) が用いられる．レーザの発光材料としては 1960 年代にルビーなどを用いた固体レーザ，ヘリウムネオンなどを用いたガスレーザがまず開発されたが，通信用として用いられるのはこれらよりはるかに小型 (数 100 ミクロン角) で量産性に優れた半導体レーザである．当初は動作温度が極低温 (−200℃ 程度) であることや寿命が数時間程度と短く，実用に向けて大きな問題があったが，1970 年に米国において半導体レーザの常温における連続発光に成功した．その後も急速な進歩を遂げ，1980 年代にはその寿命は 10 万時間を超えるに至り，十分実用に供しうるものとなった．その後のさらなる製造技術の向上および構造の改良によって，現在では光通信の主流である 1.3 μm，1.55 μm 帯の InGaAsP (インジウム・ガリウム・ヒ素・リン) を用いた半導体レーザは，通常の寿命推定試験ではまったく劣化が観測されないものになっている．

光ファイバと半導体レーザを用いた光ファイバ通信システムは，大容量で長距離通信が可能である．日本国内では 1981 年から 32 Mbps の光通信の実用化が始まり，1985 年には旭川から鹿児島までを縦貫するネットワークへ発展し，2001 年から一般家庭に向けた FTTH (fiber to the home) が始まった．一方，海外への通信網としては 1989 年には日米間 9000 km に及ぶ太平洋横断光海底ケーブルが完成し，その後も大容量化が進んでいる．

11.4.2 光ファイバ通信の原理と特長

光ファイバは図 11.14 に示すようにガラスやプラスティックなどの透明物質でできており，単純な透明物質の棒ではなく，中心部分が屈折率の高い材質からなるコアで，そのまわりをコアよりも 1% ほど屈折率が低いクラッドに囲まれた2重構造になっている．光が屈折率の異なる媒質（屈折率 $n_1 > n_2$）の境界に入射したときの入射角と出射角はスネルの法則

$$n_1 \sin\phi_i = n_2 \sin\phi_t \qquad (11.25)$$

を満たし，図 11.15 のように反射・屈折する．入射角 ϕ_i が臨界角 ϕ_c よりも大きいとき，光はすべて反射し，この現象を全反射という．よって，光を臨界角よりも大きい入射角でコアに入れると全反射を繰り返し，光ファイバのコアの中を進む．

光通信に用いられる光源はレーザ光である．太陽光や電球のような普通の光源はたくさんの周波数（波長）成分を含んでおり，図 11.16 のように位相がランダムで指向性も高くないインコヒーレント光である．これに対してレーザ光は通常その広がりも非常に狭く，位相がそろったほぼ正弦波の波動で1本の線スペクトルからなり，コヒーレント光とよばれる．レーザの原理は，光の増幅とフィードバックであり，光を増幅させながら出力を入力に戻すと，ある関係を満たしたときに共振して強い光となり，その光出力を取り出したものがレーザ光である．この現象は，マイクをスピーカーに近づけたときに発生するハウリングと似ている．

レーザの中でも，光通信に用いられるのは**半導体レーザ**である．半導体に電圧を加えると金属内の電子がエネルギーをもち，多くの場合，そのまま熱エネルギーを放出するが，GaAs（ガリウムヒ素）のような半導体は光を放出してエネルギーを失う．この発光を利用したレーザが半導体レーザである．現在，半導体レーザは，広い波長帯でつくられており，小型で高寿命，発光効率も30%以上と高効率で，電流を流すだけで発光し，取扱いがきわめて簡単であるなど多くの利点がある．図 11.17 は通信用の半導体レーザの光スペクトルである．このレーザの波長は約1546 nmで，これを周波数に直すと約194 THzであるが，この1本の線スペクトルの広がりは約10 MHzしかない．しかも指向性

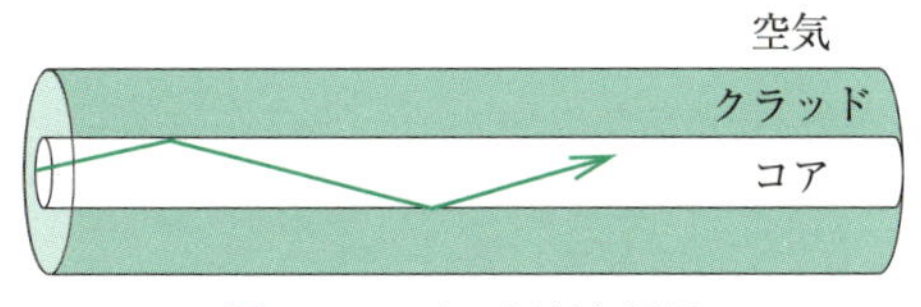

図 11.14　光の反射と屈折

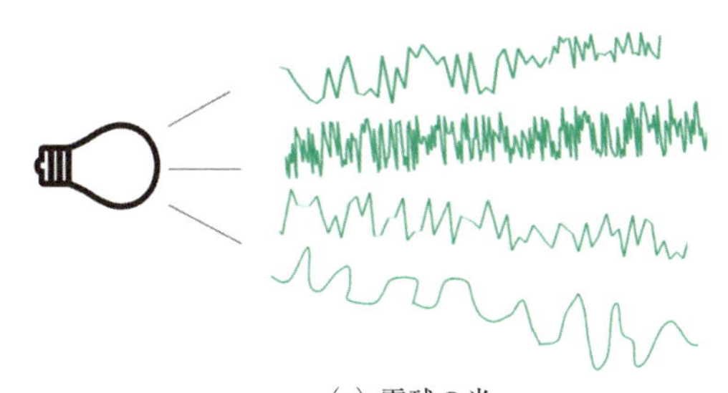

(a) 電球の光

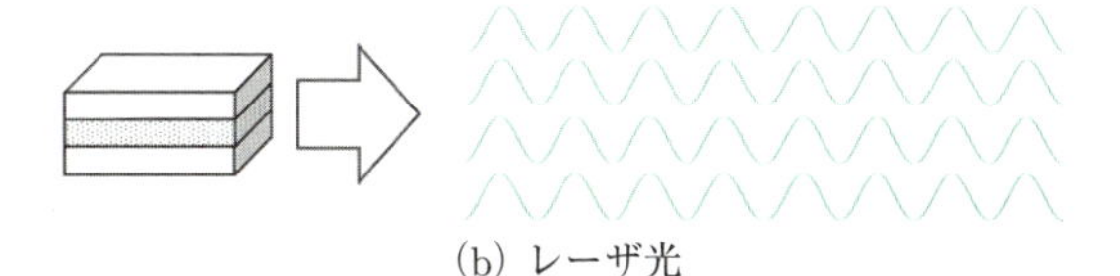

(b) レーザ光

図 11.16　電球の光とレーザ光

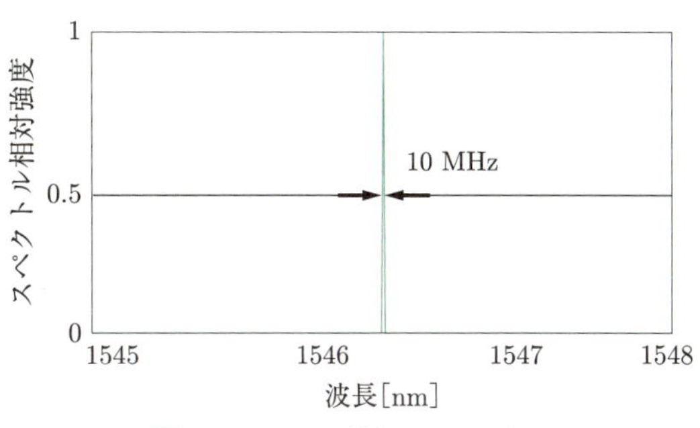

図 11.17　レーザ光のスペクトル

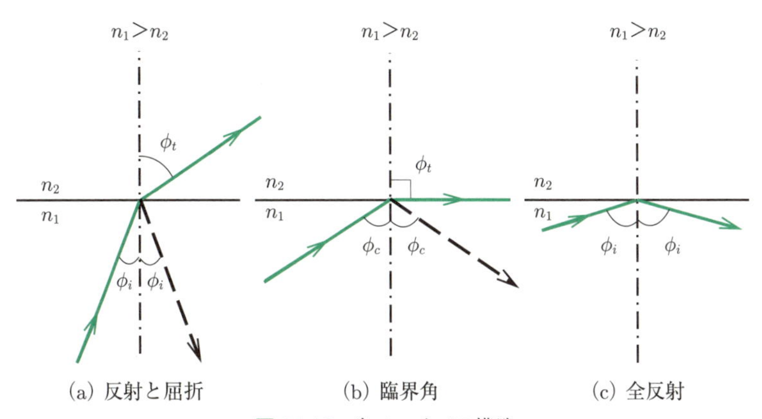

(a) 反射と屈折　(b) 臨界角　(c) 全反射

図 11.15　光ファイバの構造

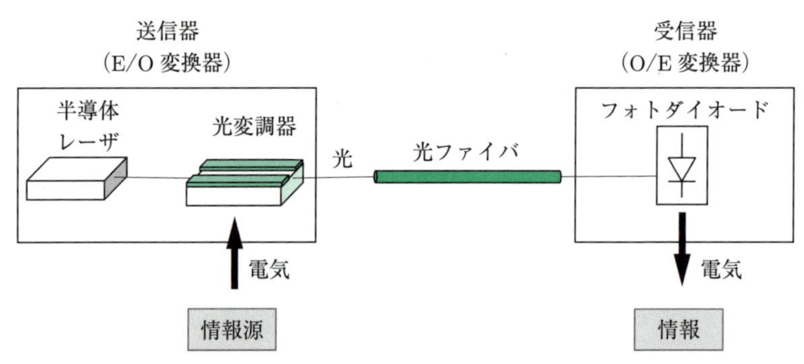

図 11.18　光通信システム

がとても高く，光ビームをかなり細く絞ることができることから，光のパワー密度を非常に高くできるという特徴がある．

図 11.18 に光ファイバ通信システムの基本構成を示す．0，1 の電気信号は，半導体レーザや発光ダイオードの発光素子により，それぞれ光の OFF と ON に変換 (electrical to optical (E/O) 変換) され，光ファイバへ送られる．光ファイバの中を伝搬する信号は，伝送距離が進むにつれてそのパワーの減衰と波形の広がりを伴う．受信器では，フォトダイオード (photodiode：PD) やアバランシェフォトダイオードなどの受光素子により受信光を光から電気へ変換 (optical to electrical (O/E) 変換) し，0，1 の電気信号を得る．また，伝送路の距離が長い場合は必要に応じて伝送路の中間に中継器や光を直接増幅する光ファイバ増幅器などが設置される．中継器は，入力された光信号をいったん電気信号に変換した後，信号の増幅を行い，再び光信号に変換して光ファイバへと導くものである．一方，光ファイバ増幅器は電気信号に変換せずに光信号のまま増幅するものである．

光ファイバ通信は，メタリックケーブルを用いた通信に比べ，光ファイバ，発光・受光素子の特徴を生かしたさまざまな利点をもっている．光ファイバは次のような特長を有する．

- 低損失：光ファイバの損失は通常のもので，1 dB/km 以下，特に長距離用では 0.2 dB/km である．これは 15 km 伝送しても光強度が 1/2 にしか減衰しないことを意味しており，きわめて低損失である．一方，メタリックケーブルでは，20 dB/km 程度の損失である．
- 広帯域：伝送可能な信号の伝送速度 (レート) は帯域幅に比例する．光ファイバは，長距離用のものでは低損失の波長帯域が，1.2 μm から 1.7 μm の間で，周波数に換算すると約 70 THz 以上の帯域幅になり，きわめて広帯域である．一方，メタリックケーブルでは数十 GHz 程度であるため，1000 倍以上の帯域である．
- 細径・軽量：光ファイバは，メタリックケーブルに比べ細径・軽量である．光ファイバ自体の外径は約 0.1 mm 程度で，強度を補強する被覆を施しても直径 0.25 mm であり，軽量でフレキシブル (曲率半径 2 mm) かつ高強度 (引張り強度 7 kgf) である．同軸ケーブルに比べ，断面積が約 1/30 にあたり，従来のメタリックケーブルと同外径のケーブルでは，より多数の心線を収容できるばかりではなく，敷設にも非常に有利である．
- 無誘導：石英などのガラスは電気を通さないため，外部 (高電圧線やテレビ，ラジオの電波など) からの電磁誘導がなく，密集配線しても，電力線と混在しても問題がなく，非常に大きなメリットになる．また，火花を出さないので，安全である．
- 省資源：光ファイバの主成分である石英は，地球上に豊富にある資源であり，貴重な銅資源に比べ比較的資源問題が少ない．さらに，少量の原料で長尺の光ファイバが製造できる．

また，発光・受光素子においては

- 高速変調が可能であるため広帯域の高ビットレートの伝送が可能である．
- 小型かつ光への変換効率が高く，消費電力が小さい．
- 出力パワーが大きく，かつ小さい受光パワーでも伝送品質を確保できるため長距離通信が可能である．

などの特長が挙げられる．光ファイバ通信システムにおいては，低損失，広帯域な光ファイバと，高出力，高感度な発光・受光素子を用いることにより，許容できる伝送路損失を大きくすることが可能である．中継伝送においては，中継距離を 100 km 以上とすることも可能であるため，従来のメタリックケーブルを用いた通信システムに比べ，中継器数の大幅な削減が可能となる．

11.4.3 光ファイバ通信の現状

現状の主な光通信システムでは，0と1のデータを光のOFFとONに対応させて変調する単純な仕組みであるが，光ファイバや半導体レーザの性能の向上により，1波長あたり10 Gbpsを超える伝送が可能になった．このような光のON，OFFで送信し，受信側でその光強度を受光素子で直接検波する方式は，強度変調(intensity modulation)–直接検波(direct detection)(IM–DD)方式とよばれる．また，大容量化のため，複数の異なる波長を用いる波長分割多重(WDM：wavelength division multiplex)とよばれる方式が用いられている．図11.19にWDMの模式図を示す．WDMの送信側では異なる波長の光を出す複数の半導体レーザ(LD)を用い，各LDをそれぞれのデータに応じて変調し，これらの信号光を合波器を使って1本の光ファイバに入れ伝送する．受信側では分波器を使って各波長の光に分けてからPDのような光検出器で信号を受信する．N波長のWDMにより，一つの波長で信号を送るのに比べN倍の信号を送ることができる．

ITU-T (International Telecommunication Union Telecommunication Standardization Sector．国際通信連合の電気通信標準化部門)では用途に応じて適したシステムが使えるようにWDMの波長間隔を2通り定めている．一つは，都道府県内の主要都市間を結ぶメトロネットワークなどに用いられるもので，図11.20に示すCWDM (coarse WDM)とよばれる波長間隔が広く，18波長を用いる規格である．要求される精度が高くないため安価な部品で構築することができ，容量があまり大きくなく，50～80 km程度の距離のシステムに適している．もう一方はDWDM (dense WDM)とよばれる波長間隔の狭い規格で，大都市間を結ぶコアネットワークのような光増幅器を用いる大容量の長距離システムを前提としており，100 GHz間隔で115波長を用いたシステムの規格である．

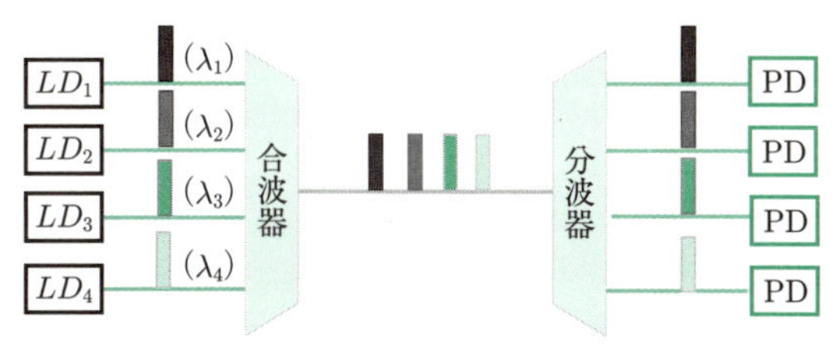

図11.19 WDMシステム．λ_i：波長，$\lambda_1 \neq \lambda_2 \neq \lambda_3 \neq \lambda_4$，LD：半導体レーザー，PD：フォトダイオード．

このように，光通信は大容量で長距離通信が可能であるため，前述のように，1989年には日米間9000 kmに及ぶ太平洋横断光海底ケーブルが完成した．その後も光ファイバ増幅器の利用やWDMシステムの導入など大容量化が進み，2016年にはFASTERとよばれる60 Tbpsの日米間光海底ケーブルの稼働が始まっている．現在，光海底ケーブルは，太平洋のみならず，主要な国々をつなぐネットワークとして構築されている．

11.4.4 さらなる超高速・大容量化に向けて

現在，IM–DD方式とWDMにより1 Tbit/sもの伝送容量が商用システムにおいて可能になっている．しかしながら，FTTHやスマートフォンの普及に加えて，超高速モバイルアクセスを可能とする第5世代モバイル通信システム(5G)やクラウドコンピューティング，さらにはさまざまなモノがインターネットを介してつながるIoT (internet of things)の進展による本格的なビッグデータ社会の到来が予想されている．このような社会を支える通信サービスの基盤となる光通信ネットワークには，さらなる高速化・大容量化および低コスト化が求められている．光の強度のみを利用する従来技術であるIM–DD方式では，これらの要求に対応することは，もはや困難になりつつある．

無線通信では，前述のように電波の位相に情報をのせるPSK，また，直交した振幅に情報をのせるQAM方式が用いられている．これらは，1シンボルで，複数のビットを伝送することができるため，より効率的な通信が可能となる．そこで，光通信においても，PSKあるいはQAMを用いた通信方式が研究・開発されている．このような位相にも情報をのせた光通信はコヒーレン

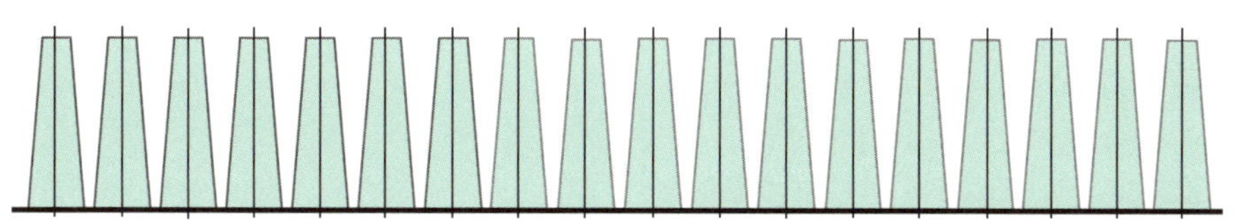

図11.20 CWDMシステムのスペクトル

ト光通信とよばれる．コヒーレント光通信は1980年代に精力的に研究されたが，光は周波数がきわめて高いため位相雑音などの影響が無視できず，受信機における同期検波を安定して行うことがきわめて難しく実用には至らなかった．一方で，光ファイバ増幅器 (erbium doped optical fiber amplifier：EDFA) が発明され，ファイバで減衰した光信号を光のまま増幅する技術が開発されたため，コヒーレント光通信方式の研究開発は20年以上にわたって停滞していた．しかし，2005年に従来のコヒーレント光通信技術と電気信号による高速ディジタル信号処理を組み合わせた，ディジタルコヒーレント光通信方式が提案された．この方式では，信号光の波形ひずみの補正や復調処理を電気領域においてディジタル信号処理をする．従来のコヒーレント光通信に比べてシステムの安定度が飛躍的に改善されるため，実用化に向けて世界各国で急速に研究開発が進み，4相PSKと二つの偏波を用い，一波長で100 Gbpsの通信が一部で実用化されはじめている．また，現在，偏波多重16QAMなどの高多値度の変調方式が検討され，400 Gbit/s イーサネット信号の標準化も進められており，100 Gbit/s 超級 (Beyond 100 G) 光トランスポート技術の実用化が期待されている．

a. マルチコアファイバ

現在普及している光ファイバは，ファイバ中にコアが1本だけのシングルコアファイバとよばれるものである．これまで，高速通信に対応するため，多重化技術であるWDMやディジタルコヒーレント通信といった方法が開発されてきたが，多重化や多値化された信号を伝送するにはコアに入力する光出力を上げる必要がある．しかし光出力を上げ過ぎるとファイバヒューズという現象が現れファイバが破壊されることがあるため，1コアあたりの通信速度には限界がある．そこで，さらなる高速化のために，1本の光ファイバの中に複数のコアが存在するマルチコアファイバが研究されている．図11.21にマルチコアファイバの断面を示す．マルチコアファイバでは，7コア，19コアのほか36コアのものが検討されている．ケーブル1本あたりの通信速度を高速化するために，シングルコアファイバを束ねて利用する方法もあるが，光ファイバ1本に対し増幅器とコネクターが一つずつ必要になるため，マルチコアファイバの方がコスト面で有利である．また，各コアの径を大きくし，それぞれのコア内で光の経路 (モード) を複数化したマルチモードファイバも検討されている．1本の光ファイバ内に36コア，3モードの108の通信路をもつマルチコア・マルチモードファイバの実験も行われている．

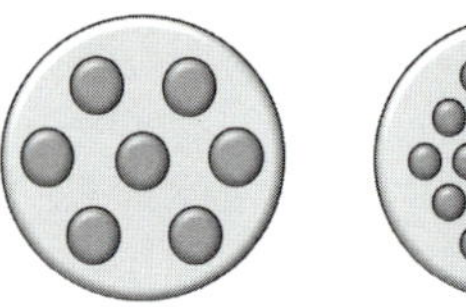
(a) 7コア

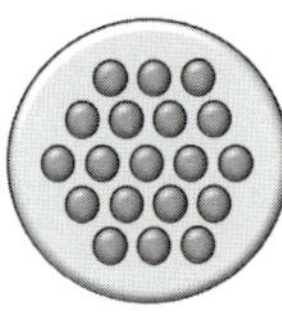
(b) 19コア

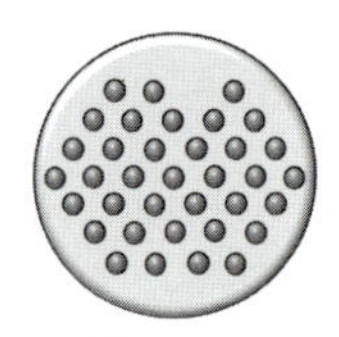
(c) 36コア

図11.21　マルチコアファイバ

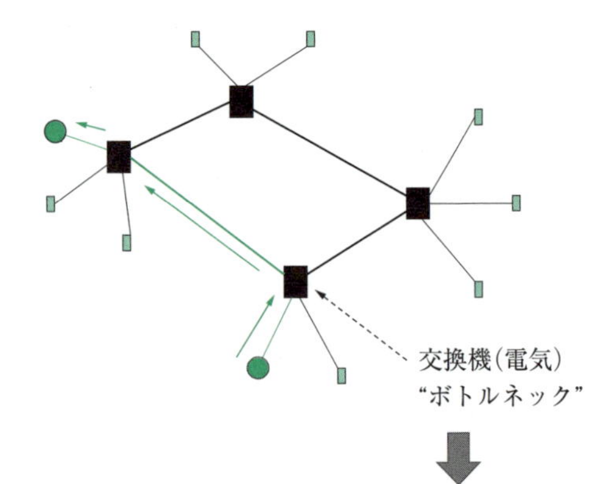

図11.22　フォトニックネットワーク

b. フォトニックネットワーク

現状のネットワークでは，図11.22に示すように，光ファイバ中では光信号が伝送されているが，ネットワークの分岐点や中継点であるノードでは交換機で電気信号処理により転送先への交換を実現している．このため，ノードにおいてO/E変換し，さらにE/O変換して光信号として伝送する必要がある．

これらの変換は通信速度のボトルネックとなるとともに大量の電力が必要なため，高速化・低消費電力化を阻害する要因となっている．高速化・低消費電力化を両立させるためには，多重分離機能，スイッチング機能，ルーティング機能を含めたすべてのネットワーク転送機能を光信号のまま行うフォトニックネットワークの実現が必要である．現在，将来のフォトニックネットワークを用いた超大容量通信ネットワークに向けて，さまざまな研究開発が実施されている．

11.4 節のまとめ

- 本節では，大容量通信を支えるファイバ通信技術について解説した．光ファイバ通信の歴史について述べたあと，大容量通信を可能とする光ファイバ通信の原理とその特徴，および現状と今後の展望について述べた．

11.5 誤り訂正符号

本節では通信基盤における技術の一つである誤り訂正符号について説明する．誤り訂正符号はもとの情報に対し冗長性を加えることで画像や音声などのデータに信頼性を付加するものである．最初にチェックデジットを使った例を説明し，次に誤り訂正符号を用いた消失訂正について説明する．

11.5.1 チェックデジットの役割

a. チェックデジットを用いた誤り検出

チェックデジット (CD) は検査記号とよばれるもので，識別番号 (銀行口座の番号，商品のバーコード，書籍の ISBN コードなど) に用いられている．これらの番号を利用者がタイピングで入力する，あるいはバーコードリーダーを用いて読み取る際に，入力間違いあるいは読み取り間違いが起こることが想定される．CD は間違って入力された，読み取った誤りを検出するための技術である．

例 11-1 ISBN コード

ISBN (ISBN-13) は書籍を特定するための番号であり，以下のように 12 桁の識別番号と 13 桁目の CD で構成される．

978-4-621-08933-0

数字を左から数えて 13 桁目 (ここでは最後の数字 ‘0’) が CD である．

もし CD を追加した 13 桁の系列のうちある 1 桁が間違った数字となって読み取られても，CD によって誤りを検出することができる[*1]．

ISBN-13 では「モジュラス 10/ウェイト 3」とよばれる方法で CD を付加している．まず CD を計算する方法を説明する．

CD の計算方法　k 桁の系列 $x_0, x_1, \cdots, x_{k-1}$ を用意する．

(1) 系列における番号が偶数の要素 x_i $(i=0,2,\cdots)$ を合計した値 Y_1 を得る．

(2) 系列における番号が奇数の要素 x_i $(i=1,3,\cdots)$ を合計して 3 倍した値 Y_2 を得る．

(3) 前のステップ 1, 2 で得られた数の合計 Y $(Y = Y_1 + Y_2)$ を 10 で割った剰余 Z を計算する．

$$Z = Y \mod 10 \tag{11.26}$$

(4) Z を 10 から引き，これを CD $(= x_{k+1})$ $(k + 1 = n$ とする$)$ とし，CD が加わった系列 $\boldsymbol{x} = (x_0, x_1, \cdots, x_{n-1})$ を得る．もし剰余 Z が 0 のときは CD を 0 とする．すなわち以下の計算を行えばよい．

$$\mathrm{CD} = (10 - Z) \mod 10 \tag{11.27}$$

モジュラス 10 の ‘10’ は，上記のステップ 3 で剰余 (modulus) を求める際に使った数に一致する．ウェイト 3 の ‘3’ は，1 ステップ目で奇数桁の数に乗算する重み (ウェイト) に一致する．

例 11-2 CD の計算

$k = 8$ の系列 21168238 からモジュラス 10/ウェイト 3 を用いて CD を計算する．

(1) 偶数桁の要素 $x_0 = 2$, $x_2 = 1$, $x_4 = 8$, $x_6 = 3$ であり，$Y_1 = 14$ である．

(2) 奇数桁の要素 $x_1 = 1, x_3 = 6, x_5 = 2, x_7 = 8$ であり，合計の 3 倍は $Y_2 = 51$ であり，$Y = Y_1 + Y_2 = 65$ を得る．

(3) $Z = Y \mod 10 = 5$ であり，$\mathrm{CD} = (10 - Z) \mod 10 = 5$ となる．CD を付加した系列 $\boldsymbol{x} = (21168238\underline{5})$ となる．

CD を付加した系列 $\boldsymbol{x}$ のある桁が誤って別の数字として読み取ったと仮定する．CD がないと誤ったかどうかわからないが，CD を用いることによって 1 個までの誤りを検出することができる．

例 11-3 誤りの検出

CD を付加した 9 桁の系列 $\boldsymbol{x} = (2116823\underline{8}5)$ のうち $x_7 = 8$ が 7 と誤って $\boldsymbol{y} = (2116823\underline{7}5)$ と読み取ったとする．

[*1] それぞれの数字が何を表すかについてここではふれない．興味がある人は調べてほしい．

(1) 誤った系列 $\boldsymbol{y}$ から CD を除いた 21168237 から CD を計算してみると $\underline{8}$ となり $\boldsymbol{y}$ の CD と異なる（この場合 $\boldsymbol{y}$ の CD は 5 のため）.
(2) すなわち系列 $\boldsymbol{y}=$ “211682375” のどこかの桁が誤っていると検出された.

以上の方法を用いれば一つの誤りは必ず検出できる．しかし複数の桁に誤りが発生し，CD が真の数字と一致してしまうと検出ができない場合がある．

例 11-4　検出ができない場合

CD を付加した 9 桁の系列 $\boldsymbol{x}=(2116823\underline{8}5)$ のうち $x_6=3$ が 6，$x_7=8$ が 7 と誤って $\boldsymbol{y}=(211682\underline{67}5)$ と読み取ったとする．

(1) 誤った系列 $\boldsymbol{y}$ から CD を除いた 21168267 から CD を計算してみると $\underline{5}$ となり $\boldsymbol{y}$ の CD と一致した.
(2) すなわちこの系列 “211682675” は誤りが発生しているにもかかわらず，CD が同じため読み取った側には誤りとして検出されなかった.

2 個誤りの場合，検出できる場合と検出できない場合がある．

b. チェックデジットを用いた消失訂正

次に CD を用いた消失訂正について説明する．CD は本来誤り検出に用いられるが，次節で扱う誤り訂正符号との関連のためここで簡単な例とともに説明する．ここで消失とは消失した位置は判明しており，消失した位置の値が不明とするものである．消失した箇所の値は便宜的に ‘e’ とする．CD を用いて 1 個の消失を訂正（復号）することを考える．

CD の位置が消失した場合の復号は自明であるため，CD 以外の位置が消失した場合を説明する．

例 11-5　消失の訂正（CD 以外に発生）

CD を付加した 9 桁の系列 $\boldsymbol{x}=(211682\underline{3}\underline{8}5)$ のうち $x_7=8$ が消失し，$\boldsymbol{y}=(2116823e5)$ を読み取ったとする．

(1) $\boldsymbol{y}$ の消失していない箇所から CD を計算してみると合計 $Y'=41$ を得る．一方 $Y=Y'+3x_7$ でもあるので，$Y=41+3x_7$ となる.
(2) $\boldsymbol{y}$ の CD が 5 であることはわかっているため，式 (11.26) より Z の 1 の位は 5，Y の 1 の位は 5 であることがわかる．すなわち Y の 10 の位を X とすると $Y=10X+5$ と表せる.
(3) 1，2 より以下の等式が成り立ち

$$41+3x_7=10X+5$$

上式を満足する (x_7, X) の組は $(x_7, X)=(8, 6)$ のみである.

上記の方法を用いれば 1 個の消失は必ず訂正できる．しかし複数の箇所が消失した場合，複数の解候補が存在するため復号できない．

例 11-6　訂正ができない場合

CD を付加した 9 桁の系列 $\boldsymbol{x}=(211682\underline{38}5)$ のうち x_6，x_7 が消失し，$\boldsymbol{y}=(211682ee5)$ を読み取ったとする．

(1) 消失を含む系列 $\boldsymbol{y}$ から CD を除いた $\boldsymbol{y}=(211682ee)$ から Y を計算するにあたって，消失した値を除いた合計 $Y'=38$ を得る．また $Y=38+x_6+3x_7$ となる.
(2) $\boldsymbol{y}$ の CD が 5 であることはわかっているため，式 (11.26) より Z の 1 の位は 5，Y の 1 の位は 5 であることがわかる．すなわち Y の 10 の位を X とすると，$Y=10X+5$ と表せる.
(3) 1，2 より以下の等式が成り立つ.

$$38+x_6+3x_7=10X+5$$

上の式を満足する解 (x_6, x_7, X) は 10 組と複数存在するため，訂正することはできない.

11.5.2　パリティ検査行列を用いた消失訂正

a. 繰返し復号法

前項で扱った CD を用いた消失訂正について，もう少し一般的な場合を想定する．すなわち，前項において CD は n シンボル中 1 シンボルのみであったが，これを $m\ (=n-k)$ シンボル生成することを考える．このようにする理由として，CD が 1 シンボルのみであると，訂正できる消失の個数は最大でも 1 個であるが，CD の数を増やすと複数個の消失を訂正できるからである．ここでは具体的な CD の生成方法は省略し，またすべての変数は 2 元の 0，1 のみとりうるものとする．演算規則は表 11.1 に示す XOR 演算および AND 演算にしたがって実行される．

CD を付加した系列 $\boldsymbol{x}$ が以下の式を満足するものと

表 11.1　XOR 演算および AND 演算の真理値表

a	b	$a \oplus b$
0	0	0
0	1	1
1	0	1
1	1	0

a	b	$a \cdot b$
0	0	0
0	1	0
1	0	0
1	1	1

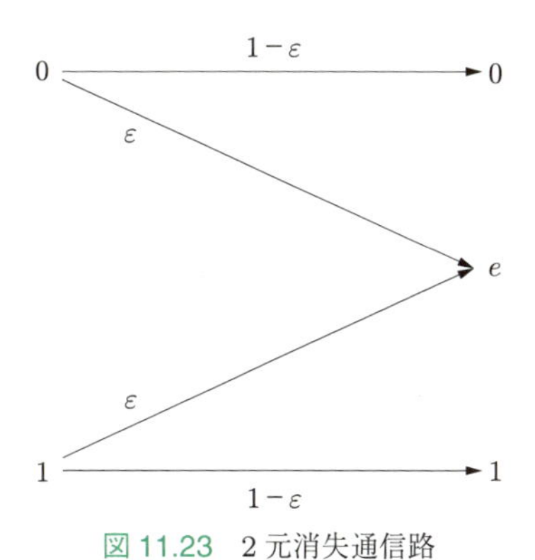

図 11.23 2 元消失通信路

する．

$$\boldsymbol{x}H^{\mathrm{T}} = \boldsymbol{0} \tag{11.28}$$

ここで行列 H はパリティ検査行列とよばれる m 行 n 列の行列であり，行列中の要素の大半が 0 である疎行列であるとする．

次に問題設定を説明する．CD が付加された系列 $\boldsymbol{x}$ を通信路を介して送信し，各 x_i は確率 ϵ で消失し，受信系列 $\boldsymbol{y}$ を得る．すなわち図 11.23 に示すような消失確率 ϵ の 2 元消失通信路を仮定する．

繰返し復号法について説明する．繰返し復号法はメッセージとよばれる 2 種類の変数 P_{vc}，m_{cv} $(v = 1, \cdots, n,\ c = 1, \cdots, m)$ を繰り返し，交互に更新しながら復号するものである．ここで P_{vc}，m_{cv} は行列 H における非零要素それぞれに対し用意され，$N(v)$，$M(c)$ はそれぞれ v 番目の列における非零要素の行番号，c 番目の行における非零要素の列番号を表す．

繰返し復号法 長さ n の受信系列 $\boldsymbol{y} = (y_0, y_1, \cdots, y_{n-1})$ を受け取る．特に断らない限り，変数 v，c は $v = 1, \cdots, n;\ c = 1, \cdots, m$ に対し処理を行う．

(1) すべての P_{vc} を $P_{vc} := y_v$ とする．

(2) もし $P_{v'c}$，$c' \in M(c)$ に 1 つでも e が含まれていたら $m_{cv} := e$ とする．それ以外の (一つも e が含まれない) 場合は $m_{cv} := \sum_{v' \in M(c) \setminus v} P_{v'c}$ とする．

(3) もし $y_v \neq e$ ならば $P_{vc} := y_v$ とし，それ以外の場合で $m_{c'v}$ に 1 つでも $m_{c'v} \neq e$ があるならば $P_{vc} = m_{c'v}$ とする．もしすべて $m_{c'v} := e$ ならば $P_{vc} := e$ とする．

(4) もし $y_v \neq e$ ならば $\hat{x}_v := y_v$ とし，それ以外の場合で m_{cv} に 1 つでも $m_{cv} \neq e$ があるならば $\hat{x}_v = m_{cv}$ とする．もしすべて $m_{cv} := e$ ならば $\hat{x}_v := e$ とする．

(5) もしすべての消失ビットが訂正されたら復号成功としてアルゴリズムを終了する．それ以外の場合で前の繰返しのときから新たに消失ビットが訂正されない場合は，復号失敗としてアルゴリズムを終了する．それ以外の場合は，ステップ 2 に戻る．

例 11-7

以下のような行列 H が与えられ，$\boldsymbol{y} = (11ee)$ を受け取ったとき $\boldsymbol{x}$ を復号する．

$$H = \begin{bmatrix} 1 & 1 & 0 & 0 \\ 0 & 1 & 1 & 0 \\ 0 & 0 & 1 & 1 \end{bmatrix}$$

まず P_{vc} を求めると以下のようになる．

$$\begin{bmatrix} 1 & 1 & 0 & 0 \\ 0 & 1 & e & 0 \\ 0 & 0 & e & e \end{bmatrix}$$

次に m_{cv} を求めると以下のようになる．

$$\begin{bmatrix} 1 & 1 & 0 & 0 \\ 0 & e & 1 & 0 \\ 0 & 0 & e & e \end{bmatrix}$$

P_{vc} を求めると以下のようになる．

$$\begin{bmatrix} 1 & 1 & 0 & 0 \\ 0 & 1 & e & 0 \\ 0 & 0 & 1 & e \end{bmatrix}$$

$\boldsymbol{x} = (111e)$ が得られ，3 番目のシンボルが 1 に訂正された．

さらに m_{cv} を更新すると以下のようになる．

$$\begin{bmatrix} 1 & 1 & 0 & 0 \\ 0 & e & 1 & 0 \\ 0 & 0 & e & 1 \end{bmatrix}$$

P_{vc} を求めると以下のようになる．

$$\begin{bmatrix} 1 & 1 & 0 & 0 \\ 0 & 1 & e & 0 \\ 0 & 0 & 1 & e \end{bmatrix}$$

$\boldsymbol{x} = (1111)$ が得られ，4 番目のシンボルが 1 に訂正され，すべての消失を訂正することができた．

b. 復号誤り確率の評価

次に復号誤り確率を評価してみよう．復号法の各繰返しにおいて更新される P_{vc}，m_{cv} の消失確率を評価すればよい．繰返し l 回目に更新される P_{vc} が消失している確率を $e_V^{(l)}$ とし，繰返し l 回目に更新される m_{cv} が消失している確率を $e_C^{(l)}$ とする．

ここで行列 H の各行・各列における非零要素の数 (こ

こでは要素 1 の数) は一定であるとし，それぞれ行重み，列重みとよぶ．行重みは d，列重みは c $(d > c)$ とし，両者とも n に比べ非常に小さい値，すなわち $n \gg d > c$ であると仮定する．

性能を評価にするにあたって，まず初期値として $e_V^{(0)} := \epsilon$ を与える．これは通信路が消失確率 ϵ であるためである．$e_C^{(l)}$ は次式のように計算される．

$$e_C^{(l)} := 1 - (1 - e_V^{(l-1)})^{d-1} \tag{11.29}$$

$e_V^{(l)}$ は次式のように計算される．

$$e_V^{(l)} := \epsilon(e_C^{(l)})^{c-1} \tag{11.30}$$

式 (11.29)，(11.30) を組み合わせると次式のように再帰的に表せる．

$$e_V^{(l)} := \epsilon(1 - (1 - e_V^{(l-1)})^{d-1})^{c-1} \tag{11.31}$$

与えられたパラメータ d，c および通信路の消失確率 ϵ に対し式 (11.31) を繰返し回数 l ごとに計算して復号が成功するか否かを調べる．復号が成功することは，すなわち l を大きくしたときに $e_V^{(l)} = 0$ となることである．逆に復号に失敗することは，l を大きくしても $e_V^{(l)} > 0$ となることである．$e_V^{(l)} = 0$ となるような ϵ の最大値は，訂正能力の限界を表す指標であり，反復閾値 $\epsilon(c, d)$ とよばれ，次式のように定義される．

$$\epsilon(c, d) = \sup\{\epsilon \in [0, 1] | e_V^{(l)} \to 0,\ l \to \infty\} \tag{11.32}$$

(c, d) を変化させることによって次式で定義される全体の長さに対するもとの情報の長さの比率を変化させることができる．さまざまな (c, d) に対する反復閾値 $\epsilon(c, d)$ を表 11.2 に示す．

表 11.2　反復閾値の計算例

(c, d)	R	$\epsilon(c, d)$
$(3, 6)$	0.5	0.4294
$(4, 8)$	0.5	0.3834
$(3, 5)$	0.4	0.5176

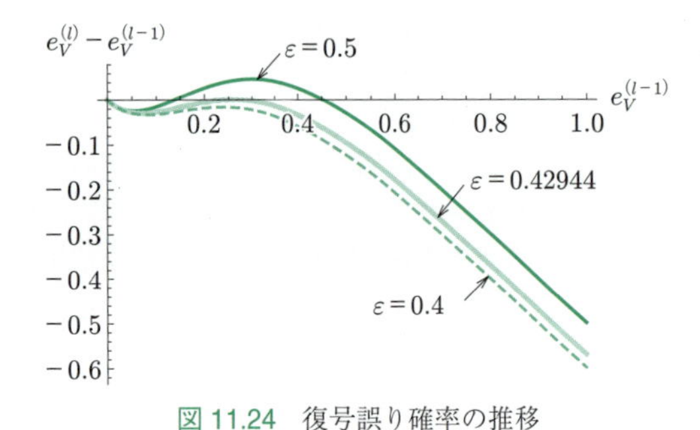

図 11.24　復号誤り確率の推移

$$R = 1 - \frac{c}{d} \tag{11.33}$$

すなわち，$(c, d) = (3, 6)$ 符号を用いると，もとの情報と同じ長さのパリティを付加する必要があるが，消失確率 $\epsilon = 0.4294$ までの消失であれば，完全に訂正できることが知られている (図 11.24)．なお解析にあたっては系列長の長さが非常に大きいことを仮定しているため，短い系列長のときはここまで訂正できるとは限らない．

c. 空間結合符号による性能評価

前節で説明した方法でも十分に高い消失訂正能力を発揮することが示されているが，近年発見された空間結合符号を用いることで，さらなる性能向上を達成できることが知られている．次式で与えられる大きさが $(L + w)b_c \times Lb_v$ のベース行列 $\boldsymbol{B}_{[0,L-1]}$ を作成する．

$$\boldsymbol{B}_{[0,L-1]} = \begin{bmatrix} \boldsymbol{B}_0 & & \\ \vdots & \ddots & \\ \boldsymbol{B}_w & & \boldsymbol{B}_0 \\ & \ddots & \vdots \\ & & \boldsymbol{B}_w \end{bmatrix}_{(L+w)b_c \times Lb_v} \tag{11.34}$$

ここで $\boldsymbol{B}_i$ は大きさが $b_c \times b_v$ の行列であり，例えば $(c, d) = (3, 6)$ 符号とほぼ同様の R をもつ符号を作成するには $w = 2$，$\boldsymbol{B}_0 = \boldsymbol{B}_1 = \boldsymbol{B}_2 = [1|1]$ とする．$\boldsymbol{B}_i$ 中の要素 1 は $M \times M$ で行重みと列重みが 1 の置換行列である．また式 (11.34) において $\boldsymbol{B}_i$ 以外の要素は全零の行列とする．結合数 L を大きくするとこのようにして構成された符号は，全体として列重みは 3，行重みはほぼ 6 の符号となる．このような符号を**空間結合符号**とよぶ．

空間結合符号に対する反復閾値の計算方法は省略するが，前節で説明した方法と同様の計算法で求めることができる．表 11.3 に $L = 100$ としたときの空間結合符号の反復閾値の計算例を示す．表 11.2 と比べると反復閾値が大きく向上したことが確認できる．

表 11.3　空間結合符号の反復閾値の計算例 $(L = 100)$

(c, d)	R	$\epsilon(c, d)$
$(3, 6)$	0.49	0.4894
$(4, 8)$	0.48	0.4997
$(3, 5)$	0.4	0.5888

11.5 節のまとめ

- 本節では誤り訂正符号について説明した．

11.6 おわりに

本章では情報化社会において ICT を支えるディジタル通信技術について述べた．ディジタル通信技術を構成する重要な基盤技術として，無線通信，光通信，さらに誤り訂正技術に焦点を当て，これらの基礎的内容を解説した．今後，情報化社会において ICT はさらに重要性を増し，より高速，より高い信頼性を有するシステムに発展していくことが予想される．

12. 情報理論と符号化の基礎

12.1 情報理論と符号化について

インターネット，移動通信，衛星通信などにおける情報通信技術は高度情報化社会を支える基盤技術である．その技術の一つとして符号化がある．符号化とは情報の形態を変換することであり，その目的は高速で正確，かつ，安全な情報伝達・記録・処理を図ることである．すなわち，効率向上のための情報源符号化 (source coding)，信頼性向上のための通信路符号化 (channel coding) があり，それぞれの分野において優れた符号化の構成法が研究され，発展してきた．そして，これらの成果はさまざまな通信システムや計算機などに組み込まれて実際に使用されている．

情報理論は，通信における問題を数理的にとらえ，これらの符号化の限界を明らかにする学問であり，1948 年に発表された C. E. Shannon の論文 “A mathematical theory of communication” (通信の数理的理論) に端を発し発展し続けている．Shannon はこの論文の中で，まず，情報の量であるエントロピーを定義し，情報源符号化，および，通信路符号化の概念を数理的に表現した上で，エントロピーの観点からそれぞれの符号化に対する限界を明らかにした．

本章では，Shannon の論文と同様に，エントロピーの定義からはじめ，情報源符号化，および，通信路符号化の概念とそれぞれに対する限界について説明し，具体的な符号化方式を紹介する．

12.2 エントロピー

X を M 元の集合 $\mathcal{X}=\{x^{(1)},\cdots,x^{(M)}\}$ 上の確率変数とし，$P_X(x):=\Pr\{X=x\}$，$x\in\mathcal{X}$ を離散確率関数とする．ここで，記号 “:=” は左辺を右辺で定義することを表す．また，記号 “=:” の場合は右辺を左辺で定義することを意味している．以降，文脈から対象としている確率変数が自明のときは，添字記号の X を省略し，$P(x)$ と書くこともある．

確率変数 X に対して，確率 $P_X(x)$ で発生する各事象 $\{X=x\}$ の情報量 $-\log_2 P_X(x)$ の期待値を平均情報量，あるいは，エントロピーとよぶ．

定義 12-1　確率変数 X に対して，エントロピー (entropy) を以下で定義する．

$$H(X)=-\sum_{x\in\mathcal{X}}P_X(x)\log_2 P_X(x)\quad[\mathrm{bit}]\quad(12.1)$$

エントロピーは確率変数の平均的な不確実さを表している．また，確率変数を記述するために平均として必要なビット数とも考えることができる．

すべての $x\in\mathcal{X}$ に対して，$0\leq P_X(x)\leq 1$ であるので，必ず $-\log P_X(x)\geq 0$ が成り立つ．なお，$P_X(x)=0$ の場合，$0\log_2 0=0$ である．したがって，離散確率変数 X に対するエントロピーは必ず非負の値 $H(X)\geq 0$ をとる (情報の非負性)．等号が成立するのは，X がある値 $x'\in\mathcal{X}$ を確率 1 でとり，それ以外の値 $x\in\mathcal{X}\setminus\{x'\}$ で確率 0 をとる場合で，その場合に限る．このとき，X に関する不確実さはまったくない．

一方，X が $\mathcal{X}$ の各要素 x を等確率 $(P_X(x)=1/|\mathcal{X}|)$ でとるとき，エントロピーは最大となり，最大値 $H(X)=\log_2|\mathcal{X}|$ をとる．ここで，$|\mathcal{X}|$ は集合 $\mathcal{X}$ の要素数を表す．このとき，X の確率分布は一様であるため，最も不確実である．

例 12-1　さいころ

さいころの各目を表す数の集合 $\mathcal{X}=\{1,2,3,4,5,6\}$ に対して，それぞれの目が生起する確率は一様で，$P_X(x)=1/6$，$x\in\mathcal{X}$ である．

$$H(X)=-\sum_{x\in\mathcal{X}}\frac{1}{6}\log_2\frac{1}{6}=-\log_2\frac{1}{6}=2.585$$

例 12-2

$\mathcal{X}=\{0,1\}$ 上の確率変数を X とし，その分布関数を $P_X(0)=p$，$P_X(1)=1-p$ とすると，エントロピーは 1 変数の関数として与えられる．

$$H(X)=-p\log_2 p-(1-p)\log_2(1-p)=:h(p)$$

$h(p)$ を特に 2 値エントロピー関数という．

この関数 $h(p)$ は，$p=1/2$ のときに最も不確実であるため，最大値 1 をとり，$p=0$，あるいは $p=1$ のと

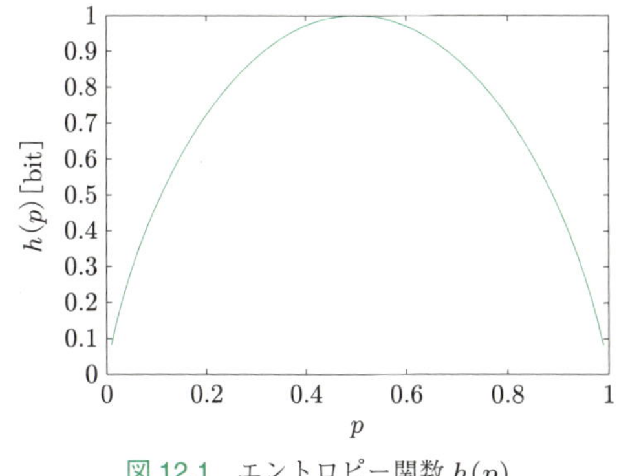

図 12.1 エントロピー関数 $h(p)$

きに不確実さがまったくなくなるため，最小値 0 をとる (図 12.1).

次に，$\mathcal{X}$，$\mathcal{Y}$ 上の二つの確率変数 X，Y を考える．

定義 12-2 (同時エントロピー) 確率変数 X と確率変数 Y に対し，

$$H(XY) := -\sum_{x\in\mathcal{X},\, y\in\mathcal{Y}} P_{XY}(x,y)\log_2 P_{XY}(x,y) \tag{12.2}$$

を確率変数 X と Y の同時エントロピー (joint entropy) という．

さらに，X の先頭から長さ n の記号列 X^n の同時エントロピーは，同時分布を用いて，

$$H(X^n) := -\sum_{x^n\in\mathcal{X}^n} P_{X^n}(x^n)\log_2 P_{X^n}(x^n) \tag{12.3}$$

と定義する．

長さ n (≥ 1) の記号列 $x^n = x_1x_2\cdots x_n \in \mathcal{X}^n$ に対して，X の先頭から n 個の確率変数の列 $X^n = X_1X_2\cdots X_n$ が x^n となる事象 $\{X^n = x^n\}$ は，各確率変数 $X_1, X_2, \cdots, X_n$ が，それぞれ $x_1, x_2, \cdots, x_n$ の値をとる事象の積事象

$$\{X^n = x^n\} = \bigcap_{k=1}^{n}\{X_k = x_k\}$$

として表される．この積事象の確率を $\mathcal{X}^n$ 上の関数と考えて，

$$\begin{aligned} P_{X^n}(x^n) &= P(X^n = x^n) \\ &= P\left(\bigcap_{k=1}^{n}\{X_k = x_k\}\right) \end{aligned} \tag{12.4}$$

を X^n の同時分布とよぶ．

同時分布 $P_{XY}(x,y)$ が与えられたとき，確率変数 X と Y のそれぞれの分布は，

$$P_X(x) = \sum_{y\in\mathcal{Y}} P_{XY}(x,y)$$
$$P_Y(y) = \sum_{x\in\mathcal{X}} P_{XY}(x,y)$$

で与えられ，同時確率分布 P_{XY} の周辺分布 (marginal distribution) とよぶ．$\mathcal{X}\times\mathcal{Y}$ 上の同時分布全体の集合を $\mathcal{P}_{\mathcal{X}\mathcal{Y}}$ と記す．

事象 $\{Y = y\}$ が生起した下で，X が値 $x \in \mathcal{X}$ をとる条件付き確率は，

$$P_{X|Y}(x|y) := \frac{P_{XY}(x,y)}{P_Y(y)}$$

で与えられ，y で指定される $\mathcal{X}$ 上の分布を表しているので，そのエントロピーは，

$$H(X|Y=y) := \sum_{x\in\mathcal{X}} P_{X|Y}(x|y)\log_2\frac{1}{P_{X|Y}(x|y)}$$

として与えられる．$H(X|Y=y)$ を確率変数 Y の関数と考えて，Y に関して期待値をとることで次の量が定義される．

定義 12-3 (条件付きエントロピー) 確率変数 X，Y において，

$$H(X|Y) := \sum_{y\in\mathcal{Y}} P_Y(y)H(X|Y=y) \tag{12.5}$$

を Y が与えられた下での X の条件付きエントロピー (conditional entropy) とよぶ．

定理 12-1 確率変数 X，Y に対して，

$$H(X|Y) \leq H(X)$$

等式が成立する必要十分条件は，X と Y が独立なことである．

すなわち，他の確率変数 Y を知ることは X に関する不確実さを減少させることになることを意味する．

同時エントロピーと条件付きエントロピーの間に次の関係がある．

定理 12-2 (エントロピーのチェイン則)

$$H(XY) = H(X) + H(Y|X) \tag{12.6}$$
$$= H(Y) + H(X|Y) \tag{12.7}$$

証明

$$\begin{aligned} H(XY) &= \sum_{x,y} P_{XY}(x,y)\log_2\frac{1}{P_{XY}(x,y)} \\ &= \sum_{x,y} P_{XY}(x,y)\log_2\frac{1}{P_X(x)P_{Y|X}(y|x)} \end{aligned}$$

$$= \sum_{x,y} P_{XY}(x,y) \log_2 \frac{1}{P_X(x)} + \sum_{x,y} P_{XY}(x,y) \log_2 \frac{1}{P_{Y|X}(y|x)} = H(X) + H(Y|X)$$

定理の式 (12.7) も上式の二つ目の等号で，条件付き確率の定義 $P_{XY}(x,y) = P_Y(y)P_{X|Y}(x|y)$ を用いることで，同様に示すことができる．■

一般の $n \geq 2$ に対して，定理 12.2 を繰り返し用いることにより，

$$H(X_1X_2\cdots X_n) = \sum_{i=1}^{n} H(X_i|X_{i-1},\cdots,X_1)$$

を得る．これをエントロピーのチェイン則という．また，チェイン則と定理 12.1 からただちに，次のエントロピーに関する上界を得る．

$$H(X_1X_2\cdots X_n) \leq \sum_{i=1}^{n} H(X_i)$$

次に，二つの確率変数の相関を表す量を定義する．

定義 12-4　確率変数 X, Y に対して，エントロピーと条件付きエントロピーの差を相互情報量 (mutual information) と定義する．

$$I(X;Y) := H(X) - H(X|Y) \quad (12.8)$$

この量は，X に関する不確実さから，Y を知った後に残った X に関する不確実さを引いたものになるので，Y を知ったときに得られる X に関する情報の量を表現していると考えることができる．

相互情報量 $I(X;Y)$ は，

$$\begin{aligned} I(X;Y) &= H(X) - H(X|Y) \\ &= H(X) + H(Y) - H(XY) \\ &= -\sum_{x} P_X(x) \log_2 P_X(x) \\ &\quad - \sum_{y} P_Y(y) \log_2 P_Y(y) \\ &\quad + \sum_{x,y} P_{XY}(x,y) \log_2 P_{XY}(x,y) \\ &= \sum_{x,y} P_{XY}(x,y) \log_2 \frac{P_{XY}(x,y)}{P_X(x)P_Y(y)} \end{aligned}$$

と書き直すことができる．したがって，相互情報量は対称性 $I(X;Y) = I(Y;X)$ をもつことがわかる．ゆえに，

$$I(X;Y) = H(Y) - H(Y|X) \quad (12.9)$$

でもある．

以下に相互情報量の性質を示す．

(1) X と Y が独立ならば，$I(X;Y) = 0$

(2) $0 \leq I(X;Y) \leq \min\{H(X), H(Y)\}$

また，相互情報量についてもチェイン則が成り立つ．

$$I(X_1, X_2, \cdots, X_n) = \sum_{i=1}^{n} I(X_i; Y|X_1, \cdots, X_{i-1})$$

12.2 節のまとめ

- エントロピー $H(X)$ は確率変数の平均的な不確実性を表しており，確率変数を記述するために平均として必要なビット数とも考えられる．
- 相互情報量は二つの確率変数 X, Y の相関を表す量であり，Y を知ったときに得られる X に関する情報の量を表している．

12.3　情報源符号化 (効率の向上)

情報源符号化は通信路に誤りが生じない場合を想定し，このときに通信路の効率化を意図して行う符号化である．すなわち，情報に含まれる余分な部分 (冗長性) を取り除き，データの実際的な量を減らすことにより効率的に通信するための符号化である．そのためデータ圧縮ともいわれる．

データ圧縮には大きく分けて「可逆圧縮」と「非可逆圧縮」の二つがある．可逆圧縮はもとのデータを復元することができる圧縮法で，テキストデータやプログラムファイルを圧縮する場合に用いられる．それに対して非可逆圧縮はもとのデータを完全に復元できない圧縮法であり，多少の雑音ならば利用に影響が少ない画像データや音声データを圧縮する場合に用いられる．このように元データと復元データの間にひずみが許される場合には平均符号長を情報源のエントロピーより小さくすることが可能であり，人間の視覚・聴覚の特性を利用して感知できない部分をうまく削ることにより大きな圧縮率を得ている．

可逆圧縮，非可逆圧縮は元データと復元データの間のひずみの有無によって，それぞれ無ひずみ情報源符

号化，有ひずみ情報源符号化といわれることもある．

本節では，可逆圧縮 (無ひずみ情報源符号化) の限界を議論し，具体的な符号化の方式を紹介する．

12.3.1 情報源のモデル

情報源の符号化について議論するにあたり，まず，情報源の出力を確率変数としてモデル化する．

ある情報源 X から一定時間ごとに $X_1, X_2, \cdots$ が出力されているとする．ここで，X_k は記号集合 $\mathcal{X}$ の中の記号をある確率に従ってとると考える．これらの確率変数を最初から n 個とり，順番に並べた列を

$$X^n = X_1 X_2 \cdots X_n$$

と記す．

時間によらず確率法則が一定である情報源を定常であるという．現実の情報源のすべてが定常であるとは限らないが，定常を仮定することにより理論的な取り扱いが単純化できる．以降では，特に断りがない限り，定常を仮定する．

定義 12-5 (定常情報源) 情報源 X に関して，任意の非負整数 $t \geq 0$，自然数 $n \in \mathbb{N}$，$x^n \in \mathcal{X}^n$ に対して，

$$\begin{aligned} &P(X_1 X_2 \cdots X_n = x^n) \\ &= P(X_{t+1} X_{t+2} \cdots X_{t+n} = x^n) \quad (12.10) \end{aligned}$$

が成立するとき，X は定常 (stationary) であるという．

定義 12-6 (無記憶情報源) 情報源 X に関して，任意の $n \geq 1$ に対して，

$$P(X^n = x^n) = \prod_{k=1}^{n} P_{X_k}(X_k = x_k) \quad (12.11)$$

が成立するとき，X は無記憶 (memoryless) であるという．

定義 12-7 (定常無記憶情報源) 情報源 X において，ある確率分布 $P_X : \mathcal{X} \to [0,1]$ が存在して，任意の自然数 n に対して，

$$P(X^n = x^n) = \prod_{k=1}^{n} P_{X_k}(x_k) \quad (12.12)$$

が成立するとき，X は定常無記憶 (stationary memoryless)，あるいは，独立同一分布 (independently and identically distributed：i.i.d.) であるという．

これに対して，確率変数 X_i どうしが独立ではない場合の情報源について考える．

定義 12-8 n を m 以上の任意の整数とする．任意の時点 t について，その直前の n 個の出力 $X_{t-1}, X_{t-2}, \cdots, X_{t-n}$ で条件を付けた条件付き確率分布が，直前の m 個の出力 $X_{t-1}, X_{t-2}, \cdots, X_{t-m}$ だけで条件を付けた X_t の条件付き確率と一致するとき，m 重マルコフ情報源 (Markov source) という．

$$\begin{aligned} &P_{X_t|X_{t-1}X_{t-2}\cdots X_{t-n}}(x_t|x_{t-1}x_{t-2}\cdots x_{t-n}) \\ &= P_{X_t|X_{t-1}X_{t-2}\cdots X_{t-m}}(x_t|x_{t-1}x_{t-2}\cdots x_{t-m}) \end{aligned}$$

特に，$m=1$ のとき，単純マルコフ情報源とよぶ．

$$P_{X_t|X_{t-1}}(x_t|x_{t-1}) = P_{X_t|X_{t-1}}(x_t|x_{t-1})$$

このとき，同時確率 $P(X^n = x^n)$ は以下のとおりとなる．

$$\begin{aligned} &P(X^n = x^n) \\ &= P_{X_1}(x_1) P_{X_2|X_1}(x_2|x_1) \cdots \\ &\quad P_{X_i|X_1\cdots X_{i-1}}(x_i|x_1\cdots x_{i-1}) \cdots \\ &\quad P_{X_n|X_1\cdots X_{n-1}}(x_n|x_1\cdots x_{n-1}) \\ &= P_{X_1}(x_1) P_{X_2|X_1}(x_2|x_1) \cdots P_{X_n|X_{n-1}}(x_n|x_{n-1}) \end{aligned}$$

時点 t によらず $P_{X_t|X_{t-1}}(x_t|x_{t-1})$ が一定であるとき，時不変であるという．すなわち，すべての $(a,b) \in \mathcal{X} \times \mathcal{X}$ に対して，以下が成り立つことである．

$$P_{X_t|X_{t-1}}(b|a) = P_{X_2|X_1}(b|a) \qquad (t = 2, \cdots, n)$$

このとき，$\mathcal{X}$ の要素を状態 (state) と考えて，状態 $a \in \mathcal{X}$ から状態 $b \in \mathcal{X}$ への状態遷移確率を $P_{ab} := P_{X_t|X_{t-1}}(b|a)$ と定義する．状態遷移確率 P_{ab}，$a, b \in \mathcal{X}$ を要素とする行列 $P = (P_{ab})$，$a, b \in \mathcal{X}$ を状態遷移確率行列という．時不変なマルコフ情報源は，初期状態分布と状態遷移確率行列によって特徴づけられる．

あるマルコフ情報源に対して，任意のある状態 a からある状態 b へ有限のステップ数 t_0 で遷移する確率

$$P_{ab}^{t_0} = P^{t_0} \text{ の } (a,b) \text{ 成分}$$

が正であるならば，既約 (irreducible) といい，ある状態からその状態自身への異なる経路の長さの最大公約数が 1 ならば，非周期的 (aperiodic) であるという．

ある時点 t において，状態 $x \in \mathcal{X}$ にいる確率を $w_x^{(t)}$ とし，ベクトル $w^{(t)} = (w_x^{(t)})$，$x \in \mathcal{X}$ を時点 t における状態分布という．

マルコフ情報源が既約で非周期的であるとき，状態分布の極限分布が存在する．すなわち，十分な時間が経過すればある一定の状態分布に近づくといえる．したがって，十分時間が経過した状況では時点 $t+1$ と

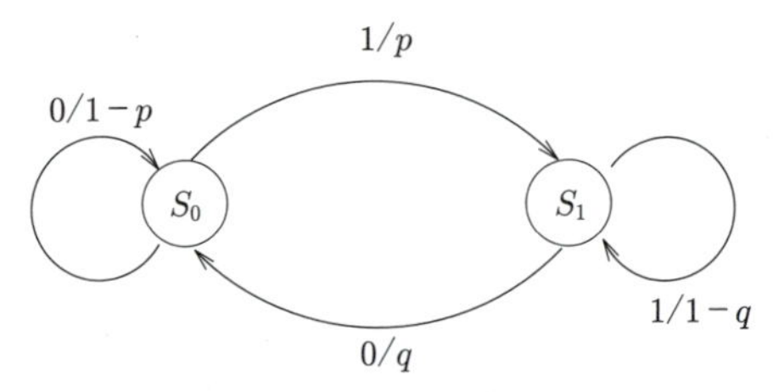

図 12.2　状態遷移図

時点 t における状態に関する分布 w が等しくなる，すなわち，

$$wP = w$$

を満たす．このような状態分布 w を定常状態分布とよぶ．

例 12-3　2元単純マルコフ情報源

$\mathcal{X} = \{0, 1\}$ 上で与えられる以下の状態遷移確率行列 P をもつ2状態の単純マルコフ情報源を考える．

$$P = \begin{pmatrix} 1-p & p \\ q & 1-q \end{pmatrix}$$

図 12.2 に状態遷移図を示す．図中において，S_0 は一つ前の出力が $X_{t-1} = 0$ である状態，S_1 は一つ前の出力が $X_{t-1} = 1$ である状態を表し，矢印のラベルは "(出力)/(確率)" を表す．

定常分布を $w = (w_0, w_1)$ とおくと，$wP = w$ を満たし，$w_0 + w_1 = 1$ であるので，定常分布は

$$w_0 = \frac{q}{p+q}, \qquad w_1 = \frac{p}{p+q}$$

である．

ここで，マルコフ情報源のエントロピーを求める．いま，N 個の状態 $\{s_1, s_2, \cdots, s_N\}$ をもつマルコフ情報源 X を考える．X の出力である情報源記号を $\mathcal{X} = \{x^{(1)}, \cdots, x^{(M)}\}$ とする．状態 s_i にあるとき，情報源 X が記号 x_j を出力する確率を $P(x_j|s_i)$ とする．このとき，状態 s_i で条件付けられた X のエントロピーは，

$$H(X|s_i) = -\sum_{j=1}^{M} P(x_j|s_i) \log_2 P(x_j|s_i)$$

となる．これは状態 s_i にあるときの1記号あたりの平均情報量とみることができる．したがって，各状態 s_i にいる確率を w_i とすると，マルコフ情報源 X のエントロピーは

$$\begin{aligned} H(X) &= \sum_{i=1}^{N} w_i H(X|s_i) \\ &= -\sum_{i=1}^{N} w_i \sum_{j=1}^{M} P(x_j|s_i) \log_2 P(x_j|s_i) \end{aligned}$$

となる．

表 12.1　符号の例

記号 x	$P(x)$	C_1	C_2	C_3	C_4	C_5
A	0.55	00	0	0	0	0
B	0.25	01	10	01	01	10
C	0.15	10	110	10	011	110
D	0.05	11	1110	11	0111	111

例 12-4

2元単純マルコフ情報源を考える．各状態 $S_i, i = 0, 1$ のエントロピーは，それぞれ，

$$H(X|S_0) = -p \log_2 p - (1-p) \log_2 (1-p)$$
$$H(X|S_1) = -q \log_2 q - (1-q) \log_2 (1-q)$$

である．また，それぞれの状態にいる確率 w_i は，定常分布により与えられる．

$$w_0 = \frac{q}{p+q}, \qquad w_1 = \frac{p}{p+q}$$

したがって，2元単純マルコフ情報源のエントロピーは，

$$\begin{aligned} H(X) &= w_0 H(X|S_0) + w_1 H(X|S_1) \\ &= \frac{q}{p+q}[-p \log_2 p - (1-p) \log_2 (1-p)] \\ &\quad + \frac{p}{p+q}[-q \log_2 q - (1-q) \log_2 (1-q)] \end{aligned}$$

となる．

12.3.2　情報源の符号化

情報源符号化 (source coding) は，情報源から出力される系列に対して，その符号語系列がなるべく短くなるような符号化である．すなわち，情報源の1記号あたりの平均符号長をできる限り小さくすることが目標となる．ここでは，その限界について述べる．

情報源 X の出力を q 元の記号 $\mathcal{A} = \{a_1, \cdots, a_q\}$ 上の系列に変換する．このような記号の変換を**符号化** (coding) とよぶ．各情報源記号 $x \in \mathcal{X}$ に対応する変換後の系列を**符号語** (codeword) といい，その長さを**符号語長** (codeword length) という．また，符号語からもとの情報源記号に復元することを**復号** (decoding) という．

まず，具体的な符号の例を表 12.1 に示す．情報源記号は $\{A, B, C, D\}$ の4記号とし，それぞれの生起確率 $P_X(x)$ は表 12.1 のとおりとする．また，符号語の記号は2元 $\mathcal{A} = \mathbb{F}_2 = \{0, 1\}$ とする．

符号 C_1 は，符号語がすべて同じ長さである**等長符号** (fixed-length code) である．M 元の情報源に対して，各情報源記号に長さ $\lceil \log_2 M \rceil$ の符号語を割り当てることで符号化できる．ここで，$\lceil x \rceil$ は x 以上の最小の整数 (切り上げ) を表す．

情報源符号化では，与えられた情報源に対して，符号化したあとの系列の長さをできるだけ短くするように符号化することを考える．そこで，効率の指標として，情報源の 1 記号あたり平均の符号語長である平均符号長 (avarage codeword length) を用いる．

$$L := \sum_{x \in \mathcal{X}} P(x)L(c(x))$$

ここで，$c(x)$ は各情報源記号 $x \in \mathcal{X}$ に対応する符号語を表し，$L(c)$ は系列 c の長さを表している．

符号 C_1 はすべての符号語が同じ長さ 2 であるので，平均符号長は 2 となる．これより小さい平均符号長をもつ符号が構成できるかを考える．各情報源記号 $x \in \mathcal{X}$ の生起確率 $P(x)$ が既知であれば，生起確率が大きいものには短い符号語を割り当てることにより，平均符号長を短くすることが可能である．

符号 C_2 は，各符号語の区切りに 0 を用い，生起確率の大きい方から，1 を 0，1，2，3 個並べて符号語を構成している．そのため，生起確率の大きい方から小さい方へ順に符号長が 1，2，3，4 と長くなっている．このように，ある記号を区切りとして用いる符号をコンマ符号 (comma code) という．この符号の平均符号長は，

$$0.55 \times 1 + 0.25 \times 2 + 0.15 \times 3 + 0.05 \times 4 = 1.7$$

となり，符号 C_1 より小さくなっている．

次に，符号 C_3 を考える．これは，符号 C_1 において，生起確率が大きい記号 A に対応する符号語を長さ 1 の 0 とした符号である．符号 C_3 の平均符号長は，

$$0.55 \times 1 + 0.25 \times 2 + 0.15 \times 2 + 0.05 \times 2 = 1.45$$

となり，C_1，C_2 と比較して小さくなっている．しかし，この符号では，例えば，符号化系列 010110 に対する復号結果が，$ACDA$–(0|10|11|0)，BBC–(01|01|10) と複数存在し，もとの情報源系列が何であったかを判別できない．このようなことが発生しない，すなわち，一意に復号できる符号を一意復号可能符号 (uniquely decodable code) という．符号 C_1 は長さ 2 ごとに復号すればよいので一意復号可能であり，符号 C_2 は区切り記号 0 で符号化系列を各符号語に分割できるため，やはり一意復号可能である．

符号 C_4 は，符号 C_2 の各符号語を逆順に並べた符号になる．区切りは符号 C_2 と同じく 0 であり (違いは区切りが先頭に付くか最後に付くかである)，符号 C_4 は一意復号可能である．また，平均符号長は C_2 と同じく 1.7 となる．しかし，符号化系列 0110 を復号する際に，1 ビット目を読み込んだ時点では，すべての記号 A，B，C，D の可能性があるため判断できず，次の 2 ビット目を読み込んだ時点では，記号 A である可能性はなくなったが，記号 B，C，D のいずれであるか判断できない．4 ビット目まで読み込んだ時点で，区切りの 0 が出現するため，011 で記号 C であったことが判明する．このように，この符号では各情報源記号に対応する符号語の長さ分だけ読み込んだ時点でもとの記号に復号することができないため，復号処理が複雑になり，実用の観点で望ましくない．このようなことが発生しない，すなわち他の符号語の語頭となる符号語が存在しない符号を瞬時符号 (instantaneous code) という．符号 C_1 は長さ 2 まで読み込めば各符号語に変換でき，符号 C_2 は各符号語の長さまで読み込めば区切り記号 0 で終端しているため各符号語に変換できる．すなわち，C_1，C_2 は瞬時符号となっている．

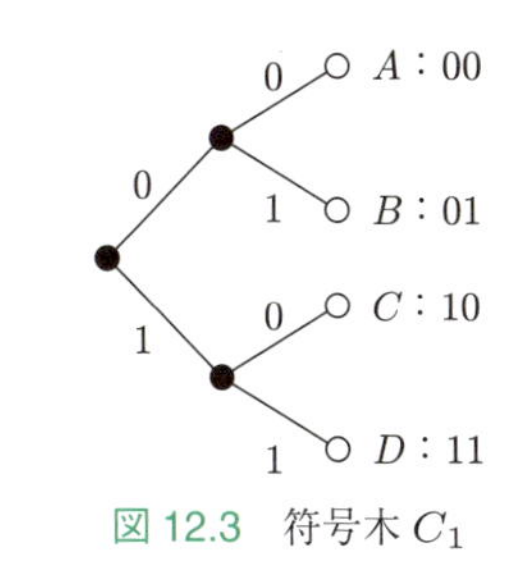

図 12.3　符号木 C_1

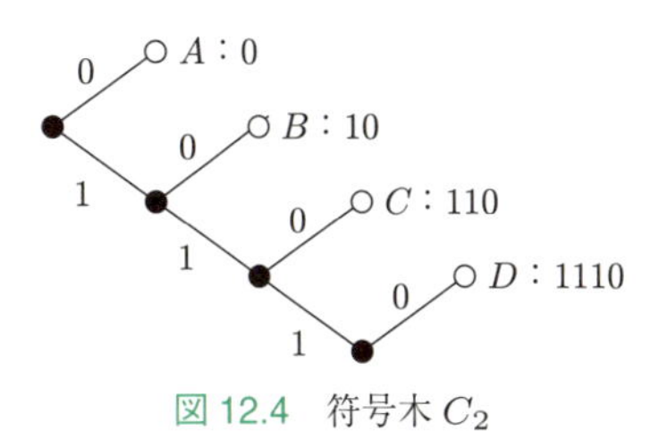

図 12.4　符号木 C_2

符号の性質を議論する道具として，符号を図 12.3 に示すような木構造で表現する．この図は符号 C_1 を表している．

木とは，節点 (node) と枝 (branch) の集合からなるグラフの 1 種である．図中，節点は点で表され，枝は節点と節点を結ぶ直線により描かれる．まず，根 (root) とよばれる始点が与えられ，そこからいくつかの枝に分岐して根と反対側の端点にたどりつく．それらの端点のうち，さらにいくつかの枝に分岐する端点を単に節点，そこで終端する端点を葉 (leaf) とよぶ．特に，葉は図中において白抜きの点で描く．根からある節点 (葉) に至る枝の個数を深さといい，深さが l の節点を l 次の節点という．各枝には記号がラベル付けしてあり，各節点に至るまでの枝のラベルをつなげてできる系列がその節点の系列となる．このようにして構成される木を符号木 (code tree) とよぶ．

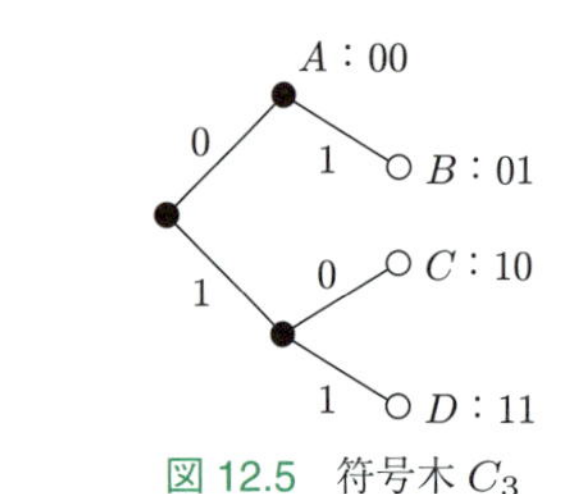

図 12.5　符号木 C_3

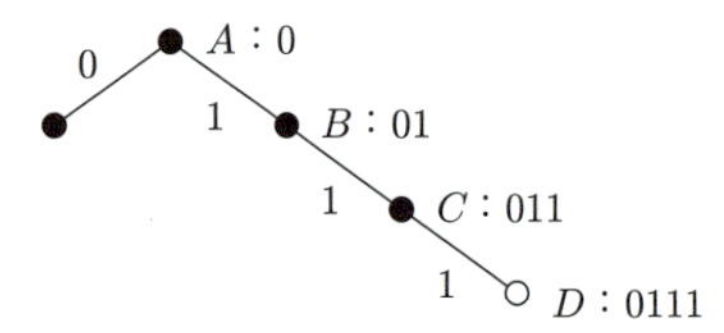

図 12.6　符号木 C_4

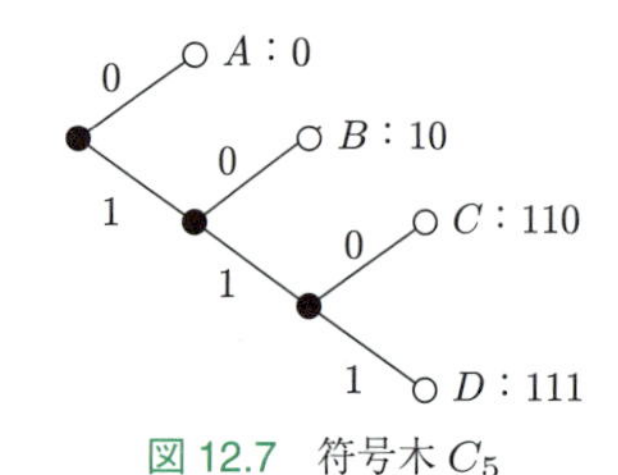

図 12.7　符号木 C_5

ある符号を符号木で表現したとき，すべての符号語が葉に割り当てられているならば，木では葉で終端することから他の符号語の語頭になることがないため，その符号は瞬時符号となる．符号 C_1，C_2 はすべての符号語は葉に割り当てられているが，符号 C_3，C_4 は途中の節点に符号語が割り当てられていることがわかる．

また，C_2 の符号木をみると，系列 111 の節点の後に，枝が先に 1 本伸びて葉にたどり着いていることがわかる．この場合 111 から先に分岐することがないため，最後の枝は不要である．このようにして，符号 C_2 において情報源記号 D の符号語を 111 に替えた符号 C_5 ができる．C_5 の平均符号長は 1.65 であり，五つの符号の中で実用的な符号 (瞬時，一意復号可能) の中で平均符号長が最も短い符号となる．

次に，瞬時符号の符号語長が満たすべき条件を与える．

定理 12-3 (クラフトの不等式)　q 元の任意の瞬時符号において，符号語長 $l_1, l_2, \cdots, l_m$ は不等式

$$\sum_{i=1}^{m} q^{-l_i} \leq 1 \tag{12.13}$$

を満たさなければならない．逆に，この不等式を満たす符号語長の集合が与えられたとき，符号語長がそれに等しい瞬時符号が存在する．上記の不等式をクラフトの不等式 (Kraft inequality) とよぶ．

証明　(必要条件) 長さが $l_1, l_2, \cdots, l_m$ となる m 個の符号語をもつ q 元符号を考える．符号長は，$l_1 \leq l_2 \leq \cdots \leq l_m$ であると仮定する．この仮定によって一般性を失うことはない．瞬時符号の符号木には葉にのみ符号語が対応付けられている．木のすべての内部節点において q 個の分岐があり，葉がすべて l_m 次の深さにあるとすれば，可能な符号語の総数は q^{l_m} 個である．l_i 次の深さにある節点に符号語が割り当てられているとすると，その節点は葉となるため，そこから先に分岐して到達する $q^{l_m - l_i}$ 個の葉の数だけ可能な符号語の数が減少することになる．長さが $l_1, l_2, \cdots, l_{m-1}$ の $m-1$ 個の符号語が符号木の節点に割り当てられているということは，l_m 次の節点数はその分減少し，

$$q^{l_m} - \sum_{i=1}^{m-1} q^{l_m - l_i}$$

だけが残ることになる．最後に l_m 次の節点は少なくとも一つは存在しているので，

$$q^{l_m} - \sum_{i=1}^{m-1} q^{l_m - l_i} \geq 1$$

が成り立つ．この式を両辺 q^{l_m} で割って

$$1 - \sum_{i=1}^{m-1} q^{-l_i} \geq q^{-l_m}$$

整理することで，以下の不等式を得る．

$$\sum_{i=1}^{m} q^{-l_i} \leq 1$$

(十分条件) 式 (12.13) を満たすとし，条件を満たす長さの符号語で瞬時符号が構成できることを示す．

長さ $l_1, l_2, \cdots, l_m$ のうち，長さ i に等しいものの数を α_i，$1 \leq i \leq l_m$ とする．このとき，クラフトの不等式は

$$1 \geq \sum_{i=1}^{m} q^{-l_i} = \sum_{i=1}^{l_m} \alpha_i q^{-i}$$

を表せる．両辺に q^{l_m} を掛けて，右辺の和から $i = l_m$ の項を取り出して，整理すると，以下の不等式を得る．

$$\alpha_{l_m} \leq q^{l_m} - \sum_{i=1}^{l_m - 1} \alpha_i q^{l_m - i}$$

$\alpha_{l_m} > 0$ より，以下の不等式を得る．

$$\sum_{i=1}^{l_m - 1} \alpha_i q^{l_m - i} < q^{l_m}$$

両辺を q で割ると，

$$\sum_{i=1}^{l_m - 1} \alpha_i q^{(l_m - 1) - i} < q^{l_m - 1}$$

となり，左辺の和の $i = l_m - 1$ の項を取り出して，整

理することで,

$$\alpha_{l_m-1} < q^{l_m-1} - \sum_{i=1}^{l_m-2} \alpha_i q^{(l_m-1)-i}$$

この手続きを繰り返すことにより, $j = l_m - 2, \cdots, 1$ において,

$$\alpha_j < q^j - \sum_{i=1}^{j-1} \alpha_i q^{j-i}$$

が成り立つ. 根から q 本の枝を出して q 個の節点をつくり, そのうち α_1 個を符号語に割り当てる葉とする. これは, $\alpha_1 < q$ より可能である. 次に残った $q - \alpha_1$ 個の節点からそれぞれ q 本の枝を出して $q^2 - \alpha_1 q$ 個の 2 次の節点をつくる. そのうち α_2 個を符号語に割り当てる葉とする. これも $\alpha_2 < q^2 - \alpha_1 q$ より可能である. 同様にして繰り返すことにより, j 次の節点に α_k 個の葉を割り当てた時点で $q^j - \left(\alpha_j + \sum_{i=1}^{j-1} \alpha_i q^{j-i}\right)$ 個の節点が残っており, それぞれの節点から q 本の枝を出すと, $q\left(q^j - \sum_{i=1}^{j} \alpha_i q^{j-i}\right)$ 個の $j+1$ 次の節点ができる. そのうちの α_{j+1} 個を葉に割り当てることが,

$$\alpha_{j+1} < q^{j+1} - \sum_{i=1}^{j} \alpha_i q^{j-i}$$

より, 可能である. この手続きを l_m 次の節点まで続けることにより, 符号語をすべて葉に割り当てた符号木を構成することができる. ■

定理 12-4 情報源 S, 1 情報源記号あたりの平均符号長 L が

$$H(S) \leq L < H(S) + 1 \qquad (12.14)$$

となるような 2 元瞬時符号に符号化できる. しかし, どのような一意復号可能な 2 元符号を用いても, 平均符号長がこの式の左辺より小さくなるような符号化はできない.

証明 まず, 前半部分を示す.

$$-\log_2 p_i \leq l_i < -\log_2 p_i + 1 \quad (12.15)$$

を満たすように整数 l_i を定める. このような整数はただ一つ存在する. このとき, 左の不等式より, 次式を満たす.

$$2^{-l_i} \leq 2^{\log_2 p_i} = p_i$$

この不等式において, すべての i について和をとると,

$$\sum_{i=1}^{m} 2^{-l_i} \leq \sum_{i=1}^{m} p_i = 1$$

となる. したがって, 長さ $l_1, l_2, \cdots, l_m$ はクラフトの不等式を満たすので, 符号語長 $l_1, l_2, \cdots, l_m$ をもつ瞬時符号が存在する.

不等式 (12.15) に p_i を掛けて, すべての i について和をとる.

$$-\sum_{i=1}^{m} \log_2 p_i \leq \sum_{i=1}^{m} p_i l_i < -\sum_{i=1}^{m} \log_2 p_i + \sum_{i=1}^{m} p_i$$

すなわち, 平均符号長 L は次式を満たす.

$$H(S) \leq L < H(S) + 1$$

次に, 後半部分, すなわち, 左辺を満たすことを示す. 一意復号可能な符号の各符号語の長さを $l_1, l_2, \cdots, l_m$ とする. ここで, $q_i = 2^{-l_i}$ とおく. 明らかに $q_i > 0$ であり, $l_1, l_2, \cdots, l_m$ はクラフトの符号式を満たすため, $\sum_{i=1}^{m} q_i = \sum_{i=1}^{m} 2^{-l_i} \leq 1$ を満たす.

$l_i = -\log_2 q_i$ であり, 平均符号長 L は以下を満たす.

$$\begin{aligned} L &= \sum_{i=1}^{m} l_i p_i \\ &= -\sum_{i=1}^{m} p_i \log_2 q_i \\ &\geq -\sum_{i=1}^{m} p_i \log_2 p_i = H(S) \end{aligned}$$

なお, 最後の不等式は次の定理を用いている. ■

定理 12-5 (シャノンの補助定理) $p_1, \cdots, p_m, q_1, \cdots, q_m$ を

$$\sum_{i=1}^{m} p_i = 1, \qquad \sum_{i=1}^{m} q_i \leq 1$$

を満たす非負の数とする. ただし, $p_i \neq 0$ の i に対し, $q_i \neq 0$ とする. このとき,

$$-\sum_{i=1}^{m} p_i \log_2 q_i \geq -\sum_{i=1}^{m} p_i \log_2 p_i$$

が成り立つ.

証明 右辺から左辺を引いた結果が 0 以下であることを示す.

$$\begin{aligned} &-\sum_{i=1}^{m} p_i \log_2 p_i - \left(-\sum_{i=1}^{m} p_i \log_2 q_i\right) \\ &= \sum_{i=1}^{m} p_i \log_2 \frac{q_i}{p_i} \\ &= \sum_{i=1}^{m} \frac{p_i}{\ln 2} \ln \frac{q_i}{p_i} \\ &\leq \sum_{i=1}^{m} \frac{p_i}{\ln 2} \left(\frac{q_i}{p_i} - 1\right) \quad (\ln x \leq x - 1 \text{ より}) \\ &= \frac{1}{\ln 2} \left(\sum_{i=1}^{m} q_i - \sum_{i=1}^{m} p_i\right) \end{aligned}$$

$$= \frac{1}{\ln 2}\left(\sum_{i=1}^{m} q_i - 1\right) \leq 0 \quad (前提条件より)$$

■

M 元の情報源記号 $\mathcal{X} = \{x^{(1)}, \cdots, x^{(M)}\}$ をもつ情報源 S に対して，それから出力される n 個の記号列 $x_1x_2\cdots x_n \in \mathcal{X}^n$ を一つの情報源記号とみなし，それを出力する M^n 元情報源を S の **n 次拡大情報源**といい，S^n と記す．

例 12-5 コイン投げの拡大情報源

情報源 S として，コイン投げを考える．情報源記号は $\{0,1\}$ であり，0 は表，1 は裏を表す．また，$P_S(x) = 1/2,\ x \in \{0,1\}$ である．コインを 2 回投げたときにできる系列

$$\{00, 01, 10, 11\} = \{0,1\}^2$$

を情報源記号とみなした情報源が，拡大情報源 S^2 である．各記号が生起する確率は，$P_S(x) = 1/2^2,\ x \in \{0,1\}^2$ である．

一般に，n 回のコイン投げに対応する n 次拡大情報源 S^n は，情報源記号集合が $\{0,1\}^n$，各記号の生起確率が $P_S(x) = 1/2^n,\ x \in \{0,1\}^n$ である情報源となる．

情報源 S の n 次拡大情報源 S^n に対して，定理 12.4 を適用すると，

$$H(S^n) \leq L_n < H(S^n) + 1 \qquad (12.16)$$

を得る．ここで，L_n は n 次拡大情報源 S^n の 1 情報源記号あたりの平均符号長を表す．

情報源 S が定常無記憶ならば，S_i の独立性より，

$$H(S^n) = H(S_1) + H(S_2) + \cdots + H(S_n)$$

である．さらに，定常であることより，$H(S_i)$ は i に依存しないため，$H(S^n) = nH(S)$ である．

したがって，式 (12.16) を n で割ることにより次式を得る．ここで，$L := L_n/n$ は情報源 S の 1 情報源記号あたりの平均符号長である．

$$H(S) \leq L < H(S) + \frac{1}{n}$$

したがって，ブロックの大きさ n をいくらでも大きく $n \to \infty$ をとることにより，平均符号長をエントロピーにいくらでも近づけることができる．

また，定常無記憶ではない一般の情報源に対しても，定常であれば $n \to \infty$ に対して，

$$\frac{1}{n} H(X^n) \to H(X)$$

が成り立つ．

以上をまとめると，最終的に次の定理を得る．

定理 12-6 (情報源符号化定理) 情報源 S は，任意の正数 ε に対して，1 情報記号あたりの平均符号長 L が

$$H(S) \leq L < H(S) + \varepsilon \qquad (12.17)$$

となるような 2 元瞬時符号に符号化できる．しかし，どのような一意復号可能な 2 元符号を用いても，平均符号長がこの式の左辺より小さくなるような符号化はできない．

定理 12–6 により，可逆圧縮 (無ひずみ情報源符号化) の限界が情報源のエントロピーで与えられることがわかる．

12.3.3 データ圧縮

これまでにみてきたように，可逆圧縮の場合には，情報源符号化定理によって平均符号長をエントロピーまで小さくすることが可能である．与えられた情報源に対し，平均符号長が最短となる符号語を**コンパクト符号** (compact code) という．以下では，コンパクト符号の一つであるハフマン符号を紹介する．

a. ハフマン符号

ハフマン符号 (Huffman code) は，1952 年に Huffman によって提案された効率的な情報源符号化方式である．実際に，ファクシミリにこの符号化が利用されており，絵画，図面，筆記文章などの見掛けは膨大な情報が圧縮されることで (約 1/5 から 1/20 程度)，伝送にかかる時間を短縮することができ，通信費用が節約できる．

以下にハフマン符号の符号化の手順を示す．ハフマン符号は，情報源の各情報源記号の確率分布が既知である場合に，最適な瞬時符号の符号木 (ハフマン木とよぶ) を構築し，符号化を行う．各情報源記号に対応する符号語は，構築したハフマン木の根から各葉にたどり着くまでの枝のラベルによって表される．同じ確率の葉が複数ある場合には，それらのどの葉を選んでも構わない．

ハフマン木の構築手順

(1) 各情報源記号に対応する葉をつくる．このとき，各葉には対応する情報源記号の生起確率をつける．

(2) 確率が最も小さい二つの葉を選択し，それらをまとめる親の節点をつくり，親の節点からそれぞれの葉に枝をつなぐ．これらの枝の一方に 0，他方に 1 のラベルを付ける．親の節点には二つの葉の確率の和を付け，二つの葉をまとめ

た新しい葉とみなす．
(3) すべての葉がまとめられ一つになれば終了する．それ以外の場合には (2) に戻り，繰り返す．

例 12-6

3 記号 $\{a, b, c\}$ を出力する情報源 S を考える．各情報源記号の生起確率は，$P(a) = 0.7$，$P(b) = 0.2$，$P(c) = 0.1$ である．

このとき構築されるハフマン木を図 12.8 に示す．まず，記号 a，b，c に対応する葉を作成し，それぞれに生起確率 0.7，0.2，0.1 を付ける．次に，確率の最も小さい二つである記号 b と記号 c の葉を一つにまとめる．新しくできる親の節点には二つの葉の確率の和 0.3 をつける．この地点で残っている葉は，記号 a の葉と記号 b，c の葉の二つがあるので，もう一度手順 (2) を繰り返すことで図 12.8 の符号木を得る．

上記のハフマン木の根から各情報源記号に対応する葉にたどり着くまでの枝のラベルを読み取ることで，各情報源記号に対応する符号語を求められる (表 12.2)．

このとき，情報源記号の 1 記号あたりの平均符号長 L は，

$$L = 0.7 \times 1 + 0.2 \times 2 + 0.1 \times 2 = 1.3 \text{ [bit/symbol]}$$

となる．一方，情報源 S のエントロピー $H(S)$ は，

$$H(S) = -0.7 \log_2 0.7 - 0.2 \log_2 0.2 - 0.1 \log_2 0.1$$
$$= 1.157$$

であり，平均符号長は限界のエントロピーまで達していない．

b. ブロック・ハフマン符号

情報源符号化定理において議論したように，n 次拡大情報源を考えることによって，平均符号長をエントロピーに近づけることができる．このように情報源からの出力である n 個の情報源記号をひとまとめにした記号列を情報源記号とみなす新たな情報源に対してハフマン符号化を行う．このように n 次拡大情報源をハフマン符号化する符号をブロック・ハフマン符号 (block Huffman code) という．

例 12-7

例 12-6 の情報源 S に対して，2 次拡大情報源 S^2 を考える．S^2 のハフマン木を図 12.9 に示す．

したがって，2 次拡大情報源に対するハフマン符号は表 12.3 に示すとおりとなる．

2 次拡大情報源 S^2 の 1 記号あたりの平均符号長は

$$L_2 = 1 \times 0.49 + 3 \times 0.14 + 3 \times 0.14 + 4 \times 0.07$$
$$+ 4 \times 0.07 + 4 \times 0.04 + 5 \times 0.02$$
$$+ 6 \times 0.02 + 6 \times 0.01 = 2.33 \text{ [bit/symbol]}$$

となる．S^2 は S の 2 記号をまとめて一つの記号とみなしているので，S の 1 記号あたりにすると，平均符号長は $L = L_2/2 = (1/2) \times 2.33 = 1.165$ bit/symbol となり，エントロピー $H(S) = 1.157$ に近づいていることがわかる．

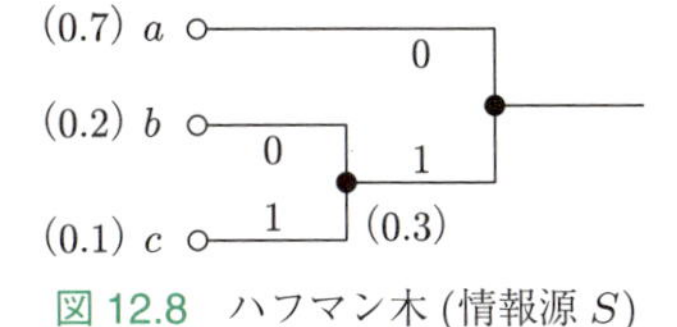

図 12.8 ハフマン木 (情報源 S)

表 12.2 ハフマン符号 (情報源 S)

記号	確率	符号語	符号長
a	0.7	0	1
b	0.2	10	2
c	0.1	11	2

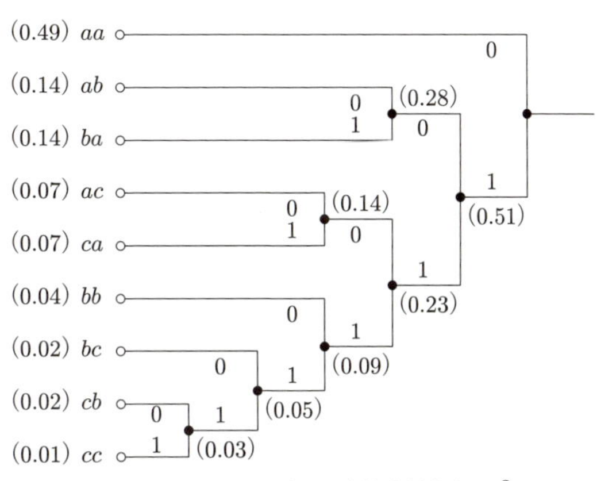

図 12.9 ハフマン木 (2 次拡大情報源 S^2)

表 12.3 ハフマン符号 (2 次拡大情報源 S^2)

記号	確率	符号語	符号長
aa	0.49	0	1
ab	0.14	100	3
ba	0.14	101	3
ac	0.07	1100	4
ca	0.07	1101	4
bb	0.04	1110	4
bc	0.02	11110	5
cb	0.02	111110	6
cc	0.01	111111	6

12.3 節のまとめ

- 情報源 S の出力系列を符号化することを考えたとき，1 記号あたりの平均符号長の限界は情報源のエントロピー $H(S)$ であり，限界に達する符号化が存在する (情報源符号化定理).
- 情報源の記号の確率分布が既知である場合に，最適な瞬時符号を構築できる符号としてハフマンによって 1952 年に提案されたハフマン符号がある.

12.4　通信路符号化 (信頼性の向上)

通信路符号化は通信路で生じる誤りの影響をできるだけ少なくするために行う符号化である．この具体的な構成についての理論が誤り訂正符号の理論 (符号理論ともいわれる) である．誤り訂正の原理は，符号化においてある一定の規則に従い情報を付加することによって，復号においてこの規則を利用してもとの正しい情報を取り出すことを可能にすることである.

12.4.1　通信路のモデル

情報源 X から通信路を経て伝わる情報は，通信路 C の出力 Y とみなすことができる (図 12.10). ここで，X，Y のそれぞれの記号を $\mathcal{X}=\{x^{(1)},\cdots,x^{(q)}\}$，$\mathcal{Y}=\{y^{(1)},\cdots,y^{(r)}\}$ とする.

通信路は，記号 x_i を送信したときに，y_j として受信する確率 $p_{ij}=P_{Y|X}(y_j|x_i)\geq 0$ により表現でき，行列 (p_{ij})，$1\leq i\leq q$，$1\leq j\leq r$ を**通信路行列**とよぶ．このような通信路を**離散通信路** (discrete channel) という．特に，情報源の議論と同様に，出力の確率分布がそのとき送信した入力記号だけに依存し，過去の通信路の入出力と独立であるとき，**離散無記憶通信路** (discrete memoryless channel) という.

定義 12-9　離散無記憶通信路の**通信路容量** (channel capacity) を

$$C=\max_{P_X(x)} I(X;Y) \tag{12.18}$$

と定義する.

相互情報量 $I(X;Y)=H(X)-H(X|Y)$ は，入力 X の不確実さ ($H(X)$) から出力 Y を知ったときに残っている入力 X の不確実さ ($H(X|Y)$) を引いた量であるので，出力 Y を知ったときに得られる入力 X に関する情報の量として考えられる．この値は入力 X の分布 P_X によって変化するため，最大の値を通信路の容量として定義している.

X → [通信路] → Y

図 12.10　通信路のモデル

以下に，通信路容量の性質を示す.

- $C\geq 0$
- $C\leq \log|\mathcal{X}|$，$C\leq \log|\mathcal{Y}|$
- C は $P_X(x)$ に対して，連続関数である

例 12-8

通信路の入力，出力の記号は両方とも {0, 1} であり，入力した 0，1 が誤り，それぞれ 1，0 として出力される確率がともに $0<p<1/2$ である **2 元対称通信路** (binary symmetry channel：**BSC**) を考える (図 12.11).

BSC の相互情報量を求める.

$$\begin{aligned}
I(X;Y) &= H(Y)-H(Y|X)\\
&= H(Y)-\sum_{x\in\mathcal{X}} P_X(x)H(Y|X=x)\\
&= H(Y)-\sum_{x\in\mathcal{X}} P_X(x)h(p)\\
&= H(Y)-h(p)\\
&\leq 1-h(p)
\end{aligned}$$

最後の不等式において等号が成立するのは入力が一様分布に従うときである．したがって，BSC の通信路容量は $C=1-h(p)$ である.

例 12-9

通信路の入力記号 $\{0,1\}$ に対して，出力記号は $\{0,1\}$ 以外にどちらを受信したか判断できないことを意味する

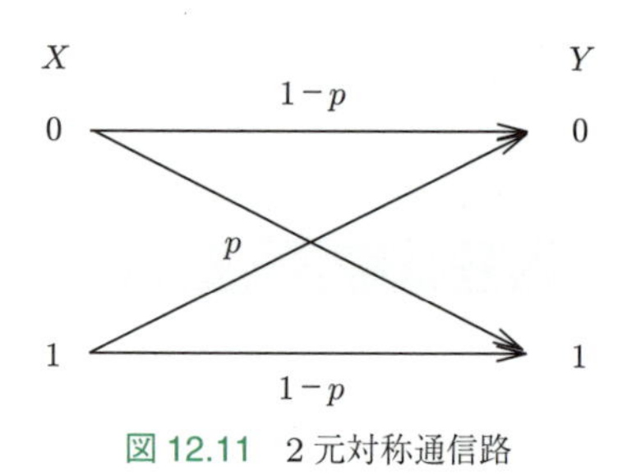

図 12.11　2 元対称通信路

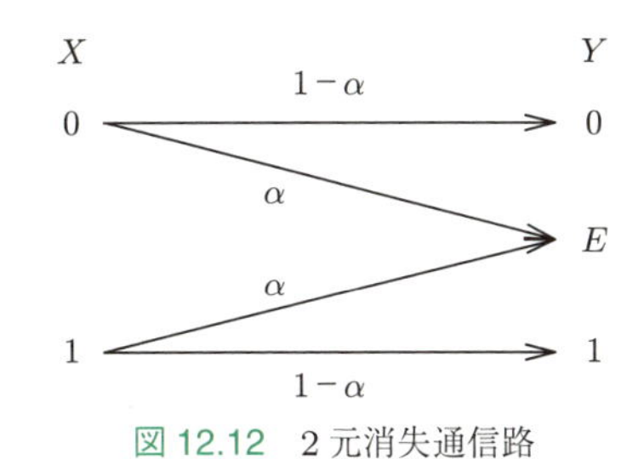

図 12.12 2 元消失通信路

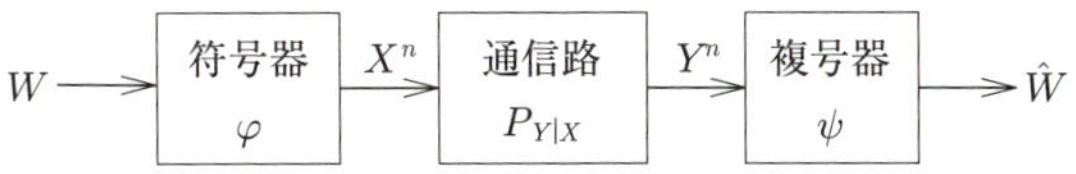

図 12.13 通信システム

記号 E (消失という) を追加した $\{0,1,E\}$ の 3 記号とする通信路を**2 元消失通信路** (binary erasure channel : BEC) という (図 12.12). 入力した 0, 1 が消失 E となる確率はともに $0<\alpha<1/2$ であり, 正しく伝わる確率はそれぞれ $1-\alpha$ である.

BEC の通信路容量は,

$$
\begin{aligned}
C &= \max_{P_X(x)} I(X;Y) \\
&= \max_{P_X(x)} H(Y) - H(Y|X) \\
&= \max_{P_X(x)} H(Y) - h(\alpha)
\end{aligned}
$$

となる. $\beta = P_X(0)$ とすると, $\{0,1,E\}$ を受信する確率はそれぞれ $\beta(1-\alpha)$, $(1-\beta)(1-\alpha)$, $\beta\alpha + (1-\beta)\alpha = \alpha$ であるので,

$$
H(Y) = (1-\alpha)h(\beta) + h(\alpha)
$$

となる. したがって, 通信路容量は

$$
\begin{aligned}
C &= \max_{P_X(x)} H(Y) - h(\alpha) \\
&= \max_{\beta}(1-\alpha)h(\beta) + h(\alpha) - h(\alpha) \\
&= \max_{\beta}(1-\alpha)h(\beta) \\
&= 1-\alpha
\end{aligned}
$$

となる.

12.4.2 通信路の符号化

送信したいメッセージの種類が M 個あり, 長さが k であると仮定する. インデックス集合を $I := \{1, 2, \cdots, M\}$, メッセージの記号集合を $\mathcal{A}$ としたとき, 長さ k のメッセージの集合は $W := \{w_i \in \mathcal{A}^k,\ i \in I\}$ と表せる (図 12.13).

定義 12-10 (ブロック符号) (M, n) 符号は, 符号化の写像 $\varphi : W \to \mathcal{X}^n$ により定義される. ここで, $\mathcal{X} := \{x_1, \cdots, x_q\}$ とする.

各メッセージ $w_i \in W$ を符号化した系列

$$
x_{(i)} = \varphi(w_i),\ i \in I
$$

を**符号語** (codeword) とよび, 符号語の集合 $\mathcal{C} := \{x_{(1)}, x_{(2)}, \cdots, x_{(M)}\}$ を**符号** (code) とよぶ. また, N を**符号長** (code length) といい, **情報伝送速度** (information rate) R を

$$
R := \frac{\log_q M}{N}
$$

と定義する.

また, 復号の写像 $\psi : \mathcal{Y}^n \to W$ は, 受信語 $y \in \mathcal{Y}^n$ に対して, メッセージの推定値 $\hat{w} \in W$ (あるいは, 送信符号語の推定値 $\hat{x} \in \mathcal{C}$) を与えるものとする.

復号誤り確率 (decoding error probability) は, 送信したメッセージが $w \in W$ であるにもかかわらず, 復号したメッセージ $\hat{w} \in W$ が w とは異なる事象の確率である. 与えられた通信路の条件付き確率 $P_{Y|X}$ に対し, 以下の誤り確率を定義する.

定義 12-11 条件付き誤り確率 (conditional probability of error) は, メッセージ $w_i \in W$ を送信した際における条件付き誤り率である.

$$
\epsilon_i := \Pr(\psi(Y^n) \neq w_i | X^n = \varphi(w_i))
$$

定義 12-12 最大誤り確率 (maximal probability of error) を以下で定義する.

$$
\epsilon := \max_{i \in I} \epsilon_i
$$

定義 12-13 平均誤り確率 (avarage probability of error) を以下で定義する.

$$
\overline{\epsilon} := \sum_{i \in I} P_{X^n}(\varphi(w_i))\epsilon_i \quad \left(= \sum_{i \in I} \Pr(W = w_i)\epsilon_i \right)
$$

なお, メッセージ w_i が W において一様分布に従って選ばれると仮定すると, $P_{X^n}(\varphi(w_i)) = 1/M$ であり, 平均誤り確率は

$$
\overline{\epsilon} := \frac{1}{M} \sum_{i \in I} \epsilon_i
$$

となる.

一般に, 情報源符号化した後の出力系列の記号はほぼ等確率で出現することが知られているため, 上記は妥当な仮定であるといえる (もし, 等確率ではなく偏りがあるのであれば, 再度情報源符号化することによ

り圧縮できる可能性がある).

復号法として，復号誤り確率を最小にする二つの復号法を以下に示す.

- 最大事後確率復号法 (maximum a posteriori probability decoding：MAPD)

$$\psi_{\mathrm{MAPD}}(y) := \arg\max_{i \in I} P(x_{(i)}|y)$$

- 最尤復号法 (maximum likelihood decoding：MLD)

$$\psi_{\mathrm{MLD}}(y) := \arg\max_{i \in I} P(y|x_{(i)})$$

$P(x_{(i)}) = 1/M$, $i \in I$ ならば，ベイズ則

$$P(x|y) = \frac{P(x)P(y|x)}{P(y)}$$

より，最尤復号法は最大事後確率復号法と等価となる.

符号化の限界を議論するために次の概念を導入する.

定義 12-14　確率変数 X と任意の $\varepsilon > 0$, $n > 1$ に対して,

$$\mathcal{T}_X^{(n,\varepsilon)} := \left\{ x^n \in \mathcal{X}^n \mid \left| -\frac{1}{n}\log_2 P_{X^n}(x^n) - H(X) \right| < \varepsilon \right\}$$

で定められる $\mathcal{X}^n$ の部分集合 $\mathcal{T}_X^{(n,\varepsilon)}$ を標準集合，あるいは，典型集合 (typical set) とよび，標準集合 $\mathcal{T}_X^{(n,\varepsilon)}$ に属する $x \in \mathcal{X}^n$ のことを標準系列，あるいは，典型系列 (typical sequence) とよぶ.

十分大きな n に対して，標準集合 $\mathcal{T}_X^{(n,\varepsilon)}$ は以下の性質をもつ.

(1) $\Pr(\mathcal{T}_X^{(n,\varepsilon)}) > 1 - \varepsilon$

(2) $|\mathcal{T}_X^{(n,\varepsilon)}| \leq 2^{n(H(X)+\varepsilon)}$

(3) $|\mathcal{T}_X^{(n,\varepsilon)}| \geq (1-\varepsilon)2^{n(H(X)-\varepsilon)}$

すなわち，標準集合の確率はほぼ1であり，標準集合の要素はほぼ同じ確率 $2^{-nH(X)}$ をもつ．また，標準集合の要素数はほぼ $2^{nH(X)}$ となる.

通信路の出力 Y^n は，符号語 $\varphi(w_i)$ と受信系列 Y^n が同時標準的であるときに，w_i として復号される.

定義 12-15　確率変数 X, Y と任意の $\varepsilon > 0$, $n > 1$ に対して,

$$\mathcal{J}_{XY}^{(n,\varepsilon)} := \left\{ (x^n, y^n) \in \mathcal{T}_X^{(n,\varepsilon)} \times \mathcal{T}_Y^{(n,\varepsilon)} \;\middle|\; \left| -\frac{1}{n}\log_2 P_{X^nY^n}(x^n, y^n) - H(X,Y) \right| < \varepsilon \right\}$$

で定められる $\mathcal{T}_X^{(n,\varepsilon)} \times \mathcal{T}_Y^{(n,\varepsilon)} \subset \mathcal{X}^n \times \mathcal{Y}^n$ の部分集合 $\mathcal{J}_{XY}^{(n,\varepsilon)}$ を同時標準集合，あるいは，同時典型集合 (jointly typical set) とよび，標準集合 $\mathcal{J}_{XY}^{(n,\varepsilon)}$ に属する $(x^n, y^n) \in \mathcal{X}^n \times \mathcal{Y}^n$ のことを同時標準系列，あるいは，同時典型系列 (jointly typical sequence) とよぶ.

十分大きな n に対して，同時標準集合 $\mathcal{J}_{XY}^{(n,\varepsilon)}$ は以下の性質をもつ.

(1) $\Pr(\mathcal{J}_{XY}^{(n,\varepsilon)}) > 1 - \varepsilon$

(2) $|\mathcal{J}_{XY}^{(n,\varepsilon)}| \leq 2^{n(H(XY)+\varepsilon)}$

(3) $|\mathcal{J}_{XY}^{(n,\varepsilon)}| \geq (1-\varepsilon)2^{n(H(XY)-\varepsilon)}$

(4) $P((x^n, y^n) \in \mathcal{J}_{XY}^{(n,\varepsilon)}) \leq 2^{n(I(X;Y)+3\varepsilon)}$

(5) $P((x^n, y^n) \in \mathcal{J}_{XY}^{(n,\varepsilon)}) \geq (1-\varepsilon)2^{n(I(X;Y)-3\varepsilon)}$

通信路の条件付き確率 $P_{Y|X}$ に対して，X の分布を P_X に定めると，同時分布 P_{XY} は

$$P_{XY}(x,y) = P_X(x)P_{Y|X}(y|x)$$

によって定まる．n が十分大きければ，通信路の入出力系列 (X^n, Y^n) の組が，同時標準系列となる確率はほぼ1に近くなる.

系列 Y^n は，真の入力系列 X^n の下で得られる出力系列である．この系列 Y^n に対して，条件付き標準的な入力系列は，約 $2^{nH(X|Y)}$ 個ある．ランダムに選ばれる入力系列 X^n が Y^n と同時標準的になる確率はほぼ $2^{nH(X|Y)}/2^{nH(X)} = 2^{-nI(X;Y)}$ である.

定義 12-16 (ランダム符号化)　通信路の入力 X の確率分布 P_X が与えられたとき，メッセージ w_i に対応する符号語として，X^n の出力をランダムに割り当てる符号化をランダム符号化 (random coding) という.

すなわち，確率変数 X^{nM} の出力を $x_1, \cdots, x_{nM}$ としたとき，メッセージ w_i, $i \in I$ に対応する符号語 $\varphi(w_i)$ を以下で定める.

$$\varphi(w_i) = x_{(i)}^n := (x_{(i-1)n+1}, \cdots, x_{in})$$

したがって，符号 $\mathcal{C}$ は以下で表される.

$$\begin{aligned}\mathcal{C} &= \{c^{(i)} = x_{(i)}^n \mid i \in I\} \\ &= \{c^{(i)} = (c_1^{(i)}, \cdots, c_n^{(i)}) \in \mathcal{T}_X^{(n,\varepsilon)} | i \in I\}\end{aligned}$$

次に，この符号の復号法を考える.

通信路の出力 $y^n \in \mathcal{Y}^n$ を受信した際に，同時分布 $P_{XY} = P_X P_{Y|X}$ の下で y^n と同時標準系列になる符号語 $x_{(i)}^n$ があるかどうか調べ，そのような $w_i \in W$ がただ一つ存在する場合には w_i として復号する．それ以外の場合には w_0 を出力する.

すなわち，$\psi : \mathcal{Y}^n \to W$ は，

$$\psi(y^n) = \begin{cases} w_i & \exists i \in I \text{ s.t. } (x^n_{(i)}, y^n) \in \mathcal{J}^{(n,\varepsilon)}_{XY}, \\ & (x^n_{(j)}, y^n) \notin \mathcal{J}^{(n,\varepsilon)}_{XY},\ \forall j \in I \setminus \{i\} \\ w_0 & \text{それ以外の場合} \end{cases}$$

この復号法を同時標準系列復号法 (jointly typical sequence decoding) という．

定理 12-7 (通信路符号化定理) 離散無記憶通信路において，通信路容量 C より小さいすべての情報伝送速度 R に対して，平均誤り確率 $\overline{\epsilon}$ が $\overline{\epsilon} \to 0$ を満たす $(2^{nR}, n)$ 符号の列が存在する．

証明 符号化として $(2^{nR}, n)$ ランダム符号 $\mathcal{C}$ を考え，同時標準系列復号を行うとする．すべてのランダム符号に関して平均誤り率の期待値 $\overline{P}_e$ をとる．ただし，$P(\mathcal{C})$ は符号 $\mathcal{C}$ を選ぶ確率であり，$\overline{\epsilon}(\mathcal{C})$ は符号 $\mathcal{C}$ における平均誤り率を表す．

$$\begin{aligned}\overline{P}_e &= \sum_{\mathcal{C}} P(\mathcal{C})\overline{\epsilon}(\mathcal{C}) \\ &= \sum_{\mathcal{C}} P(\mathcal{C}) \frac{1}{2^{nR}} \sum_{i=1}^{2^{nR}} \epsilon_i(\mathcal{C}) \\ &= \frac{1}{2^{nR}} \sum_{i=1}^{2^{nR}} \sum_{\mathcal{C}} P(\mathcal{C})\epsilon_i(\mathcal{C})\end{aligned}$$

すべての符号に関して平均化された平均誤り確率は，送信されるメッセージの特定のインデックス i に依存しないので，$i=1$ で代表して考える．ここで，$\mathcal{E} = \{\psi(Y^n) \neq W\}$ を誤りの事象とする．

$$\begin{aligned}\overline{P}_e &= \frac{1}{2^{nR}} \sum_{i=1}^{2^{nR}} \sum_{\mathcal{C}} P(\mathcal{C})\epsilon_i(\mathcal{C}) \\ &= \sum_{\mathcal{C}} P(\mathcal{C})\epsilon_1(\mathcal{C}) \\ &= \Pr(\mathcal{E} | W = w_1)\end{aligned}$$

次の事象を定義する．ここで，$y^n_{(1)}$ はメッセージ w_1 を符号化した符号語 $x^n_{(1)}$ を送信した際の通信路の出力である．

$$E_i := \{(x^n_{(i)}, y^n_{(1)}) \in \mathcal{T}^{(n,\varepsilon)}_{XY}\},\ i \in \{1, \cdots, 2^{nR}\}$$

復号が誤りとなるのは，伝送された符号語と受信系列が同時標準的でない場合 (E_i^c)，あるいは，誤った符号語が受信系列と同時標準的になる場合 ($E_2 \cup \cdots \cup E_{2^nR}$) である．ここで，$E^c$ は集合 E の補集合を表す．

$$\begin{aligned}\overline{P}_e &= \Pr(E_i^c \cup E_2 \cup \cdots \cup E_{2^nR} | W = w_1) \\ &\leq \Pr(E_i^c | W = w_1) + \sum_{i=1}^{2^{nR}} P(E_i | W = w_1) \\ &\leq \varepsilon + \sum_{i=1}^{2^{nR}} 2^{-n(I(X;Y)-3\varepsilon)} \\ &= \varepsilon + (2^{nR} - 1)2^{-n(I(X;Y)-3\varepsilon)} \\ &\leq \varepsilon + 2^{3n\varepsilon}2^{-n(I(X;Y)-R)} \\ &\leq 2\varepsilon\end{aligned}$$

したがって，$R < I(X;Y) - 3\varepsilon$ であれば，符号と符号語に関して平均化された平均誤り確率を 2ε 以下にすることができる． ■

定理 12–7 より，情報伝送速度 R が通信路容量 C よりも小さければ，誤りのない通信が可能であることがわかる．

12.4.3 誤り訂正符号

上記では，通信路符号化定理を証明するために，ランダム符号化と同時標準系列復号法を考えたが，現実的には実現は難しい．理論的には最適とはいえないが，現実の通信の信頼性を向上させるための通信路符号化法が数多く提案されており，このような実用的な符号を誤り訂正符号 (error correcting code) とよび，その理論体系を符号理論 (coding theory) という．以下では，基本的な誤り訂正符号である線形符号を紹介する．

a. 線形符号

情報系列 $w_1, w_2, \cdots$ は長さ k のブロック $w = (w_1, w_2, \cdots, w_k)$ に分割し，ブロックごとに符号化の処理を行う．一般に，情報系列の記号集合と符号系列の記号集合は異なっていても構わないが，以降では同じ集合 $\mathbb{F} = \{\alpha_1, \ldots, \alpha_q\}$ とする．

定義 12-17 q 元 (n, k) 線形符号 (linear code) $\mathcal{C}$ は，長さ k の情報語 $w = (w_1, w_2, \cdots, w_k) \in \mathbb{F}^k$ を長さ n の符号語 $c = (c_1, c_2, \cdots, c_n) \in \mathbb{F}^n$ に変換する写像：$\varphi(w) = w \cdot G$ により，

$$\mathcal{C} := \{c = w \cdot G \in \mathbb{F}^n \mid w \in \mathbb{F}^k\} \quad (12.19)$$

と定義され，符号長 (code length) n，次元 (dimension) k をもつ．ここで，行列 G は $\mathbb{F}$ の要素を成分としてもつ $k \times n$ 行列であり，$\mathrm{rank}(G) = k$ とする．この行列 G は，符号語を与えるため生成行列 (generator matrix) とよばれる．

定義 12-18 (n, k) 符号に対して，$R := k/n$ を符号化率 (code rate) という．情報伝送速度と同じであるが，誤り訂正符号の分野では符号化率を用いる．

定理 12-8 (線形性)　線形符号 $\mathcal{C}$ の二つの符号語 $u, v \in \mathcal{C}$ の和 $u+v$ は，符号語 $u+v \in \mathcal{C}$ となる．

証明　線形符号 $\mathcal{C}$ の任意の符号語 $u = wG$, $v = w'G$, $\forall w, w' \in \mathbb{F}^k$ をとる．$u+v = wG + w'G = (w+w')G = w''G$ であり，$w'' = w + w' \in \mathbb{F}^k$ より，$u+v \in \mathcal{C}$ を満たす．■

例 12-10

$\mathbb{F} = \mathbb{F}_2 = \{0,1\}$ とする．以下の生成行列 G によって定義される $(7,4)$ 2 元線形符号 $\mathcal{C}$ を考える．

$$G = \begin{pmatrix} 1&0&0&0&1&1&0 \\ 0&1&0&0&0&1&1 \\ 0&0&1&0&1&1&1 \\ 0&0&0&1&1&0&1 \end{pmatrix}$$

メッセージ $w = (1001)$ を符号化すると，対応する符号語は $c = w \cdot G = (1001011)$ となる．

例 12–10 の符号の生成行列は，

$$G = (I_k|P)$$

の形式になっている．ここで，I_k は $k \times k$ 単位行列を表し，P は $k \times (n-k)$ 行列を表す．このような形式の生成行列により定義される符号を組織符号 (systematic code) とよぶ．組織符号の場合，符号語 $c = (c_1, \cdots, c_n)$ の最初の k 個の成分が情報語 w であり，残りの $n-k$ 個の成分が検査記号 (check symbol) となる．

$$c = w \cdot G = (w \cdot I_k | w \cdot P) = (w | w \cdot P)$$

一般に，符号を定義する生成行列では必ずしも組織符号の形式になっていないが，行列の基本行操作 ((1) ある行をスカラ倍する，(2) ある行を別の行に足す，(3) ある行と別の行を入れ替える) によって，組織符号の形式に変換できる (列の置換が必要な場合がある)．この操作によって，符号 $\mathcal{C}$ 全体は変わらない．このとき，二つの符号は等価であるという．操作 (1)，(3) については自明であるが，操作 (2) については定理 12–8 からただちに導かれる．

次に復号について議論するために，いくつかの概念を定義する．

定義 12-19　二つのベクトル $u = (u_1, \cdots, u_n)$, $v = (v_1, \cdots, v_n) \in \mathbb{F}^n$ に対して，ハミング距離 (Hamming distance) を以下で定義する．ここで，添字の集合を $\mathcal{I} := \{1, \cdots, n\}$ とする．

$$d_{\mathrm{H}}(u,v) := |\{i \in \mathcal{I} \mid u_i \neq v_i\}|$$

ハミング距離は二つのベクトルの間の異なる成分の数である．すなわち，送信符号語と受信語のハミング距離は通信によって誤っている成分の数とみることができる．

定義 12-20　符号 $\mathcal{C}$ に対して，最小距離 (minimum distance) を以下で定義する．

$$d_{\min}(\mathcal{C}) := \min_{u,v \in \mathcal{C}, u \neq v} d_{\mathrm{H}}(u,v)$$

線形符号の場合，定理 12–8 の性質から，

$$\begin{aligned} d_{\min}(\mathcal{C}) &= \min_{u,v \in \mathcal{C}, u \neq v} d_{\mathrm{H}}(u,v) \\ &= \min_{u-v, v-v \in \mathcal{C}, u-v \neq v-v} d_{\mathrm{H}}(u-v, v-v) \\ &= \min_{c \in \mathcal{C} \setminus \{0\}} d_{\mathrm{H}}(c, 0) \end{aligned}$$

が成り立つ．したがって，ハミング重み (Hamming weight) を

$$w_{\mathrm{H}}(c) := d_{\mathrm{H}}(c, 0)$$

と定義すると，符号 $\mathcal{C}$ の最小重み (minimum weight)

$$w_{\min}(\mathcal{C}) := \min_{c \in \mathcal{C} \setminus \{0\}} w_{\mathrm{H}}(c)$$

と一致する．

例 12-11

例 12–10 の符号 $\mathcal{C}$ の符号語とその重みを表 12.4 に示す．この符号の最小距離は $d_{\min}(\mathcal{C}) = 3$ であり，最小重み $w_{\min}(\mathcal{C}) = 3$ と一致している．

定義 12-21　受信語 y に対して，ハミング距離で最も近い符号語を推定符号語とする復号法を最小距離復号法 (minimm distance decoding：MDD) と

表 12.4　符号語と重み

情報語 w	符号語 $c = w \cdot G$	重み $w_{\mathrm{H}}(c)$
0000	0000000	0
0001	0001101	3
0010	0010111	4
0011	0011010	3
0100	0100011	3
0101	0101110	4
0110	0110100	3
0111	0111001	4
1000	1000110	3
1001	1001011	4
1010	1010001	3
1011	1011100	4
1100	1100101	4
1101	1101000	3
1110	1110010	3
1111	1111111	7

いう．

$$\psi_{\mathrm{MDD}}(y) := \arg\min_{c \in \mathcal{C}} d_{\mathrm{H}}(c, y)$$

この復号法は，2 元対称通信路 (BSC) においては，最尤復号と同等となる．すべての符号語に対して受信語とのハミング距離を計算する必要があるため，符号語数が多い符号では現実的ではない．そこで，探索範囲を限定した復号法が利用されることがある．

定義 12-22　受信語 y に対して，ハミング距離で t 以下の距離に存在する符号語を推定符号語とする復号法を限界距離復号法 (bounded distance decoding: BDD) という．もし，そのような符号語が存在しない場合には誤りを表す系列 $c^{(0)}$ を返す．ここで，受信語 y から半径 t 以内にあるベクトルの集合であるハミング球を $\mathcal{B}_t(y) := \{x \in \mathbb{F}^n \mid d_{\mathrm{H}}(x, y) \leq t\}$ とする．

$$\psi_{\mathrm{BDD}}(y) := \begin{cases} c & \exists c \in \mathcal{C} \text{ s.t.}, \quad c \in \mathcal{B}_t(y) \\ c^{(0)} & c \notin \mathcal{B}_t(y), \quad c \in \mathcal{C} \end{cases}$$

すべての符号語 $c^{(i)} \in \mathcal{C}$ に対する $\mathcal{B}_t(c^{(i)})$ が互いに重複しないという条件 $(\mathcal{B}_t(c^{(i)}) \cap \mathcal{B}_t(c^{(j)}) = \emptyset,\ i \neq j)$ の下で，t がとりうる値を考える．この条件を満たすとき，受信語に含まれる誤りの個数が t 個以内であれば，受信語がいずれかのハミング球 $\mathcal{B}_t(c^{(i)})$ に含まれるために，一意に復号できる．符号 $\mathcal{C}$ の最小距離 $d_{\min}(\mathcal{C})$ は，二つの符号語間の中で最も小さい距離であるので，それぞれの符号語から半径 t のハミング球は，

$$2t + 1 \leq d_{\min}(\mathcal{C})$$

を満たすならば互いに重複することはない．t のとりうる最大の値は，

$$T := \left\lfloor \frac{d_{\min}(\mathcal{C}) - 1}{2} \right\rfloor$$

であり，これを誤り訂正能力 (error correcting capability) という．ここで，$\lfloor x \rfloor$ は，x 以下の最大の整数 (切り下げ) を表す．以上より，次の定理を得る．

定理 12-9　限界距離復号により，$2t + 1 \leq d_{\min}(\mathcal{C})$ を満たす t 個の誤りを訂正できる．

次に，限界距離復号法について考えるために，必要な定義を行う．

定義 12-23　(n, k) 符号 $\mathcal{C}$ の生成行列 G に対して，

$$G \cdot H^t = 0$$

を満たす $(n-k) \times n$ 行列 H を検査行列 (generator matrix) という．ここで，H^t は行列 H の転置を表す．

生成行列 G が組織符号の形式，すなわち，$G = (I_k | P)$ であるとき，検査行列 H は

$$H = (-P^t | I_{n-k})$$

で与えられる．条件を確認すると，

$$\begin{aligned} G \cdot H^t &= (I_k | P)(-P^t | I_{n-k})^t \\ &= (I_k | P) \begin{pmatrix} -P \\ I_{n-k} \end{pmatrix} \\ &= -P + P = 0 \end{aligned}$$

となり，検査行列の条件を満たす．

例 12-12

例 12–10 の符号に対する検査行列 H は，生成行列が組織符号の形式になっているため，以下で与えられる．

$$H = \begin{pmatrix} 1 & 0 & 1 & 1 & 1 & 0 & 0 \\ 1 & 1 & 1 & 0 & 0 & 1 & 0 \\ 0 & 1 & 1 & 1 & 0 & 0 & 1 \end{pmatrix}$$

符号 $\mathcal{C}$ の検査行列 H は，あるベクトル $x \in \mathbb{F}^n$ が符号語かどうかを調べるために利用される．送信系列は符号語のみであるので，受信語が符号語でなければ誤りが発生していることがわかる．

定理 12-10　$c \in \mathcal{C} \Leftrightarrow c \cdot H^t = 0$

証明　任意の符号語 $c = w \cdot G,\ w \in \mathbb{F}^k$ に対して，検査行列の転置行列を掛けると，

$$c \cdot H^t = w \cdot G \cdot H^t = w \cdot 0 = 0$$

となる．■

受信語 $y \in \mathbb{F}^n$ が符号語でない場合 $(y \notin \mathcal{C})$，$y \cdot H^t \neq 0$ である．このベクトルをシンドローム (syndrome) という．

$$s := y \cdot H^t$$

受信語 $y \in \mathbb{F}^n$ は，送信符号語 $c \in \mathcal{C}$ と誤り語 $e \in \mathbb{F}^n$ の和 $y = c + e$ であるので，シンドロームは

$$s = y \cdot H^t = (c + e) \cdot H^t = c \cdot H^t + e \cdot H^t = e \cdot H^t$$

と表される．したがって，$w_{\mathrm{H}}(e) \leq T$ の下で，連立方程式

$$e \cdot H^t = s$$

を解くことで，誤り語 e を求めることができ，推定符号語 $\hat{c} = y - e$ を計算できる．

例 12-13

例 12–10 の符号を考える．受信語 $y = (1001110)$ を

受信したとする．シンドロームは

$$s = y \cdot H^t = \begin{pmatrix}1\\1\\0\end{pmatrix} + \begin{pmatrix}1\\0\\1\end{pmatrix} + \begin{pmatrix}1\\0\\0\end{pmatrix} + \begin{pmatrix}0\\1\\0\end{pmatrix} = \begin{pmatrix}1\\0\\1\end{pmatrix}$$

となり，$s \neq 0$ なので，符号語ではない $(y \notin \mathcal{C})$．すなわち，誤りが発生している．この符号の最小距離は3であるので $T = \lfloor (3-1)/2 \rfloor = 1$ 個までの誤りを訂正できる．$e \cdot H = (101)^t$，$w_{\mathrm{H}}(e) \leq 1$ を満たす誤り語は $e = (0001000)$ であり，推定符号語は $\hat{c} = y - e = (1000110)$ となる．

誤り率 p の2元対称通信路において，(n, k) 線形符号 $\mathcal{C}$ を用いて限界距離復号をした際の正復号率 P_c は，誤りの個数 τ が誤り訂正能力 T 以下のときに正しく復号できることを踏まえると，次式で与えられる．

$$P_c = \sum_{\tau=0}^{T} \binom{n}{\tau} p^{\tau} (1-p)^{n-\tau}$$

このように最小距離が大きくなれば正復号率 P_c は大きくなる (逆に復号誤り率 P_e は小さくなる)．線形符号の最小距離について次の限界が知られている．

定理 12-11 (シングルトン限界)　(n, k) 線形符号 $\mathcal{C}$ に対して，次式が成り立つ．

$$d_{\min}(\mathcal{C}) \leq n - k + 1$$

等号が成立する符号を**最大距離分離符号** (maximum distance separable code：MDS) という．

一般の検査行列に対して，復号問題を考えると効率的な復号法を構成することが難しい．そこで，特別な構造や性質をもつ符号が考えられ，その構造や性質を利用することで高速な復号を可能としている．

b. その他の符号

これまでに数多くの優れた符号化方式が研究されてきた．特に，代数的な手法に基づいた研究は盛んに行われており，その代表として，現在の通信システムで利用されている Reed–Solomon (RS) 符号，BCH 符号がある．これらが実用化され，広まった理由として効率的な符号化・復号法が存在し，符号器・復号器の装置化が簡単であったことが挙げられる．また，代数幾何符号は RS 符号の代数的符号の拡張として捉えられる符号で，優れた性能をもつことが知られている．この実用化に向けて効率的な符号化・復号法の研究が重要な課題となっている．さらに次世代の誤り訂正符号として注目を集めているのがLDPC 符号，ターボ符号である．これらの符号の特徴は，復号法として，知識情報処理の分野で不確実推論に用いられている確信度伝搬法 (belief propagation) の応用例と解釈される反復復号法を適用できることである．この復号法は優れた誤り訂正能力をもち，しかも非常に高速であるためこれらの符号も期待されている．

12.4 節のまとめ

- **通信路 (通信路行列) が与えられたとき，通信路容量 C は通信路に対する入力系列と出力系列の相互情報量の最大値として与えられ，通信路容量 C より小さい情報伝送速度 R であれば，(限りなく) 誤りのない通信が行える符号化が存在する (通信路符号化定理)．**
- **誤り訂正符号は，符号化において一定の規則に従い情報を付加することにより，復号の際にそれらの規則を利用することで誤り訂正を行う．**

12.5　情報理論と符号化の発展

ここまで情報理論と符号化の基礎を述べてきたが，送信者と受信者は1対1の場合を考えていた．現実の大規模な通信ネットワークを考えた場合，多数の送信者と受信者がいて，それらがネットワークにより接続され，その上で干渉や雑音が発生する状況を考慮した通信モデルを考慮する必要がある．このような状況において，適切なモデルを構築した上でその限界を議論し，具体的な効率のよい符号化・復号を考える必要がある．例えば，分散型情報源符号化，ネットワーク通信路符号化といった研究分野があり，活発に議論されている．

参　考　文　献

[1] C. E. Shannon, W. Weaver: The Mathmatical Theory of Communication (University of Illinois Press, 1963).

[2] T. M. Cover, J. A. Thomas: Elements of Infor-

mation Theory (John Wiley & Sons, 1991, 2nd Ed. 2005).

[3] 韓 太舜, 小林欣吾：情報と符号化の数理 (培風館, 1999).

[4] 小林欣吾，森田啓義：情報理論講義 (培風館，2008).

第 IV 部

インテリジェントシステム

序　　章

社会システム，経済システム，情報システムなど「システム」という言葉は今日広い範囲で用いられている．システムとは，何らかの目的 (必ずしも単一であるとは限らず，ときには明示されないこともある) を遂行するため，互いに影響し合う複数の要素から構成された体系や組織のこと，簡単にいえば「仕組み」のことである．

とくに近年，システムにはコンピュータが組み込まれ，その結果システムは賢くなり，システムの効用はさらに高くなってきている．こうした知的なふるまいをすることが可能となったシステムをここではインテリジェントシステム (知的システム) と総称している．

ところで，「インテリジェント」(知的) であるとはどういうことであろうか? 実は明確な定義があるわけではない．一般に「… とは何か」という問いかけに正面から答えることは難しい．そこで「…」に関連する行為といった側面から考えてみることにする．「知的」であるということを「問題を解く」という行為から考えてみよう．単純な問題であれば決まり切った方法で答えを見つけることができる．しかし問題が複雑になるとそうはいかない．例えば，計画立案問題では，いろいろな条件を考慮しながら，何らかの基準に照らして最適な解を求める必要がある．問題を解くという行為において知的であると見なされるためには，程度の差こそあれ次のような条件が不可欠であると考えられる．

(1) 状況を判断し状況に応じた答えを導き出すことができる．

(2) 複数ある答えの中から最適な答えを導き出すことができる．

こうした条件を実現するため中心的役割を果たしているのがコンピュータである．では，そのコンピュータの特徴とは何か改めて振り返ってみることにしよう．

まず，「プログラム制御」ということ，すなわち計算機自身 (ハードウェア) が特定の計算プログラム (基本的な演算をどのような順序と組合せで実行して目的とする計算を達成するか記述したもの) とデータから独立していることである．さらに，そのプログラムはそれが実行されるとき計算機内のメモリに記憶され計算の進行に伴って取り出される「プログラム内蔵」であること，そしてそれゆえに，実行結果によりプログラム自身が変更可能である「プログラム可変」であることである．つまり，「プログラム可変内蔵方式」の計算機械がコンピュータということになる．コンピュータのこのような特徴こそ，それが組み込まれたシステムが状況を判断し，最適な解を見つけることを可能にしているといえよう．

ここでは，インテリジェントシステムと題して

- 脳情報を読み取るための数理
- 人工知能
- 最適化とアルゴリズム
- 多目的設計探査

について解説している．いずれの分野もコンピュータと密接な関係があり，ともに発展してきた．『アルゴリズム＋データ構造＝プログラム』はプログラミング言語 Pascal の生みの親である Niklaus Wirth の古典的名著の題名であるが，「知的」情報処理においても情報の表現とアルゴリズムに着目することが大切である．

脳は自然界における代表的なインテリジェントシステムであるといっても過言ではない．ヒトを含めた生物の脳は，情報処理に特化したニューロンとよばれる細胞をその基本構成要素としている．ニューロンは，ニューロン間の化学的結合と電気的結合を活用して電気信号を伝達し，ネットワークを形成している．脳神経系の情報はニューロンのスパイク (活動電位) によって処理されていると考えられるので，ニューロンの発するスパイクを観測・解析すれば，脳から情報を抽出できることになる．情報がスパイクによってどのように表現されているのかという問題は，脳における情報の符号化問題とよばれ，いまだに議論が続く未解決問題である．ここでは，この問題に対するいくつかの有力な仮説とその問題点を指摘しつつ，実験的事実を挙げながら解説する．脳情報を読み取るためには，ニューロン発火を詳細に解析することが重要である．神経科学分野ではさまざまな解析手法が用いられている．ここでは，発火率の時間的変化を可視化するのに用いられる解析手法 PSTH (peri stimulus time histogram)，スパイク間隔を定量付ける統計量である変動係数 (coefficient of variation)，歪度 (skewness)，尖度 (kurtosis) やスパイク間隔統計の時間的変動を計測する手法について解説する．そして，神経系から抽出した情報を用いた工学的応用としてブレイン・コンピュータ・インターフェイス (brain computer interface：BCI) やニュー

ロ・マーケティング (neuromarketing) などについて紹介する．

人工知能 (artificial intelligence) は「考える機械」を実現しようという研究領域であるといえる．人間の知能，すなわち「知的」情報処理をコンピュータ上で実現するためには，「知的」であるとはどういうことかがわからなければならない．そこで人工知能研究は，「動作原理」の追及 (工学) を通して「説明原理」の追及 (理学) を行ってきた．人間の情報処理において，外部情報は認識・識別処理によって記号化され，内部表現に変換される．そして，内部表現された知識に基づいて推論や予測といった高次の情報処理が行われる．また，人間の情報処理は固定したものではなく，環境や状況に適応して変化する．すなわち，学習機能を備えている．こうした人間の情報処理を踏まえて，人工知能の方法論には大きく分けて二つの立場，パターン主義と記号主義がある．前者は脳の構造に着目したニューラルネットワークに基づくパターン情報処理によって認識・識別機能を実現しようという立場であり，後者は知能の機能的側面に着目し，記号処理によって知識に基づく探索や推論・予測を実現しようという立場である．ここでは，問題解決と探索，知識と推論，ニューラルネットワークによるパターン処理について解説し，人工知能と人間の知能に関する議論にも言及する．

最適化 (optimization) とはある条件下で最善の決定を行うことである．そうした問題は「与えられた制約条件のもとで目的関数とよばれる考えたい量 (コストや利益) を表す関数を最小または最大にする解を求める問題」として定式化され，最適化問題とよばれている．古典的には生産計画や人員配置などの意思決定問題が代表とされ，企業経営などにおいて活用されてきた．その適用先は現代においてはるかに広くなり，近年はむしろ，さまざまな技術を裏で支える基礎技術としての側面の方が重要であるかもしれない．情報工学の分野においては，人工知能や機械学習，信号処理や画像処理などで用いられるアルゴリズムにおいて活用されている．最適化問題は目的関数や制約式に現れる関数のクラス (線形関数，非線形関数，凸関数など) によって分類され，どのクラスの問題に属するかでその解きやすさが変わる．主な最適化問題のクラスには，線形計画問題，非線形計画問題，錐計画問題，離散最適化問題 (組合せ最適化問題) がある．ここでは，最適化における基礎的な数学的結果およびそれらに基づいたアルゴリズムについて簡単に紹介する．実際に最適化を利用する場面では，自らがプログラムを組むことは少なく，ソフトウェアとして用意されている求解ソルバーを利用することが多いと思われる．基礎理論の重要点を理解しておくことは，用いたソルバーの限界を知るために必要なことである．

実世界のさまざまな設計問題では目的関数 (評価基準) は唯一とは限らず，複数となる場合が多い．例えば翼の設計問題を考えると，空力的には揚力や抗力あるいは揚抗比を評価して，その時々の設計要求に適した翼を検討するが，目的関数は他にも翼厚や構造重量，燃料タンクの容積などがあり，実用的な設計問題になればなるほど考えなければいけない目的関数は多くなる．このような複数の目的関数に関する最適化問題を多目的最適化問題 (multi-objective optimization problem：MOP) とよぶ．多目的最適化問題では，一般に目的関数間にトレードオフ関係が存在するため，すべての目的関数を同時に最小化 (あるいは最大化) することはできない．そこで，単一の最適解のかわりに新たな解の概念としてパレート最適解 (Pareto-optimal solution) という考え方を用いている．多数のパレート最適解を進化的多目的最適化手法を用いて効率的に見つけ，得られたパレート最適解に各種データマイニング手法を適用して設計に役立つ情報を効率的に抽出・提示しようとするアプローチのことを多目的設計探査 (multi-objective design exploration：MODE) とよぶ．多目的設計探査は，主に最適化手法とデータマイニング手法からなり，必要に応じて実験計画法や応答局面法などが用いられる．ここでは，多目的遺伝的アルゴリズムとパレート最適解の分析について解説する．そして，多目的設計探査の適用事例として二つの概念設計例，すなわち2次元羽ばたき機の多目的設計探査と再使用観測ロケットの多目的設計探査を紹介する．

13. 脳情報を読み取るための数理

13.1 脳神経系の情報処理

13.1.1 ニューロンとは何か?

脳は，最も複雑な生体器官といわれる．例えばわれわれが何らかの行動を起こすとき，必ず脳の運動を制御する部分から信号が発せられ，その指令に基づいて手足が動く．行動を起こすときに限らず，何かを記憶しているとき，何かを意識しているとき，眠っているときなど，あらゆる場面で脳では信号が発せられている．脳の中で何が起こっているのか，電気生理学実験技術の発達に伴い明らかになりつつあるが，明らかになる部分が増えるにつれて謎も深まっている．

ヒトを含めた生物の脳においては，ニューロンとよばれる情報処理に特化した細胞が基本構成要素となっている．ニューロンの典型的な構造は図 13.1 のようになっている．

ニューロンは，細胞体に加えて神経突起を有しており，入力部を樹状突起，出力部を軸索とよぶ．ニューロンは，樹状突起への入力を細胞体で集約し，他のニューロンへ出力信号を送るかを決定する．出力する場合，細胞体付近で出力信号が発生し，軸索の末端まで伝播し，軸索の末端から他のニューロンの樹状突起へ神経伝達物質が放出される．このような，化学物質を介して情報伝達する部分をシナプスとよぶ．

ニューロンの数は種によって異なり，例えばヒトの脳では，大脳に 100 億，小脳に 1000 億のニューロンがある．また，脳にはニューロンの活動を支援するために，グリア細胞とよばれる細胞も存在する．グリア細胞は，ニューロンへの栄養補給，ニューロンの形状維持，そして信号伝達の補助などを行っている[1], [2]．グリア細胞によって活動を支援されたニューロンは，信号伝達という手段で他のニューロンと相互作用する．

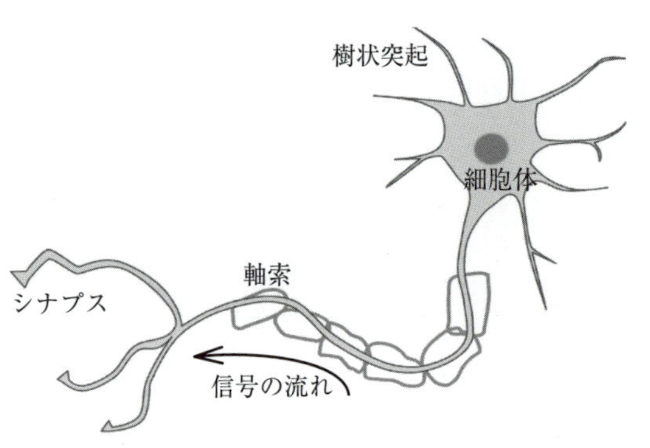

図 13.1　ニューロンの構造

13.1.2 ニューラルネットワークとは何か?

ニューロンは，他のニューロンと結合し，ネットワークを構築する．このようなネットワークを，ニューラルネットワークとよぶ．1 個のニューロンには 1000 から 10 000 のシナプス入力があり，多数のニューロンからの影響を受けている．また，出力先もおよそ 1000 から 10 000 個ほどのニューロンがあり，多数のニューロンへ情報を拡散している．

ニューロン間の結合には大きく分けて 2 種類あることが知られている．ほとんどの結合は化学的結合であり，残りは電気的結合である．化学的結合では，ニューロン間の結合が，シナプスにおける神経伝達物質により媒介される．ニューロンが信号を出力するとき，電気信号が神経伝達物質に変わることで，シナプスの間の隙間を伝わっていく．神経伝達物質には，アドレナリン，ドーパミン，セロトニンなど 100 種類以上が知られており，それぞれ異なった機能を有する．

一方，電気的結合では，化学的結合と異なり，ニューロンからニューロンへの電気信号の受け渡しは直接行われる．ニューロンとニューロンが接近し，gap junction とよばれるギャップ結合が形成され，電気信号が直接伝わるようになっている．電気的結合は化学的結合に比べて伝達速度が速く，両方向性の伝達を可能とする特徴がある．脳内では，ニューロン間の電気信号の伝達として化学的結合と電気的結合をそれぞれうまく活用してネットワークを形成していることが知られている[3]．

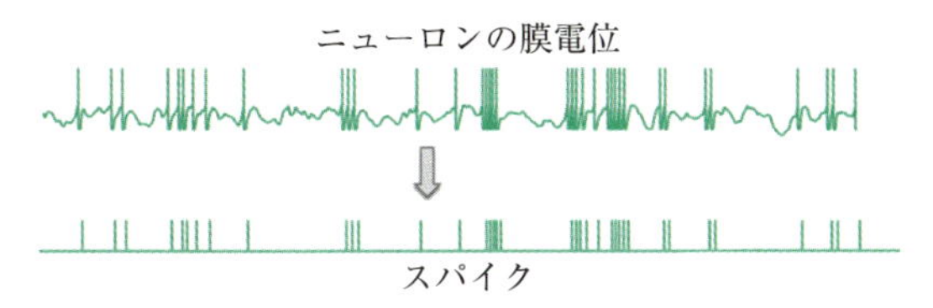

図 13.2 ニューロンの膜電位とスパイク時系列

13.1.3 スパイクとは?

さて，ニューロンの電気信号とはどのようなもので，またどのように発生するのだろうか? ニューロンは，細胞膜で内外を隔てており，細胞内外の液体のイオン組成が異なる．例えば細胞外ではナトリウムイオン (Na^+) と塩化物イオン (Cl^-) が多く，細胞内ではカリウムイオン (K^+) が多い．細胞内外でイオンの濃度差があることから，イオンは細胞内外を移動し，電流が発生する．このようにして発生する細胞外に対する細胞内の電位を，膜電位とよぶ．図 13.2 のように，ニューロンの膜電位は，一定の閾値を超えると，大きな電気パルスが生じる．この電気パルスを，スパイク (活動電位) とよぶ．また，スパイクを発することを発火とよぶ．

ニューロン間の電気信号のやりとりはスパイクによって行われ，スパイク入力を受け取ったニューロンは，自らの膜電位が閾値を超えると他のニューロンへ向けてスパイクを出力する．このようなスパイクは脳内の至るところで常に行き交っている．

13.1.4 脳神経系における情報の符号化

われわれが行動したり，考えたりするとき，脳の中では何が起こっているのだろうか? 例えば，われわれが手を動かすとき，脳からは手に向けて指令が出て，手が動く．この「指令」とは一体何だろうか? 脳神経系の情報は，ニューロンのスパイクによって処理されているとされている．このことから，ニューロンの発するスパイクを観測・解析すれば，脳から情報を抽出できることになる．しかし，ニューロンは，毎回同じ波形のスパイクを出力する．それでは，情報はどのようにスパイクによって表現されるのだろうか? この問題は，脳における情報の符号化問題とよばれ，いまだに議論が続く未解決問題である．ここでは，この問題に対するいくつかの有力な説を，複数の実験的事実を挙げながら解説する．

a. おばあさん細胞仮説

一つの有力な仮説に，おばあさん細胞仮説という仮説がある．おばあさん細胞とは，おばあさんをみると活動するニューロンのことである．おばあさんを認識するニューロン，車を認識するニューロン，りんごを認識するニューロン，というように，脳の中には情報に対応したニューロンが存在し，ニューロンの活動によって認識が行われているという仮説である．この仮説を支持する実験は多数報告されている，2005 年に Quiroga らは，女優のハル・ベリーやジェニファー・アニストンの情報のみに対して反応するニューロンを発見した[4]．例えばハル・ベリーを認識するニューロンは，ハル・ベリーの写真や絵，名前の文字などハル・ベリーに関するどんなものにも反応するが，その他のものには反応しない．同様にジェニファー・アニストンを認識するニューロンは，ジェニファー・アニストンの写真や絵，名前の文字などジェニファー・アニストンに関するどんなものにも反応するが，その他のものには反応しない．この実験例のように，主に視覚ニューロンにおいては，特定の情報のみに反応するニューロンが多数報告されている[5], [6]．

おばあさん細胞仮説を支持する報告も多いが，反論も多い．この仮説の問題点として挙げられる最大のものは，組合せ爆発とよばれる計算論的な問題である．おばあさんの例で，例えば「太った」,「白髪の」,「おばあさん」などと特徴を組み合わせていった場合に，組合せ総数が指数関数的に増大してしまう．もしすべての組合せに対して異なるニューロンが必要であれば，膨大な数のニューロンが必要となってしまう．このことから，いくら総数が多いといっても限られたニューロン数で情報処理を行う脳においては非現実的な仮説であることがわかる．

b. 分散表現仮説

おばあさん細胞仮説の問題点である組合せ爆発の問題を解決する仮説に，分散表現仮説がある．これは，色，形，動きなど分散したモジュールによって情報を表現するという仮説である．おばあさん細胞仮説では 1 個のニューロンによって情報を表現するのに対し，分散表現仮説では多数のニューロンによって情報が表現される．例えば,「赤いりんご」という情報は，色を表現するモジュールで「赤」, 形を表現するモジュールで「りんご」がそれぞれ分散して表現されることで「赤いりんご」が表現される．具体的には,「赤」に反応するニューロンと「りんご」に反応するニューロンがそれぞれ発火することで,「赤いりんご」として情報が表現される．このように,「赤いりんご」という一つの情報が，色と形という 2 種類のモジュールによって分散されて表現される．実際，脳の中では機能局在が細分化

図 13.3　白い犬と黒い猫

しており，「色」，「形」，「動き」といった似た情報を表現するニューロンがそれぞれ近くに存在していることがわかっている[7]．

おばあさん細胞では例えば 10 個のニューロンの発火で表現できる情報は 10 種類であるが，分散表現では，2^{10} 個もの情報を表現できる．このように，分散表現仮説はおばあさん細胞仮説の計算論的な非現実性を解決できる情報表現仮説であることがわかる．しかし，分散表現仮説にも問題点があり，その一つがバインディング問題とよばれる問題である．

c. バインディング問題

バインディング問題とは，複数の情報の特徴をどのように脳内で結びつけているのかという問題である．例えば，図 13.3 のように目の前に白い犬と黒い猫がいるとする．

これらを見たとき，われわれの脳内では「白」に対応するニューロン，「犬」に対応するニューロン，「黒」に対応するニューロン，「猫」に対応するニューロンがそれぞれ発火する．しかしこれらの発火だけでは，黒い犬と白い猫ではなくなぜ白い犬と黒い猫として認識されるのか説明がつかない．「白」と「犬」という情報が一つの組合せとして認識され，「黒」と「猫」という情報をもう一つの組合せとして認識されるのには，どのようなメカニズムがあるのだろうか?

一つの有力な説に，ニューロンの同期発火 (同じタイミングで発火すること) を用いて情報を統合するという仮説がある[8]．例えば先ほどの例では「白」に対応するニューロンと「犬」に対応するニューロンが同期発火し，「黒」に対応するニューロンと「猫」に対応するニューロンが同期発火する．そうすることで，「白」と「犬」という情報が一つの組合せとして認識され，「黒」と「猫」という情報をもう一つの組合せとして認識されるのである．この仮説を示唆するような実験結果も報告されている[9], [10]．

残念ながら，現在に至るまで一般的なバインディング問題の解決に至るような直接的な証拠はいまだ存在しない．しかし，同期発火のように異なる複数のニューロンがタイミングを合わせることで情報を表現していることは確かであり，この例からもわかるように「どの」ニューロンが「いつ」発火したのか，を解析することはきわめて重要である．

13.1 節のまとめ

- 脳内にはニューロンとよばれる細胞がニューラルネットワークを形成し，行動・記憶などの機能を実現している．
- ニューロンはスパイクとよばれる電気信号により他のニューロンと情報のやり取りをしている．
- 情報が脳内でどのように符合化されているのかには，特定の情報処理を担うニューロンの存在によって実現するおばあさん細胞仮説や，情報のモジュールによって分散して情報処理を行う分散表現仮説などの仮説がある．

13.2　神経スパイクデータから情報を抽出するには

13.2.1　ニューロン発火の解析

前節での同期発火の例のように，脳情報を読み取るためには，ニューロン発火を詳細に解析することが重要である．そのため神経科学分野では，ニューロン発火を解析するためにさまざまな解析手法が用いられている．本節では，従来用いられてきた解析手法と，新しい解析手法について解説する．

13.2.2　PSTH

ニューロンの活動は，発火率で特徴付けられることが多い．発火率とは，単位時間あたりにニューロンがどれだけ発火したかを示すものである．PSTH (peri stimulus time histogram) は，発火率がどのように時間変化するのかを可視化するのに用いられる解析手法

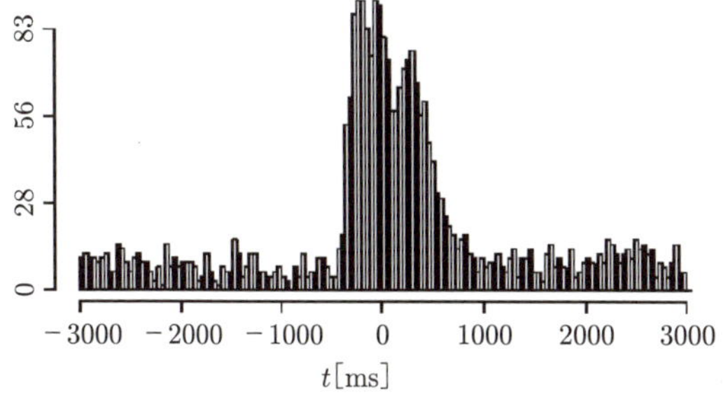

図 13.4　ニューロンの発火率を解析する PSTH

である．何試行にもわたって一つのニューロンの発火を調べたデータに対して適用される．PSTH は，具体的には以下のような手順で作成される．

(1) スパイク列を時間軸上に並べ，一定の時間窓で区切る．

(2) 各時間窓の中に入っているスパイク数を試行全体で平均し，ヒストグラムを作成する．

このようにして得られるのが，図 13.4 に表される図である．

図 13.4 のように，PSTH では発火率の時間変化，つまり各時間窓においてどれだけ発火するかが可視化される．例えば動物に対して特定の刺激を与える実験では，PSTH によって刺激前後の発火率の変動を測定することができる．また，例えば動物の行動実験においては開始時間をそろえることで，行動中の発火率の時間変化を調べることができる．

13.2.3　スパイク間隔統計

PSTH のように発火率にも重要な情報が隠されているが，スパイクの発火間隔にも重要な情報が隠されていることがわかっている[11], [12]．スパイク間隔を定量付ける統計量として，最も用いられるものが**変動係数** C_V (coefficient of variation) である．C_V はスパイク間隔の標準偏差を平均値で正規化した統計量で次式のように表される．

$$C_V = \frac{\sqrt{\frac{1}{n}\sum_{i=1}^{n}(T_i - \overline{T})^2}}{\overline{T}} \tag{13.1}$$

ここで n は総発火間隔数，T_i は i 番目の発火間隔，$\overline{T}$ は平均発火間隔を表す．C_V は発火間隔の不規則性，ばらつきを示す統計量で，ポアソン過程に従うランダムな発火で 1，規則的 (等間隔) な発火系列に対して 0 をとる．統計量 C_V は 2 次の統計量であるが，3 次および 4 次の統計量である**歪度** S_K (skewness) と**尖度** K_R (kurtosis) もしばしば用いられる．

$$S_K = \frac{\frac{1}{n}\sum_{i=1}^{n}(T_i - \overline{T})^3}{\left[\frac{1}{n}\sum_{i=1}^{n}(T_i - \overline{T})^2\right]^{3/2}} \tag{13.2}$$

$$K_R = \frac{\frac{1}{n}\sum_{i=1}^{n}(T_i - \overline{T})^4}{\left[\frac{1}{n}\sum_{i=1}^{n}(T_i - \overline{T})^2\right]^{2}} - 3 \tag{13.3}$$

統計量 S_K は発火間隔分布の対称性を示す統計量で，発火間隔分布が対称であれば 0，分布の裾が右に伸びているときは正の値，左に伸びているときは負の値をとる．統計量 K_R は発火間隔分布のピークの鋭さを示す統計量で，正規分布では 0，正規分布よりも鋭いピークを有するとき正の値，鋭くないときは負の値をとる．このように，2 次，3 次，4 次の統計量である C_V，S_K，K_R を用いることで発火間隔分布の特徴を定量化することができる．

C_V，S_K，K_R はスパイク間隔の分布に関する統計量であり，スパイク間隔の順序情報は無視されている．しかし，ニューロンには正確なタイミングで発火したり，異なるニューロンと協調して同期発火するなど，一つ一つのスパイクの時間的情報がきわめて重要である[12], [13]．近年では，これらの統計量のほかに，さまざまな順序統計量も提案されている．**順序統計量**は，スパイクがどのような順番で生じたかの情報も含んだ統計量のため，分布統計量とは異なる特徴をもつ．順序統計量の一つである L_V (local variation)[14] は，以下の式

$$L_V = \frac{1}{n-1}\sum_{i=1}^{n-1}\frac{3(T_i - T_{i+1})^2}{(T_i + T_{i+1})^2} \tag{13.4}$$

で表される．統計量 L_V は，発火間隔の局所的な不規則性，ばらつきを示す統計量で，ポアソン過程に従うランダムな発火で 1，規則的 (等間隔) な発火系列に対して 0 をとる．同様に似た性質をもつ統計量に I_R[15] があり，以下の式

$$I_R = \frac{1}{n-1}\sum_{i=1}^{n-1}|\log T_{i+1} - \log T_i| \tag{13.5}$$

で表される．統計量 I_R も L_V 同様に発火間隔の局所

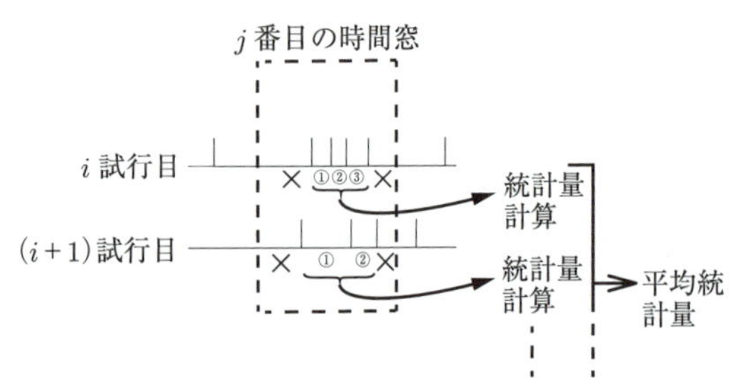

図 13.5　従来用いられてきた統計量の時間変動の解析手法

的な不規則性，ばらつきを示す統計量で，ポアソン過程に従うランダムな発火で $2\log 2$，規則的 (等間隔) な発火系列に対して 0 をとる．

13.2.4　スパイク間隔統計の時間的変動を計測する手法

ニューロンのスパイクデータは時間的に変化しやすいデータが多く，その時間変化を捉えるためには適した解析手法が必要である．先述した PSTH はニューロンの発火率の時間変化を調べるのに有効な手法であるが，一般的なスパイク間隔統計の時間変化を調べる有効な手法はこれまで存在していなかった．これは，例えば C_V，S_K，K_R などの高次統計量を PSTH のように細かく分けた時間窓で測定すると，どうしてもサンプル数の少なさから統計的ゆらぎが大きくなってしまうことに起因している．図 13.5 は，従来用いられてきた統計量の時間変動の解析手法[15] である．

この手法は，以下の手順で統計量が算出される．

(1) 試行ごとに時間軸上に並べ，適切な長さの時間窓で区切る．
(2) 各時間窓ごとに統計量を計算する．
(3) すべての試行にわたって統計量を平均化し，統計量を算出する．

この手法は確実に各時間窓における統計量を算出できるが，統計量の精度に欠けることがわかっている．これは，時間窓の端にあるスパイク間隔（図 13.5 中の × 印）が切り捨てられてしまうことに起因している．そこで，端にあるスパイク間隔が切り捨てられないようにすることで，より正確に統計量の時間変化を算出する手法が，文献 [16] で提案されている．図 13.6 は，その解析手法を表す図である．

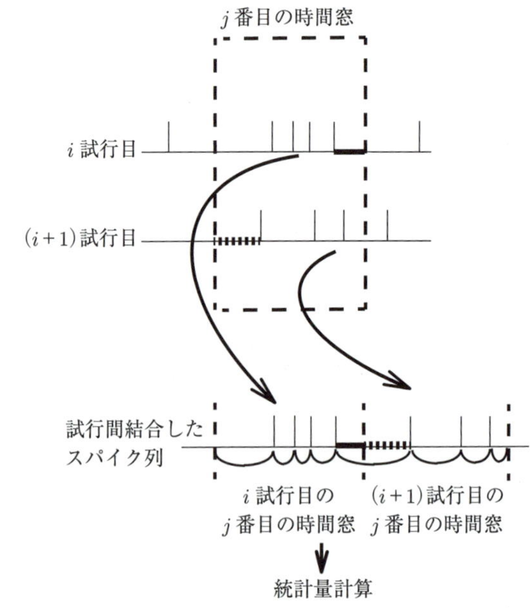

図 13.6　提案された正確な統計量の時間変動の解析手法[16]

この手法では，以下の手順で統計量が算出される．

(1) 試行ごとに時間軸上に並べ，時間窓に区切る．
(2) 同じ時間窓に区切られたすべての試行を結合し，仮想的なスパイク列を作成する．
(3) 得られたスパイク列に対して，統計量を算出する．

この手法の特徴は，異なる試行をすべて結合して一つのスパイク列とみなしてしまう点である．試行ごとに実験条件が異なる場合には適用できないが，同一の実験を複数回繰り返すような実験に対しては適用可能である．この手法では，端のスパイク間隔を異なる試行間で結合することにより結合前には存在しなかったスパイク間隔を生むことになるが，逆にそうして得られたスパイク間隔の存在によって正確に統計量を算出できることが解析的に示されている[16]．

このように，時間変化するスパイクデータに対してそのダイナミクスを調べる統計解析手法はさまざまなものが提案されている．実際の動物実験などで得られたデータに対して適用することで，発火率や高次統計量，順序統計量などスパイク列に隠されたさまざまな情報を抽出できることがわかる．

13.2 節のまとめ

- ニューロンのスパイクデータを解析する手法には，発火率を調べる PSTH や，スパイク間隔の分布統計量を調べる手法がある．時間変化するスパイクデータに対してそのダイナミクスを調べる解析手法も

開発されており，発火率や高次統計量，順序統計量などスパイク列に隠されたさまざまな情報を抽出できる．

13.3　神経情報の工学的応用に向けて

前節までは，脳神経系における情報処理として，神経スパイクデータから，どのように情報を抽出するのかなどについて議論した．本節では，これらの神経系から抽出した情報を用いて，どのような工学的応用が考えられているか，その現状について紹介する．

13.3.1　ブレイン・コンピュータ・インターフェイス

ブレイン・コンピュータ・インターフェイス (brain computer interface，以下 BCI) とは，脳波や神経活動を計測し，その情報をもとに，コンピュータのモニター上のカーソルを移動させたり，ロボットアームを制御する枠組みの総称である[17]~[23]．BCI は，brain machine interface，neural interface ともよばれる．脳卒中，脊髄損傷，筋萎縮性側索硬化症 (amyotrophic lateral sclerosis，以下 ALS)，脳性麻痺，多発性硬化症などにより，手足を動かすことができなくなった患者にとって，BCI を用いることにより，意思疎通，運動機能の回復が可能となることが期待されている．

脳内のどの部位のニューロンが，ヒトが行う動作の制御を担っているのかということについては，古くから研究がある．例えば，Georgopoulos らによる実験結果をみると，運動情報の詳細は，運動皮質のニューロンの発火パターンによって表現されることがわかる[24], [25]．これらの実験結果は，皮質のニューロン群から計測された活動度を計測することによって，われわれの運動をかなり正確に予測できることを示すものである．現在では，このような研究結果に基づいて，さまざまな BCI のシステムが考案されている．

BCI を構成する要素として，以下の四つがある．

(1) 神経情報 (活動度) の計測

神経系からの情報を用いて機器を制御するためには，まずは，その情報を計測する必要がある．計測手法は，一般的に，非侵襲的な計測と侵襲的な計測に分類できる．

非侵襲的な情報計測の代表例は，脳波 (electroencephalogram，以下 EEG) である．EEG は，頭蓋上に置かれた電極を用いて，脳の活動を計測するものである．そのために，外科的処置なしに，脳の活動を計測することができる．しかし，頭蓋は大脳皮質から，2〜3 cm 離れているため，計測される情報には限界がある．

これに対して，侵襲的な手法の一つに，皮質脳波 (electrocorticography，以下 ECoG) がある．ECoG は，頭蓋内の大脳皮質表面に設置した電極から，脳の活動に関する情報を電気的に計測するので，EEG に比べると高度な情報を得ることができる．また，さらに詳細なデータは，電極を脳内に差し込むことで複数のニューロンの細胞外電位の空間的平均値を計測する local field potential により計測できる．あるいは，より直接的に，単一ニューロンの活動電位を計測する方法もある．

(2) 計測した神経情報の復号

計測した情報には，どのようにカーソル・腕を動かそうとしたのか (位置，速度) などの情報が含まれていると考えられる．そのため，これらの計測した情報に対して，何らかの手法を適用することにより，含まれていた情報を抽出 (復号) する必要がある．

(3) 復号した情報による装置の制御

計測した神経情報を復号した情報を用いて，コンピュータディスプレイ上のカーソルの移動，ロボットアームなどの制御をリアルタイムで実行することが必要となる．

(4) 視覚情報，感覚情報などユーザへのフィードバック

制御された，カーソル，ロボットアームなどの動きをリアルタイムで被験者に伝えることで，被験者が神経活動の調整を行うことができる．

このようなフィードバックを行わない場合に比べて，フィードバックを行う場合の方が，正確な制御が可能となる．

BCI に関する研究は，ラット[26]，サル[27], [28]，ヒト[29]~[32] などを対象として精力的に進められており，多数の研究成果が発表されている．以下では，ラット[26]，サル[27]，ヒト[31] の例について紹介しよう．

ラットを対象として，運動野で同時計測されたニューロンの活動情報を用いて，ロボットアームが制御できるかどうかが報告された例[26] を図 13.7 に示す．実験対象のラットは，レバー (図 13.7 の b) を押すように訓練されている．レバーを押した量に比例して，ロボットアーム (図 13.7 の c) が移動する．ロボットアーム

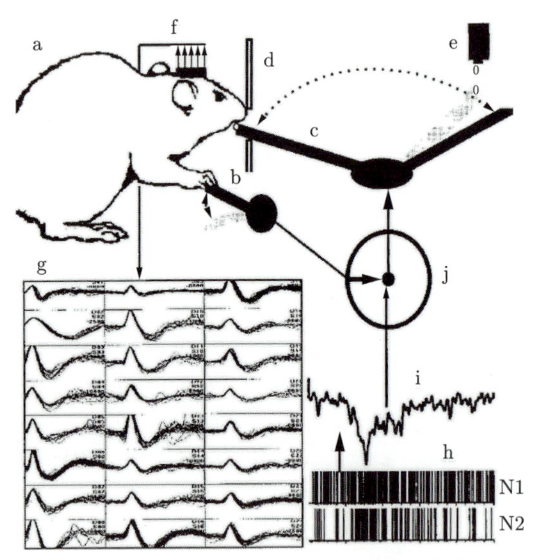

図 13.7　ラットを用いた BCI の実験例[26]

が図 13.7 の e から図 13.7 の d まで移動した後，レバーを離すとラットは水を飲むことができる．

ラットの運動野と視床腹外側には，多チャネル同時計測可能な電極が埋め込まれ (図 13.7 の f)，ニューロン群の活動を計測できるようになっている．これらのうち 24 ニューロンの活動記録例が図 13.7 の g であり，2 ニューロンの 2 秒間でのスパイク列が図 13.7 の h に示されている．

レバーによりロボットアームを移動させるか，ラットからのニューロン集団の情報を用いてロボットアームを移動させるかを決めるスイッチが図 13.7 の j である．実験では，ラットがレバーを押しはじめたところで，このスイッチにより，ニューロンからの情報へと切り替えられる．実験では，6 匹のラットが用いられたが，このうち 4 匹のラットがニューロンからの情報によりロボットアームを動かすことができること，さらにはニューロンからの情報を用い続けたところ，ラットはレバーを動かさなくなったとも報告されている．

2 頭のサル (Macaca mulatta) を用いた実験例[27] を図 13.8 に示す．サルはその両腕を水平に設置された円筒の中に腕を入れているが，その肩の近くには，ロボットアームが置かれている．このロボットアームは，肩に 3 自由度，肘と手におのおの 1 自由度，合計 5 自由度を有している．このロボットアームを制御するために，サルの運動野に埋め込まれた微小電極アレイで計測された信号を用いて，ロボットアームを制御し，目の前に提示された餌 (マッシュルーム) を食べるというタスクを行う．この信号は，ロボットアームの位置だけでなく，餌をつかむ 2 本指のグリッパの開閉の制御にも用いられる．

実際の実験結果は，文献 [27] の Web ページ[33] にある Supplementary information*1 をみるとよいだろう．この Supplementary information にある実験動画では，サルが餌を取りにいく際，グリッパがぶつかりそうになった場合はこれを避けて取りにいく様子や，餌を提示されていてもグリッパを舐める様子などを見ることができる．このように多自由度のロボットアームを制御できる結果をみれば，われわれが生来もっている腕や手の制御と同等の機能が実現できると考えられる．

ヒトによる実験例では，58 歳の女性と 66 歳の男性が被験者となった結果が報告されている[31]．58 歳の女性は，脳幹卒中により 15 年間にわたり四肢麻痺と構語障害となっている．文献 [31] は 2012 年に公刊され

*1 現在，多くの研究論文は電子的にも出版されており，その内容を PDF で読むことができる．その際，論文本文だけでは記述できなかった情報 (実験方法の詳細，実験の様子などを記録した動画など) が Supplementary information (補足情報) として当該論文の Web ページにて公開される場合がある．

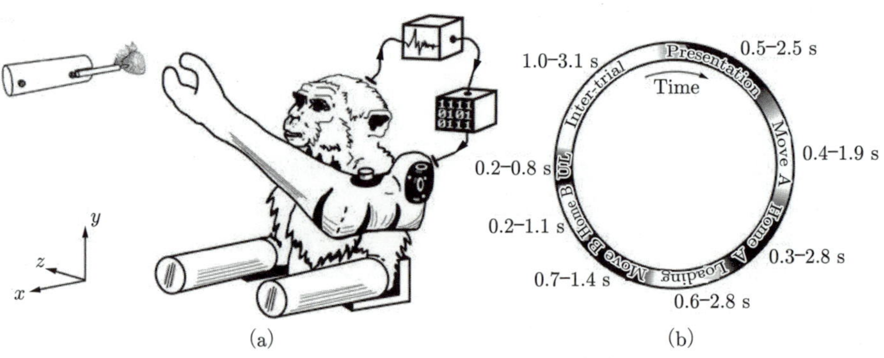

図 13.8　サルを用いた BCI 実験例[27]

ているが，58 歳の女性には，2005 年 11 月に 96 チャネルのシリコン製の多チャネルアレイが埋め込まれ，1 カ月後より，実験に参加している．文献 [31] で報告されている内容は，この 58 歳の女性の実験第 1952 日～1975 日目のものであり，5 年以上にわたる結果となっている．

この結果についても，文献 [31] の Web ページ[34] にある Supplementary information を見るといいだろう．この実験では，2 種類のロボットアームが用いられているが，中枢神経系の損傷などにより四肢麻痺となってしまった人でも，少数のニューロン群からの情報を用いることで，ロボットアームのような複雑な装置を制御できる可能性を示すものである*2．

ここまでは BCI の現状を紹介したが，今後，BCI はどのように発展していくのであろうか? さまざまな方向性を考えることができる[17]～[23]．例えば，完全な脳内埋込型装置の開発，計測した神経情報の高度な復号アルゴリズムの開発，ロボットアームからの感覚情報のフィードバックなどである．また，開発した BCI 装置の性能をどのように評価するのか[36] も重要な課題である．

13.3.2 ニューロ・マーケティング

ニューロ・マーケティング (neuromarketing) とは，神経科学 (neuroscience) と市場調査 (marketing) からなる造語である．購買者，消費者の脳の活動を計測することで，その動向を知り，市場調査に応用しようとする．機能的核磁気共鳴画像法 (functional Magnetic Resonance Imaging，以下 fMRI) などの非侵襲的に脳の活動計測する方法が用いられる[37]．

なぜこのような手法が用いられるかには，さまざまな理由がある．その一つは，fMRI などの計測方法が近年発達した結果，従来の市場調査の手法に比べて，安価で，容易に，素早く，消費者動向を知ることができるようになったためである．これに加えて，従来の手法では得ることができなかった消費者や購買者の傾向に関する情報が，fMRI などを用いることで得ることができるとする考え方もある．

現在のニューロ・マーケティング研究の発端となったのは，コカ・コーラとペプシを用いた実験に関する報告[38] であるといわれている．この論文[38] では，19 歳から 50 歳の 67 名 (男性 38 名，女性 29 名) の被験者は，四つのグループに分けられ，行われた実験結果が報告されている．被験者は，コカ・コーラとペプシを用いて，各ブランド名が隠された状態と見せられた状態で，どちらが好みかを選ぶように要求され，その際の被験者の脳の状態が fMRI で計測される．この結果，ブランドを隠した状態ではペプシの方がより好まれたが，ブランドを見せた状態ではコカ・コーラがより好まれるという結果となった．これは，コカ・コーラのブランド価値が高いことを示すものであるが，この結果は，これらの飲料メーカに限らず，種々の企業の強み弱みを，脳神経活動で把握することができる可能性を示すものである[38]．

ニューロ・マーケティングは，このような企業のブランド評価以外に，例えば，政治への応用でも用いられている．米国における大統領候補の写真が呈示された際に，有権者の所属政党と政治的意識がどのように有権者の神経活動に影響を与えるのかが調査されている[39]．具体的には，2004 年の大統領選挙の 3 名の候補者，George Bush，John Kerry，Ralph Nader の 3 人の顔写真が被験者に呈示され，その間の神経活動が fMRI を用いて計測されている．被験者となった 20 名 (10 名共和党，10 名民主党) の有権者は，fMRI でのデータ計測後に，各候補者に対しどのように感じたか，さまざまな観点から点数化した結果も報告する．この結果，所属政党の候補者の写真を見た場合とは異なり，対立政党の候補者の写真を見た場合は，認知制御を担う領野における神経活動に変化が生じたことが示されている．

また，2008 年の大統領選挙の予測でも同様の手法が用いられている[40]．文献 [39] では，二大政党制のどちらかの党に登録している有権者が被験者であったが，文献 [40] では，浮動層から選ばれた 20 名が被験者となって，fMRI を用いた調査が行われた．その結果，例えば，伝統的にいわれていた性別での支持政党の違い*3は，2008 年の大統領選ではみられなくなっていること，Hillary Clinton は，不支持である浮動層からの否定的な意見をうまく対応することができれば，浮動層からの得票が期待できることなどが述べられている．

*2 この実験動画は，YouTube でも公開されている[35]．

*3 従来は，男性が共和党を，女性が民主党を支持する傾向が強いといわれていたようである．

13.3 節のまとめ

- 観測した神経スパイクデータを用いて，ロボットアームの制御などを試みる手法として，ブレイン・コンピュータ・インターフェイスがある．脳疾患などにより，手足を動かすことができなくなった患者の意思疎通，運動機能の回復技術として期待されている．

- fMRI などを用いて購買者，消費者の脳の活動を計測することで，その動向を知り，市場調査に応用しようとする試みとしてニューロ・マーケティングがある．企業の商品販売戦略，有権者の意識調査などに応用されている．

参 考 文 献

[1] D.S. Auld and R. Robitaille: "Glial cells and neurotransmission: An inclusive view of synaptic function," *Neuron*, **40**, 389–400 (2003).

[2] E. A. Newman: "New roles for astrocytes: Regulation of synaptic transmission," *Trends in Neurosciences*, **26**, 536–542 (2003).

[3] A.E. Perada: "Electrical synapses and their functional interactions with chemical synapses," *Nature Review Neuroscience*, **15**, 250–263 (2014).

[4] Q.R. Quiroga, L. Reddy, G. Kreiman, and I. Fried: "Invariant visual representation by single neurons in the human brain," *Nature*, **435**, 1102–1107 (2005).

[5] D.I. Perrett, E.T. Rolls, and W. Caan: "Visual neurones responsive to faces in the monkey temporal cortex," *Experimental Brain Research*, **47**, 329–342 (1982).

[6] S. Yamane, S. Kaji, and K. Kawano: "What facial features activate face neurons in the inferotemporal cortex of the monkey?" *Experimental Brain Research*, **73**, 209–214 (1988).

[7] M.F. Bear, B.W. Connors, and M.A. Paradiso: *Neuroscience: Exploring the Brain* (Lippincott Williams and Wilkins, 2006).

[8] C. von der Malsburg and W. Schneider: "A neural cocktail-party processor," *Biological Cybernetics*, **54**, 29–40 (1999).

[9] C.M. Gray, P. König, A.K. Engel, and W. Singer: "Oscillatory responses in cat visual cortex exhibit inter-columnar synchronization which reflects global stimulus properties," *Nature*, **338**, 334–337 (1989).

[10] R. Eckhorn, R. Bauer, W. Jordan, M. Brosch, W. Kruse, M. Munk, and H.J. Reitboeck: "Coherent oscillations: A mechanism of feature linking in the visual cortex? multiple electrode and correlation analyses in the cat," *Biological Cybernetics*, **60**, 121–130 (1988).

[11] B.D. Burns and A.C. Webb: "The spontaneous activity of neurones in the cat's cerebral cortex," *Proceedings of the Royal Society of London B: Biological Sciences*, **194**, 211–223 (1976).

[12] L. Kostal, P. Lansky, and J.P. Rospars: "Neuronal coding and spiking randomness," *European Journal of Neuroscience*, **26**, 2693–2701 (2007).

[13] T. Gollisch and M. Meister: "Rapid neural coding in the retina with relative spike latencies," *Science*, **319**, 1108–1111 (2008).

[14] S. Shinomoto, K. Shima, and J. Tanji: "Differences in spiking patterns among cortical neurons," *Neural Computation*, 15, 2823–2842 (2003).

[15] G.L. Gerstein R.M. Davies and S.N. Baker: "Measurement of time-dependent changes in the irregularity of neural spiking," *Journal of Neurophysiology*, **96**, 906–918 (2006).

[16] K. Fujiwara and K. Aihara: "Time-varying irregularities in multiple trial spike data," *European Physical Journal B*, **68**, 283–289 (2009).

[17] A.B. Schwartz: "Cortical neural prosthetics," *Annual Review of Neuroscience*, **27**, No. 1, 487–507 (2004).

[18] A.B. Schwartz, X.T. Cui, D.J. Weber, and D.W. Moran: "Brain-controlled interfaces: Movement restoration with neural prosthetics," *Neuron*, **52**, No. 1, 205–220 (2006).

[19] M.A. Lebedev and M.A. Nicolelis: "Brain machine interfaces: past, present and future," *Trends in Neurosciences*, **29**, No. 9, 536–546 (2006).

[20] J.P. Donoghue: "Bridging the brain to the

world: A perspective on neural interface systems," *Neuron*, **60**, No. 3, 511–521 (2008).

[21] A. M. Green and J. F. Kalaska: "Learning to move machines with the mind," *Trends in Neurosciences*, **34**, No. 2, 61–75 (2011).

[22] V. Gilja, C. A. Chestek, I. Diester, J. M. Henderson, K. Deisseroth, and K. V. Shenoy: "Challenges and opportunities for next-generation intracortically based neural prostheses," *IEEE Transactions on Biomedical Engineering*, **58**, No. 7, 1891–1899 (2011).

[23] D. M. Brandman, S. S. Cash, and L. R. Hochberg: "Review: Human intracortical recording and neural decoding for brain-computer interfaces," *IEEE Transactions on Neural Systems and Rehabilitation Engineering*, **PP**, No. 99, 1–1 (2017).

[24] A. P. Georgopoulos, J. Kalaska, R. Caminiti, and J. T. Massey: "On the relations between the direction of two-dimensional arm movements and cell discharge in primate motor cortex," *Journal of Neuroscience*, **2**, No. 11, 1527–1537 (1982).

[25] A. P. Georgopoulos, A. B. Schwartz, and R. E. Kettner: "Neuronal population coding of movement direction," *Science*, **233**, No. 4771, 1416–1419 (1986).

[26] J. K. Chapin, K. A. Moxon, R. S. Markowitz, and Miguel A. Nicolelis: "Real-time control of a robot arm using simultaneously recorded neurons in the motor cortex," *Nature Neuroscience*, **2**, No. 7, 664–670 (1999).

[27] M. Velliste, S. Perel, M. C. Spalding, A. S. Whitford, and A. B. Schwartz: "Cortical control of a prosthetic arm for self-feeding," *Nature*, **453**, No. 7198, 1098–1101 (2008).

[28] D. M. Taylor: "Direct cortical control of 3D neuroprosthetic devices," *Science*, **296**, No. 5574, 1829–1832 (2002).

[29] L. R. Hochberg, M. D. Serruya, G. M. Friehs, J. A. Mukand, M. Saleh, A. H. Caplan, A. Branner, D. Chen, R. D. Penn, and J. P. Donoghue: "Neuronal ensemble control of prosthetic devices by a human with tetraplegia," *Nature*, **442**, No. 7099, 164–171 (2006).

[30] J. D. Simeral, S-P Kim, M. J. Black, J. P. Donoghue, and L. R. Hochberg: "Neural control of cursor trajectory and click by a human with tetraplegia 1000 days after implant of an intracortical microelectrode array," *Journal of Neural Engineering*, **8**, No. 2, 025027 (2011).

[31] L. R. Hochberg, D. Bacher, B. Jarosiewicz, N. Y. Masse, J. D. Simeral, J. Vogel, S. Haddadin, J. Liu, Sydney S. Cash, P. van der Smagt, and J. P. Donoghue: "Reach and grasp by people with tetraplegia using a neurally controlled robotic arm," *Nature*, **485**, No. 7398, 372–375 (2012).

[32] S. P. Kim, J. D. Simeral, L. R. Hochberg, J. P. Donoghue, G. M. Friehs, and M. J. Black: "Point-and-click cursor control with an intracortical neural interface system by humans with tetraplegia," *IEEE Transactions on Neural Systems and Rehabilitation Engineering*, **19**, No. 2, 193–203 (2011).

[33] `http://www.nature.com/nature/journal/v453/n7198/abs/nature06996.html`.

[34] `https://www.nature.com/nature/journal/v485/n7398/full/nature11076.html`.

[35] `https://www.youtube.com/watch?v=ogBX18maUiM`.

[36] D. E. Thompson, L. R Quitadamo, L. Mainardi, K. ur Rehman Laghari, S. Gao, P.-J. Kindermans, J. D. Simeral, R. Fazel-Rezai, M. Matteucci, T. H. Falk, L. Bianchi, C. A. Chestek, and J. E. Huggins: "Performance measurement for brain-computer or brain-machine interfaces: a tutorial," *Journal of Neural Engineering*, **11**, No. 3, 035001 (2014).

[37] D. Ariely and G. S. Berns: "Neuromarketing: the hope and hype of neuroimaging in business," *Nature Review Neuroscience*, **11**, No. 4, 284–292 (2010).

[38] S. M. McClure, J. Li, D. Tomlin, K. S. Cypert, L. M. Montague, and P. Read Montague: "Neural correlates of behavioral preference for culturally familiar drinks," *Neuron*, **44**, No. 2, 379–387 (2004).

[39] J. T. Kaplan, J. Freedman, and M. Iacoboni: "Us versus them: Political attitudes and party affiliation influence neural response to faces

of presidential candidates," *Neuropsychologia*, **45**, No. 1, 5564 (2007).

[40] http://www.nytimes.com/2007/11/11/opinion/11freedman.html?_r=1&scp=3&sq=University of California Freedman brain election&st=cse.

14. 人工知能

14.1 知能—「知的」情報処理

人工知能 (artificial intelligence：AI) とは，一言でいえば「考える機械」を実現しようという研究領域である．人間の知能，すなわち「知的」情報処理をコンピュータ上で実現するためには「知的」であるとはどういうことかわからなければならない．人工知能研究は「動作原理」の追及 (工学) を通して「説明原理」の追及 (理学) を行う．

人間の情報処理は一般に図 14.1 のように捉えられている．外部情報は認識・識別処理によって記号化され，内部表現に変換される．そして，内部表現された知識に基づいて推論や予測といった高次の情報処理が行われる．また，人間の情報処理は固定したものではなく，環境や状況に適応して変化する．すなわち，学習機能を備えている．

人工知能の方法論には大きく分けて二つの立場，パターン主義と記号主義がある．前者は脳の構造に着目したニューラルネットワークに基づくパターン情報処理によって認識・識別機能を実現しようという立場であり，後者は知能の機能的側面に着目し，記号処理によって知識に基づく探索や推論・予測を実現しようという立場である．歴史的には，まずゲームやパズルを解くといった知能の機能的側面に着目した研究が行われ，組合せ問題を解くための探索アルゴリズムが研究された．一方で，ニューラルネットワークによるパターン認識の研究が行われた．その後，問題を解くアルゴリズムから問題を表現する知識へと関心が移り，記号論理に基づく問題解決の方法が研究された．しかし，問題解決に必要な知識を人手で獲得するのは意外に難しく，自動的に知識獲得を行う学習が注目されるようになった．そして今日では，インターネットの普及などで大量のデータが入手可能になったこともあり，統計的な手法を用いた機械学習の研究が盛んに行われている．

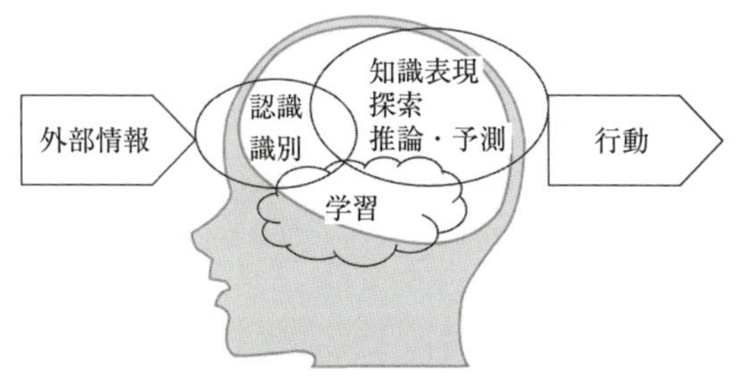

図 14.1　人間の情報処理

14.2 問題解決

14.2.1 問題解決と探索

情報処理は情報をいかに表現するか，表現されたものをいかに操作するかという観点から捉えることができる．コンピュータプログラムをデータ構造とアルゴリズムという観点から考えるのと同じである．問題解決 (problem-solving) においても，問題をどのように捉えて表現するか，その表現のもとでどのような操作が可能かといったことを考えることになる．

図 14.2 に示すような「積木の問題」を考えてみよう．この問題は人工知能研究の初期の頃から取り上げられた計画立案問題で，知能というものを考える上で単純ではあるが手頃な複雑さをもった問題である．ロボットは基本的な手の操作 (オペレータ) を組み合わせて初期状態から目標状態を達成する．積木の問題を解くために必要なオペレータとしては

- $pickup(x)$：テーブルの上の積木 x を持ち上げる
- $unstack(x, y)$：積木 y の上の積木 x を持ち上げる
- $putdown(x)$：積木 x をテーブルの上に置く
- $stack(x, y)$：積木 x を積木 y の上に置く

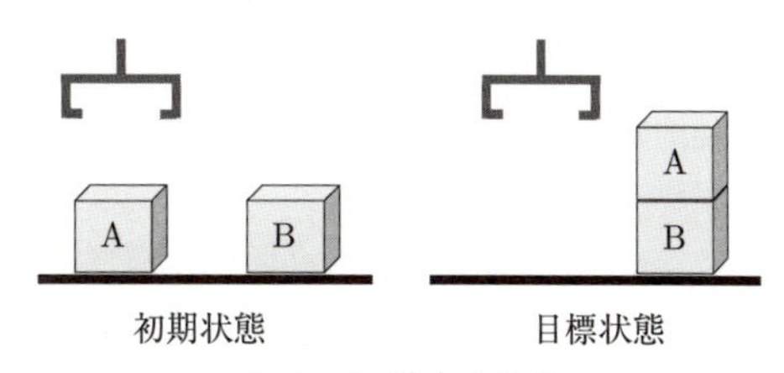

図 14.2　積木の問題

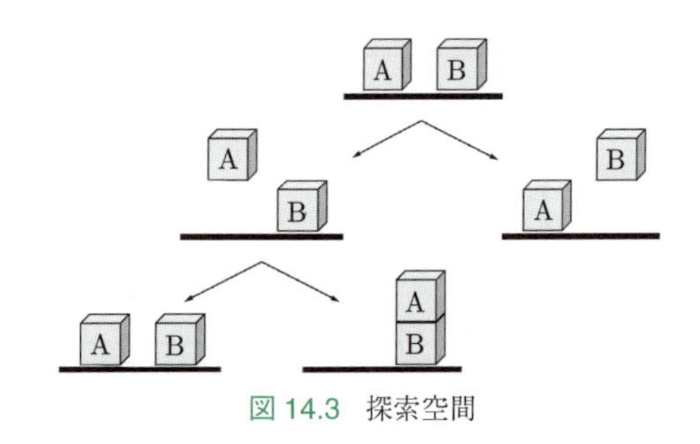

図 14.3　探索空間

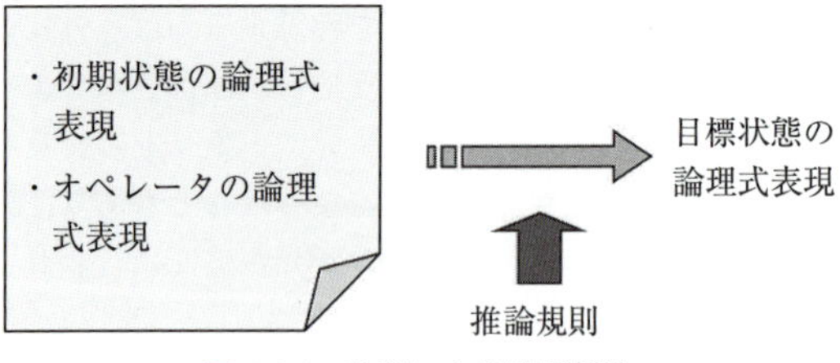

図 14.4　論理による問題解決

という 4 種類の基本操作を考えればよい．

初期状態から出発して適用可能なオペレータを施していくと，図 14.3 に示すような探索空間 (状態の遷移状況) が得られる．このような状態遷移の中から目標状態に達する遷移過程を見つけだせば問題を解決したことになる．この場合 $pickup(A) \to stack(A, B)$ が解となる．これが探索による問題解決という考え方である．基本的な探索アルゴリズムとして，縦形 (深さ優先) 探索 (depth-first search) と横形 (幅優先) 探索 (breadth-first search) の二つがある．これら基本的なアルゴリズムに状態の評価関数を導入して探索の効率化を図るさまざまなアルゴリズムが提案されてきた．人工知能の分野では A* アルゴリズム (algorithm A*) などがよく知られている．

14.2.2　論理による問題解決

人間の思考を形式化したものが論理である．問題解決を思考と捉え，情報処理の観点から考えれば

「知的」情報処理 = 知識表現 + 推論

として論理的な取扱いをすることができる．論理は人工知能における基本的な言語 (表現方法) としての役割も果たしている．

さて,「積木の問題」を論理による問題解決という観点から捉えると図 14.4 のようになる．初期状態は，1 階述語論理式を用いて

$$ontable(A, S_0) \wedge ontable(B, S_0) \quad (14.1)$$

と表現でき，オペレータ $pickup(x)$ と $stack(x, y)$ については，それぞれ

$$\forall x \forall s.[ontable(x, s) \to holding(x, after(pickup(x), s))] \quad (14.2)$$

$$\forall x \forall y \forall s.[holding(x, s) \to on(x, y, after(stack(x, y), s))] \quad (14.3)$$

と表現できる．また，目標状態は

$$\exists s.on(A, B, s) \quad (14.4)$$

と表現できる．

式 (14.1) は「(初期) 状態 S_0 で積木 A がテーブル上にあり，かつ積木 B がテーブル上にある」ということを表している．式 (14.2) は「状態 s で積木 A がテーブル上にあれば，状態 s でオペレータ $pickup(x)$ を実行した後の状態では積木 x をもっている」ということを表しており，式 (14.4) は「積木 A が積木 B の上にあるような状態 s が存在する」ということを表している．式 (14.1)，(14.2)，(14.3) から式 (14.4) を推論によって導くことができれば，目標状態を達成できることが示されたことになる．

推論 (inference) とは，前提となる論理式の集合 $\Sigma = \{\varphi_1, \varphi_2, \cdots, \varphi_n\}$ から結論となる論理式 φ を導き出すことである．前提が真であれば結論も真になるとき，すなわち論理式 $\varphi_1 \wedge \varphi_2 \wedge \cdots \wedge \varphi_n$ が真であるとき論理式 φ も真になるとき，φ は Σ からの論理的帰結 (logical consequence) であるといい，その推論は妥当 (valid) であるという．つまり，推論の「正しさ」とは真理保存的であるということである．推論の妥当性を示すには

$$(\varphi_1 \wedge \varphi_2 \wedge \cdots \wedge \varphi_n) \to \varphi$$

という論理式が恒真であることを示せばよい．あるいは，その否定

$$\begin{aligned} &\neg((\varphi_1 \wedge \varphi_2 \wedge \cdots \wedge \varphi_n) \to \varphi) \\ &= \neg(\neg(\varphi_1 \wedge \varphi_2 \wedge \cdots \wedge \varphi_n) \vee \varphi) \\ &= \varphi_1 \wedge \varphi_2 \wedge \cdots \wedge \varphi_n \wedge \neg\varphi \end{aligned}$$

が恒偽であることを示せばよい．これは，論理式の集合 $\Sigma \cup \{\neg\varphi\}$ が矛盾していることを示せばよいということを意味している．

ところで，妥当な推論形式としてよく知られたものに三段論法 (syllogism) がある．導出 (resolution) はこの三段論法を節形式で表現したもので

$$\frac{l \vee C_1 \quad \sim l \vee C_2}{C_1 \vee C_2}$$

という形式をしている．ここで，l と $\sim l$ は相補的リテラルであり，C_1 と C_2 は相補的リテラルを含まない節 (リテラルの選言) である．この推論形式は妥当である

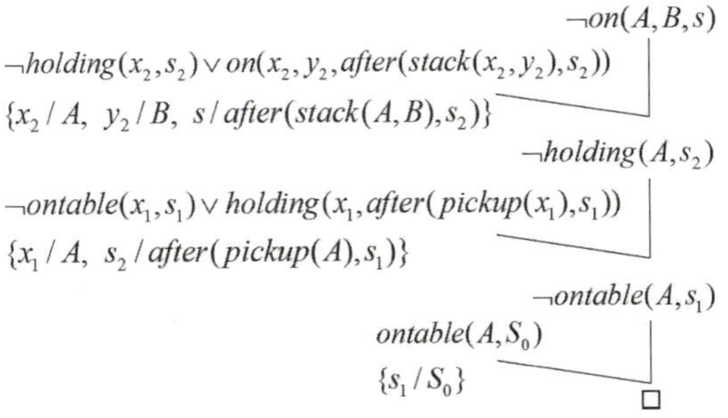

$\neg on(A,B,s)$

$\neg holding(x_2,s_2) \vee on(x_2,y_2,after(stack(x_2,y_2),s_2))$

$\{x_2/A,\ y_2/B,\ s/after(stack(A,B),s_2)\}$

$\neg holding(A,s_2)$

$\neg ontable(x_1,s_1) \vee holding(x_1,after(pickup(x_1),s_1))$

$\{x_1/A,\ s_2/after(pickup(A),s_1)\}$

$\neg ontable(A,s_1)$

$ontable(A,S_0)$

$\{s_1/S_0\}$

$\square$

図 14.5 導出反駁木

から，前提となる二つの論理式 $l \vee C_1$ と $\sim l \vee C_2$ がともに真であるとき結論となる論理式 $C_1 \vee C_2$ も真になる．導出原理 (resolution principle) は，前提となる論理式の集合に結論を否定した論理式を加えた論理式の集合 (節集合) にこの導出を適用して矛盾を導くことにより推論の妥当性を証明する方法である．式 (14.1), (14.2), (14.3) に式 (14.4) の否定

$$\neg\exists s.on(A,B,s) = \forall s.\neg on(A,B,s)$$

を加えて，節形式に変換すると次のような節集合が得られる．

$$\{\neg on(A,B,s),$$
$$ontable(A,S_0),\ ontable(B,S_0),$$
$$\neg ontable(x_1,s_1) \vee holding(x_1,after(pickup(x_1),s_1)),$$
$$\neg holding(x_2,s_2) \vee on(x_2,after(stack(x_2,y_2),s_2))\}$$

この節集合に導出原理を適用すると，その導出反駁プロセスは図 14.5 のようになり，空節 (矛盾) が導かれる．すなわち，目標状態が成り立つことが証明されたことになる．この導出プロセスにおける変数への代入をトレースすれば

$$S_0 \to s_1,$$
$$after(pickup(A),s_1) \to s_2,$$
$$after(stack(A,B),s_2) \to s$$

であるから

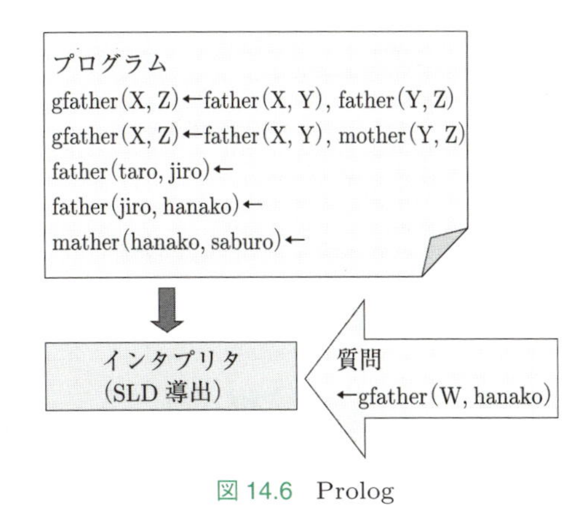

図 14.6 Prolog

$$s = after(stack(A,B), after(pickup(A), S_0))$$

となり，この「積木の問題」の解を得ることができる．

この方法の特徴は，問題に関する知識を論理式で表現できさえすれば，推論によって機械的にその解を見つけることができるという点にある．しかも，同じ知識を用いて当初想定していなかった問に対しても答えることができる．例えば，上記の場合

$$\exists s.on(B,A,s)$$

という目標状態についても答えることができる．

プログラミング言語 Prolog は，図 14.6 に示すように，論理式 (ホーン節) の集合で表現された知識をプログラムとみなし，証明したい結論を質問として与えると，導出原理に基づく推論エンジンをインタープリタとして動作し，質問に答えるシステムである．図 14.6 に示す例の場合，「花子 (hanako) の祖父 (gfather) は?」という質問をすれば「太郎 (taro)」という答が返ってくる．また，同じ知識 (プログラム) に対して

$$\leftarrow \text{gfather(W,saburo)}$$

という質問 (「三郎 (saburo) の祖父 (gfather) は?」) をすれば，「次郎 (jiro)」という答が返ってくる．

14.2 節のまとめ

- 本節では，人工知能が取り組むべき基本的な課題として問題解決を取り上げ，まず，アルゴリズムという観点から探索の手法について説明し，次に問題の表現という観点から論理による問題解決について説明した．

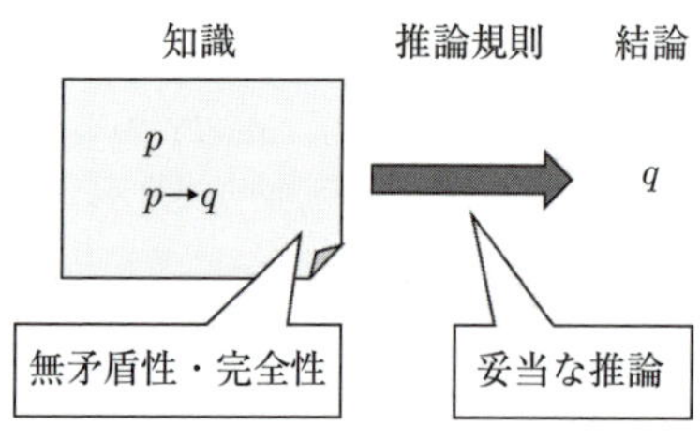

図 14.7　論理による問題解決の条件

14.3 知 識 と 推 論

14.3.1 不完全な知識の取扱い

論理的アプローチによって問題が解決できるためには，実は図 14.7 に示すような二つの条件が必要である．一つは推論規則が真理保存的，すなわち妥当であること，もう一つは知識が無矛盾でかつ完全であることである．前者については，導出が妥当な推論であることから問題はない．問題は後者である．もし知識が矛盾したものであれば，どのような結論でも得ることができるので証明そのものが無意味となる (導出原理は矛盾を導くことによって証明を行うので，もともとの知識が矛盾していれば何でも証明できてしまう) からである．また，知識が不完全であれば証明は完結しない．

ところで，人間の知識 (例えば，常識) は不完全であり，曖昧で矛盾していることもある．不完全な知識から合理的な推論を行うにはどうしたらよいだろうか? 例えば,「鳥は飛ぶものだ」という常識的な知識を 1 階述語論理式を用いて

$$\forall x.[bird(x) \rightarrow fly(x)]$$

と表現すれば「すべての鳥は飛ぶ」ということを表していることになる．しかし，世の中には飛ばない鳥 (例えば，ペンギンやダチョウ) や飛べない鳥 (怪我をした鳥) も存在するので，この表現は不完全である．一方，例外は無数考えられるので，あらかじめ例外をすべて記述しておくというのも不可能である．そこで，$\mathcal{M}\varphi$ という論理表現によって「φ は他の論理式と矛盾しない」ということを表すことにすれば

$$\forall x.[bird(x) \wedge \mathcal{M}fly(x) \rightarrow fly(x)] \quad (14.5)$$

と表現することにより，飛ばないことが明示された鳥以外の鳥は飛ぶものとして推論することが可能になる．

例えば

$$\begin{cases} \forall x.[penguin(x) \rightarrow \neg fly(x)] \\ bird(Tweety) \end{cases}$$

という知識のもとで式 (14.5) を用いれば，$\neg fly(Tweety)$ は証明されないので $fly(Tweety)$ を得ることができる．しかし，

$$penguin(Tweety)$$

という知識が加わると，$\neg fly(Tweety)$ が証明されるので $fly(Tweety)$ は得られなくなる．

古典論理 (命題論理や 1 階述語論理) においては一度演繹された論理式はその後も成り立つので，知識 Σ と Γ から演繹された論理式の集合 (論理的帰結集合) $Th(\Sigma)$ と $Th(\Gamma)$ の間には

$$\Sigma \subseteq \Gamma \Rightarrow Th(\Sigma) \subseteq Th(\Gamma)$$

という関係，すなわち単調性が成り立っている．しかし，上記のような推論においてはこのような関係は成り立たない．そのため**非単調推論** (non-monotonic reasoning) とよばれる．単調性が成り立つ場合，ある結論を得るのに知識の一部を用いて証明できれば，それで十分である．しかし，非単調な推論においては知識全体を常に考慮しなければならず，このことが非単調推論の実現を困難なものにしている．

$\mathcal{M}\varphi$ を具体的にどのように取り扱うか (計算するか) という観点から，**デフォルト推論** (default reasoning)，**極小限定** (circumscription)，**仮説推論** (hypothetical reasoning) といった考え方が提案された．

デフォルト推論は

$$(\alpha \wedge \mathcal{M}\beta) \rightarrow \gamma$$

という論理式のかわりに

$$\frac{\alpha : \beta}{\gamma}$$

というデフォルト規則を導入し，β が知識全体と矛盾しなければ $\alpha \Rightarrow \gamma$ という推論を 1 階述語論理の枠内で行おうというものである．式 (14.5) をデフォルト規則で表現すれば

$$\frac{bird(x) : fly(x)}{fly(x)}$$

となる．

デフォルト規則の集合を D, 閉論理式の集合を W としたとき, $\Delta = (D, W)$ をデフォルト理論とよび, デフォルト理論から導かれる無矛盾な論理式全体の集合 E を拡張 (extension) という．拡張 E は次のように定義される．

(1) $E_0 = W$

(2) E_{i+1}

$$= Th(E_i) \cup \{\gamma \mid \frac{\alpha : \beta}{\gamma} \in D, \alpha \in E_i, \neg\beta \notin E\}$$

(3) $E = \bigcup_{i=0}^{\infty} E_i$

論理式 φ がデフォルト理論 $\Delta = (D, W)$ のもとで

成り立つということは $\varphi \in E$ ということである．ところで，この拡張の定義は (2) の条件が $\neg\beta \notin E$ となっているので構成的ではない．したがって，この定義に従って拡張を計算するわけにはいかない．

デフォルト理論 $\Delta = (D, W)$ の拡張 E を計算する方法として以下のような方法がある．D からのデフォルト規則の系列を $\Pi = (\delta_0, \delta_1, \delta_2, \cdots)$ とし，その長さ k の初期系列を $\Pi_k = (\delta_0, \delta_1, \cdots, \delta_{k-1})$ とする．また，デフォルト規則

$$\delta = \frac{\alpha : \beta}{\gamma}$$

について α を $pre(\delta)$，β を $just(\delta)$，γ を $cons(\delta)$ とし

$$In(\Pi) = Th(W \cup \{cons(\delta) \mid \delta \in \Pi\})$$
$$Out(\Pi) = \{\neg just(\delta) \mid \delta \in \Pi\}$$

とする．そして，すべての $\delta_k \in \Pi$ について δ_k が $In(\Pi_k)$ に対して適用可能，すなわち

$$pre(\delta_k) \in In(\Pi_k) \text{ かつ } \neg just(\delta_k) \notin In(\Pi_k)$$

であるとき Π をプロセスという．さらに，$In(\Pi)$ に対して適用可能な δ がすべて Π に含まれているとき Π は閉じているといい，

$$In(\Pi) \cap Out(\Pi) = \emptyset$$

であれば成功しているという．さて，Π が閉じた成功プロセスであれば $E = In(\Pi)$ であるから，拡張 E を求めるには，$\langle Th(W), \emptyset \rangle$ を根とし，適用可能な δ_k を枝，$\langle In(\Pi_k), Out(\Pi_k) \rangle$ を節点とする木を生成していき，各プロセスが閉じて成功かどうかチェックすればよい．

次のデフォルト理論 $\Delta = (D, W)$

$$D = \left\{ \delta_1 = \frac{p : q}{r},\ \delta_2 = \frac{r : s}{s},\ \delta_3 = \frac{: \neg s}{\neg q} \right\}$$
$$W = \{p\}$$

についてプロセスの木を求めると図 14.8 のようになるので，拡張 E として $Th(\{p, r, s\})$ と $Th(\{p, \neg q\})$ の二つが得られる．

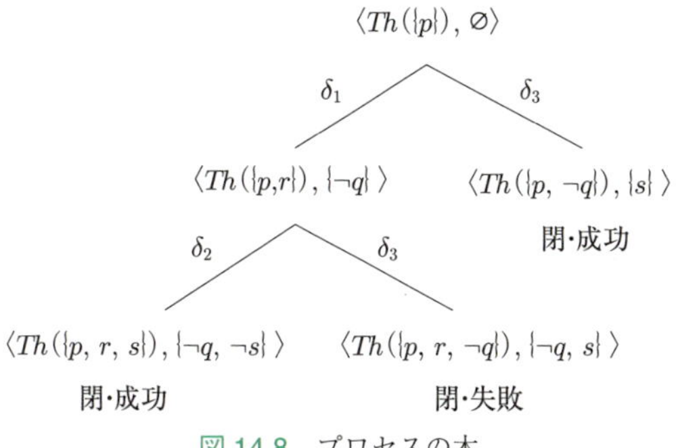

図 14.8 プロセスの木

極小限定は，常識の適用は考慮すべき事柄を限定することであると考え，述語の外延 (その述語を真とする個体の集合) を限定 (極小化) することを定式化したものである．限定対象の述語を p，p の極小化に際して解釈の変更可能な述語 z を含む 1 階述語論理式を $\Sigma(p; z)$ とする．また，

$$p < q \equiv \forall x.[p(x) \to q(x)] \wedge \neg(\forall x.[q(x) \to p(x)])$$

と定義する．この式は述語 p の外延が述語 q の外延より小さいことを表している．さて，述語 z 可変で $\Sigma(p; z)$ における述語 p の極小限定は

$$\begin{aligned} &Circ[\Sigma; p; z] \\ &= \Sigma(p; z) \wedge \neg\exists\varphi\exists\psi.[\Sigma(\varphi; \psi) \wedge (\varphi < p)] \end{aligned}$$

と定式化される．$Circ[\Sigma; p; z]$ は，$\Sigma(p; z)$ が成り立ち，かつ $\Sigma(\varphi; \psi)$ を満たして p より小さい外延をもつ述語は存在しないということを表している．この定式化は高階論理を用いた表現なのでそのままでは計算できない．そこで，いくつかの条件のもと 1 階述語論理に翻訳して計算する方法が提案されている．

式 (14.5) を「異常である ($abnormal$)」を表す述語 ab を用いて

$$\forall x.[bird(x) \wedge \neg ab(x) \to fly(x)]$$

と表現し

$$\begin{aligned} \Sigma(ab; fly) = &\forall x.[(bird(x) \wedge \neg ab(x)) \to fly(x)] \\ &\wedge bird(Tweety) \end{aligned}$$

とする．このとき，述語 fly の解釈を可変にして述語 ab を極小限定すれば

$$Circ[\Sigma(ab; fly); ab; fly] = \Sigma(ab; fly) \wedge \forall x.[\neg ab(x)]$$

と計算できるので，$fly(Tweety)$ を得ることができる．

仮説推論はデフォルト推論や極小限定を統一的に取り扱う枠組みとして提案された．真偽不明な事柄や矛盾する可能性のある事柄は仮説とし，常に成り立つ事柄は事実として仮説集合と事実集合からなる知識を考える．そして，このような知識からの推論として，事実にそれと無矛盾な仮説を付け加えたシナリオからの演繹推論を考える．

Σ を事実集合，Δ を仮説集合としたとき

(1) $D \subseteq \Delta$

(2) $\Sigma \cup D$ は無矛盾である．

という条件を満たす $\Sigma \cup D$ を $\langle \Sigma, \Delta \rangle$ のシナリオという．例えば

$$\Delta = \{p,\ \neg p\}$$
$$\Sigma = \{p \to q,\ \neg p \to \neg q,\ r\}$$

とすれば

$$S_1 = \Sigma \cup \{p\}$$
$$S_2 = \Sigma \cup \{\neg p\}$$

という二つのシナリオが得られる．このとき，q は S_1 からは得られるが，S_2 からは得られない (それどころか S_2 からは $\neg q$ が得られる)．

$\langle \Sigma, \Delta \rangle$ からの論理的帰結を考えるとき，少なくとも一つのシナリオから演繹されればよいとする考え方を軽信的方針といい，すべてのシナリオから演繹されなければならないとする考え方を懐疑的方針という．

14.3.2 矛盾した知識の取扱い

仮説推論をさらに一般化して仮説と事実の区別がない知識を考える．知識 (論理式の集合) Σ について

$$\Sigma \vdash \varphi \text{ かつ } \Sigma \vdash \neg\varphi$$

なる論理式 φ が存在するとき，Σ は矛盾 (inconsistent) しているという．ここで，$\Sigma \vdash \varphi$ は φ が Σ から演繹可能であることを表す．矛盾した知識からは任意の結論を得ることができるので，矛盾した知識からの演繹は無意味である．矛盾した知識から何らかの意味で合理的な結論を得る推論は準無矛盾推論 (paraconsistent reasoning) とよばれる．具体的な推論方法として，以下のような方法が考えられる．

- 極大無矛盾集合を用いた方法：矛盾した知識から無矛盾で極大な部分集合を選び出し，そのもとで演繹を行う方法
- 議論を用いた方法：結論とそれを導く無矛盾で極小な知識集合の組を議論として捉え，議論間の対立関係を考慮して容認可能な結論を求める方法

矛盾した知識 (命題論理式の集合) Σ から命題論理式 φ が合理的に得られることを保証するための条件について考えてみよう．Σ の無矛盾な部分集合 S に対して $S \subset S'$ となるような Σ の無矛盾な部分集合 S' が存在しないとき，S を Σ の極大無矛盾集合という．Σ のすべての極大無矛盾集合からなる集合を $MC(\Sigma)$ とする．

さて，命題論理式 φ に対して

$$\Pi = \{S \mid S \in MC(\Sigma),\ S \vdash \varphi\}$$

とし，すべての $S \in MC(\Sigma)$ について以下の条件を満たす命題論理式 c を Σ における φ の文脈とよぶことにする．

(1) $S \in \Pi$ ならば $S \cup \{c\}$ は無矛盾である．

(2) $S \notin \Pi$ ならば $S \cup \{c\}$ は矛盾している．

この文脈 c は，これと矛盾しない極大無矛盾集合のもとで φ が成り立つことを表しているので，Σ から φ が合理的に得られることを保証するための条件と考えることができる．

次のような知識 Σ について見てみよう．

$$\Sigma = \{p,\ \neg p,\ q,\ \neg q,\ p \to r,\ q \to r\}$$

Σ の極大無矛盾集合を求めると

$$MC(\Sigma) = \{S_1, S_2, S_3, S_4\}$$
$$S_1 = \{\neg p,\ \neg q,\ p \to r,\ q \to r\}$$
$$S_2 = \{\neg p,\ q,\ p \to r,\ q \to r\}$$
$$S_3 = \{p,\ \neg q,\ p \to r,\ q \to r\}$$
$$S_4 = \{p,\ q,\ p \to r,\ q \to r\}$$

であるから，論理式 r に対して $\Pi = \{S_2, S_3, S_4\}$ となる．さてここで，$p \vee q$ という論理式を考えると，S_1 とは $\neg p \wedge \neg q = \neg(p \vee q)$ であるから矛盾するが，S_2，S_3，S_4 とは矛盾しない．したがって $p \vee q$ は r の文脈ということになる．命題論理式 p，q，r がそれぞれ「雨が降った」,「散水した」,「路面は濡れている」ということを表しているとすれば

$$\Sigma = \{\text{雨が降った, 雨が降らなかった, 散水した, 散水しなかった, 雨が降ったら路面は濡れている, 散水したら路面は濡れている}\}$$

となるので，上記の結果は「路面が濡れているのは，雨が降ったか散水したからだ」と解釈することができる．

矛盾した知識 Σ の極大無矛盾集合や論理式 φ の文脈を具体的に計算する方法としては，Σ の極小矛盾集合を用いる方法が提案されている．なお，極小矛盾集合を求めるには最短線形反駁プロセスを利用した方法が考えられる．

矛盾した知識 Σ の無矛盾な部分集合 Φ が命題論理式 φ に対して $\Phi \vdash \varphi$ となる極小な集合であるとき，$\langle \Phi, \varphi \rangle$ を Σ からの議論 (argument) といい，Φ の要素がすべて真であるとき議論 $\langle \Phi, \varphi \rangle$ は健全であるという．

知識 Σ は矛盾しているので，Σ からの議論を $A_1 = \langle \Phi_1, \varphi_1 \rangle$，$A_2 = \langle \Phi_2, \varphi_2 \rangle$ とすると，議論間には以下のような対立関係が存在する．

(1) (反駁関係) $\varphi_1 = \neg\varphi_2$ であるとき A_1 は A_2 を反駁する (または，A_2 は A_1 を反駁する) という．

(2) (無効化関係) $\exists\varphi \in \Phi_2$ について $\varphi_1 = \neg\varphi$ であるとき A_1 は A_2 を無効化するという．

(3) (不同意関係) $\{\varphi_1, \varphi_2\}$ が矛盾しているとき A_1 と A_2 は不同意であるという．

(4) (弱無効化関係) $\exists\Phi \subseteq \Phi_2$ について $\langle \Phi, \varphi \rangle$ で $\{\varphi_1, \varphi\}$ が矛盾しているとき A_1 は A_2 を弱無効化するという．

例えば

$$A_1 = \langle \{p,\ p \to q\},\ q \rangle$$
$$A_2 = \langle \{r,\ r \to \neg q\},\ \neg q \rangle$$
$$A_3 = \langle \{p,\ \neg q,\ (p \wedge \neg q) \to r\},\ r \rangle$$
$$A_4 = \langle \{r,\ r \to \neg q\},\ r \wedge \neg q \rangle$$
$$A_5 = \langle \{r,\ r \to \neg q,\ \neg q \to p\},\ p \rangle$$

とすると，A_1 は A_2 を反駁し，A_2 は A_1 を反駁している．A_1 は A_3 を無効化し，A_1 と A_4 は不同意である．A_5 からは $\langle \{r,\ r \to \neg q\},\ \neg q \rangle$ という議論が得られ，これは A_1 と不同意であるから A_1 は A_5 を弱無効化している．

さて，矛盾した知識 Σ からの議論 A について，それを無効化する議論が存在しなければ，A を反駁する議論，A と不同意な議論，A を弱無効化する議論のいずれも存在しないことが証明できる．そこで，φ を結論とする議論 $A = \langle \Phi, \varphi \rangle$ について，それを無効化する議論が存在しないか存在してもすべて健全でないとき $A = \langle \Phi, \varphi \rangle$ は有効であるといい，命題論理式 s のもとで φ を結論とする Σ からの議論の少なくとも一つが有効であるとき，s を φ の正当化条件とよぶことにする．

前述の矛盾した知識

$$\Sigma = \{p,\ \neg p,\ q,\ \neg q,\ p \to r,\ q \to r\}$$

についてみてみよう．r を結論とする議論は $A_1 = \langle \{p,\ p \to r\},\ r \rangle$ と $A_2 = \langle \{q,\ q \to r\},\ r \rangle$ の二つである．そして，A_1 を無効化する議論として $A_3 = \langle \{\neg p\},\ \neg p \rangle$ があり，A_2 を無効化する議論として $A_4 = \langle \{\neg q\},\ \neg q \rangle$ がある．さて，命題論理式 p のもとで議論 A_3 は健全ではなく，q のもとで議論 A_4 は健全ではない．したがって，命題論理式 $p \vee q$ のもとで議論 A_1 と A_2 の少なくともどちらか一方は有効となる．すなわち，$p \vee q$ は r の正当化条件であり，前述の例における文脈と同じ結果が得られたことになる．実際，矛盾した知識 Σ における命題論理式 φ の文脈と正当化条件は同値であることが証明されている．

こうした古典論理に基づく方法とは別に，多値論理 (3 値論理) を用いる方法も提案されている．古典論理 (2 値論理) の真理値 T (真)，F (偽) に加えて U (不明) を導入することで，古典論理における矛盾を解消し 3 値論理の意味論に基づいて推論を行う方法である．3 値論理に基づく論理的帰結関係として，知識の意味解釈における曖昧さを最小にするという観点から真理値 U が割り当てられた原子式の個数が最小なモデルを考え，そうしたモデルのすべてにおいて真となる論理式をその知識からの結論とする論理的帰結関係を考えることができる．この論理的帰結関係は，知識 Σ が無矛盾であれば古典論理における論理的帰結関係と一致することが証明されており，知識 Σ が矛盾している場合，φ が Σ の 3 値論理に基づく論理的帰結関係にあるかどうか Σ の極小矛盾集合を利用して計算する方法が提案されている．

14.3.3 曖昧な知識の取扱い

曖昧な知識を取り扱う方法としては，論理式に信頼度を示す数値を付与するという方法が考えられる．**確率論理** (probabilistic logic) は信頼度として主観確率 (論理式が真である確率) を考え，確率の付与された論理式の集合 (知識) から導かれる論理式の確率を計算する．

例えば，図 14.9 に示すような知識 $\{\varphi_1 = P,\ \varphi_2 = P \to Q\}$ から論理式 $\varphi_3 = Q$ を導く肯定式とよばれる推論を考えてみる．ここで，p_i は論理式 φ_i の信頼度，すなわち論理式 φ_i が真である確率を表している．

ところで，「論理式 φ が真である確率」とはどのように考えればよいだろうか? 確率論理では，論理式 φ が真となる可能世界の集合 $W_{\varphi=\mathrm{T}}$ と偽となる可能世界の集合 $W_{\varphi=\mathrm{F}}$ を考え，現実世界が $W_{\varphi=\mathrm{T}}$ に属する確率を φ が真となる確率と考える．図 14.9 の肯定式の例の場合，原子式は P と Q であり，それぞれ真 (T)，偽 (F) 2 通りの解釈があるので可能世界は表 14.1 のように w_1，w_2，w_3，w_4 の 4 通りとなり，例えば $W_{\varphi_2=\mathrm{T}} = \{w_1, w_3, w_4\}$, $W_{\varphi_2=\mathrm{F}} = \{w_2\}$ となる．一般に，n 個の原子式からなる論理式の集合であれば 2^n 通りの可能世界が存在することになる．

論理式の集合を $\Gamma = \{\varphi_1, \varphi_2, \cdots, \varphi_n\}$ としたとき，その可能世界の集合を $W = \{w_1, w_2, \cdots, w_m\}$ とし

$$v_{ij} = \begin{cases} 1 & (\varphi_i \text{ は } w_j \text{ で真である}) \\ 0 & (\varphi_i \text{ は } w_j \text{ で偽である}) \end{cases}$$

$$\pi_j = w_j \text{が現実世界となる確率}$$

とすれば，論理式 φ_i が真である確率 p_i は

$$p_i = v_{i1}\pi_1 + v_{i2}\pi_2 + \cdots + v_{im}\pi_m$$

となる．すなわち，

$\varphi_1 = P$	$P_1 = 0.6$
$\varphi_2 = P \to Q$	$P_2 = 0.8$
$\varphi_3 = Q$	$P_3 = ?$

図 14.9 推論の例—肯定式

表 14.1 可能世界

W	$P\ Q$	$\varphi_1 = P$	$\varphi_2 = P \to Q$	$\varphi_3 = Q$
w_1	T T	T	T	T
w_2	T F	T	F	F
w_3	F T	F	T	T
w_4	F F	F	T	F

$$\boldsymbol{p} = (p_1, p_2, \cdots, p_n)^{\mathrm{T}}$$
$$\boldsymbol{\pi} = (\pi_1, \pi_2, \cdots, \pi_m)^{\mathrm{T}}$$
$$\boldsymbol{v}_i = (v_{i1}, v_{i2}, \cdots, v_{im})$$

とすれば

$$\boldsymbol{p} = \begin{pmatrix} \boldsymbol{v}_1 \\ \boldsymbol{v}_2 \\ \vdots \\ \boldsymbol{v}_n \end{pmatrix} \boldsymbol{\pi} = \boldsymbol{V}\boldsymbol{\pi}$$

となる．

さて，論理式の集合 Σ から論理式 φ を導く推論を確率で考えるということは，Σ に含まれる各論理式に確率値が付与されたとき φ の確率値を求めるということである．これを φ の Σ からの**確率的伴意** (probabilistic entailment) という．$\Sigma = \{\varphi_1, \varphi_2, \cdots, \varphi_{n-1}\}$，$\varphi = \varphi_n$ として

$$\Gamma = \Sigma \cup \{\varphi\} = \{\varphi_1, \varphi_2, \cdots, \varphi_n\}$$

とする．

$$\sum_{j=1}^{m} \pi_j = 1$$

という制約を考慮し，$\boldsymbol{p}' = (1, p_1, p_2, \cdots, p_{n-1})^{\mathrm{T}}$，$\boldsymbol{v}_0 = (1, 1, \cdots, 1)$ として

$$\boldsymbol{V}' = \begin{pmatrix} \boldsymbol{v}_0 \\ \boldsymbol{v}_1 \\ \vdots \\ \boldsymbol{v}_{n-1} \end{pmatrix}$$

とすれば

$$\boldsymbol{p}' = \boldsymbol{V}'\boldsymbol{\pi} \tag{14.6}$$

となる．したがって，確率的伴意の問題は $p_1, p_2, \cdots, p_{n-1}$ が与えられたとき式 (14.6) より $\boldsymbol{\pi}$ を求め，それを用いて $p_n = \boldsymbol{v}_n\boldsymbol{\pi}$ を計算する問題となる．しかし，式 (14.6) より $\boldsymbol{\pi}$ を求める問題は劣決定問題 ($n \ll m$ であるため解が求まらない問題) である．そこで，いくつかの条件を課して解を求める方法が考えられている．ここでは，$\boldsymbol{\pi}$ に関する情報は不明であるという点に着目し，そのエントロピーを最大化することを条件としてみる．すなわち，

$$F = -\sum_{j=1}^{m} \pi_j \log \pi_j + \lambda_0(1 - \boldsymbol{v}_0\boldsymbol{\pi}) + \lambda_1(p_1 - \boldsymbol{v}_1\boldsymbol{\pi}) + \cdots + \lambda_{n-1}(p_{n-1} - \boldsymbol{v}_{n-1}\boldsymbol{\pi})$$

を最大にする $\boldsymbol{\pi}$ を求める．

$$\frac{\partial F}{\partial \pi_j} = -\log \pi_j - 1 - \lambda_1 v_{1j} - \cdots - \lambda_{n-1} v_{n-1j} = 0$$

より

$$\pi_j = \exp\left(-1 - \sum_{i=1}^{n-1} \lambda_i v_{ij}\right)$$

となるので $c_0 = e^{-1}$，$c_i = e^{-\lambda_i}$ とおけば

$$\pi_j = c_0 c_1 c_2 \cdots c_{n-1}$$

となる．ただし，$v_{ij} = 0$ ならば $c_i = 1$ である．これを式 (14.6) に代入すれば c_1，$c_2, \cdots, c_{n-1}$ を得ることができる．すなわち，$\boldsymbol{\pi}$ が得られる．

図 14.9 の肯定式の例に適用してみよう．

$\boldsymbol{p} = (p_1, p_2, p_3)^{\mathrm{T}}$，$\boldsymbol{\pi} = (\pi_1, \pi_2, \pi_3, \pi_4)^{\mathrm{T}}$ であり，表 14.1 より

$$\boldsymbol{V} = \begin{pmatrix} 1 & 1 & 0 & 0 \\ 1 & 0 & 1 & 1 \\ 1 & 0 & 1 & 0 \end{pmatrix}$$

である．したがって

$$\pi_1 = c_0 c_1 c_2$$
$$\pi_2 = c_0 c_1$$
$$\pi_3 = c_0 c_2$$
$$\pi_4 = c_0 c_2$$

となり，式 (14.6) に代入して

$$1 = c_0 c_1 c_2 + c_0 c_1 + c_0 c_2 + c_0 c_2$$
$$p_1 = c_0 c_1 c_2 + c_0 c_1$$
$$p_2 = c_0 c_1 c_2 + c_0 c_2 + c_0 c_2$$

となるので，これを解いて

$$\boldsymbol{\pi} = \begin{pmatrix} p_1 + p_2 - 1 \\ 1 - p_2 \\ (1 - p_1)/2 \\ (1 - p_1)/2 \end{pmatrix}$$

を得る．これより

$$p_3 = (1, 0, 1, 0)\boldsymbol{\pi} = \frac{p_1}{2} + p_2 - \frac{1}{2}$$

となる．例えば，$p_1 = 0.6$，$p_2 = 0.8$ であれば $p_3 = 0.6$ となる．肯定式は妥当な推論であるから，前提が真であれば結論は必ず真となる．この場合も $p_1 = p_2 = 1$ であれば $p_3 = 1$ となる．

14.3 節のまとめ

- 本節では，論理による問題解決における知識表現の問題に着目し，不完全な知識，矛盾した知識のもと

でいかに合理的な推論を行うか説明した．また，曖昧な知識を確率を導入しつつ論理的に取り扱う方法について説明した．

14.4 パターン処理—ニューラルネットワーク

14.4.1 層状型ニューラルネットワーク

パターン認識 (pattern recognition) は画像や音声といった観測データを複数のクラス (カテゴリ) に識別分類する情報処理で，人工知能の初期の頃から盛んに研究されてきた．外部情報を内部表現 (記号処理の対象) に変換する環境認識にこそ知能の本質があると考えられたからでもある．パターン認識を分類問題として捉えれば，識別モデル (discriminative model) によるアプローチと生成モデル (generative model) によるアプローチがある．前者は観測データを区別する境界線 (境界面) を訓練データから直接求めることにより分類を行う方法であり，後者は観測データを生成する確率モデルを推定し，そのモデルに基づいて分類を行う方法である．層状型ニューラルネットワークによる情報処理は前者の代表例である．

人間の情報処理を担う脳は神経細胞 (ニューロン) が複雑に結合した組織であるということから，ニューロンを構成単位としたシステムを構築することによって能を実現しようという試みが行われた．最初に提案されたパーセプトロン (perceptron) は図 14.10 に示すような層状型ニューラルネットワークである．

入力層の i 番目のニューロンの出力を $x_i \in \{0,1\}$ とすると，これに重み係数 w_i を掛けたものが出力層への入力となり，出力層のニューロンの出力 y は以下のように決定される．

$$y = f\left(\sum_{i=1}^{n} w_i x_i - \theta\right)$$

ここで，θ は閾値，f は次のような関数である．

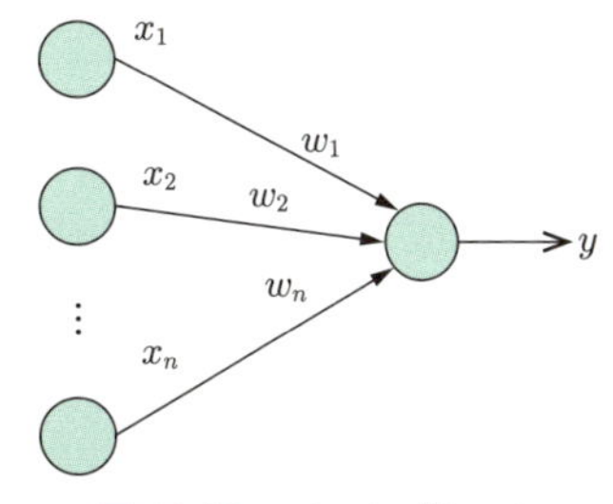

図 14.10 パーセプトロン

$$f(x) = \begin{cases} 1 & (x > 0) \\ 0 & (x \leq 0) \end{cases}$$

このパーセプトロンは出力 y の値に応じて入力パターン $\boldsymbol{x} = (x_1, x_2, \cdots, x_n)^{\mathrm{T}}$ を二つのクラスに分類することができる．すなわち，あるクラス C に属するパターンに対しては $y=1$ を出力し，属さないパターンに対しては $y=0$ を出力することができる．このような識別を可能にするためには重み係数 w_i $(i=1,2,\cdots,n)$ を適当に設定する必要がある．パーセプトロンの特徴はそれを学習によって行うところにある．入力パターン $\boldsymbol{x}$ に対する教師信号 (正解) Y を

$$Y = \begin{cases} 1 & (\boldsymbol{x} \in C) \\ 0 & (\boldsymbol{x} \notin C) \end{cases}$$

とする．このとき，各学習用入力パターン $\boldsymbol{x}$ に対して重みベクトル $\boldsymbol{w} = (w_1, w_2, \cdots, w_n)^{\mathrm{T}}$ を

$$\boldsymbol{w} \leftarrow \boldsymbol{w} + (Y - y)\boldsymbol{x} \tag{14.7}$$

に従って更新していけば，入力パターンが線形分離可能である限り必ず適当な重み係数を見つけることができる (パーセプトロンの収束定理とよばれている)．

2 次元パターンの識別例を図 14.11 に示す．ここでは，パターン $(0,0)^{\mathrm{T}}$ と $(0,1)^{\mathrm{T}}$ に対して $Y=0$, $(1,0)^{\mathrm{T}}$ と $(1,1)^{\mathrm{T}}$ に対して $Y=1$ としている．破線で示した境界線から学習をはじめると学習後の境界線は実線のようになり，正しく分離できていることがわかる．

次に，パターン $(0,0)^{\mathrm{T}}$ と $(1,1)^{\mathrm{T}}$ に対して $Y=0$, $(0,1)^{\mathrm{T}}$ と $(1,0)^{\mathrm{T}}$ に対して $Y=1$ という識別を考えて

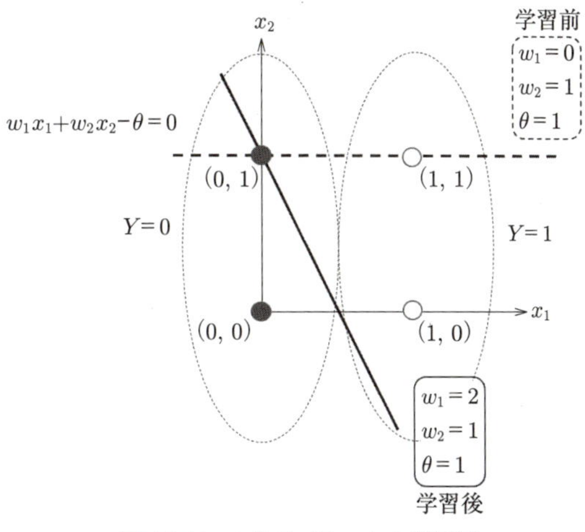

図 14.11 2 次元パターンの識別例

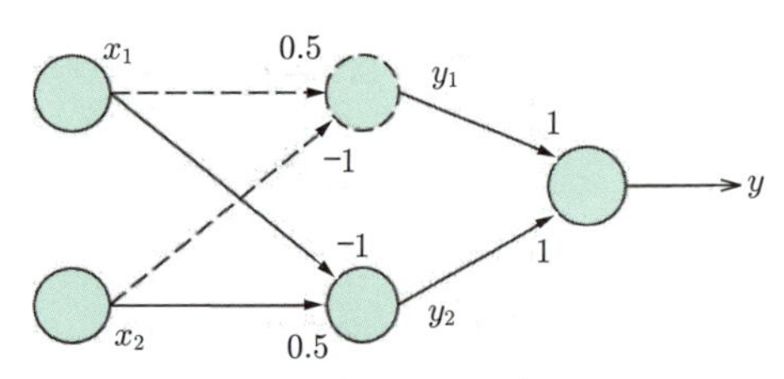

図 14.12　多層パーセプトロン

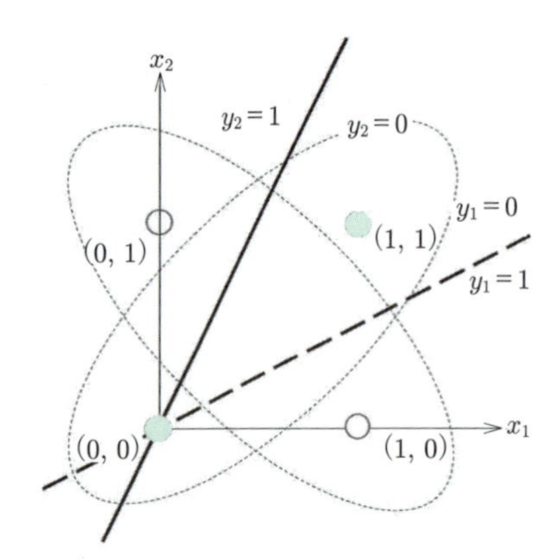

図 14.13　多層パーセプトロンによる識別例

みよう．この場合明らかに線形分離可能ではないので，式 (14.7) に従って学習を行っても収束しない．このような識別を可能にするためには単層のパーセプトロンでは不可能であり，図 14.12 に示すような多層のパーセプトロンを構成する必要がある (図中の数値はそれぞれの重み係数の値を示す)．初段の二つのパーセプトロンが実現する境界線は図 14.13 のようになる．

多層パーセプトロンが線形分離可能でないパターンでも識別できることはわかっていたが，その一般的な学習アルゴリズムは明らかでなかった．ニューロンモデルを離散型から連続型にし，微分を可能にすることによって新たな学習アルゴリズム，誤差逆伝播法 (back propagation) が提案された．多層ニューラルネットワークの構造を図 14.14 に示す．

入力層 (第 1 層) の出力を

$$\boldsymbol{x}=\boldsymbol{z}^{(1)}\in\mathbb{R}^n$$

とし，出力層 (第 L 層) の出力を

$$\boldsymbol{y}=\boldsymbol{z}^{(L)}\in\mathbb{R}^m$$

とする．第 l 層における i 番目のニューロンの出力 $z_i^{(l)}$ は以下のように決定される．

$$u_i^{(l)}=\sum_j w_{ij}^{(l)}z_j^{(l-1)} \qquad (14.8)$$

$$z_i^{(l)}=f(u_i^{(l)}) \qquad (14.9)$$

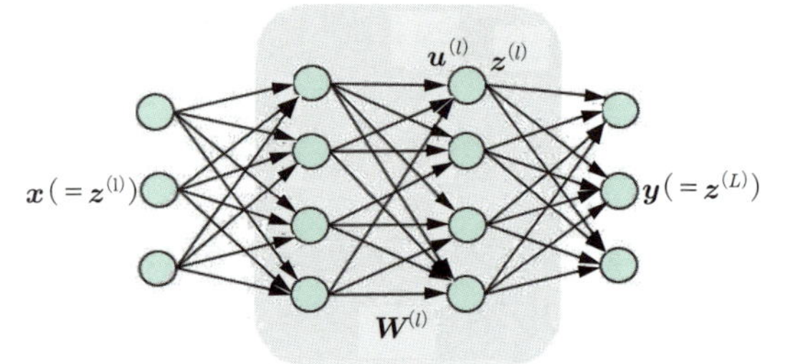

図 14.14　多層ニューラルネットワーク

ここで，$z_0^{(l-1)}=1$，$w_{i0}^{(l)}=\theta_i^{(l)}$ とする．式 (14.9) の関数 f は活性化関数 (activation function) とよばれる．ここでは，活性化関数としてシグモイド関数 (sigmoid function)

$$f(x)=\frac{1}{1+e^{-x}}$$

を用いることにする．

多層ニューラルネットワークにおける学習は，実現したい入出力関係を表すパターン対 $(\boldsymbol{x}^{(s)},\boldsymbol{y}^{(s)})$ $(s=1,2,\cdots,P)$ が与えられたとき，損失関数を

$$E(s)=\frac{1}{2}\|\boldsymbol{y}(\boldsymbol{x}^{(s)},\boldsymbol{W})-\boldsymbol{y}^{(s)}\|^2$$

として，この値を最小にするような重み係数 $\boldsymbol{W}=\{\boldsymbol{W}^{(2)},\boldsymbol{W}^{(3)},\cdots,\boldsymbol{W}^{(L)}\}$ を求めることである．学習アルゴリズム (重み係数の更新アルゴリズム) としては，次のような勾配降下法 (gradient descent method) [最急降下法 (steepest descent method) ともいう] が用いられる．

$$w_{ij}^{(l)}\leftarrow w_{ij}^{(l)}-\mu\frac{\partial E(s)}{\partial w_{ij}^{(l)}} \qquad (14.10)$$

ところで，与えられたパターン対から一つパターン対を選んで式 (14.10) に従ってパラメータを更新し，次に別のパターン対を選んで更新するといった方法は確率的勾配降下法 (stochastic gradient descent) とよばれ，学習方法としてはオンライン学習 (online learning) とよばれる．これに対して，損失関数を

$$E=\sum_{s=1}^{P}E(s)$$

とした上でパラメータ更新を行う学習方法はバッチ学習 (batch learning) とよばれる．

式 (14.10) を具体的に計算しよう．式 (14.8), (14.9) を考慮すると

$$\frac{\partial E(s)}{\partial w_{ij}^{(l)}}=\frac{\partial E(s)}{\partial u_i^{(l)}}\cdot\frac{\partial u_i^{(l)}}{\partial w_{ij}^{(l)}}=\frac{\partial E(s)}{\partial u_i^{(l)}}\cdot z_j^{(l-1)}$$

であり

$$\frac{\partial E(s)}{\partial u_i^{(l)}} = \frac{\partial E(s)}{\partial z_i^{(l)}} \cdot \frac{\partial z_i^{(l)}}{\partial u_i^{(l)}}$$
$$= \left(\sum_k \frac{\partial E(s)}{\partial u_k^{(l+1)}} \cdot \frac{\partial u_k^{(l+1)}}{\partial z_i^{(l)}} \right) \cdot f'(u_i^{(l)})$$
$$= \left(\sum_k \frac{\partial E(s)}{\partial u_k^{(l+1)}} \cdot w_{ki}^{(l+1)} \right) \cdot f'(u_i^{(l)})$$

である．そこで，

$$\frac{\partial E(s)}{\partial u_i^{(l)}} = \delta_i^{(l)}$$

とおけば

$$\delta_i^{(l)} = \left(\sum_k \delta_k^{(l+1)} w_{ki}^{(l+1)} \right) \cdot f'(u_i^{(l)})$$
$$= \left(\sum_k \delta_k^{(l+1)} w_{ki}^{(l+1)} \right) z_i^{(l)} (1 - z_i^{(l)})$$

となる．$\delta_i^{(L)}$ については，出力層における活性化関数 f を恒等写像，すなわち $z_i^{(L)} = u_i^{(L)}$ $(i = 1, 2, \cdots, m)$ とすれば

$$\delta_i^{(L)} = y_i - y_i^{(s)}$$

となり，これは正しい出力値との誤差を表すことになる．

以上をまとめると，学習アルゴリズムは以下のようになる．

$$w_{ij}^{(l)} \leftarrow w_{ij}^{(l)} - \mu \delta_i^{(l)} z_j^{(l-1)}$$
$$\delta_i^{(l)} = \left(\sum_k \delta_k^{(l+1)} w_{ki}^{(l+1)} \right) z_i^{(l)} \left(1 - z_i^{(l)} \right)$$
$$\delta_i^{(L)} = y_i - y_i^{(s)}$$

このアルゴリズムは出力層での誤差を入力層へ向けて戻しながら各層の重み係数を更新していくので，誤差逆伝播法とよばれる．誤差逆伝播法によるニューラルネットワークの学習は，実際には過学習の問題や勾配消失問題 ($\delta_i^{(l)}$ の逆伝播計算は線形演算なので，層が深くなると各層の重み係数が大きければ発散したり小さければ消失したりする) などが指摘され，期待したほどの成果は得られなかった．深層学習 (deep learning) は，多層ニューラルネットワークの構成にさまざまな工夫を加えた上で誤差逆伝播法を利用することによりこうした問題を克服している．

14.4.2 相互結合型ニューラルネットワーク

相互結合型ニューラルネットワークは図 14.15 に示すような構造をしたニューラルネットワークで，パターンの識別というよりはネットワークを構成するニューロンの活動パターンそのものに着目している．最初に提案されたホップフィールド・ネットワーク (Hopfield network) の動作は以下のとおりである．

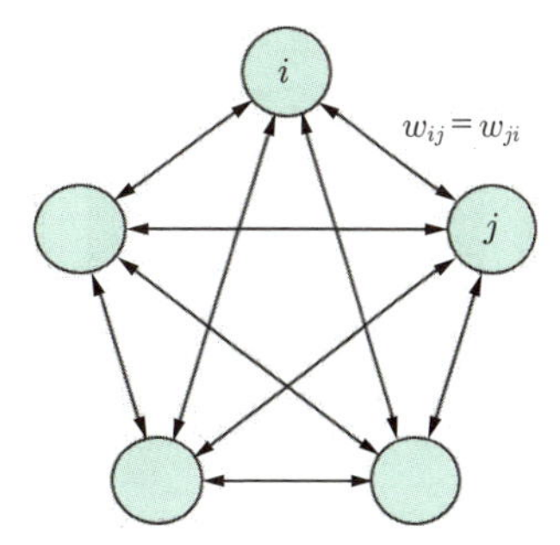

図 14.15 相互結合型ニューラルネットワーク

i 番目のニューロンの時刻 t における状態を $x_i(t)$ とする．

$$u_i(t) = \sum_{j=1}^{n} w_{ij} x_j(t) + b_i \tag{14.11}$$

$$x_i(t+1) = \begin{cases} 1 & (u_i(t) > 0) \\ x_i(t) & (u_i(t) = 0) \\ 0 & (u_i(t) < 0) \end{cases}$$

ただし，状態の変化は非同期に，すなわち各時刻でランダムに一つのニューロンを選んで行う．また，相互結合型ニューラルネットワークの特徴として重み係数には以下の制約がある．

$$w_{ij} = w_{ji} \quad (i \neq j)$$
$$w_{ii} = 0$$

さて，ニューラルネットワークの活動状態を示す指標として，次のようなエネルギー関数を導入する．

$$E = -\sum_{i<j} w_{ij} x_i x_j - \sum_{i=1}^{n} b_i x_i$$

k 番目のニューロンに着目すると

$$E = -\frac{1}{2} \sum_{i=1}^{n} \sum_{j=1}^{n} w_{ij} x_i x_j - \sum_{i=1}^{n} b_i x_i$$
$$= -\frac{1}{2} \sum_{i \neq k} \sum_{j \neq k} w_{ij} x_i x_j - \sum_{i \neq k} b_i x_i$$
$$- \frac{1}{2} \left(\sum_{j=1}^{n} w_{kj} x_j + \sum_{i=1}^{n} w_{ik} x_i \right) x_k - b_k x_k$$

であるから，時刻 t から $t+1$ にかけて k 番目のニューロンの出力が $x_k(t)$ から $x_k(t+1)$ に変化したとして

$$\Delta x_k = x_k(t+1) - x_k(t)$$

とすると，エネルギーの変化量は

図 14.16 連想記憶の例

$$\Delta E = -\left(\sum_{j=1}^{n} w_{kj}x_j + b_k\right)\Delta x_k = -u_k\Delta x_k \tag{14.12}$$

となる．$\Delta x_k > 0$ であれば，$x_k(t) = 0$ で $x_k(t+1) = 1$ ということであるから $u_k(t) > 0$ であり $\Delta E < 0$ となる．逆に，$\Delta x_k < 0$ であれば，$x_k(t) = 1$ で $x_k(t+1) = 0$ ということであるから $u_k(t) < 0$ であり $\Delta E < 0$ となる．$\Delta x_k = 0$ であれば $\Delta E = 0$ である．したがって，ニューロンの状態が変化する限り $\Delta E < 0$ であるからエネルギーは減少していき，やがてエネルギーは極小となり，ネットワークは平衡状態になることがわかる．

この性質を利用して，ホップフィールド・ネットワークは，特定のパターンを平衡状態として記憶することができる．例えば，記憶すべきパターンを

$$\boldsymbol{x}^{(s)} = (x_1^{(s)}, x_2^{(s)}, \cdots, x_n^{(s)})^{\mathrm{T}} \quad (s = 1, 2, \cdots, P)$$

とし

$$w_{ij} = w_{ji} = \sum_{s=1}^{P}(2x_i^{(s)} - 1)(2x_j^{(s)} - 1)$$

$$b_i = 0$$

とすれば，k 以外の s について

$$\sum_{j=1}^{n} x_j^{(s)}x_j^{(k)} = \frac{1}{2}\sum_{j=1}^{n} x_j^{(k)}$$

のとき $\boldsymbol{x}^{(k)}$ $(k \in \{1, 2, \cdots, P\})$ は平衡状態となる．図 14.16 にホップフィールド・ネットワークによる連想記憶の例を示す．各画素は白が 1，黒が 0 を表し，各画素に対応する $5 \times 5 = 25$ 個のニューロンからなるネットワークで三つの学習パターンを記憶させた．学習パターンに雑音を加えた初期状態からはじめると平衡状態で学習パターンが再現できていることがわかる．

ホップフィールド・ネットワークにおけるニューロンの動作を次のように確率的にしたものがボルツマン・マシン (Boltzmann machine) である．

$$P(x_i(t+1) = 1 \mid \boldsymbol{x}(t)) = \sigma\left(\frac{u_i(t)}{T}\right) \tag{14.13}$$

ここで，$u_i(t)$ は式 (14.11) と同じであり，σ はシグモイド関数，T (> 0) は温度係数である．ニューラルネットワークのエネルギー関数もホップフィールド・ネットワーク同様

$$E(\boldsymbol{x}) = -\sum_{i<j} w_{ij}x_ix_j - \sum_{i=1}^{n} b_ix_i$$

である．

さて，ニューラルネットワークの状態 $\boldsymbol{x}$ の確率分布を $P(\boldsymbol{x})$ とする．状態は $(0, 0, \cdots, 0)^{\mathrm{T}}$ から $(1, 1, \cdots, 1)^{\mathrm{T}}$ まで 2^n 種類であるから，それぞれを $\boldsymbol{x}_1, \cdots, \boldsymbol{x}_k, \cdots, \boldsymbol{x}_{2^n}$ として

$$P(\boldsymbol{x} = \boldsymbol{x}_k) = P_k$$

とする．平均エネルギーは

$$\mathcal{E}[E(\boldsymbol{x})] = \sum_{k=1}^{2^n} P_kE(\boldsymbol{x}_k)$$

であり，エントロピーは

$$H(\boldsymbol{x}) = -\sum_{k=1}^{2^n} P_k \log P_k$$

であるから，この平均エネルギーを最小にし，エントロピーを一定値にするような確率分布を求めると

$$P_k = \frac{1}{Z}\exp\left(-\frac{E(\boldsymbol{x}_k)}{T}\right)$$

$$Z = \sum_{k=1}^{2^n}\exp\left(-\frac{E(\boldsymbol{x}_k)}{T}\right)$$

が得られる．さらに，この確率分布については

$$P(\boldsymbol{x}(t+1)) = P(\boldsymbol{x}(t))$$

となることがわかる．このニューラルネットワークの状態 $\boldsymbol{x}$ の確率分布

$$P(\boldsymbol{x}) = \frac{1}{Z}\exp\left(-\frac{E(\boldsymbol{x})}{T}\right)$$

$$Z = \sum_{\boldsymbol{x}}\exp\left(-\frac{E(\boldsymbol{x})}{T}\right)$$

はボルツマン分布 (Boltzmann distribution) とよばれる．

ニューラルネットワークのエネルギー関数とそれに基づく状態の確率分布が上記のように与えられたとする．i 番目のニューロンの状態が $x_i = 0$ のときのエネルギーを E_0 とすれば，$x_i = 1$ のときのエネルギーは式 (14.12) を用いて $E_0 - u_i$ となる．したがって

$$P(x_i=0)=\frac{1}{Z}\exp\left(-\frac{E_0}{T}\right)$$
$$P(x_i=1)=\frac{1}{Z}\exp\left(-\frac{E_0-u_i}{T}\right)$$

となり

$$P(x_i=0)+P(x_i=1)=1$$

であるから式 (14.13) が得られることになる．

さて，ボルツマン・マシンは，重み係数 w_{ij} とバイアス b_i を調整することにより特定の確率分布 $q(\boldsymbol{x})$ を模倣することができる．

確率分布 $q(\boldsymbol{x})$ が直接与えられた場合，次のような**カルバック・ライブラー情報量** (Kullback–Leibler divergence)

$$K(q\|P)=\sum_{\boldsymbol{x}}q(\boldsymbol{x})\log\frac{q(\boldsymbol{x})}{P(\boldsymbol{x};\theta)}$$

を考えれば，$K(q\|P)\geq 0$ であるから，$q(\boldsymbol{x})=P(\boldsymbol{x};\theta)$ となる $\theta=\{w_{ij},b_i\}$ を勾配降下法

$$w_{ij}\leftarrow w_{ij}-\varepsilon\frac{\partial K}{\partial w_{ij}}$$

によって求めることができる．

一方，確率分布そのものではなく模倣すべき確率分布に従うデータの集合 $\{\boldsymbol{x}^{(1)},\boldsymbol{x}^{(2)},\cdots,\boldsymbol{x}^{(N)}\}$ が与えられた場合は，$P(\boldsymbol{x};\theta)$ をこのデータを生成する確率分布として，対数尤度

$$\begin{aligned}L&=\log\prod_{n=1}^{N}P(\boldsymbol{x}^{(n)};\theta)\\&=\sum_{n=1}^{N}\log P(\boldsymbol{x}^{(n)};\theta)\\&=\sum_{n=1}^{N}\left(-\frac{1}{T}E(\boldsymbol{x}^{(n)};\theta)-\log Z(\theta)\right)\end{aligned}$$

を考え，最尤推定によって以下のように $\theta=\{w_{ij},b_i\}$ を求めることができる．

$$\theta\leftarrow\theta+\frac{\partial L}{\partial\theta}$$
$$\frac{\partial L(\theta)}{\partial b_i}=\frac{1}{T}\left(\sum_{n=1}^{N}x_i^{(n)}-N\sum_{\boldsymbol{x}}P(\boldsymbol{x};\theta)x_i\right)$$
$$\frac{\partial L(\theta)}{\partial w_{ij}}=\frac{1}{T}\left(\sum_{n=1}^{N}x_i^{(n)}x_j^{(n)}-N\sum_{\boldsymbol{x}}P(\boldsymbol{x};\theta)x_ix_j\right)$$

この勾配の計算式の右辺の第2項については，2^n 通りの組合せについての総和を計算しなければならず，手間のかかる計算になるので**ギブス・サンプリング** (Gibbs sampling) という手法が用いられる．

ところで，すべてのニューロンにデータが与えられない場合，データの与えられるニューロンを**可視ユニット** (可視変数)，与えられないニューロンを**隠れユニット** (隠れ変数) とよぶ．隠れ変数をもつボルツマン・マシンは学習が難しいので，図 14.17 に示すような可視変数どうし，隠れ変数どうしは結合をもたない**制約ボルツマン・マシン** (restricted Boltzmann machine) が提案された．

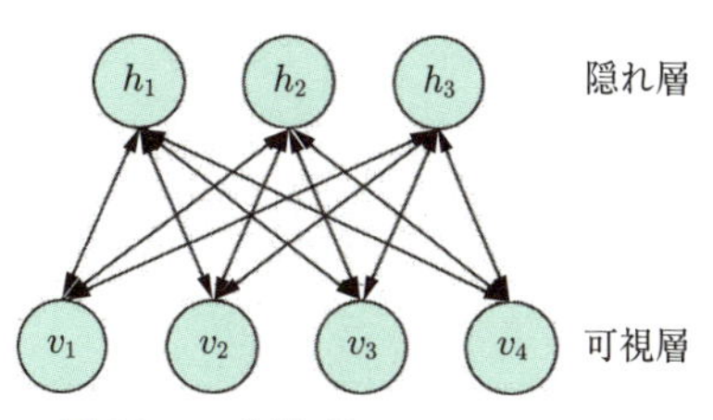

図 14.17　制約ボルツマン・マシン

制約ボルツマン・マシンのエネルギー関数は

$$E(\boldsymbol{v},\boldsymbol{h};\theta)=-\sum_i\sum_j w_{ij}v_ih_j-\sum_i b_iv_i-\sum_j c_jh_j$$

となり，状態 $(\boldsymbol{v},\boldsymbol{h})$ の確率分布は

$$P(\boldsymbol{v},\boldsymbol{h};\theta)=\frac{1}{Z(\theta)}\exp(-E(\boldsymbol{v},\boldsymbol{h};\theta))$$

となる．ここで，$\theta=\{w_{ij},b_i,c_j\}$ であり，温度係数は $T=1$ とした．

可視データの集合 $\{\boldsymbol{v}^{(1)},\boldsymbol{v}^{(2)},\cdots,\boldsymbol{v}^{(N)}\}$ が与えられたとき，対数尤度

$$\begin{aligned}L&=\log\prod_{n=1}^{N}\sum_{\boldsymbol{h}}P(\boldsymbol{v}^{(n)},\boldsymbol{h};\theta)\\&=\sum_{n=1}^{N}\log\sum_{\boldsymbol{h}}P(\boldsymbol{v}^{(n)},\boldsymbol{h};\theta)\end{aligned}$$

を考え，最尤推定によって以下のように $\theta=\{w_{ij},b_i,c_j\}$ を求めることができる．

$$\theta\leftarrow\theta+\frac{\partial L}{\partial\theta}$$
$$\frac{\partial L}{\partial w_{ij}}=\sum_{n=1}^{N}v_i^{(n)}P(h_j=1\mid\boldsymbol{v}^{(n)};\theta)-N\sum_{\boldsymbol{v},\boldsymbol{h}}v_ih_jP(\boldsymbol{v},\boldsymbol{h};\theta)$$
$$\frac{\partial L}{\partial b_i}=\sum_{n=1}^{N}v_i^{(n)}-N\sum_{\boldsymbol{v},\boldsymbol{h}}v_iP(\boldsymbol{v},\boldsymbol{h};\theta)$$
$$\frac{\partial L}{\partial c_j}=\sum_{n=1}^{N}P(h_j{=}1|\boldsymbol{v}^{(n)};\theta)-N\sum_{\boldsymbol{v},\boldsymbol{h}}h_jP(\boldsymbol{v},\boldsymbol{h};\theta)$$

ここで，期待値を求める

$$\sum_{\boldsymbol{v},\boldsymbol{h}}(\bullet)P(\boldsymbol{v},\boldsymbol{h};\theta)$$

の計算には，制約ボルツマン・マシンの場合

$$P(\boldsymbol{h}\mid\boldsymbol{v};\theta)=\prod_j P(h_j\mid\boldsymbol{v};\theta)$$

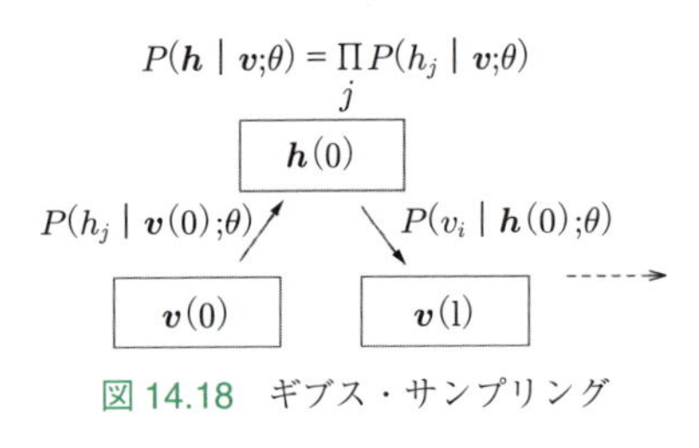

図 14.18　ギブス・サンプリング

$$P(\boldsymbol{v} \mid \boldsymbol{h};\theta) = \prod_i P(v_i \mid \boldsymbol{h};\theta)$$

となることを利用して，図 14.18 のようにランダムな初期値 $\boldsymbol{v}(0)$ から $\boldsymbol{h}(0)$，$\boldsymbol{v}(1)$ と交互に $\boldsymbol{h}(t)$，$\boldsymbol{v}(t+1)$ を求めていくと，十分大きな t に対する $\boldsymbol{v}(t)$，$\boldsymbol{h}(t)$ は $P(\boldsymbol{v},\boldsymbol{h};\theta)$ をサンプルしたものに近づくというギブス・サンプリングの手法によって v_ih_j や v_i，h_j の期待値を求める方法が提案されている．さらに，$\boldsymbol{v}(0)$ にランダムな初期値ではなく，$\boldsymbol{v}(0) = \boldsymbol{v}^{(i)}$ とデータそのものを与え，少ない繰り返し回数で近似値を求めてパラメータの更新量を計算するコントラスティブ・ダイバージェンス (contrastive divergence：CD) という手法も提案されている．

このようにして，制約ボルツマン・マシンは可視層に与えられたパターンを再現する情報をもったパターンを隠れ層に表現できるということになる．つまり，パターンのもつ何らかの特徴を自動的に抽出することができるということになる．制約ボルツマン・マシンは，多層ネットワークを構成する要素としても用いられる．

14.4 節のまとめ

- 本節では，ニューラルネットワークによる情報処理について，まず層状型ニューラルネットを取り上げその学習アルゴリズムである誤差逆伝播法について説明した．次いで相互結合型ニューラルネットワークとしてホップフィールド・ネットワークとボルツマン・マシンを取り上げその学習アルゴリズムについて説明した．

14.5 知 能 再 考

14.5.1 予測と類推

人工知能研究の二大潮流である記号主義とパターン主義について説明した．改めて「知能」とは何かを考えてみよう．

ホーキンス (Hawkins) は，知能の本質は予測 (prediction) する機能にあるとして「記憶による予測の枠組 (memory-prediction framework)」という考え方を提唱している．人間が状況を理解できるのは，「人間の脳は蓄積した記憶を使って，見たり，聞いたり，触れたりするものすべてを絶えず予測している」からであるとし，図 14.19 に示すような新皮質の層構造における感覚や下位皮質からの入力情報と上位皮質からの情報の相互作用に着目して「人間の認識は感覚と記憶から引き出された予測が組み合わさったものなのだ」と主張している．

では，予測に必要な知識にはどのような形式が考えられるだろうか．ミンスキー (Minsky) は，行動主義心理学において高い評価を得た「if → do」という単純な「刺激反応」モデルでは，難しい問題には対処できないとしている．難しい問題に対処するには，「ある状況ではある行動をせよ」というだけではなく，それぞれの行為がもたらすにちがいない将来を予測する必要があるからである．そこで，「if + do → then」という形式の規則，すなわち「ある状況である行動をとるとこのような結果になる」という規則を考えることが予測の手助けになるとしている．この規則を繰り返し適用することで，起こりうる一連の行為やそれによっ

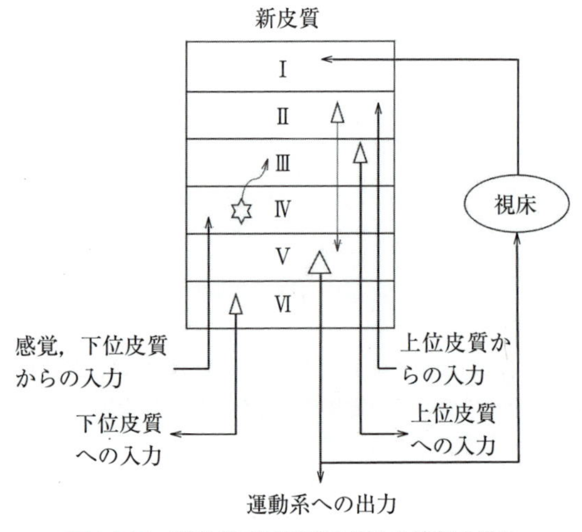

図 14.19　新皮質の層構造における情報の流れ

$B \sim T$	類似性
$P(B)$	投射性
$P(T)$	

図 14.20 類推の図式

$$\begin{array}{l} S(B) \wedge S(T) \\ P(B) \\ \hline P(T) \end{array}$$

図 14.21 類推の論理的表現

$$\begin{array}{l} S(B) \\ P(B) \\ \hdashline \forall x.[S(x) \to P(x)] \\ S(T) \\ \hline P(T) \end{array}$$

図 14.22 類推 = 帰納 + 演繹

てもたらされる事態を心に描く (いわば，計画立案問題を心に描く) ことができると考えられる．

ところで，予測と似た機能に**類推** (analogical reasoning) がある．類推は類比に基づく推論で，「ソクラテスは人間であり，アリストテレスも人間である．ソクラテスは死ぬのでアリストテレスも死ぬだろう」といった推論である．原因が似ていれば結果も似たようなものになるだろうというのが類推で，人間の思考は類推に基づいているといっても過言ではない．類推を形式的に捉えれば図 14.20 に示すようになる．

この図式はベース B とターゲット T が類似していれば B の性質 P が T においても成立するということを表している．「B と T が類似している」ということを「S という性質をともに有している」として論理的に表現したものが図 14.21 である．投射性を帰納を介して捉えれば図 14.22 のように「類推 = 帰納 + 演繹」と考えることもできる．しかし，類似しているからといって何でも投射されるわけではない．こうした図式が任意の個体 B と T，任意の述語 S と P について成り立つわけではないし，「類推 = 帰納 + 演繹」と捉えた場合，帰納の妥当性が保証されなければならない．

14.5.2 「私」の視点—心の問題

予測を可能にするための記憶とはどのようなものだろうか? 人間は出来事を**因果関係** (causation) という視点から捉え，因果関係として記憶する．その表現形式の一つが「if + do → then」ということになる．類推においても因果関係をその背後に考えることができる．類推を帰納を介して捉えた図 14.22 の場合，$S(B)$，$P(B)$ という一例だけで

$$\forall x.[S(x) \to P(x)] \qquad (14.14)$$

と帰納するのは妥当性を欠いている．しかし，S と P の間に何らかの関係があるとすれば，帰納はある意味

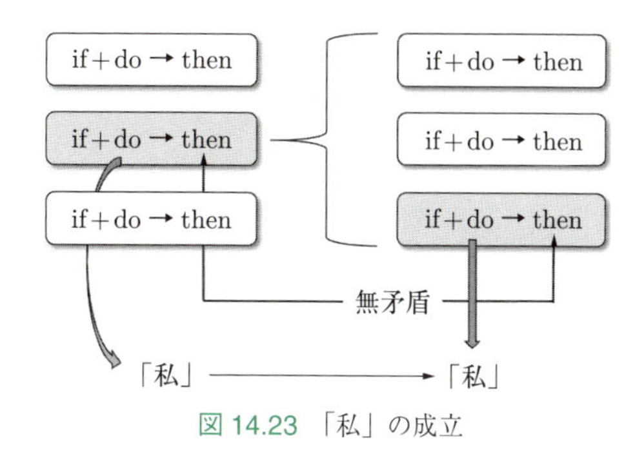

図 14.23 「私」の成立

妥当なものとなる．S，P 間に関係があることを

$$(\forall x.[S(x) \to P(x)]) \vee (\forall x.[S(x) \to \neg P(x)])$$

と表現すれば，$S(B) \wedge P(B)$ より式 (14.14) が得られ，$S(T)$ より $P(T)$ が得られるからである．

因果関係は一般に出来事の相関関係 (共起性) から認識される．しかし，相関関係は因果関係の必要条件でしかない．しかも，因果関係は客観的なものばかりとはいえない．人間は何かにつけて理由付けを求めるからである．そして物語をつくり出す．類似性や因果関係を認識するにはそれを成立させる視点，立場，すなわち主体 (「私」) が必要となる．「if → do」における「do」は刺激に対してただ反応する「受動的な do」であるのに対し，「if + do → then」における「do」は「私」が背景にある「能動的な do」である．しかし，この「私」は情報処理の枠外に最初からあって情報処理を統括するようなものではない．そうではなくて，情報処理内に結果として立ち現れてくるものであると考えられる．図 14.23 に示すように，一連の行動連鎖において，ある行動を選択すると一つの「私」が成立する．そしてその結果生じる状況「then」と関連する状況「if」をもつ次の規則「if + do → then」の中から以前の状況と矛盾しない状況「then」を生じる行動が選択される．このとき成立するもう一つの「私」は無矛盾性を根拠に以前の「私」と一貫性を確保することになる．こうして「私」が再生産されながら一連の出来事が矛盾なく「私」というラベルを付けられ**エピソード記憶** (episodic memory) として記憶され，物語が構築されていく．心，とりわけ自意識 (「私」) はこうした処理の結果として立ち現れるものと考えられる．

記号処理は推論を可能にし予測機能の実現には欠くことのできないものである．しかし，これまでの古典論理に基づく推論では厳格すぎて融通が利かない．古典論理に基づく推論ではなく類推を可能にするようなもっと柔軟な新しい記号処理のパラダイムが必要だと思われる．人工知能にとって「心」は今後の大きな研

究課題であるといえよう．

14.5 節のまとめ

- 本節では，人間の知能と人工知能の関係について考察した．まず，知能の本質と考えられる予測する機能と類推について説明し，それに基づき心，自意識の問題について論じた．

参 考 文 献

[1] 荒木健治ほか：心を交わす人工知能—言語・感情・倫理・ユーモア・常識 (森北出版，2016).

[2] Micheal R. Genesereth and Nils J. Nilsson: *Logical Foundations of Artificial Intelligence* (Morgan Kaufmann, 1987) [古川康一 監訳：人工知能基礎論 (オーム社，1993)].

[3] Jeff Hawkins and Sandra Blakeslee: *On Intelligence* (Times Books, 2004) [伊藤文英 訳：考える脳 考えるコンピューター (ランダムハウス講談社, 2005)].

[4] 前野隆司：脳はなぜ「心」をつくったか (筑摩書房, 2004).

[5] Marvin Minsky: *The Emotion Machine: Commonsense Thinking, Artificial Intelligence, and the Future of the Human Mind* (Simon & Schuster, 2006) [竹林洋一 訳：ミンスキー博士の脳の探検—常識・感情・自己とは (共立出版，2009)].

[6] 中島秀之：知能の物語 (公立はこだて未来大学出版会，2015).

[7] 岡谷貴之：深層学習 (講談社，2015).

[8] 太原育夫：新 人工知能の基礎知識 (近代科学社，2008).

15. 最適化とアルゴリズム

15.1 はじめに

最適化問題とは，与えられた条件のもとで考えたい量 (コストや利益) を最小または最大にする解を求める問題，と述べることができる．古典的には生産計画や人員配置などの意思決定問題が代表的な応用先とされ，企業経営などにおいて活用されてきた．

このような問題は，現在でももちろん最適化問題の重要な応用先であるが，現代における最適化問題の適用先はこのようなものよりもはるかに広い．近年はむしろ，さまざまな技術を裏で支える基礎技術の側面の方が重要である可能性もある．情報工学の分野においては，人工知能や機械学習，信号処理や画像処理などで用いられるアルゴリズムで活用されている．

本章では最適化における基礎的な数学的結果およびそれらに基づいたアルゴリズムについて紹介する．紙面の都合上，どの項もごく簡単な記述にとどまっているので詳細については章末の参考文献を参照していただきたい．

15.2 最適化問題に関する定義

n 次元ユークリッド空間 $\mathbb{R}^n$ の部分集合 S と $\mathbb{R}^n$ 上で定義された関数 $f:\mathbb{R}^n\to\mathbb{R}$ が与えられたとき，S 上で f を最小化する $x\in S$ を求める問題を**最適化問題**といい，次のように書く．

$$\begin{array}{ll} \min & f(x) \\ \text{条件} & x\in S \end{array} \tag{15.1}$$

“min” のところを “minimize”，“条件” を “subject to” もしくはその略語 “s.t.” と記述することもある．また，全体を簡易的に $\min_{x\in S}\ f(x)$ と表す場合も多い．$S=\mathbb{R}^n$ の場合は条件を省略して $\min\ f(x)$ としてもよい．最大化する場合も最適化問題とよばれるが，その場合は min を max に置き換える．最小化と最大化を明確に区別するため最小化問題と最大化問題とよび分けることもしばしばあるが，以下では最小化問題のことを最適化問題とよぶことにする．$\max\ f(x)$ を解くことは $\min\ -f(x)$ を解くことと同値である．そのため，以下に述べる理論やアルゴリズムは最小化問題に対して記述するが，それは $\max\ f(x)$ を $\min -f(x)$ と置き換えることで最大化問題に対して適用できることに注意されたい．

さて，最小にしたい関数 f を**目的関数**とよび，集合 S を**実行可能領域** (あるいは**許容領域**，**許容集合**) という．集合 S は多くの場合，関数 $g_i:\mathbb{R}^n\to\mathbb{R}\ (i=1,\cdots,m)$ に関する等式や等号つき不等式を用いて以下のように記述される．

$$\begin{aligned} S=\{x\in\mathbb{R}^n \mid\ & g_i(x)\le 0\ (i=1,\cdots,l), \\ & g_i(x)=0\ (i=l+1,\cdots,m)\} \end{aligned} \tag{15.2}$$

これらの式は**制約式**とよばれる．すべての制約式を満たす x を**実行可能解**や**許容解**という．また，実行可能解の中で目的関数 f を最小にする $x^*\in S$ を**最適解**とよぶ．厳密に述べれば，最適化問題における最適解とは以下の条件を満たす実行可能解 $x^*\in S$ である．

$$f(x^*)\le f(x)\quad \forall x\in S$$

また，最適解 x^* の目的関数値 $f(x^*)$ を**最適値**という．最適解は後に定義する局所的最適解と区別するためにしばしば**大域的最適解**とよばれる．

もちろん，すべての最適化問題が最適解をもつとは限らない．そもそも実行可能解をもたない最適化問題，すなわち実行可能領域 S が空集合の最適化問題も存在する．そのような問題は**実行不可能**，あるいは**実行不能**とよばれる．なお，$S\neq\emptyset$ の問題は**実行可能**という．そして，実行可能な最適化問題の中には目的関数がいくらでも小さくなれるものもある．このような問題は**非有界**であるという．もう少し厳密に述べれば，ある最適化問題あるいは最小化問題が非有界であるとは

任意の (小さな) M に対し，
$f(x)<M$ を満たす $x\in S$ が存在する

ことである．非有界でない実行可能な最適化問題は**有界**であるという．最適化問題を分類すると，以下の 4 通りのものに分かれるが，それぞれの簡単な具体例もつける．それぞれが実際に例であることの確認は読者

に任せたい.

(1) 実行不能なもの

(例) min x s.t. $x \le 1,\ x \ge 2$

(2) 最適解をもつもの

(例) min $-x$ s.t. $x \le 0$

(3) 非有界であるもの

(例) $\min_{x>0}\ \log x$

(4) 有界であるが, 最適解をもたないもの

(例) min $\exp(-x)$

最適化問題は目的関数fや制約式に現れる関数g_iのクラス (線形関数, 非線形関数, 凸関数など) で分類され, どのクラスの問題に属するかでその解きやすさが変わる. 以下に, 主な最適化問題のクラスについて紹介する.

(i) 線形計画問題

線形計画問題 (linear program：LP) とは, 目的関数fおよび制約式に現れるすべてのg_iが変数$x \in \mathbb{R}^n$の1次関数であるような最適化問題, すなわち, 以下の形で記述できるような最適化問題である. ただし, $c \in \mathbb{R}^n$, $A \in \mathbb{R}^{l\times n}$, $b \in \mathbb{R}^l$, $C \in \mathbb{R}^{m\times n}$, $d \in \mathbb{R}^m$ とする.

$$\begin{array}{ll} \min & c^{\mathrm{T}}x \\ \text{条件} & Ax \ge b,\ Cx = d \end{array} \qquad (15.3)$$

のちに説明するように, 線形計画問題は非常によい性質をもち, 内点法[3] などの効率的な解法が知られている.

(ii) 非線形計画問題

非線形最適化問題とは, 目的関数fが変数$x \in \mathbb{R}^n$に関する連続な非線形関数であるような問題である. 制約式に現れるg_iは線形関数である場合や, 一般の非線形関数の場合などさまざまなパターンがある.

$$\begin{array}{lll} \min & f(x) & \\ \text{条件} & g_i(x) \le 0 & (i = 1, \cdots, l) \\ & g_i(x) = 0 & (i = l+1, \cdots, m) \end{array} \qquad (15.4)$$

非線形最適化問題はf, およびすべてのg_iが凸関数 (後述) であれば比較的効率的に解けるが, そうでない場合は非常に難しいことが知られている. 最も一般的なものはfとどのg_iにも凸性を仮定しない. このような場合は大域的最適解を求めることは非常に難しく, 局所最適解を求めることが目標となる.

(iii) 錐計画問題

近年, 閉凸錐制約とよばれる, 特殊な構造をもつ集合に関する制約がついた最適化問題が多くの分野で重要視されてきている. ここでVを有限次元実ベクトル空間としたとき, $\mathcal{C} \subseteq V$が閉凸錐であるとは, $\mathcal{C}$が閉凸集合 [定義は後述の式 (15.10) を参照] であることに加え, 次の条件を満たすときをいう.

$$\lambda \ge 0,\ x \in \mathcal{C} \Rightarrow \lambda x \in \mathcal{C}$$

さて, V_i $(i = 1, 2, \cdots, l)$ をベクトル空間とし, 閉凸錐$\mathcal{C}_i \subseteq V_i$とベクトル値関数$G_i : \mathbb{R}^n \to V_i$ $(i = 1, 2, \cdots, l)$ が与えられたとき, 次の形の問題は (非線形) 錐計画問題とよばれる. ただし, 下のg_i $(i = l+1, \cdots, m)$ は非線形計画問題における定義に従う.

$$\begin{array}{lll} \min & f(x) & \\ \text{条件} & G_i(x) \in \mathcal{C}_i & (i = 1, 2, \cdots, l) \\ & g_i(x) = 0 & (i = l+1, \cdots, m) \end{array} \qquad (15.5)$$

ここで閉凸錐の重要な例を挙げよう.

- 非負錐 (nonnegative cone):
  $\mathbb{R}^n_+ := \{x \in \mathbb{R}^n \mid x_i \ge 0\ (i = 1, 2, \cdots, n)\}$
- 2次錐 (second-order cone):
  $L^n := \{x \in \mathbb{R}^n \mid x_1 \ge \sqrt{x_2^2 + x_3^2 + \cdots + x_n^2}\}$
- 半正定値錐 (positive semi-definite cone):
  $S^n_+ := \{x \in \mathbb{R}^{n\times n} \mid x$ は半正定値対称行列$\}$

ここで, $X \in \mathbb{R}^{n\times n}$ が (半) 正定値であるとは任意の非零の$d \in \mathbb{R}^n$に対して$d^{\mathrm{T}}Xd > (\ge)$ が成り立つことをいう.

閉凸錐として非負錐をとった場合は, 上の非線形錐計画問題は非線形計画問題 (15.4) にほかならない. 2次錐や半正定値錐をとった場合の最適化問題の研究は, この20年で大きく進歩した分野である. とくに関数がすべて線形である場合は, 線形計画問題に対する多項式アルゴリズムである主双対内点法の理論を代数的枠組みにおいて拡張することが可能であり, それに基づいて設計されたアルゴリズムは多項式時間内で最適解を発見することが数学的に証明されている. 詳細は内点法[3] を参照されたい.

(iv) 離散最適化問題 (組合せ最適化問題)

離散最適化問題とは, 変数の全部または一部に対し, とれる値が0–1または整数であるように限定された最適化問題である.

$$\begin{array}{lll} \min & f(x) & \\ \text{条件} & g_i(x) \le 0 & (i = 1, \cdots, l) \\ & g_i(x) = 0 & (i = l+1, \cdots, m) \\ & x_j \text{は整数} & (j \in I) \end{array} \qquad (15.6)$$

ただし, $x = (x_1, x_2, \cdots, x_n)^{\mathrm{T}}$, Iは$\{1, 2, \cdots, n\}$の部分集合である. 離散最適化問題は一般に解くことが計算量の観点で, 非常に難しいことが知られている. 関数がすべて線形である場合については設定を限定し

た個別に問題に対する解法の提案を中心として研究が比較的研究が多いが，近年では f や g_i が非線形である問題に関する研究も増えている．

15.2 節のまとめ

- 最適化問題は制約式で定義された実行可能領域上で，与えられた目的関数を最小化する問題である．
- 最適化問題は実行可能領域の非空性，目的関数の有界性に注目すると実行不能なもの，最適解をもつもの，非有界であるもの，有界であるが最適解をもたないもの，の 4 種類に分類される．
- 目的関数や制約式に現れる関数のクラスに注目すると，最適化の問題は，連続最適化問題と離散最適化問題に大別され，連続最適化問題には線形計画問題と非線形計画問題がある．

15.3 最適化問題の例

本節では最適化問題の例をいくつか紹介する．

例 15-1 生産計画問題

3 種類の原料から 3 種類の製品をつくっている会社があり，利益が最大になるような製品の生産計画を立てたいと考えている．製品 j を 1 単位生産したときに得られる利益 c_j(円/単位) および 1 単位生産するために必要な原料 i の量 a_{ij}(トン/単位) は与えられている．また，原料 i の 1 日あたりの最大供給量は b_i(トン) である (表 15.1 参照)．製品 1，2，3 の生産量をそれぞれ x_1，x_2，x_3 という変数で表すとこの問題は以下のように線形計画問題として記述することができる．

$$
\begin{array}{lccccccc}
\max & c_1x_1 & + & c_2x_2 & + & c_3x_3 & & \\
\text{条件} & a_{11}x_1 & + & a_{12}x_2 & + & a_{13}x_3 & \leq & b_1 \\
 & a_{21}x_1 & + & a_{22}x_2 & + & a_{23}x_3 & \leq & b_2 \\
 & a_{31}x_1 & + & a_{32}x_2 & + & a_{33}x_3 & \leq & b_3 \\
 & x_1, x_2, x_3 \geq 0 & & & & & &
\end{array}
$$

目的関数は総利益を表し，第 1 式は原料 1 の使用料が最大供給量を超えないことを意味している (第 2，第 3 式も同様)．また，生産量 x_1, x_2, x_3 は負の値が取れないことは明らかである．行列 A を $A = (a_{ij}) \in \mathbb{R}^{3\times3}$，ベクトル $b = (b_1, b_2, b_3)^{\mathrm{T}}$，$c = (c_1, c_2, c_3)^{\mathrm{T}}$，$x = (x_1, x_2, x_3)^{\mathrm{T}}$ とすると，これらを用いた上の問題は

$$\min\ c^{\mathrm{T}}x$$

$$\text{条件}\ Ax \leq b, x \geq 0$$

となる．なお，この問題を式 (15.3) の形に合わせるならば目的関数を $\min -c^{\mathrm{T}}x$ とし，さらに制約式を $-Ax \geq -b$ とすればよい．

表 15.1 生産計画問題の定数

原料	原料使用料 [トン/単位]			供給量
	製品 1	製品 2	製品 3	[トン/日]
原料 1	a_{11}	a_{12}	a_{13}	b_1
原料 2	a_{21}	a_{22}	a_{23}	b_2
原料 3	a_{31}	a_{32}	a_{33}	b_3
利益 [円/単位]	c_1	c_2	c_3	

例 15-2 最小二乗問題

物理実験やマーケティング，天候の予測においてデータをモデル式に当てはめることがよく行われる．例えば，100 人分の身長，胸囲，体重のデータ (h_1, g_1, w_1), $\cdots, (h_{100}, g_{100}, w_{100})$ があったとする (i 番目の人の身長，胸囲，体重をそれぞれ h_i，g_i，w_i で表す)．これらのデータに対して

$$\text{体重} = x_0 + x_1 \times \text{身長} + x_2 \times \text{胸囲}$$

というモデル式を当てはめ，未知の定数 x_0，x_1，x_2 (パラメータという) を推定したい．i 番目のデータとモデルの誤差を e_i とすれば，各データに対して

$$w_i = x_0 + x_1h_i + x_2g_i + e_i \quad (i = 1, \cdots, 100)$$

とおくことができる．これらの誤差を小さくするようにパラメータを決めたいが，よく用いられる方法が誤差の二乗和 $\sum_{i=1}^{100} e_i^2$ を最小化するように x_0, x_1, x_2 を選ぶというものである．体重のベクトル $w = (w_1, \cdots, w_{100})^{\mathrm{T}}$，誤差ベクトル $e = (e_1, \cdots, e_{100})^{\mathrm{T}}$，とパラメータのベクトル $x = (x_0, x_1, x_2)^{\mathrm{T}}$ を考え，行列 A を

$$A = \begin{pmatrix} 1 & h_1 & g_1 \\ \vdots & \vdots & \vdots \\ 1 & h_{100} & g_{100} \end{pmatrix}$$

とすれば $e = w - Ax$ より

$$
\begin{aligned}
\sum_{i=1}^{100} e_i^2 = e^{\mathrm{T}}e &= (w - Ax)^{\mathrm{T}}(w - Ax) \\
&= x^{\mathrm{T}}(A^{\mathrm{T}}A)x - 2w^{\mathrm{T}}Ax + w^{\mathrm{T}}w
\end{aligned}
$$

となる．$w^{\mathrm{T}}w$ は定数であるから，解くべき問題は

$$\min x^{\mathrm{T}}(A^{\mathrm{T}}A)x - 2w^{\mathrm{T}}Ax$$

となる．これは非線形計画問題であるが，目的関数が凸な2次関数であることが知られており，効率よく解ける．なお，この定式はパラメータに条件を課していないので無制約最適化問題であるが，通常はパラメータに非負である条件がつく．パラメータに非負条件を課した問題は以下のようになるが，これも効率よく解ける問題である．

$$\min\ x^{\mathrm{T}}(A^{\mathrm{T}}A)x - 2w^{\mathrm{T}}Ax$$
$$条件\ x \geq 0$$

例 15-3　パターン認識問題

大量のデータを分類する際，近年では機械学習を用いたパターン認識が用いられることが多い．ここではその代表的な方法の一つであるサポートベクターマシンを紹介する．

例えば，花弁の長さと幅のデータ100組 $(a_1, b_1), \cdots, (a_{100}, b_{100})$ があったとする（a_i, b_i はそれぞれ i 番目の花弁の長さと幅を表す）．このうち，データ番号 $1, \cdots, 50$ はユリのもの，$51, \cdots, 100$ はバラのものであることがわかっている．これらのデータ（教師データや訓練サンプルとよばれる）からユリとバラの花弁の違いに関する情報を引き出し，分類が未知なデータ (a, b) を与えられたときに，ユリとバラのどちらであるかを判別できるようにしたい．

その手法として，教師データを平面にプロットし，ユリのデータとバラのデータを分離するように直線 $x_1a + x_2b - x_0 = 0$ を引くことが考えられる．そして，未知のデータ (a, b) は，直線の上側，下側のどちらに位置するかで花の種類を判別するのである．

教師データのプロットが図 15.1 のように完全に直線で分離できるときを考える．ユリとバラのデータを分離する直線は多数あるが，未知のデータの判別精度をあげるためには，分離する直線と最も近い教師データの距離（マージンという）が最大になるように直線を引くことが考えられる．

いま，ユリとバラのデータは完全に分離できるので

$$x_1a_i + x_2b_i - x_0 \geq 1 \quad (i = 1, \cdots, 50)$$
$$x_1a_i + x_2b_i - x_0 \leq -1 \quad (i = 51, \cdots, 100)$$

となるように x_0, x_1, x_2 が選べる．直線 $x_1a + x_2b - x_0 = \pm 1$ を l_1, l_2 とすると直線 $x_1a + x_2b - x_0 = 0$ と直線 l_1，l_2 の距離はともに $1/\sqrt{x_1^2 + x_2^2}$ と計算できるので，マージンを最大化するためには距離の逆数を最小にすればよい．したがって，解きたい問題は以下のように記述することができる．

$$\min\quad x_1^2 + x_2^2$$
$$条件\quad x_1a_i + x_2b_i - x_0 \geq 1 \quad (i = 1, \cdots, 50)$$

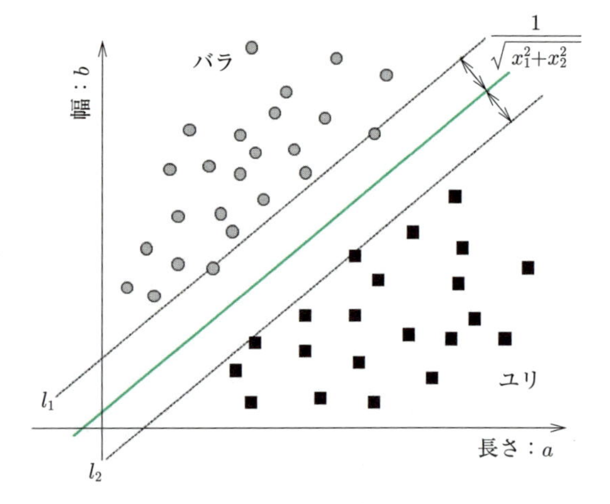

図 15.1　直線分離可能なデータ

$$x_1a_i + x_2b_i - x_0 \leq -1 \quad (i = 51, \cdots, 100)$$

この問題も例 15–2 と同様，目的関数が凸2次関数の非線形計画問題である．

教師データが完全に分離できない場合は，少数の教師データが反対側に入ることを許し，反対側に入り込んだデータの距離を押さえつつマージンを最大にする方法が用いられる．また，データが直線で分離でない場合には曲線を用いた判別法も提案されている．詳しくは文献 [6] などを参照されたい．

例 15-4　ロバスト最適化問題

生産計画問題（例 15–1）において，制約式に現れる行列 A とベクトル b は正確にわかるが，目的関数の係数ベクトル $c \in \mathbb{R}^3$ がある種の不確かさを含んでいるとする．ベクトル c の存在範囲があるベクトル $c^* \in \mathbb{R}^3$ を中心とする半径 δ の球 Ω にある場合を考える．

$$\Omega = \{c \in \mathbb{R}^3 \mid \|c - c^*\| \leq \delta\} \qquad (15.7)$$

このような状況では，最悪の場合に対してもできるだけよい結果を得たいと考えるのは自然である．すなわち，条件 $Ax \leq b,\ x \geq 0$ の下で

$$\max\ \min\{c^{\mathrm{T}}x \mid c \in \Omega\}$$

を達成する x を求めたい．

$$\min\{c^{\mathrm{T}}x \mid c \in \Omega\} = \min\{(c^* + \delta u)^{\mathrm{T}}x \mid \|u\| \leq 1\}$$
$$= {c^*}^{\mathrm{T}}x + \delta \min\{u^{\mathrm{T}}x \mid \|u\| \leq 1\} = {c^*}^{\mathrm{T}}x - \delta\|x\|$$

であるから，新たな変数 x_0 を導入することで以下の形に書くことができる．

$$\max\quad {c^*}^{\mathrm{T}}x - \delta x_0$$
$$条件\quad Ax \leq b,\ x \geq 0,\ \|x\| \leq x_0$$

最後の条件は $x_0 \geq \sqrt{x_1^2 + x_2^2 + x_3^2}$ と書けるのでこれ

は錐計画問題 (の一つである 2 次錐計画問題) になっている．

例 15-5 割当問題

3 人の従業員 a, b, c を三つの仕事 1, 2, 3 にそれぞれ 1 人ずつ割り当てる問題を考える．各従業員の能力はそれぞれ異なり，従業員 i を仕事 j に割り当てたときには費用 c_{ij} がかかるとする．このとき，総費用が最小となるような従業員の仕事への割り当て方を求めたい．この問題は変数 x_{ij} $(i \in \{a, b, c\},\ j \in \{1, 2, 3\})$ を，従業員 i を仕事 j に割り当てたときに 1，そうでないときに 0 をとるものとして定義すると，以下のように離散最適化問題として定式化できる．

$$
\begin{aligned}
\min\ & \sum_{i \in \{a,b,c\}} \sum_{j \in \{1,2,3\}} c_{ij} x_{ij} \\
\text{条件}\ & \sum_{j \in \{1,2,3\}} x_{ij} = 1 \quad (i \in \{a, b, c\}) \\
& \sum_{i \in \{a,b,c\}} x_{ij} = 1 \quad (j \in \{1, 2, 3\}) \\
& x_{ij} \in \{0,\ 1\} \quad (i \in \{a, b, c\}, j \in \{1, 2, 3\})
\end{aligned}
$$

各変数がとる値が 0 または 1 であるから，第 1 式は各従業員がちょうど一つの仕事を受けもつことを意味し，第 2 式は各仕事はちょうど 1 人の従業員が受けもつことを意味する．この問題は**割当問題**とよばれる，よく知られた離散最適化問題であり，効率的な解法が多く知られている．本章の最後で，この問題に対する一つの解法を紹介する．

15.3 節のまとめ

- 最適化問題の応用先は生産計画，パターン認識，制御，人員配置など多岐に及ぶ．

15.4 線形計画問題に対する理論

線形計画問題 (15.3) において，等式制約 $Cx = d$ を二つの不等式制約 $Cx \geq d$, $-Cx \geq -d$ で置きかえ，変数 x_j を二つの非負変数 $x_j^+, x_j^- \geq 0$ の差として $x_j = x_j^+ - x_j^-$ で表すことにすれば問題 (15.3) は以下の特徴をもつ線形計画問題と等価になる．

- 制約式はすべて不等号の向きが $\geq$ の不等式
- すべての変数に非負制約がある

この特徴をもつ線形計画問題を**不等式標準形**とよび，以下の形で記述することができる．

$$
\begin{aligned}
\min\ & c^{\mathrm{T}} x \\
\text{条件}\ & Ax \geq b, x \geq 0
\end{aligned}
\tag{15.8}
$$

($A \in \mathbb{R}^{m \times n}$, $b \in \mathbb{R}^m$, $c \in \mathbb{R}^n$ とする．) 上の線形計画問題の実行可能領域 $\{x \in \mathbb{R}^n \mid Ax \geq b, x \geq 0\}$ は $m + n$ 本の線形不等式を満たす $x \in \mathbb{R}^n$ の集合になっているが，これは**多面体**[*1]とよばれるものである．多面体は 2 次元における多角形を n 次元に拡張したものであるが，多角形の頂点を n 次元に拡張したものが端点である．多面体 $P \subseteq \mathbb{R}^n$ に対し，$x \in P$ が P の**端点**であるとは x が以下の性質を満たすことをいう．

$$
\begin{gathered}
u, v \neq x \text{ である } u, v \in P \text{ に対して} \\
x = (u + v)/2 \text{ と表せない}
\end{gathered}
$$

直感的には，多面体の端点はそれを定義する不等式のうち，n 本が等号で成立する点[*2]のことである．

さて，線形計画問題の大きな特徴は以下の定理で述べられている事実である．

定理 15-1 (線形計画問題の基本定理)
(a) 任意の線形計画問題に対して以下の三つのいずれかが成り立つ．
 (1) 実行不能である
 (2) 最適解をもつ
 (3) 非有界である
(b) 線形計画問題が最適解をもつならば，その実行可能領域の端点となるような最適解がある．

線形計画問題に対する主な解法は，単体法，楕円体法，内点法の 3 種類あるが，いずれも定理 15–1(b) と，次に述べる双対性を活用している．

不等式標準形の線形計画問題 (15.8) の最適値を下から見積もることを考える．問題 (15.8) を行列を用いずに書き下すと

$$
\min c_1 x_1 + \cdots c_n x_n
$$

[*1] 厳密な定義をすれば，$\mathbb{R}^n$ の多面体とは有限個の等号つき線形不等式を満たす $x \in \mathbb{R}^n$ の集合である．

[*2] 正確には，$x \in P$ が多面体 P の端点であることと，P を定義する不等式のうち，x において等号で成立するものの係数ベクトルを並べた行列の階数が n であることが同値である．

$$\text{条件}\ a_{i1}x_1 + \cdots + a_{in}x_n \geq b_i \quad (i = 1, \cdots, m)$$
$$x_j \geq 0 \quad (j = 1, \cdots, n)$$

となる．この問題の i 番目の制約式の両辺に $y_i \geq 0$ を掛け，得られる m 本の式をすべて足し合わせた式は以下のとおりである．

$$\left(\sum_{i=1}^{m} a_{i1}y_i\right)x_1 + \cdots + \left(\sum_{i=1}^{m} a_{in}y_i\right)x_n$$
$$\geq b_1y_1 + \cdots b_my_m$$

変数 x_j は $x_j \geq 0$ を満たすから，$\sum_{i=1}^{m} a_{ij}y_i \leq c_j$ であれば $c_1x_1 + \cdots + c_nx_n \geq b_1y_1 + \cdots b_my_m$ が成り立ち，$b_1y_1 + \cdots b_my_m$ は問題 (15.8) の最適値の下界になる．そこで，この下界をできるだけ大きく見積もることを考えるが，それを式にすると，以下の問題になる．

$$\max \quad b_1y_1 + \cdots b_my_m$$
$$\text{条件} \quad a_{1j}y_1 + \cdots + a_{mj}y_m \leq c_j \quad (j = 1, \cdots, n)$$
$$y_i \geq 0 \quad (i = 1, \cdots, m)$$

この問題は (15.8) の双対問題とよばれ，行列を用いると以下のように記述できる．

$$\begin{array}{ll} \max & b^{\mathrm{T}}y \\ \text{条件} & A^{\mathrm{T}}y \leq c,\ y \geq 0 \end{array} \tag{15.9}$$

双対問題に対して，もとの問題を主問題という．主問題と双対問題の間には以下の関係がある．

- 主問題の制約式の数と双対問題の変数の数は等しく，主問題の第 i 制約式と双対変数 y_i が対応する
- 主問題の変数の数と双対問題の制約式は等しく，主変数 x_j と双対問題の第 j 制約式が対応する
- 双対問題の双対問題は主問題である．

定理 15-2 (弱双対定理)　主問題の任意の実行可能解 x と双対問題の任意の実行可能解 y はつねに以下の関係を満たす．

$$c^{\mathrm{T}}x \geq b^{\mathrm{T}}y$$

定理が成立することは，双対問題のつくり方から当たり前である．この主張から，主問題と双対問題の一方が非有界ならば，他方が実行不能であることが導かれる．主問題と双対問題はさらに，次の (強) 双対定理と相補性定理を満たす．

定理 15-3 (双対定理)　主問題と双対問題の一方が最適解をもてば他方も最適解をもち，その最適値は一致する．

定理 15-4 (相補性定理)　主問題の実行可能解 x と双対問題の実行可能解 y がそれぞれ主問題と双対問題の最適解であることと以下の条件は同値である．

$$x_j(a_{1j}y_1 + \cdots + a_{mj}y_m - c_j) = 0 \quad (j = 1, \cdots, n)$$
$$y_i(a_{i1}x_1 + \cdots + a_{in}x_n - b_i) = 0 \quad (i = 1, \cdots, m)$$

相補性定理は主 (双対) 変数が正の値をとるならば，対応する双対 (主) 問題の制約が等号で成立することを意味する．この条件はアルゴリズムの設計において非常に利用しやすい．内点法において重要な役割を果たしているほか，効率的に解ける離散最適化問題の解法においても活用されている．本章の最後に，割当問題の解法を通してこのことを簡単に紹介する．

15.4 節のまとめ

- **線形計画問題の実行可能領域は多面体であり，最適解をもつならば，実行可能領域の端点となる最適解をもつ．**
- **線形計画問題** $\min\{c^{\mathrm{T}}x \mid Ax \geq b,\ x \geq 0\}$ **に対する双対問題は** $\max\{b^{\mathrm{T}}y \mid A^{\mathrm{T}}y \leq c,\ y \geq 0\}$ **である．**
- **主問題と双対問題に対して弱双対定理，双対定理，相補性定理が成り立つ．**

15.5　非線形計画に対する理論

本節では非線形計画問題に対する理論を紹介する．

線形計画問題と異なり，先ほど述べたように，一般に非線形最適化問題において大域的最適解を求めることはたいへん難しい．ある特殊な構造をもった問題に対しては効率的に大域的最適解を求める手法が存在する[1] が，多くの場合はそれが難しく，かわりに局所的最適解を求めることを目指す．実行可能解 x が局所的最適解であるとは，以下の条件を満たすことである．

$$f(x^*) \leq f(x) \quad \forall x \in S, \|x^* - x\| < \epsilon$$
$$\text{を満たす}\ \epsilon > 0\ \text{が存在する}$$

ここで凸集合を定義しておこう．

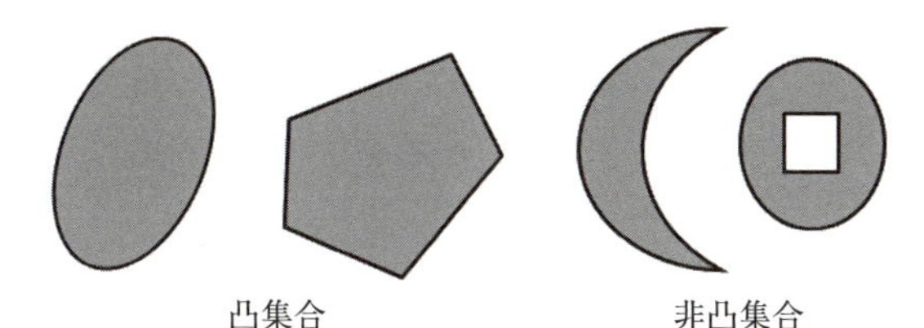

図 15.2 凸集合と非凸集合

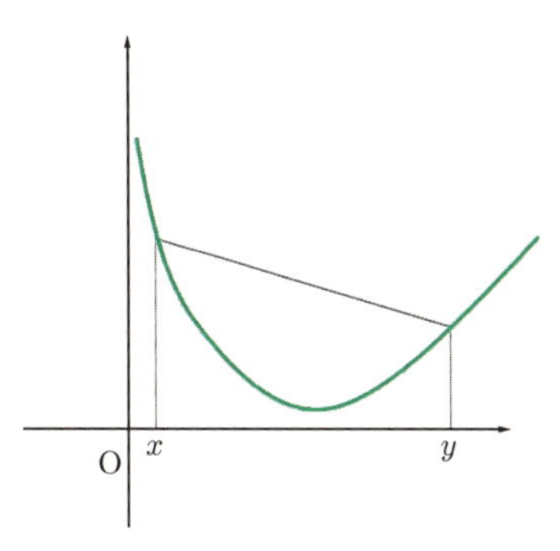

図 15.3 凸関数

定義 15-1 集合 $C \subseteq \mathbb{R}^n$ が**凸集合**であるとは以下の条件を満たすことをいう．

$$x,\, y \in C \Rightarrow \lambda x + (1-\lambda)y \in C \quad \forall \lambda \in [0,1] \tag{15.10}$$

上の式は C に属する 2 点に対しては，その 2 点を結ぶ線分上の点もすべて C に属することを要請している．図 15.2 に凸集合と非凸集合の例を示した．15.2 節の閉凸錐や 15.4 節の多面体は凸集合であるし，$\mathbb{R}^n$ も凸集合であることを注意しておく．

関数 $f : \mathbb{R}^n \to \mathbb{R}$ が**凸関数**とは以下の条件を満たすことである．

$$f(\lambda x + (1-\lambda)y) \leq \lambda f(x) + (1-\lambda) f(y) \quad \forall x, y \in \mathbb{R}^n \quad \forall \lambda \in [0,1]$$

この式は関数のグラフ上に 2 点をとると，それらを結ぶ線分はグラフの下にならないことを要請している．図 15.3 は 1 変数の凸関数の例である．ちなみに，この定義において不等号を逆にしたとき，関数 f は**凹関数**であるという．実は，関数の凸性と集合の凸性には深く関係している．関数 $f : \mathbb{R}^n \to \mathbb{R}$ の**エピグラフ**とは以下の集合である．

$$\operatorname{epi} f := \{(x,y) \in \mathbb{R}^n \times \mathbb{R} \mid y \geq f(x)\}$$

関数 f の凸性と，f のエピグラフの凸性は等価であり，この条件を用いて凸関数定義とすることもある．

$$f \text{ は凸関数} \Leftrightarrow \operatorname{epi} f \text{ は凸集合}$$

関数 f が微分可能であるとき，凸関数であることの必要十分条件として次の性質が知られている．

命題 15-1 f を微分可能な関数とする．このとき f が凸であることと次の条件は等価である．

$$f(x+d) - f(x) \geq \nabla f(x)^{\mathrm{T}} d, \quad \forall x \in \mathbb{R}^n,\ d \in \mathbb{R}^n$$

ただし $\nabla f(x)$ は f の x における**勾配ベクトル**で

$$\nabla f(x) = \begin{pmatrix} \dfrac{\partial f(x)}{\partial x_1} \\ \vdots \\ \dfrac{\partial f(x)}{\partial x_n} \end{pmatrix}$$

である．また，f が 2 回連続的微分可能ならば次の条件とも等価である．

$\nabla^2 f(x)$ は任意の $x \in \mathbb{R}^n$ について半正定値である．

ただし $\nabla^2 f(x) \in \mathbb{R}^{n \times n}$ は f の x における**ヘッセ行列**とよばれる行列で，

$$\nabla^2 f(x) = \left(\frac{\partial^2 f(x)}{\partial x_i \partial x_j} \right)_{1 \leq i,j \leq n}$$

である．

凸関数の代表的な例を下にあげておく．

- アフィン関数：$c^{\mathrm{T}} x + d \quad (c \in \mathbb{R}^n, d \in \mathbb{R}^n)$[*3]
- 凸 2 次関数：$\frac{1}{2} x^{\mathrm{T}} M x + c^{\mathrm{T}} x$ （$M \in \mathbb{R}^{n \times n}$ は半正定値対称行列．$c \in \mathbb{R}^n$）
- 対数関数：$-\log x$

なお，凸関数どうしの非負結合でつくられる関数も凸関数にほかならない．さて，非線形計画問題の中でも重要なクラスを定義しておこう．

定義 15-2 f が凸関数，制約集合 S が凸集合である最適化問題を**凸計画問題** (convex program) という．

凸計画問題については次の “嬉しい” 性質が成り立つことが知られている．

定理 15-5 凸計画問題において，局所的最適解と大域的最適解は一致する．

この性質が嬉しい理由は以下のとおりである．非線形計画におけるアルゴリズムは多くの場合，理論的保証

*3 $d = 0$ のアフィン関数を線形関数という．

ができるのは局所最適解(もしくは停留点)を求めることまでであるため，大域的最適性の保証をすることは簡単ではない．しかし，この凸計画問題に対しては，局所最適解こそが大域的最適解であり，アルゴリズムで求めた解は必ず大域的最適解であることが保証できる．

15.2節の式(15.2)のように，集合Sが不等式$g_i(x) \leq 0$ $(i=1,2,\cdots,l)$や等式$g_i(x)=0$ $(i=l+1,\cdots,m)$で特徴づけられることを述べたが，その場合のSの凸性に関して次の性質が成り立つ．

命題 15-2　g_i $(i=1,\cdots,l)$が凸関数，g_i $(i=l+1,\cdots,m)$がアフィン関数ならばSは凸集合である．

15.5.1　最適性条件

ここでは与えられている関数がすべて連続的微分可能であると仮定し，非線形計画において最適解が満たすべき条件についてみていく．ここで，図15.4のような2変数関数の等高線を仮想的に考え，いま立っている箇所をxとしよう．関数値を小さくするためには，谷に向かう方向に降っていけばよいが，一般のn変数の場合，次の降下方向とよばれる方向に進めば必ず関数値が下がることが知られている．

定義 15-3 (降下方向)　次の性質を満たす方向$d \in \mathbb{R}^n$を$x \in \mathbb{R}^n$における関数fの**降下方向**という．

$$\nabla f(x)^{\mathrm{T}} d < 0 \tag{15.11}$$

とくに$\nabla f(x) \neq 0$ならば$-\nabla f(x)$は自明な降下方向であり，これを**最急降下方向**とよぶ．

命題 15-3　dをxにおける関数fの降下方向とする．このとき$\bar{s}>0$を十分小さくとれば

$$f(x+sd) < f(x)$$

が任意の$s \in (0,\bar{s}]$について成り立つ．

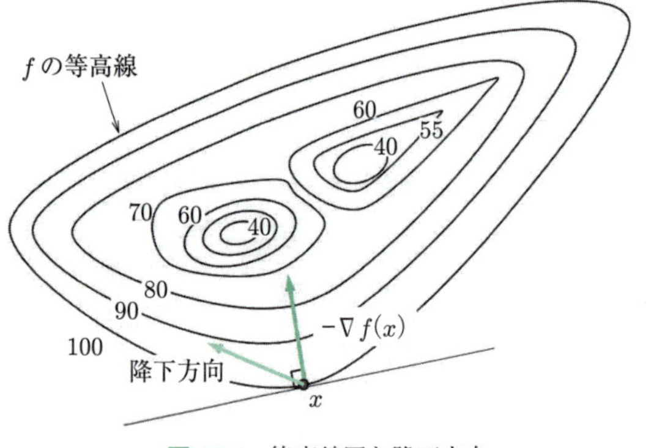

図15.4　等高線図と降下方向

降下方向は最急降下方向となす角が90度未満である方向と表現することもできる．等高線図を用いると降下方向と最急降下方向の様子は図15.4のようになる．

続いて，降下方向の性質を用いて最適解がもつべき性質を考えていこう．まず，$S=\mathbb{R}^n$である場合，すなわち，次のような無制約最適化問題を考える．

$$\min \ f(x) \tag{15.12}$$

$x^* \in \mathbb{R}^n$が最適化問題(15.12)の局所最適解であるとしよう．x^*が局所最適解ならば，命題15–3からx^*においてどの方向も降下方向になりえない．もし降下方向があれば，そちらの方向に進めば関数値は必ず減少するからである．したがって，任意の$d \in \mathbb{R}^n$に対して$\nabla f(x^*)^{\mathrm{T}} d \geq 0$が成り立つ．ここで$d$として$-\nabla f(x^*)$をとる．するといま述べたことから

$$0 \leq \nabla f(x^*)^{\mathrm{T}}(-\nabla f(x^*)) = -\|\nabla f(x^*)\|^2$$

となり，これは$\nabla f(x^*)=0$であることを意味する．以上から次の定理が成り立つ．

定理 15-6 (1次の必要条件)　x^*を最適化問題(15.12)の局所最適解とする．このとき$\nabla f(x^*)=0$が成り立つ．またこの式が成り立つことを停留条件もしくは1次の最適性条件がx^*で成り立つといい，停留条件を満たす点を問題(15.12)に対する**停留点**(stationary point)とよぶ．

停留点は，1変数に関する関数にあてはめれば，接線の傾きが0であるような点であり，図15.4の2次元の等高線図の中では谷底もしくは山頂である．問題(15.12)を解くためのアルゴリズムのほとんどは停留点を求める仕様になっているが，一般に，停留点は局所最適解とは限らない．実際，$\min -x^2$において$x=0$は停留条件を満たすが，明らかに局所最適解ではない．しかしながら，目的関数fが凸関数ならば，停留点は大域的最適解となる．すなわち，停留条件は大域的最適性と必要十分条件の関係にある．

定理 15-7　fを凸関数とする．このときx^*が停留条件を満たすならばx^*は最適化問題(15.12)の大域的最適解である．

証明は命題15.1と$\nabla f(x^*)=0$による．1次の条件の名前は，1階微分である勾配ベクトルを用いていることに由来している．

さて，ここで$A \in \mathbb{R}^{m \times n}$，$b \in \mathbb{R}^m$として次の最小二

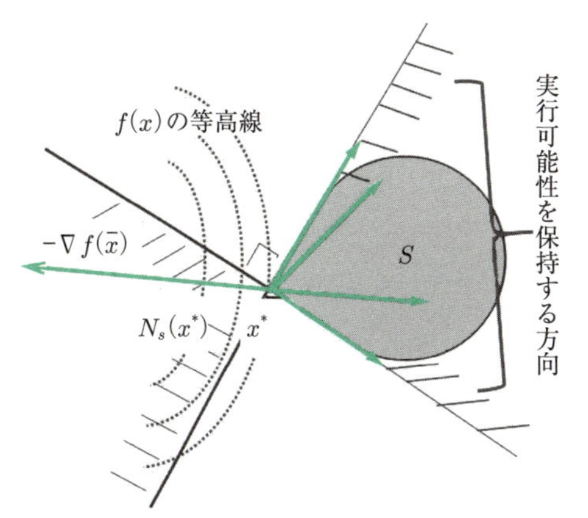

図 15.5 $\min_{x \in S} f(x)$ の局所最適解における $-\nabla f(x)$ の様子

乗問題 (例 15-2) を考えてみよう．

$$\min \|Ax - b\|^2$$

この問題は凸計画問題であるから，定理 15–7 から停留点が大域的最適解である．停留条件は次のような 1 次方程式系として書くことができ，この方程式系の解集合が最適解の集合である．

$$(A^{\mathrm{T}}A)x - A^{\mathrm{T}}b = 0$$

続いて $S \neq \mathbb{R}^n$ の場合について考えてみよう．$x^* \in \mathbb{R}^n$ をこの問題の局所最適解とすると，実行領域に留まるような方向 (実行可能方向とよぼう) の中に降下方向は存在しないはずである．例えば図 15.5 を考えるとイメージをつかみやすいかもしれない．この図が表すように，局所最適解 x^* において最急降下方向 $-\nabla f(x^*)$ はいずれの実行可能方向とも 90 度以上を成すような領域 (図 15.5 の $N_S(x^*)$) に入っていることがわかる．この領域 $N_S(x)$ は x における S の**法線錐** (normal cone) とよばれ，数学的に次のように定義される．

定義 15-4 (法線錐) S の $x \in S$ における法線錐 $N_S(x)$ とは以下で定義される集合である．

$$N_S(x) := \{y \in \mathbb{R}^n \mid y^{\mathrm{T}}z \leq 0,\ \forall z \in T_S(x)\}$$

ただし，$T_S(x)$ は S の $x \in S$ における接錐 (tangent cone) とよばれる集合で，

$$T_S(x) := \{d \in \mathbb{R}^n \mid \text{ある非負の実数列 } \{\alpha_n\} \text{ と } \lim_{n \to \infty} x_n = x \text{ である実行可能点列 } \{x_n\} \subseteq S \text{ が存在し } d = \lim_{n \to \infty} \alpha_n(x_n - x)\}$$

と定義される．直感的には，接錐 $T_S(x)$ とは，S を $x \in S$ で 1 次近似した図形のようなものだと思っておけばよい．

定理 15-8 ($\min_{x \in S} f(x)$ に対する 1 次の最適性条件) x^* を $\min_{x \in S} f(x)$ における局所的最適解とする．このとき，$-\nabla f(x^*) \in N_S(x^*)$ が成り立つ．とくに f が凸関数ならば，この逆も成り立つ．

$S = \mathbb{R}^n$ のときすべての $x \in \mathbb{R}^n$ について $N_S(x) = \{0\}$ であり，したがって $-\nabla f(x) \in N_S(x)$ は $\nabla f(x) = 0$ にほかならない．よって定理 15–8 は，定理 15–6 と定理 15–7 の拡張になっている．

さて，法線錐 $N_S(x)$ の形を一般的に求めることは容易でない．そのため，条件 "$-\nabla f(x^*) \in N_S(x^*)$" はアルゴリズムを計算機上で実装する観点からはとても扱いづらい．ところが，S がより具体的な構造をもつ場合には，この条件を KKT 条件という取り扱いやすい形で表現することができる．ここで非線形計画問題 (15.4) を再掲しよう．関数はすべて連続的微分可能とする．

$$\begin{aligned} &\min && f(x) \\ &\text{条件} && g_i(x) \leq 0 \quad (i = 1, \cdots, l) \\ & && g_i(x) = 0 \quad (i = l+1, \cdots, m) \end{aligned} \tag{15.13}$$

定義 15-5 (1 次独立制約想定) $x \in \mathbb{R}^n$ で等号が成り立つ不等式制約の番号の集合を $I(x) = \{i \in \{1, \cdots, l\} \mid g_i(x) = 0\}$ として，$\{\nabla g_i(x) \mid i \in I(x)\}$ が 1 次独立であれば，これを x で**1 次独立制約想定** (linear independence constraint qualification) が成り立つという*4．

定理 15-9 (1 次の必要条件) $x^* \in \mathbb{R}^n$ を最適化問題 (15.4) の局所最適解とする．x^* において 1 次独立制約想定が成り立つならば，以下の条件を満たす $y^* = (y_1^*, \cdots, y_l^*)^{\mathrm{T}}$ と $z^* = (z_{l+1}^*, \cdots, z_m^*)^{\mathrm{T}}$ が存在する．

$$\nabla f(x^*) + \sum_{i=1}^{l} y_i \nabla g_i(x^*) + \sum_{i=l+1}^{m} z_i \nabla g_i(x^*) = 0 \tag{15.14}$$

$$y_i^* \geq 0,\ g_i(x^*) \leq 0 \quad (i = 1, \cdots, l) \tag{15.15}$$

$$y_i^* g_i(x^*) = 0 \quad (i = 1, \cdots, l) \tag{15.16}$$

$$g_j(x^*) = 0 \quad (i = l+1, \cdots, m) \tag{15.17}$$

g_i $(1 \leq i \leq m)$ がすべてアフィン関数もしくは線形

*4 1 次独立制約想定は，$-\nabla f(x) \in N_S(x)$ が KKT 条件として表現できるための，制約想定とよばれる仮定の一つである．1 次独立制約想定より弱い制約想定も知られているが，より詳細は文献 [7] を参照いただきたい．

関数ならば1次独立制約想定なしで上の条件が成り立つ．

条件 (15.14)〜(15.17) は **KKT 条件** (Karush–Kuhn–Tucker 条件) とよばれる．とくに条件 (15.15), (15.16) を相補性条件とよぶ．また，条件に現れる

$$y^* = (y_1^*, \cdots, y_l^*)^{\mathrm{T}}$$
$$z^* = (z_{l+1}^*, \cdots, z_m^*)^{\mathrm{T}}$$

を**ラグランジュ乗数**とよび，KKT 条件を満たす (x^*, y^*, z^*) を **KKT 点**という．ラグランジュ乗数と制約式が対応することに注意されたい．制約付き最適化問題に対する多くのアルゴリズムは，この KKT 点を求めることを目指して設計されている．

注意 15-1　1次独立制約想定が成り立たない問題に対しては，KKT 条件を満たさない局所最適解がある場合もある．

ここでは紙面の都合上割愛するが，関数の2階微分であるヘッセ行列の情報を用いた2次の最適性条件とよばれる特徴付けもよく知られる．詳しくは文献 [7], [10], [11] を参照のこと．

15.5 節のまとめ

- 非線形計画問題においては，一般に大域的最適解を求めることが難しいため，局所最適解を求めることが目標となる．
- 無制約最適化問題の局所最適解が満たすべき最適性条件は $\nabla f(x^*) = 0$ である．
- 制約のある最適化問題の局所最適解が満たすべき最適性条件は KKT 条件とよばれる．
- 実行可能領域が凸集合であり，目的関数が凸関数であれば局所最適解は大域的最適解である．

15.6 非線形最適化のアルゴリズム

ここでは，非線形計画問題に対するアルゴリズムを簡単に紹介する．

非線形最適化問題に対するアルゴリズムは，多くが**反復法**とよばれるものになっている．反復法とは適当な初期点 $x_0 \in \mathbb{R}^n$ からスタートし，点 x_k において方向 $d_k \in \mathbb{R}^n$ とパラメータ $\alpha_k > 0$ を選んで更新式

$$x_{k+1} := x_k + \alpha_k d_k$$

によって点列 $\{x_k\}$ を生成するものである．方向 d_k は**探索方向**，パラメータ α_k は**ステップサイズ**とよばれるが，これらの選び方に依存して生成した点列のふるまいが決まる．とくに非線形最適化アルゴリズムを設計する上で重要視される性能項目として，

(1) 大域的収束性
(2) 局所収束性
(3) 収束率

が挙げられる．大域的収束性とは，初期点を任意に選んだときに停留点あるいは KKT 点に収束する性質のことをいう．局所収束性とは，初期点を十分近く[*5]にとったとき停留点か KKT 点へ収束する性質のことをいう．また収束率とは，生成した点が無限個である場合に，停留点や KKT 点へ収束していくときの速度のことであり，十分に大きい k に対して $\|x_{k+1} - x^*\| / \|x_k - x^*\|^p$ が定数で抑えられるときに $\{x_k\}$ は x^* に p 次収束するという．とくに $\|x_{k+1} - x^*\| / \|x_k - x^*\| \to 0$ であるときに $\{x_k\}$ は x^* に超1次収束するという．あとで述べる最急降下法は1次収束することが，ニュートン法は2次収束することが知られている．

以下では，無制約最適化問題 (15.12) と制約付き最適化問題 (15.4) のそれぞれに関する基本的な反復法について述べる．

15.6.1 無制約最適化に対するアルゴリズム

ここで紹介するアルゴリズムはいずれも停留点 ($\nabla f(x) = 0$ を満たす点 x) を求めることを目標としている．現在点を $x_k \in \mathbb{R}^n$ とする．まず探索方向 $d_k \in \mathbb{R}^n$ として，$B_k \in \mathbb{R}^{m \times m}$ を対称行列であるように選び，次の最適化問題の停留点を d_k とする．

$$\min_{d \in \mathbb{R}^n} \nabla f(x_k)^{\mathrm{T}} d + \frac{1}{2} d^{\mathrm{T}} B_k d \quad (15.18)$$

当然，B_k の選び方によって探索方向の性質は異なる．

(a) $B_k = \nabla^2 f(x_k)$ のとき，$\nabla^2 f(x_k)$ が逆行列をも

*5 どれくらい近くにとればよいかということは陽にはわからないことが多い．

てば $d_k = -\nabla^2 f(x_k)^{-1}\nabla f(x_k)$ である．この方向はニュートン方向とよばれ，各 $k \geq 0$ についてニュートン方向をとり，ステップサイズを $\alpha_k = 1$ とした反復法はニュートン法 (Newton method) とよばれる．

(b) B_k を正定値対称であるように選べば，式 (15.18) は凸計画問題であり，その停留点 (大域的最適解) は

$$d_k = -B_k^{-1}\nabla f(x_k)$$

とただ一つに定まる．このとき，$\nabla f(x^k) \neq 0$ ならば $\nabla f(x^k)^{\mathrm{T}} d_k = -\nabla f(x_k)^{\mathrm{T}} B_k^{-1}\nabla f(x_k) < 0$ であるから，この方向は必ず降下方向になる．

(a) のニュートン法は，局所収束性をもち，また 2 次収束することが知られている．そのため，高い精度で停留条件を満たした点を少ない反復回数で求めたい場合に適した方法である．その一方で $\nabla^2 f(x)$ が逆行列をもつとは限らないため，常に探索方向が生成できる保証はなく，大域的収束性をもたない．そうした欠点を補うためにニュートン法の拡張型である代表的な手法が二つある．一つは，信頼領域法とよばれる手法である．信頼領域法は信頼領域とよばれる有界閉凸集合上で式 (15.18) を解く．ここで注意したいのは，この問題の目的関数は一般に非凸であるものの，ある固有値問題へ帰着することによって，その大域的最適解を効率的に求めることができる点にある．詳細は例えば文献 [11] の定理 6–3 を参照していただきたい．もう一つが (b) に基づく，準ニュートン法であるが，それについては次で述べる．

(b) における正定値対称行列 B_k の選び方の例として，常に単位行列を選ぶことが考えられるが，この場合に生成される探索方向は $d_k = -\nabla f(x^k)$ であり最急降下方向にほかならない．この方向を常に選んだものを最急降下法 (steepest descent method) とよぶ．また B_k としてセカント条件 $(B_{k+1}(x^{k+1} - x^k) = \nabla f(x^{k+1}) - \nabla f(x^k))$ とよばれる，ヘッセ行列 $\nabla^2 f(x^k)$ をその進む方向上で近似した行列になるように定める方法がある．この方法では行列 B_k を更新して B_{k+1} をつくるが，その更新式はいくつか考察されている[*6]．この方法は準ニュートン法 (quasi–Newton method) とよばれている．

[*6] DFP (Davidon–Fletcher–Powell) 公式および BFGS (Broyden–Fletcher–Goldfarb–Shanno) 公式などが知られる．

(i) 直線探索法

次にステップサイズの選び方について述べる．探索方向 d^k を用いて，$x^{k+1} = x^k + d^k$ と更新を繰り返しても，目的関数値が減少するとは限らない．したがって，最適解を目指して効率的に進むためには，適切なステップサイズの求め方が重要になる．ここでは，その手法である直線探索について述べる，

点 x_k におけるステップサイズ α_k は，探索方向 d_k 上で目的関数値が最小となるように選ぶことが望ましい．

$$f(x_k + \alpha_k d_k) = \min_{\alpha \geq 0} f(x_k + \alpha d_k)$$

しかし，この問題自体が 1 変数の非線形最小化問題であるため，2 次関数など，特別なものでない限り，そうした α_k を求めることは難しい．そこで，ある程度の目的関数の減少が期待できる次のような基準が提案されている．

アルミホ (Armijo) 基準 $0 < \xi < 1$ を満たす定数 ξ に対して

$$f(x_k + \alpha_k d_k) \leq f(x_k) + \xi\alpha_k \nabla f(x_k)^{\mathrm{T}} d_k$$

ウルフ (Wolfe) 基準 $0 < \xi_1 < \xi_2 < 1$ を満たす定数 ξ_1, ξ_2 に対して

$$f(x_k + \alpha_k d_k) \leq f(x_k) + \xi_1\alpha_k \nabla f(x_k)^{\mathrm{T}} d_k$$
$$\xi_2 \nabla f(x_k)^{\mathrm{T}} d_k \leq \nabla f(x_k + \alpha_k d_k)^{\mathrm{T}} d_k$$

ウルフ基準はアルミホ基準よりも条件式が一つ多い基準であり，ステップサイズが小さくなりすぎることを防ぐ仕様になっている．

実際にこれらの基準を満たすステップサイズは $\beta \in (0, 1)$ を選んで $1, \beta, \beta^2, \beta^3, \cdots,$ の中で最初に条件を満たした値を採用することが多い．以下に直線探索法を用いた反復法のアルゴリズムを述べる．

(ii) 直線探索による反復法

(0) $x_0 \in \mathbb{R}^n$ を選び，$k := 0$ とする．
(1) 停止条件が満たされていれば x_k を出力して停止する．
(2) 探索方向 d_k を選ぶ．
(3) 直線探索を用いてステップサイズ α_k を決める．
(4) $x_{k+1} := x_k + \alpha_k d_k$, $k := k + 1$ として (1) へ戻る．

停止条件は，多くの場合，勾配ベクトルのノルム $\|\nabla f(x)\|$ や探索方向幅 $\|d_k\|$ が十分に小さくなることが用いられる．

15.6.2 制約付き最適化アルゴリズム

ここでは，制約付き最適化問題に対するアルゴリズムである逐次 2 次計画法 (sequential quadratic programming method：SQP) について簡単に述べたい．SQP の目標は KKT 条件 (15.14)〜(15.17) を満たす点と各制約に対応するラグランジュ乗数を求めることある．SQP は上で述べた無制約最適化アルゴリズムを制約付きへと拡張したものであり，大きな枠組みは変わらない．以下では $y_k=(y_k^1,y_k^2,\cdots,y_k^l)^{\mathrm{T}}\in\mathbb{R}^l$, $z^k=(z^{l+1},z^{l+2},\cdots,z^l)^{\mathrm{T}}\in\mathbb{R}^{m-l}$ と表す．

現在点を $x_k\in\mathbb{R}^n$ として，探索方向を求めるために，無制約最適化問題に対しては (15.18) を考えた．ここでは B_k は適当な正定値対称行列として

$$\min \quad \nabla f(x_k)^{\mathrm{T}}d+\frac{1}{2}d^{\mathrm{T}}B_kd$$

$$\text{条件}\quad g_i(x_k)+\nabla g_i(x_k)^{\mathrm{T}}d\le 0 \quad (i=1,\cdots,l)$$

$$g_i(x_k)+\nabla g_i(x_k)^{\mathrm{T}}d=0 \quad (i=l+1,\cdots,m)$$

という問題 (以下，Sub-QP) を考える．Sub-QP の KKT 条件はラグランジュ乗数 $y_i\in\mathbb{R}$ $(i=1,\cdots,l)$, $z_j\in\mathbb{R}$ $(j=l+1,\cdots,m)$ を用いて次のように書くことができる．

$$\nabla f(x_k)+B_kd+\sum_{i=1}^{l}y_i\nabla g_i(x^k)$$

$$+\sum_{j=l+1}^{m}z_j\nabla g_j(x^k)=0$$

$$y_i\left(g_i(x^k)+\nabla g_i(x^k)^{\mathrm{T}}d\right)=0$$

$$g_i(x^k)+\nabla g_i(x^k)^{\mathrm{T}}d\le 0,\ y_i\ge 0 \quad (i=1,\cdots,l)$$

$$g_i(x^k)+\nabla g_i(x^k)^{\mathrm{T}}d=0 \quad (i=l+1,\cdots,m)$$

ここで $d=0$ が Sub-QP の最適解ならば，$(x^k,y_1,\cdots,y_l,z_{l+1},\cdots,z_m)$ は元問題に対する KKT 点にほかならないことに注意しよう．さて SQP では，この Sub-QP の KKT 点 (d_k,y,z) を用いて (x_k,y_{k+1},z_{k+1}) を次のように更新する．x^k における探索方向を d_k とし，適当なステップサイズ $\alpha_k>0$ を選んで

$$x_{k+1}=x_k+\alpha_kd_k$$

とする．また，$k+1$ 番目のラグランジュ乗数として

$$y_{k+1}=y,\ z_{k+1}=z$$

と更新していくのである．

注意 15-2 Sub-QP は必ずしも実行可能解をもつとは限らない．ただし，元問題が凸計画問題で実行可能解が存在する場合は，Sub-QP も必ず実行可能解をもつ．とくに B_k が正定値対称行列である場合は，Sub-QP は 2 次計画問題となり，ただ一つの最適解をもつ．

ステップサイズ α_k は，アルミホ基準に基づいた直線探索を用いて，目的関数の値だけでなく，制約関数の違反度も考慮した評価関数が減少するように決定される．そのような評価関数としては，例えばペナルティパラメータとよばれる重みパラメータ $\rho>0$ を含んだ次のような関数が用いられる．

$$\phi_\rho:=f(x)+\rho\left(\sum_{i=1}^{l}\max(g_i(x),0)+\sum_{j=l+1}^{m}|g_j(x)|\right)$$

こうした関数を**ペナルティ関数**とよび，ここで紹介した以外にもさまざまなものが提案されている．さて，このペナルティ関数を用いたアルミホの直線探索は以下のものであり，まずペナルティパラメータ ρ を十分に大きく設定してから行われる．

(1) $\rho>\max(y_1,y_2,\cdots,y_l,|z_{l+1}|,\cdots,|z_m|)$ ならばそのまま，でなければ
$$\rho=\max(y_1,y_2,\cdots,y_l,|z_{l+1}|,\cdots,|z_m|)+\delta$$
とする．ただし $\delta>0$ はあらかじめ選ぶ正の定数である．

(2) $0<\beta,\xi<1$ を満たす定数 β, ξ に対して
$$\phi_\rho(x_k+\beta^rd_k)\le\phi_\rho(x_k)-\xi\beta^rd_k^{\mathrm{T}}B_kd_k$$
を満たす最小の非負整数 $r=0,1,2,\cdots$ を選び，$\alpha_k=\beta^r$ とする．

無制約最適化のときと同じく，各 k において B_k を正定値対称行列であるように選び，また適当な直線探索でステップサイズを行えば，SQP には KKT 点への大域的収束性があることが知られている．また，ラグランジュ関数

$$\mathcal{L}(x,y,z):=f(x)+\sum_{i=1}^{l}y_ig_i(x)+\sum_{j=l+1}^{m}z_jg_j(x)$$

において十分大きな k に対して $B_k=\nabla^2\mathcal{L}(x_k,y_k,z_k)$, $\alpha_k=1$ とすれば 1 次独立制約想定，2 次の十分条件，狭義相補性条件とよばれる正則性条件の下で KKT 点へ 2 次収束することが知られている．

以下に SQP 法の概要を述べる．

SQP 法

(0) 初期点 $w_0=(x_0,y_0,z_0)\in\mathbb{R}^n\times\mathbb{R}^l\times\mathbb{R}^{m-l}$, 正定値対称行列 $B_0\in\mathbb{R}^{n\times n}$, 直線探索における各パラメータを選び，$k:=0$ とする．

(1) 停止条件が満たされていれば w_k を出力して停止する．

(2) Sub-QP の KKT 点 $(d_k,y,z)\in\mathbb{R}^n\times\mathbb{R}^l\times\mathbb{R}^{m-l}$ を求める．

(3) 直線探索を用いてステップサイズ α_k を決める．

(4) $x_{k+1} := x_k + \alpha_k d_k, y_{k+1} = y, z_{k+1} = z_k$, $k := k+1$ として (1) へ戻る．

停止条件は，KKT 条件を十分に満たしていることや，$\|d_k\|$ が十分に小さくなっていることが用いられる．

15.6 節のまとめ

- 非線形最適化問題に対するアルゴリズムは $\nabla f(x) = 0$ を満たす停留点を求めることを目指す．
- 非線形最適化のアルゴリズムは反復法が基本であり，探索方向 d_k とステップサイズ α_k を決定し，関係式 $x_{k+1} = x_k + \alpha_k d_k$ によって点列 $\{x_k\}$ を生成する．
- 無制約最適化のアルゴリズムは探索方向の選び方に特徴があり，最急降下法，ニュートン法，準ニュートン法などがある．
- ステップサイズは直線探索で決定するが，その基準にはアルミホ基準とウルフ基準がある．
- 制約つき最適化問題に対しては，逐次 2 次計画法が有効である．

15.7 離散最適化のアルゴリズム

本節では離散最適化問題に対する一般的な求解アルゴリズムである分枝限定法と，効率的なアルゴリズムの例として割当問題に対するハンガリアン法を紹介する．

15.7.1 分枝限定法

15.2 節で述べたように，離散最適化問題を厳密に解くことは計算量の観点において非常に難しい．ネットワーク計画問題など効率的に解ける問題もあるが，現実に発生する多くの問題は効率的な解法が存在しないと予想されているクラスに属する[*7]．そこで，一般的には以下のようなアプローチのどちらかをとる．

(1) 厳密な最適解を求めることをせず，“ある程度よい” 解を短時間で求めることを目指す．

(2) 計算時間を相応にかけることを覚悟の上で，厳密な最適解を求める．

前者のアプローチで設計されたアルゴリズムはヒューリスティック解法 (heuristic algorithm) とよばれる．これらヒューリスティック解法には問題に特化したものと，汎用性をもつものがある．汎用性をもつものはメタ解法 (metaheuristic) とよばれ，実装しやすいことなどから近年多くの分野で用いられている．詳しくは文献 [9] などを参照されたい．

後者のアプローチに基づくアルゴリズムとしては分枝限定法 (branch-and-bound method) がある．分枝限定法は暗的列挙とよばれる方法で，最適解を見つけだすものである．その概要をみるため，以下の離散最適化問題を考えよう．

$$\begin{aligned} &\min\ c^{\mathrm{T}} x \\ &\text{条件}\ Ax \geq b \qquad\qquad (15.19) \\ &\quad x_j \in \{0,1\} \quad (j = 1, \cdots, n) \end{aligned}$$

ただし，$A \in \mathbb{R}^{m \times n}, b \in \mathbb{R}^m, c \in \mathbb{R}^n$ とする．式 (15.19) に対して，条件 $x_j \in \{0,1\}$ を $0 \leq x_j \leq 1$ に緩和した問題を線形緩和とよぶが，明らかに

$$\text{線形緩和の最適値} \leq \text{式 (15.19) の最適値}$$

が成り立つ．線形緩和は線形計画問題であるから，効率よく解ける．その最適解 x において，運よくすべての変数の値が 0 または 1 であれば，x はもとの式 (15.19) の最適解である．そうでなければ，$0 < x_k < 1$ を満たす変数 x_k があるはずである．その x_k を用いて，以下の二つの問題をつくる．

- 式 (15.19) に条件 “$x_k = 0$” を付加した問題
- 式 (15.19) に条件 “$x_k = 1$” を付加した問題

この二つの問題は式 (15.19) の子問題や部分問題とよばれるが，子問題を両方とも解けば，もとの式 (15.19) が解けたことになる．なぜならば，式 (15.19) のどの実行可能解も二つの子問題のどちらかの実行可能解になっているから，二つの子問題の最適解のうち，よい方がもとの問題の最適解になっているはずである．このように，特定の変数に着目して子問題を生成することを分枝操作とよぶ．

では，子問題はどのように解くかというと，同じ原理を適用するのである．すなわち，子問題の線形緩和をつくって解き，最適解に整数値でない変数があれば，

[*7] 正確には NP 困難とよばれる問題のクラスである．数学分野の有名な未解決問題 “P/NP 問題” において，$\mathrm{P} \neq \mathrm{NP}$ が成立していれば，多項式時間の解法が構築不可能なクラスである．

その変数を用いて分枝する．

この方策を繰り返せば，式 (15.19) の最適解が必ず得られるが，他に工夫を加えなければ子問題の線形緩和が運よく整数の最適解をもたない限り分枝を続けなければならず，現実的な時間内で計算が終了しないことになってしまう．そこで，分枝をする必要のない子問題を見極め，無駄な計算を減らす方策として限定操作が行われる．

いま，適当な方法で式 (15.19) の実行可能解 $\overline{x}$ が得られているとしよう．もし，ある子問題に対して

$$\text{子問題の線形緩和の最適値} \geq c^{\mathrm{T}}\overline{x}$$

であれば，その子問題をこれ以上解く必要がないことがわかる．なぜならば，その子問題の最適解が $\overline{x}$ よりもよい解になりえないからである．このように，手元にある実行可能解を用いて解く必要のない子問題を見限る操作のことを**限定操作**とよび，限定操作で用いる実行可能解 $\overline{x}$ を**暫定解**とよぶ．通常，暫定解は分枝限定法を実行する前に適当なヒューリスティック解法を適用して構成しておくが，暫定解はよいほど限定操作が機能しやすくなるのでできる限りよいものを得ることが大事である．

分枝限定法は簡単な原理に基づいているので，適用可能な範囲が広く，柔軟性がある．具体的には

- 変数の離散性を用いて子問題が生成できること
- 生成した子問題の最適値を下から見積れること

ができればどのような問題にも適用できる．とくに，子問題の最適値の見積もりが計算効率を左右するため，さまざまな工夫がされており，分枝カット法や分枝価格法などの方法が提案されている．詳しくは文献 [2] などを参照していただきたい．

15.7.2　割当問題に対する解法

上で述べたように，一般の離散最適化問題に対する枠組はメタ解法や分枝限定法のみである．一方で，離散最適化においては個々の問題に関する研究も盛んになされ，効率的に解ける問題も少なくない．そのような問題の代表として**ネットワーク計画問題**がある．詳しくは述べないが，ネットワーク計画問題が効率的に解ける背景には 15.4 節で紹介した線形計画の理論が効力を発揮している事実がある[4], [8]．とくに，ネットワーク計画問題は定式化したとき，変数に関する整数制約を外した線形計画問題が必ず整数の最適解をもつことが知られている．よってネットワーク計画問題は線形計画問題を解けばよいことになるが，一般的にこのようなアプローチはあまりとられない．なぜならば，ネットワーク計画問題から発生する線形計画問題は単体法などの解法が“苦戦する”性質をもつこと[*8]と，離散最適化問題は問題本来の離散的な性質を利用した解法を設計したい研究者のこだわりがあるからである．以下，ネットワーク計画問題の代表例である割当問題に対するハンガリアン法を通して線形計画の理論がどのように活用されているかを紹介する．

例 15–5 において，従業員 3 人の割当問題を紹介したが，ここではそれを一般化して，従業員の人数も仕事の数も n である割当問題を考えよう．n 人の従業員 $1, \cdots, n$ を n の仕事 $1, \cdots, n$ にそれぞれ 1 人ずつ，総費用が最も小さくなるように割り当てたい．従業員 i を仕事 j に割り当てるときの費用を定数 c_{ij}，従業員 i を仕事 j に割り当てるか否かを表す 0–1 の変数を x_{ij} とすれば，この問題は以下のように定式化することができる．

$$\begin{aligned}
\min \quad & \sum_{i=1}^{n}\sum_{j=1}^{n} c_{ij}x_{ij} \\
\text{条件} \quad & \sum_{j=1}^{n} x_{ij} = 1 \quad (i = 1, \cdots, n) \\
& \sum_{i=1}^{n} x_{ij} = 1 \quad (j = 1, \cdots, n) \\
& x_{ij} \in \{0, 1\} \quad (i, j = 1, \cdots, n)
\end{aligned}$$

変数 x_{ij} には 0–1 条件があるが，それを $x_{ij} \geq 0$ に緩和した線形計画問題を考え，その双対問題をつくってみる．従業員 i に対する制約式 $\sum_{j=1}^{n} x_{ij} = 1$ に双対変数 y_i を，仕事 j に対する制約式 $\sum_{i=1}^{n} x_{ij} = 1$ に双対変数 z_j を対応させると双対問題は次のようになる．

$$\begin{aligned}
\max \quad & \sum_{i=1}^{n} y_i + \sum_{j=1}^{n} z_j \\
\text{条件} \quad & y_i + z_j \leq c_{ij} \quad (i, j = 1, \cdots, n)
\end{aligned}$$

もとの問題の (非負制約を除く) 制約式がすべて等式なので，双対変数に非負条件がないことに注意されたい．この主問題と双対問題のペアに対して相補性条件を記述すると次のようになる．

$$x_{ij} > 0 \Rightarrow y_i + z_j = c_{ij} \quad (i, j = 1, \cdots, n)$$

以下，$\overline{c}_{ij} = c_{ij} - y_i - z_j \quad (i, j = 1, \cdots, n)$ と定義し，$x = (x_{11}, \cdots, x_{nn})$，$y = (y_1, \cdots, y_n)$，$z = (z_1, \cdots, z_n)$ と表すことにすると，ハンガリアン法は

[*8] ネットワーク計画問題から発生する線形計画問題に特化したネットワーク単体法はこの弱点を克服している．

x と (y,z) の組を保持し，双対実行可能性と相補性を満たしながら，主実行可能性を達成するように，x および (y,z) を更新するアルゴリズムである．より具体的には保持している双対解 (y,z) が等号で満たす制約 (i,j) の組

$$E(y,z)=\{(i,j)\mid \overline{c}_{ij}=0,\ i,j=1,\cdots,n\}$$

を考え，次の問題 (以下，Sub-AP)

$$\begin{aligned} \max \quad & \sum_{i=1}^{n}\sum_{j=1}^{n} x_{ij} \\ \text{条件} \quad & \sum_{j=1}^{n} x_{ij} \le 1 \quad (i=1,\cdots,n) \\ & \sum_{i=1}^{n} x_{ij} \le 1 \quad (j=1,\cdots,n) \\ & x_{ij}=0 \qquad (\,(i,j)\notin E(y,z)\,) \\ & x_{ij}\in\{0,1\} \quad (i,j=1,\cdots,n) \end{aligned}$$

を解く．この問題は，双対解 (y,z) に対して相補性を満たしつつ，できる限り多くの従業員を仕事に割り当てる方法を求めるものと解釈できる．詳しくは述べないが，この問題は組合せ的な手法を用いて効率的に解ける．もし，Sub-AP の最適解 $\tilde{x}$ が $\sum_{j=1}^{n}\tilde{x}_{ij}=1\ (i=1,\cdots,n)$ を満たせば $\tilde{x}$ はもとの割当問題の最適解になる (このとき，$\sum_{i=1}^{n}\tilde{x}_{ij}=1\ (j=1,\cdots,n)$ は自動的に満たされる)．そうでなければその $\tilde{x}$ を利用して (y,z) を更新する．手続きとしては，以下のように記述できる．

(i) ハンガリアン法

(0) 初期双対解 (y,z) を以下のように構成する．
　$y_i:=\min\{c_{ij}\mid j=1,\cdots,n\}\ (i=1,\cdots,n)$
　$z_j:=0\ (j=1,\cdots,n)$

(1) 現在の双対解 (y,z) に対し，$E(y,z)$ を構成して Sub-AP の最適解 $\tilde{x}$ を求める．

(2) $\tilde{x}$ がもとの問題の実行可能解ならば終了する．そうでなければ (y,z) を更新して (1) へ戻る．

このアルゴリズムの最大のポイントは $\tilde{x}$ を利用した (y,z) の更新である．これを説明するために以下の記号を導入する．

$$U(\tilde{x})=\left\{i \;\middle|\; \sum_{j=1}^{n}\tilde{x}_{ij}=0\right\}$$

$$V(\tilde{x})=\left\{j \;\middle|\; \sum_{i=1}^{n}\tilde{x}_{ij}=1\right\}$$

$$J(i)=\{j\mid \overline{c}_{ij}=0\}\quad (i=1,\cdots,n)$$

集合 $U(\tilde{x})$ は $\tilde{x}$ において仕事が割り当てられていない従業員の集合，$V(\tilde{x})$ は従業員のいずれかが割り当てられている仕事の集合，$J(i)$ は従業員 i に対して，相補性を満たすように割り当てられる仕事の集合である．これらの記号を用いると，(y,z) の更新手続きは次のようになる．

(ii) ハンガリアン法における $(\boldsymbol{y},\boldsymbol{z})$ の更新方法

(0) すべての $i\in U(\tilde{x})$ に * をつける．

(1) 新たに * がつく i' がなくなるまで以下を実行する．
　* のついた i に対し，
　すべての $j\in J(i)$ に * をつける．
　* のついた j が $j\in V(\tilde{x})$ ならば
　$\tilde{x}_{i'j}=1$ を満たす．唯一の i' に * をつける．

(2) $\delta=\min\{\overline{c}_{ij}\mid i$ は * がつき，j は * がない$\}$ とし，
　* のついた i に対して $y_i:=y_i+\delta$ とし，
　* のついた j に対して $z_j:=z_j-\delta$ とする．

この手続きを実行すると，$\tilde{x}_{ij}=1$ を満たす (i,j) に対しては $\overline{c}_{ij}=0$ を保持したまま，$\overline{c}_{ij}>0$ であるいずれかの (i,j) については，(y,z) を更新した後に新たに $\overline{c}_{ij}=0$ を満たすようになる．これを繰り返すことで，Sub-AP の最適値が増加し，最終的に相補性を満たす割当問題の実行可能解 x と双対実行可能解 (y,z) が得られる．

15.7 節のまとめ

- 離散最適化問題は一般的に求解が難しく，厳密解法のほか，短時間である程度よい解を求めるヒューリスティック解法が多く提案されている．
- 厳密解法は暗的に解を列挙する分枝限定法がよく使われる．
- 一方で，ネットワーク計画問題は効率的な解法が知られる離散最適化問題であり，その代表である割当問題に対してはハンガリアン法が知られている．

15.8 おわりに

以上，非常に駆け足ではあるが，最適化のアルゴリズムについて紹介した．実際に最適化を利用する場面では，自らがプログラムを組むことは少なく，ソフトウェアとして用意されている求解ソルバーを利用することが多いと思われるが，基礎理論の重要点を理解しておくことは，用いたソルバーの限界を知るために必要なことである．例えば，一般の非線形最適化ソルバーが出力する解は真の最適解とは限らない局所最適解もしくは停留点や KKT 点でしかないことを認識しなければ，その後の議論において誤った結論を導く可能性がある．本章がこのような事実の理解につながれば幸いである．

参考文献

[1] 久野誉人："非凸計画問題 $\neq$ 解けない問題—分枝限定法による大域的最適化"，日本 OR 学会機関誌，**44**, No. 5, 232–236 (1999).
[2] 久保幹雄：組合せ最適化とアルゴリズム (共立出版，2000).
[3] 小島政和，土谷 隆，水野眞治，矢部 博：内点法 (朝倉書店，2001).
[4] 繁野麻衣子：ネットワーク最適化とアルゴリズム (朝倉書店，2010).
[5] 田村明久，村松正和：最適化法 (共立出版，2002).
[6] 中川裕志：東京大学工学教程 情報工学 機械学習 (丸善出版，2015).
[7] 福島雅夫：非線形最適化の基礎 (朝倉書店，2001).
[8] 室田一雄，塩浦昭義：離散凸解析と最適化アルゴリズム (朝倉書店，2013).
[9] 柳浦睦憲，茨木俊秀：組合せ最適化—メタ戦略を中心として (朝倉書店，2001).
[10] 矢部 博：工学基礎—最適化とその応用 (数理工学社，2006).
[11] 山下信雄：非線形計画法 (朝倉書店，2015).

16. 多目的設計探査

16.1 はじめに

実世界のさまざまな設計問題では，目的関数 (評価基準) は唯一とは限らず，複数となる場合が多い．例えば翼の設計問題を考えると，空力的には揚力や抗力あるいは揚抗比を評価して，その時々の設計要求に適した翼を検討するが，目的関数はほかにも翼厚や構造重量，燃料タンクの容積などがあり，実用的な設計問題になるほど考えなければいけない目的関数は多くなる．最適化とは，設定された目的関数に照らして最も適した解を見いだすことであるが，単に揚力だけでなく，抗力も重量も $\cdots$，というように複数の目的関数を同時によくしたいと思うことがしばしばある．このような複数の目的関数に関する最適化問題を多目的最適化問題 (multi-objective optimization problem：MOP)[1] とよぶ．

多目的最適化問題は，数理的に次のように定式化される．

目的 $\boldsymbol{f}(\boldsymbol{x}) := (f_1(\boldsymbol{x}), \cdots, f_r(\boldsymbol{x})) \to \min$ (16.1)

制約 $\boldsymbol{x} \in X$ (16.2)

$\boldsymbol{x}$ は設計変数であり，ここでは n 次元実数ベクトルを考える．制約集合 X は $\mathbb{R}^n$ の部分集合によって定義され，r 個の目的関数を同時にできる限り最小化 (あるいは最大化) する．制約集合は，m 個の等号制約式

$$h_i(\boldsymbol{x}) = 0 \qquad (i = 1, \cdots, m) \qquad (16.3)$$

や不等号制約式

$$g_i(\boldsymbol{x}) \geq 0 \qquad (i = 1, \cdots, m) \qquad (16.4)$$

によって定義されることもある．多目的最適化問題では一般に目的関数間にトレードオフ関係が存在するため，すべての $f_i(\boldsymbol{x})$ を同時に最小化 (あるいは最大化) することはできない．そこで，多目的最適化問題では，単一の最適解のかわりに新たな解の概念として，経済学者 Pareto によって初めて定義されたパレート最適解 (Pareto-optimal solution) という考え方が用いられる[2]．

パレート最適解は，多目的最適化問題における解の優越関係によって定義される．すべての目的関数を最小化する最適化問題を仮定すると，$\boldsymbol{x}^1, \boldsymbol{x}^2 \in \mathbb{R}^n$ に対し，

$$\boldsymbol{f}(\boldsymbol{x}^1) \leq \boldsymbol{f}(\boldsymbol{x}^2) \Leftrightarrow \boldsymbol{f}(\boldsymbol{x}^1) \leq \boldsymbol{f}(\boldsymbol{x}^2), \boldsymbol{f}(\boldsymbol{x}^1) \neq \boldsymbol{f}(\boldsymbol{x}^2) \qquad (16.5)$$

が成り立つとき，$\boldsymbol{x}^1$ は $\boldsymbol{x}^2$ に“優越する”という (図 16.1)．$\boldsymbol{x}^1$ が $\boldsymbol{x}^2$ に優越しているならば，$\boldsymbol{x}^1$ の方が $\boldsymbol{x}^2$ よりもよい解である．もし，$\boldsymbol{f}(\boldsymbol{x}) \leq \boldsymbol{f}(\hat{\boldsymbol{x}})$ となるような $\boldsymbol{x} \in X$ が存在しないとき，$\hat{\boldsymbol{x}}$ は他のどの解にも優越されない解であり，この $\hat{\boldsymbol{x}}$ をパレート最適解もしくは非劣解 (non-dominated solution) とよぶ．パレート最適解以外の解は劣解 (dominated solution) とよばれる．

図 16.2 は，2 目的最小化問題におけるパレート最適解の概念図である．原点方向が最適な方向である．パ

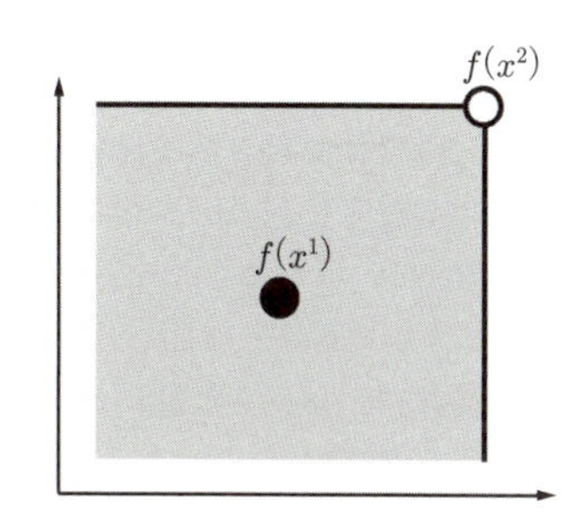

図 16.1 ベクトル不等式 $\boldsymbol{f}(\boldsymbol{x}^1) \leq \boldsymbol{f}(\boldsymbol{x}^2)$

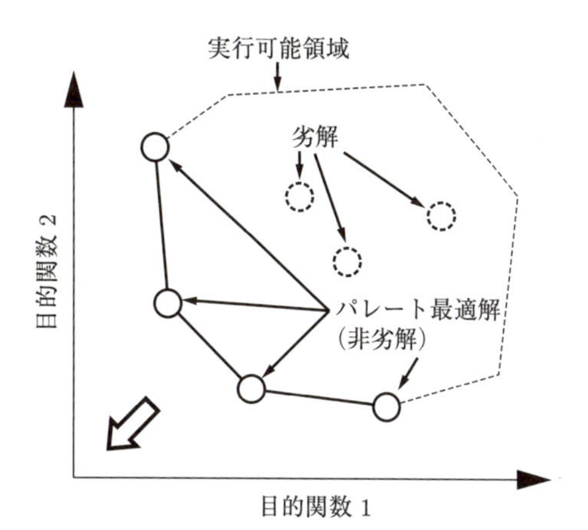

図 16.2 パレート最適解の概念

レート最適解は，二つの目的関数を同時によくすることのできるぎりぎりの領域にある解であることから，実線丸印の点 (解) がパレート最適解である．図の各パレート最適解には，一方の目的関数を改善するためには他方の目的関数を改悪せざるをえないトレードオフの関係があることがわかる．一般に，パレート最適解の集合は，目的関数空間においてパレート・フロント (Pareto front) とよばれる曲線や曲面を形成する．設計作業においては，多目的最適化の結果得られるパレート最適解から各目的関数のバランスを考慮しながら一つの解が選ばれ，検討されることになる．

多目的最適化問題に対するアプローチとしては，複数の目的を任意の重み付けにより単目的化する手法 (weighted sum method) や一つの目的関数以外をすべて制約条件として単目的化する手法 (constraint method) などが挙げられる[3]．しかし，これらのアプローチでは，各目的関数の優先度をあらかじめ定義する必要があり，一度の探索で多数のパレート最適解のうち一つしか求めることができない．そのため，重みを変えながらパレート最適解を試行錯誤で探索していく必要があるが，パレート面に凹面や不連続面がある場合などにはそもそも解を求めることが困難となるケースがある．

別のアプローチとして，設計変数空間を離散化してしらみつぶしに探索するグリッドサーチも考えられる．しかし，この方法は設計変数の数が比較的少ない場合に限られる．設計変数の数が多い場合は，探索すべき設計変数空間が非常に大きくなるため，限られた時間内に解を見つけることができるとは限らないためである．

一度の探索で多数のパレート最適解を効率的に見つけだすことができるアプローチとして，進化的計算を多目的最適化問題へ応用した進化的多目的最適化 (evolutionary multi-objective optimization：EMO) がある．EMO の一つに，生物の進化[4] にヒントを得て工学的に模倣した遺伝的アルゴリズム (genetic algorithm：GA)[5] を多目的最適化問題に適用した多目的遺伝的アルゴリズム[6] がある．多目的 GA は，複数の個体 (設計点) が一斉に解を探索する多点同時探索という特徴をもち，各目的関数の優先度を明示的に定義する必要がない．交叉や突然変異といった遺伝的操作による新しい個体の生成や優れた個体の選択を繰り返していくことで，複数のパレート最適解を一度の探索で求めることができ，パレート面に凹面や不連続面があっても最適解を見つけることができる．また，解いている問題に対して盲目的であるため，特定の問題に限定されることはなく多様な問題への適用が可能であることも大きな特徴の一つである．多目的 GA の代表的な手法としては，Fonseca と Fleming によって提案された MOGA (multi-objective genetic algorithm)[7] や，Deb が提案した NSGA-II (non-dominated sorting algorithm-II)[8]，Horn らが提案した NPGA2 (niched Pareto genetic algorithm 2)[9]，Zitzler らが提案した SPEA2 (strength Pareto evolutionary algorithm 2)[10] などがあり，さまざまなテスト問題[6]，実問題[11] において良好な探索性能が示されている．

16.2　多目的設計探査とは

「最適化」は最適解を得ることが主な目的となるが，実際の設計作業では，最適解を提示したところで終わりではない．また，実際のモデルと解析モデルには差があることが多く，パレート最適解の目的関数の “値そのもの” はあまり役に立たない場合がある．むしろ，どうしてその解が最適解になったのか，設計変数を少し変化させたときに目的関数にどのような影響があるのか，といった情報の方が役に立つことが多い．つまり，パレート最適解から目的関数間のトレードオフ関係や目的関数と設計変数間の関係などの情報を設計情報として抽出することが，設計の各段階における設計候補の選択に役立つと考えられる．

目的関数が二つの場合は，図 16.2 のように目的関数空間を容易に可視化することができるため，目的関数間のトレードオフ関係を視覚的に把握することが可能である．しかし，目的関数の数が増えていくと目的関数空間の直接的な可視化は困難となり，目的関数間のトレードオフ関係などの設計情報を抽出するためにさまざまな統計手法，データマイニング手法などを用いる必要がある．

このように，多数のパレート最適解を進化的多目的最適化手法を用いて効率的に見つけ，得られたパレート最適解に各種データマイニング手法を適用して設計に役立つ情報を効率的に抽出・提示しようとするアプローチのことを多目的設計探査 (multi-objective design exploration：MODE)[12] とよぶ．すでにいくつもの実問題でその有効性が実証されている[13], [14]．多目的設計探査は，図 16.3 のような流れにまとめられる．主に進化的計算を用いた多目的最適化手法とデータマイニング手法からなり，必要に応じて実験計画法や応答曲面法などが用いられる．

進化的多目的最適化手法はグリッドサーチと異なり，設計空間をしらみつぶしには探索しない．そのため，計算されたすべての解の設計空間における分布はパレー

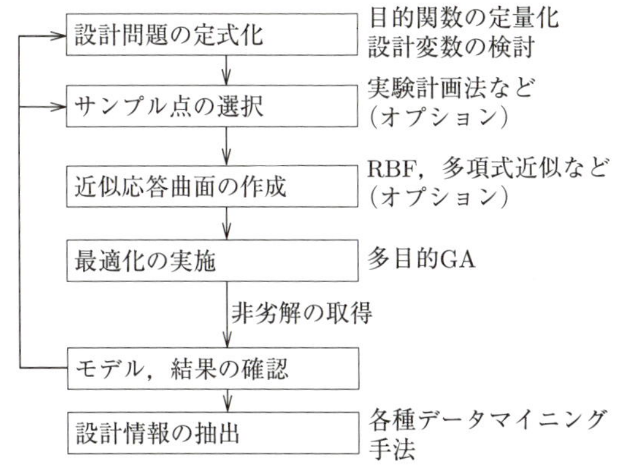

図 16.3 多目的設計探査の流れ図

ト・フロント付近に偏っており，これらの解を用いて設計空間全体の特徴を把握することは容易ではない．一方，得られたパレート最適解からは，パレート面における各目的関数間の関係，パレート面における各目的関数と設計変数間の関係，パレート面における設計変数間の関係などの設計情報が抽出できる可能性がある．また，探査の過程で意外な解が得られ，人間では思いつかなかったような設計情報が発見される場合もある．

パレート面における各目的関数間の関係とは，目的関数間のトレードオフ関係の有無や傾向のことであり，ある目的関数を改善したい場合に他の目的関数にどのような影響が出るのかを見積もることができる設計情報である．パレート面における各目的関数と設計変数間の関係とは，パレート解存在空間全域あるいは部分領域にわたる線形な相関関係や，2 次，3 次の高次な関係，交互作用項，非線形関数との相関関係などであり，ある目的関数を改善したい場合に設計点をどのように変更すればいいのかを見積もることができる設計情報である．パレート面における設計変数間の関係とは，各設計変数の存在範囲や設計変数間の拘束条件のことであり，設計点の自由度に関する設計情報である．空力問題においては，例えば目的関数 (揚力最大化や抵抗最小化) に影響を与えている設計変数に関する情報や，より優れた設計変数に関する情報などを設計情報として抽出することができれば実際の設計に役に立つと考えられる．

本章の構成は次のとおりである．まず，多目的設計探査において用いられる多目的最適化とデータマイニングの代表的手法について説明する．多目的最適化では多目的遺伝的アルゴリズムに注目する．データマイニングでは代表的な多次元データの可視化手法について説明する．その後，多目的設計探査の適用事例を紹介する．

16.3 進化計算を用いた多目的最適化

前節では，多目的最適化問題に対して多目的遺伝的アルゴリズムが有効であることを述べた．この節では，多目的 GA の中で最も代表的な手法の一つである MOGA と NSGA-II について紹介する．

16.3.1 MOGA

MOGA (multi-objective genetic algorithm)[7] は 1993 年に Fonseca により提案された最適化手法であり，多目的進化計算としてはじめてのものといわれている．MOGA のフローチャートを図 16.4 に示す．各ステップでは以下の処理を行う．

STEP 1 初期個体の生成 (initialization)
　初期世代の母集団 (population) として，あらかじめ設定された数の個体 (individual) をランダムに生成する．

STEP 2 初期母集団の評価 (evaluation)
　各個体の目的関数および制約条件を評価する．

STEP 3 複製選択 (reproductive selection)
　新しい個体群 (子集団) をつくるために母集団から親個体のペアを選択する．

STEP 4 遺伝的操作 (genetic operation)
　選択された親個体のペアから交叉や突然変異などの遺伝的操作を行い，子集団を生成する．

STEP 5 個体の評価 (evaluation)
　各子個体の目的関数および制約条件を評価する．

STEP 6 生存選択 (survival selection)
　適応度に基づき母集団と子集団から次世代に残す個体を選択し，新しい母集団とする．

STEP 7 終了判定
　あらかじめ設定された終了条件に達していれば計算を終了する．終了していない場合は，STEP 3 に戻る．

多くの GA のフローは後述する NSGA-II も含め図 16.4 と同様であり，各ステップで用いられる手法 (交叉，突然変異，解の優劣評価など) が各 GA で異なると考えればよい．GA の各ステップで用いられる手法は置き換えが可能であることから，必要に応じて改良を行うことも容易であり，実際にはそのようにして性能を向上させていくことが多い．

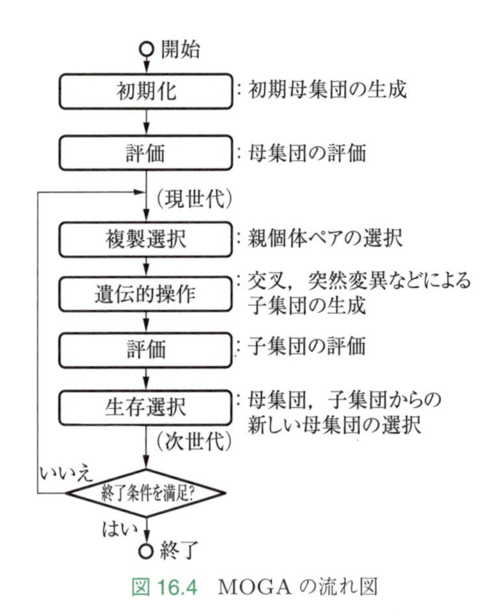

図 16.4　MOGA の流れ図

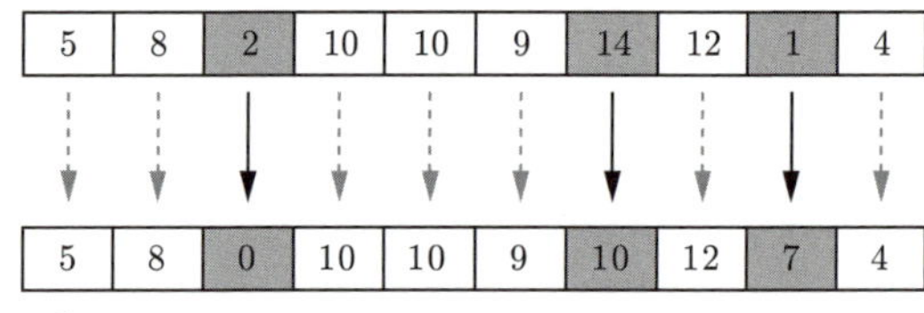

図 16.5　一様突然変異．最大 15，最小 0．

(i)　遺伝子表現

GA で解析を行う場合，一般には表現型の設計変数を，生物の遺伝子に模した遺伝子型に変換 (coding) しなければならない．MOGA では遺伝子表現として実数値型が用いられる．他の遺伝子表現としては，設計変数を 0/1 のビット列に変換するバイナリコーディングや，バイナリコーディングで課題となるハミングの壁を解消するために提案されたグレーコーディングがある．これらはいずれも設計変数をビット列に変換する操作が伴うが，実数値型は設計変数の値をそのまま使用するため，連続関数の最適化において良好な解を得ることができるといわれている．ただし，実数値型に特化した交叉，突然変異を行う必要がある．

実数値型においても設計空間を正規化する場合がある．表現型の設計変数を x_i，遺伝子型にコーディングされたものを r_i とすると

$$r_i = \frac{x_i - x_{i\,\min}}{x_{i\,\max} - x_{i\,\min}} \tag{16.6}$$

となる．ここで，$x_{i\,\max}$ や $x_{i\,\min}$ は，それぞれ i 番目の設計変数の上限と下限の値である．

(ii)　初期個体の生成

設計変数空間でランダムに個体が点在するように初期個体群を生成する．一様分布が使われることが多い．実験計画法に基づき生成することもある．

(iii)　遺伝的操作

遺伝子操作には交叉と突然変異があり，さまざまな手法が利用可能である．ここではブレンド交叉 (blend crossover：BLX-α)[15] を紹介する．BLX-α では親個体が状態空間で離れて存在している場合には子個体も広い範囲に生成され，親個体が互いに近くに存在している場合には親個体の近傍付近に生成される特徴がある．選択で選ばれた二つの親個体 P_1, P_2 から，子個体 C_1, C_2 の i 番目の設計変数が以下のようにして生成される．

$$C_{1,i} = \gamma P_{1,i} + (\gamma - 1)P_{2,i} \tag{16.7}$$

$$C_{2,i} = (\gamma - 1)P_{1,i} + \gamma P_{2,i} \tag{16.8}$$

γ は

$$\gamma = U(1 + 2\alpha) - \alpha \tag{16.9}$$

として計算される．U は $[0, 1]$ の範囲でつくられる一様乱数である．

突然変異手法の一つに一様突然変異 (uniform mutation) がある．一様突然変異では，各設計変数ごとに設計変数空間内からランダムに値を発生させて置き換える．突然変異の例を図 16.5 に示す．

(iv)　個体選択

MOGA では，複製選択でルーレット選択を用いて子個体作成に用いる親個体のペアを選択する．生存選択では，パレート・ランキング法[7]，シェアリング[16] に基づく適応度を用いて次世代に残す親個体を選択する．以下，パレート・ランキング法，シェアリング，適応度，複製選択，生存選択について説明する．

MOGA では各個体の優劣評価に Fonseca と Fleming によるパレート・ランキングが用いられる．i 番目の個体のランク R_i は以下のように定義される．

$$R_i = 1 + n_i \tag{16.10}$$

ここで，n_i は i 番目の個体に優越している個体の数を表す．パレート最適解のランクは 1 となる．2 目的最小化問題における各個体のランキング例を図 16.6 に示す．

次に，個体の優劣を判断するために，i 番目の個体の適応度 F_i をランクを用いて定義する．適応度 (または

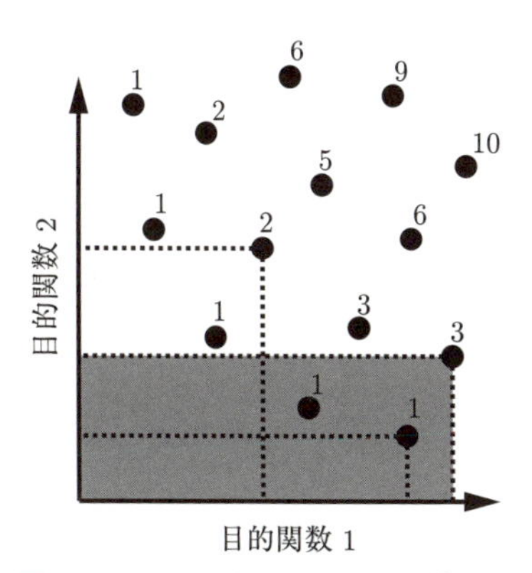

図 16.6　パレート・ランキング法の例

適合度) は，生物学用語で「どのくらい環境に適しているか」を示す指標であり，GA では最適値への近さを定義してそれを適応度として用いる．この部分は問題に応じて変更可能であるが，例えば以下のように定義する．

$$F_i = c(1-c)^{R_i} \tag{16.11}$$

ここで，c は [0,1] の適当なパラメータである．定義より，ランクが小さいほど (パレート最適解に近いほど)，適応度は大きな値をとることがわかる．

パレート・ランキングに基づく適応度を用いることにより，世代を経るにつれて母集団はパレート・フロントへ近づいていく．しかし，この指標だけでは，パレート・フロント上の解の適応度はすべて同じ値になってしまうため，パレート・フロントの一部に密集して分布してしまう可能性がある．この問題を解決し，パレート・フロント上で多様な分布を得るために，MOGA ではシェアリングとよばれる考え方を用いて以下のように適応度 F_i' を修正する．

$$F_i' = \frac{F_i}{nc_i} \tag{16.12}$$

ここで nc_i はニッチカウントとよばれ，以下のように定義される．

$$nc_i = \sum_{j=1}^{N} Sh(d_j) \tag{16.13}$$

$$Sh(d_j) = \begin{cases} 1-\left(\dfrac{d_{ij}}{\sigma_s}\right) & (d_{ij} < \sigma_s \text{ の場合}) \\ 0 & (\text{その他の場合}) \end{cases} \tag{16.14}$$

ここで N は全個体数であり，d_{ij} は目的関数の値を用いて以下のように計算される．

$$d_{ij} = \sqrt{\sum_{k=1}^{M} \frac{f_{ki}-f_{kj}}{f_{k\max}-f_{k\min}}} \tag{16.15}$$

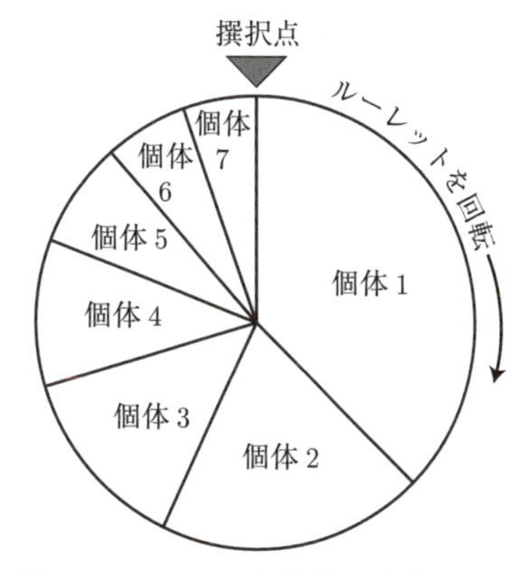

図 16.7　ルーレット選択 (7 個体の場合)

ここで，M は目的関数の値であり，$f_{k\max}$，$f_{k\min}$ は k 番目の目的関数の全個体における最大値と最小値を示す．こうして計算された d_{ij} は i 番目の個体の目的関数と j 番目の個体の目的関数の間の距離を表す．また，σ_s はニッチ半径とよばれ，実行時にあらかじめ決めるパラメータである．ユーザが自由に決めることができるが，例えば以下の方程式を Newton–Raphson 法を用いて決める．

$$(1+\sigma_{\text{share}})^M - 1 = N\sigma_{\text{share}}^M \tag{16.16}$$

シェアリングでは，個体から一定の距離 (ニッチ半径) に含まれる個体の個数 (解の密集度) を用いて適応度を修正する．同じランクの二つの個体があった場合，密集度が大きい個体の適応度はもう一方より小さくなる．そのため，同じランクの個体でも適応度が異なり，パレート最適解の多様性を高めることができる．

子個体をつくるための親個体の選択 (複製選択) に，ルーレット選択 (roulette wheel selection) を用いる．修正適応度を用いて各個体についてその個体が親としてよばれる確率 $Prob_i$ を以下のように定義する．

$$Prob_i = \frac{F_i'}{\sum_{j=1}^{N} F_j'} \tag{16.17}$$

次にこの確率が高い個体ほど，大きな面積が割り当てるようにルーレットを作成する．このルーレットを乱数を用いてランダムに回転させ，選択点にある個体を選択する．これを N 回繰り返し，親個体を選択する．適応度の高い個体ほどルーレットで占める面積が大きいため，選択される回数が多い (図 16.7)．

生存選択のアルゴリズムの流れを以下に示す．ここでは，t 世代目の母集団を P_t，P_t から複製選択，交叉，突然変異を経て作成された子集団を Q_t，母集団，子集団の個体数をともに N とする．

STEP 1　母集団と子集団を組み合わせて $R_t = P_t \bigcup Q_t$ を作成する．R_t に含まれる個体数は $2N$ である．R_t に対してパレート・ランキングを行い，全個体のランクを計算する．

STEP 2　ランクから R_t の修正適応度を計算する．

STEP 3　R_t を適応度の降順に並べ替える．

STEP 4　R_t の上位 N 個体を，次世代の母集団 P_{t+1} とする．(ベスト N 選択)

以上が，MOGA のアルゴリズムである．

16.3.2 NSGA-II

NSGA-II (nondominated sorting genetic algorithm-II)[6] は 2001 年に Deb，Agrawal らによって提案された進化的多目的最適化手法である．NSGA-II のアルゴリズムの流れは MOGA と同様 (図 16.4) であるが，各ステップで用いられる手法が異なる．アルゴリズムの流れはまず，乱数を用いて初期母集団を作成し，それがいかに環境に適応しているかを評価する．適応度が高い個体を親個体として選択し，それらから交叉や突然変異などの遺伝的操作を適用して子集団を作成する．その子集団の適応度を評価し，次世代の母集団を選択する．

(i) 遺伝子操作

NSGA-II では，交叉として SBX (simulated-binary crossover)[17] が用いられることが多い．SBX は，Deb らによって提案された手法であり，通常の GA の交叉手法を実数値型 GA で模擬したものである．SBX で t 世代目の親個体 $x_i^{1,t}$，$x_i^{2,t}$ から，$(t+1)$ 世代目の子個体 $x_i^{1,t+1}$，$x_i^{2,t+1}$ を生成する方法は次のとおりである．

STEP1　[0,1] の一様乱数 u を生成する．

STEP2　広がりの度合いを表す $\hat{\beta}$ を u に応じて次式で計算する．

$$\hat{\beta}(u) = \begin{cases} (2u)^{1/(\eta+1)} & (u \leq 0.5 \text{ の場合}) \\ \dfrac{1}{2(1-u)^{1/(\eta+1)}} & (u > 0.5 \text{ の場合}) \end{cases} \tag{16.18}$$

ここで η は非負の実数値である．

STEP3　子個体の i 番目の設計変数は次式で生成される．

$$x_i^{1,t+1} = \frac{1}{2}\left[(1-\beta)x_i^{1,t} + (1+\beta)x_i^{2,t}\right] \tag{16.19}$$

$$x_i^{2,t+1} = \frac{1}{2}\left[(1+\beta)x_i^{1,t} + (1-\beta)x_i^{2,t}\right] \tag{16.20}$$

突然変異としては polynominal mutation[18] が用いられることが多く，次式で表される．

$$y_i^{1,t+1} = x_i^{1,t+1} + (x_i^U - x_i^L)\delta_i \tag{16.21}$$

ここで，x_i^U，x_i^L はそれぞれ i 番目の設計変数の最大値，最小値を表す．δ_i は [0,1] の次の手順で求められる．

STEP1　[0,1] の一様乱数 r を生成する．

STEP2　r の値に応じて δ を求める．

(a) $r \leq 0.5$ のとき，

$$val = 2r + (1-2r)\left(1 - \frac{x_i^{1,t+1} - x_i^L}{x_i^U - x_i^L}\right)^{\eta+1} \tag{16.22}$$

$$\delta_i = val^{1/(\eta+1)} - 1 \tag{16.23}$$

(b) $r > 0.5$ のとき，

$$val = 2(1-r) + (2r-1)\left(1 - \frac{x_i^U - x_i^{1,t+1}}{x_i^U - x_i^L}\right)^{\eta+1} \tag{16.24}$$

$$\delta_i = 1 - val^{1/(\eta+1)} \tag{16.25}$$

ここで，η は非負の正の実数である．

交叉と突然変異の結果，$y_i^{1,t+1}$ が設計変数空間の上限または下限を超える場合は，それぞれ最大値，最小値に修正する．

(ii) 個体選択

NSGA-II では，複製選択で混雑距離を用いたトーナメント選択 (tournament selection by crowded distance) を用いて子個体作成に用いる親個体のペアを選択する．生存選択では，非優越ソート (non-dominated sort) と混雑距離を用いて次世代に残す親個体を選択する．以下，非優越ソート，混雑距離，複製選択，生存選択について説明する．

NSGA-II では非優越ソートによるランキングが用いられる．ランクは個体の重要度を示す一種の指標であり，一般に数字の小さい方がより重要であるということを示す．非優越ソートによるランキングのアルゴリズムの流れを示す．

STEP 1　ランク r=1 とする．

STEP 2　個体群 P の中からパレート最適解を求め，これらの個体のランクを r とする．

STEP 3　個体群 P からパレート最適解を取り除き，

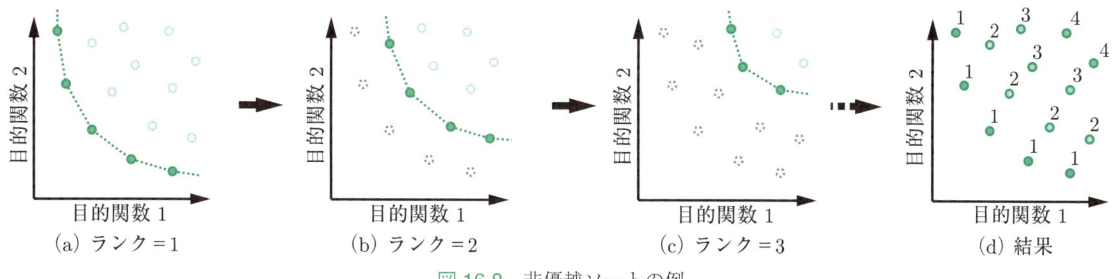

図 16.8 非優越ソートの例

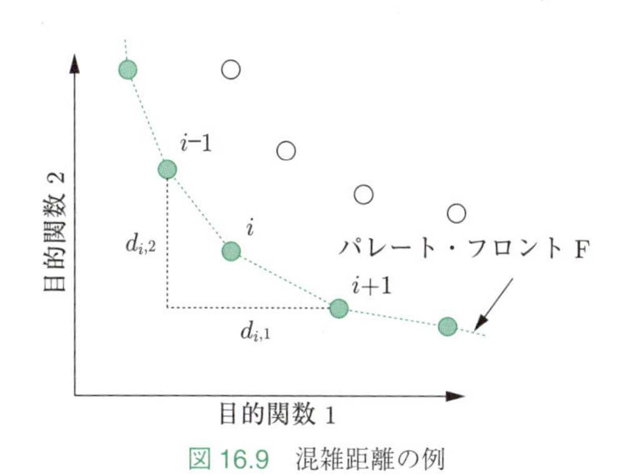

図 16.9 混雑距離の例

$r=r+1$ とする．

STEP 4 個体群 P が空になっていれば終了し，そうでなければ STEP 2 に戻る．

非優越ソートを用いたランキングの例を図 16.8 に示す．MOGA で用いられた Fonseca と Fleming によるパレート・ランキング法は各個体の優劣関係から重要度を決める方法といえる．一方，非優越ソートによるランキングは，最も外側のパレート・フロントからどれだけ離れているかで重要度を割り振る方法といえる．

混雑距離は，目的関数空間における個体の密度を評価する指標である．MOGA で使われていたシェアリングではシェアリング半径というパラメータをあらかじめ設定する必要があるが，混雑距離はパラメータフリーであることが大きな特徴の一つである．混雑距離は，同じパレート・フロント (同じランク) に含まれる個体間で評価を行う．各目的関数において，隣り合う個体との距離を足し合わせた値が混雑距離となる．混雑距離の概念図を図 16.9 に示す．

以下に混雑距離のアルゴリズムの流れを示す．

STEP 1 ランク r=1 とする．

STEP 2 ランク r の個体を集めてパレート・フロント F をつくる．F に含まれる個体の数を N とする．また，あらかじめ F の各個体の混雑距離 d_i $(i=1,\cdots,N)$ を 0 に初期化しておく．

STEP 3 各目的関数 $m=1,2,\cdots,M$ に関してソートを行う．ソート後に境界個体に対して無限距離を設定し，境界個体以外の個体に対しては次式の計算を行う．

$$d_1 = d_N = \infty \tag{16.26}$$

$$d_j = \sum_{m=1}^{M} \frac{f_m^{j+1} - f_m^{j-1}}{f_m^{\max} - f_m^{\min}} \tag{16.27}$$

$$(i=2,\cdots,N-1)$$

STEP 4 全個体を評価したら終了し，そうでなければ $r=r+1$ として STEP2 に戻る．

複製選択では，混雑距離を用いたトーナメント選択を用いる．アルゴリズムの流れを以下に示す．

STEP 1 個体の選択
ランダムに 2 個体を選択する．

STEP 2 優越関係による比較
どちらかの個体が他方に完全に優越しているか確認し，優越していればその個体を選ぶ．

STEP 3 混雑距離による比較
どちらともいえない場合，混雑距離の大きさを比較し，大きい個体を選ぶ．

STEP 4 ランダムに選択
混雑距離も同じ場合は，ランダムに 1 個体を選択する．

トーナメントに用いる個体数は 2 が用いられることが多い．

生存選択のアルゴリズムの流れを以下に示す．ここでは，t 世代目の母集団を P_t，母集団の個体数を N，P_t から複製選択，交叉，突然変異を経て作成された子集団を Q_t，子集団の個体数を M とする．

STEP 1 母集団と子集団を組み合わせて $R_t = P_t \bigcup Q_t$ を作成する．R_t に含まれる個体数は $N+M$ である．R_t に対して非優越ソートを行い，全個体のランクを計算する．

STEP 2 R_t をランクの昇順に並べ替える．

STEP 3 並べ替えた R_t の N 個体目と同じランクの

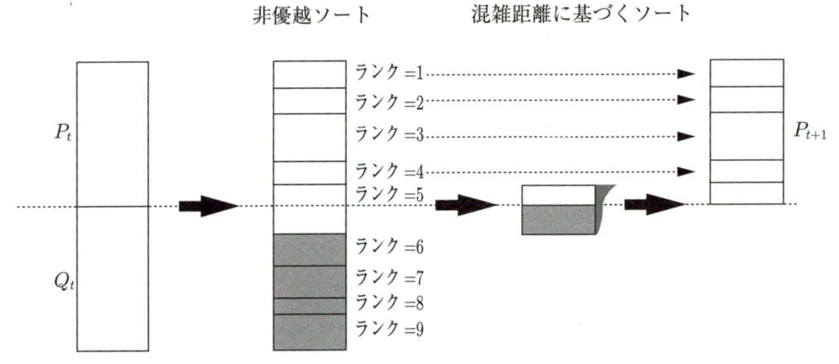

図 16.10　優良個体の保存の流れ

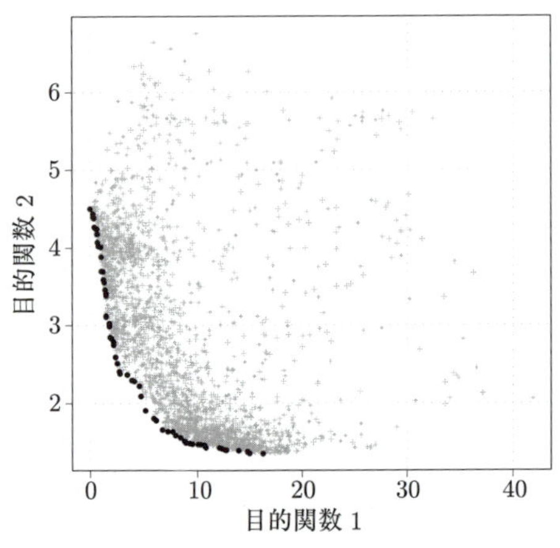

図 16.11　目的関数を散布図で可視化した例

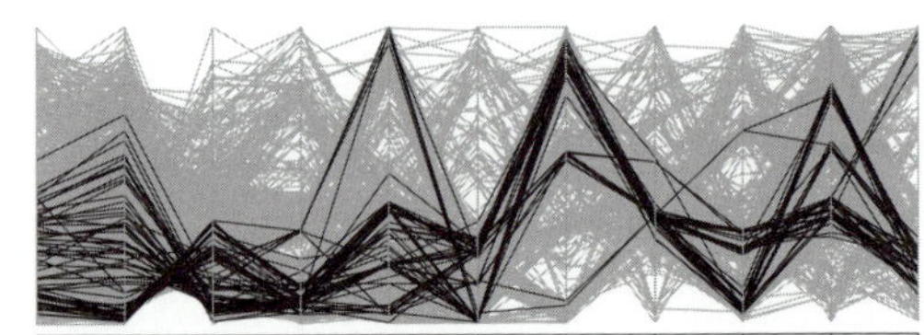

図 16.12　平行座標プロット (RCP) の例

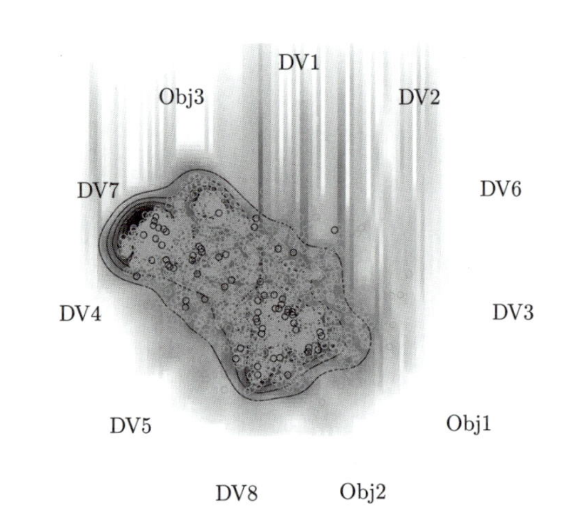

図 16.13　Radviz の例

個体群内で，混雑距離の降順で並べ替える．

STEP 4　R_t の上位 N 個体を，次世代の母集団 P_{t+1} とする．

図 16.10 に示すように，母集団 P_t と子集団 Q_t を組み合わせた集団 R_t の上位 N 個体が選択されるため，常に優良個体が保存される．

以上が，NSGA-II のアルゴリズムである．MOGA，NSGA-II を用いると 2，3 目的の多目的最適化問題に対しては多くの場合で有効である．

16.3.3　パレート最適解の分析

最適化から得られるデータセットは目的関数と設計変数，制約条件からなる多次元データセットである．パレート最適解の分析にはさまざまな可視化手法，統計手法，機械学習などが適用可能である．

2 変数間の関係であれば，直感的に可視化することは容易である．例えば，図 16.11 は目的関数を散布図で可視化した例である．図の各軸はそれぞれ目的関数であり，ともに最小化問題とすると，黒丸がパレート最適解である．二つの目的関数にはトレードオフ関係があることがわかる．

これが 3 変数になったらどうだろうか？ 4 変数になったら？ 軸を追加したり，プロットサイズや色，形などを工夫したりすることで可視化は可能だが，理解は急に難しくなる．このように，多次元データであるパレート最適解を効率よく分析し，データの背後にある設計情報を抽出しようとすれば，さまざまな工夫や試行錯誤が必要になる．

多次元データの代表的な可視化手法として，変数を横一列に並べて各サンプルを線で結んだ**平行座標プロット**

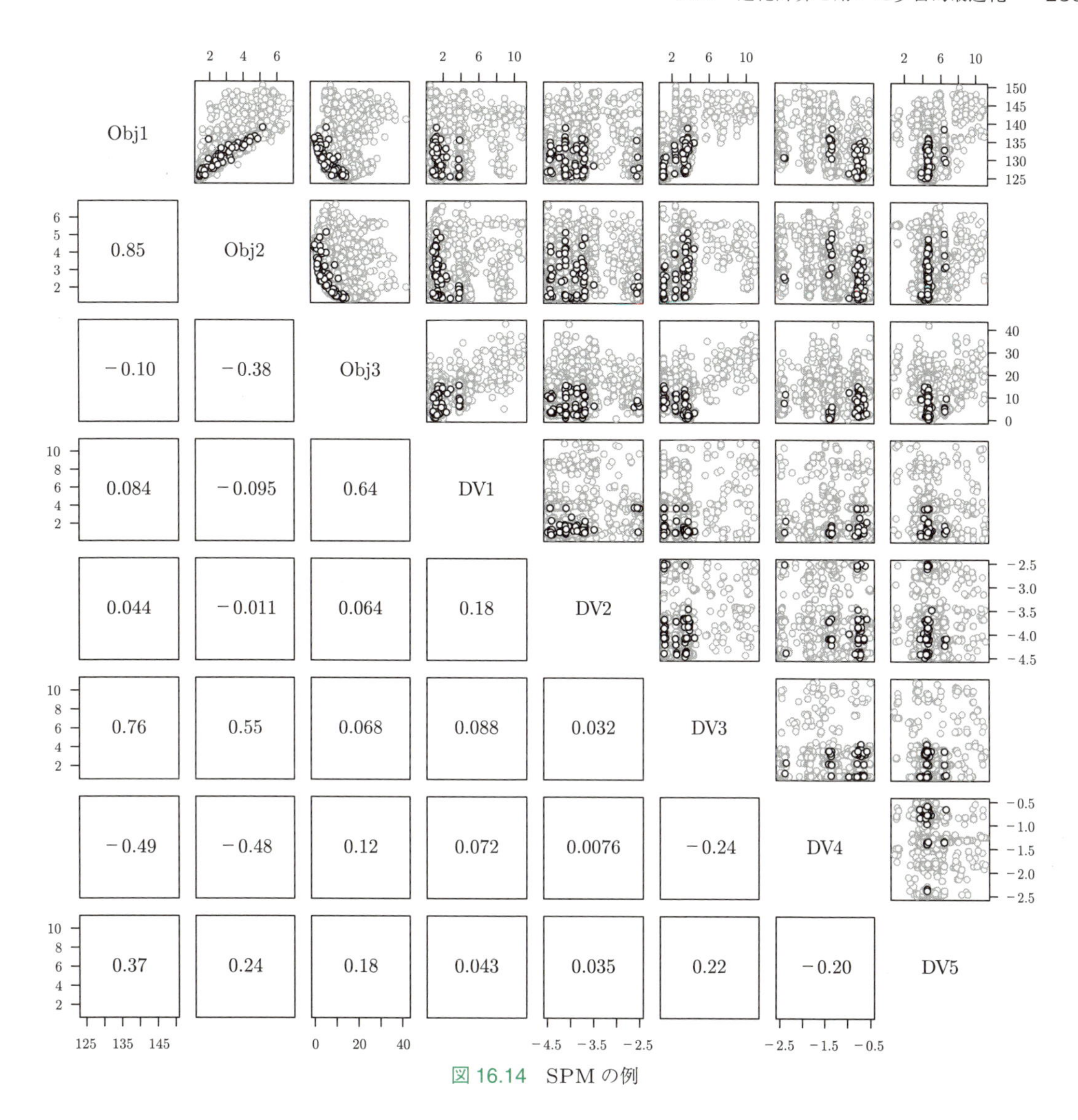

図 16.14 SPM の例

(parallel coordinates plot：PCP)[19], [20] (図 16.12)，変数を円周上に並べ，ばねの原理を利用してつり合いに相当する位置に各サンプルをプロットする Radviz (radial visualization)[21] (図 16.13)，複数の散布図を並べて表示する散布図行列 (scatter plot matrix：SPM)[22], [23] (図 16.14) などが挙げられる．これらの可視化手法は多次元データを可視化することが可能であるが，それぞれ一長一短がある．各図で可視化に用いている変数の数はせいぜい数個ないし 10 数個であるが，変数の数が少ない場合においても理解は容易ではない．データ全体の次元が数十から 100 以上になると，全体の構造を把握 (可視化) しながら分析を行い，データに埋もれている情報を抽出するには工夫が必要である．

他の可視化手法として，データを類似性に基づき 2 次元マップに射影して可視化する自己組織化マップ (self-organizing map：SOM)[24]~[26] (図 16.15) について説明する．SOM は，類似度によって多次元情報を 2 次元のマップに写像する，教師なし学習のアルゴリズムを用いるフィードフォワード型のニューラルネットである．入力層と出力層の 2 層からなり，出力層を構成するユニットはあらかじめ平面座標をもっている．多次元データを入力情報とし，出力層の各ユニットは入力情報にどれだけ似ているかを競争する．競争の結果選ばれた勝者ユニットは，重み付けが更新されてさらに入力情報に近づく．また，その近傍ユニットも近さに応じて重みが更新される．こうして隣り合うユニットは似たような重みをもつようになり，出力層には，似たものが近く，異なるものが遠くなるような位相が形づくられる．通常，この出力層の 2 次元マップを SOM

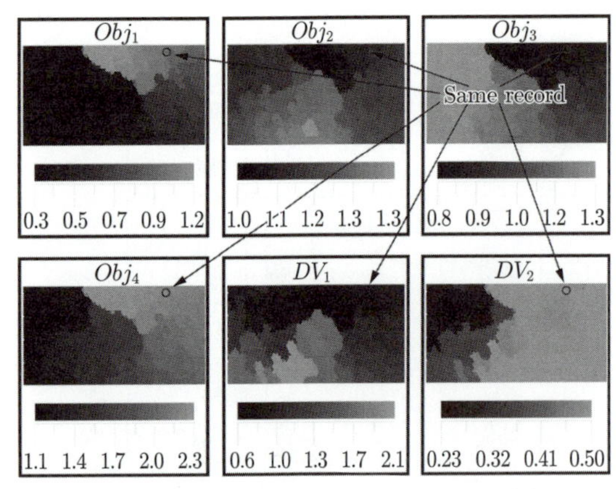

図 16.15　自己組織化マップ (SOM) の例

の結果として図示する．SOM のマップは通常のマップと異なり，方向 (座標軸) と距離 (ユークリッド距離) の情報は失われているが，多次元情報を 2 次元のマップに保持することができる．マップに保持されている多次元情報は，属性ごとに色付けすることで可視化することができる．図 16.15 は 4 目的，2 変数の例であり，目的関数を入力情報として競争 (学習) した結果を示している．例えば目的関数 1 (Obj_1) と目的関数 2 (Obj_2) はマップの傾向がほぼ逆になっており，トレードオフの関係にあることがわかる．また，目的関数 2 (Obj_2) と設計変数 1(DV_1) の分布が似ていることから，この二つの変数の間には何らかの相関があることが推測される．このように，各属性で色付けされたマップから，目的関数間の関係，目的関数と設計変数間の関係，設計変数間の関係を一度に概観することができることが SOM の有益な特徴の一つである．一方，SOM は，目的関数と設計変数の数が多い場合には色付けするマップの数が多くなってしまうことから全体を俯瞰することが難しくなる，という課題がある．また，マップからの情報の読み取りは主観で行われるため，変数間の重要な関係を見落とす可能性もある．複雑な非線形関係が変数間にある場合はマップから読み取ることは容易ではない．

16.4　多目的設計探査の適用事例

ここでは多目的設計探査の例として二つの概念設計例を取り上げる．一つ目は 2 次元羽ばたき機の多目的設計探査であり，二つ目は再使用観測ロケットの多目的設計探査である．

表 16.1　地球と火星の大気の物性値[27]

物 性 値	火 星	地 球
密度 [kg/m^3]	0.0155	1.23
圧力 [Pa]	6.36	101 300
温度 [K]	214	288
音速 [m/s]	230	340
大気組成	95% CO_2	78% N_2
	2.7% N_2	21% O_2

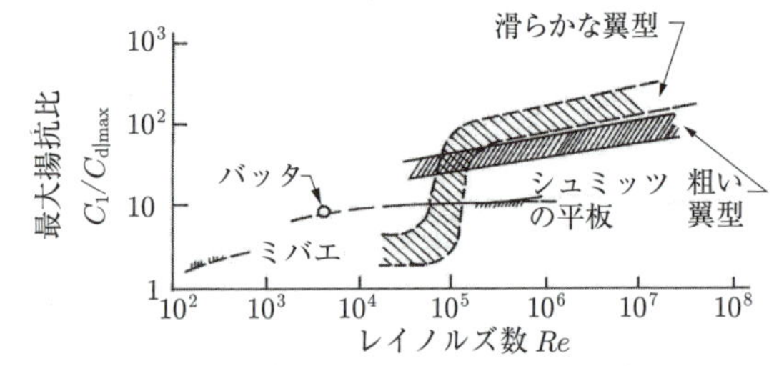

図 16.16　翼特性としての最大揚抗比[28]

16.4.1　2 次元羽ばたき機の多目的設計探査

(i)　背景および問題設定

火星航空機実現に向けての課題の一つとして，火星の大気状態が挙げられる．火星大気は CO_2 を主成分とする，非常に薄くて温度の低い大気であることがわかっている．表 16.1 に地球大気と火星大気の物性値[27]の比較を示す．このことから，火星大気密度は地球の約 1/100 であり，航空機にとっては十分な揚力を発生させるための動圧が得ることが難しい．また，翼の特性に大きく影響する Re 数も，地球で飛行する場合に比べ小さくなり，翼特性も悪化してしまうことが予想される (図 16.16)．音速も地球大気のほぼ 2/3 であり，飛行速度を上げた場合，地球で飛行する場合よりもすぐに遷音速領域に入り衝撃波の発生による抵抗の増加が心配される．さらに，航空機が飛行すると予想される高度数 km において，定常的に数ないし 20 m/s 程度の風が吹いていることや，この定常風と同レベルの速度で突風が吹くこと，そして一部地域ではダストデビルが頻繁に発生していることなどが知られている．

他の課題としては，地球から火星への輸送手段の制約から機体サイズや重量が厳しく制限されてしまうこと，火星での航空機運行基盤がないことなどが挙げられる．

これらの課題を乗り越える可能性のある機体の一つとして羽ばたきタイプの航空機が検討されている．羽ばたきを用いた場合では，回転翼と同じように垂直離着陸が可能であることから飛行探査の前にカプセルか

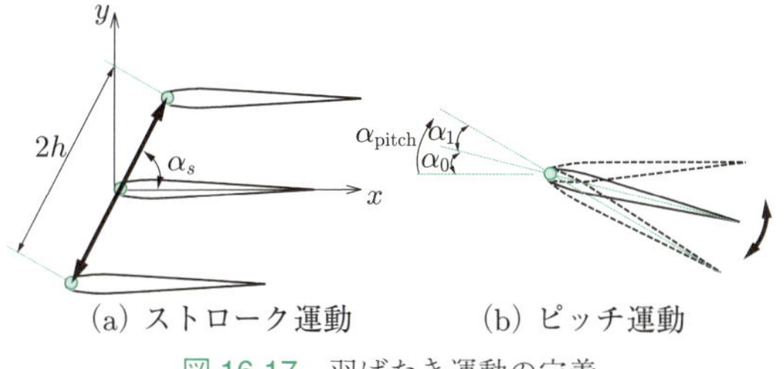

図 16.17 羽ばたき運動の定義

ら空中で放出されるというリスクを冒す必要はなくなる．また，回転翼に比べて翼の長さに制約がないため小型化が可能であり，複数機カプセル内に搭載することが可能となり，トラブルなどにより1機は故障してしまっても他の機体が探査を続行することができるという利点をもつ．また，地球上では昆虫や鳥といった，多くの生物が羽ばたいていることを考えると，小型の航空機としては回転翼よりも羽ばたきのほうが高い性能を示す可能性があると考えることもできる．近年では生物の羽ばたき機構の研究や羽ばたきを小型航空機に適応するための研究も盛んに行われてきており，その成果への期待は高い．

ここでの概念設計では，2次元羽ばたき運動をストローク面内での上下運動とピッチ運動の組合せで表現することとし，双方の運動を次に示す sin 関数によって定義する (図 16.17).

ストローク面内の運動：

$$x = h\cos(\alpha_s)\sin(kt) \tag{16.28}$$

$$y = h\sin(\alpha_s)\sin(kt) \tag{16.29}$$

ピッチ運動：

$$\alpha_{\rm pitch} = \alpha_1\sin(kt+\phi)+\alpha_0 \tag{16.30}$$

ここで，x は機体の推進方向，y は機体の推進方向と直角方向，h はストローク運動の振幅，α_s はストローク面の x 方向からの傾き，$\alpha_{\rm pitch}$ はピッチ角，α_0 はピッチ角のオフセット角，α_1 はピッチ運動の振幅，ϕ はピッチ運動とストローク運動の位相差，k は羽ばたき運動の無次元周波数を表す．また，x，y，h は翼のコード長 c で無次元化されており，k は一様流の速度 U_∞，翼のコード長 c，羽ばたき運動の周波数 f を用いて，

$$k = \frac{2\pi fc}{U_\infty} \tag{16.31}$$

のように無次元化されている．すなわち，k が大きくなると，運動の周波数も高くなる．以上より，計六つのパラメータ k，h，α_s，α_0，α_1，ϕ によって羽ばたき運動を表現する．翼型としては，ここでは低 Re 数で揚抗比がよいといわれている薄翼 (NACA0002) を用いる．

ここでの目的は，火星探査用の羽ばたき機に適した羽ばたき運動を探すことである．火星羽ばたき機に適した性能を出す運動とは，高い揚力係数を出す，また必要パワーを小さく抑える，また推力係数を大きくする運動である．ここでいう揚力係数，推力係数は羽ばたき運動1周期分を時間平均した値であり，推力は翼の抵抗分を差し引いた正味の推力のことである．そこで，この運動1周期分を時間平均した揚力係数，推力係数，および必要パワーを無次元化したもの (必要パワー係数) をそれぞれ $C_{L,{\rm ave}}$，$C_{T,{\rm ave}}$，$C_{PR,{\rm ave}}$ とよぶ．$C_{L,{\rm ave}}$，$C_{T,{\rm ave}}$，$C_{PR,{\rm ave}}$ は揚力 $L(t)$，正味の推力 $T(t)$，必要パワー $Pr(t)$，機体の巡航速度 U_∞，翼面積 S，火星大気密度 ρ_∞ を用いて，

$$C_{L,{\rm ave}} = \frac{\displaystyle\int_{t=0}^{1/f} L(t)\,dt}{1/2\rho_\infty U_\infty^2 S} \tag{16.32}$$

$$C_{T,{\rm ave}} = \frac{\displaystyle\int_{t=0}^{1/f} T(t)\,dt}{1/2\rho_\infty U_\infty^2 S} \tag{16.33}$$

$$C_{PR,{\rm ave}} = \frac{\displaystyle\int_{t=0}^{1/f} Pr(t)\,dt}{1/2\rho_\infty U_\infty^2 S} \tag{16.34}$$

と表される．ここで，

$$Pr(t) = \left(\frac{dy(t)}{dt}C_L(t) + \frac{d\alpha(t)}{dt}C_M(t)\right) \tag{16.35}$$

である．$C_{L,{\rm ave}}$ を高くするのは，動圧が稼ぎにくい火星環境で十分な揚力を発生させるためである．$C_{PR,{\rm ave}}$ を小さく抑えるのはできるだけ広い範囲を探査するためである．$C_{T,{\rm ave}}$ を高くするのは胴体部分の抵抗に打ち勝つ推力を発生させるためである．

以上より，多目的最適化問題の定義を以下にまとめる．

目的関数

- $C_{L,{\rm ave}}$ の最大化
- $C_{PR,{\rm ave}}$ の最小化
- $C_{T,{\rm ave}}$ の最大化

設計変数

- 羽ばたきの無次元周波数 k
- 上下運動の振幅 h
- ストローク面の傾き α_s
- ピッチ運動の振幅 α_1
- ピッチ運動のオフセット α_0
- ピッチ運動と上下運動の位相差 ϕ

制約条件

- $C_{L,\mathrm{ave}} > 0$
- $C_{T,\mathrm{ave}} > 0$

設計変数空間の大きさ

- k: 0.2〜1.0
- h: 0.5〜2.5
- α_s: 0〜180°
- α_1: 15〜50°
- α_0: 0〜40°
- ϕ: 30〜270°

解析に用いた Re 数は，火星羽ばたき機が火星で巡航する場合の Re 数を想定して 10^3 とする．流体計算手法の詳細はここではふれないが，翼まわりの流れ場を解くために非圧縮の解法である疑似圧縮性解法を用いたCFD (computational fluid dynamics) コードを利用した．羽ばたき運動を定義するための運動パラメータは六つであり，パラメトリックな解析から羽ばたき運動の性質を把握するのは困難である．ここではMOGAを用いて多目的最適化を行った．交叉にはBLX-0.5を用い，突然変異には一様突然変異を突然変異率0.2で用いている．

最適化から得られたパレート最適解を分析し，目的関数と設計変数間の関係を抽出する．ここでは，散布図行列と自己組織化マップを用いた分析を行う．

(ii) 結果および分析

多目的最適化の結果，1984個体の評価を行い，562個体のパレート最適解が得られた．

まず，目的関数空間における全個体の分布を図16.18(a)に，図16.18(b)にパレート最適解の相関係数付き散布図行列を示す．

図の実線の矢印の方向が揚力最大，推力最大，必要パワー最小となる解の方向である．これらの図より，得られた最適解には揚力，推力，必要パワーを同時によくする解は含まれておらず，各目的間にはトレードオフ関係があることがわかる．図16.18(b)の(1)の散布図より，揚力最大と必要パワー最小となる解(図の左上)はなく，揚力が大きくなると必要パワーも大きくなることがわかる．同様に，図16.18(b)の(2)の散布図より，揚力が大きくなると推力が小さくなることがわかる．図16.18(b)の(3)の散布図より，推力が大きくなると必要パワーも大きくなることがわかる．まとめると次のような設計情報が得られる．

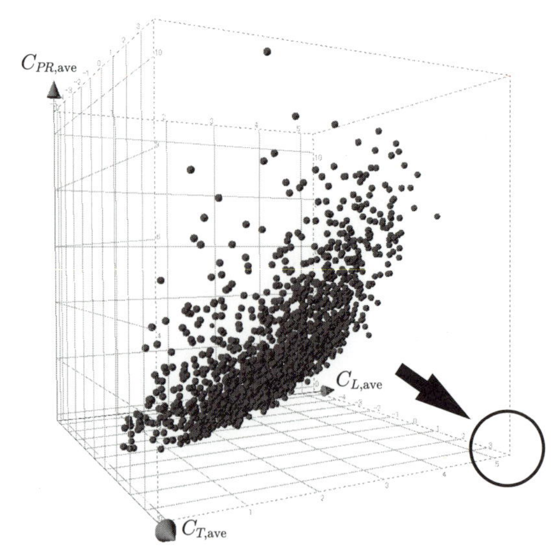

(a) 全解の3D散布図

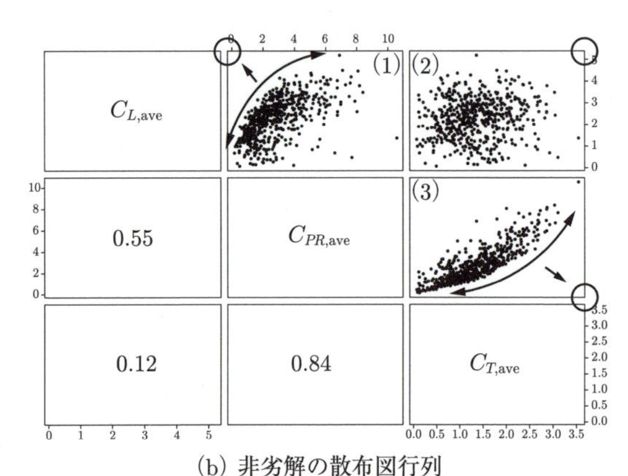

(b) 非劣解の散布図行列

図16.18　多目的最適化の結果

(SP1)　$C_{L,\mathrm{ave}}$ を増加させる羽ばたき運動は $C_{PR,\mathrm{ave}}$ を増加させる．

(SP2)　$C_{L,\mathrm{ave}}$ を増加させる羽ばたき運動は $C_{T,\mathrm{ave}}$ を減少させる．

(SP3)　$C_{T,\mathrm{ave}}$ を増加させる羽ばたき運動は $C_{PR,\mathrm{ave}}$ を増加させる．

次に，パレート最適解の設計変数の分布を図16.19に示す．図のひげは設計変数空間の範囲を表し，ヒストグラム付きの箱はパレート最適解の範囲を表す．緑点はパレート最適解の平均値を表す．図から，解がパレート最適解になる場合の設計変数がとりうる値の範囲をみることができ，次のような設計情報が得られる．

(B1)　無次元周波数 k は，設計空間の上半分に多く分布している(0.5〜1.0)．

(B2)　ストローク運動の振幅 h は，設計空間の上限付近に分布している(2.0以上)．

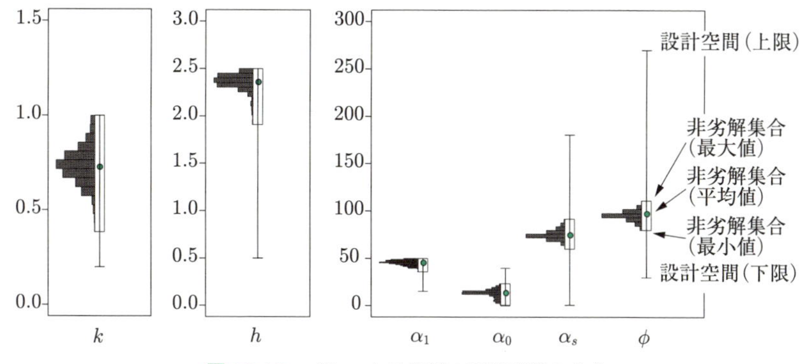

図 16.19 パレート最適解の設計変数の分布

(B3) ピッチ運動の振幅 α_1 は，設計空間の上半分に分布している (38〜50°).

(B4) ピッチ運動のオフセット α_0 は，設計空間の下半分に分布している (20° 以下).

(B5) ストローク面の傾き α_s は，70° 前後に集中している.

(B6) ストローク運動とピッチ運動の位相差 ϕ は，90° 前後に集中している.

(B1) の無次元周波数 k が設計空間の上半分に多く分布しているのは，速い羽ばたきが揚力と推力を大きくするために有利である一方，羽ばたきを速くすることは必要パワーの増加もまねくため，結果のような分布になっていると考えられる. (B2) のストローク運動の振幅 h が設計空間の上限付近に分布しているのは，振幅が大きいほど大きな揚力と推力が得られるようになるためと考えられる. (B3) のピッチ運動の振幅が設計空間の上半分の範囲に分布していることから，解が最適解になる場合にはとりうるピッチ運動の振幅に下限があることが示唆される. (B4) のピッチ運動のオフセットが設計空間の下半分に分布していることから，解が最適解になる場合には取りうるピッチ運動のオフセットに上限があることが示唆される. (B5) のストローク面の傾きが 70° 前後に集中しているのは，打上げ時に翼に対する相対的な一様流の速度を遅くし，打下ろし時に翼に対する相対的な一様流の速度を速くしていることを示している. これは，打上げ時の動圧を小さくし，打下ろし時の動圧を大きくする効果を意味すると考えられる. (B6) のストローク運動とピッチ運動の位相差が 90° 前後に集中しているのは，式 (16.29)，式 (16.30) よりどの羽ばたきに関しても打上げ時に頭をあげて戻す，打下ろし時に頭を下げて戻す，という運動をすることを示している.

設計変数間の相関を散布図行列 (図 16.20) に示す. 解が最適解になるとき，各設計変数間は互いに独立ではなくある制約条件が存在すると考えられるが，図からは設計変数間に大きな相関はみられない. 相関係数 0.5 程度の弱い相関が，それぞれピッチ運動のオフセット α_0 とストローク運動とピッチ運動の位相差 ϕ (図の青枠)，ピッチ運動のオフセット α_0 とストローク面の傾き α_s (図の緑枠) にみられる. ほかにピッチ運動のオフセット α_0 とピッチ運動の振幅 α_1 や，ストローク運動とピッチ運動の位相差 ϕ とストローク面の傾き α_s，ピッチ運動の振幅 α_1 とストローク面の傾き α_s にもさらに弱い相関がみられる.

次に，自己組織化マップ (SOM) を用いて可視化する. 得られたパレート最適解に SOM を適用した結果を図 16.21 に示す. 学習は目的関数値を用いて行った. 図のカラーバーは，各目的関数値の最大，最小および各設計空間の最大，最小である. 図 16.21 の右上から左中央に向かって目的関数の変化をみると，揚力係数 $C_{L,\mathrm{ave}}$ が大きくなるにつれて必要パワー係数 $C_{PR,\mathrm{ave}}$ が大きくなっていることがわかる. また，図 16.21 の右下から左上に向かって目的関数の変化をみると，推力係数 $C_{T,\mathrm{ave}}$ が大きくなるにつれて必要パワー係数 $C_{PR,\mathrm{ave}}$ が大きくなっていることがわかる. このように図の目的関数のマップをみることで，揚力，推力，必要パワーにそれぞれ次のようなトレードオフ関係があることがわかる.

(S1) 揚力係数 $C_{L,\mathrm{ave}}$ を増加させる羽ばたき運動は必要パワー係数 $C_{PR,\mathrm{ave}}$ を増加させる (SP1).

(S2) 推力係数 $C_{T,\mathrm{ave}}$ を増加させる羽ばたき運動は必要パワー係数 $C_{PR,\mathrm{ave}}$ を増加させる (SP3).

さらに，図の設計変数のマップから次のような設計情報が得られ，図 16.19 と同じ情報が得られる.

(S3) 無次元周波数 k は，設計空間の上半分に分布し

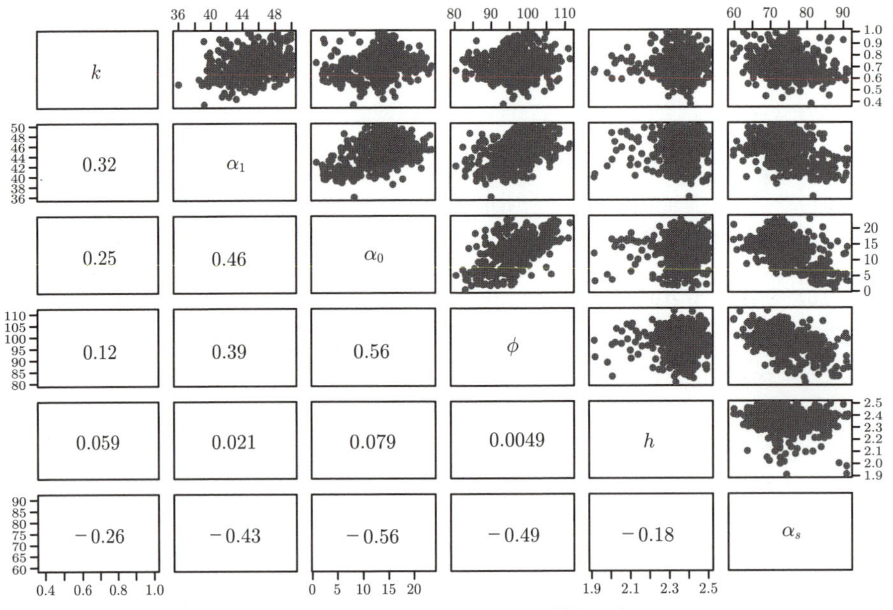

図 16.20　設計変数間の相関を示す散布図行列

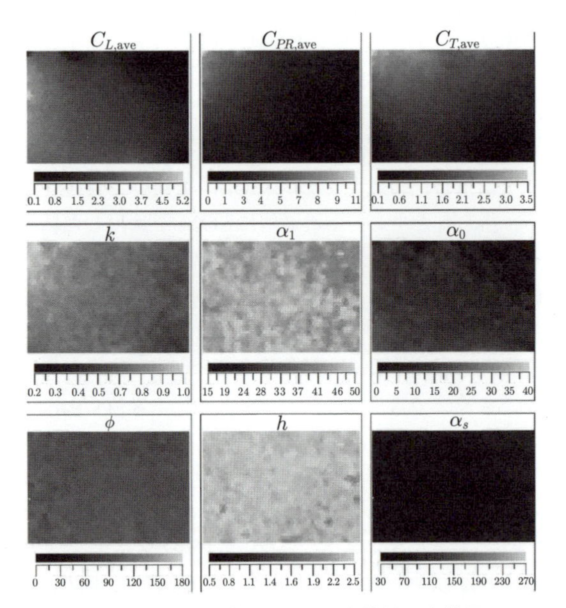

図 16.21　パレート最適解に SOM を適用した結果．下のバーの範囲により見た目が大きく変化する．

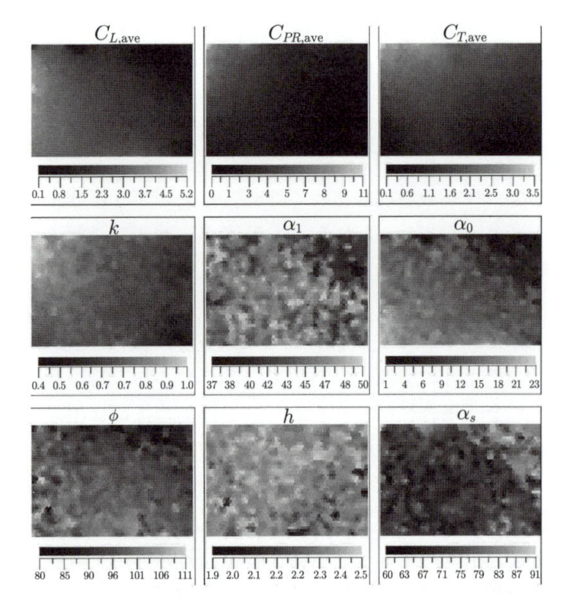

図 16.22　自己組織化マップ．下のバーはパレート最適解の範囲を示す．

ている (B1).

(S4)　ストローク運動の振幅 h は，設計空間の上限付近に分布している (B2).

(S5)　ピッチ運動の振幅 α_1 は，設計空間の上半分に分布している (B3).

(S6)　ピッチ運動のオフセット α_0 は，設計空間の下半分に分布している (B4).

(S7)　ストローク面の傾き α_s は，70° 前後に集中している (B5).

(S8)　ストローク運動とピッチ運動の位相差 ϕ は，90° 前後に集中している (B6).

SOM は適用するカラーバーの範囲により見た目が大きく変化する．設計変数のカラーバーをパレート最適解における各設計変数の最大，最小とした場合を図 16.22 に示す．これにより，設計変数の変化が強調される．

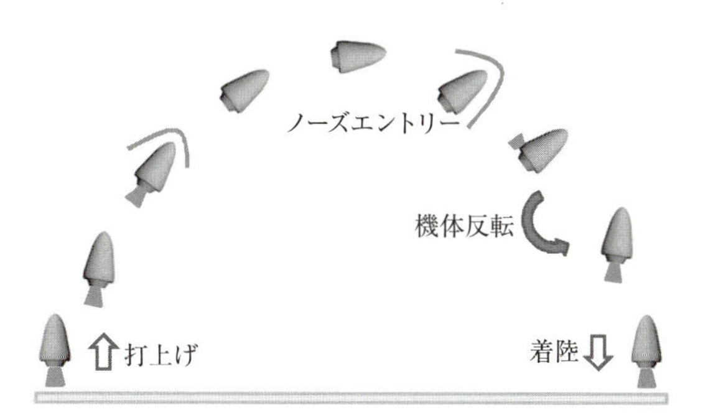

図 16.23 SSTO の飛行方法 (一例)

図よりパレート最適解に関して次のような設計情報が得られる．

(S9) ピッチ角のオフセット角 α_0 は揚力係数 $C_{L,\mathrm{ave}}$ と正の相関がみられる (SP7).

(S10) 羽ばたきの無次元周波数 k は，すべての目的関数と正の相関がみられる (SP4–SP6).

また，設計変数間の相関をみると，α_0 と ϕ の間には正の相関が，α_0 と α_s の間には負の相関がみられる．これらの情報は散布図行列では弱い相関として見つけられており，SOM から得られる情報と散布図から得られる情報は同等であることがわかる．しかし，散布図行列，SOM ともに相関の有無，強弱の判断は主観で判断されるため，見落としが生じる可能性がある．

16.4.2 再使用観測ロケットの多目的設計探査

(i) 背景と問題設定

ここでは将来宇宙輸送システムの一つとして研究開発が行われている完全再使用の垂直離着陸型 SSTO (single-stage-to-orbit) ロケットの概念設計を考える．垂直離着陸型SSTOロケットは水平離着陸方式よりも必要となる地上設備が小規模で済み，かつ既存のロケット打上げ設備に近い発射場の構成が可能である．着陸してから，そのままの姿勢で打上げが可能なので，打上げ，発射点への帰還，次の飛行に備えた点検，次の打上げまでのサイクルを一つの打上げ設備で行うことができ，ターンアラウンド時間もより短縮できる可能性をもっている．

この再使用観測ロケットシステムの設計においては，上昇時の空気抵抗を最小化するのはもちろん，安全確保のため一定のダウンレンジ (飛行距離) を確保することが必要であり，ノーズエントリ・ベースランディング型の飛行方法 (図 16.23) の採用や細長機体形状の採用，補助翼の採用などが考えられている．ノーズエントリ・ベースランディング型の飛行方法を採用した場合，着陸前に機体を反転させる必要があるため反転を行う際にどのような空力特性を示すのか，また，どのような機体形状や補助翼形状にすればよいのかといったことを理解することはとても重要となる．

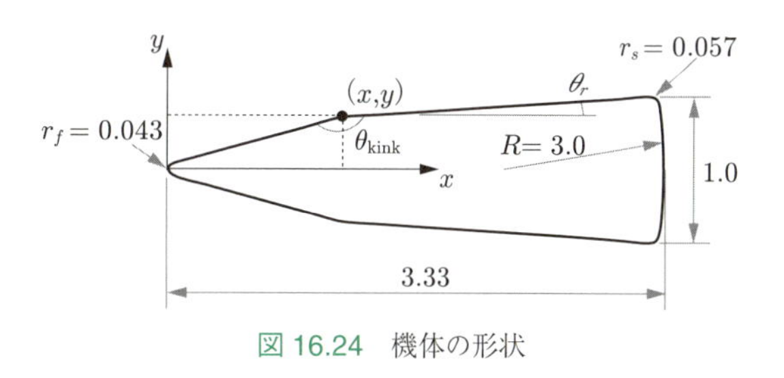

図 16.24 機体の形状

機体形状の初期設計では数多くの飛行条件 (機体まわりの流れ場条件) において多数の機体形状を評価する必要があるため，形状変化が容易で流れ場の情報が得やすい数値解析は非常に有効である．しかしながら，ノーズエントリ・ベースランディング方式を前提とした機体形状に関しては各形状パラメータが到達高度やダウンレンジなどの設計目的に与える影響がよくわかっていないことから，多目的設計探査を用いて調べ，機体形状設計のために有益な設計情報を明らかにする．

再使用観測ロケットでは打上げ高度を 120 km 以上，帰還時のダウンレンジを 30 km 以上が確保できる機体形状が求められる．そこで，打上げ時に関しては到達高度に大きな影響を与える最大動圧付近の抵抗の最小化を目的とする．帰還時に関してはダウンレンジに大きな影響を与える帰還時の最大揚抗比の最大化を目的とするが，亜音速での空力特性と超音速での空力特性には大きな違いがあり，それぞれの速度域でダウンレンジは重要であると考えられるため，帰還時の超音速飛行時の最大揚抗比，亜音速飛行時の最大揚抗比，の両方の最大化を行う．さらに機器搭載性を考慮するため，機体体積の最大化も行う．このことから目的関数は下記のように定義する．

- 目的関数 1：マッハ数 2.0，迎角 0 度における抵抗最小化
- 目的関数 2：マッハ数 0.8 において，各形状における最大揚抗比の最大化
- 目的関数 3：マッハ数 2.0 において，各形状における最大揚抗比の最大化
- 目的関数 4：機体体積最大化

帰還時，超音速飛行時のマッハ数としては 2.0，亜音速飛行時のマッハ数として 0.8 を考える．

制約条件は，ベース径を 3 m，機体全長を 10 m とした．つまり細長比は 3.33 である (図 16.24)．機体形

表 16.2　設計変数空間の範囲

設計変数	最小	最大
x	0.33	3.0
y	0.15	0.5

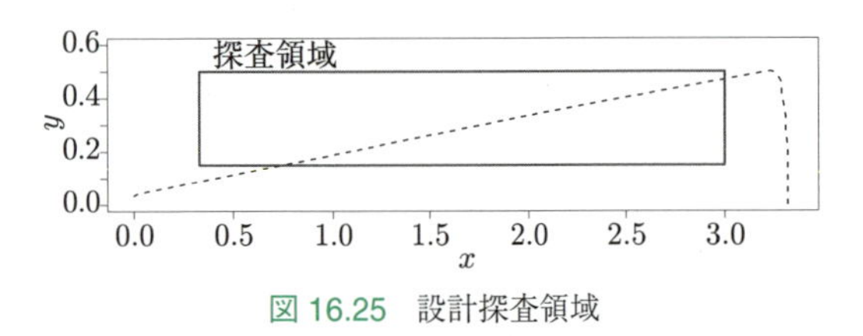

図 16.25　設計探査領域

状は軸対称形状とする．機体形状の最適化を行うにあたって，さまざまな設計変数が考えられる．ここでは簡単のため設計変数を機体キンク部座標 (x, y) に絞り，円錐頂部半径 r_f，角部曲率半径 r_s，ベース曲率半径 R を固定した．角部曲率半径 r_s とベース曲率半径 R の違いによる空力特性の違いをみることは本来は必要であるが，そのためにはベース流れを正確に解くことが必要であり，計算コストが膨大になってしまう．ここでは設計の初期段階での設計探査を想定しているため，あえて詳細な解析は避け，円錐頂部半径 r_f と角部曲率半径 r_s とベース曲率半径 R を一定の値に固定することでベース流れに影響を与える設計変数を省略して，概念設計段階でのよい指標を得ることとを目的とする．図 16.24 に示すように，設計変数は機体キンク部位置 (x, y) とし，機体キンク部の座標を変化させることで機体形状を変化させる．表 16.2 に設計変数空間の範囲を示す．また，設計変数空間を図示すると図 16.25 となる．図の四角の領域が設計空間であり，図の点線は機体形状が円錐の場合である．

(ii)　結果および分析

多目的最適化の結果，400 個体の評価を行い，276 個体のパレート最適解が得られた．まず，目的関数空間における全個体の分布であるが，目的関数が四つのため直接可視化することはできないため，機体体積をプロットの大きさで表現し，図 16.26 に 3 次元散布図に示す．また，図 16.27 に相関係数付き散布図行列を示す．

図の円で示した方向が，打上げ時の抵抗が最小，帰還時の亜音速領域における最大揚抗比が最大，帰還時の超音速領域における最大揚抗比が最大となる解の方向である．図 16.26 より，ある大きさの機体体積までは他の空力係数もよい解へと向かっていくが，機体体積のあるピークを超えると悪い解の方向へ向かうことがわかる．パレート最適解について，まず，各目的関数間の関係をみていく．図 16.27 の打上げ時の抵抗と帰還時の亜音速領域における最大揚抗比の図 16.27 の (1) をみると，小さな領域でトレードオフ関係がみられるものの，おおよそ二つとも同時によい解にすることができることからほとんどトレードオフ関係はないといえる．同様に，打上げ時の抵抗と帰還時の超音速領域における最大揚抗比の図 16.27 の (2) をみると，これらの空力係数の間にはトレードオフ関係はみられない．帰還時の超音速領域と亜音速領域における最大揚抗比の図 16.27 の (6) をみると，ともによい方向にすることができるが，大きな最大揚抗比の領域ではトレードオフ関係がみられることがわかる．一方，帰還時の機体体積と各空力係数の図 16.27 の (3)，図 16.27 の (7)，図 16.27 の (10) をみると，機体体積が大きくなるにつれて他の空力係数はいずれも悪い方向に向かうが，特に打上げ時の抵抗と帰還時の超音速領域における最大揚抗比は大きく変化しており，大きな領域でトレードオフ関係にあることがわかる．以上の，目的関数間のトレードオフの有無を設計情報としてまとめると次のようになる．

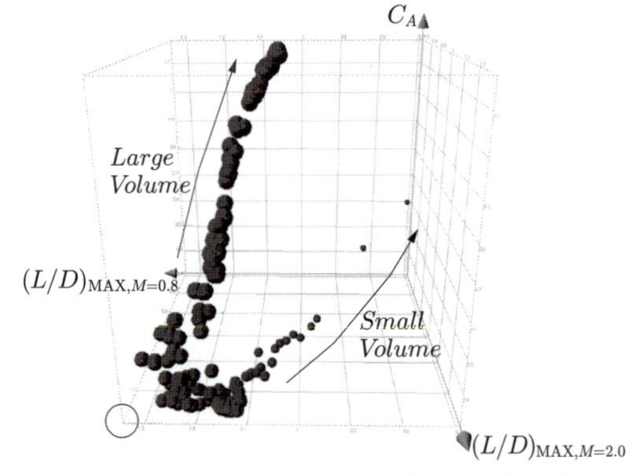

図 16.26　全解—機体体積による 3D 散布図

(SP1)　打上げ時の抵抗最小化と帰還時の亜音速領域における最大揚抗比最大化には，ほとんどトレードオフがない．

(SP2)　打上げ時の抵抗最小化と帰還時の超音速領域における最大揚抗比最大化には，トレードオフがない．

(SP3)　帰還時の亜音速領域と超音速領域における最大揚抗比最大化には，最大揚抗比が大きな領域でトレードオフがある．

(SP4)　機体体積最大化と各空力係数最大化/最小化には，トレードオフがある．

SOM による可視化結果を図 16.28 に示す．SOM か

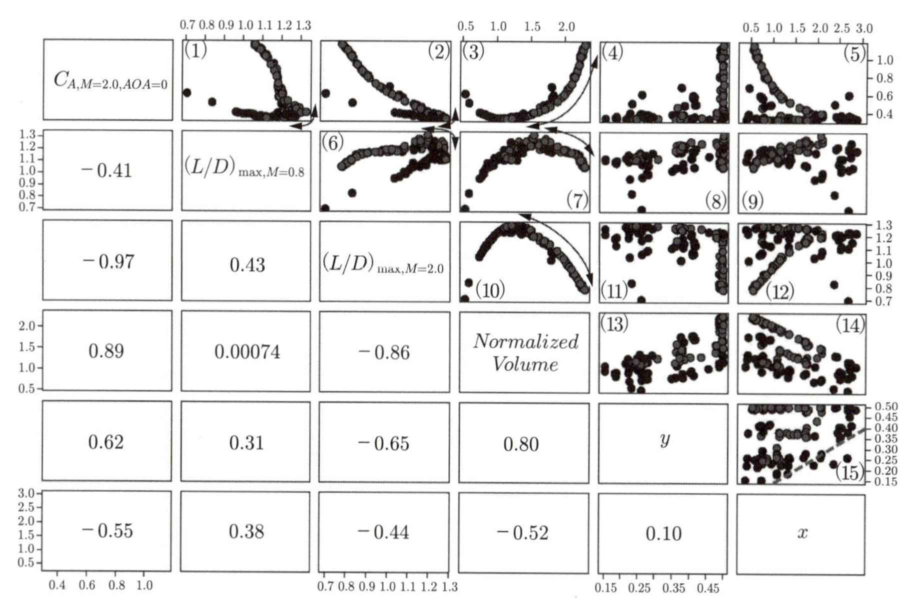

図 16.27 相関係数付き散布図行列．黒いプロットは非劣解，灰色プロットは劣解．

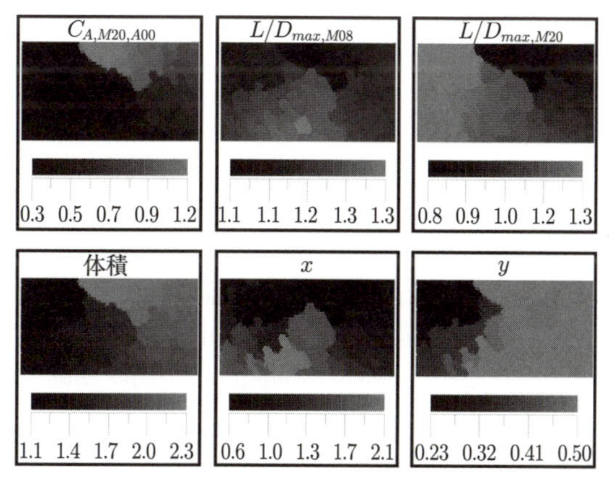

図 16.28 自己組織化マップによる可視化結果．下のバーは設計変数空間の範囲を示す．

ら得られる目的関数間の設計情報を次に示す．前項の散布図と比べると，明確なトレードオフ情報を見つけることは可能だが，小さな領域にみられるトレードオフ情報の有無の抽出は見落としが発生する可能性がある．

(S1) 打上げ時の抵抗最小化と帰還時の超音速領域における最大揚抗比最大化には強いトレードオフがない (SP2)．

(S2) 機体体積最大化と各空力係数最大化/最小化には強いトレードオフがある (SP4)．

16.4 節のまとめ

- 実世界のさまざまな設計問題は，相反する目的関数を複数もった多目的最適化問題となることが多い．この最適化への有効なアプローチの一つに進化的多目的最適化手法がある．
- NAGA-II などに代表される進化的多目的最適化手法は，多点同時探索，解いている問題に対して盲目的であり，凹面や不連続面があっても適用可能であることが特徴である．
- 多数のパレート最適解を効率的に進化的多目的最適化手法を用いて効率的に見つけ，得られた最適解に各種データマイニング手法を適用して設計に役立つ情報を抽出しようとするアプローチのことを多目的設計探査という．

参 考 文 献

[1] 中山弘隆，岡部達哉，荒川雅生，尹 禮分：多目的最適化と工学設計—しなやかシステム工学アプローチ(現代図書，2008).

[2] 坂和正敏：離散システムの最適化—目的から多目的へ(森北出版，2000).

[3] Kaisa Miettinen: *Nonlinear Multiobjective Optimization*, Vol. 12 (Springer, 1999).

[4] Charles Darwin: *On the Origin of Species by Means of Natural Selection* (Murray, 1859).

[5] John H. Holland: *Adaptation in Natural and Artificial Systems* (University of Michigan Press, Ann Arbor, 1975).

[6] Kalyanmoy Deb: *Multi-Objective Optimization using Evolutionary Algorithms* (John Wiley & Sons, 2001).

[7] Carlos M. Fonseca and Peter J. Fleming: "Genetic algorithms for multiobjective optimization: Formulation, discussion and generalization," In *Proceedings of the 5th International Conference on Genetic Algorithms*, pp. 416–423 (Morgan Kaufmann Publishers, 1993).

[8] Kalyanmoy Deb: "A fast elitist non-dominated sorting genetic algorithm for multi-objective optimization: NSGA-II," *Proceedings of the Parallel Problem Solving from Nature VI Conference, 2000*, pp. 849–858 (2000).

[9] Mark Erickson, Alex Mayer, and Jeffrey Horn: "The niched pareto genetic algorithm 2 applied to the design of groundwater remediation systems," In *Evolutionary Multi-Criterion Optimization*, pp. 681–695 (Springer, 2001).

[10] Eckart Zitzler, Marco Laumanns, and Lothar Thiele: SPEA2: Improving the strength pareto evolutionary algorithm. Technical report, Technical Report 103, Computer Engineering and Communication Networks Lab (TIK), Swiss Federal Institute of Technology (ETH) Zurich, Switzerland (2001).

[11] 瀬戸直人，牧野好和，高戸谷健，金崎雅博："高効率手法を適用した静粛超音速航空機の多分野融合最適設計"，日本航空宇宙学会論文集，**59**，No. 686，61–69 (2011).

[12] Sigeru Obayashi, Shinkyu Jeong, and Kazuhisa Chiba: "Multi-objective design exploration for aerodynamic configurations," In *AIAA-2005-4666* (2005).

[13] Kazuhisa Chiba, Shinkyu Jeong, Shigeru Obayashi, and Kazumori Yamamoto: "Knowledge discovery in aerodynamic design space for flyback-booster wing using data mining," In *AIAA-2006-7992* (2006).

[14] Kazuyuki Sugimura, Shigeru Obayashi, and Shinkyu Jeong: "Multi-objective design exploration of a centrifugal impeller accompanied with a vaned diffuser," In *5th Joint ASME/JSME Fluid Engineering Conference* (2007).

[15] Larry J. Eshelman and J. David Schaffer: "Real-coded genetic algorithms and interval schemata," In *Foundations of Genetic Algorithms 2*, pp. 187–202 (Morgan Kaufmann Publishers, 1993).

[16] David E. Goldberg: *Genetic Algorithms in Search, Optimization and Machine Learning* (Addison-Wesley Publishing Company, 1989).

[17] Kalyanmoy Deb and Ram B. Agrawal: "Simulated binary crossover for continuous search space," *Complex Systems*, **50**, No. 9, 115–148 (1994).

[18] Kalyanmoy Deb and Mayank Goyal: "A combined genetic adaptive search (geneas) for engineering design," *Computer Science and Informatics*, **26**, 30–45 (1996).

[19] Alfred Inselberg: "The plane with parallel coordinates," *The Visual Computer*, **1**, No. 2, 69–91 (1985).

[20] Alfred Inselberg: *Parallel coordinates* (Springer, 2009).

[21] Mihael Ankerst, Daniel A Keim, and Hans-Peter Kriegel: "Circle segments: A technique for visually exploring large multidimensional data sets" (1996).

[22] John M. Chambers, William S. Cleveland, Beat Kleiner, and Paul A. Tukey: *Graphical Methods for Data Analysis* (Belmont, CA, 1983).

[23] Daniel B Carr, Richard J Littlefield, W. L. Nicholson, and J. S. Littlefield: "Scatterplot matrix techniques for large n," *Journal of the American Statistical Association*, **82**,

No. 398, 424–436 (1987).

[24] Teuvo Kohonen: *Self-Organizing Maps*, 2nd ed. (Springer-Verlag, 1997).

[25] Sigeru Obayashi and Daisuke Sasaki: "Visualization and data mining of pareto solutions using self-organizing map," In *Evolutionary Multi-Criterion Optimization*, pp. 71–71 (Springer, 2003).

[26] Kazuhisa Chiba, Shigeru Obayashi, Kazuhiro Nakahashi, and Hiroyuki Morino: "High-fidelity multidisciplinary design optimization of aerostructural wing shape for regional jet," In *AIAA-2005-5080* (2005).

[27] Katharina Lodders and Bruce Fegley, Jr.: *The Planetary Scientist's Companion* (Oxford University Press, 1998).

[28] Thomas J. Mueller: "Aerodynamic measurements at low reynolds numbers for fixed wing micro-air vehicles," Technical report, Development and Operation of UAVs for Military and Civil Applications (1999).

索　引

の

は

ひ

ふ

へ

ほ

ま

み

む

め

も

ゆ

よ

ら

り

る

れ

ろ

わ

英・数

執筆者一覧

【編集委員】

赤倉　貴子（あかくら　たかこ）
［Ⅰ部序，2章，4章］

神戸大・法・法律卒．同修士，博士了．博士（法学）．神戸大・文化学・行動学習博士退．大阪大・人間科学・教育システム工学・博士（人間科学）．四條畷学園短大，芦屋大を経て 2001 年東京理科大・工・経営工勤務．2005 年より教授．2016 年改組により東京理科大・工・情報工教授．

浜田　知久馬（はまだ　ちくま）
［Ⅱ部序，8章］

東京理科大・薬・製薬卒．東京理科大・工・経営工修士了．東京大・博士（保健学）．武田薬品工業株式会社，東京大，京都大を経て 2002 年東京理科大・工・経営工勤務．2008 年より教授．2016 年改組により東京理科大・工・情報工教授．2017 年 12 月逝去．

八嶋　弘幸（やしま　ひろゆき）
［Ⅲ部序，11章］

慶應義塾大・工・電気卒．同修士，博士了．工学博士．オリンパス株式会社，埼玉大を経て，2003 年より東京理科大・工・経営工教授．2016 年改組により東京理科大・工・情報工教授．

太原　育夫（たはら　いくお）
［Ⅳ部序，14章］

東京大・工・電子卒．同修士，博士了．工学博士．1979 年東京理科大・理工・情報科学助手．1981 年より講師．1999 年より助教授．2006 年より教授．2016 年より東京理科大・工二・経営工・嘱託教授．

谷口　行信（たにぐち　ゆきのぶ）
［3章，9章］

東京大・工・計数卒．同修士了．東京大・博士（工学）．NTT 研究所を経て，2015 年より東京理科大・工・経営工教授．2016 年改組により東京理科大・工学・情報工教授．

古川　利博（ふるかわ　としひろ）
［10章］

東京工業大・工・情報卒．東京工業大・工学博士．キヤノン株式会社，千葉工業大，福岡工業大を経て，1999 年東京理科大・工・経営工勤務．2007 年より教授．2016 年改組により東京理科大・工・情報工教授．

【執筆者】

宮部　博史（みやべ　ひろし）
［1章］
東北大・工・電気及通信卒．同修士，博士了．工学博士．NTT 研究所，独立行政法人情報通信研究機構を経て，2012 年より東京理科大・工二・経営工教授．

石井　隆稔（いしい　たかとし）
［2章］
電気通信大・電気通信・情報通信工卒．同情報システム学・社会知能情報修士，博士了．博士（工学）．首都大学東京・システムデザイン・特任助教を経て，2016 年より東京理科大・工・情報工助教．

渡邉　均（わたなべ　ひとし）
［5章］
名古屋工業大・工・電子卒．同修士了．名古屋工業大・博士（工学）．NTT 研究所を経て，2006 年東京理科大・工二・経営工勤務．2009 年より教授．

塩濱　敬之（しおはま　たかゆき）
［6章］
国際基督教大・教養・社会科学卒．大阪大・基礎工・情報数理修士，博士了．博士（理学）．一橋大学経済研究所を経て，2006 年東京理科大・工・経営工勤務．2015 年准教授．2016 年改組により東京理科大・工・情報工准教授．

佐藤　寛之（さとう　ひろゆき）
［6章］
京都大・工・情報卒．同情報学・数理工学修士，博士了．博士（情報学）．2014 年東京理科大・工一・経営工助教，2016 年改組により同・情報工助教．2017 年 10 月より京都大白眉センター/大学院情報学・数理工学特定助教．

寒水　孝司（そうず　たかし）
[7 章]
東京理科大・工・経営工卒．同修士，博士了．博士（工学）．日本ロシュ株式会社，東京理科大，大阪大，京都大を経て，2015 年より東京理科大・工・経営工准教授．2016 年改組により東京理科大・工・情報工准教授．

高橋　智博（たかはし　ともひろ）
[10 章]
千葉工業大・工・電気電子情報卒．東京理科大・工・経営工修士，博士了．博士（工学）．2015 年東京理科大・工・経営工勤務．2016 年改組により東京理科大・工・情報工助教．

細谷　剛（ほそや　ごう）
[11 章]
早稲田大・理工・経営システム卒．同修士了．早稲田大・博士（工学）．早稲田大・理工・経営システム助手を経て，2012 年東京理科大・工・経営工助教．2016 年改組により東京理科大・工・情報助教．2017 年より同講師．

藤沢　匡哉（ふじさわ　まさや）
[12 章]
電気通信大・電気通信・情報工卒．同修士，博士了．博士（工学）．電気通信大・電気通信・情報工助手を経て，2003 年東京理科大・工二・経営工勤務．2011 年より准教授．

池口　徹（いけぐち　とおる）
[13 章]
東京理科大・理工・電気卒．同修士了．東京理科大・博士（工学）．東京理科大助手，ルイ・パスツール大客員教授，埼玉大助教授，教授を経て，2014 年より東京理科大・工・経営工教授．2016 年改組により東京理科大・工・情報工教授．

藤原　寛太郎（ふじわら　かんたろう）
[13 章]
早稲田大・理工・物理卒．東京大・新領域・複雑理工学修士了，同情報理工学・数理情報学博士了．博士（情報理工学）．ケンブリッジ大，埼玉大を経て，2014 年より東京理科大・工・経営工助教．2016 年改組により東京理科大・工・情報工助教．

池辺　淑子（いけべ　よしこ）
[15 章]
東京工業大・理・情報科学卒．同総合理工学・システム科学修士，博士了．博士（理学）．1995 年東京理科大・工・経営工勤務．2009 年より准教授．2016 年改組により東京理科大・工・情報工准教授．

奥野　貴之（おくの　たかゆき）
[15 章]
京都大・理・理学卒．同情報学・数理工学修士，博士了．博士（情報学）．2013 年東京理科大・工・経営工助教．2016 年改組により東京理科大・工・情報工助教．2017 年 7 月より理化学研究所・革新知能統合研究センター研究員．

立川　智章（たつかわ　ともあき）
[16 章]
東京工業大・工・機械宇宙工卒，同修士了．東京大・工・航空宇宙工博士了．博士（工学）．日本 SGI 株式会社，宇宙航空研究開発機構を経て，2015 年より東京理科大・工・経営工講師．2016 年改組により東京理科大・工・情報工講師．

理工系の基礎　情報工学

平成30年4月30日　発　行

編　者　情報工学 編集委員会

編著者　赤倉　貴子・浜田　知久馬・八嶋　弘幸
太原　育夫・谷口　行信・古川　利博

発行者　池　田　和　博

発行所　丸善出版株式会社
〒101-0051 東京都千代田区神田神保町二丁目17番
編集：電話(03)3512-3261／FAX(03)3512-3272
営業：電話(03)3512-3256／FAX(03)3512-3270
https://www.maruzen-publishing.co.jp

組版印刷・製本／三美印刷株式会社

ISBN 978-4-621-30285-9　C 3055　Printed in Japan